年代種類	第1次世界大戦（1914〜1918）　大戦間（1918〜1939年）
重戦車	マークⅠ（イギリス1916）28t、57mm、6km マークⅣ（イギリス1917）29t、57mm、6km マークⅧ（イギリス1917）45t、57mm、13km A7V（ドイツ1918）32t、57mm、9km 2C（フランス1923）70t、75mm、13km T-35（ソ連1933） B1bis（フランス1940）32t、75mm、29km
中戦車	ホイペット（イギリス1917）14t、MG、13km ビッカース マークⅠ（イギリス1917）12t、47mm、29km クリスティー（アメリカ1931）10t、37mm、75km 89式（日本1929）13t、57mm、25km BT-5（ソ連1935）12t、45mm、64km 97式（日本1935）15t、57mm、38km Ⅳ号D型（ドイツ1935）20t、75mm、40km Mk.Ⅲ（イギリス1938）15t、40mm、48km Ⅲ号E型（ドイツ1939）20t、初期型37mm、後期型50mm、40km
軽戦車	ルノーFT（フランス1918）7.4t、37mm、8km カーデン・ロイド（イギリス1929）1.6t、MG、48km T-26（ソ連1933）9t、45mm、28km Ⅱ号C型（ドイツ1938）8.9t、MG、40km Ⅰ号B型（ドイツ1935）5.8t、MG、40km Mk.Ⅵ（イギリス1938）5、MG、56km 95式（日本1936）7t、37mm、40km
自走砲	自走砲マークⅠ（イギリス1917）■マークⅠ戦車 Ⅲ号突撃砲A型（ドイツ1940）20t、75mm、40km　■Ⅲ号戦車 15cm自走砲（ドイツ1940）9t、150mm、40km　■Ⅰ号戦車 76.2mm自走砲（ドイツ194-）11.5t、76.2mm、55km

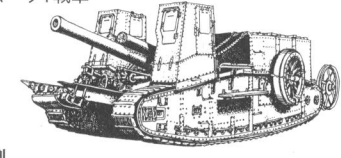

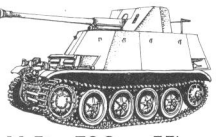

凡例
（国名、装備年号）
重量t
主砲mm
MG　機関銃装備のみ
最高時速km
（水上航上時速km）

■車体となった車両
○駆逐戦車
◎対空戦車
☆歩兵戦闘車の乗員+登場歩兵数

〈中間世代〉　　　　　　1980年〜〈第3世代／第3.5世代〉

T-72（ソ連1973）
41t、125mm、80km

T-80（ソ連1983）
42t 
125mm
75km

T-90（ロシア）
46.5t
125mm
60km

99G式（中国）
125mm、60km

メルカバ（イスラエル1979）
60t、105mm、46km

チャレンジャー（イギリス1980）
62t 
120mm
56km

チャレンジャー2（イギリス）
62.5t
120mm
59km

メルカバMk.4（イスラエル）
65t 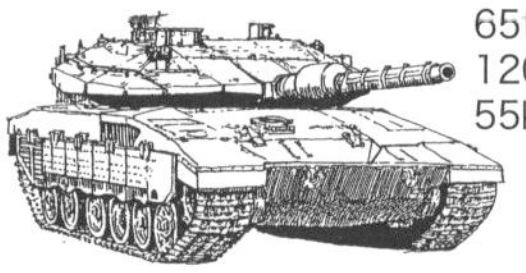
120mm
55km

チーフテン（イギリス） 
55t
120mm
48km

M1（アメリカ1980）
55t、105mm、56km 
1985年配備の
M1A1は120mm砲

メルカバMk.3（イスラエル）
65t、120mm、60km

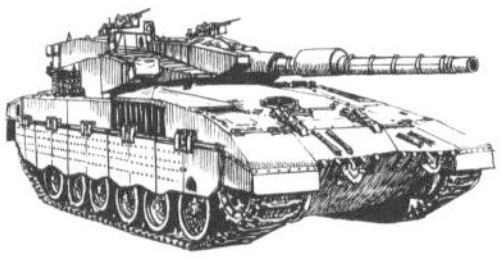

M1A2（アメリカ）
62.1t、120mm、66.8km

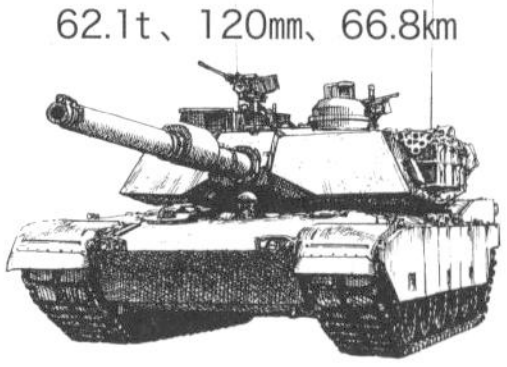

レオパルト2（ドイツ1979）
55t 
120mm
72km

レオパルト2A7+（ドイツ）
67t
120mm
68km

10式（日本）
44t、120mm、70km

74式（日本1974）
38t
105mm
53km

ルクレール（フランス1991）
53t 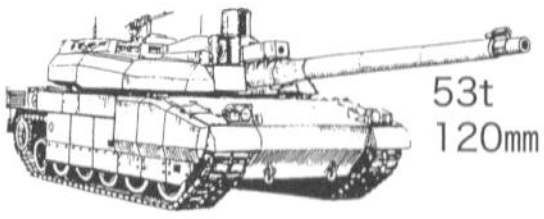
120mm

90式（日本1990） 
50t
120mm
73km

IKv-91（スウェーデン1975）
16t
90mm
65km
(7km)

TAM（アルゼンチン1977）
■マルダー
31t
105mm
75km

CCV-L（アメリカ1985）
19t、105mm、72km

ストライカー（アメリカ）
16.5t
60km

この後は装輪車両
が主流となる

BMP（ソ連1967）
15t
73mm
60km
(6km)

M2（アメリカ1981）☆9
23t
25mm
66km
(7km)

89式（日本1990）☆10
26t
35mm
60km

高機動車（日本）
26t
105mm
100km

M109A1（アメリカ1978）
25t、155mm、56km

SO-152（ソ連1973）
28t、152mm、62km

GCT（フランス1977）
42t、155mm、60km
■AMX30 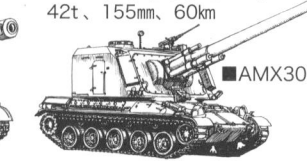

PzH2000（ドイツ1998） 
155mm
60km

◎ゲパルト（ドイツ1976） 
45t
35mm
65km
■レオパルト1

◎75式（日本1977） 
25t
155mm
47km

◎87式（日本1987）
38t
35mm
53km
■74式

2S6（ソ連1986）
30mm 
65km
GM-352M

M109A6（アメリカ）
155mm

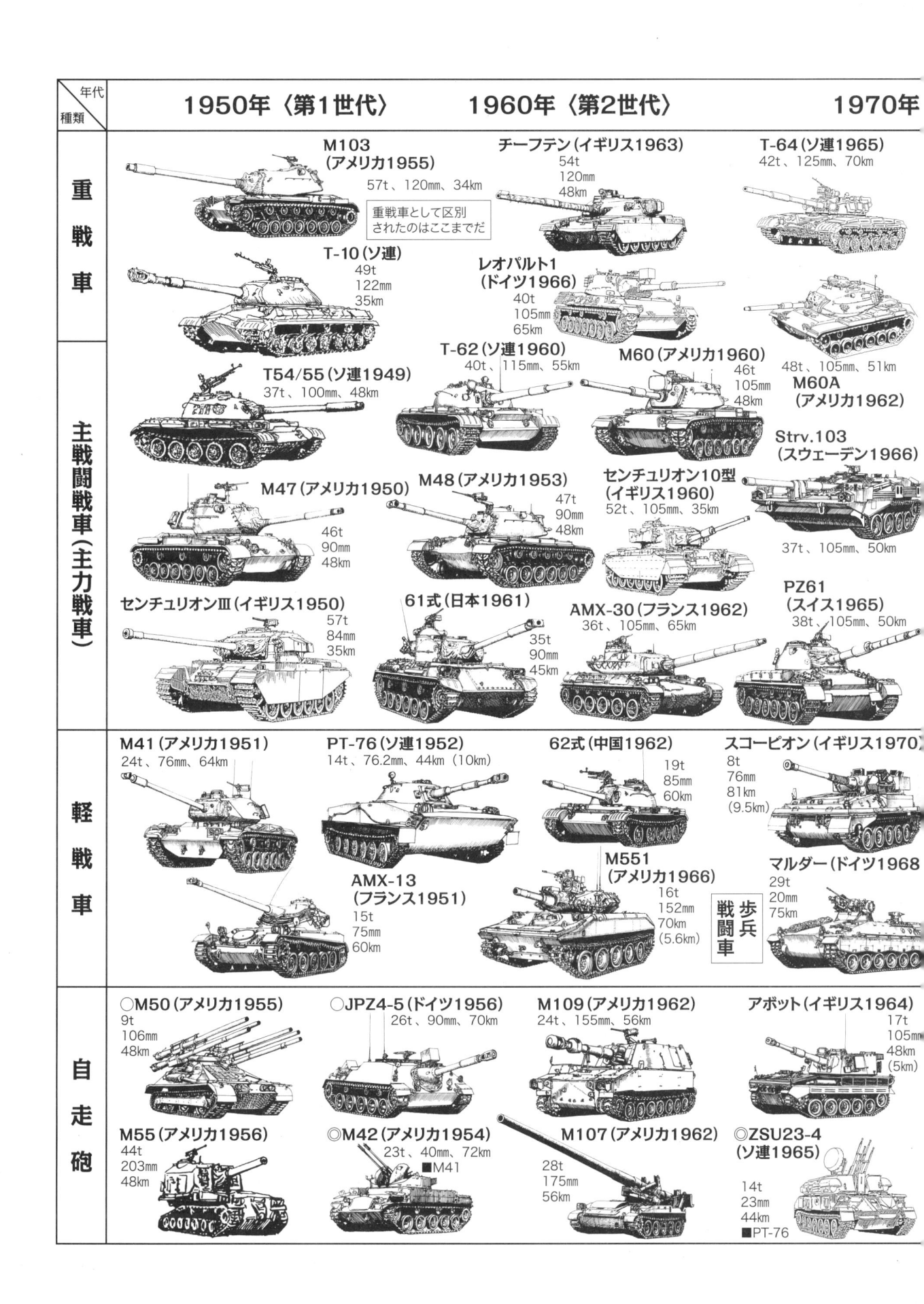

年代 種類	1950年〈第1世代〉	1960年〈第2世代〉	1970年
重戦車	**M103（アメリカ1955）** 57t、120mm、34km **T-10（ソ連）** 49t、122mm、35km	**チーフテン（イギリス1963）** 54t、120mm、48km 重戦車として区別されたのはここまでだ **レオパルト1（ドイツ1966）** 40t、105mm、65km	**T-64（ソ連1965）** 42t、125mm、70km
主戦闘戦車（主力戦車）	**T54/55（ソ連1949）** 37t、100mm、48km **M47（アメリカ1950）** 46t、90mm、48km **センチュリオンⅢ（イギリス1950）** 57t、84mm、35km	**T-62（ソ連1960）** 40t、115mm、55km **M48（アメリカ1953）** 47t、90mm、48km **センチュリオン10型（イギリス1960）** 52t、105mm、35km **61式（日本1961）** 35t、90mm、45km	**M60（アメリカ1960）** 46t、105mm、48km **M60A（アメリカ1962）** 48t、105mm、51km **Strv.103（スウェーデン1966）** 37t、105mm、50km **AMX-30（フランス1962）** 36t、105mm、65km **PZ61（スイス1965）** 38t、105mm、50km
軽戦車	**M41（アメリカ1951）** 24t、76mm、64km **AMX-13（フランス1951）** 15t、75mm、60km	**PT-76（ソ連1952）** 14t、76.2mm、44km（10km） **62式（中国1962）** 19t、85mm、60km **M551（アメリカ1966）** 16t、152mm、70km（5.6km）	**スコーピオン（イギリス1970）** 8t、76mm、81km（9.5km） **マルダー（ドイツ1968）** 歩兵戦闘車 29t、20mm、75km
自走砲	○**M50（アメリカ1955）** 9t、106mm、48km **M55（アメリカ1956）** 44t、203mm、48km	○**JPZ4-5（ドイツ1956）** 26t、90mm、70km ◎**M42（アメリカ1954）** 23t、40mm、72km ■M41	**M109（アメリカ1962）** 24t、155mm、56km **M107（アメリカ1962）** 28t、175mm、56km	**アボット（イギリス1964）** 17t、105mm、48km（5km） ◎**ZSU23-4（ソ連1965）** 14t、23mm、44km ■PT-76

第2次世界大戦（1939～1945年）

チャーチルMk.IV（イギリス1940）
39t、57mm、25km

P-40（イタリア1943）
26t、75mm、40km

JS-2（ソ連1943）
45t、122mm、37km

JS-3（ソ連1945）
46t、122mm、40km

M26（アメリカ1945）
42t、90mm、35km

KV-1（ソ連1940）
47t、76.2mm、40km

ティーガーI（ドイツ1942）
57t、88mm、38km

ティーガーII（ドイツ1944）
68t、88mm、35km

T-34/76（ソ連1940）
27t、76.2mm、51km

クロムウェル（イギリス1943）
28t、75mm、61km

M4（アメリカ1941）
31t、75mm、38km

M4A3E8（アメリカ1944）
34t、76mm、48km

T-34/85（ソ連1944）
31t、85mm、51km

M13/40（イタリア1940）
14t、47mm、31.8km

97式改（日本1942）
16t、47mm、38km

IV号F型（ドイツ1942）
23t、75mm、40km

パンターA型（ドイツ1943）
45t、75mm、46km

L6/40（イタリア1941）
7t、20mm、42km

T-70（ソ連1942）
9t、45mm、45km

M24（アメリカ1944）
18t、75mm、55km

M3（アメリカ1941）
13t、37mm、58km

Mk.VII（イギリス1940）
8t、40mm、64km

M5（アメリカ1942）
15t、37mm、64km

フンメル（ドイツ1943）
24t、150mm、42km ■III／IV号車体

マーダーIII（ドイツ1942）
■38(t)戦車 11t、76.2mm、42km

◎IV号対空（ドイツ1944）
22t、20mm、38km ■IV号戦車

◯ヤークトパンター（ドイツ1943）
46t、88mm、46km ■パンター

M7（アメリカ1942）
■M4中戦車 24t、105mm、40km

SU-76（ソ連1942）
11t、76.2mm、45km ■T-70軽戦車

SU-152（ソ連1943）
43t、152mm、41km ■KV

M40（アメリカ1945）
37t、155mm、38km ■M4中戦車

25

世界の戦車
メカニカル大図鑑
The World Tanks, Mechanical Pictorial Guide

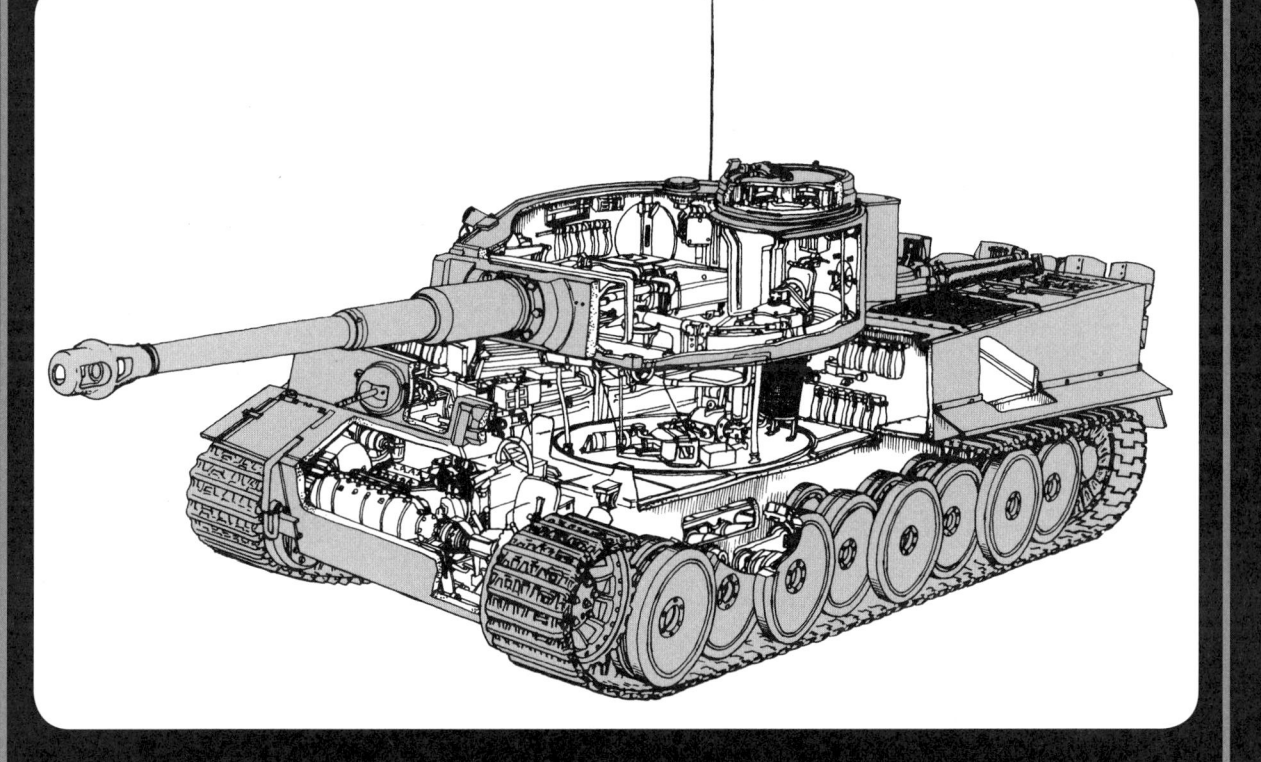

上田 信
SHIN UEDA

大日本絵画

はじめに

　なにはともあれ、第1次世界大戦の戦場に初めて登場した戦車に接した際の兵士たちの驚きは大変なものだったに違いない。

　それまでの陸上戦闘は、最終的に歩兵の突撃をもって敵の塹壕の突破を図るのが基本戦術で、多くのこうした突撃は、張りめぐらされた塹壕と鉄条網、そして機関銃によって阻まれるのが当たり前と思っていたところへ、突然、化け物のような鉄の塊が唸りをあげて自軍の塹壕を乗り越えて眼前に迫り、攻撃を加えてくるようになったのだ。だから、とんでもないことが目の前で起こっていると、驚きを通り越してこの戦車という相手に対する恐怖は相当なものだったことは想像に難くない。

　しかしそれが石油内燃機関や履帯を備えた新兵器だとわかり、それに対抗するように自軍でも同じように戦車を作るようになるとおのずと戦い方に変化が起こるが、この時はすでに最初に感じた恐怖とは違った意識で戦いに臨むことになったことだろう。そしてすぐに戦車の性能向上を図る技術競争が始まり、戦車は兵器としての完成度を高めていくことになる。こうして、各国でいろいろなタイプの戦車が開発され、実戦に投入されるようになり、その経験を通じてさらに改良が加えられ、それによって戦争の形態にも大きく影響を与えるようになっていったのはご存知のとおりである。

　本書はチャリオットと呼ばれた古代戦車から、こうした近代戦車の登場した第1次世界大戦、第2次世界大戦をはさんでの世界各国での戦車や装甲車両の発達と、21世紀となった現在における主力戦車＝MBTとよばれる車両の登場やその装備を、年代別、国別に捉えて紹介するものである。時代が進むにつれて、戦車を保有する国がふえ、それにつれてバラエティに富んだものになっているが、そうした戦車をできるだけカバーするよう、また、戦車だけでなく、自走砲や装甲車両などの関連した車両もとりあげ、機甲部隊などの編成に関する理解を助けるように構成したつもりである。

　あまり肩肘張らず、気楽に楽しんでもらえればありがたいというのが、著者の願いである。

上田 信

※本書は1997年にグランプリ出版から刊行された『戦車メカニズム図鑑』を底本として、改訂再編集したものです。

目 次

第1章　古代戦車から近代戦車の出現まで
Chapter 1: The forerunners of battle tanks from ancient times to middle ages

古代から中世の戦車【The forerunners of battle tanks from ancient times to middle ages】………… 10
ヨーロッパ中世の戦車【The medieval European mobile war machines】………… 12
動力機関の登場【The appearance of power plants】………… 13
キャタピラの発明【The invention of caterpillar】………… 14

第2章　動くトーチカ　第1次世界大戦（WWI）
Chapter 2: Mobile Pillbox World War I (WWI) ………… 15

イギリスの戦車（WWI）
近代戦車の登場【British Tanks (WWI) The appearance of modern battle tanks】………… 16
マークA〜DとVIII型【Mk. A to D and VIII】………… 18
イギリスの特殊戦車（WWI）【British Special Tanks (WWI)】………… 20
ドイツの戦車（WWI）【German Tanks (WWI)】………… 21
フランスの戦車（WWI）【French Tanks (WWI)】………… 22
アメリカ・イタリアの戦車（WWI）【American And Italian Tanks (WWI)】………… 24

第3章　軍縮機運のなかの探求　大戦間の戦車
Chapter 3: The Groping in the Trend of Arms Reduction The tanks during interwar period ………… 25

ビッカース戦車【Vickers Tanks】………… 26
重戦車の開発とクリスティーのアイディア【The Development of Heavy Tanks and Christie's Idea】………… 28
大戦間の流行——豆戦車と軽戦車【The Fashion in Interwar Period —— Tankettes and Light Tanks】………… 30
第2次世界大戦直前の各国戦車【The Tanks of Various Countries just before WWII】………… 32

第4章　機甲部隊の登場　第2次世界大戦（WWII）
Chapter 4: The Appearance of Armored Unit The World War II (WWII) ………… 33

【ドイツの戦車（WWII）／German Tanks (WWII)】
I号戦車【Pz.Kpfw. I】………… 34
II号戦車【Pz.Kpfw. II】………… 35
III号戦車シリーズ【Pz.Kpfw. III Series】………… 36
IV号戦車シリーズ【Pz.Kpfw. IV Series】………… 38
III号戦車の進化【The Evolution of Pz.Kpfw. III】………… 40
IV号戦車の進化【The Evolution of Pz.Kpfw. IV】………… 41
V号戦車パンターシリーズ【Pz.Kpfw. V Panther Series.】………… 42
パンターG型（Sd.Kfz. 171）【Panther G (Sd.Kfz. 171)】………… 44
ティーガーI重戦車（Sd.Kfz. 181）シリーズ【Tiger I Heavy Tank (Sd.Kfz. 181) Series】………… 46
VI号戦車E型ティーガーIの構造【The Structure of Pz.Kpfw. IV Ausf. E Tiger I】………… 50
ティーガーII重戦車（Sd.Kfz.182 キングタイガー）【Tiger II Heavy Tank (Sd.Kfz. 182 King Tiger)】………… 52
VI号戦車B型ティーガーIIの構造【The Structure of Pz.Kpfw. VI Ausf. B Tiger II】………… 54
III号突撃砲（StuG III）〔Sd.Kfz. 142〕の細部【The Details of StuG III (Sd.Kfz. 142 Sturmgeschuetz III)】………… 56
III号突撃砲とIV号突撃砲〔Sd.Kfz. 167〕【StuG III and StuG IV (Sd.Kfz. 167 Sturmgeschuetz IV)】………… 58
ドイツの自走砲【German Self-Propelled Guns】………… 60
軽駆逐戦車【Light Tank Destroyers】………… 62
重駆逐戦車【Heavy Tank Destroyers】………… 64
超重戦車【German Super Heavy Tanks】………… 67
WWIIドイツ主力戦車の砲尾【The Breaches of German Tank Guns in WWII】………… 68
WWIIドイツ戦車の車載機銃【The German Tank Machine Guns in WWII】………… 69
ドイツ戦車の車外搭載物（OVM）【The On Vehicle Materials (OVM) of German tanks】………… 70

【イギリスの戦車（WWII）／British Tanks (WWII)】

- キャリアと軽戦車【Carriers and Light Tanks】 …… 72
- 歩兵戦車マチルダとバレンタイン【Infantry Tanks Matilda and Valentine】 …… 74
- チャーチル歩兵戦車【Churchill Infantry Tank】 …… 76
- 巡航戦車【Cruiser Tanks】 …… 78
- 重戦車と自走砲【Heavy Tanks and SPGs】 …… 82

【アメリカの戦車（WWII）／American Tanks (WWII)】

- 軽戦車の発達【The Development of Light Tanks】 …… 84
- M24とT95【M24 and T95】 …… 86
- M3中戦車【Medium Tank M3】 …… 88
- M4シャーマン中戦車シリーズ【Medium Tank M4 Sherman Series】 …… 90
- 歩兵支援戦車M4A3E2 "ジャンボ"【M4A3E2 "Jumbo"】 …… 93
- M4A3E8(76)W シャーマン（イージーエイト）【M4A3E8(76)W Sherman Easy Eight】 …… 94
- 構造にみるM4中戦車の変遷【The Structural Changes of Medium Tank M4】 …… 96
- M4A3の構造【The Structure of M4A3】 …… 98
- M4中戦車の装備品【The Equipments of Medium Tank M4】 …… 99
- M4A3改造特殊戦車【Special Attachment Variants of M4A3】 …… 100
- アメリカの駆逐戦車と重戦車M26【American Tank Destroyers and M26 Heavy Tank】 …… 102
- アメリカの自走砲【American Self Propelled Guns】 …… 104

【ソ連の戦車（WWII）／Soviet Tanks (WWII)】

- 軽戦車【Light Tanks】 …… 106
- ソ連の中戦車（WWII直前）【Soviet Medium Tanks (Just before WWII)】 …… 108
- ソ連の重戦車【Soviet Heavy Tanks】 …… 110
- T-34中戦車シリーズ【T-34 Medium Tank Series】 …… 112
- T-34/85【T-34/85】 …… 114
- T-34のディテール【The Details of T-34】 …… 115
- T-34の構造【The Structure of T-34】 …… 116
- T-34の内部【The Interior of T-34】 …… 118
- ソ連戦車の特殊な車外品の例【Unique On-Vehicle Equipments of Soviet Tanks】 …… 119
- KV重戦車シリーズ【KV Heavy Tank Series】 …… 120
- KV-2・KV-85【KV-2・KV-85】 …… 122
- SU-152（1943）KVシリーズの足廻り【SU-152 (1943)・The Running Gear of KV Series】 …… 123
- JS-2（IS-2）スターリン重戦車【JS-2 (IS-2) Stalin Heavy Tank】 …… 124
- JS-3重戦車（JS-2との構造比較）【JS-3 Heavy Tank (Structural Differences with JS-2)】 …… 126
- ソ連の自走砲（WWII）【Soviet SPGs (WWII)】 …… 128
- JSU自走砲シリーズ【JSU SPG Series】 …… 130

【日本の戦車／Japanese Tanks】

- 日本の戦車の発達【The Development of Japanese Tanks】 …… 132
- 九五式軽戦車ハ号【Type 95 Light Tank "Ha-Go"】 …… 134
- 九七式中戦車【Type 97 Medium Tank】 …… 136
- 一式中戦車【Type 1 Medium Tank】 …… 138
- 軽戦車【Light Tanks】 …… 139
- 大戦中の日本の中戦車【Japanese Medium Tanks Developed during WWII】 …… 140
- 日本の自走砲と内火艇【Japanese SPGs and Special Launches】 …… 142
- 【フランスの戦車（WWII）／French Tanks (WWII)】 …… 144
- 【イタリアの戦車（WWII）／Italian Tanks (WWII)】 …… 146
- W.W.IIの各国戦車【Tanks of Various Countries in WWII】 …… 148

第5章　主力戦車の登場　大戦後から東西冷戦期
Chapter 5: The Appearance of Main Battle Tank After WWII until the end of Cold War ································ 151

【アメリカの戦車／American Tanks】
第2次世界大戦後の新開発戦車【New Tanks after the WWII】 ································ 152
M48パットン中戦車シリーズ【M48 Patton Medium Tank Series】 ································ 154
M103とM60【M103 and M60】 ································ 157
M60主力戦車シリーズ【M60 Main Battle Tank Series】 ································ 158
M1エイブラムス主力戦車【M1 Abrams Main Battle Tank】 ································ 160

【ソ連の戦車／Soviet ; Russia】
T-62までの主力戦車【Main Battle Tanks until T-62】 ································ 164
T-72主力戦車シリーズ【T-72 Main Battle Tank Series】 ································ 166
2系統になったソ連のMBT【Soviet MBTs Separated into 2 Branches】 ································ 168
T-80主力戦車シリーズ【T-80 Main Battle Tank Series】 ································ 170
T-72のアップデートとT-90【The Updates of T-72 and T-90】 ································ 172
ソ連の特殊戦車【Soviet Special Tanks】 ································ 173

【ドイツの戦車／German Tanks】
レオパルド戦車【Leopard】 ································ 174
レオパルド1 主力戦車の構造【The Structure of Leopard 1 Main Battle Tank】 ································ 176
レオパルド2の構造【The Structure of Leopard 2】 ································ 178

【イギリスの現代戦車／British Modern Tanks】
センチュリオンとコンカラー【Centurion and Conqueror】 ································ 180
チーフテンとチャレンジャー【Chieftain and Challenger】 ································ 182

【フランスの現代戦車／French Modern Tanks】 ································ 184

【陸上自衛隊の戦車／The Tanks of Japan Ground Self Defense Force】
61式戦車【Type 61 Tank】 ································ 186
74式戦車【Type 74 Tank】 ································ 188
90式戦車【Type 90 Tank】 ································ 190
90式戦車のメカニズム【The Mechanism of Type 90 Tank】 ································ 192

イスラエルの戦車　メルカバ【Israeli Tanks "Merkava"】 ································ 194
各国の現代戦車【Modern Tanks of Various Countries】 ································ 198
中国の現代戦車【Chinese Modern Tanks】 ································ 200

第6章　装甲車両
Chapter 6: Various Kinds of Armored Vehicles ································ 201

現代の自走砲①　アメリカ【Modern Self-Propelled Guns, Part 1 America】 ································ 202
現代の自走砲②　イギリスとドイツ【Modern Self-Propelled Guns, Part 2 Britain and Germany】 ································ 204
現代の自走砲③　その他各国【Modern Self-Propelled Guns, Part 3 Other Countries】 ································ 206
M2/M3戦闘車（アメリカ）【M2/M3 Infantry Fighting Vehicle (America)】 ································ 208
装甲兵員輸送車・M113（アメリカ）【Armored Personnel Carrier M113 (America)】 ································ 210
アメリカの装軌式揚陸車両【American Landing Vehicles Tracked】 ································ 212
ソ連の装甲車両【Soviet Armored Vehicles】 ································ 214

項目	ページ
ドイツの歩兵用戦闘車両【German Infantry Fighting Vehicles】	216
イギリスの装甲戦闘車 スコーピオンシリーズ【British Armored Combat Vehicle Scorpion Series】	218
陸上自衛隊の装甲車両【Armored Vehicles of JGSDF】	220
各国の歩兵戦闘車と装甲兵員輸送車【IFVs and APCs of Various Countries】	222
対空戦車（WWII）【Anti-Aircraft Tanks (WWII)】	224
現代の対空戦車【Modern Anti-Aircraft Tanks】	226
ゲパルト対空自走砲【Flakpanzer Gepard (Germany)】	228
西欧の自走対空ミサイルシステム【Self-Propelled Anti-Aircraft Missile Systems of Western Bloc】	230
ソ連／ロシア軍の対空兵器【Soviet/Russian Anti-Aircraft Weapons】	232
第2次世界大戦の対戦車兵器（ドイツ対連合軍）【Anti Tank Weapons in WWII (Germamy vs Allies)】	234
対戦車車両【Anti Tank Vehicles】	236
多様な対戦車兵器【Various Anti-Tank Weapons】	240
最新鋭対戦車攻撃システム【The Latest Anti-Tank Warfare】	244
W.W.IIの各国戦車の装甲と戦車砲比較【The Comparison between Armors and Guns of Various Countries' Tanks in WWII】	246
現代戦車砲弾の種類【The Types of Modern Tank Gun Shells】	248
中東戦争における戦車隊の戦法【The Israeli Tank Tactics in Middle East Wars】	250

第7章　その他の特殊戦車　第2次世界大戦～現在
Chapter 7: Other Special Tanks from WWII up to the Present ··· 251

項目	ページ
工兵用戦車【Combat Engineer Tanks】	252
チャーチルAVRE【Churchill AVRE】	254
戦車回収車【Armored Recovery Vehicles】	256
架橋戦車【Bridge Layer Tanks】	258
アメリカ軍の地雷処理【Minefield Breaching by U.S. Army】	260
火炎放射戦車【Flamethrower Tanks】	262

第8章　21世紀の戦車
Chapter 8: The Tanks in 21st Century ··· 263

項目	ページ
M1エイブラムスの進化【The Evolution of M1 Abrams】	264
レオパルト2の進化【The Evolution of Leopard 2】	266
チャレンジャー2の進化【The Evolution of Challenger 2】	268
ルクレールの進化【The Evolution of Leclerc】	269
メルカバの進化【The Evolution of Merkava】	270
2000～2010年代に登場した各国MBT【Various Countries' MBTs appeared in 2000s and 2010s】	272
T-95の挫折とT-90の進化【The Cancelation of T-95 and the Evolution of T-90】	274
10式戦車【Type 10 Tank】	276
装輪式戦闘車の台頭【The Rise of Wheeled Fighting Vehicles】	278
ストライカー旅団【Stryker Brigade】	280

戦争と戦車　イラストでみる世界の戦車の発達と戦術
Wars and Tanks
The Development and Tactics of World Tanks in Illustrations ··· 281

巻末付録　戦車兵の軍装 WWI ～ 21世紀まで
Appendix ; The Outfits of Tank Crew , From WWI up to 21st Century ··· 328

各章トビラ文 / Divisional title text：浪江利明 TOSHIAKI Nami-e
英文 / English text：平田光夫 MITSUO Hirata

凡 例
explanatory notes

①各ページにおいて●で表した戦車、自走砲などの車両名称については現在日本でもっとも通りのよい名前を基準に表記し、正式な名称についても紙面に別記するように心がけた。

The name of vehicle such as tank or self-propelled gun shown after "●" is based on the most commonly used name in present Japan and original designation is also attached as possible as space allows.

②〔　〕内は英文での名称表記だが、ドイツの車両についてはドイツ語による名称を記し、必要があれば英文も併記している。なお、第2次世界大戦時のドイツではcm表記が慣例で、名称としての88mm砲は8.8cm砲などとなるので〔　〕内の表記もそれにならっている。

The name inside 〔　〕 is the name in English, but in case of WWII German vehicles, German designation is shown and if necessary, English name is also attached. By the way, in German designations, as the use of centimeter system was custom, the designation of 88 mm gun is written as〔8.8 cm KwK〕for an example.

③ 主砲口径など各車のデータについては資料によっても記述に差があり、もっともポピュラーで信頼性があると思われる数字を記載した。

As the vehicle data such as caliber of gun sometimes differs by resources, those shown in this book are based on the most common or reliable resources regarded in Japan.

日本語表記	English
諸元	Specifications
全長	total length
全幅	width
全高	height
装甲	armor
複合装甲	composite armor
武装	armament
砲	gun
榴弾砲	howitzer
迫撃砲	mortar
機銃	machine gun
重量	weight
エンジン	engine
ディーゼル	diesel
ガソリン	gasoline
HP（馬力）	hp
最高速	maximum speed
航続力	range
乗員	crew

第1章
古代戦車から近代戦車の出現まで

　戦車の源流を遡ると、古代の戦場で使われたチャリオットと呼ばれる戦闘用の馬車に行き着きます。これは2頭または4頭立ての馬で2輪の馬車を引くもので、御者（ぎょしゃ）のほか、1〜2名の弓兵や槍を持った兵が乗車し、徒歩では扱えない大型の武器を携行して戦闘打撃力を発揮、高速性や軽快な機動性とあいまって敵兵を圧倒しました。チャリオットは古代の軍隊では主力兵種であり、兵力規模を示す指標ともなっています。やがて主力の座を騎兵や重装歩兵に取って代わられると、戦車に相当する車両は大型の荷車を装甲で覆ったかたちとなり、移動時は兵員や資材の輸送に使用し、戦闘時には武器を搭載して戦車の役割を担うようになりました。とくに、動力となる馬や人員も車内に取り込んだことで防護力が増しています。また、こういった時代に使用された大型のカタパルト（投石機、弩砲）を搭載した攻城用兵器は、のちの自走砲の祖先といえるかもしれません。

　蒸気機関が発明されると、いよいよ今日的な戦車のアイディアが発想されるようになりますが、蒸気機関を車両に搭載するのは無理があり、本格的な装甲自動車の登場は、ガソリンエンジンが実用化される1800年代末から1900年代初頭を待たねばなりませんでした。ちょうど同じ頃、戦車の重大な要素である履帯（無限軌道）が発明され、その特許が取得されたといわれます。そして1901年、この特許を買ったアメリカのホルトが作ったトラクターが以後の戦車に大きな影響を与えることとなります。

　本章ではこうした古代戦車から近代戦車出現の前夜までを紹介します。

Chapter 1: The forerunners of battle tanks from ancient times to middle ages

If you trace back the history of battle tanks, you shall find out the chariot used in the ancient conflicts. It was drafted by two or four horses, and in addition to the driver, it was manned by one or two archer or spearman, or loaded large weapon that could not be carried by man on foot, and carried out long range attacks, along with its fast speed and agile mobility, overwhelmed enemy soldiers. The chariot unit was one of the main branches of ancient army, and was a barometer that indicated the strength of army. And as the leading role in battle was taken over by cavalry or heavy infantry, the vehicle that corresponded with tank became the large wagon covered with armor, and they were used as transporter of men or materials in marches, and equipped with weapon and played the role of battle tank in combats. Especially, by placing horses or men which propelled it inside the armor, the survivability of those wagons considerably increased. And siege engines which armed with large catapult may be said the ancestor of later Self Propelled Gun.

After the invention of steam engine, the primitive ideas that resembled with modern tanks were also conceived, but it was impossible to built in large steam engine on wheeled vehicle at that time, thus the appearance of genuine armored cars had to be waited until the practical implementation of internal combustion engine in late 19th century to early 20th century. It is considered that the caterpillar (endless track), the indispensable device for tank was invented and patented in this period. And in 1901, American engineer Holt bought the patent developed the tractor that greatly influenced later tanks.

In chapter 1, we will look the forerunners of battle tanks from ancient times to middle ages.

古代から中世の戦車

　B.C.(紀元前)3500年頃のメソポタミアで車輪が発明され、B.C.2500年頃の中央アジアでは馬が家畜化されたと考えられている。農耕や遊牧の発達と共に巨大な専制国家が出現すると戦争も大規模になり、荷車を武装して牛馬や人力で引くという、戦車の起源のようなものが出現する。これらは古代戦車(チャリオット)と呼ばれ、近代戦車(タンク)と区別されている。

The forerunners of battle tanks from ancient times to middle ages
It is conjectured that the wheel was developed in Mesopotamia in about 3500 B.C. and the horse was first domesticated in Central Asia in about 2500 B.C. As the development of agriculture and nomadism brought about large-scale despotic countries, the struggles between them also became more massive, eventually the armed cart or wagon drafted by horse, cattle or men, the forerunners of battle tanks appeared. They are called chariots and are clearly distinguished from modern battle tanks.

●代表的な二輪戦車(Typical Chariot)

図はB.C.13世紀のエジプトの戦車。ヒッタイトと中近東の植民地をめぐって戦った有名なラムセス2世のものだ。2頭立て2～3人乗りで、軽量快速を誇った。この種のチャリオットはB.C.2900年頃から使われていたようだ。

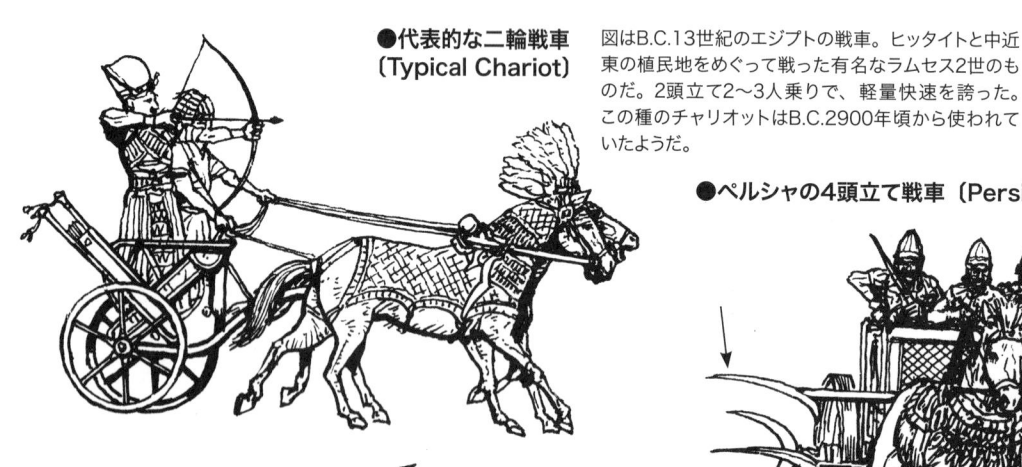

●ペルシャの4頭立て戦車(Persian Quadriga)

B.C.520年頃のペルシャの4頭立て戦車「クアドリガ」。脇に大鎌を装備して、敵の歩兵をなぎ倒すようになっている。クアドリガとはラテン語の「quadri(4つの)」と「jungere(くびき)」を合わせた言葉。

●アッシリアの破城車(Assyrian Wheeled Battering Ram)

B.C.870年、アッシュール・ナシル・アプリ2世が使用。前に突き出た破城槌で城壁をつきくずした。

●攻城戦車(Roman Siege Tower)

城攻めに使われた移動塔。背の高さは敵の城壁に合わせて作られ、30mを超すものもあったといわれている。

上からは突撃隊が城壁内に突入し、下では破城槌が城門や城壁を破壊する仕組だ。

●工兵作業車(Roman Siege Engines)

ローマ軍が敵の城を攻める際に使用

皮葺きの屋根で敵の矢を防いで、石や材木を運んだ。これで敵の壕を埋めたり、丸太の道を造り、攻城戦車が移動できるようにする。

10

● 戦象〔War Elephant〕

ペルシア帝国軍の「戦象(せんぞう)」

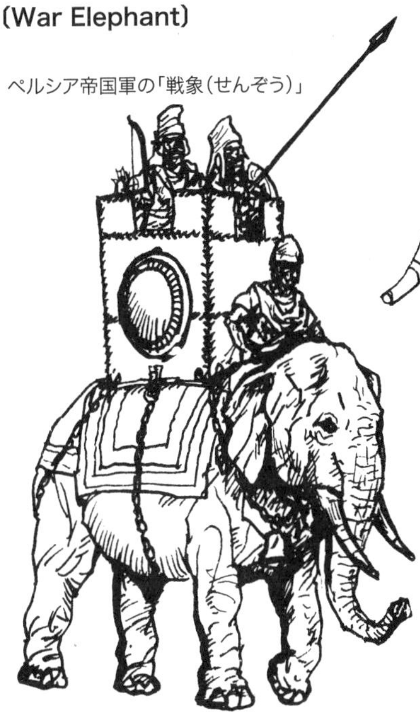

鎧をまとったインドの「戦象」

フビライ・ハンの4頭立て鎧戦象

象の巨体を利用した突進は古くから戦闘に使われ、18世紀まで残っていた。その他、有名なところではローマ帝国と戦ったカルタゴのハンニバルなどで、エジプトではアフリカ象が利用された。

象といえばインドが思い浮かぶが、戦史に残る象の使用はB.C.331年、マケドニアのアレキサンダー大王に攻められたペルシャ帝国軍が使ったものだ。

● 古代の代表的な木製戦車
〔Typical Ancient Wooden Armored Car〕

木造家屋の下に車輪を付けて人力で移動。小さな窓から矢を射ながら前進した。時代は不明だが、ローマ時代以前と思われる。

● ヘンリー8世(イギリス)の馬力戦車
〔Henry VIII's Armored Car〕

1513年に出現したもの。2階に銃眼が付いた部屋があり兵士が乗り込んだ。馬も兵士も防禦されていて有効性大。

● アゴスティーノ・ラメッリ(イタリア)考案の馬力戦車
〔Armored Car designed by Agostino Ramelli (Italy, Impractical)〕

上のヘンリー8世の馬力戦車が有効なのを見てイタリア人がフランス王に売り込んだもの。装甲板で馬も兵士も守られている。

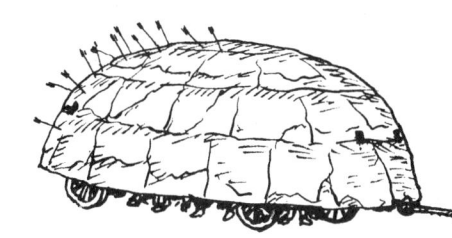

● 日本の亀甲車
〔Japanese Kampaku HIDEYOSHI's Armored Car〕

豊臣秀吉の朝鮮侵攻(1591~98年)で使われた工兵作業車。人力で前に進み、後退時は後方の兵士が縄で引いた。

ヨーロッパ中世の戦車

中世も後半になると、弓矢にかわって銃や大砲が登場し、戦争も新たな形態となったが、未だ動力機関は発明されていない。ルネッサンス期には人や物の交通も盛んになり、技術への関心も高まって、レオナルド・ダ・ビンチに代表されるような、様々な仕掛けが考案されている。

The medieval European mobile war machines
In the late medieval period, firearms became major implement of war instead of bow or spear and the form of war was drastically changed, but any power plant was not invented. In Renaissance period, the traffic of people and objects became more frequented and the interest for technology also arose, eventually various mobile war machines were designed and among them most notable were those by Leonard da Vinci.

●馬車要塞（Laager/Wagenburg）
1419年、南ドイツはボヘミアの愛国者ヤン・ジシュカが作った「ワーゲンブルク（馬車要塞）」。4輪車は移動時には輸送車となり、戦闘時は大砲を備えた戦車となった。

●馬車要塞の展開例
上の陣形のように、馬車と馬車の間を厚い板で塞いで車隊要塞を作り、防禦戦法で敵を挑発して闘う。また馬車を鎖で連結し、集団で敵軍へ突入、停止・発砲を繰り返す攻撃的な戦法をとることもできる。 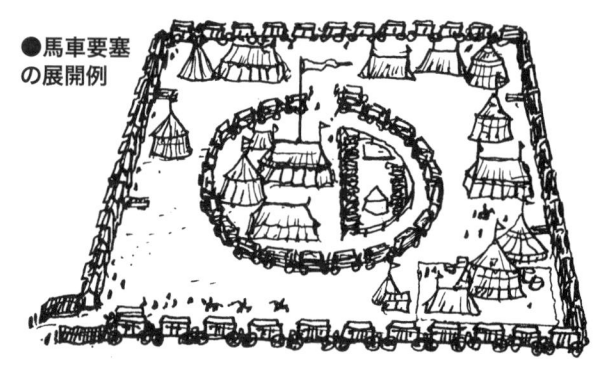

●史上初の水陸両用戦車
(First Amphibious Armored Car (Impractical))
1588年頃、イタリア人ラメッリ（P.11参照）の考えたもの。地上では馬で引き、水上では人力で水掻き車を回すというもの。水の抵抗が大きく実用にはならなかった。

●スペインの馬力戦車
(Spanish Empire's Chariot)
1512年頃活躍した2頭立て戦車。火縄銃等で武装した兵士4名乗車。

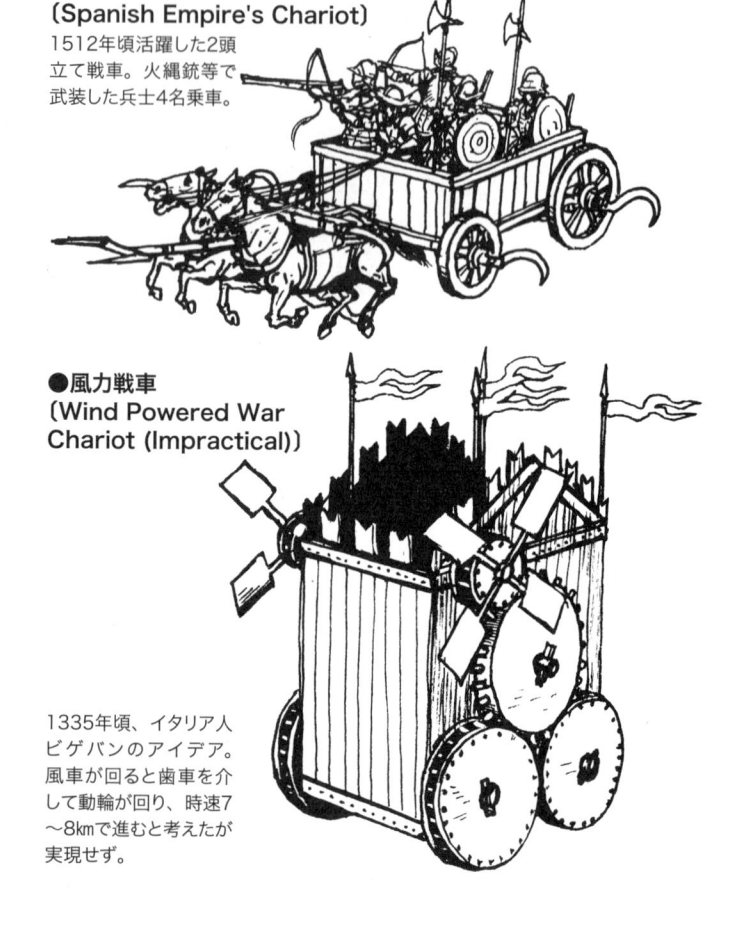

●ダ・ビンチの戦車（1500頃）
(Leonard da Vinci's Armored Car (Impractical))
天才レオナルド・ダ・ビンチ考案の無敵戦車。人力で動かすものだが、設計だけで終わった。 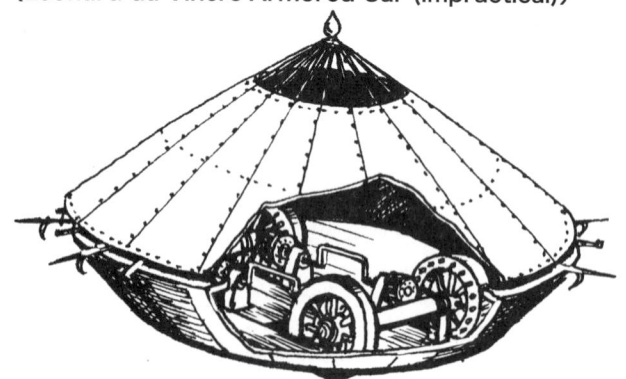

●風力戦車
(Wind Powered War Chariot (Impractical))
1335年頃、イタリア人ビゲバンのアイデア。風車が回ると歯車を介して動輪が回り、時速7〜8kmで進むと考えたが実現せず。

動力機関の登場

蒸気機関の発明は産業革命の技術的起源ともいえるが、1825年のスチーブンソンのロケット号（蒸気機関車）の成功は、戦車にもその応用を考えさせた。しかし、戦車の動力機関としては不適で、その意味では1886年のダイムラーによるガソリンエンジン付き自動車の完成は戦車に心臓を与えたものといって良い。

The appearance of power plants
The invention of steam engine is the technological background of the Industrial Revolution and the success of Stephenson's Rocket (steam locomotive) in 1829 also urged its adoption in mobile war machines. But steam engine was not suitable for them, and virtually the road for the mobilization of modern tanks was opened by the completion of Daimler's automobile powered by gasoline internal combustion engine in 1886.

●ヘルメット戦車（1855）（James Cowan's Land Ram）
ヘルメット型の装甲で銃弾をはね返し、大砲で攻撃する。近づく敵は回転する大鎌で切り倒すというものすごい発想はイギリス人ジェームス・コーワンのもの。蒸気機関による戦車。

●陸上戦艦（Wilhelm II's Landschiff (Impractical)）
1897年ドイツ皇帝ヴィルヘルム2世が考えた大蒸気戦車。大砲24門、銃50丁装備のはずだったが、大きすぎて計画倒れに終わった。

●シムスの機関銃車（1902）（Simms's Motor Scout）
イギリス人発明家シムスが造った4輪バイク。イギリス陸軍に売り込み話題になったが、結局採用されなかった。

●シムスの全面装甲車（1902）（Simms's Motor War Car）
同じくシムス考案の世界初の全鋼鉄装戦車。16HPのガソリンエンジンにより15km/hで走る。

●流線形戦車1号（1900）
(Pennington's Saucer Tank (Impractical))
アメリカのペニントンが考えた3輪戦車。3門の砲塔に加え、左右6個の銃座がある。ガソリンエンジンで走る。

●オーストリアダイムラーの装甲車
(Austro-Daimler Armored Car)
1903年にオーストリアのダイムラー社で造られた最初の近代的な装甲車。偵察用として設計されたもので比較的軽武装。

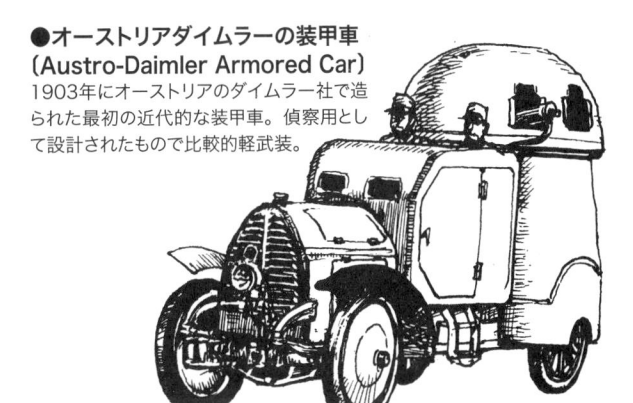

キャタピラの発明

近代戦車に欠くことのできないキャタピラ（履帯、あるいは無限軌道）は農業トラクター用に開発されたものだ。イギリスのリチャード・エッジワースが1770年に考案したポータブル・レイルウェイが起源ともいえるもので、これが改良され、アメリカ人ホルトの作ったトラクターに取り付けられた。この成功が注目され、キャタピラは不整地走破の強力な武器となる。

The invention of caterpillar
The caterpillar (endless track) indispensable for the appearance of modern battle tank was developed for agricultural tractor. The progenitor of caterpillar is portable railway anticipated by Richard Lovell Edgeworth in 1770, and American engineer Benjamin Holt adopted improved track to his tractor. The success of his tractor attracted attention and the caterpillar was recognized as the effective device for traveling rough terrain.

●バッターの無限軌道車（牽引機関車）(Batter's Traction Engine (Patented))
1888年にアメリカ人バッターが考案した蒸気機関無限軌道車。これは設計のみで終わった。

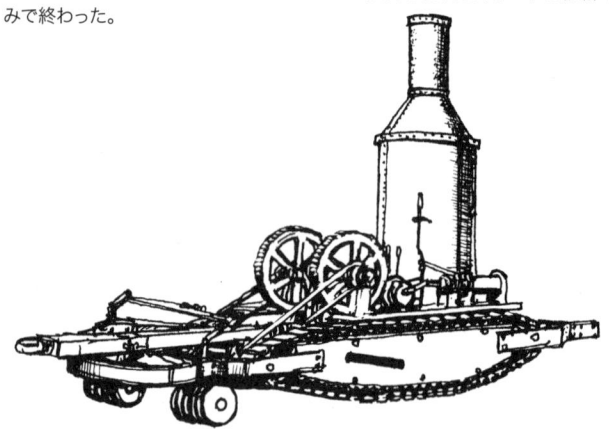

●ロバーツのトラクター（Roberts tractor）
ホルトのトラクターを見たイギリス陸軍省は、1908年、燃料を補給せずに40マイル（約65km）走り、貨物を積んで道路以外の原野を走行可能な車両を発明した者に1,000ポンドの賞金を与えると発表した。これに対し、デイヴィット・ロバーツが1908年に製作したのがこれ。じつは1905年に蒸気式で作った車両をガソリンエンジン式に改良したものだ。

●クリミア戦争で活躍した蒸気牽引車（1857~58）(Burrell-Boydell Steam Traction Engine in Crimean War)
イギリスのバレル&ボイデル考案。キャタピラではないが、主輪に幅広い板をつけたチェイン軌道式だ。

●ホルトのトラクター（Holt tractor）
アメリカはキャタピラの開発が他の国より進んでいた。これは未開拓地用のトラクターが必要だったという事情もある。1906年にホルトが作ったこの農業用蒸気トラクターの成功はその後への影響が大きかった。

●ド・モールのランドシップ (Lance de Mole's Armored Tracked Vehicle)
すでにタンク（戦車）の形状を思わせるこの戦闘車両は、オーストリア人のド・モールが設計したものだ。これも懸賞募集に応じたものだが、イギリス陸軍省はロクに検討もせずにボツにしてしまった。

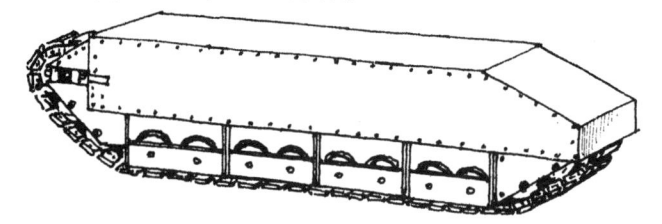

※キャタピラは一般的に使われる言葉だが、本来はアメリカのキャタピラー社（ホルト氏の会社がM&Aによって設立）の登録商標だ。軍事用語としては履帯と呼ぶ。

第2章
動くトーチカ
第1次世界大戦（WWI）

　　履帯で動く装甲車体に火砲や機銃を搭載した、今日に引き継がれる「戦車」は第1次世界大戦で初めて実戦投入されました。第1次世界大戦の陸上戦闘は、敵対する双方が戦線に沿って長大な塹壕を掘って籠り、機関銃や火砲、迫撃砲を撃ち、手榴弾を投げ合うという様相でした。当時の機動兵種であった騎兵は突進する間もなく射すくめられてしまい、双方の歩兵に夥しい犠牲を出しながら、陣地をめぐる一進一退の攻防を続けたのです。このため、何重もの塹壕や砲弾による多数のクレーターを乗り越え、敵の銃火や砲弾の破片から身を守りつつ、火砲や機銃によって敵戦線を突破することができる機動兵器が強く求められました。これが近代戦車の始まりで、フランスとイギリスはそれぞれ独自に開発を進めましたが実用化はイギリスが一歩先んじ、1916年9月、フランスのフレール・クールスレット戦線における「ソンム会戦」に数両のMk.Ⅰ戦車が初めて実戦投入されました。翌年7月のベルギーにおける「パッシェンデールの戦い（第3次イーペル会戦）」でイギリス軍が投入した戦車はMk.Ⅳほか約200両、そして同年11月にフランス北端において発起された攻勢作戦「カンブレーの戦い」にはじつに約380両が集められ、戦車の集中投入による初の突破作戦として注目されました。一方、フランスのシュナイダー戦車は1917年4月のニヴェル攻勢に約130両が投入され、サンシャモン突撃戦車は同年5月に16両が初めて実戦参加し、対するドイツ軍は遅れを取りながらも、1918年3月に初の突撃戦車A7Vを投入、翌月にはイギリス戦車との史上初の戦車戦も行なわれました。

　　第2章ではこれら戦車先進国の車両を中心に、第1次世界大戦で活躍した車両を見ていきます。

Chapter 2: Mobile Pillbox / World War I (WW I)

The first modern "battle tanks" that was armored, armed with cannons or machine guns and propelled by caterpillars was used in the World War I. The land combat in WWI was trench warfare that opposing armies dug in the long trenches and fired machine guns, cannons and mortars or throw hand grenades. The cavalry, the only mobile force at that time, was unable to charge in front of the artillery barrage, and infantry of both armies fought to take enemy positions repeating advances and retreats, producing enormous causalities. In order to break this deadlock, a mobile weapon that could across enemy trenches or craters by impacts and being equipped with enough protection that could repel enemy fire or splints, and armed with cannon and machine guns to break through enemy lines was eagerly demanded. This lead to the battle tank and French and British developed it independently, and British implemented it faster and first used some Mk. I tanks at "Somme Offensive" in Flers-Courcelette line, France in September 1916. And in the "Battle of Passchendaele (Third Battle of Ypres)" in July 1917 in Belgium, British used about 200 tanks including Mk. IVs, and in November of that year, the "Battle of Cambrai" offensive in north France, they threw about 380 tanks and this was noticed as the first breakthrough operation by intensive use of tanks. On the other hand, French used 130 Schneider tanks in Nivelle Offensive in April 1917, and 16 Saint Chamond assault tanks were first used in May 1917. Opposing Germans, lagged behind in the utilization of tanks, first used A7V tanks in March 1918, and in the next month, they carried out first tank to tank warfare against British tanks.

In chapter 2, we will survey the tanks during WWI, especially the tanks developed by these leading tank developing countries.

【イギリスの戦車（WWI）】
近代戦車の登場

　第1次世界大戦は近代戦車ばかりでなく、飛行機や毒ガスなどの機動的な大量殺戮破壊兵器が登場した戦争だ。これは近代科学の成果が軍事技術に現れたものともいえ、戦車が当時の先進資本主義国イギリスで最初に作られたのも偶然ではない。また戦火の中心はヨーロッパではあったが、背景は世界にまたがる植民地の利害を巡る帝国主義戦争であり、極東の日本まで巻き込んだ文字通りの世界戦争としても初めてのものであった。

　このような世界情勢をもとに登場した戦車はあっという間に普及することになる。それは戦車が火力と装甲と動力を合せ持つ、近代戦争に欠かせぬ兵器だったからだ。

British Tanks (WWI)　The appearance of modern battle tanks
The World War I saw the appearance of various mobile genocidal weapons not only tanks, but also airplanes or toxic gases. They were the result of modern science in military aspect, and the fact that tank was invented in Britain, one of the most leading capitalistic country was not a coincidence. And although the war was mainly fought in Europe, it was basically an imperialistic conflict for the control of colonies all over the world, and was also literally the first world war that involved even Japan in Far East.
The tanks which appeared in such world situation rapidly spread all over the world. This was because tank was the weapon with firepower as well as armament and mobility, was exactly indispensable for modern warfare.

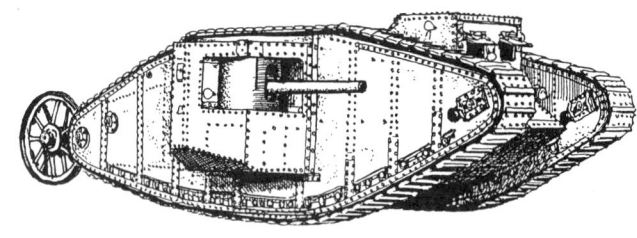

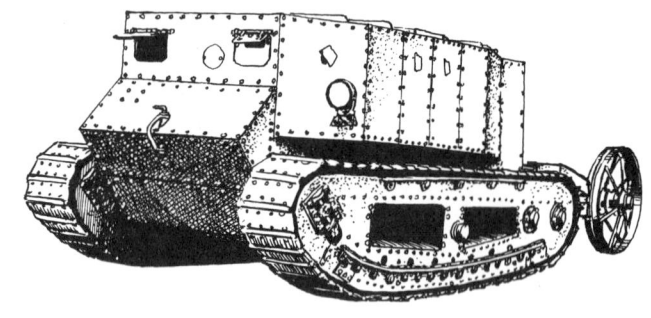

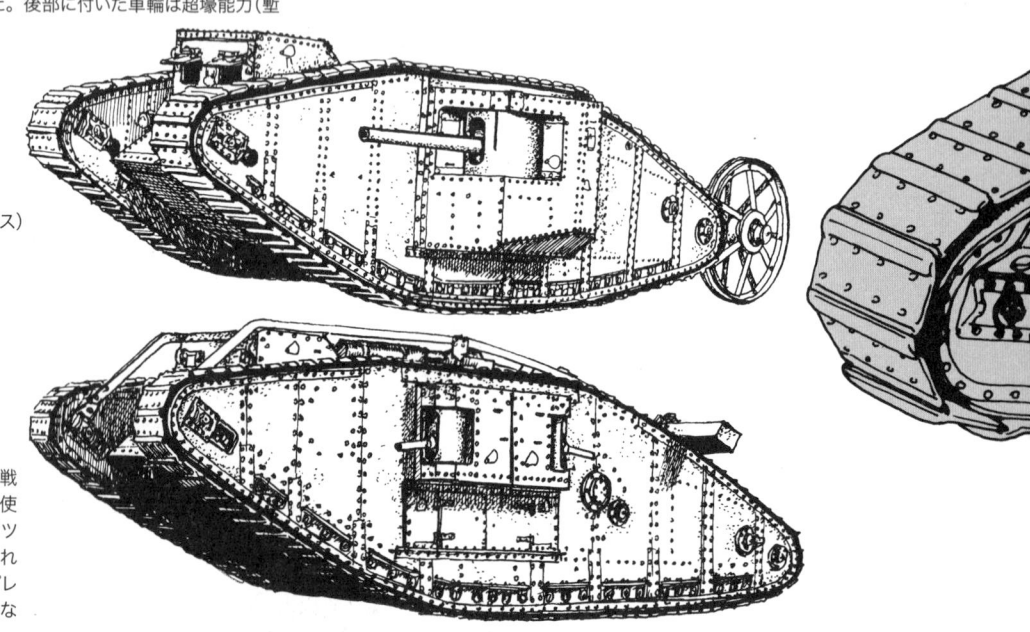

●リトルウィリー・ビッグウィリー（1915）
(Prototype tank Little Willie & Big Willie)
イギリスでの戦車の開発は面白いことに海軍省主導で行なわれた。この頃は戦車のことをランドシップ（陸上艦）と言っていたくらいで、鋼板をリベットで接合した姿は、当時の軍艦の建造法と似ている。右下のリトルウィリーは実際に戦争に参加したわけではないが、キャタピラで走る大きな装甲箱といった感じの記念すべき車両だ。1915年末の初の走行テストは不成功に終わった。10mm厚の装甲でダイムラーの105HPのエンジン、ほとんど歩行速度と同じ3km/hで走ることになっていた。右上のビッグウィリーが実用化され、マークIとなる。

●マークIメイル（1916）（Mark I tank Male）
あまりに名高い、実際に戦闘に参加した世界初の戦車。寸法をみると分かるが菱形の車体は大きなもので、6mmから12mmの装甲は構造材を兼ねている。この菱形車体の外周をキャタピラが回転するという独特な機構で、サスペンションもなく早歩き程度の速度6km/hでゴトゴトと走った。側面に張り出し（スポンソン）を設け火砲を積む。マークIからVまでの菱形戦車には武装の違いでオス（メイル）とメス（フィメイル）の2つの型があった。後部に付いた車輪は超壕能力（塹壕を乗りこえる力）を増すためのもの。

全長8.05m（共通）
全幅4.26m（オス）、4.37m（メス）
全高2.45m（共通）
重量28t（オス）、27t（メス）
武装：57mm砲×2（オス）、機関銃×5（メス）
エンジン105HP　最高速6km/h
乗員8名

●マークIVフィメイル（1917）
(Mark IV tank Female)
マークI〜III型に次いで現れた本格的な戦車。それまでの鋼板は鋼芯徹甲弾（K弾）を使うと7.92mm小銃でも貫通できることをドイツ軍に見抜かれたため、防弾鋼板を使ってこれに対処した。1917年11月の有名なカンブレー戦に主力として参加、大勝利の原動力となる。

● マークV（1918）

菱形の外観は変わらないが様々な改良が施されている。駆動部分では、戦車用として開発されたエンジンが搭載され、ウィルソン考案の遊星ギアを使った変速機が使われて、1名で操縦できるようになった。
また空冷式のホチキス機関銃に換装され、球状銃架の使用で射界を広く取れるようになった。その他、視察装置の改良、150HPのリカードエンジンの採用で機動性が向上し、排気煙を少なくする工夫もなされている。右図はオス型。
全長8.05m（共通）
全幅4.11m（オス）、3.20m（メス）
全高2.64m（共通）　装甲14mm
武装：57mm砲×2＆機関銃×4（オス）、機関銃×6（メス）
重量29t（オス）、28t（メス）　エンジン150HP　最高速7.4km/h

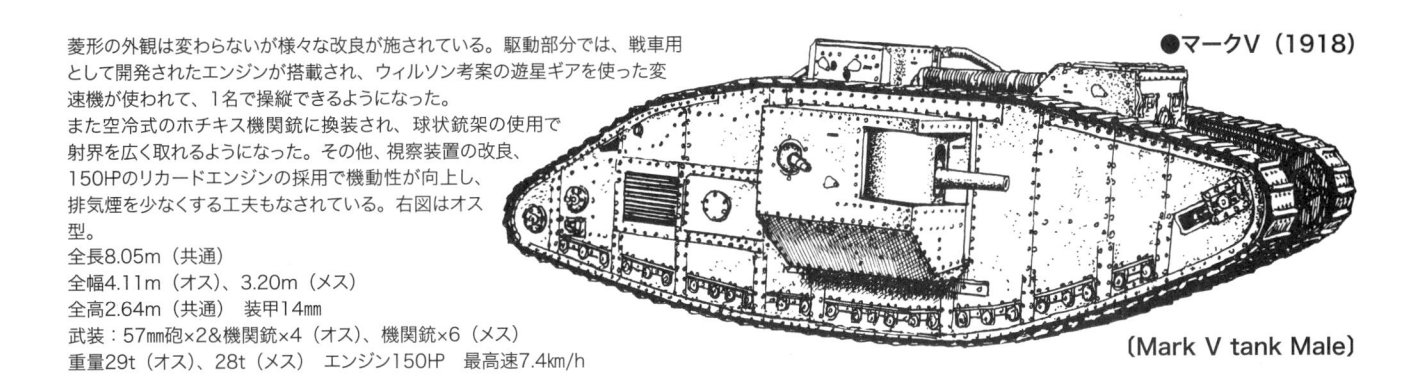

(Mark V tank Male)

● マークIVメイルの内部（1917）（Mark IV tank Male）

オス型に搭載されていたそれまでの40口径の57mm砲は、車体が溝に落ちた時などにダメージを受けるため23口径のものに変えられた。当時はまだ現在のような変速・操向装置がなく、操縦は3人がかりで、旋回する時は副操縦士2名が左右のキャタピラにブレーキをかける役目を担った。鋼板接合部はリベットがずらりと並んでいるが、イギリスの戦車はしばらくの間リベット接合だった。マークIV後期のものはエンジンがパワーアップされ125HPとなっている。

①脱出用角材
②乗降用ハッチ
③チューブラー・ラジエター
④補助ギアチェンジ・レバー
⑤6ポンド砲
⑥6ポンド砲弾薬庫
⑦ダイムラー 105HPエンジン
⑧操縦手席
⑨車長席
⑩補助変速ブレーキレバー
⑪履帯緊張装置
⑫テールシャフト・ブレーキ
⑬クラッチペダル
⑭変速レバー
⑮前方視察窓
⑯7.7mmルイス機関銃
⑰角材用レール
⑱前部展望塔
⑲消音器
⑳始動ハンドル
㉑減速機
㉒後部展望塔

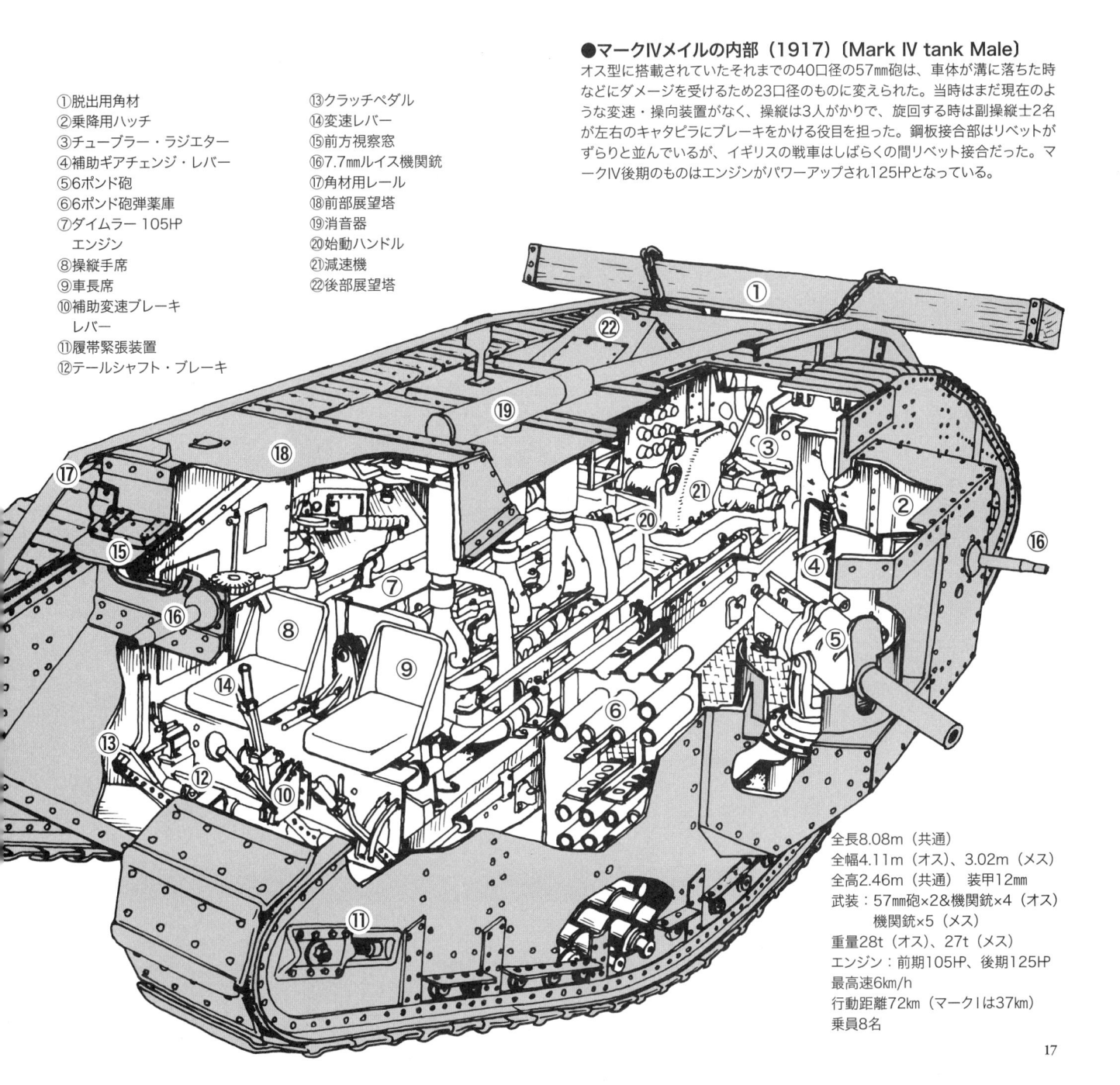

全長8.08m（共通）
全幅4.11m（オス）、3.02m（メス）
全高2.46m（共通）　装甲12mm
武装：57mm砲×2＆機関銃×4（オス）
　　　機関銃×5（メス）
重量28t（オス）、27t（メス）
エンジン：前期105HP、後期125HP
最高速6km/h
行動距離72km（マークIは37km）
乗員8名

17

マークA～DとⅧ型

マークⅠに始まる戦車の登場は各国に衝撃を与え、それぞれで戦車の開発が行なわれるようになったが、当のイギリスではこの成功を見てさらにその欠点を補うものを開発しはじめた。マークⅠなどの菱形戦車は大きく、重量も30t近くあったため当時の非力なエンジンでは機動力に欠け、スピードは歩行速度と同等、行動距離も数十km程度だった。そこで軽くて早い戦車が作られることとなる。その一番手がホイペットだ。

Mk. A to D and VIII
The emergence of tanks in the battlefield started with Mk. I shocked the countries at the war, and they started to develop their own tanks, while the Britain, the leading country in tank development, started further development on tanks that would compensate the shortages of existing tanks. As the rhomboid tanks like Mk. I were so large and weighed nearly 30 tons, it was impossible to achieve sufficient mobility with limited powered engines at that period, thus their maximum speed was walking pace and the range was less than 40 km utmost. Accordingly light and fast tanks were developed and the first of them was Whippet.

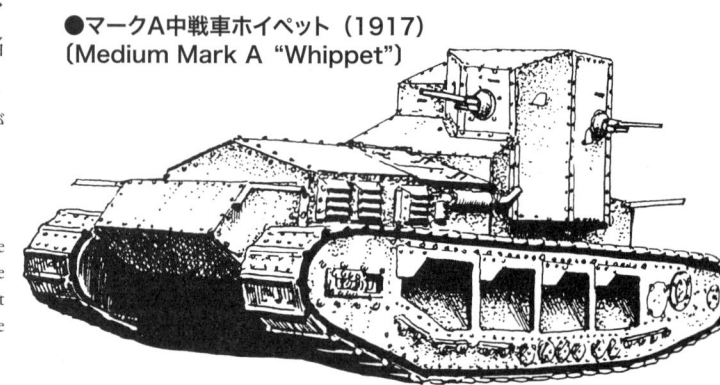

●マークA中戦車ホイペット（1917）(Medium Mark A "Whippet")

ホイペットというニックネームは、猟犬の一種の名前で、マークAはその名にふさわしい機動性を持っていた。重量は菱形重戦車のおよそ半分で、スピードは倍近くになっている。この軽快な戦車は一見すると前後の区別がつきにくい。図の左が前部で、戦闘室が後部に立っている。操縦席の前に隔壁も無くエンジン室が続いているため、相当騒々しい戦闘室だったと推測される。起動輪は後部で、戦闘室の下をプロペラシャフトが通っている。

●ホイペットの断面

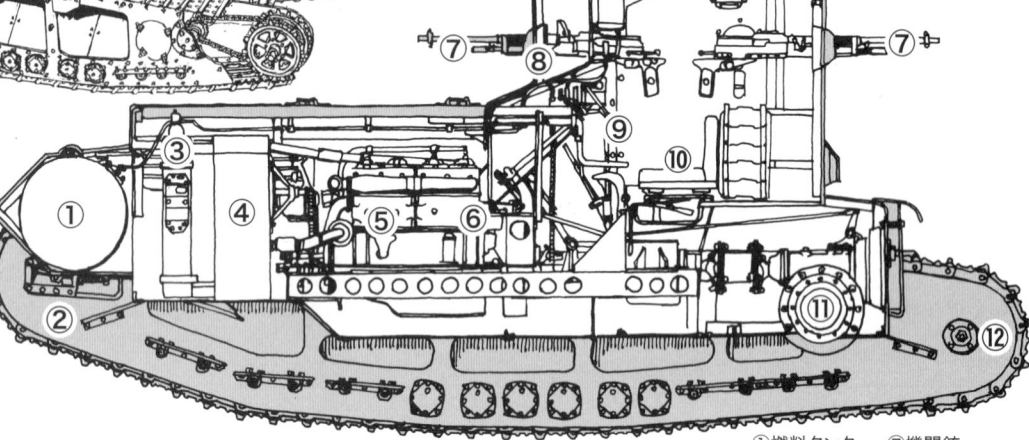

全長6.10m　全幅2.62m
全高2.74m　装甲5～14mm
武装：機関銃×4
重量14t　エンジン45HP×2
最高速13km/h
行動距離100km　乗員3名

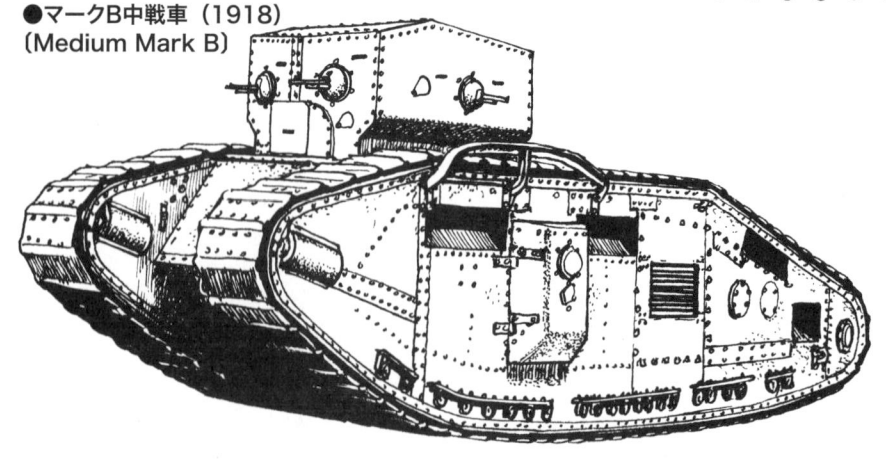

①燃料タンク　⑦機関銃
②誘導輪　　　⑧銃眼
③ラジエター　⑨操向ハンドル
④ファン　　　⑩操縦席
⑤エンジン2基　⑪変速機
⑥転輪　　　　⑫起動輪
　　　　　　　（チェーン駆動）

●マークB中戦車（1918）(Medium Mark B)

ホイペットとは形状がガラリと変わってしまったマークBは、エンジンが100HPの1基となり、戦闘室とエンジン室の間に隔壁が設けられて室内騒音の低減がはかられた反面、重量増加のため軽快性にやや欠けることになった。計45両が生産されたが、結局戦争には使用されていない。

全長6.95m　全幅2.82m　全高2.56m
装甲6～14mm　武装：機関銃×4　重量18t
エンジン100HP　最高速9.8km/h　行動距離100km

戦闘室上部に車長用キューポラが付き、換気用に大型ファン2基が装備される
など、マークBよりさらに重量が増えたが、エンジンをパワーアップしており、
スピードは速くなっている。飛行機に対応して対空機銃を装着したのが目新し
い。

全長7.87m　全幅2.70m　全高2.92m
装甲6~14mm　重量19.5t　武装：機関銃×4
重量19.5t　エンジン150HP
最高速12.6km/h　行動距離120km　乗員4名

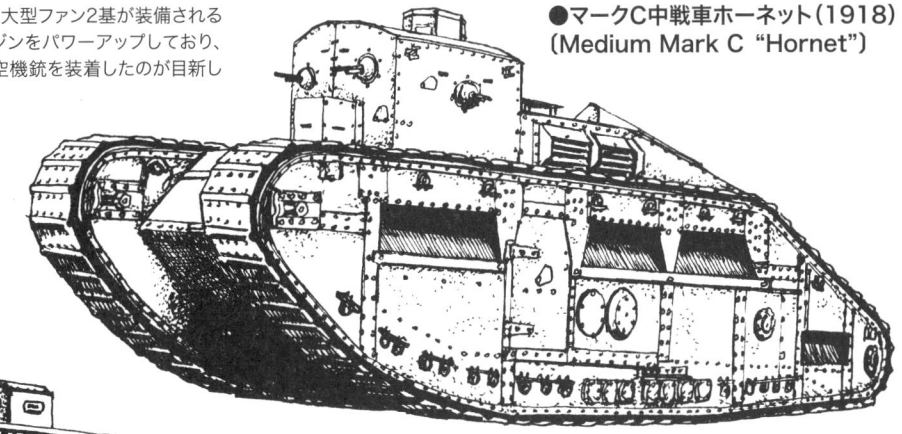

●マークC中戦車ホーネット(1918)
（Medium Mark C "Hornet"）

●マークⅧインターナショナル（1919）
（Mark Ⅷ tank "International"）

マークⅧ型は最後の巨大な菱形戦車で、イギリスとアメ
リカの協同計画で開発された。イギリスで作られた
ものはエンジンがロールスロイス製の300HP
だったが、アメリカ軍のものはリバティー
エンジンに変更されており、これは水
冷V12で338HPの出力があった。生産
が本格化する前に終戦となり、アメリ
カで1両、イギリスで7両が作られたに
とどまった。戦闘には参加していない。

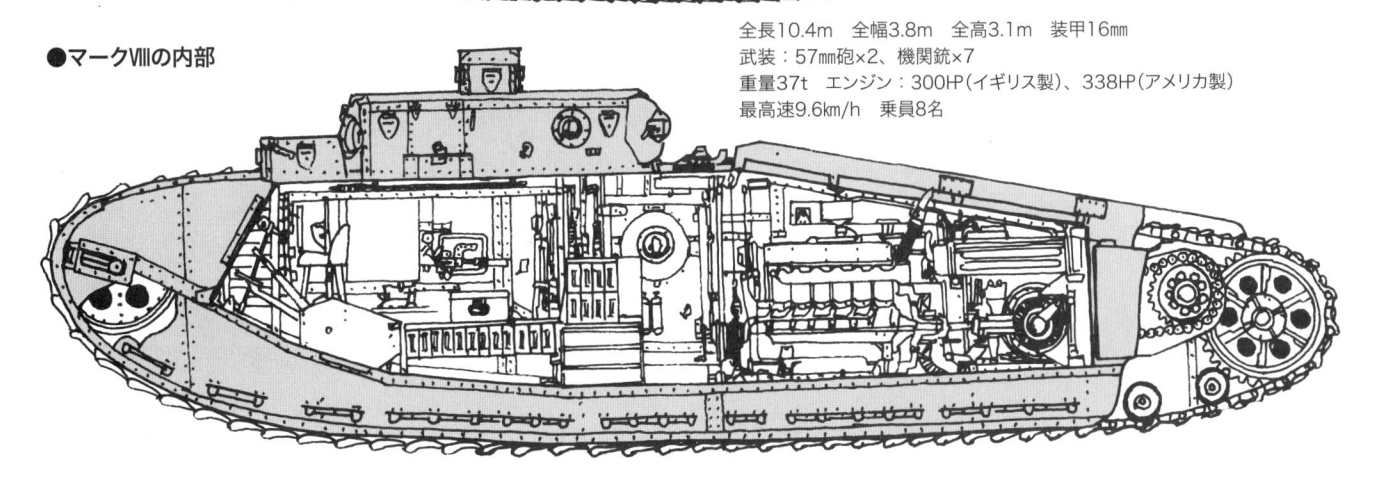

●マークⅧの内部

全長10.4m　全幅3.8m　全高3.1m　装甲16mm
武装：57mm砲×2、機関銃×7
重量37t　エンジン：300HP（イギリス製）、338HP（アメリカ製）
最高速9.6km/h　乗員8名

●マークD（1920）（Mark D tank）
水上走行も可能な、機動性に優れた当時としては革命
的な戦車だった。160kmの最大走行距離、最高速も36
km/h以上出せ、水上も2.5km/hで浮航できる。また下図
のようにキャタピラが曲がり操行を補助するなど画期的
だった。しかし実用化に際しては細かな欠点が多く現れ
て、結局試作車が作られただけで終っている。

ケーブル式スネークキャタピラ

キャタピラが曲がり方向を変え
るのを助けるので、ブレーキに
よる力のロスが無い。

全長9.14m　全幅2.26m　全高2.81m　装甲8～10mm
武装：機関銃×3　重量20t　エンジン240HP
最高速37km/h　乗員3名

イギリスの特殊戦車（WWI）

マークIから始まったイギリスの戦車は、様々に改造されて特殊戦車となっている。戦場での輸送や作業、地雷処理などには装甲を施してある戦車は圧倒的に有利で、以後各国で多様な特殊戦車が開発されることになるが、イギリスの特殊戦車はその元祖ともいえるものだ。

British Special Tanks (WWI)
Some of the British tanks including Mk. I were modified into various types of special tanks. The well armored tanks are definitively suitable for transportation, engineering or mine clearance in battlefield, thus many countries developed various types of special tanks. Amongst them the British ones are considered their pioneers.

●自走砲マークI（1917）
(Gun Carrier Mark I)

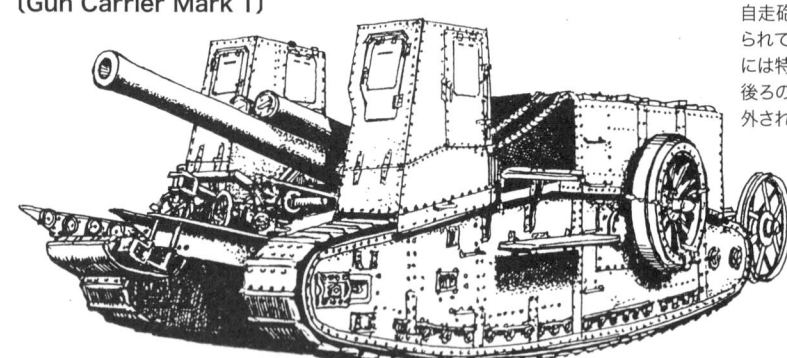

自走砲となっているがじつは火砲運搬車で、マークI戦車を改造して作られている。最前線に大砲を運び込むことを意図して作られたが、実際には特性を活かして補給車として弾薬や物資の輸送に使われた。左図の後ろの車輪は超壕用のものだが、側部にしばり付けられているのは取り外された火砲の車輪だ。計48両が生産されている。

●兵員物資輸送車マークIX（1918）
(Mark IX armored personnel carrier)

のちの装甲兵員輸送車の元祖ともいえる車両で、兵員なら30名、物資なら10tまでが運べた。
全長9.73m　全幅2.44m　全高2.64m　装甲6〜12mm
武装：機関銃×1　重量27.4t　エンジン150HP
最高速6.9km/h　乗員4名

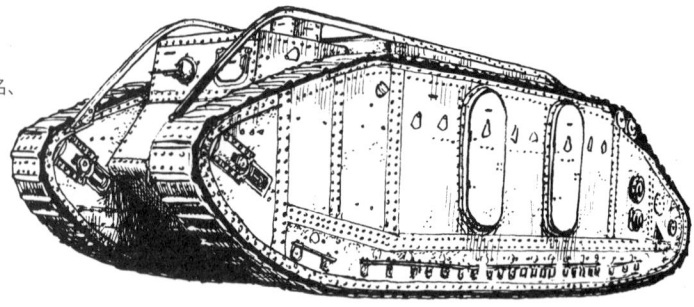

●水陸両用車ダック（1919）
(Mark IX amphibius tank "Duck")

マークIX戦車の車体を改造して作られた水陸両用実験車。両サイドの円筒形タンクは浮力をつけるためのもので、これで水上に浮かんでキャタピラにつけられた推進用の水かきで進む。文字通りアヒル（ダック）という感じだったろう。実験は成功した。

●マークV地雷処理・架橋戦車（1918）
(Mark V RE "Mine roller" & "Launched Bridge")

マークV戦車の車体を利用して作られた。戦車の登場で塹壕が超えられるようになると、進撃を妨害するものは橋梁でなければ渡れない河川や運河、そして地雷ということになる。これに対抗して考え出されたのがこの2つの戦車だ。手前の地雷処理車はローラーで地雷を爆発させる。右奥の架橋戦車は12mの橋をかけることができる。対戦車兵器と戦車開発技術のイタチゴッコの始まりだった。

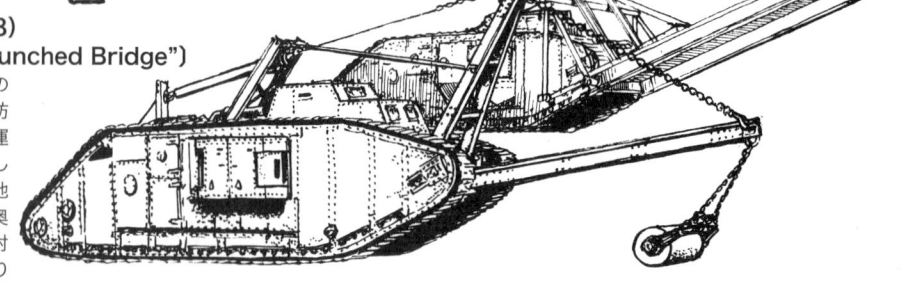

ドイツの戦車（WWI）

戦場に突如として出現したイギリスの戦車に苦戦したドイツだが、捕獲したイギリス戦車を研究してその開発に成功。しかし、時すでに遅く、戦場で活躍するまでにはいたらなかった。

German Tanks (WWI)
Germans suffered against British tanks that emerged in battlefield suddenly, but they managed to analyze captured British tanks and succeeded to develop their own tanks. But it was too late for German tanks to change the whole situation of the war.

全長7.35m　全幅3.06m　全高3.30m　装甲7~30mm
武装：57mm砲×1、機関銃×6　重量32t　エンジン100HP×2
最高速9km/h　行動距離80km　乗員18名

●A7Vの内部

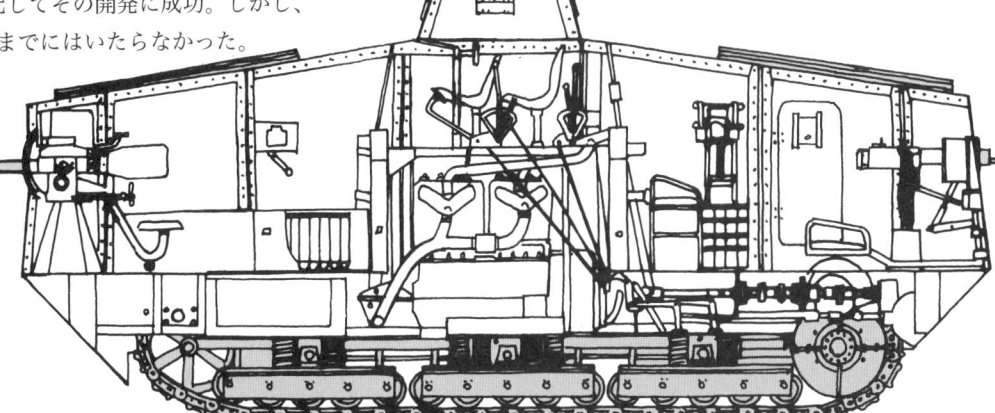

戦車という新兵器に関しては立ち遅れたドイツだったが、戦場で捕獲したイギリスの戦車を研究して、これを超えるものを作ろうとした。それがA7Vで、装甲がキャタピラまで覆いひときわ威圧的な形状になっており、この装甲が厚いのとバネを使った懸架装置を装備するなどの点は、イギリスの戦車よりは優れていた。しかしすでに敗色濃い中、資材不足で大量生産ができず、20両が作られただけで終わった。乗員は兵員輸送車並みの18名。

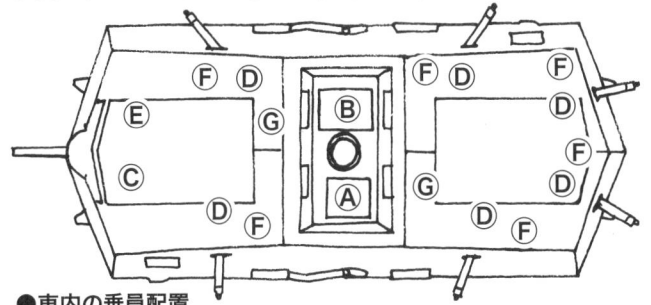

●A7V（1917）

●車内の乗員配置
Ⓐ操縦手　Ⓓ機関銃手　Ⓕ機関銃装塡手兼機関助手
Ⓑ車長　　Ⓔ砲装塡手　Ⓖ機関手
Ⓒ砲手

●ライヒター LK-1（1918）
（Leichter Kampfwagen-1）

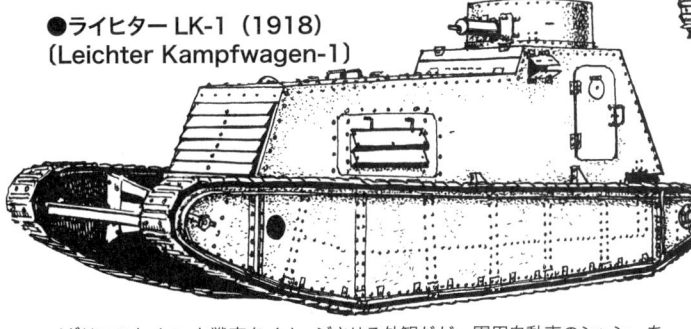

イギリスのホイペット戦車をイメージさせる外観だが、軍用自動車のシャシーを流用して作られている。この他にも生産されなかったがLK-IIという型もあり、これはホイペットの上を狙って企画された。ライヒターはドイツ語で軽量を意味する言葉。ホイペット級の小型だが、装甲は厚くパワーもあり操縦も楽だった。
全長5.5m　全幅1.9m　全高2.3m　装甲8mm　武装：機関銃×1
重量7t　最高速16km/h　乗員3名

●A7V-U（1918）

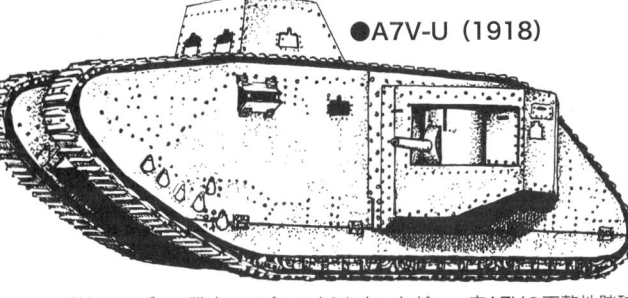

外観はイギリス戦車のコピーのようになったが、一応A7Vの不整地踏破能力改善を目指したものだった。試作のみで終戦となっている。車名の「-U」はumlaufende Kette（全周履帯）を意味する。
全長8.4m　全幅4.7m　全高3.2m　装甲20~30mm
武装：57mm砲×2、機関銃×4　重量40t　エンジン105HP×2
最高速10km/h　乗員18名

●K戦車（1918）（K-Wagen）

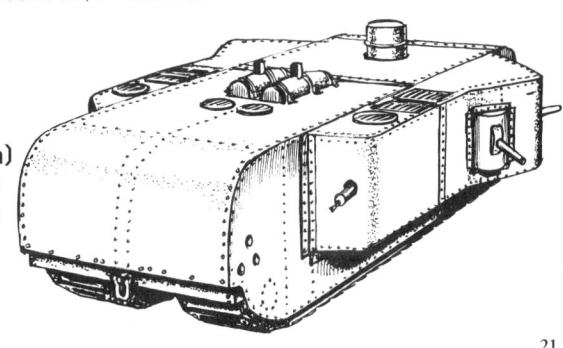

これは極秘で製造していたドイツの重戦車。巨大な車体を全周装甲が覆うので、何と150tという重量になる。そのため自走せず分解して戦場に運ぶ予定だった。2両が完成直前で終戦となり破壊された。
全長12.7m　全幅6.0m　全高3.0m　装甲30mm
武装：77mm砲×4、機関銃×7
重量150t　エンジン650HP×2　最高速7.5km/h　乗員22名

21

フランスの戦車（WWI）

　実戦での使用はイギリスに遅れをとるが、フランスでもイギリスと同じ頃から独自に戦車の開発が行なわれていた。
　先頭に立っていたのはエスティアン大佐という人物で、初めに考えついたのがアメリカのホルトトラクターに75mm砲を搭載した装甲箱を載せるというものだった。
　製造技術上ではイギリスのものに似たりよったりの戦車が多かった中で唯一、ルノーFTは画期的なもので、その後への影響が大きい。

French Tanks (WWI)
At the same time as Britain, its own tank was produced even in France. French army developed their totally original tanks independently from British. One of the leader of tank development was Colonel Estienne, and his first idea was to add an armored casemate with 75mm gun on American Holt tractor. While many of French technical approaches to tank were resemble to that of British, only Renault FT had unique epoch-making design and greatly influenced the design of later tanks.

●サン・シャモン（1917）〔Saint-Chamond tank〕
右のシュナイダー戦車より少し遅れて登場した。この戦車はガソリンエンジンで発電し、電気モーターで駆動する世界最初の電動戦車だった。長大な装甲箱の割に履帯全長が短く、超壕能力が低かったが、シュナイダー戦車よりは活躍した。
全長7.91m　全幅2.67m　全高2.36m　装甲5～17mm
武装：75mm砲×1、機関銃×4　重量26t　エンジン85HP
最高速8.5km/h　行動距離60km　乗員9名

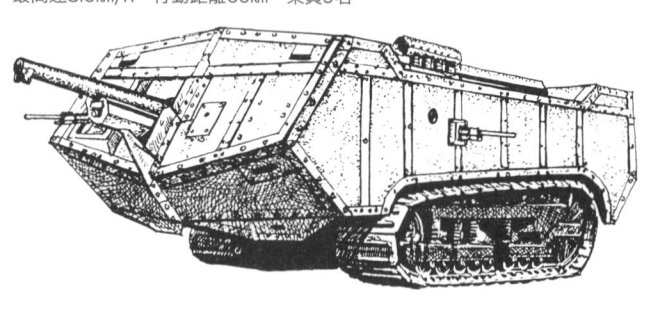

●シュナイダー M16C（1917）〔Schneider tank〕
フランス陸軍最初の実用戦車で、コイルスプリングを使用した懸架装置を備えるなど、イギリスの戦車より進歩した所もあった。しかし戦場では装甲に問題があるといわれ、燃えやすいともいわれた。計400両が作られた。
全長6.01m　全幅2.12m　全高2.38m　装甲24mm
武装：57mm砲×1、機関銃×2　重量13.5t　エンジン70HP
行動距離75km　乗員7名

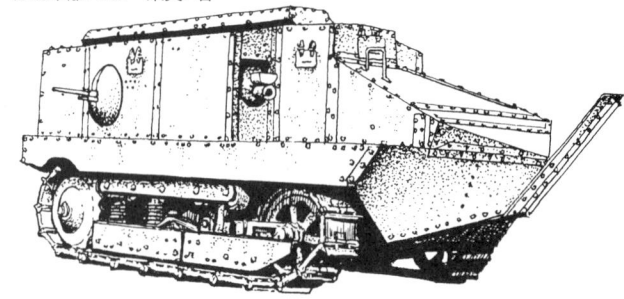

●ルノーFTの構造
①操縦手用装甲バイザー
②変速レバー
③クラッチペダル
④ステアリングレバー
⑤操縦手席
⑥コントロールケーブルダクト
⑦戦闘室
⑧室内始動ハンドル
⑨ギアボックス
⑩ステアリングギア
⑪後部アクスル
⑫オイルタンク
⑬キャブレター
⑭始動ハンドル
⑮マグネトー
⑯エンジン
⑰燃料ポンプ
⑱ラジエター
⑲ファン
⑳燃料タンク

●ルノーFT（1918）（Renault FT）
FTはFaible Tonnage（軽量）の意。

第1次世界大戦で最も成功した戦車で、前部に操縦席、中央に全周旋回砲塔、後部に動力装置という基本構成は、その後の戦車の手本となった。小型軽量でトラックに積んで前線に運ぶこともできた。戦後多くの国で装備することになり約5,000両が生産されている。
全長4.88m　全幅1.74m　全高2.14m　装甲22mm
武装：37mm砲×1（オス）、機関銃×1（メス）
重量6.7t　エンジン39HP　最高速8km/h
行動距離35km　乗員2名

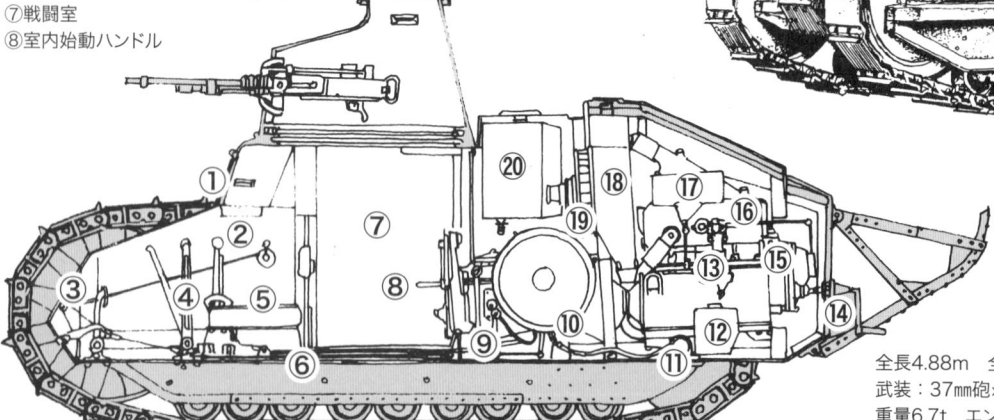

■ルノーFT型の各国での発達
(The Variety of Renault FT Tank Developed in Other Countries)

●M1917 6トン戦車（アメリカ 1917）
(U.S.A. M1917 6-Ton tank)

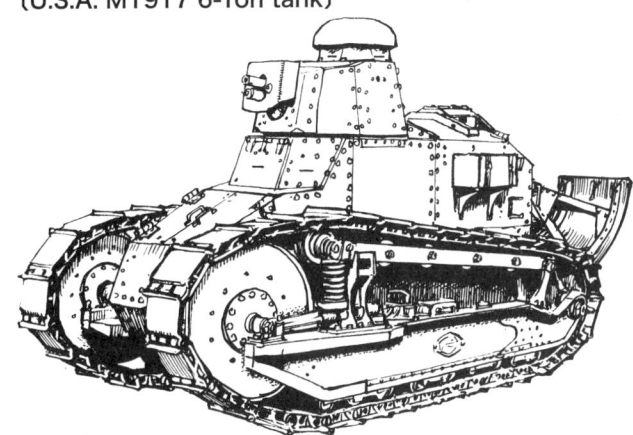

当初、第1次世界大戦に参戦していなかったアメリカは、自国の商船がドイツ潜水艦に撃沈されたのを機に、1917年4月に参戦することになった。しかしアメリカは戦車を持っておらず、大戦末期に開発されていたものもP.24で紹介するように実験的なものであった。戦争も終わる頃アメリカ陸軍が最も注目していたのはルノーFT戦車で、これをほとんどそのまま自国でライセンス生産した。これが6トン戦車M1917で、"アメリカンルノー"と呼ばれた。
しかし、終戦までにヨーロッパに派遣されたアメリカ軍に届いた車両は、わずか6両だ。このM1917は1919年までに952両が製造され、陸軍軽戦車部隊の標準車両となっている。その後1929年になって、エンジンを100HPの空冷フランクリンエンジンにパワーアップしたM1917A1も作られた。

全長5m　全幅1.79m　全高2.3m　装甲最大15㎜
武装：37㎜砲×1、7.6㎜機銃×1
重量6.6t　エンジン43HP　最高速9km/h　乗員2名

●T-18（MSⅡ）軽戦車（ソ連 1927）
(USSR T-18 Light tank (also called MS-1))

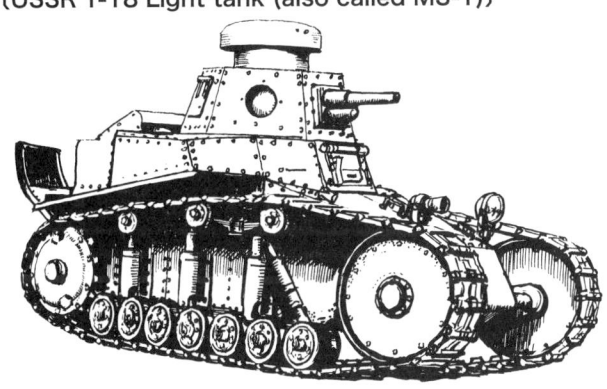

革命後成立したソ連の赤軍の機械化においても、目をつけられたのはルノーFTだった。始めに作られたFTのクローンはKSと通称されたタイプで、アメリカのギアボックスとフィアットのエンジンを使ったものだったが、当時のソ連の工業力に制約されて量産は無理だった。次に登場するMSシリーズがこのT-18になる。エンジンはMSⅡまで35HPで、MSⅢから40HPになった程度だが、KS型の7t台から5t台の重量になり、懸架装置の改良による非力にもかかわらず速度が向上している。

全長4.38m　全幅1.76m　全高2.12m　装甲最大16㎜
武装：37㎜砲×1、機銃×1
重量5.5t　エンジン35HP　最高速16km/h　乗員2名

●フィアット3000突破戦車　M1930（イタリア 1923）
(Italian Renault FT Fiat 3000)

これもルノーFTがオリジナルで、そのイタリア版のコピーだ。大戦後半イタリアはフランスから部品を輸入してノックダウン生産する予定だったが、届いたのは数両分で、そのうち終戦となったため、その後自主開発したもの。1923年から作られたM1921型は6.5㎜機銃を双連装備したが非力なため、30年から37㎜砲搭載のM1930型に替わった。少数は第2次世界大戦でも使われた。

全長3.73m　全幅1.67m　全高2.20m　装甲16㎜
武装：37㎜砲×1、または6.5㎜機銃×2
重量5.9t　エンジン50HPガソリン
最高速21km/h　航続力88km　乗員2名

●ルノーNC27（フランス 1926）(France Renault NC27)

ルノーFTの後継として開発され、外国からの受注を取っておりながらフランス軍には採用されなかったという奇妙な経緯を持った軽戦車。これはマジノ線に頼ったフランスの防衛戦略の影響だと考えられる。日本にも戦車隊装備用に10両ほどが輸入されている。機構的には、片側3本の垂直コイル・スプリングに3組のボギーを取り付けた懸架装置となり、FT型と同程度のスピードが出る。このNC戦車は50両ほどが製造され、すべて輸出されている。

全長4.41m　全幅1.71m　全高2.14m　装甲最大30㎜
武装：37㎜砲×1　重量8.5t　エンジン60HP　最高速18.5km/h
航続力100km　乗員2名

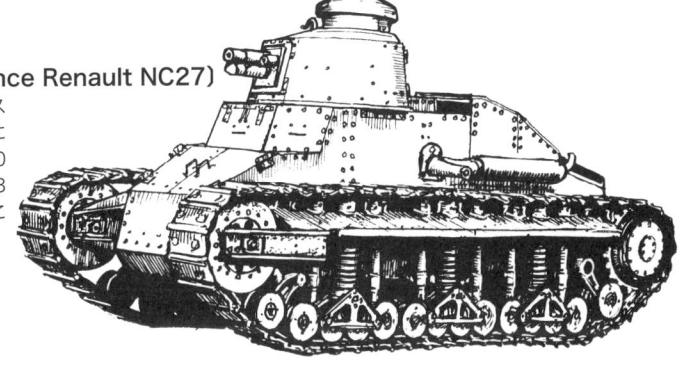

アメリカ・イタリアの戦車（WWI）

第1次世界大戦において当初モンロー主義をとっていたアメリカも戦車に無関心ではいられず、様々なタイプが試みられている。ただしこの時代のものは大量生産されたものは無く、実験的な要素が強い。動力機関に種々のものがあり興味深いところだ。イタリアのものはドイツのA7Vに似た形状だが全く独自の開発で、少量だけが作られて終わっている。

American And Italian Tanks (WWI)
While the Americans advocated Monroeism at the beginning of the WWI, they could not neglect tanks and tried to develop various types. But none of them were mass-produced and their nature was rather experimental. The wide variety of their power plants is interesting. On the other hand, while the Italian tank looks like German A7V in appearance, but its design was totally original and the production ended in small numbers.

●フォードM1918軽戦車（アメリカ 1918）
(U.S.A. Ford M1918 Light tank)

かのT型フォードの部品を多く流用して作られた2人乗り軽戦車。計画では量産され15,000両製造される予定だったが、最終的に作られたのは15両だけだった。武装の違いでオス型とメス型があった。
全長4.2m　全幅1.68m　全高1.62m　装甲12.7mm
武装：57mm砲×1（オス）、機関銃×1（メス）　重量3.4t
エンジン22.5HP×2　最高速12.8km/h　乗員2名

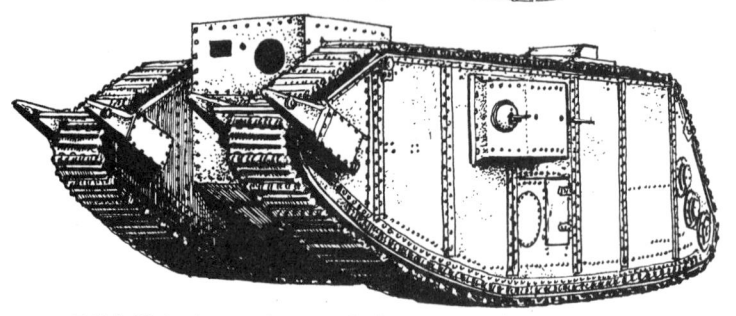

●スケルトン軽戦車（アメリカ 1918）
(U.S.A. Skeleton tank)
文字通りスケルトン（骨格）だけになってしまった戦車。これは塹壕突破のために軽快さを追及したためで、戦闘室など以外の装甲を省略、パイプフレームだけの構造となっている。イギリスのマークⅡ戦車をモデルにパイオニアトラクター社が製作した。
全長7.62m　全幅2.57m　全高2.90m　装甲13mm　武装：機関銃×1
重量7.26t　エンジン50HP×2　最高速8km/h　乗員2名

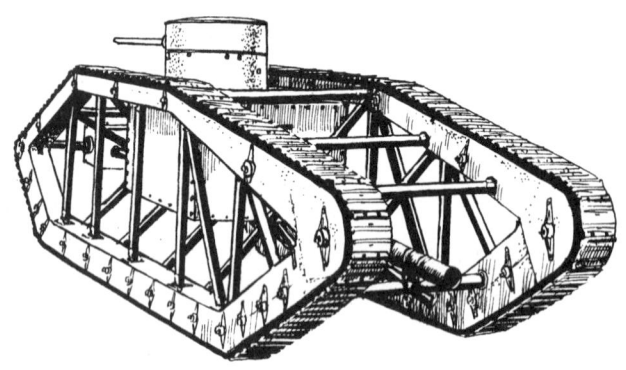

●蒸気戦車（アメリカ 1918）(U.S.A. Steam tank)
工兵用に作られた火焔放射戦車。イギリスのマークⅣ戦車をベースにしているが、動力が2気筒蒸気エンジン2基というのが変わっている。そこから得られる圧力を火焔放射にも利用する。
全長10.59m　全幅3.81m　全高3.16m　装甲13mm
武装：火焔放射器×1、機関銃×4
重量45.36t　エンジン230HP蒸気×2　最高速6.4km/h　乗員8名

●フィアット2000型（イタリア 1918）(Italia Fiat 2000)
イタリアが独自に開発した重戦車で、1916年8月に設計開始された。ドイツのA7Vと同様に上体部が大きく重い。計6両が作られたのみだった。
全長7.4m　全幅3.1m　全高3.8m　装甲15～20mm
武装：65mm砲×1、機関銃×7　重量40t　エンジン240HP　最高速7.2km/h
乗員10名

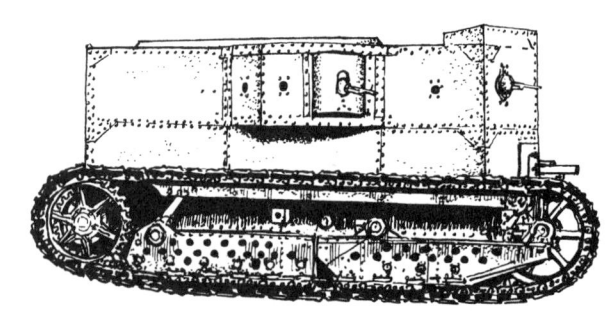

●ホルト・ガス-エレクトリック戦車（アメリカ 1917）
(U.S.A. Holt Gas Electric tank)
当時のアメリカで研究されていた鉄道機関車用のガス-エレクトリックエンジン（ガソリンエンジンで発電機を回し電気モーターで走る）を搭載したもの。アメリカのホルト社がGEと共同で開発したが実験車両で終わった。
全長5.03m　全幅2.77m　全高2.37m　武装：75mm砲×1、機関銃×2
重量25t　エンジン90HP　乗員6名

第3章
軍縮機運のなかの探求
大戦間の戦車

　第1次世界大戦では、新しい突破兵器としての戦車の有効性が実証されただけでなく、装軌式の車体に全周旋回砲塔を搭載したルノーFTのように、今日まで続く戦車の基本フォーマットも確立されました。ところが、戦後はヨーロッパ全体が荒廃し、各国とも疲弊した経済のもとで復興を行なわなければなりませんでした。また、戦争中に量産を進めた戦車が、戦いが終わった途端に大量に余剰となった現実もあり、本格的な新型戦車の開発は先細りとなっていきます。こうした状況下、イギリスで開発されたタンケッテ、いわゆる"豆戦車"は、小型軽量でありながら取りあえず戦車の体裁を整えており、軍備に予算を割きにくい時代のニーズにマッチして世界中に拡散します。そのアイディアを発展させ、あるいはそのままコピーしたような近似車両は世界中で開発されることにもなりました。多数の国に輸出されたルノーFTとともに、続く時代の各国の戦車の母体となったと評しても過言ではありません。一方、第1次世界大戦から戦間期にかけては、戦車は「陸上軍艦」として捉えられ、実際にイギリスでは"ランドシップ"とも称されました。このコンセプトに則り、複数の砲塔や銃塔を備えた、いわゆる「多砲塔戦車」が各国で開発され、この時代を象徴するひとつのカテゴリーを形作っています。また、これらとは別に、今日まで続く流れのひとつが生まれました。アメリカの技術者クリスティーが独自に設計したサスペンションを有する高速戦車シリーズです。なかでもソ連に売却された車両はBT戦車の原型となり、それは第2次世界大戦におけるエポックとなったT-34戦車へと発展しました。
　ここでは戦間期の試行錯誤のうちに生まれた各国の戦車を紹介します。

Chapter 3: The Groping in the Trend of Arms Reduction
The tanks during interwar period

In WWI, the tanks established not only their position as a breakthrough weapon, but also the format of modern tank that equipped with the fully traversing turret on the hull with tracks like Renault FT tank. But after WWI, whole Europe was deserted and every country had to reconstruct under exhausted economical situations. And as the tanks mass produced during the war turned to a substantial surplus, the development of new tanks became shrank. Under such situation, the tankettes conceived in Britain that had embodied the characteristics of tank in smaller size and suited to the trend of arm reduction spread all over the world. Many countries developed its improved versions or simply adopted the copies of British tankettes. It is no exaggeration to say the tankettes and Renault FT tanks destined the basis for later tank designs of various countries. On the other hand, in the period from WWI to the interwar, tanks were regarded as "battleship on land", and in fact, tanks were sometimes called "land ships" in Britain. Based on this concept, "multi-turreted heavy tanks" were developed in several countries and formed one category of tank that was peculiar in this period. And in addition to these categories, another design style that would last till even today also appeared. That was the series of high speed tanks that equipped with the unique suspension system developed by American engineer Christie. Especially, those sold to Soviet Union became the basis of BT tanks and eventually evolved to the epoch making T-34 tanks in WWII.

In chapter 3, we will look upon tanks of various countries developed in the groping during this period.

ビッカース戦車

　第1次世界大戦後の軍縮機運の中、戦車の開発も規制が加えられることとなった。この影響は豆戦車や軽戦車の出現となって現れるが、少ない予算の中、軍の近代化機械化への努力は続けられた。

　戦車は第1次世界大戦で一躍花形兵器となるも、使用期間が短かく、ハードウェアとしての構造性能や運用方法などが煮つめられるまでには至らなかった。しかし戦間期の平和な時代に新型車両の試作試験が続けられ、運用面の軍事理論研究も深まっていく。この時代に台頭したのがビッカース社の戦車群であった。

Vickers Tanks

The trend of arms reduction after WWI also decelerated the development of tanks. The most notable result of it was the appearance of tankette, which will be described in detail in the next paragraph, the effort for modernization and mechanization of the armies were continued in limited budget.

The tanks became the weapon in the spotlight all of a sudden in WWI, however, owing to its short service term, their design as hardware and tactics could not reach completion. The developments and tests of new prototypes were continued and military study on tank tactics was also deepened. Vickers tanks appeared in such period.

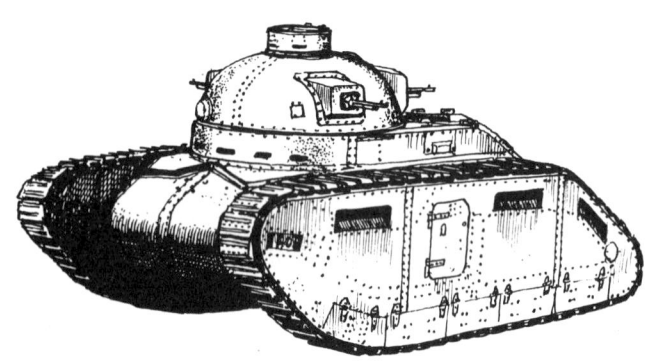

●ビッカースNo.1（1921）（Vickers Tank No.1）
各国での戦車の開発製作が縮小傾向にあった時期にイギリスだけがビッカース社を中心に新戦車を製作しており、このため世界各国にこの新兵器を売り込むことに成功し、ビッカースの独占時代ともいわれた。この時期に陸戦の王者としての戦車の基本構成は固まり、近代戦車のスタイルとなった。No.1戦車は全周旋回砲塔を持った試作車である。
寸法不明　装甲12.7mm　武装：機関銃×3　重量8.5t　エンジン86HP
最高速24km/h　乗員5名

●ビッカースマークⅠ（1923）
（Vickers Medium Tank Mk.Ⅰ）
快速中戦車としてのイギリスの制式第1号戦車。外観上でも菱形戦車のイメージを一新して、いかにも近代戦車らしいスタイルとなった。走行関係の改良で速度向上が著しい。
全長5.33m　全幅2.78m　全高2.82m　装甲6.5mm　武装：47mm砲×1、機関銃×6　重量11.7t　エンジン90HP　最高速29km/h　乗員5名

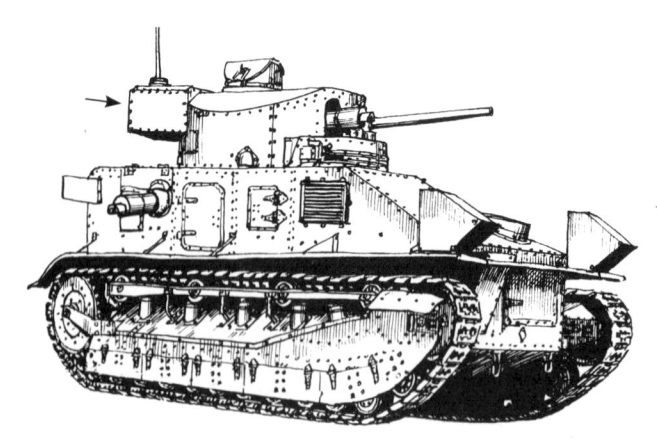

●ビッカースマークⅡ改修型（1924）
（Vickers Medium Tank Mk.Ⅱ**）
マークⅡはマークⅠの発展型だが、このタイプは次頁上の解剖図の車両の砲塔後部に無線機ボックスを装備したもので、英名ではこれを表すため車名の後に**を付ける。ビッカース社は30年代までリベット止めの接合を続けているが、フランスでは鋳造砲塔が現れており、ドイツでは圧延鋼板の熔接止めも行なわれていた。アメリカのクリスティーやソ連ではリベット接合であった。

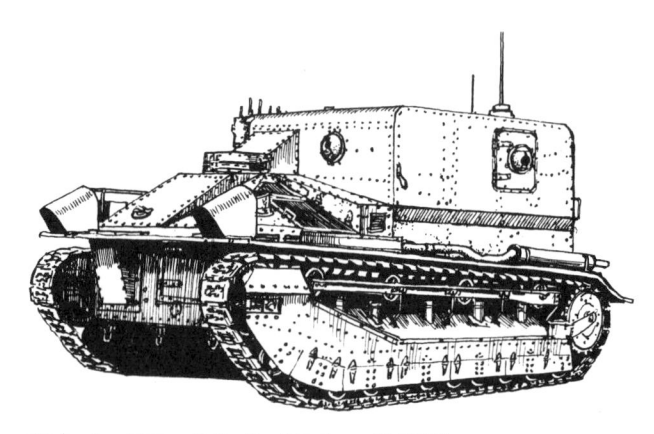

●ビッカースマークⅡ ボックスカー（1928）
（Vickers Medium Tank Mk.Ⅱ "Boxcar"）
マークⅡの車体から砲塔を取り外し、大型の箱形ボディを載せた無線指揮車両で、戦車大隊レベルの指揮用に開発されたもの。武装は機関銃1丁のみという構成となっている。なおマークⅡは基本的にマークⅠの改修型で、外観上はキャタピラ下部のロードホイールに装甲カバーがついたくらいで大きな相違は無いが、図のようなバリエーションもいくつか作られている。

①47mm砲
②303口径（7.62mm）
　ビッカース機関銃
③操縦席天蓋
④操向レバー
⑤変速レバー
⑥ブレーキ・レバー
⑦アームストロング90HP
　8気筒エンジン

⑧換気扇
⑨キャタピラー調整輪
⑩操縦席
⑪クラッチ
⑫ビッカース機関銃
⑬ギアボックス
⑭懸架装置
⑮駆動輪
⑯ギアボックス
⑰エピサイクル
⑱ブレーキ
⑲駆動用ピニオン・ギア
⑳排気管
㉑炊事用鍋
㉒燃料槽（2個）
㉓車長用展望塔

●ビッカースマークⅡ中戦車
（Vickers Medium Tank Mk.Ⅱ）
マークⅠの改修型ではあるが信頼性が高く、第2次世界大戦開始直前の1939年初頭まで現役として活躍した。

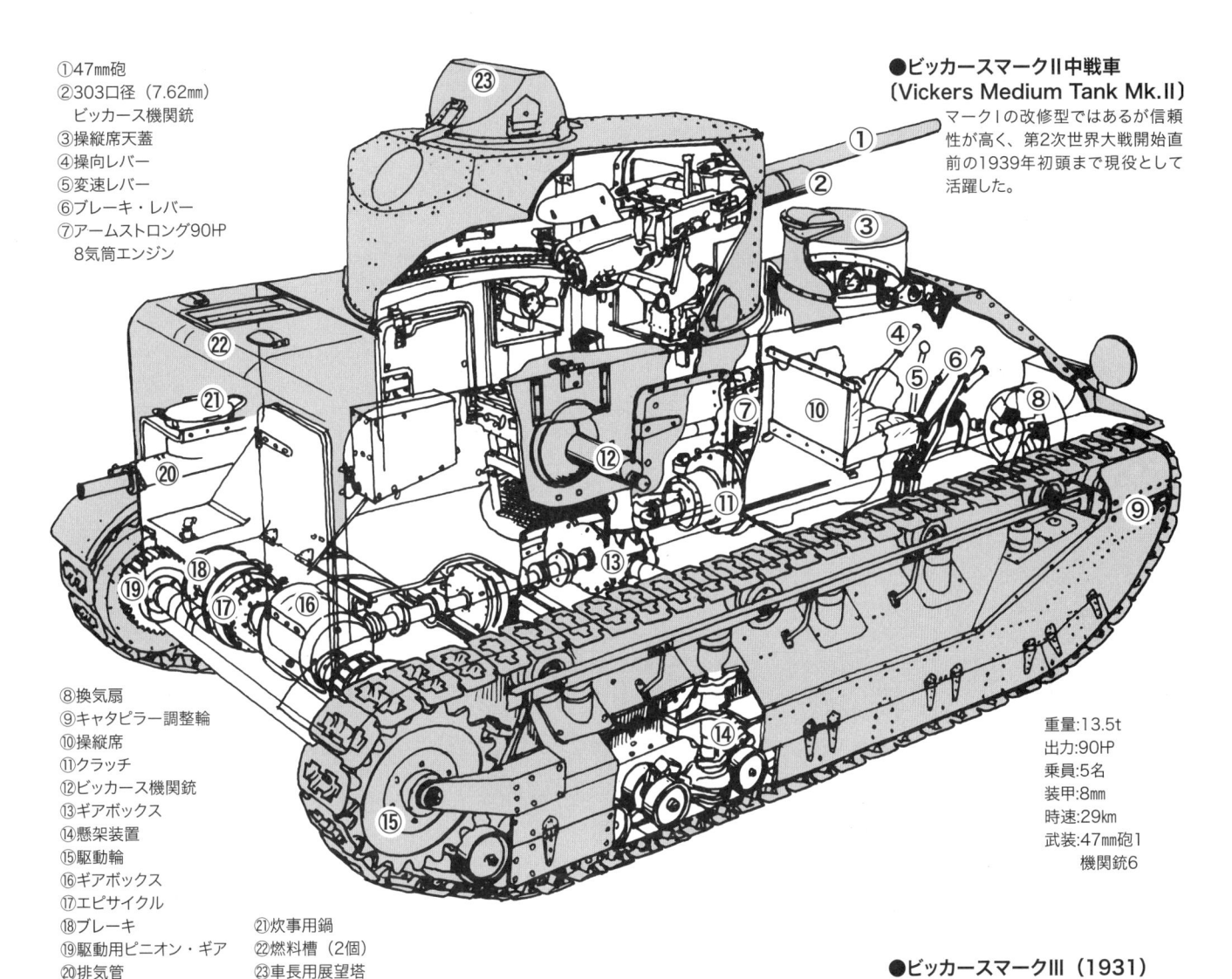

重量:13.5t
出力:90HP
乗員:5名
装甲:8mm
時速:29km
武装:47mm砲1
　　 機関銃6

●ビッカースC型中戦車（1926）
（Vickers Medium Tank Mk.C for Japan）
ビッカース社は戦車をはじめ自社製戦闘車両を多数作り、世界中に販売していた。また各国の事情に応じたオーダーメイドの戦車も作った。このC型中戦車は日本が発注したもので、ビッカース社は日本の戦車産業の育成期にも深く関わっていたわけだ。
装甲6.5　武装：57mm砲×1、機関銃×4　重量11.6t　エンジン165HP
最高速32km/h　乗員5名

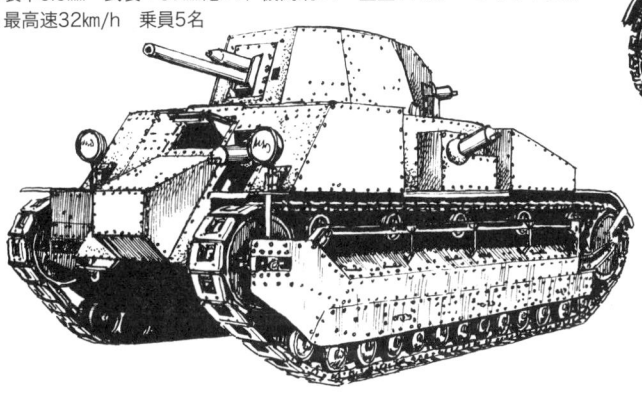

●ビッカースマークⅢ（1931）
（Vickers Medium Tank Mk.Ⅲ）

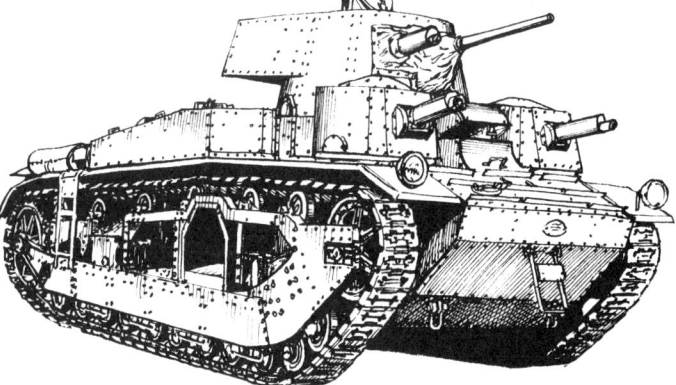

別名をビッカース16トン戦車とも呼ばれた中戦車。小型化した主砲塔に、機関銃用の小砲塔を左右に配置、武装は全て前面に配置されることになった。数々の新技術が盛り込まれていたが、ボディの接合は相変らずリベット留めのままであるなどコスト高のため少数配備で終わった。
全長6.55m　全幅2.69m　全高2.95m　装甲9〜14mm
武装：47mm砲×1、機関銃×3　重量16t　乗員7名

重戦車の開発とクリスティーのアイデア

　第1次世界大戦では歩兵を火力支援して盾がわりにもなり、またそのまま塹壕をのり越えるなどで戦車が活躍した。のちのイギリスでは歩兵戦車という呼称も生まれたほど、この歩兵支援は戦車の重要目的の1つであった。このため重装甲に加えて、敵戦車に対抗する主砲と敵兵をけ散らす複数の機関銃を装備する重武装の重戦車が考えられた。このため、初期の重戦車には多砲塔式のものが多くみられ、見るからにいかめしい怪物という感じだった。重武装重装甲ゆえに一般には速度が犠牲にされたが、ビッカースのように速いものもある。

The Development of Heavy Tanks and Christie's Idea
Tanks served actively in WWI supporting infantry with guns, protected them as a shield or just crossed trenches. The infantry support was one of the primary tasks of tank as the category "infantry tank" was established in Britain. For this purpose, in addition to thick armor, the heavy tanks that equipped with main gun to conquer enemy tanks and machine guns to sweep enemy soldiers were conceived. In early heavy tanks equipped several turrets to fulfill this purpose and their look was just like stern monster. Generally they sacrificed speed for heavy armor, but some sported high speed like Vickers ones.

■重戦車の誕生（Super-heavy Tank）

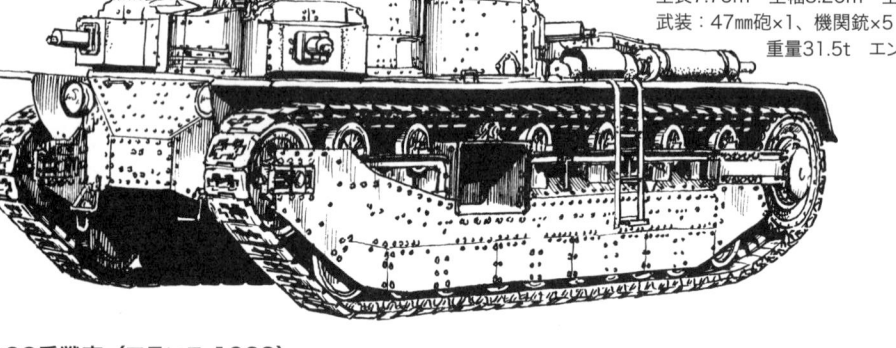

●AIEI ビッカースインディペンデント重戦車（イギリス 1925）
(UK Vickers AIEI Independent)
1925年に1台だけ作られたもの。主砲の他に周囲の敵に対して多方向に機関銃塔を配した多砲塔式重戦車。装甲を薄くしてその分速度を重視した。
全長7.75m　全幅3.20m　全高2.66m　装甲29mm
武装：47mm砲×1、機関銃×5
重量31.5t　エンジン398HP　最高速32km/h　乗員8名

●2C重戦車（フランス 1923）
(French Super-heavy tank Char 2C)
傑作戦車ルノーFTに始まる軽戦車群を支援するためフランス軍が開発したもの。ルノーFT自体は歩兵支援を目的としていた。2Cはさらに当時としては強力な75mm砲を持ち厚い装甲を施した。10両が作られ、のちに1両が155mm砲×1と75mm砲×1に換装され2C bis重火力戦車と呼ばれた。
全長10.27m　全幅3.0m　全高3.8m　装甲45mm
武装：75mm砲×1、機関銃×4　重量70t
エンジン250HP　最高速13km/h　乗員13名

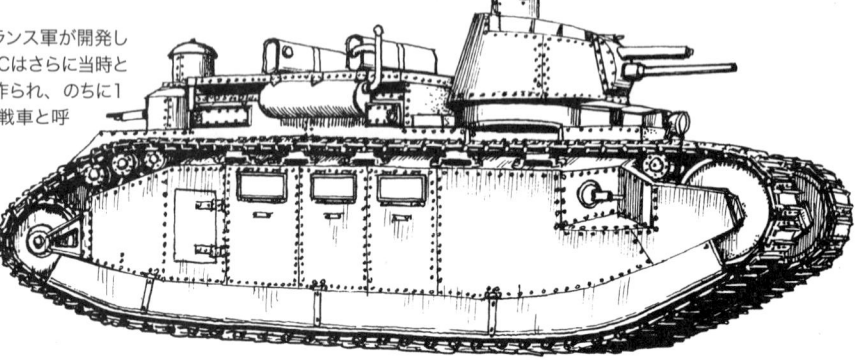

■クリスティー戦車 (Christie-designed Tank)

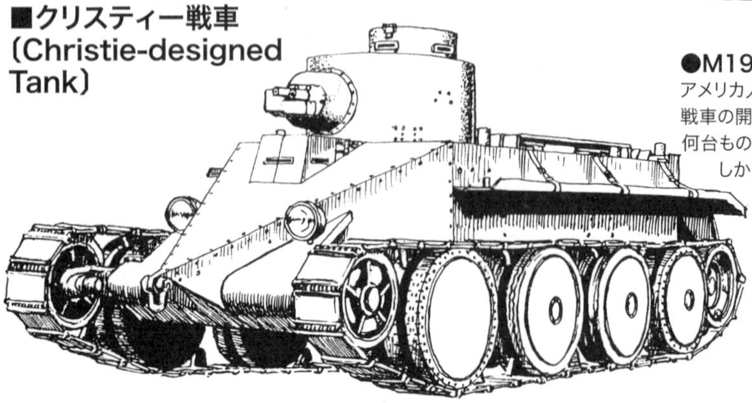

●M1931 T3中戦車（1931）（U.S.A. Medium tank T3）
アメリカ人ジョン・ウォルター・クリスティー（John Walter Christie）は高速戦車の開発に情熱を燃やした天才だった。彼は多様なアイデアを持って自費で何台もの戦車を作り続けたが、自国のアメリカでは認められることはなかった。しかし彼の戦車に注目したイギリスとソ連がこれを輸入して研究し、のちにイギリスの巡航戦車やソ連のBT戦車、T-34中戦車などの傑作戦車へと発展していく。左のM1931はクリスティー戦車の決定版といえるが、アメリカ軍はT3中戦車として非制式に7両発注し、内4両を騎兵部隊に配属しただけだった。これはT1戦闘車と呼ばれた。
全長5.49m　全幅2.23m　全高2.29m　装甲16mm
武装：37mm砲×1、機関銃×1　重量10t　エンジン338HP
最高速：43km/h（装軌）、76km/h（装輪）　航続力241km
乗員3名

●クリスティー型懸架装置（Christie suspension）
クリスティーのアイデアのうち、他へ多くの影響を与えたものの1つにサスペンションシステムがある。これはM1928から取り付けられた走行装置で、コイルスプリングを装着した独立懸架式となっている。これにより不整地を高速で安定走行することが可能になった。

●クリスティーの戦車ファミリー
クリスティーのアイデアで作られた多数の種類の戦車は、当時としてはまことにユニークで先進的であった。各戦車の共通した特長は、いずれも高速で走り、装軌式でも装輪式でも走れる両用型であることだ。これは独創的な懸架装置を持っていたからで、水陸両用のものから飛行機で空輸できるタイプまである。これらのアイデアは、のちに各国で実現されるわけだが、戦車の発展にクリスティーの果たした役割は大きい。

▶戦闘車シリーズ

M1919　　M1921

▶水陸両用車シリーズ

M1921　　M1922

M1923　　M1924

▶戦車シリーズ

M1928　　M1932

T2（1931）　　T4（1935）

▶空艇戦車シリーズ

M1933　　M1935

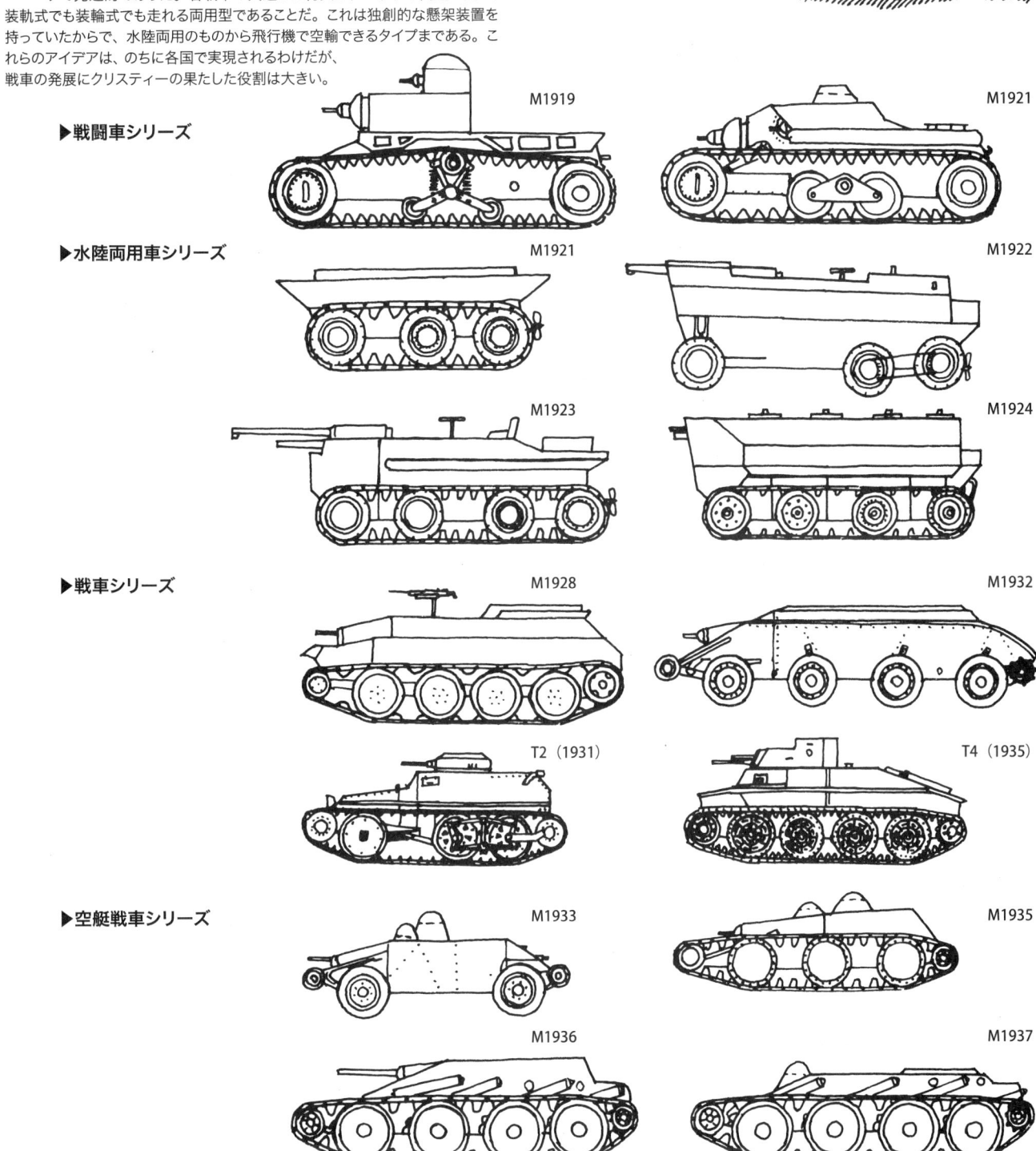

M1936　　M1937

大戦間の流行──豆戦車と軽戦車

大戦後の束の間の平和の中で軍縮ムードが高まると大国主導で軍備規制が行なわれ、海軍では軍艦の保有トン数が条約で規制されたほか、各国でも軍備削減が相次いだ。こうした中で価格の安い小型戦車を大量に装備しようという発想が生まれた。

そのひとつ、タンケッティ(豆戦車)誕生のきっかけとなったのはまたもやイギリスで、カーデン・ロイド社の作った豆タンクが成功したのを見て、各国で競って作られた。大きさは現在の軽自動車並み、重量もトラック程度の超小型で、武装は機関銃1丁というのが共通なところだ。しかし、実戦での威力は疑問符が付き、偵察程度にしか使えなかったと思われる。

一方の軽戦車も、機動性軽快さを活かして各国で装備された。このモデルとされ、多くの国で参考にされたのがビッカース6トン戦車で、そのため全体の構成が似たりよったりなものが多い。軽戦車は次の大戦で活躍することになる。

■豆戦車（タンケッティ）（Tankette）

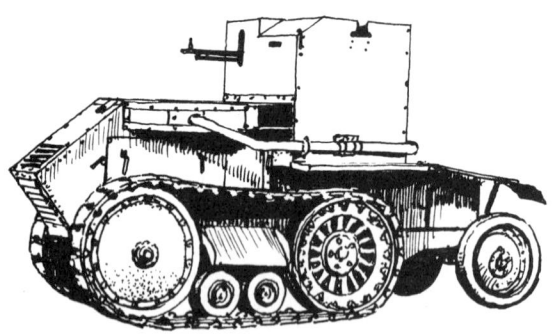

●モーリスマーテル2人乗り戦車（イギリス 1926）
(UK Tankette Morris-Martel)
これは豆戦車の元祖ともいえる車両だ。イギリス軍のギフォード・マーテル(Giffard Martel)少佐が自費で開発した機関銃運搬車を元にして、1人乗りだったものを2人乗りに改め、軍がモーリス社に発注して9両が作られた。サイズを見ると分かる通り、まるで日本の耕耘機にキャタピラが付き装甲を施したと言っても大げさではない位小さい。
全長2.77m　全幅1.43m　全高1.70m　装甲9mm　武装：機関銃×1
重量2.75t　エンジン16HP　最高速24km/h　乗員2名

●ルノー UE（フランス 1929）（France Renault UE）
フランスで作られた豆戦車といいたいが、実は固有の武装を持っておらず、本体の火器運搬車として使用された。なおフランスは鋳造技術に優れており、すでにルノー FTの砲塔の一部には鋳造部品が使われていた。鋳造の場合には図の様な球面や曲面は作りやすい。

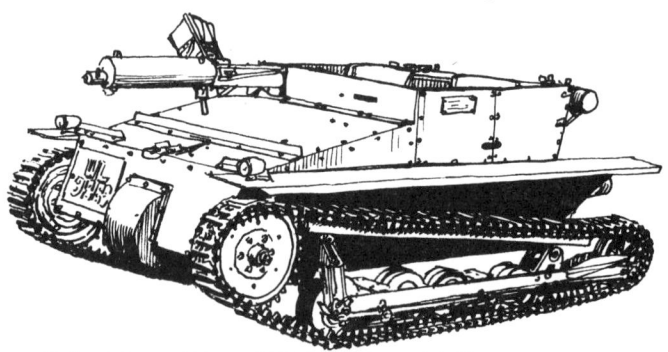

●TK3（ポーランド 1930）（Poland）
ポーランド製の豆戦車で、20mm機関砲という本格的な武装を持った改良型も作られている。
全長2.58m　全幅1.78m　全高1.32m　装甲3~8mm　武装：機関銃×1
重量2.43t　エンジン40HP　最高速43km/h　乗員2名

●カーデンロイドマークVI（イギリス 1928）
(UK Carden Loyd tankette)
カーデンとロイド氏によって作られた装軌式火器運搬車。マークIからVまでは試作車で、このマークVIから量産されるようになるが、この頃にはカーデン・ロイド社はビッカース・アームストロング社に吸収されている。
全長2.46m　全幅1.70m　全高1.22m　装甲9mm　武装：機関銃×1
重量1.4t　エンジン22.5HP　最高速45km/h　乗員2名

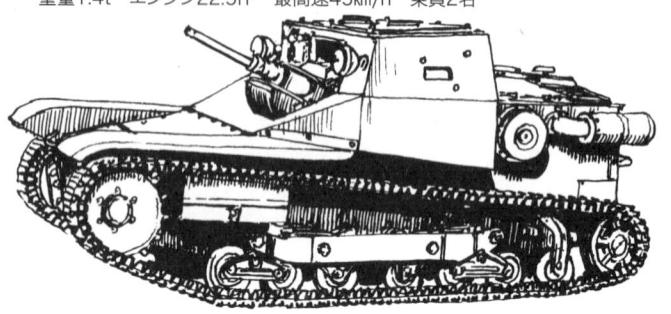

●CV33/35（イタリア 1933）（Italia）
イタリアはカーデン・ロイドの豆タンクに特に注目しており、1929年にマークVIをCV29としてライセンス生産している。CV33はこの改良発展型だ。
全長3.03m　全幅1.40m　全高1.20m　装甲12mm
武装：機関銃×1(CV33)、機関銃×2(CV35)　重量2.7t　エンジン40HP
最高速42km/h　乗員2名

The Fashion in Interwar Period – Tankettes and Light Tanks

As the arms reduction mood grew during short peace time after the world war, arms reduction was carried out under the leadership of great powers, naval treaties limiting ships tonnage were concluded, and armies of most countries also reduced their budget. In such situation, the idea to deploy cheap small tank in large numbers was conceived.

Tankette was based on this idea and its pioneer was also Britain, and seeing the success of Carden Loyd tankette, many countries vied to develop tankette. Typical tankette was so small that the size was equivalent of small car, and the weight was that of truck, armed with one machine gun. Tankettes were produced extensively at one time, but its effectiveness in combat was suspicious, probably able to fulfill reconnaissance role utmost.

On the other hand, light tanks were deployed in many countries for its agile mobility. The model of light tanks developed in various nations was Vickers 6-Ton Tank. As shown in the illustrations below, it was inevitable that their general layout was almost same with it. Light tanks would wage active combats in the next world war.

■軽戦車（Light Tank）

●ビッカース6トン戦車（イギリス 1928）(UK Vickers 6-Ton Tank)

2個の機関銃塔を持つA型と、47mm砲を装備したB型とがあった。図はB型。この6トン軽戦車は防禦と機動性のバランスのとれた戦車で、各国の軽戦車の開発の参考とされた。

重量7.4t　装甲17mm　武装：47mm砲×1、機関銃×1　エンジン87HP
最高速32km/h　乗員3名

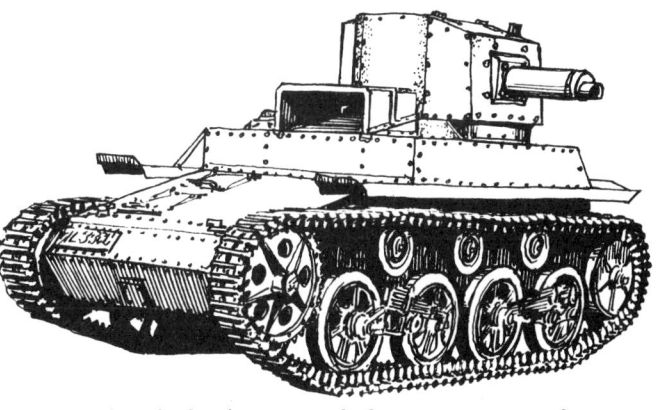

●マークI軽戦車（イギリス 1929）(Light Tank Mk.I)

カーデン・ロイド型の改良型で、回転機関銃塔を持っている。なおイギリスの戦車はのちに重火器を持った歩兵戦車と、機動性を主にした巡航戦車の系列に2分化する傾向になる。このマークIからVまでの軽戦車は後者の系列に連なるが、いずれも少量生産で終わっている。

重量4.8t　装甲14mm　武装：機関銃×1　エンジン58HP
最高速32km/h　乗員2名

●ルノー AMR33（フランス 1933）(France Renault AMR33)

AMRとはフランス語で偵察装甲車両(Auto-mitrailleuse de Reconnaissance)の頭文字である。機関銃装備のVM型と25mm機関砲装備のZT型とがあった。1935年に居住性を改良してやや大型化したものになる。

全長4.40m　全幅1.65m　全高1.55m　装甲13mm　武装：機関銃×1
重量6t　エンジン80HP　最高速50km/h　乗員2名

●T1E1（アメリカ 1929）(U.S.A. Experimental Light Tank)

型番から分かるように制式化されたわけではない。アメリカではM2が軽戦車として制式化されるまでコンバットカーと呼ばれる試作軽戦車がいくつか作られた。これはビッカースを参考に開発されたもの。

重量8t　装甲16mm　武装：37mm砲×1、機関銃×1　エンジン150HP
最高速32km/h　乗員4名

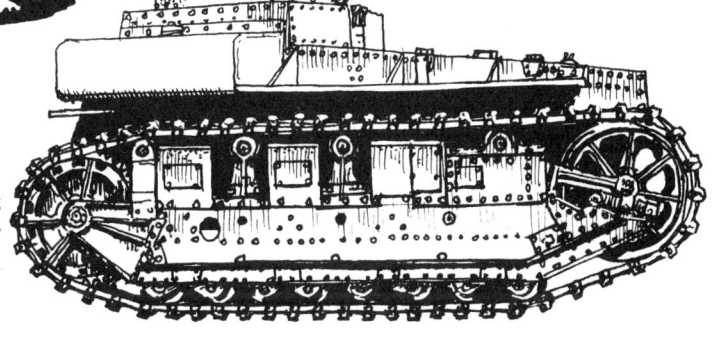

第2次世界大戦直前の各国戦車
The Tanks of Various Countries just before WWII

●MU-4（チェコスロバキア 1931）（Czechoslovakia）
チェコスロバキアは第1次世界大戦後、オーストラリアーハンガリー帝国の軛（くびき）を逃れ独立国となり、戦車を作り始めた。代表的なメーカーにはCKD社（自動車会社Praga社を含む）とスコダ社の2つがあり、MU-4はカーデン・ロイドのタンケッテに注目したチェコ当局がこの2社に作らせたP-1とS-1の2つのうちの1つだった。図はスコダ社のS-1で、全熔接構造の戦闘室を持ち、45km/hのスピードのある豆戦車だった。7.92mm機銃を装備したが装甲は5.5mmと薄く、のちに15mm装甲厚を上げ、60HPのエンジンを搭載したものも作られた。
武装：7.92mm機銃×2　装甲厚最大5.5mm　重量2.3t
エンジン40HPガソリン　最高速45km/h　乗員2名

●AHIV（チェコスロバキア 1933）（Czechoslovakia）
CKD/Praga社の製作した輸出用の豆戦車。輸出先により多少仕様が異なりバリエーションがあるが、基本的に日本の九七式軽装甲車クラスの車両だ。輸出モデルLT-34のスケールダウンしたものと考えてよく、重量4t前後、エンジンが50~80HPで、概ね45~50km/hで走る。チェコはヒトラー登場後の緊迫するヨーロッパ各国への戦車輸出国であった。このタイプだけでもスウェーデンに48両、ルーマニアへ35両、イランへ50両輸出している。コンポーネントを輸出し、現地で組み立てる形のものもあった。
全長3.4m　全幅1.5m　全高1.88m　最大装甲15mm
武装：8mm機関銃×2　重量4t　エンジン50HP　最高速40km/h　乗員2名

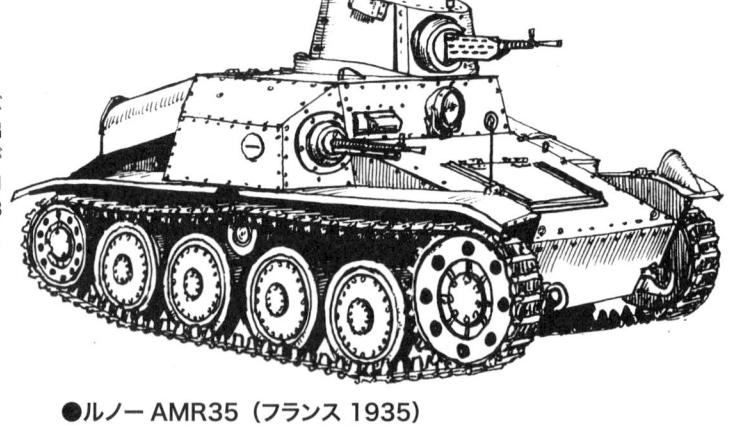

●ルノー AMR35（フランス 1935）
（France Renault AMR35）
AMR33の改良型で、騎兵部隊配備の軽戦車で、機動性確保のためフランスの軽戦車独特の懸架装置を備えている。前の型との違いは横置のコイルスプリングが片側3本となっていることだ。後部配置のエンジンで、60km/h近い速度が出た。武装は元々7.5mm機銃だったが、この他に13.2mm機銃や25mmカノン砲を装備したものもあった。この場合は砲塔が異なるAMR33よりは多少大型化しているので居住性は改善された。車体と砲塔はリベット接合で生産数200両。
全長3.8m　全幅1.64m　全高1.90m　装甲厚最大13mm
武装：7.5mm機銃×1　重量6.5t　エンジン82HP
最高速60km/h　航続力200km　乗員2名

●重トラクター（ドイツ）
（German Heavy tractor/Grosstraktor II）
ベルサイユ条約で保有が禁止された戦車を、ドイツはトラクター（牽引車）として密かに開発していた。このうち、ダイムラー・ベンツ社開発のものが大型トラクターI、ラインメタル社のものが同II、クルップ社のものがIIIと呼ばれており、のちの中戦車の基礎にされた。図はラインメタルの車両で各社2両ずつ製作した。

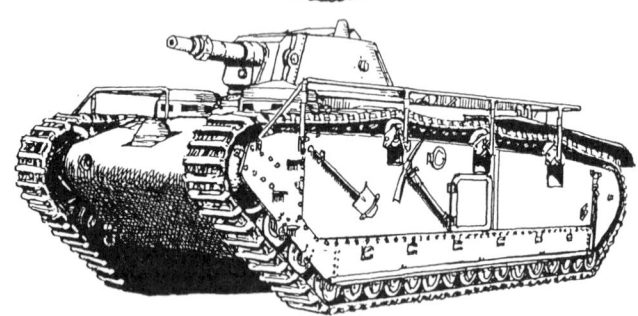

●Pz.KpFw. NbFz（ドイツ 1934）（German）
NbFz（Neubaufahrzeug/ノイバウフォールツォイク＝新式車両）の呼称で開発された車両で、ラインメタルの重トラクターの発展型が本車だ。ちなみにPz.KpFw.は装甲戦闘車両、つまり戦車の略で、このNbFzにはA型とB型があった。1935年に作られた実用試験車はノルウェイ侵攻戦にドイツ戦車の宣伝目的で投入された。試作車2両、実験車5両製作。
全長6.6m　全幅2.19m　全高2.98m　装甲13~20mm
武装：75mm砲×1（B型は105mm砲×1）、37mm砲×1、機関銃×3
エンジン360HP　最高速30km/h　航続力120km　乗員6名

第4章
機甲部隊の登場
第2次世界大戦（WWII）

　本章では、第2次世界大戦のさなかにあって文字どおり命がけの開発競争が行なわれ、戦車史上でももっとも短期間に急速な発達を遂げた各国の戦車と自走砲などの車両を取り上げます。1939年9月の大戦勃発時、機甲部隊の中核をなす標準的な戦車の主砲口径は37mmが世界的な主流であり、20mm砲すら珍しくありませんでしたが、それがわずか5年ほどの間に75mmクラスが標準となり、90mmクラスも特別ではなくなります。装甲も15〜30mm厚から80mmほどに強化され100HPから150HPがせいぜいだったエンジン出力も300〜400HPが主流になり、強力な部類では700HPを数えるほどに向上、同様に車両重量も10〜15tから30〜40tクラスまで増えており、どの項目のデータを取っても3〜4倍の数値になっているのが見て取れます。国によって基礎工業力や生産技術に差があったとはいえ、現在の複合装甲や滑腔砲のような画期的なブレイクスルーがない技術基盤の上で、苛烈なシーソーゲームが戦われていたのです。この時代、性能諸元の近い戦車が対峙したとき、勝敗は指揮統制と視察照準装置の優劣に起因することがしばしばでした。全周の視界を得られる潜望鏡（ペリスコープ）を装備した司令塔（キューポラ）へ指揮に専念できる車長を配置し、乗員間の通話装置を備え、同じ隊内の戦車や上級部隊とコミュニケーションが取れる無線装置を搭載した戦車は、たとえ相手より多少の性能が劣ったとしても、有利に戦闘を進めることが可能だったのです。カタログデータには表れない機械的な信頼性や整備の容易さ、後方支援体制もまた、戦いの帰趨を左右することに繋がりました。また装甲や火砲など一部の機能に特化した突撃砲や駆逐戦車など、ありとあらゆる派生型や支援車両も開発されています。

Chapter 4: The Appearance of Armored Unit
The World War II (WWII)

In this chapter, we will see the tanks and SPGs (Self-propelled guns) of the world in WWII which showed the most rapid evolution in the history of tanks through literally desperate developing race. In September 1939, at the beginning of WWII, most of the world standard tanks that formed the backbone of armored units were equipped with 37 mm gun and even 20 mm gun was sometimes seen, but within only 5 years from then, 75 mm gun became the standard tank gun and even 90 mm gun was not exceptional. The armor thickness also increased from 15-30 mm to 80 mm, and engine output increased from 100-150 hp to 300-400 hp and some achieved 700 hp, and the weight also increased from 10-15 tons to 30-40 tons, therefore all features became 3-4 times in numerically. While there were differences of basic industrial might or production technology by countries, the fierce see-saw game was played under the technical situation without any breakthrough like composite armor or smoothbore gun of today. In this period, when the tanks with similar performance were engaged, the result of the battle was sometimes concluded by command and control or superiority of targeting device. The tank, which was equipped with the cupola that offers the vision in all directions through periscopes for the commander who concentrates on commanding and the intercom system between crew as well as radio for communicating with other friend tanks or higher echelon, was capable of fighting in advantageous position even if it was somewhat inferior than enemy tank in performance. And the features that were not shown on numerical data, mechanical reliability or maintenancebility, logistics also contributed the outcome of the battle. And in addition to Sturmgeschuetz or tank destroyers that emphasized on particular function, armor protection and firepower, every conceivable kind of vehicle was also developed.

【ドイツの戦車（WWII）】
I号戦車

第1時世界大戦での敗戦国ドイツはベルサイユ条約(パリ講和条約1919)によって軍備に制限が加えられ、戦車を装備することは禁止となった。しかしドイツの人口と工業力は中部ヨーロッパでは随一で、潜在的な脅威であることには変わりなく、1926年に国際連盟に加入すると同時にソ連と友好不可侵条約を結ぶ。実はこの裏でドイツの軍事関係者はソ連と秘密裡に通じ戦車の技術情報を与えて研究開発を進めていたのだ。国内ではトラクターの生産で車両生産技術を蓄積していた。

1920年代を通じて世界的には軍縮傾向にあったが、ヨーロッパに火種は絶えず、国際連盟は実質的に無力だった。そして大恐慌以後の深刻な世界的経済の大混乱の中、ドイツではナチス(国家社会主義運動)と共産党の直接行動が目立ち、また挙国一致の内閣も出来ず混乱が続いた。そして1933年、ドイツ首相に就任したヒトラーは一方的にベルサイユ条約を破棄し軍拡に乗り出した。こうして生まれたのがI号戦車だ。

●農業用トラクター（1934）（Agricultual Tractor）
これはLas(Landwirtschaftlicher Schlepper農業用トラクター)という名目で開発されていた豆戦車。メーカーの技術修得と乗員の訓練用に使われたI号戦車の原形車両。15両生産。

●I号戦車B（1935）((Sd.Kfz.101) Panzer I Ausf.B)
A型のエンジン改良型で車体が少し長くなり、その分転輪が1個増えた。これでエンジン過熱の問題を解消し機動性が向上したが、貧弱な火力と装甲はそのままで、戦争激化の途中、後方にひき下げられた。675両生産。
全長4.42m　全幅2.06m　全高1.72m　装甲13mm
武装：7.92mm機関銃×2　重量5.8t　エンジン：マイバッハ100HP
最高速40km/h　航続距離170km　乗員2名

German Tanks (WWII) / Pz.Kpfw. I

A defeated nation Germany was imposed military restrictions by the treaty of Versailles and the possession of battle tank was forbidden. But Germany was still the first country in Central Europe in population and industrial might, and kept being the potential threat. In 1926, Germany which joined the League of Nations concluded a nonaggression pact with Soviet Union at the same time. Behind this, German military did backroom deal with Russians and offered them technical information on tank and proceeded with the research and development. Germans also accumulated vehicle production technology through the production of tractors for domestic use.

Though Europe was in arms reduction mood throughout 1920s', there always existed the potential cause of conflict, and the League of Nations was essentially ineffective. And in the serious disorder by the Great Depression, the extreme actions of Nazis (National Socialists Party) and Communists Party were getting conspicuous, and the political disorder continued by the failure of a coalition cabinet. Hitler, who was named chancellor in 1933, rejected the treaty of Versailles unilaterally and started the expansion of armaments. Thus Pz.Kpfw. I appeared.

●軽トラクター（Light Toractor/Lechet Traktor）
前出の重トラクターとともにベルサイユ条約下のドイツが秘密裏に開発していた軽戦車。実験車両の域を出ず開発は中止され、左下の農業用トラクターの出現を見る。

●I号戦車A（1934）((Sd.Kfz.101) Panzer I Ausf.A)

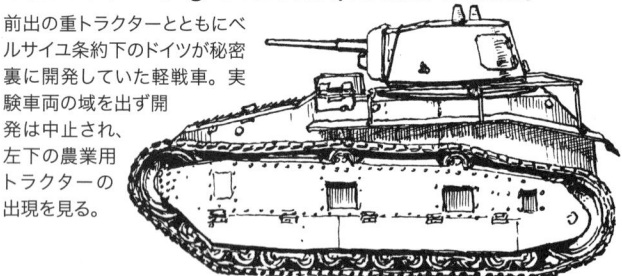

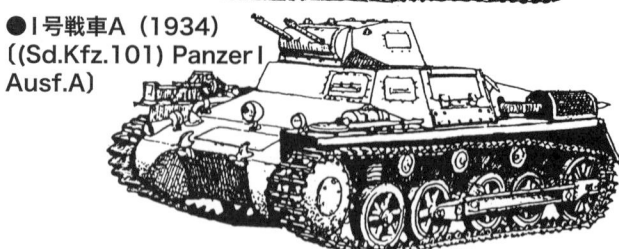

第2次世界大戦初期に実戦で使用された最初のドイツ軍戦車のひとつ。なおI号戦車は火力装甲とも非力で実戦向きではなかった。またこの製造にはその後戦車生産に関わる軍需産業のほとんど、ヘンシェル、MAN、ダイムラーベンツ、クルップなどが携わっていた。818両生産。
全長4.02m　全幅2.06m　全高1.72m　装甲13mm
武装：7.92mm機関銃×2　重量5.4t　エンジン：クルップM305（60HP）
最高速37km/h　航続距離145km　乗員2名

●小型指揮戦車((Sd.Kfz.265) Kleiner Panzerbefehlswagen I)
I号戦車B型をベースにして作られた指揮戦車。184両生産。A型をベースにしたものも6両造られた。

II号戦車

I号戦車に続いて作られた軽戦車で、これも農業用トラクターという名目で開発されていた。20mm機関砲は榴弾と徹甲弾を発射できたが、ポーランド電撃侵攻時には対戦車砲としては能力不足とされた。

Pz.Kpfw. II
This light tank was developed after Pz.Kpfw. I, and it was also developed under the pretext of agricultural tractor. The 20 mm machine gun could fire HE and AP rounds. But the gun was concluded to be ineffective for anti tank role in the Blitzkrieg of Poland.

●II号戦車C型（1937）((Sd.Kfz.121) Panzer II Ausf.C)

II号戦車の3番目の量産型で試作型と比べ転輪が大型になった。ドイツは機甲部隊というコンセプトを確立したパイオニア的軍隊で、それまでの軍隊のように歩兵部隊に戦車を分散させる戦術とは違い、戦車自体の設計概念が異なっていた。これが電撃作戦を可能にしたのだ。II号戦車には小文字で表記するa型、b型、c型があり、これらは試作実験車両。

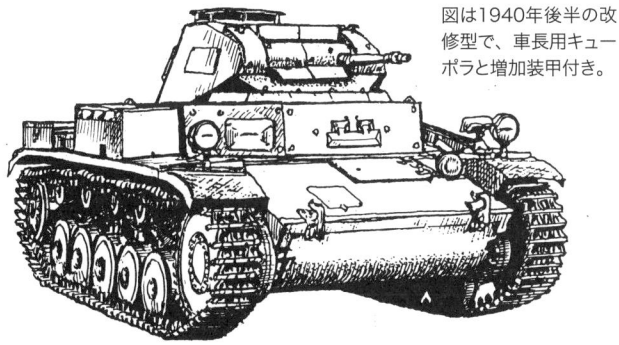

図は1940年後半の改修型で、車長用キューポラと増加装甲付き。

全長4.81m　全幅2.22m　全高1.92m　装甲14.5mm
武装：20mm機関砲×1、7.92mm機関銃×1　重量8.9t
エンジン：マイバッハ140HP　最高速40km/h
航続距離200km　乗員3名

●II号戦車F型（1941）((Sd.Kfz.121) Panzer II Ausf.F)

量産されたII号戦車の最終型で、戦訓から前面装甲を30mm厚の一枚板のものにしている。ドイツの戦車は早くから熔接を採用していたのも特徴だ。機甲部隊でのII号戦車の主任務は偵察連絡用だったが、のちに車体を改造して対戦車自走砲に転用されることになった。このF型の次のG型は少量生産で終わっている。

全長4.81m　全幅2.28m　全高2.15m　装甲35mm
武装：20mm機関砲×1、7.92mm機関銃×1　重量9.5t
その他公称値はC型に同じ

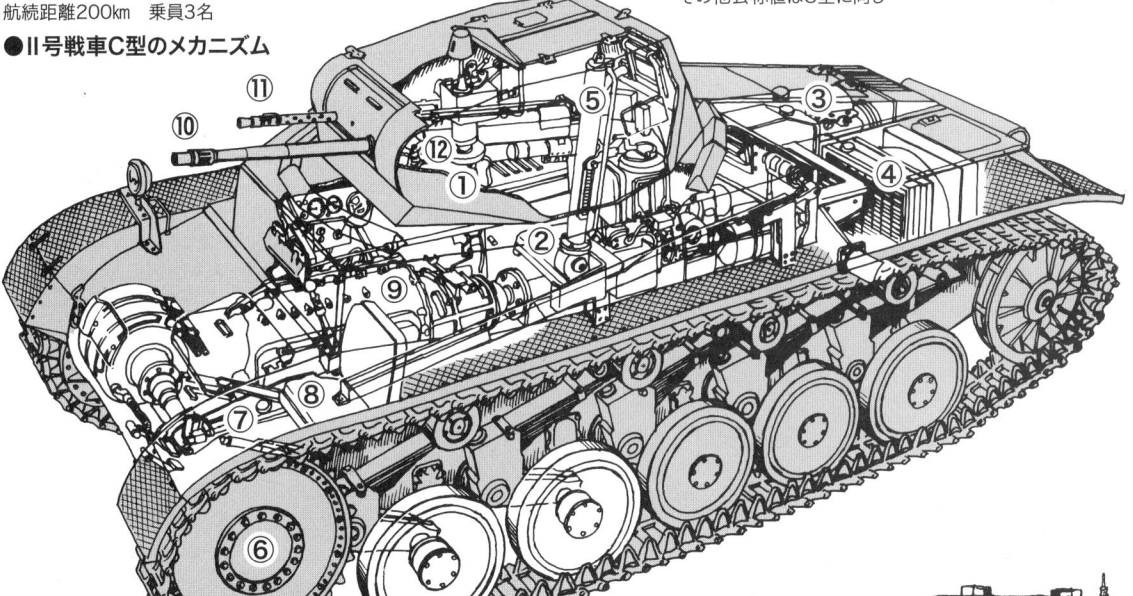

●II号戦車C型のメカニズム

①燃料タンク
②車長席
③マイバッハHL62エンジン
④ラジエーター
⑤機関砲俯仰装置
⑥駆動輪
⑦操向レバー
⑧操縦席
⑨ZF-SSG46変速機
⑩20mmkwK30機関砲
⑪7.92mmMG34機関銃
⑫砲旋回ハンドル

●II号戦車L型 ルックス（1943）((Sd.Kfz.123) Panzer II Ausf.L "Luchs")

呼称は同じII号戦車となっているが全く別の車両。偵察用戦車として1939年に開発されたが、折からのソ連侵攻でドイツ戦車はT-34に歯が立たず、強力な戦車が急ぎ必要とされたため量産が先送りされ、1943年から100両が生産されて終わった。転輪が挟み込み式の大型のものになっている。

全長4.63m　全幅2.48m　全高2.21m　装甲30mm　武装：20mm機関砲×1、7.92mm機関銃×1　重量13t　エンジン：マイバッハ180HP　最高速60km/h
航続距離290km　乗員4名　生産数100両（他に試作車両VK1301から4両改造）

III号戦車シリーズ

1935年に開発命令が出され、機甲師団創設時の主力戦力としての要求仕様は、重量15tクラス、乗員5名で250HPのエンジンで40km/hで走れる、というものだった。主砲は当初歩兵使用と同じ37mm対戦車砲の搭載だったが、用兵側では50mm砲を要求しており、マウントは50mm砲も搭載可能なものがあらかじめ装着されていた。のちに多くの車両が50mm砲に換装されている。A～D型は先行量産型ともいうべきもので、少量生産ながら各種の足廻りが試された。トーションバーサスペンションと6個の転輪という基本仕様になったのはE型からで、ここから本格的な量産が始まっている。

Pz.Kpfw. III Series
The development order issued in 1935 for the first main battle tank of newly established armored division required following specifications: weight 15 tons, crew 5, maximum speed 40 km/h with 250 hp engine. The initial main gun was 37mm that was common with infantry AT gun, but front units demanded 50 mm gun and the gun mount could be equipped with 50 mm gun. Later, many Pz.Kpfw. IIIs were retrofitted with 50 mm gun. Ausf. A to D were pre-production types and though produced in small numbers, various suspension systems were examined. The basic style that consists of torsion bar suspensions and 6 road wheels was established with Ausf. E, and full scale mass production began from this type.

●III号指揮戦車E型（1939）
((Sd.Kfz.266~268) Panzerbefehlswagen Ausf.E)

ドイツの機甲師団の指揮戦車は当初I号戦車を改造したものが使用されていたが、それより車内容積の大きい車両が必要とされたため、III号戦車をベースに改造されたものだ。砲はダミーで砲塔は固定されている。車体後部には通信用の大型フレームアンテナが設けられている。このIII号指揮戦車は搭載無線機により車両制式名が異なり、Sd.Kfz.266はFuG2を、267はFuG6とFuG8を、268はFuG6とFuG7を搭載したもの。なおIII号戦車の開発は各種企業が行なったが、ダイムラーベンツのものが選ばれ製造も担当した。45両生産。
全長5.38m　全幅2.91m　全高2.44m　最大装甲厚30mm
武装：7.92mm機銃×1　重量19.5t　エンジン300HP
航続距離165km　乗員5名

●III号戦車F型（1939）
((Sd.Kfz.141) Panzer III Ausf.F)

E型が96両の生産だったのに比べ、F型は435両とさらに多量生産された。後期生産分の100両は42口径50mm砲を搭載、それ以前に生産されたF型も50mm砲に換装され、並行して30mm装甲板を増設されている。対フランス戦では主力として活躍した。435両生産。
全長5.38m　全幅2.91m　全高2.44m　装甲厚最大30mm
武装：46.5口径37mm砲×1（のち42口径50mm砲×1）、7.92mm同軸機銃×2、7.92mm車体機銃×1
重量19.8t　エンジン：マイバッハ300HPガソリン　最高速40km/h
航続距離165km　乗員5名

●III号戦車G型（1940）
((Sd.Kfz.141) Panzer III Ausf.G)

F型の装甲や車体各所を改良した型。車体後面の装甲を21mmから30mmに増加し、後方からの攻撃に対処している。これも初期生産の50両が37mm砲だった。以後は50mm砲に改められ生産半ばよりキューポラも新型となっている。後期生産車になるとキャタピラ幅が36cmから40cmに広がった。1940年から41年2月にかけて600両が生産された。
全長5.41m　全幅2.95m　全高2.44m
装甲厚最大37mm　武装：42口径50mm砲×1、
7.92mm同軸機銃×1、7.92mm車体機銃×1　重量20.3t
エンジン：マイバッハ300HPガソリン　最高速40km/h
航続距離165km　乗員5名

●III号戦車J型（1941）
((Sd.Kfz.141/1) Panzer III Ausf.J)
対ソ戦や北アフリカ戦線での戦訓から、ドイツの戦車はさらに高い要求を受けることになる。III号戦車の機甲師団での役割は突破追撃用というものだが、独ソ戦でのドイツ戦車の火力と装甲の劣勢を当面はIII号・IV号両戦車の改良で切り抜けることになった。J型はこのため60口径の50mm砲を装備し車体と砲塔の前面に隙間を開けて20mm装甲板を装着し、スペースドアーマーとしている。このタイプをSd.Kfz.141/1と分類するが、Jの前期生産型は42口径砲のままで、このため、制式名はSd.Kfz.141のままだ。
全長5.52m　全幅2.95m　全高2.50m　最大装甲厚50mm
武装：60口径50mm砲×1、7.92mm同軸機銃×1、
7.92mm車体機銃×1　重量21.5t
エンジン：マイバッハ150HP　最高速40km/h
航続距離155km　乗員5名　生産数1,549両

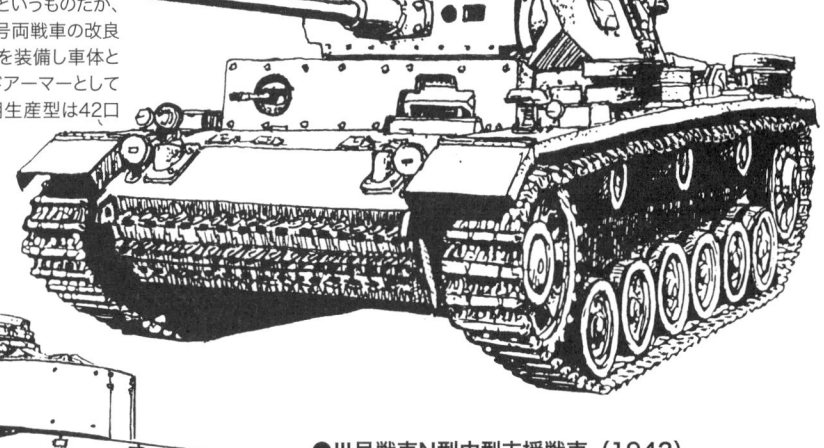

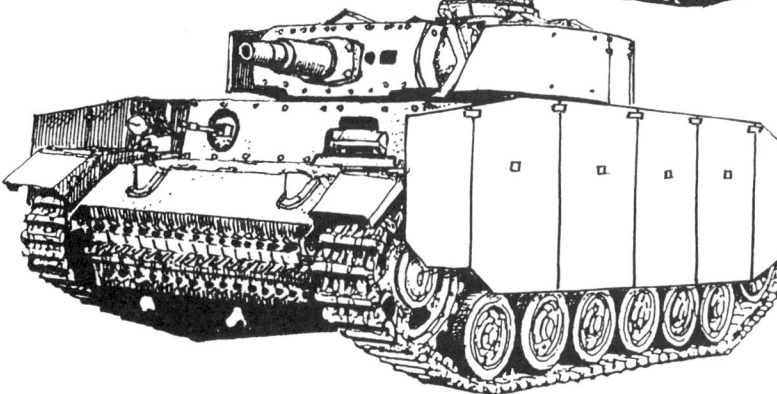

●III号戦車N型中型支援戦車（1942）
((Sd.Kfz.141/2) Panzer III Ausf.N)
III号戦車のさらなる火力増強を考えたドイツ軍は、IV号戦車の搭載砲を長砲身のものに換装した際、余った短砲身75mm砲がIII号戦車のマウントに装着可能なことを発見した。これを搭載したのがIII号N型で、支援戦車として使われた。663両生産（他に37両が製作途中のIII号戦車から改造）。この他にもIII号戦車には派生型が数多くある。
全長5.52m　全幅2.95m　全高2.5m　最大装甲厚50mm
武装：24口径75mm砲×1、7.92mm同軸機銃×1、
7.92mm車体機銃×1　重量23t　他はJ型と同じ

●III号戦車L型（1942）((Sd.Kfz.141/1) Panzer III Ausf.L)
L型は当初からスペースドアーマーを装着し、主として防禦力の向上が図られており、砲塔前面装甲厚が57mmに、また機関室ハッチが新型となった。生産数653両。
全長6.28m　全幅2.95m　全高2.50m　最大装甲厚57mm
武装：60口径50mm砲×1、7.92mm同軸機銃×1、7.92mm車体機銃×1
重量21.5t　その他G型と同じ

①60口径50mm砲
②操縦手用防弾窓
③直接照準器
④換気装置
⑤車長用キューポラ
⑥車長席
⑦雑具入
⑧エンジン
⑨消音器
⑩排気管
⑪発電機
⑫弾薬庫
⑬砲手席
⑭プロペラシャフト
⑮操縦手席
⑯シフトレバー
⑰操向レバー
⑱変速機
⑲ブレーキペダル

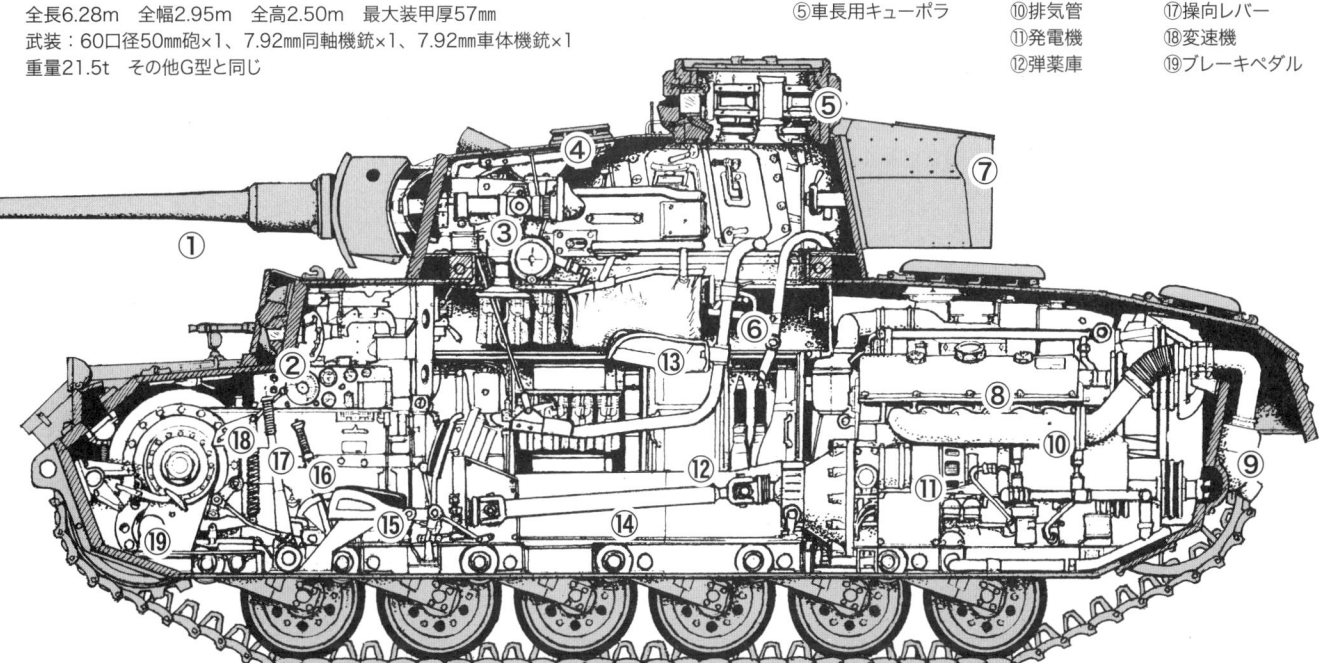

IV号戦車シリーズ

III号戦車と同時期にクルップ社によって開発が進められたドイツの中戦車がIV号戦車だ。1937年にA型の生産が始まり、J型まで細部の変更は多くあるが基本的なレイアウトは変わらずに生産され続けた。75mm砲は当初、短砲身のものが載せられたが、F2型から対戦車戦闘を考え43口径のものに変更された。オーソドックスで旧式ともいえる構成だったが、対ソ戦以降、装甲と火力の増強が著しく、終戦まで働いた。砲塔旋回用に専用の補助モーターが付いていたのが特徴だ。

Pz.Kpfw. IV Series
This medium tank was developed by Krupp simultaneously with Pz.Kpfw. III. The production of Ausf. A began in 1937, and though many detailed modifications were introduced until Ausf. J, the basic layout was not changed throughout the production. Initially the 75 mm gun was short barreled, longer 43 caliber gun was introduced from Ausf. F2 intending antitank combat. The general layout of Pz.Kpfw. IV was orthodox and rather obsolete, its armor and firepower were considerably strengthened ever since the outbreak of Eastern Campaign and served till the end of the war. The noticeable feature of this tank was equipping an auxiliary motor for turret traversing.

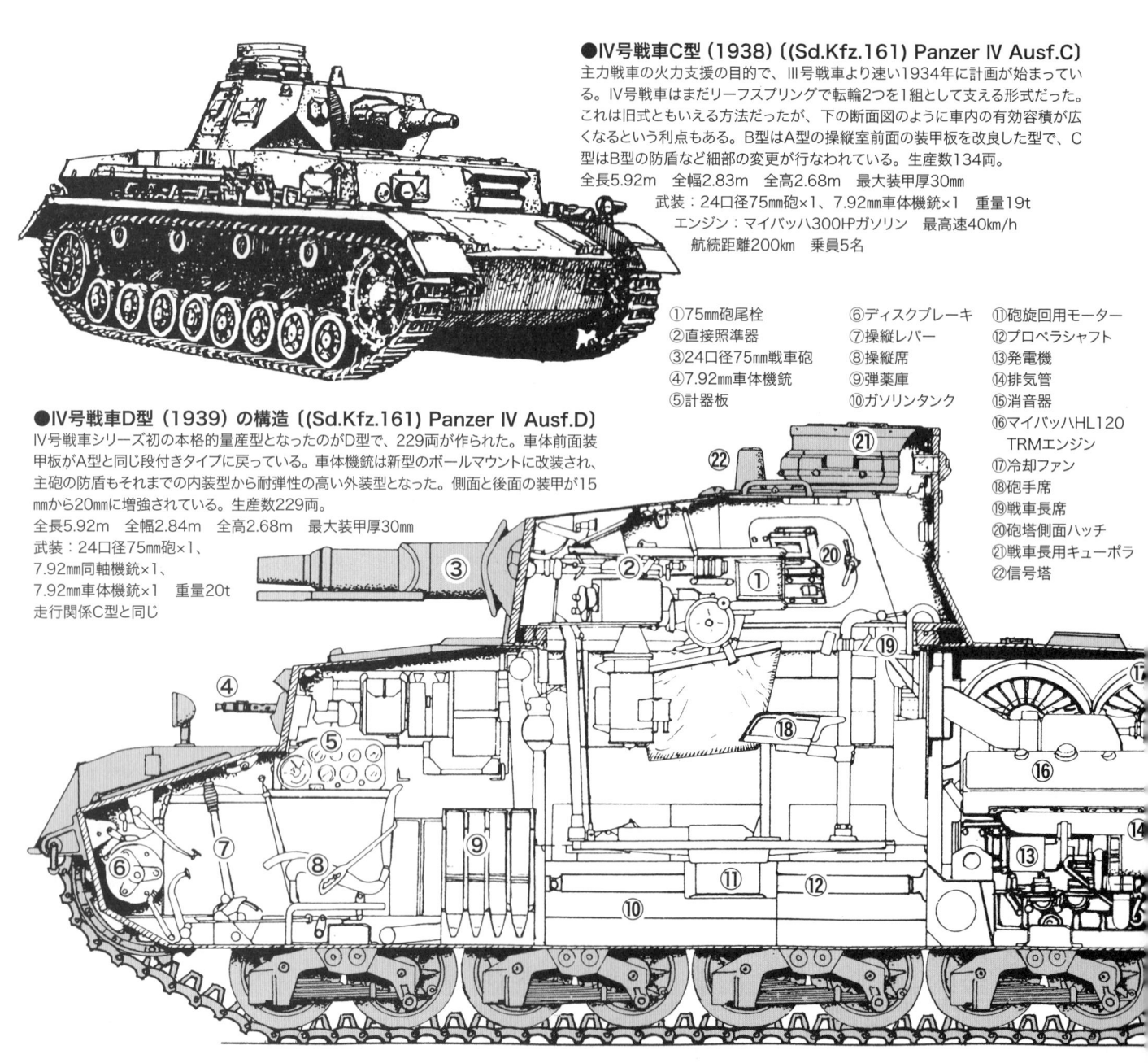

●IV号戦車C型（1938）（(Sd.Kfz.161) Panzer IV Ausf.C)

主力戦車の火力支援の目的で、III号戦車より速い1934年に計画が始まっている。IV号戦車はまだリーフスプリングで転輪2つを1組として支える形式だった。これは旧式ともいえる方法だったが、下の断面図のように車内の有効容積が広くなるという利点もある。B型はA型の操縦室前面の装甲板を改良した型で、C型はB型の防盾など細部の変更が行なわれている。生産数134両。

全長5.92m　全幅2.83m　全高2.68m　最大装甲厚30mm
武装：24口径75mm砲×1、7.92mm車体機銃×1　重量19t
エンジン：マイバッハ300HPガソリン　最高速40km/h
航続距離200km　乗員5名

●IV号戦車D型（1939）の構造（(Sd.Kfz.161) Panzer IV Ausf.D)

IV号戦車シリーズ初の本格的量産型となったのがD型で、229両が作られた。車体前面装甲板がA型と同じ段付きタイプに戻っている。車体機銃は新型のボールマウントに改装され、主砲の防盾もそれまでの内装型から耐弾性の高い外装型となった。側面と後面の装甲が15mmから20mmに増強されている。生産数229両。

全長5.92m　全幅2.84m　全高2.68m　最大装甲厚30mm
武装：24口径75mm砲×1、7.92mm同軸機銃×1、7.92mm車体機銃×1　重量20t
走行関係C型と同じ

①75mm砲尾栓
②直接照準器
③24口径75mm戦車砲
④7.92mm車体機銃
⑤計器板
⑥ディスクブレーキ
⑦操縦レバー
⑧操縦席
⑨弾薬庫
⑩ガソリンタンク
⑪砲旋回用モーター
⑫プロペラシャフト
⑬発電機
⑭排気管
⑮消音器
⑯マイバッハHL120TRMエンジン
⑰冷却ファン
⑱砲手席
⑲戦車長席
⑳砲塔側面ハッチ
㉑戦車長用キューポラ
㉒信号塔

●IV号戦車E型（1940）（(Sd.Kfz.161) Panzer IV Ausf.E)
基本的にD型と同じだが、車体下部前面の装甲厚が30mmから50mmに増加するなど装甲が強化されている。大方は20mm厚の追加装甲板をボルト止めして対処した。また砲塔が新しくなりキューポラも新型となっている。このように基本設計の古さを改良で補って作り続けられた。生産数223両。
全長5.92m　全幅2.84m　全高2.68m　最大装甲厚50mm
武装：24口径75mm砲×1、7.92mm同軸機銃×1、7.92mm車体機銃×1　重量21t　エンジン：マイバッハ300HP
最高速42km/h　航続距離200km　乗員5名

●IV号戦車F2型/G型（初期生産型）（1942）
((Sd.Kfz.161/1) Panzer IV Ausf.F2/G eary production)
F1型はE型をさらに装甲強化したもので、側面装甲も30mm厚となった。またE型の生産半ばからキャタピラ幅が36cmから40cmとなったが、F1型は始めから新型キャタピラとなっている。F2型では、主砲が43口径のものになったのが最大の特徴で、火力のみで考えれば1942年夏の段階で米、英、ソの戦車に対して優位に立っていた。なお、F2型はのちG型と呼称変更されており、G型初期生産型と分類するのがこんにちの主流。G型後期から主砲はさらに48口径のものとなる。175両生産。25両がF型から改造された。

車体長5.92m　全幅2.84m　全高2.68m
最大装甲厚50mm　武装：43口径75mm砲×1、7.92mm同軸機銃×1、7.92mm車体機銃×1　重量23t
エンジン：マイバッハ300HP
最高速40km/h　航続距離200km

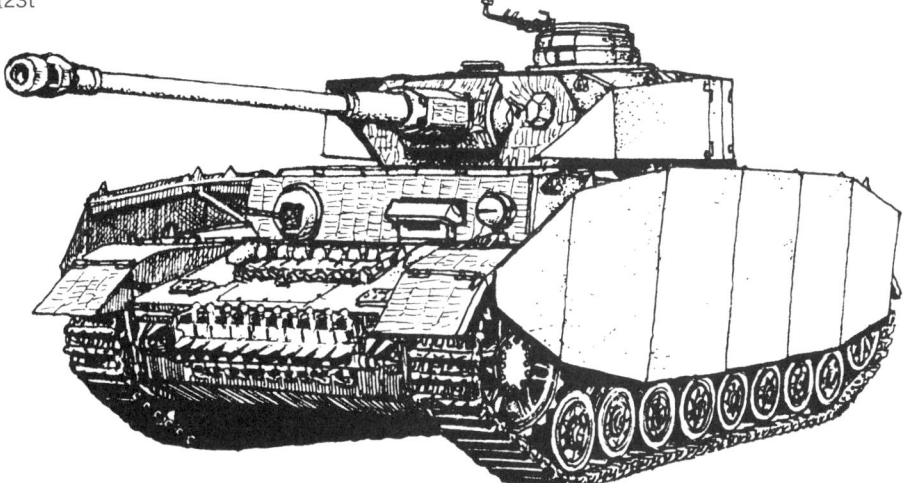

●IV号戦車H型（1943）（(Sd.Kfz.161/2) Panzer IV Ausf.H)
IV号戦車シリーズの中で最多生産数の3,774両が製造されたのがこのH型。IV号戦車は計画段階では対戦車戦闘は考えられていなかったが、H型では最初から48口径の長砲身75mm砲を装備しこれに備えた。また装甲厚も80mmとなり、両サイドにアーマースカート（シュルツェン）を取り付け防禦力の向上を図っている。変速機が新型となっているが、重量が増加している分、最高速度が落ちているのは仕方がない。H型は生産数が多いため、時期やロットにより、細部の変更や簡略化も多かった。IV号戦車は旧式な設計ながら常に改良が施され、ドイツ戦車兵の間では信頼されていた。「軍馬」というニックネームで終戦まで使われ続けた優秀な兵器といえる。
全長7.02m　全幅2.88m　全高2.68m　最大装甲厚80mm
武装：48口径75mm砲×1、7.92mm同軸機銃×1、7.92mm車体機銃×1
重量25t　エンジン：マイバッハ300HP　最高速38km/h　航続距離210km　乗員5名

39

III号戦車の進化

1937年5月にA型が完成して以来、III号戦車はさまざまに進化を遂げている。ここではそのポイントを整理してみよう。

The Evolution of Pz.Kpfw. III

●C型（15両製作）
試作の域を出なかったA型（10両製作）、B型（15両製作）に続き製作された型式で、B型に準じた特徴ある懸架装置（転輪が小型の8個）を持っていた。ポーランド戦に参加。

●D型（30両製作）
C型の懸架装置をさらに改良した型式で、転輪の形状は同じだが、変速機、起動輪、誘導輪などは新型となった。同じく新型になったキューポラは、IV号戦車B～D型にも使用される。

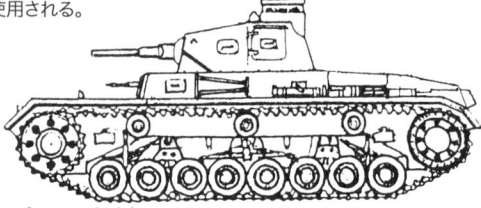

●E型（96両生産）
量産された最初の型式。トーションバーや新式の転輪はIII号戦車のスタンダードとなった。主砲は当初37mm砲だったが、1940年8月以降、外装式防盾の42口径50mm砲に換装された。

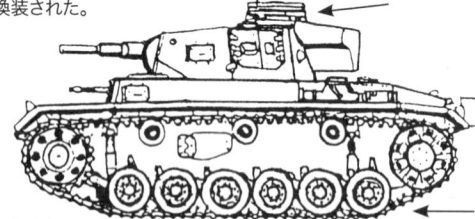

●E型指揮戦車（45両生産）
III号戦車E型と同じ車体にフレーム式アンテナなど無線指揮装備を施したもの。砲塔はボルトで固定されており、主砲もダミー。

●F型（435両生産）
当初は37mm砲装備だったが、最終の100両は42口径50mm砲に代えて生産、既存車両ものちに換装された。この火砲強化と同時に車体と戦闘室に30mmの増加装甲が施された。

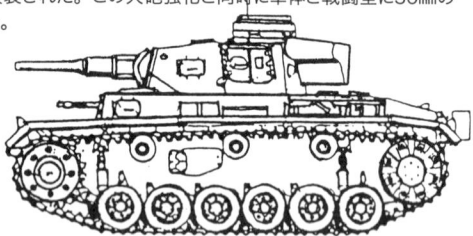

●G型（600両生産）
最初の50両は30mm砲、残りは当初から42口径50mm砲を装備して生産された。車体後部装甲厚が30mmへ増加、中期型から新型新型キューポラに、後期型では40cm幅履帯となる。

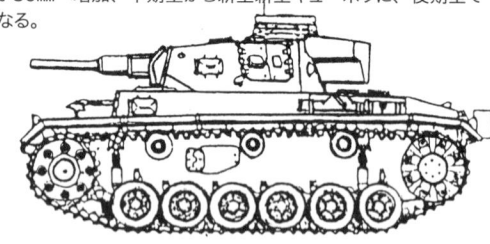

●H型（308両生産）
当初から42口径50mm砲を搭載した最初の型。戦訓により車体前後部にボルト止めの30mm増加装甲を装備。砲塔後部の雑具箱の装備はこのH型から、前の型式にもさかのぼって搭載。

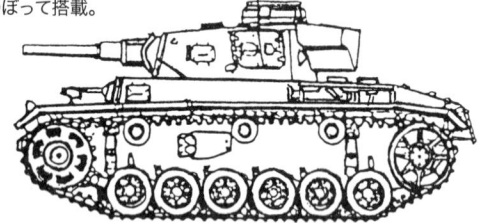

●L型（653両生産）
砲塔前面装甲を57mmに強化したほか、車体前面などに20mmの間隔式装甲（スペースドアーマー）を装着した型式。火砲はJ型の途中から60口径50mm砲に強化されている。

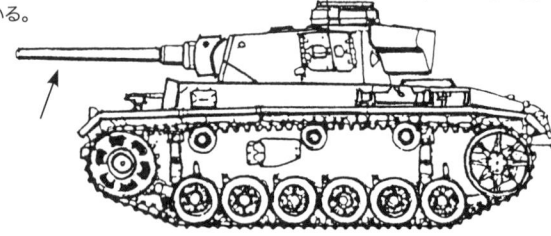

●M型（250両生産）
L型の深徒渉性能を向上させた型で排気管や開口部に改修が見られた。また、時期的にシュルツェンを装着したのもL型からだ。N型や火焔放射戦車のベース車両としても使用。

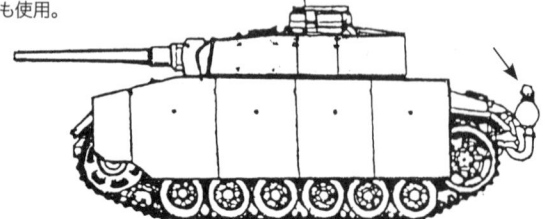

●N型（663両生産、37両が既存車両から改造）
IV号戦車の24口径75mm砲を搭載した型式で、キューポラのハッチは1枚式の新型となった。1943年3月生産車からシュルツェンを装備。IV号戦車とともに支援車両として行動している。

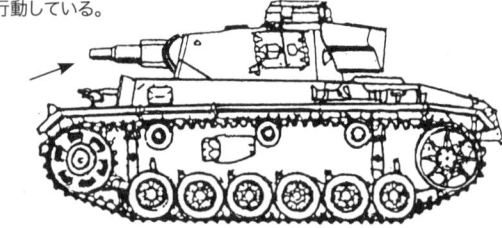

IV号戦車の進化

IV号戦車も同様に戦訓を取り入れた改良がなされた。大きな違いは搭載主砲の口径長の変化だ。

The Evolution of Pz.Kpfw. IV

●A型（37両製作）
最初の生産形式だが、懸架装置はすでにのちの形状と同じものができあがっていた。装甲厚は15mmで小火器や弾片防御程度であった。主砲は24口径75mm砲を搭載。

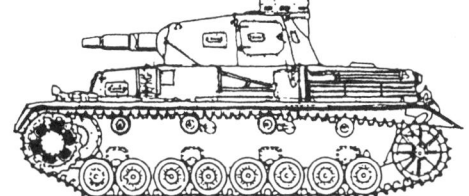

●B型（42両製作）
エンジンのパワーアップ、6速変速機への換装のほか、前面装甲を30mmにするなど性能向上を図った型式。キューポラものちの生産型と同様な形のものとなった。車体前面機銃は廃止。

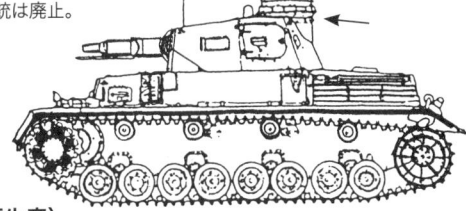

●C型（134両生産）
エンジンマウント、砲塔回転基部の改修など小さな改良が実施された型。1940年末頃には車体上下部側面に増加装甲をボルト留めした車両も何両かあった。

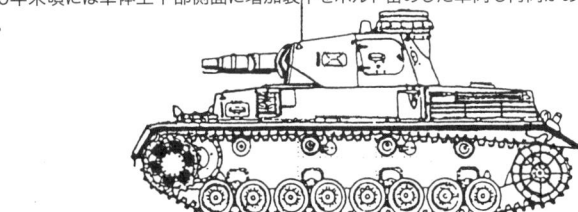

●D型（229両生産）
車体後部と側面の装甲が15mmから20mmへ強化され、車体前面の機銃が復活、75mm砲の防盾が外装式になったことが外観上の特徴。何両かは48口径75mm砲に換装して終戦時残存。

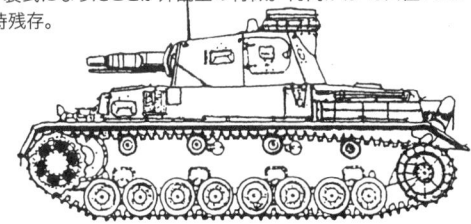

●E型（223両生産）
砲塔形状を変更して防御力を強化した型式。キューポラも新型となった。50mmの車体下部前面装甲と車体側上下部にボルト留めの20mm装甲を有する。

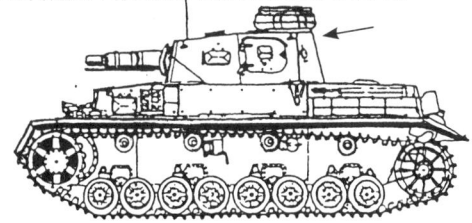

●F型（462両生産）
全体的に装甲を強化した型式で、車体上部装甲板は1枚板の50mm厚となり、機銃マウントも新型となった。40cm幅履帯も導入されたが、最後期生産の25両はF2型へ改装された。

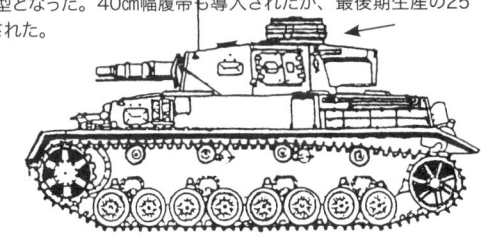

●F2型（175両生産、ほか25両がF型より改修）
搭載火砲を長砲身の43口径75mm砲に換装した型。車体内部は弾薬庫の改造や長砲身を安定させるための平衡機構の設置などの手を加えられている。のちにG型初期生産型と分類。

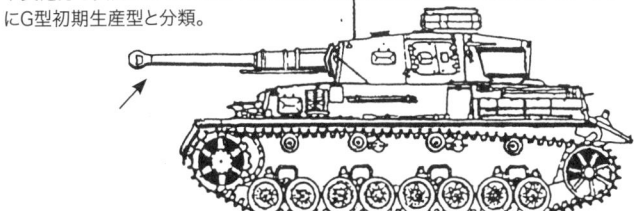

●G型（1,687両生産）
対戦車戦闘を考慮して製作された最初の型式で、新型のマズルブレーキが装着された主砲は生産の途中で43口径75mm砲からさらに48口径75mm砲へとアップデートされた。

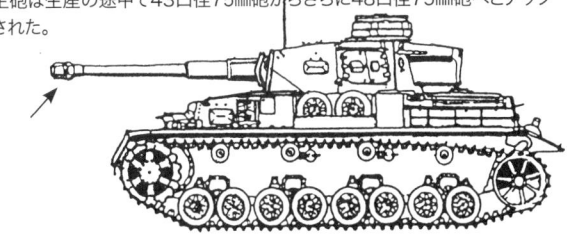

●H型（3,774両生産）
G型とは変速器が違い、IV号戦車で最大の生産数となったため、同じH型でも生産時期により細部の仕様がかなり違っていた。この頃はシュルツェン、ツィンメリットコーティングは定番。

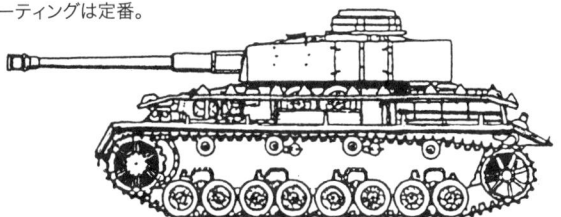

●J型（1,758両生産）
最後の生産形式で、IV号戦車の特徴であった砲塔旋回モーターとそのための補助エンジンが廃止されるなど戦時急造の工夫がされた。後期生産型では上部転輪を3個に減じた。

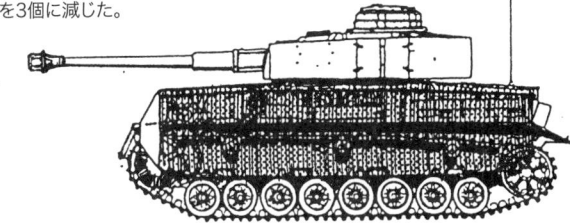

V号戦車パンターシリーズ

　III号、IV号両戦車の後継として1938年から開発に着手された主力戦車。始めは20tクラスの中戦車の予定であったが対ソ戦が始まると「T-34ショック（P.54参照）」によって新型戦車の要求仕様が上がった。このため計画は30tクラスへ変更されたが、完成した車両は結局40tを超えてしまう。1942年、MAN社開発の車両がパンターとして制式化される。通常と異なり最初に生産された型式はD型という。それまでのドイツ戦車と一見して違うのは各部の装甲板に傾斜がつけられていることで、これはT-34を研究した結果である。また主砲は75mmだが70口径と長砲身で、強力なソ連戦車の撃破を目指している。もう1つの外観上の大きな特徴は大直径の挟み込み式転輪で、これにより接地の安定を図っている。急遽計画を変更したためか装甲は前面80mmとやや薄いまま生産された。当時の最新技術を集めて生産されたが、初期型には故障が多発した。またF型は敗戦直前で生産車が作られたかは確認されない。

Pz.Kpfw. V Panther Series.
The development of this medium tank had begun as the successor of Pz.Kpfw. III and IV from 1938. Initially assumed as 20 ton medium tank, but the "T-34 Shock" (described in the paragraph on Tiger II.) after the outbreak of Eastern Campaign imposed it to reinforce protection to compete with Russian tanks. Thus the plan was changed to 30 ton tank, and the design of MAN was chosen as Panther tank in 1942. The most conspicuous difference with conventional German tanks was sloped armor plates and this is considered to be the result of study on T-34. And while the caliber of main gun was 75 mm, its very long barrel of 70 calibers was intended to destroy Soviet tanks. Another distinguishing feature was large diameter interleaved road wheels to level the ground pressure. Frontal armor was rather thin 80 mm thick, perhaps because of urgent design alternation. Though Panther was produced with leading-edge technology, early models suffered frequent failures. The Ausf. F, planned just before the end of the war, its production example was not confirmed.

●V号戦車パンター A型（1943）
((Sd.Kfz.171) Panzer V Ausf. A "Panther")

　最初の生産型であるD型で発生した各種のトラブルを改修した2番目の生産型式。外観上の違いは車体右前部にボールマウント式の機銃が増設されたこととキューポラがペリスコープ付の新型のものになっていることである。また走行装置も強化され信頼性を高めた。パンターはトーションバー式サスペンションを採用しており、車体はライバルのT-34よりひと回り大きく、全高は3m近い。開発生産を急いだD型の欠点は改められたとはいえ、新技術の早急な実戦化のためか事故も多く、これらの欠点が完全に除去されたのはこの次に登場したG型からだといわれる。2,000両以上が生産され、ドイツの代表的な戦車となった。

●パンター Aの構造
①42式70口径75mm戦車砲
②防盾
③砲塔換気装置
④対空機銃架用レール
⑤車長用展望塔
⑥送気管
⑦砲懸架装置
⑧75mm砲尾栓
⑨砲手用保護板
⑩砲塔後部扉
⑪戦車長座席
⑫車体ハッチ
⑬砲塔旋回用ベアリング
⑭砲塔旋回用加圧装置
⑮砲俯仰用把手
⑯空薬夾受金網
⑰車長用折畳踏板
⑱空薬夾受
⑲7.92mm車載機銃
⑳計器板
㉑ハッチ開閉用加圧装置
㉒無線機
㉓配電板
㉔40式75mm徹甲弾
㉕装填手座席
㉖砲手座席
㉗差動機
㉘変速機
㉙変速用レバー
㉚操縦手座席
㉛クラッチハウジング
㉜起動輪歯車
㉝トーションバーアーム
㉞転輪
㉟伝導軸
㊱トーションバースプリング
㊲砲発射用踏板
㊳砲塔旋回用主電動機
㊴自動式消火器
㊵蓄電池
㊶マイバッハHL230 P30型エンジン
㊷排気管
㊸燃料ポンプ
㊹オイル冷却器
㊺発電用補助機関
㊻冷却水槽
㊼雑具入

●V号戦車パンター D型（1943）
((Sd.Kfz.171) Panzer V Ausf.D "Panther")

開発が急がれたパンターの最初の量産型がこのD型だった。70口径の75mm砲はT-34の前面装甲を貫通する威力を見込まれて搭載された。また挟み込み式の大型転輪と幅広のキャタピラで不整地走行性能を向上させている。しかし元々30tクラスの車両として開発されながら完成したものが40tを超えてしまい、エンジンがパワー不足になったことや、導入された新技術が成熟しておらず故障などの問題が次々に起きた。独ソ戦への投入は1943年夏だが、戦場で行動不能となる車両が相次ぎ、頼りにならないとされた。生産数842両。
全長8.86m　全幅3.4m　全高2.95m　最大装甲厚100mm
武装：70口径75mm砲×1、7.92mm機銃同軸×1、7.92mm車体機銃×1
重量43t　エンジン：マイバッハ700HPガソリン　最高速46km/h
航続距離200km　乗員5名

●V号戦車パンター F型（1945）
((Sd.Kfz.171) Panzer V Ausf.F "Panther")

G型に続く改良型として企画された。砲塔を小型化し防盾はティーガーIIと同じものが使われる予定だった。また主砲の命中精度を上げるためステレオ式測距儀が採用された（図の砲塔側面のこぶ）。このF型は試作車の写真が残っているが生産型完成車の有無は不明だ。また独ソ戦開始後にパンターIIの開発が始まったがこれも完成せずに終わった。
全長8.86m　全幅3.44m　全高2.92m　最大装甲厚120mm
重量45t　最高速55km/h　航続距離200km　その他共通

●パンター G型の内部（1944）
((Sd.Kfz.171) Panzer V Ausf.G "Panther")

D型、A型の改良型であり実質的にパンターの最終生産型で、独ソ戦の戦訓を取り入れたシリーズの決定版として作られている。改良の特徴は装甲の合理的強化と生産性の向上で、同時期に開発されていたパンターIIの車体設計思想が盛り込まれている。車体側面上部の装甲が50mmに増加し、これによる重量増を下部装甲厚を減じて抑えている。操縦手用バイザーを廃し新たに旋回式ペリスコープを設けた。また後期型では防盾に当たった弾丸が車体を直撃しない様にアゴ付防盾となっている。このパンターG型は3,126両が生産され、第2次世界大戦後半のドイツ戦車の主力となった。このパンターから88mm砲搭載の駆逐戦車ヤークトパンターが派生し、対空戦車も構想されたが、後者はモックアップが作られただけで終わった。
全長8.86m　全幅3.4m　全高2.98m　最大装甲厚110mm　重量45.5t
最高速40km/h　航続距離155km

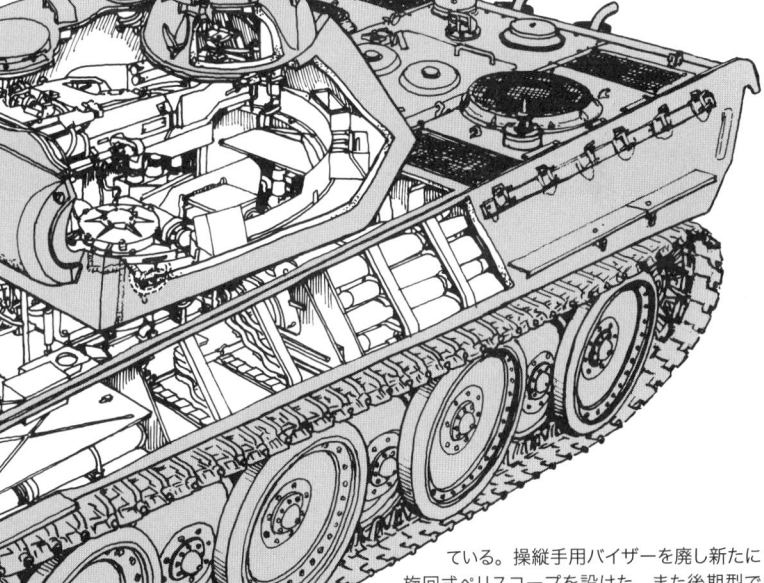

パンター G型 (Sd.Kfz.171)

　パンターの開発過程ではすでにいくつかの技術的欠陥が指摘されていた。ギアボックスや冷却システムは改良が必要とされ、また特に転輪にボルトでつけられるゴム製タイヤが脱落するのが問題となった。1943年にはD型、A型が次々に生産されたが、東部戦線ではソ連のT-34に圧倒された。G型はパンターの最終量産型式で、1944年2月にヒトラーから生産指示が出された。

　75mm砲に3丁の7.92mm機銃を備え、うち1丁は同軸である。その他に92mmSマイン発射器(近接防禦兵器)を備えるなど火力は強力であった。乗員5名で戦闘重量は45tを超え中戦車としては重いが、装甲厚は効果的に決められ、最大は120mmあるが薄いところではわずか13mmである。

　大戦中のアメリカ軍の証言では、1台のパンターに対して5台のM4中戦車で戦わなければならなかったという話があり、その優秀さは第2次世界大戦中の中戦車で一番だといって良い。

Panther G (Sd.Kfz. 171)

Some technical faults were pointed during the development of Panther. The gearbox and cooling system were concluded to be improved, and the coming off of rubber tire bolted on the road wheel was also a problem. Ausf. D and A were developed in 1943, but Panther was always overwhelmed by Soviet T-34 in number. Ausf. G was the last production type of Panther, and Hitler ordered its production in February 1944.

Panther G had one 75 mm gun and three 7.9 mm machine gun mounts, and one of the mount was coaxial. In addition to them, Panther equipped a 92 mm grenade launcher, so the firepower was quite strong. The crew was 5 and the combat weight exceeded 45 tons and rather heavy as medium tank, the armor thickness was logically determined and while at the thickest part was 120 mm, the thinnest part was only 13 mm.

According to the testimony by Americans in WWII, the engagement with one Panther required five M4 tanks, therefore its superiority may be considered as the first among the medium tanks in WWII.

■G型前期 (Ausf.G early production)

■G型後期 (Ausf.G Late production)

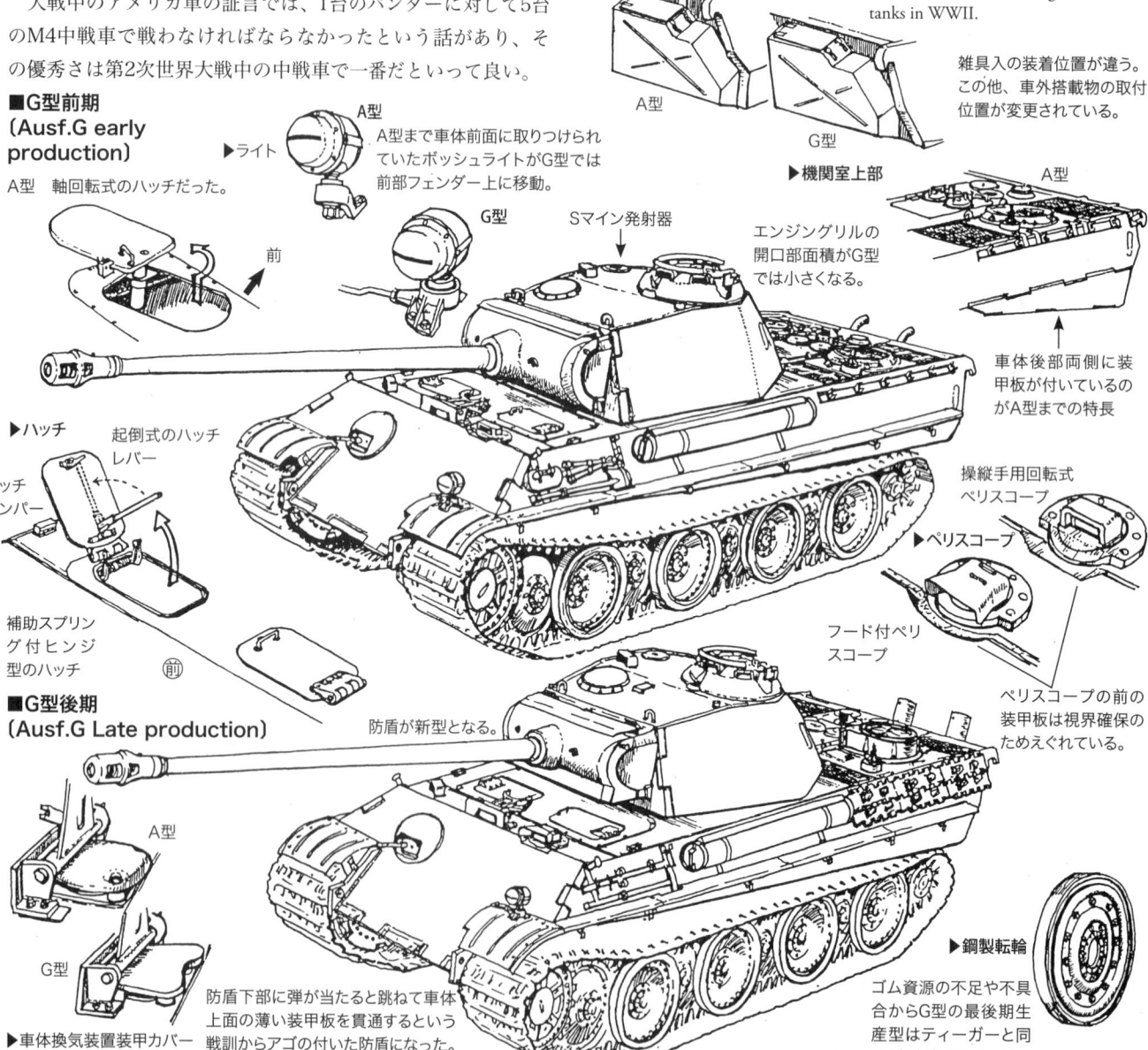

●G型の排気管のバリエーション

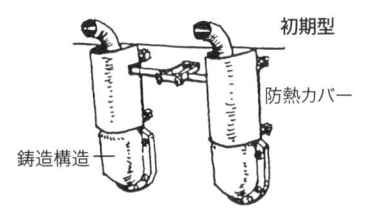

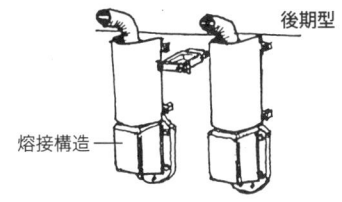

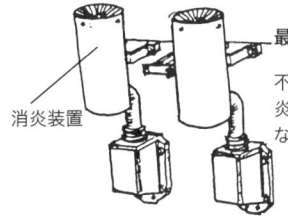

初期型
防熱カバー
鋳造構造

後期型
熔接構造

最後期型
消炎装置
不完全燃焼ガスの炎を夜間敵に見えないようにする。

偏向ノズル

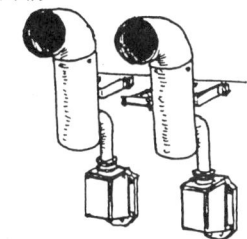

Sd.Kfz.171パンター G型主要諸元
全長8.86m（車体長6.935m）
全幅3.27m　全高2.995m
戦闘重量45,300kg
武装：75mmKwK42L/70ライフル砲×1（積載弾数79発）
　　　7.92mmMG34機関銃×3（積載弾数4500発）
　　　92mmSマイン発射器×1
動力：マイバッハHL230P30
　　　ガソリンエンジン700HP
最高速46km/h　航続距離200km

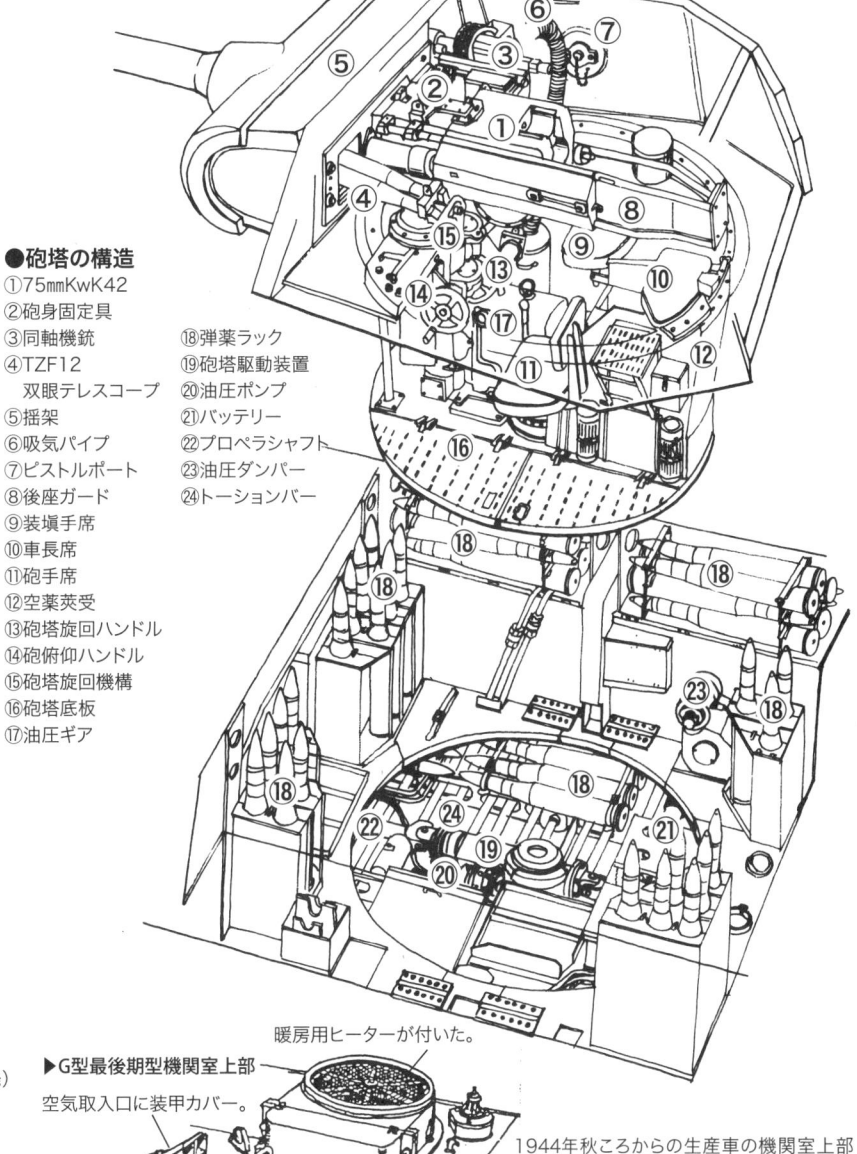

●砲塔の構造
①75mmKwK42
②砲身固定具
③同軸機銃
④TZF12 双眼テレスコープ
⑤揺架
⑥吸気パイプ
⑦ピストルポート
⑧後座ガード
⑨装填手席
⑩車長席
⑪砲手席
⑫空薬莢受
⑬砲塔旋回ハンドル
⑭砲俯仰ハンドル
⑮砲塔旋回機構
⑯砲塔底板
⑰油圧ギア
⑱弾薬ラック
⑲砲塔駆動装置
⑳油圧ポンプ
㉑バッテリー
㉒プロペラシャフト
㉓油圧ダンパー
㉔トーションバー

▶G型最後期型機関室上部
暖房用ヒーターが付いた。
空気取入口に装甲カバー。
1944年秋ころからの生産車の機関室上部（左側のみ）に装備された車内暖房用装置。

●戦車回収車ベルゲパンター
((Sd.Kfz.179) Panzer-Bergegerät "Bergepanther")

●M10パンター（"Panther" disguised as an M10）

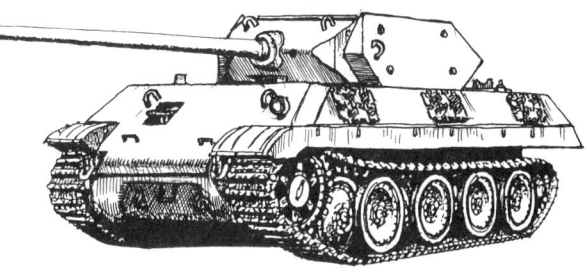

1944年のバルジの戦いにおけるグライフ作戦でドイツ軍がパンターをアメリカ軍のM10風に擬装した車両。オリーブドラブに塗られ、砲塔側面には白い星も描かれていた。

ティーガーⅠ重戦車 (Sd.Kfz.181 ティーガー E型／タイガーⅠ型)

●虎の誕生

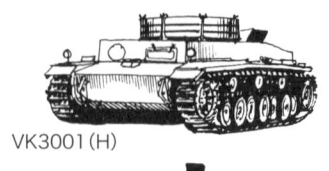

VK3001(H)

VK3601(H)

VK4501(H)

ティーガーⅠ重戦車は第2次世界大戦中の代表的な重戦車だが、デザインもドイツの戦車のクラシックな集大成といった感じで、独ソ戦開始以来、ソ連のT-34の高性能に対抗するため、Ⅳ号戦車の後継として待望されたものだ。同時期の戦車の中では最強の88mm砲を装備し、前面装甲100mm、戦闘重量56.9t、全長8.46m（車体長6.32m）、全高2.9mという堂々たるスペックを持っていた。

Tiger I Heavy Tank (Sd.Kfz. 181) Series
Tiger I heavy tank is the most conspicuous heavy tank in WWII, and its design may be said the compilation of classical German tanks, and the long been expected successor of Pz.Kpfw. IV to compete with tough Soviet T-34 ever since the beginning of Eastern Campaign. It equipped with one 88 mm cannon, the strongest gun among the current tanks then, and the specification: frontal armor thickness 100 mm, combat weight 56.9 tons, length 8.46 m (hull length 6.32 m), height 2.9 m, was nothing but magnificent.

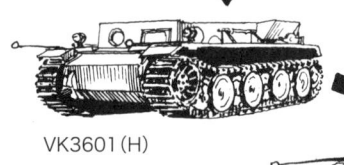

Ⅳ号戦車の後継としてヘンシェル社がVK3001型重戦車を開発していたが、これは4両が完成して開発は中止。次に36tクラスの主力戦車としてVK3601型が1941年7月に試作されたが、88mm砲搭載45t戦車の計画が兵器省より出されてこれも開発中止。この計画に従って開発されたヘンシェルのVK4501（H）が1942年に完成。ポルシェのVK4501（P）との実用試験に勝って制式採用となる。これがSd.Kfz.181ティーガー E型重戦車で1942年8月より生産開始となった。VKは試作戦車の意味。のち、ティーガーⅡの登場によりティーガーⅠと呼ばれるようになる。

●極初期型
(Very-early production)
42年中に生産された極初期型は83両で、これらはいくつかの面白い特徴を持っている。9月に作られた8両は早速、第502重戦車大隊に配備されてレニングラード攻防戦に投入された。これがティーガーの初陣となった。

極初期型の予備キャタピラ用ラック。片側用6枚ずつで12枚入る。車体前面下部に装備。

ティーガーは大きく重い戦車であるが、設計時にデザイナーは強力な主砲のため、センターラインからズレた射撃の際の反動で車体へ加わるねじれの力に対抗できる車体剛性を考えなくてはならなかった。

エンジン後部

極初期型

外側のフェンダーは横に留めるようになっていた。

リアフェンダーには3本のリブがある。

キャタピラ装備用具箱

排気管カバーには3本のミゾがあり、初期生産型のように丸くなく角ばっている。

初期型

46

■初期型 (Early Production)

ティーガー重戦車は量感のある車体と大きな円筒形砲塔で、やや背の高い印象を与える。そして何よりも目立つのは、マズルブレーキの付いた長大な88mm砲である。砲塔の構造、デザインは射撃のためというより卓越した防禦力のためという印象が強い。

The Tiger I heavy tank consisted of massive hull and large cylinder shaped turret and they gives rather tall impression. And what was most noticeable is long and large 88 mm gun with muzzle brake. The turret gives the impression that this was designed for outstanding protection rather than for shooting.

防水カバーを装着したベンチレーター

戦闘用キャタピラ　幅71.5cm

予備キャタピラ用ラックが砲塔にも付く。左側5個、右側3個が標準。キャタピラ交換にはワイヤーロープが必需品で車体横に装備した。

●初期生産型

防水カバー用蝶ネジの付いたボールマウント

機銃防塵カバー

鉄道輸送用キャタピラ　幅51.5cm

防水カバー、潜水時に使用

主砲塔防盾の変化

双眼式照準器TZF96用の穴

被弾時の衝撃から照準器を守るため厚くなった。

初期型　車体前面

戦訓によりKFF2ペリスコープ用の小穴は1943年2月に埋められ、以降の生産車では廃止された。

12枚入る

10枚入る

穴の上にひさしを付けたバリエーション。

車体前部の予備キャタピララックは正式装備ではないが、付けている車両が多い。

発煙弾発射器

砲塔部

小型の榴散弾を発射する近接防禦用兵器。車体上面5ヶ所に装備した。

極初期型

前部シャックルは取り付け部が斜めになっている。

前部フェンダーは湾曲しており、表面には滑り止めが施されている。

極初期型の砲塔右後部

脱出ハッチは無く左側面と同じピストルポートが付く。

エンジンは最初の250両がマイバッハ製642HP、その後は694HPのものとなる。燃料は567リットル積めた。シュノーケルをつければ4mの水深を走行できた。

砲塔雑具箱の取り付け方法が初期型と違う。

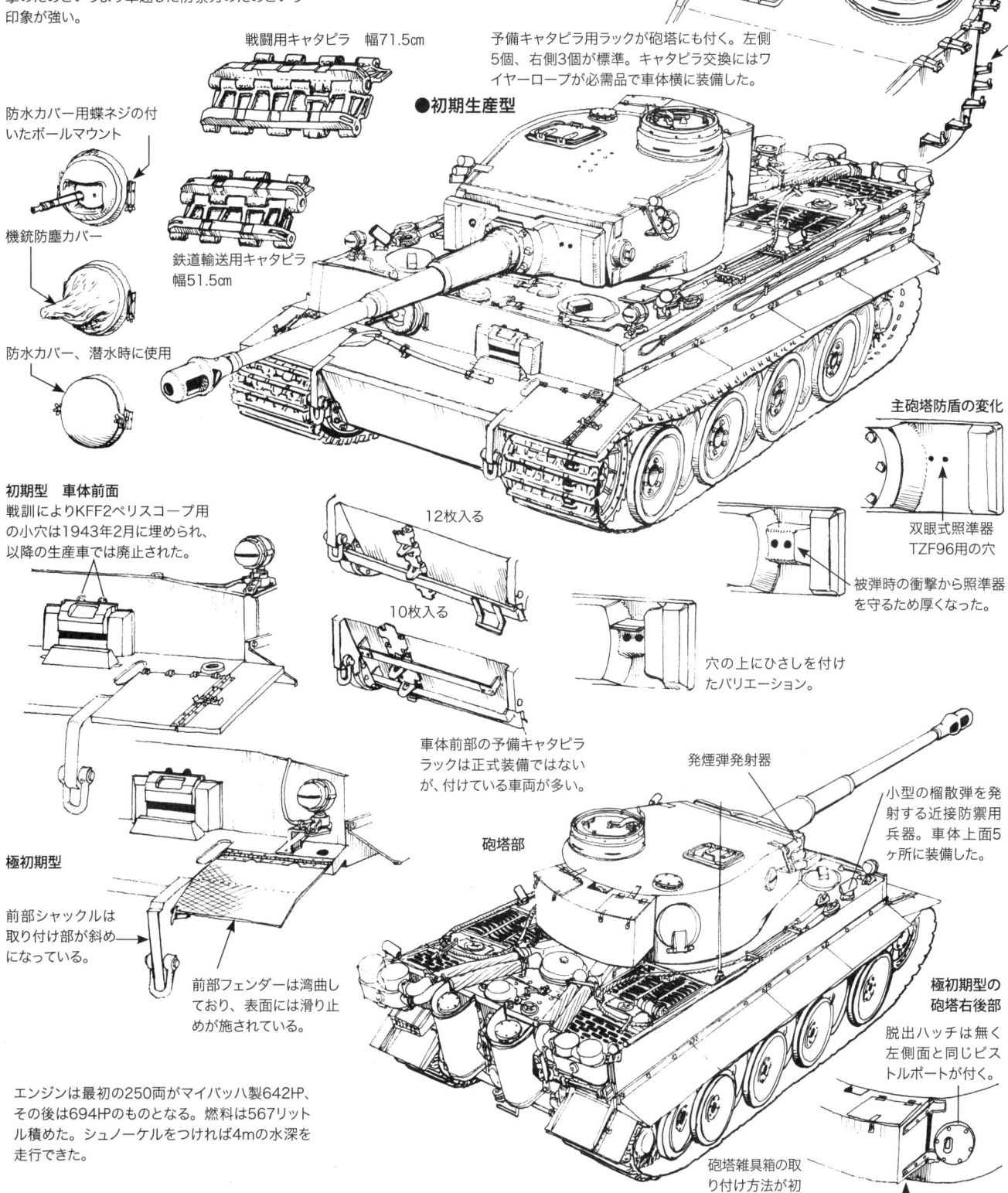

47

■中期型〜後期生産型

中期型からの変化で目立つのは砲塔上部の車長用キューポラの形状変更だ。また後期型では両側8個ずつの大きな転輪が内側にゴムを入れたスチール製となった。これは冬のロシアでの苦い経験からで、ここに雪や泥が入ると夜の間に凍りついてしまうのだ。乗員の配置は前部に機銃手兼無線手と操縦手が座り、戦闘室には車長と装填手、砲手が入る。砲塔はエンジンパワーを介して油圧で回転する。

Mid to Late Production
The most notable change from early production was the commander's cupola on the turret. And large new road wheels, eight at each side were steel wheels with built-in rubber cushion in the hub. This was the solution for bitter experiences in Russian winter, since the snow or mud which stuffed between the wheels would freeze during the night. The crew arrangement was: machine gunner and radio operator, driver sat in the front of the hull, commander, loader and gunner were placed in the turret. The turret was traversed hydraulically utilizing engine power. By August 1944, 1,335 mid and late production Tigers were produced including 5 prototypes.

装填手用ハッチの変遷

初期型

中期型（ティーガーⅡのポルシェ砲塔と同じ）

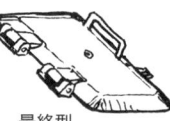

最終型（ティーガーのヘンシェル砲塔と同じ）

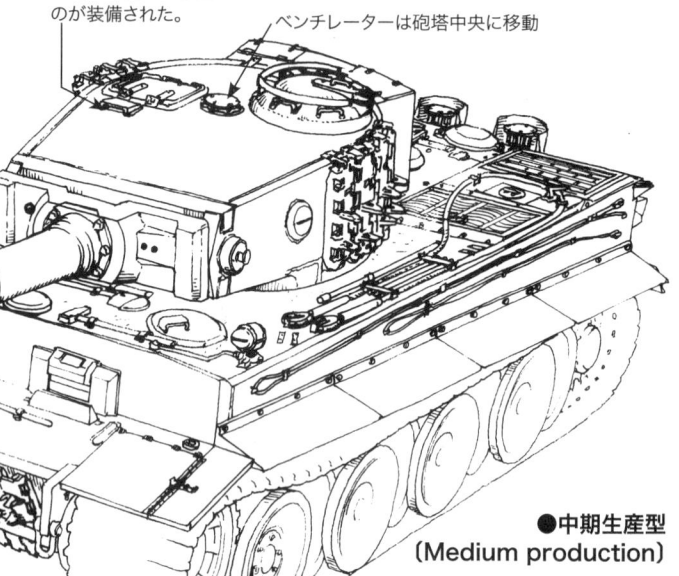

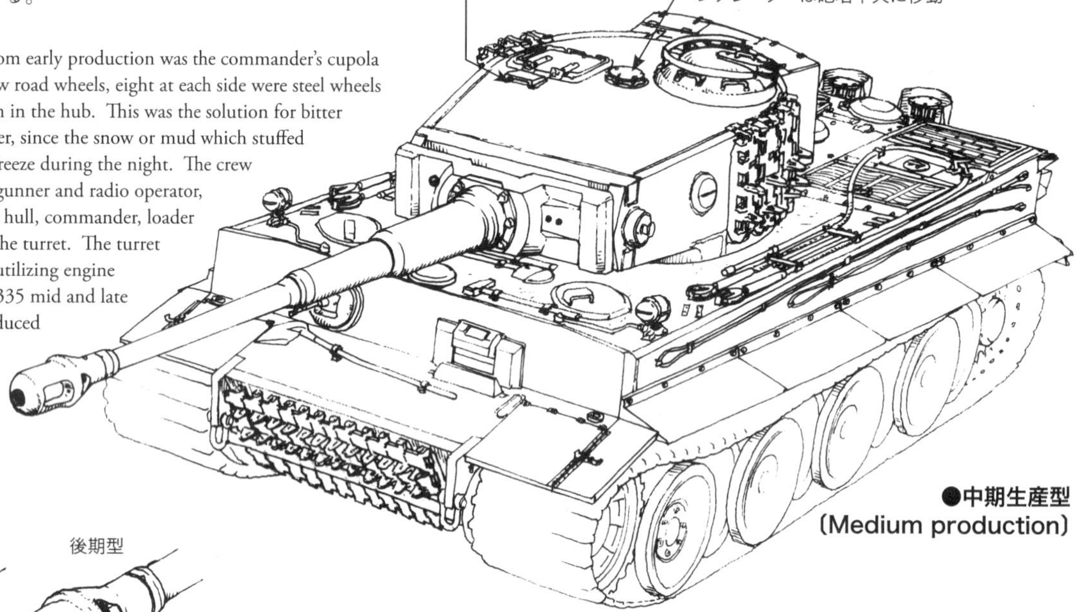

装填手用ペリスコープは初期型末期から小型のものが装備された。

ベンチレーターは砲塔中央に移動

●中期生産型 (Medium production)

主砲マズルブレーキ

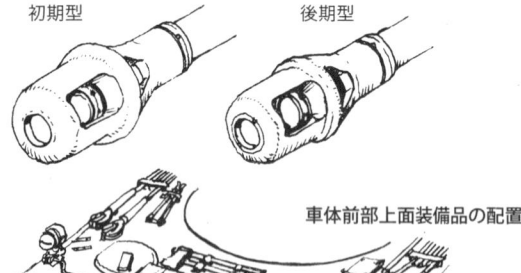

初期型　　後期型

車体前部上面装備品の配置

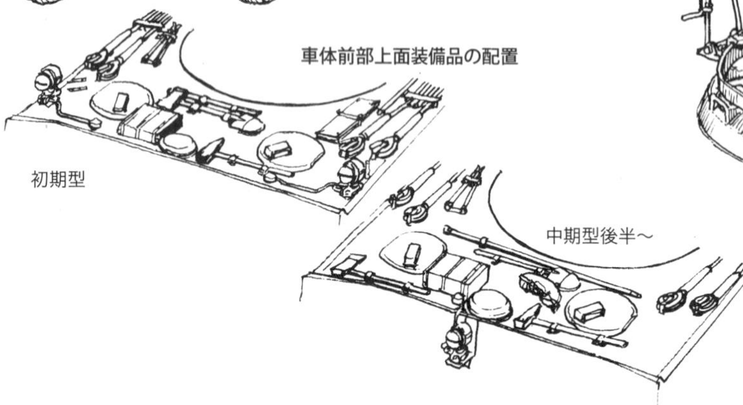

初期型

中期型後半〜

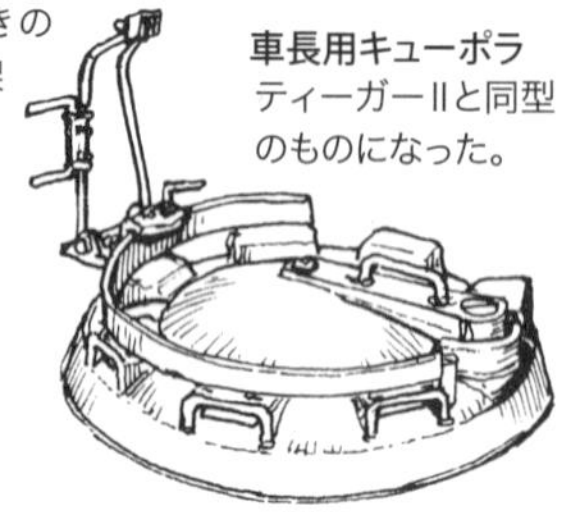

レール付きの対空機銃架

車長用キューポラ　ティーガーⅡと同型のものになった。

砲塔左後部　大型ピストルポートが付いていた。

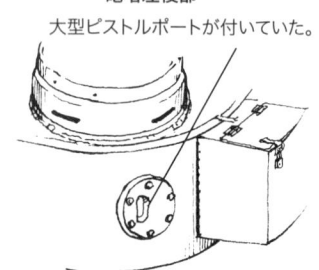

キャタピラ交換用ワイヤーの装着法

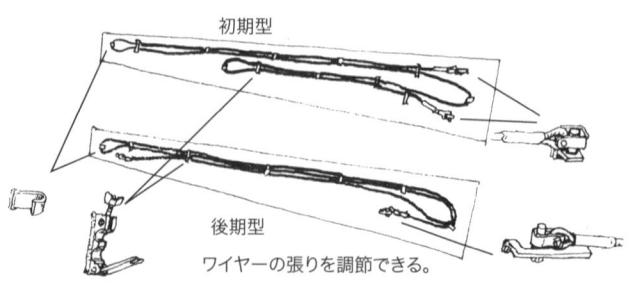

初期型

後期型

ワイヤーの張りを調節できる。

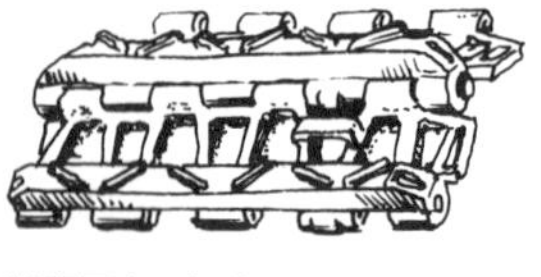

戦闘用キャタピラ
1943年10月生産車（中期型）から戦訓によりハの字型のシェブロンが付けられた。

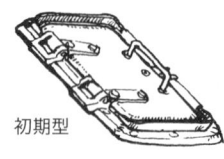

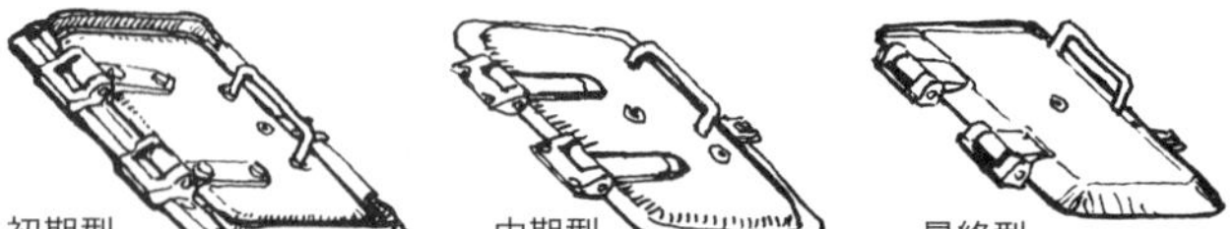

中期型から小型のピストルポートが採用されたが、中期型後半からは廃止されてなくなってしまう。

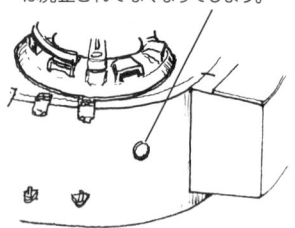

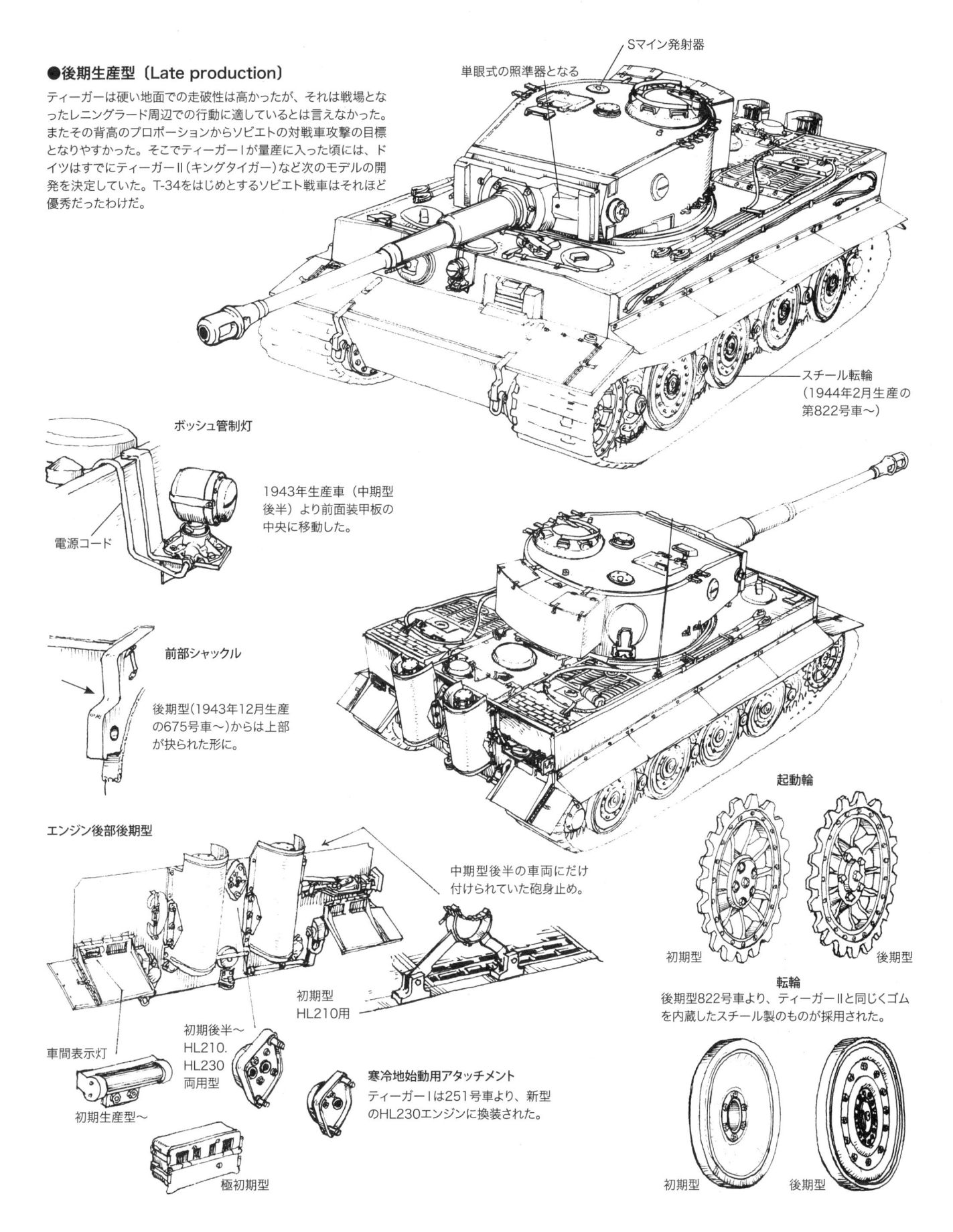

●後期生産型（Late production）

ティーガーは硬い地面での走破性は高かったが、それは戦場となったレニングラード周辺での行動に適しているとは言えなかった。またその背高のプロポーションからソビエトの対戦車攻撃の目標となりやすかった。そこでティーガーIが量産に入った頃には、ドイツはすでにティーガーII（キングタイガー）など次のモデルの開発を決定していた。T-34をはじめとするソビエト戦車はそれほど優秀だったわけだ。

Sマイン発射器

単眼式の照準器となる

スチール転輪
（1944年2月生産の第822号車〜）

ボッシュ管制灯

電源コード

1943年生産車（中期型後半）より前面装甲板の中央に移動した。

前部シャックル

後期型(1943年12月生産の675号車〜)からは上部が挟られた形に。

エンジン後部後期型

中期後半の車両にだけ付けられていた砲身止め。

車間表示灯

初期生産型〜

初期後半〜
HL210.
HL230
両用型

初期型
HL210用

寒冷地始動用アタッチメント
ティーガーIは251号車より、新型のHL230エンジンに換装された。

極初期型

起動輪

初期型　　後期型

転輪
後期型822号車より、ティーガーIIと同じくゴムを内蔵したスチール製のものが採用された。

初期型　　後期型

49

VI号戦車E型ティーガーI〔Sd.Kfz.181〕の構造

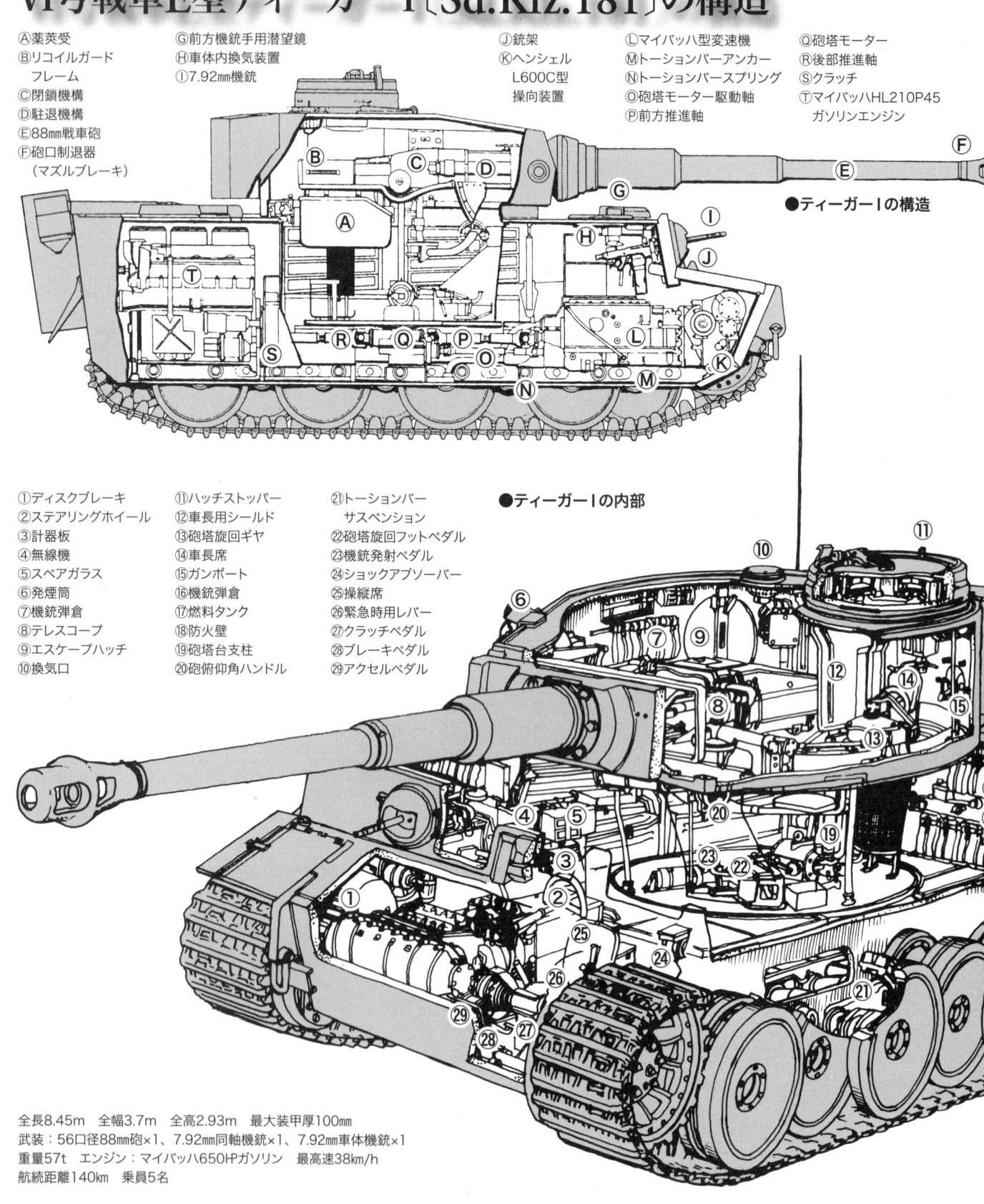

- Ⓐ薬莢受
- Ⓑリコイルガードフレーム
- Ⓒ閉鎖機構
- Ⓓ駐退機構
- Ⓔ88mm戦車砲
- Ⓕ砲口制退器（マズルブレーキ）
- Ⓖ前方機銃手用潜望鏡
- Ⓗ車体内換気装置
- Ⓘ7.92mm機銃
- Ⓙ銃架
- ⓀヘンシェルL600C型操向装置
- Ⓛマイバッハ型変速機
- Ⓜトーションバーアンカー
- Ⓝトーションバースプリング
- Ⓞ砲塔モーター駆動軸
- Ⓟ前方推進軸
- Ⓠ砲塔モーター
- Ⓡ後部推進軸
- Ⓢクラッチ
- ⓉマイバッハHL210P45ガソリンエンジン

●ティーガーIの構造

① ディスクブレーキ
② ステアリングホイール
③ 計器板
④ 無線機
⑤ スペアガラス
⑥ 発煙筒
⑦ 機銃弾倉
⑧ テレスコープ
⑨ エスケープハッチ
⑩ 換気口
⑪ ハッチストッパー
⑫ 車長用シールド
⑬ 砲塔旋回ギヤ
⑭ 車長席
⑮ ガンポート
⑯ 機銃弾倉
⑰ 燃料タンク
⑱ 防火壁
⑲ 砲塔台支柱
⑳ 砲俯仰角ハンドル
㉑ トーションバーサスペンション
㉒ 砲塔旋回フットペダル
㉓ 機銃発射ペダル
㉔ ショックアブソーバー
㉕ 操縦席
㉖ 緊急時用レバー
㉗ クラッチペダル
㉘ ブレーキペダル
㉙ アクセルペダル

●ティーガーIの内部

全長8.45m　全幅3.7m　全高2.93m　最大装甲厚100mm
武装：56口径88mm砲×1、7.92mm同軸機銃×1、7.92mm車体機銃×1
重量57t　エンジン：マイバッハ650HPガソリン　最高速38km/h
航続距離140km　乗員5名

第2次世界大戦で最も有名な戦車で、アメリカ兵の間ではドイツ戦車といえばティーガー（タイガー）というイメージもあるほどだ。フランス侵攻で重装甲のフランスやイギリスの戦車に苦戦した経験から、その時活躍した88mm高射砲を戦車砲化することが考えられた。IV号戦車の後継は戦前から開発されていたが、次期重戦車としてさらに装甲を強化することが要求され、ポルシェ、ヘンシェル両社の競作の末、ヘンシェル社のものが採用となった。

ドイツ戦車特有の平面的デザインで構成されており、のちのティーガーII（キングタイガー）のようにT-34の影響を強く受けていない、純ドイツ的な最後の戦車である。当初は45tクラスとして計画されたティーガーも、ソ連戦車の脅威の前にさらなる装甲強化がなされて前面装甲は100mmとなり、重量も56tを超えることになってしまった。そのため機動力が損なわれ、渡れる橋も制限されるなどの影響が出た。

搭載された88mm砲は元が高射砲だけあってT-34の主砲の着弾距離外からそれを撃破できるという高性能なもので、特に防禦戦闘で威力を発揮し、連合軍の恐れるところとなった。生産中にエンジンが強化されたり鋼製転輪が採用されたりと変更も多い。1942年夏から2年ほどの間に1,346両が造られている。

The Structure of Pz.Kpfw. IV Ausf. E Tiger I
Tiger is the most famous tank in WWII, and American soldiers speaking of German tanks, Tiger was the first one they imagined. As the experience during French campaign revealed the existing German tanks' main guns were insufficient against heavily armored French and British tanks, so the utilization of anti-aircraft cannon that was effective for them into tank gun was conceived. Though the development of the successor of Pz.Kpfw. IV had begun before the war, more heavily armored heavy tank was required, and after the competition between Porsche and Henschel, latter's design was chosen.

The design consisted with flat armor plates was conventional among German tanks, and was not influenced by T-34's design like later Tiger II (King Tiger), thus this was the last purely German styled tank. Initially Tiger was intended as 45 ton tank, the armor was further thickened to compete with the threat of Soviet tanks, eventually the frontal armor reached 100 mm thick and the weight exceeded 56 tons. As the result, the mobility was spoiled and crossable bridges were limited.

The 88 mm gun, since it was originally anti-aircraft gun, so effective that could outrange T-34, especially displayed its effectiveness in defensive battles, was feared by Allies. There ware many changes during the production, as the engine capacity was increased and steel road wheels were introduced. During two years since the summer of 1942, 1,346 Tigers were produced.

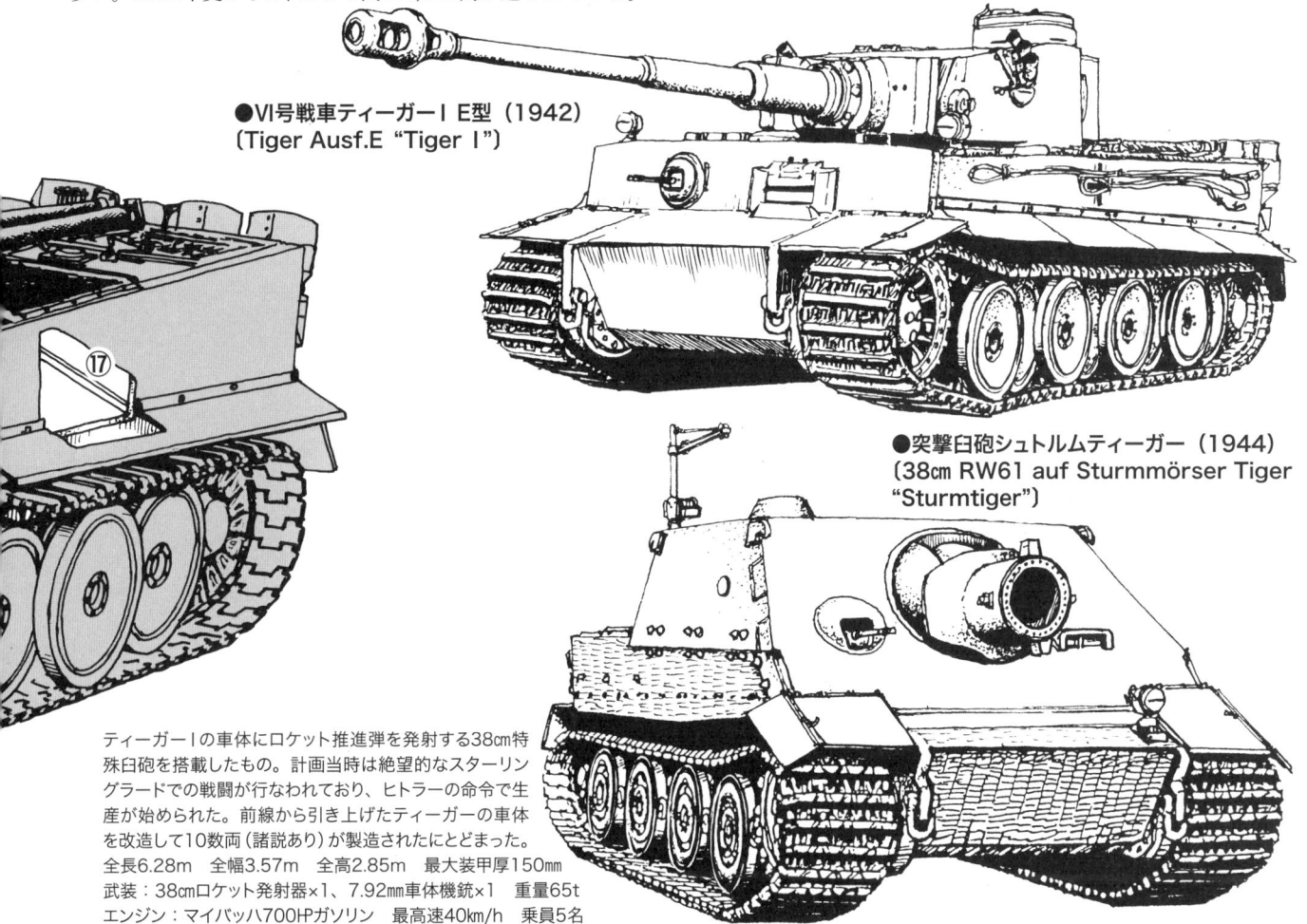

●VI号戦車ティーガーI E型（1942）
(Tiger Ausf.E "Tiger I")

●突撃臼砲シュトルムティーガー（1944）
(38cm RW61 auf Sturmmörser Tiger "Sturmtiger")

ティーガーIの車体にロケット推進弾を発射する38cm特殊臼砲を搭載したもの。計画当時は絶望的なスターリングラードでの戦闘が行なわれており、ヒトラーの命令で生産が始められた。前線から引き上げたティーガーの車体を改造して10数両（諸説あり）が製造されたにとどまった。
全長6.28m　全幅3.57m　全高2.85m　最大装甲厚150mm
武装：38cmロケット発射器×1、7.92mm車体機銃×1　重量65t
エンジン：マイバッハ700HPガソリン　最高速40km/h　乗員5名

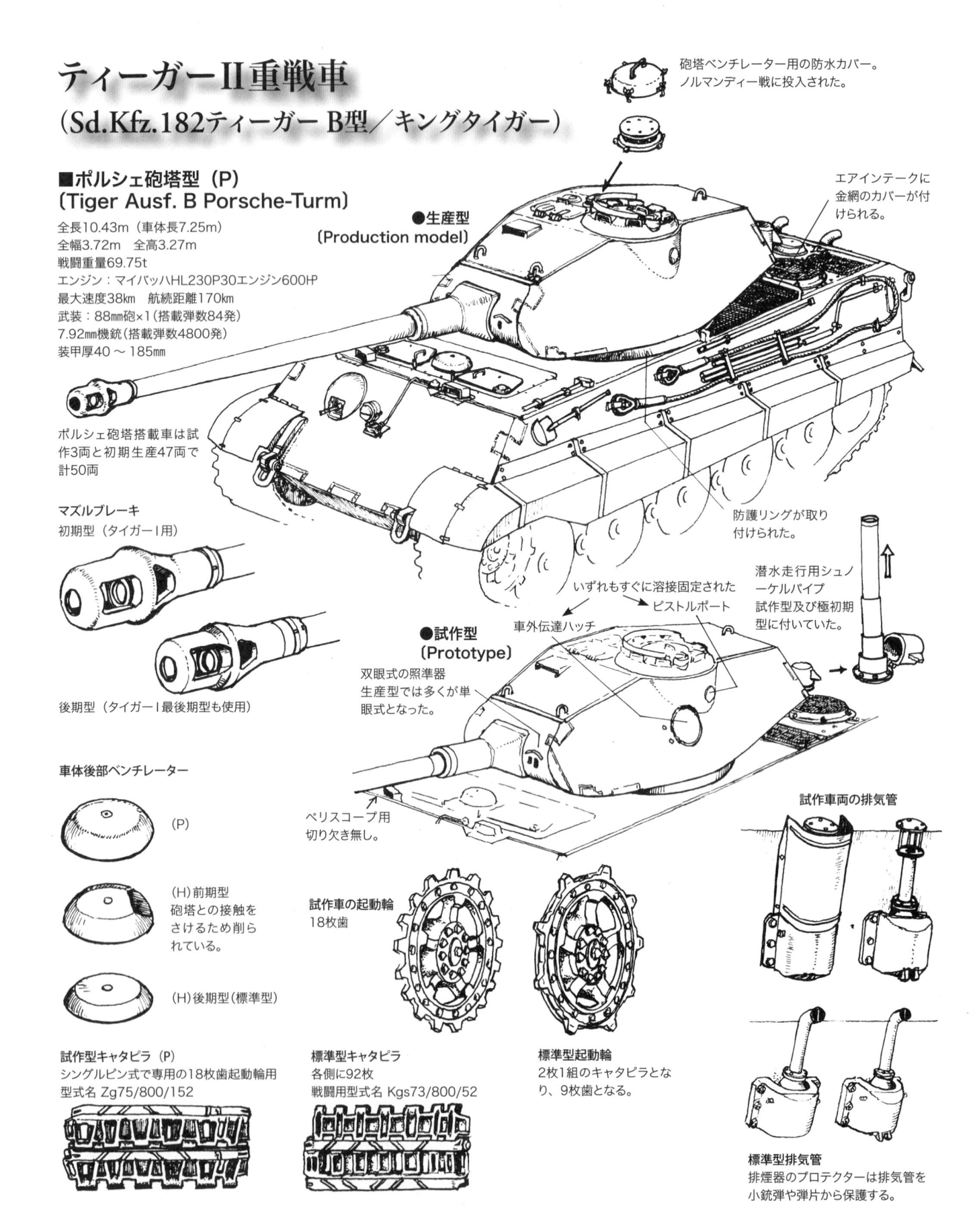

ティーガーII重戦車
（Sd.Kfz.182ティーガー B型／キングタイガー）

■ポルシェ砲塔型（P）
(Tiger Ausf. B Porsche-Turm)
全長10.43m（車体長7.25m）
全幅3.72m　全高3.27m
戦闘重量69.75t
エンジン：マイバッハHL230P30エンジン600HP
最大速度38km　航続距離170km
武装：88mm砲×1（搭載弾数84発）
7.92mm機銃（搭載弾数4800発）
装甲厚40〜185mm

砲塔ベンチレーター用の防水カバー。ノルマンディー戦に投入された。

●生産型
(Production model)

エアインテークに金網のカバーが付けられる。

ポルシェ砲塔搭載車は試作3両と初期生産47両で計50両

防護リングが取り付けられた。

マズルブレーキ
初期型（タイガーI用）

後期型（タイガーI最後期型も使用）

車体後部ベンチレーター
(P)

(H)前期型
砲塔との接触をさけるため削られている。

(H)後期型（標準型）

いずれもすぐに溶接固定されたピストルポート
車外伝達ハッチ

●試作型
(Prototype)

双眼式の照準器生産型では多くが単眼式となった。

潜水走行用シュノーケルパイプ試作型及び極初期型に付いていた。

ペリスコープ用切り欠き無し。

試作型キャタピラ（P）
シングルピン式で専用の18枚歯起動輪用
型式名 Zg75/800/152

標準型キャタピラ
各側に92枚
戦闘用型式名 Kgs73/800/52

試作車の起動輪
18枚歯

標準型起動輪
2枚1組のキャタピラとなり、9枚歯となる。

試作車両の排気管

標準型排気管
排煙器のプロテクターは排気管を小銃弾や弾片から保護する。

ティーガーⅡ（キングタイガー）の開発も再びポルシェとヘンシェルの争いになった。主砲のKwK43 88mm砲はKwK36に較べてかなり重く長かった。これを装備したポルシェの砲塔は、VK4501（P）を基にした美しく丸みを帯びた形状で、はじめは105mmか150mm砲を考えていたようだ。このVK4502（P）も前回同様空冷ガソリンエンジンによる発電で電気モーター駆動というユニークなものだったが、これに必要な銅の供給が戦況によりおぼつかず、これだけでもポルシェには不利だった。結局採用されたのはヘンシェルの車両で、最初の50両のみポルシェ砲塔が装着された。ところが、ポルシェの砲塔はスマートなデザインだが、生産性が悪いのと、砲塔前部と車体の間に被弾した場合に極めて危険な形状で、ヘンシェルの直線的なデザインの砲塔が標準となった。エンジンはのちに694HPにパワーアップされるが、それでもパワーウエイトレシオは貧弱だった。その欠点にもかかわらず、ティーガーⅡは第2次世界大戦中最高の攻撃・防禦力を持つ重戦車として評価は高い。

Tiger II Heavy Tank (Sd.Kfz. 182 King Tiger)
The development of Tiger II (King Tiger) was also competed between Porsche and Henschel. Its main gun 8.8 cm KwK 43 was considerably heavier than KwK 36. The Porsche turret which mounted it was beautiful round shaped one based on VK4502 (P) that was initially intended to equip 105 mm or 150 mm gun. The VK4502 took over unique drive system from its precursor, which was driven by twin electric motors powered by the generators driven by air cooled gasoline engines, but as the supply of cupper needed for the system was unstable by the war situation, it added another disadvantage to Porsche's design. Eventually Henschel design won the competition and only first 50 units were equipped with Porsche designed turret. Though the design of Porsche turret was stylish, its productivity was low and as the gap between turret's chin and hull formed very dangerous shot trap, thus Henschel turret of rectilinear design became standard. The engine capacity was increased up to 694 hp, even so the power weight ratio was inadequate. In spite of these shortages, Tiger II is appreciated as the heavy tank with strongest firepower and heaviest protection in WWII.

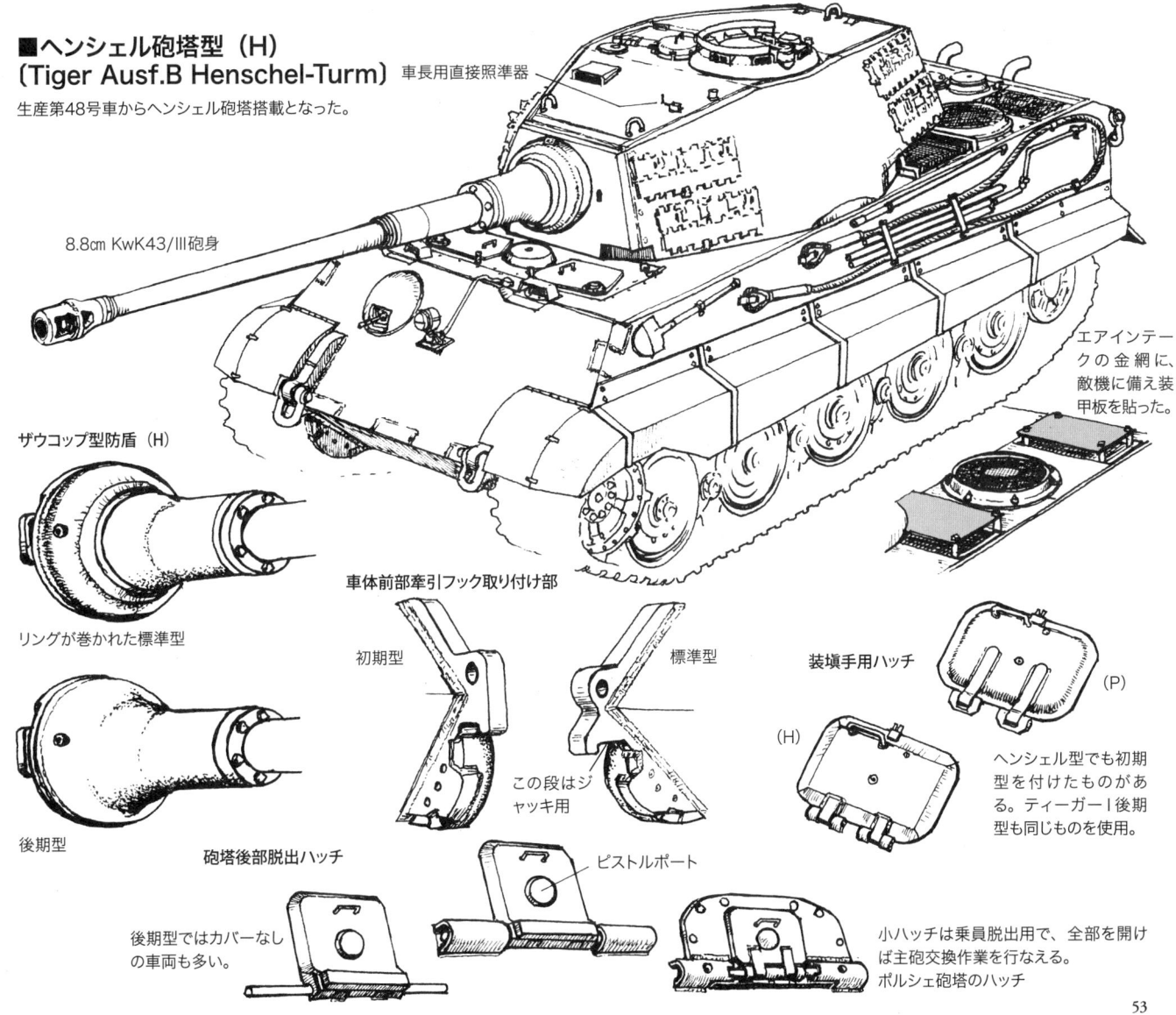

■ヘンシェル砲塔型（H）
（Tiger Ausf.B Henschel-Turm）　車長用直接照準器

生産第48号車からヘンシェル砲塔搭載となった。

8.8cm KwK43/Ⅲ砲身

エアインテークの金網に、敵機に備え装甲板を貼った。

ザウコップ型防盾（H）

リングが巻かれた標準型

後期型

車体前部牽引フック取り付け部

初期型

標準型

この段はジャッキ用

装填手用ハッチ

(P)

(H)

ヘンシェル型でも初期型を付けたものがある。ティーガーⅠ後期型も同じものを使用。

砲塔後部脱出ハッチ

ピストルポート

後期型ではカバーなしの車両も多い。

小ハッチは乗員脱出用で、全部を開ければ主砲交換作業を行なえる。ポルシェ砲塔のハッチ

VI号戦車B型ティーガーIIの構造

　1941年6月、ヒトラーは突如独ソ不可侵条約を破棄してソ連に攻め込み、ナポレオンの轍を踏むこととなった。ロシアは広大で、機甲部隊による電撃戦というコンセプトは通用せず、戦線と補給線は長大なものとなって戦争は長期化した。長びく戦闘の間にソ連が作り上げ投入してきたのがT-34やKV-1といった強力な火砲と装甲を持つ名戦車であった。特にT-34はそれまでの戦車の概念に新たな1ページを加えるもので（P.112参照）、そのデザインと強力な火力・防禦力はドイツ軍に「T-34ショック」を与えた。トラクター工場をフル稼働して生産され、戦場に送り出されてくるT-34を前に、ドイツ軍でも戦車の強化改良と新戦車パンター、ティーガーIの製造が急がれた。しかしこれらも基本設計がT-34の出現前で、ティーガーIは1930年代のドイツ戦車の名残りをデザインにとどめている。一方パンターはT-34の影響を強く受けており、ティーガーIIはこの火力装甲強化版として発想され、1943年に入るとヒトラーの大号令で本格的な開発が始まった。

　車体の開発はヘンシェル社の手で行なわれたが砲塔はポルシェ社設計によるものを搭載する計画で、1944年最初の50両が完成。この欠点を改善したヘンシェル社製砲塔を載せたものがティーガーII、あるいはケーニッヒスティーガー（キングタイガー）のオーソドックスなタイプだ。その名にふさわしく、第2次世界大戦中最強のスペックを持った戦車だった。

　長砲身88mm砲と前面150mmの装甲は強力だったが、反面重量が68tになり、その割にはエンジンが非力で燃費が路上でリッター162mという恐ろしく機動力に欠けるものとなった。折から敗色濃厚で燃料不足の中、燃料切れで立ち往生し無傷のまま放棄されるものも多数あった。走れぬ戦車はただの大砲だからだ。

The Structure of Pz.Kpfw. VI Ausf. B Tiger II
In June 1941, Hitler rejected German-Soviet nonaggression pact and started invasion upon Soviet Union suddenly, and eventually he fall into the same trap as Napoleon did. As Russia is vast land, the fronts and logistics lines became extremely long and the campaign was protracted. The concept of Blitzkrieg by armor units did not work this time. As the campaign prolonged, Russians created and deployed strong T-34 and KV-1 tanks witch had powerful gun and heavy armor. Especially T-34 altered the conventional concept of tank (see page 112), the design, outstanding firepower and protection of T-34 shocked German army.
As T-34s were produced by fully mobilized tractor factories and sent to front

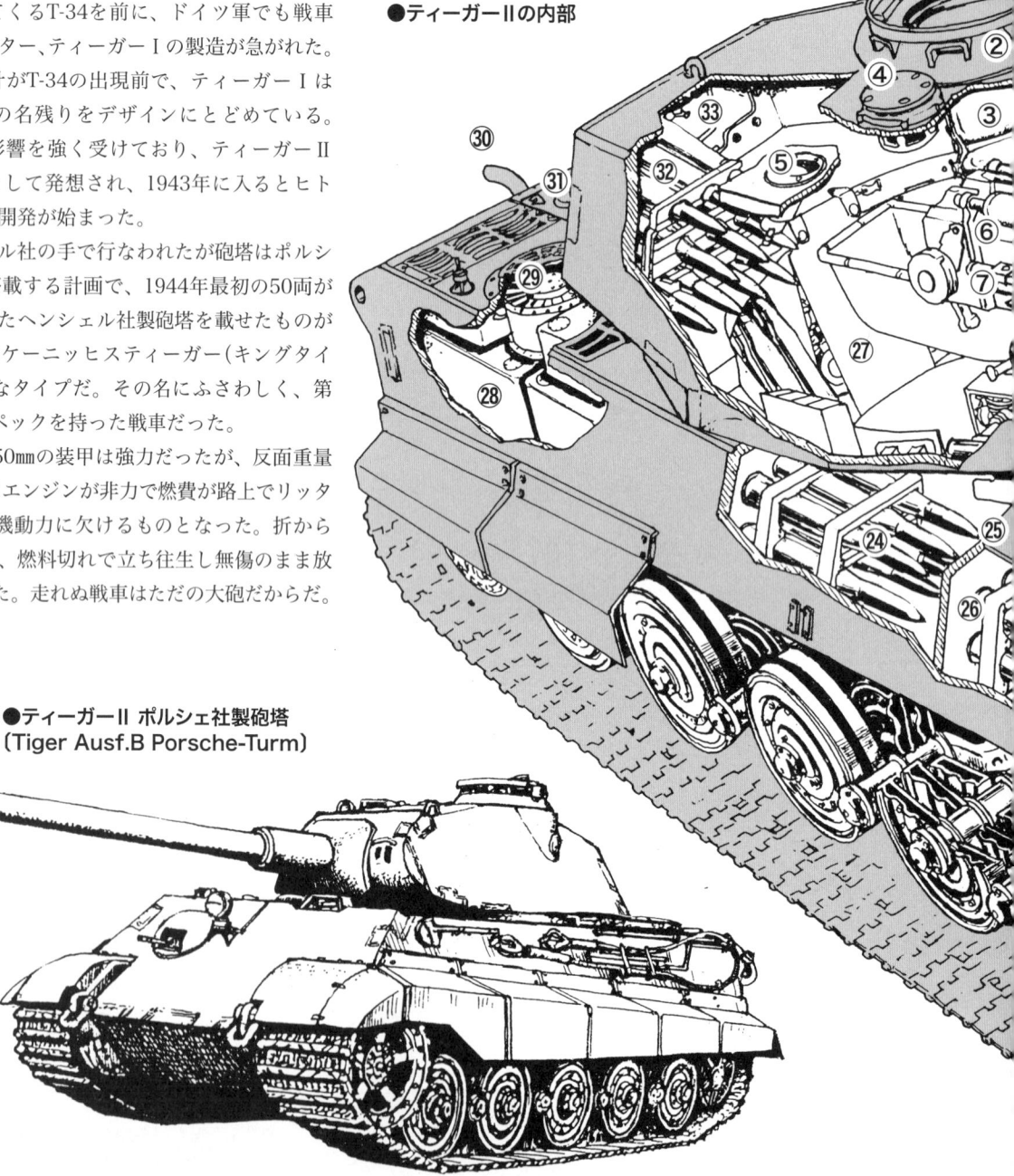

●ティーガーIIの内部

●ティーガーII ポルシェ社製砲塔
(Tiger Ausf.B Porsche-Turm)

ティーガーIIは当初ポルシェ砲塔の搭載を予定して生産が始まったが、砲塔前面下の曲面部に弾丸が当たり滑って車体上面を直撃する（ショットトラップ）問題が生じ、また生産性が悪いこともあってヘンシェル砲塔に変更された。しかし50両分は生産されていたため、この分はポルシェ砲塔のティーガーIIが完成している。

54

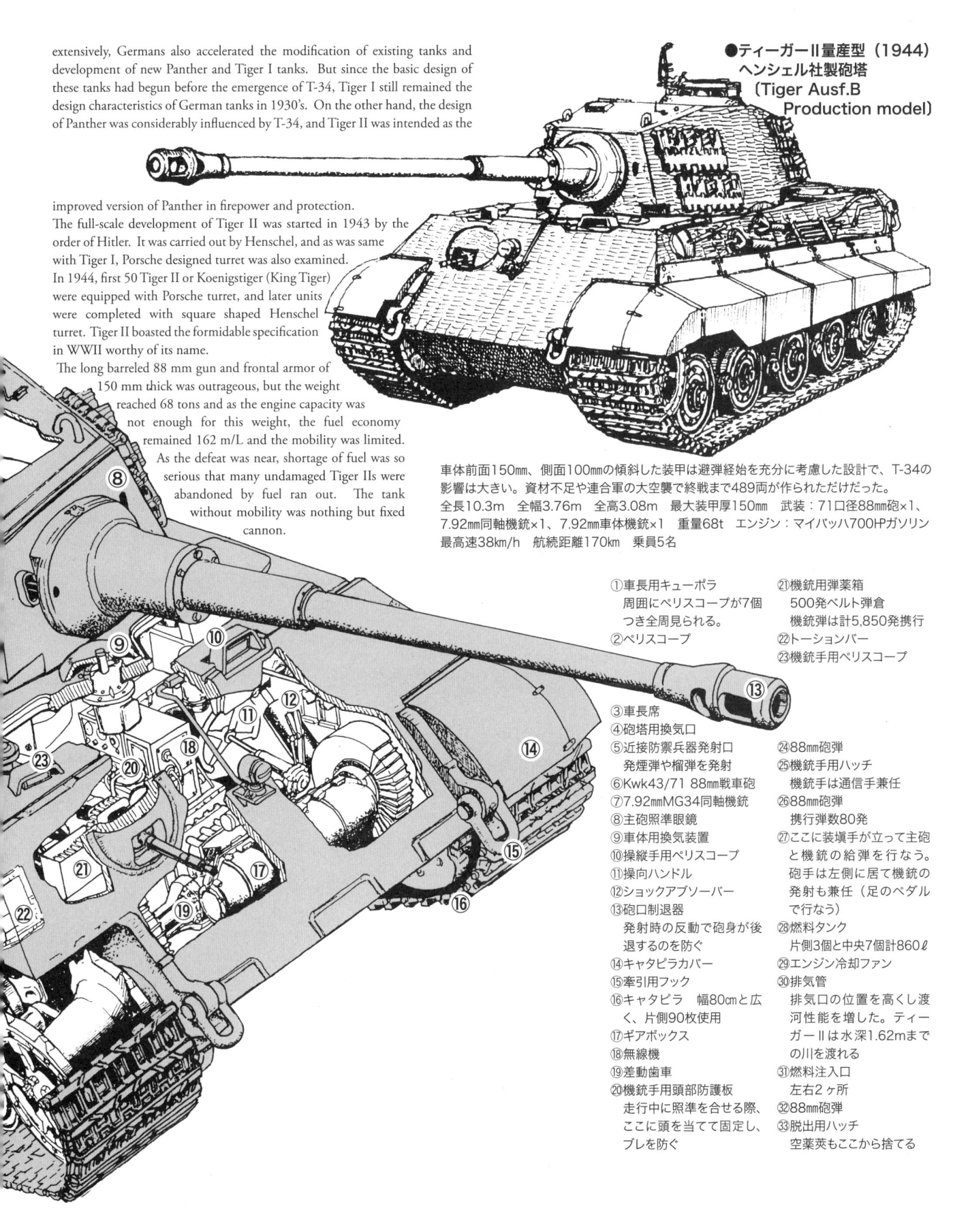

extensively, Germans also accelerated the modification of existing tanks and development of new Panther and Tiger I tanks. But since the basic design of these tanks had begun before the emergence of T-34, Tiger I still remained the design characteristics of German tanks in 1930's. On the other hand, the design of Panther was considerably influenced by T-34, and Tiger II was intended as the improved version of Panther in firepower and protection.

The full-scale development of Tiger II was started in 1943 by the order of Hitler. It was carried out by Henschel, and as was same with Tiger I, Porsche designed turret was also examined. In 1944, first 50 Tiger II or Koenigstiger (King Tiger) were equipped with Porsche turret, and later units were completed with square shaped Henschel turret. Tiger II boasted the formidable specification in WWII worthy of its name.

The long barreled 88 mm gun and frontal armor of 150 mm thick was outrageous, but the weight reached 68 tons and as the engine capacity was not enough for this weight, the fuel economy remained 162 m/L and the mobility was limited. As the defeat was near, shortage of fuel was so serious that many undamaged Tiger IIs were abandoned by fuel ran out. The tank without mobility was nothing but fixed cannon.

●ティーガーII量産型（1944）
ヘンシェル社製砲塔
(Tiger Ausf.B Production model)

車体前面150mm、側面100mmの傾斜した装甲は避弾経始を充分に考慮した設計で、T-34の影響は大きい。資材不足や連合軍の大空襲で終戦まで489両が作られただけだった。
全長10.3m　全幅3.76m　全高3.08m　最大装甲厚150mm　武装：71口径88mm砲×1、7.92mm同軸機銃×1、7.92mm車体機銃×1　重量68t　エンジン：マイバッハ700HPガソリン　最高速38km/h　航続距離170km　乗員5名

①車長用キューポラ
　周囲にペリスコープが7個つき全周見られる。
②ペリスコープ
③車長席
④砲塔用換気口
⑤近接防禦用兵器発射口
　発煙弾や榴弾を発射
⑥Kwk43/71 88mm戦車砲
⑦7.92mmMG34同軸機銃
⑧主砲照準眼鏡
⑨車体用換気装置
⑩操縦手用ペリスコープ
⑪操向ハンドル
⑫ショックアブソーバー
⑬砲口制退器
　発射時の反動で砲身が後退するのを防ぐ
⑭キャタピラカバー
⑮牽引用フック
⑯キャタピラ　幅80cmと広く、片側90枚使用
⑰ギアボックス
⑱無線機
⑲差動歯車
⑳機銃手用頭部防護板
　走行中に照準を合わせる際、ここに頭を当てて固定し、ブレを防ぐ
㉑機銃用弾薬箱
　500発ベルト弾倉
　機銃弾は計5,850発携行
㉒トーションバー
㉓機銃手用ペリスコープ
㉔88mm砲弾
㉕機銃手用ハッチ
　機銃手は通信手兼任
㉖88mm砲弾
　携行弾数80発
㉗ここに装填手が立って主砲と機銃の給弾を行なう。砲手は左側に居て機銃の発射も兼任（足のペダルで行なう）
㉘燃料タンク
　片側3個と中央7個計860ℓ
㉙エンジン冷却ファン
㉚排気管
　排気口の位置を高くし渡河性能を増した。ティーガーIIは水深1.62mまでの川を渡れる
㉛燃料注入口
　左右2ヶ所
㉜88mm砲弾
㉝脱出用ハッチ
　空薬莢もここから捨てる

III号突撃砲(Stug.III)〔Sd.Kfz.142 Sturmgeschütz III〕の細部

III号突撃砲はIII号戦車の車体を流用し、低い固定砲塔に24口径7.5cmカノン砲を載せたもので、ポーランドへの電撃作戦時からその砲の威力と低い車体形状で大成功を収めた。ヨーロッパの硬い石の多い地形を歩兵連隊と共に行動するのを想定して開発されたというが、東部戦線では歩兵がT-34やKV-1などの強力な戦車の攻撃を受けた時に結構対抗できる性能があり、戦車を作るよりはコスト的にも安く、優秀さが次第に明らかになった。

III号突撃砲には試作型のO型を除き、AからEまでの型式があるが、これはIII号戦車のAからH型の分類とは直接対応しない。エンジンはマイバッハ製のガソリンエンジンで、出力は機種によって異なるが大体300～320HPだった。

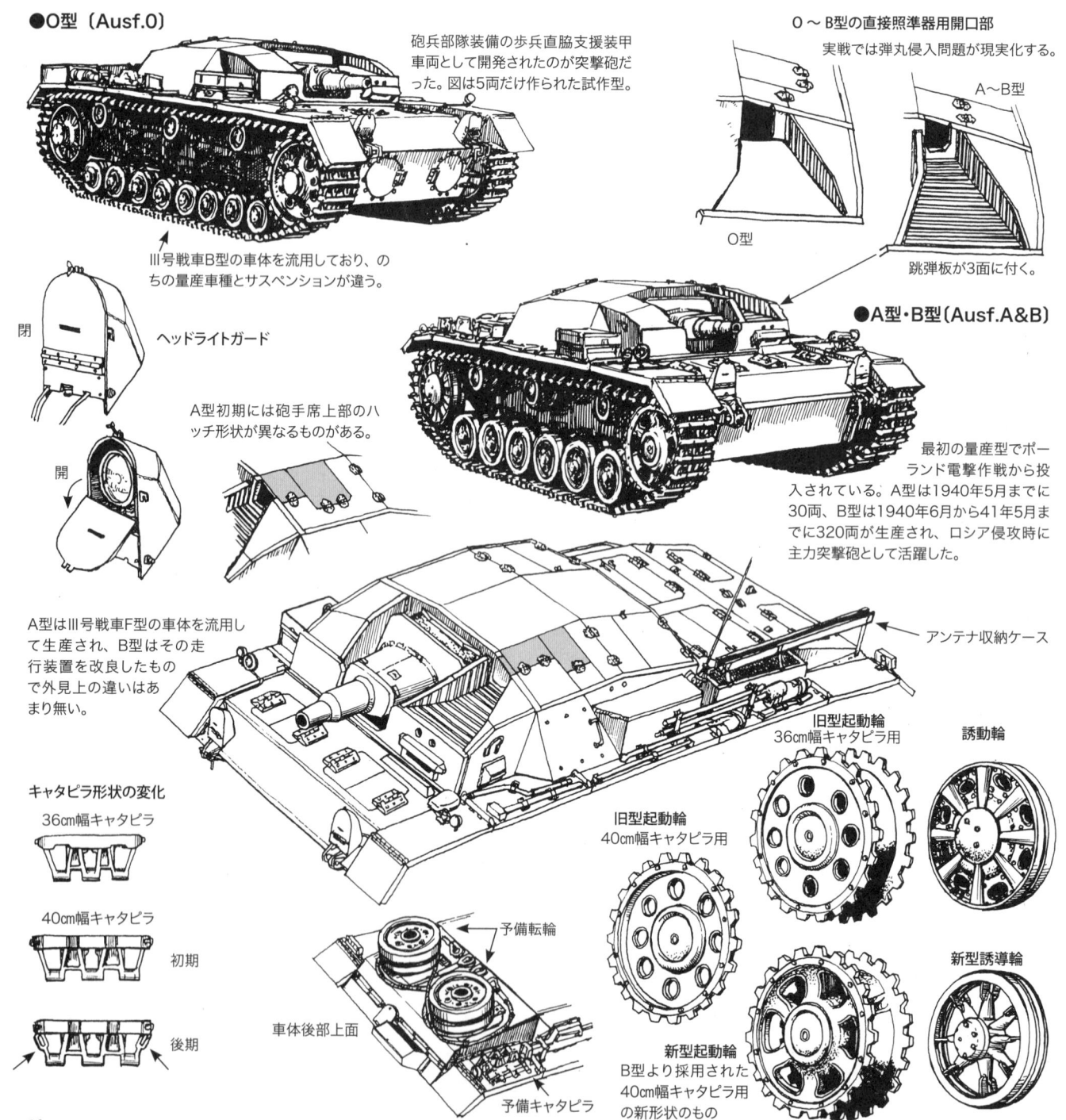

●O型（Ausf.O）

砲兵部隊装備の歩兵直脇支援装甲車両として開発されたのが突撃砲だった。図は5両だけ作られた試作型。

III号戦車B型の車体を流用しており、のちの量産車種とサスペンションが違う。

O～B型の直接照準器用開口部
実戦では弾丸侵入問題が現実化する。

O型
A～B型
跳弾板が3面に付く。

閉 開 ヘッドライトガード

A型初期には砲手席上部のハッチ形状が異なるものがある。

●A型・B型（Ausf.A&B）

最初の量産型でポーランド電撃作戦から投入されている。A型は1940年5月までに30両、B型は1940年6月から41年5月までに320両が生産され、ロシア侵攻時に主力突撃砲として活躍した。

A型はIII号戦車F型の車体を流用して生産され、B型はその走行装置を改良したもので外見上の違いはあまり無い。

アンテナ収納ケース

キャタピラ形状の変化
36cm幅キャタピラ
40cm幅キャタピラ　初期
後期

車体後部上面
予備転輪
予備キャタピラ

旧型起動輪　36cm幅キャタピラ用
旧型起動輪　40cm幅キャタピラ用
誘導輪
新型起動輪　B型より採用された40cm幅キャタピラ用の新形状のもの
新型誘導輪

The Details of StuG III (Sd.Kfz. 142 Sturmgeschuetz III)
Sturmgeschuetz III had a low casemate with short 24 calibered 7.5 cm gun on the chassis of Pz.Kpfw. III, and it achieved great success from the Blitzkrieg of Poland for its firepower and low silhouette. StuG was designed to accompany infantry regiment on stony terrain of Europe, however, it could compete well against T-34 or KV-1 attacking infantry unit in Eastern front. StuG was cheaper than usual tank.

StuG III had subtypes from A to E, but they did not correspond with the subtypes of Pz.Kpfw. III, A to H. The engine was Maybach gasoline engine and the capacity was 300 to 320 hp according to the type.

●C型・D型〔Ausf.C&D〕

ペリスコープ型照準器採用により砲塔前上部の穴が無くなり、弾丸の侵入は避けられるようになった。

ペリスコープ型照準器を採用

機関室は実戦経験を活かして改良されている。

24口径7.5cmカノン砲 Stuk37の砲身部

C型、D型はⅢ号戦車H型の車体をベースに量産されており、生産ロットの違いで分類されたものだ。

可動式アンテナ支柱

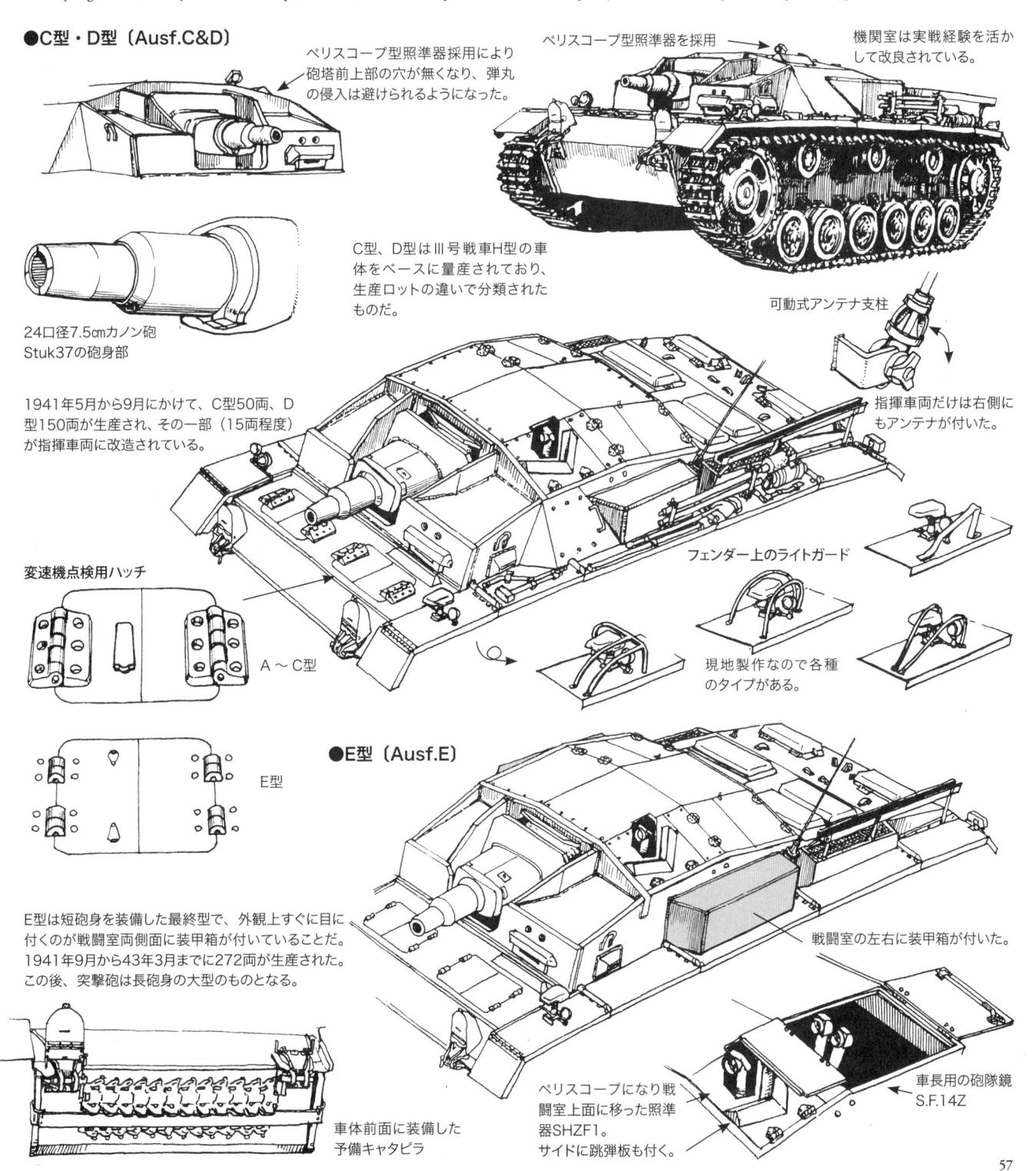

指揮車両だけは右側にもアンテナが付いた。

1941年5月から9月にかけて、C型50両、D型150両が生産され、その一部（15両程度）が指揮車両に改造されている。

変速機点検用ハッチ

フェンダー上のライトガード

A～C型

現地製作なので各種のタイプがある。

E型

●E型〔Ausf.E〕

E型は短砲身を装備した最終型で、外観上すぐに目に付くのが戦闘室両側面に装甲箱が付いていることだ。1941年9月から43年3月までに272両が生産された。この後、突撃砲は長砲身の大型のものとなる。

戦闘室の左右に装甲箱が付いた。

車体前面に装備した予備キャタピラ

ペリスコープになり戦闘室上面に移った照準器SHZF1。サイドに跳弾板も付く。

車長用の砲隊鏡 S.F.14Z

III号突撃砲とIV号突撃砲〔Sd.Kfz.167 Sturmgeschütz IV〕

突撃砲とは当初は歩兵の突撃を支援し、至近距離からトーチカや敵陣地を撃破する目的で作られたもので、旧来の牽引式歩兵砲が機械化されて自走するようになったと考えて良い。しかし近代化した戦争では戦車を始めとした装甲車両を相手にすることが多くなり、次第に長砲身で強力な砲を搭載するようになった。これは当初の配備目的は違っても自走砲も事情は同じだ。

StuG III and StuG IV (Sd.Kfz. 167 Sturmgeschuetz IV)
Initially Sturmgeschuetz was intended to support infantry's advance and to destroy pillboxes or enemy positions at close range, so StuG may be considered to be the mechanized infantry gun. But in modern combat, they had to engage with enemy tanks or other armored vehicles, so their gun became longer and more effective. This tendency was same with self propelled guns though their original task was differed.

■III号突撃砲シリーズ

●III号突撃榴弾砲（1942）
（（Sd.Kfz.142/2）10.5cm Sturmhaubitze 42）

戦訓から75mm突撃砲をさらに上回る大口径の火砲が必要とされたためF型と同じ車両に105mm榴弾砲を搭載したもの。ドイツでの制式名は「42式10.5cm突撃榴弾砲」。試作1両、生産1,211両。

全長6.14m　全幅2.95m　全高2.16m　最大装甲厚50+30mm
武装：28口径105mm砲×1、7.92mm機銃×1　重量24t
エンジン：マイバッハ300HPガソリン　最高速40km/h
航続距離155km　乗員4名

下図のIII号突撃砲B型は24口径の75mm砲搭載。III号突撃砲は背の低い平べったい戦闘室に特徴があり、これはF型まで踏襲された。車体のベースはIII号戦車で、開発は砲をクルップ、他をダイムラーベンツが担当している。

全長5.4m　全幅2.93m　全高1.98m
最大装甲厚50mm　武装：24口径75mm×1
重量20.2t　エンジン：マイバッハ300HP
最高速40km/h　航続距離160km　乗員5名

●III号突撃砲B型の内部（1940）

①24口径75mm砲Stuk37
②揺架/駐退・復座機構
③閉鎖機構
④ガード
⑤照準装置取付け具
⑥砲俯仰ハンドル
⑦砲旋回ハンドル
⑧砲俯仰ギア
⑨砲旋回ギア
⑩水準器
⑪砲耳
⑫砲旋回軸
⑬砲発射レバー
⑭下部砲架
⑮弾薬箱
⑯手榴弾ラック
⑰車長席
⑱砲手席
⑲砲隊鏡取付け具
⑳操縦手席
㉑無線機収納部
㉒無線機変圧器
㉓戦闘室後面弾薬箱
㉔メーターパネル
㉕変速機
㉖操向レバー
㉗変速レバー
㉘始動レバー
㉙アクセル・ペダル
㉚ブレーキ・ペダル
㉛クラッチ・ペダル
㉜操向装置

●III号突撃砲F型〔Stug.III Ausf.F〕(1942)
第2次世界大戦の半ば以降、III号突撃砲は対戦車戦闘に多用されるようになる。特にT-34に対抗する攻撃力を得るため、長砲身の75mm砲を装備することになった。これがF型で大型の駐退復座機構を収納するため防盾は新設計になっている。
全長6.31m　全幅2.92m　全高2.15m
最大装甲厚50＋30mm
武装：43口径、又は48口径75mm砲×1、7.92mm機銃×1
重量21.6t　エンジン：マイバッハ300HPガソリン
最高速40km/h　航続距離140km　乗員4名

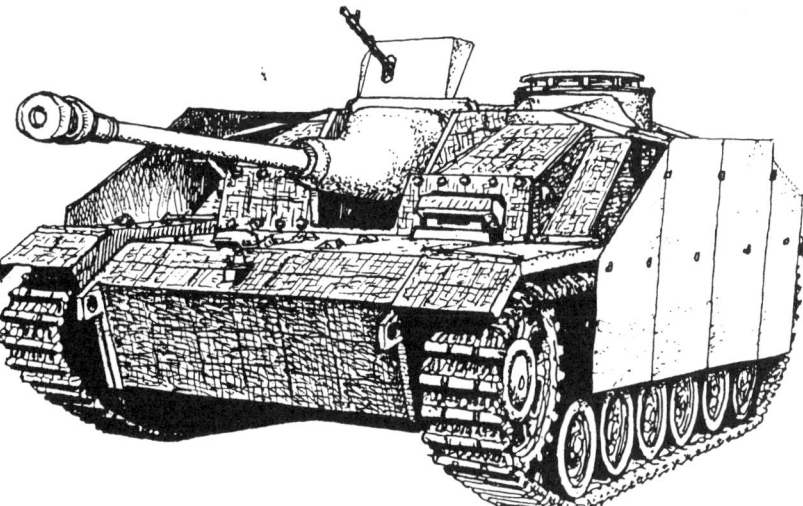

●III号突撃砲G型〔Stug.III Ausf.G〕(1942)
III号突撃砲シリーズの最終型で、対戦車戦闘に特化した型式となっている。戦闘室の形状が変わり、車長用のキューポラが付いた。7,720両も製造されているため、小さな変更は多いが、共通な点は車長用ハッチをやめてペリスコープ付のキューポラになったことだ。図の両サイドの装甲板（シュルツェン）は無いものもあり、機銃は車内から遠隔操作できるものもある。この突撃砲は戦車の代役として戦車部隊でも使用された。
全長6.77m　全幅2.95m　全高2.16m
最大装甲厚50＋50mm
武装：48口径75mm砲×1、7.92mm機銃×2
重量23.9t
航続距離155km　その他F型と同じ

■IV号突撃砲シリーズ

●IV号突撃砲
((Sd.Kfz.167) Stug.IV) (1943)
旧式化したIII号戦車の製造停止に伴い、突撃砲はIV号戦車の車体をベースとすることになった。IV号戦車H型ならびにJ型の車体を使用し、III号突撃砲の戦闘室を載せた。突撃砲を対戦車戦闘に用いた実戦の結果は期待以上だった。このIV号突撃砲は1945年春まで1,108両が作られ各戦線に投入された。
全長6.7m　全幅2.95m　全高2.2m
最大装甲厚80mm　武装：48口径75mm砲×1、7.92mm機銃×1　重量23t　エンジン：マイバッハ300HP
最高速38km/h　航続距離210km　乗員4名

●IV号突撃戦車ブルムベア（1943）
((Sd.Kfz.166) Sturpanzer IV Brummbär)
1942～43年のスターリングラードの市街戦にドイツは敗れたが、強化陣地の撃破に大口径火砲装備の装甲車両が必要とされた。突撃戦車とされたブルムベアは150mm榴弾砲をIV号戦車の車体に搭載したものでチタデレ作戦に間に合うように急ぎ製造された。大型の戦闘室は前面100mm、側面50mmの装甲板で囲まれている。計298両が生産されたほか、8両がIV号戦車から改造されている。
全長5.93m　全幅2.88m　全高2.52m
最大装甲厚100mm
武装：12口径150mm突撃榴弾砲×1、7.92mm機銃×1
重量28.2t　エンジン：マイバッハ300HPガソリン
最高速40km/h　乗員5名

ドイツの自走砲

ドイツ軍の自走砲は他国に例を見ないほど種類が多い。第一線で使用するには非力となった旧型戦車の車体を有効利用できるからだ。自走式火砲は元来歩兵の火力支援が任務であり、自力で必要な時と場所へ行き、直ちに戦闘態勢に入ることができる。この自走砲も戦車を相手にすることが多くなり、T-34やKV-1が現れると長砲身の対戦車砲を搭載したものが登場。ティーガーやパンターができるまでの急場しのぎの意味が強かった。

German Self-Propelled Guns
The variety of German SPG (Self-Propelled Gun) is so wide that no other country would match with it. The original purpose of German SPG is to support infantry and its mobility enabled them quick position changes and starting engagement quickly as needed. The advantage of SPG was it could utilize the chassis of obsolete tank. But the cases SPGs were involved in the engagement against enemy tanks increased, and the emergence of T-34 and KV-1 urged German SPGs to equip with long barreled anti tank guns. They were more or less the stop gaps until the appearance of Tiger or Panther.

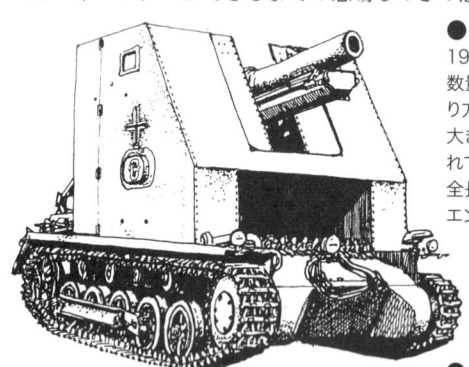

●15cm33型重歩兵砲（1940）(15cm sIG33 (Sf) auf Panzerkampfwagen I Ausf.B)

1940年のフランス侵攻から、装甲兵員輸送車などに搭乗した歩兵の直協支援を目的として使用された。当時数量的には充分あった I 号戦車の車体に、15cm重歩兵砲を防盾や脚などそのままで搭載するという強引な作り方をしている。砲の位置が異常に高いのはそのためで、装甲板で囲ったオープントップの戦闘室も必然的に大きくなり、車体に比して極端にアンバランスとなっている。この戦闘室の装甲は前面で13mmしかないが、それでも重量は I 号戦車の5割増しで、このため走行系の故障が問題となった。38両製作。
全長4.67m　全幅2.06m　全高2.9m　最大装甲厚13mm　武装：11口径15cm砲×1　重量8.5t
エンジン：マイバッハ100HP　最高速40km/h　航続距離140km　乗員4名

●47mm対戦車自走砲（1940）(4.7cm Pak(t)(Sf) auf Panzerkampfwagen I Ausf.B)

ドイツ軍が多用することになる、旧式化した戦車を流用した自走砲の最初のもので、 I 号戦車の車体上面の構造はほとんどそのままで、チェコ製（これはチェコを併合したため入手）の47mm対戦車砲を防盾ごと取り付けた。15cm砲搭載のものよりははるかに軽く機動性に問題は起きなかった。202両製作。
全長4.42m　全幅2.06m　全高2.55m　最大装甲厚13mm　武装：47mm対戦車砲×1
重量6.4t　エンジン：マイバッハ100HP　最高速40km/h　乗員3名

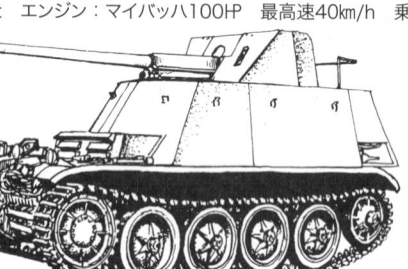

●76.2mm対戦車自走砲（1942）
(Sd.Kfz.132 Panzer Selbstfahrlafette 1 für 7.62cm Pak36(r) auf Fahrgestell PzKpfw II Ausf.D¹ und D²)

この車両の砲は独ソ戦初期にソ連から捕獲したもので、T-34が出現した当時、ドイツ軍は自前で有効な対戦車砲を持っていなかったため、これは貴重だった。II 号戦車D型の車体にソ連製76.2mmの長砲身の対戦車砲を搭載している。201両が製作されたが、本格的な対戦車砲が完成するまでの穴埋めとしてけっこう活躍している。
全長5.65m　全幅2.3m　全高2.6m　最大装甲厚35mm　武装：76.2mm対戦車砲×1、
7.92mm機銃×1　重量11.5t　エンジン：マイバッハ140HP　最高速55km/h　航続距離220km
乗員4名

●軽自走野戦榴弾砲ヴェスペ（1943）
((Sd.Kfz.124) Leichte Feldhanbitze 18/2 auf Fahrgestell PzKpfw II (Sf) "Wespe")

マーダーIIと同じくII号戦車がベース。105mm軽野戦榴弾砲はこの車体とバランスが良かった。デザインはちょうどフンメルを小型化したもので、まさしくミニフンメルという感じ。II号戦車と違うのは上部転輪が3個に減っていることで、重量増に対応して各スプリングにダンパーが取り付けられた。1943年のクルスク戦で初めて大量投入され、以後全戦線で使用された。676両生産。
全長4.81m　全幅2.28m　全高2.3m　最大装甲厚30mm
武装：105mm野戦榴弾砲×1、7.92mm機銃×1　重量11t
エンジン：マイバッハ140HP　最高速40km/h　航続距離220km　乗員5名

●75mm40型対戦車自走砲　マーダーII
((Sd.Kfz.131) 7.5cm Pak40/2 auf Fahrgestell PzKpfw II (Sf) "Marder II")

上の自走砲と同じコンセプトだが、砲がドイツ製の75mmになっている。当時II号戦車の生産は続けられてはいたが、20mm機関砲よりよほど威力があるため、半分の車体はこの対戦車自走砲に使用され、1ヶ月後には全部の車体が対戦車自走砲となった。旧式化した戦車の車両を使用する例としては成功した1つである。対戦車、戦車駆逐大隊などに配備され、敗戦時まで第1線で使用された。576両生産。ほかに75両がII号戦車より改造製作。
全長6.36m　全幅2.28m　全高2.2m　武装：75mm砲×1、7.92mm機銃×1
重量10.8t　エンジン：マイバッハ140HP　最高速40km/h　航続距離190km
乗員3名

● 15㎝重榴弾砲搭載III/IV号火砲車フンメル（1943）
((Sd.Kfz.154) 15cm Schwere Panzerhaubitze auf Geschützwagen III/IV (Sf) "Hummel")

装甲部隊の遠距離火力支援用に開発された。1942年に検討が始められた時には105mmの野戦榴弾砲を搭載する予定だったが、15㎝の重歩兵砲搭載の自走車両の損耗が激しく、また射程が野戦榴弾砲のほうが格段に優れているところから15㎝の野戦榴弾砲が搭載された。III号とIV号戦車の車体を流用した自走砲には他に88mm対戦車砲を搭載したナスホルン（ホルニッセ、右下図）が代表的だがこれは砲以外の基本デザインが同じで外観も似ている。1941年からIII号、IV号戦車を共通化する研究が行なわれており、これがIII/IV号車体だが、実際にこれを使って生産されたのはこのフンメルとナスホルンだけだった。

全長7.17m
全幅2.97m
全高2.81m
最大装甲厚80mm
武装：150mm榴弾砲×1、
　　　7.92mm機銃×1
重量24t
エンジン：マイバッハ300HP
最高速42km/h
航続距離215km
乗員6名

オープントップの自走砲のデザインは以降このスタイルになる。このフンメルの砲を外して装甲板で覆った専門の弾薬運搬車も作られ、これを2両とフンメル6両で重火砲中隊を編成した。フンメルへの前線からの要求は強く計724両が作られ、専用弾薬運搬車も157両が製造された。

● フンメルの内部

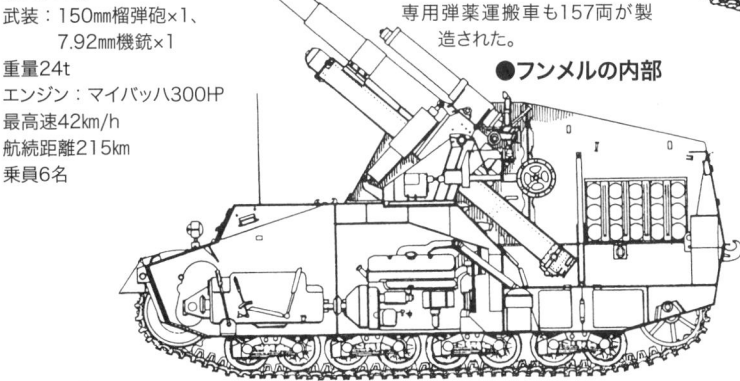

● グリーレ150mm自走重歩兵砲H型
((Sd.Kfz.138/1) 15cm Schweres Infanteriegeschüts 33(Sf)
auf Panzerkampfwagen 38(t) Ausf.H)

38(t)戦車の車体を利用した自走重歩兵砲。グリーレは「こうろぎ」の意。試作1両、生産90両。
全長4.61m　全幅2.16m　全高2.4m　最大装甲厚50mm
武装：15cm砲×1、7.92mm機銃×1　重量11.5t
最大速度35km/h　航続力185km　乗員5名

● マーダーIII
((Sd.Kfz.138) 7.8cm Pak40/3 auf Panzerkampfwagen 38(t) Ausf.H)

38(t)戦車の車体に75mmPak40を搭載した自走砲。試作1両、生産242両のほか、175両が既存の38(t)戦車から改造された。
全長5.77m　全幅2.16m　全高2.51m　最大装甲厚50mm
武装：75mm砲×1、7.92mm機銃×1　重量10.8t　最大速度35km/h
航続力240km　乗員5名

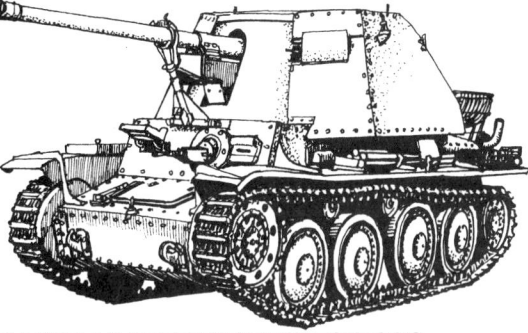

● VK3001(H)重自走砲(V号装甲自走砲架)
(12.8cm Selbstfahrlafette L/61 (Panzerselbstfahrlafette V))

計画中止となったVK3001の車体に12.8cm高射砲改造の加農砲を搭載した自走砲。2両製作され、クルスク戦に投入された。
全長9.7m　全幅3.16m　全高2.7m　最大装甲厚50mm
武装：12.8cm砲×1、7.92mm機銃×1
重量35t
最大速度25km/h
乗員5名

● 88mm43式I型対戦車自走砲
　ホルニッセ／ナスホルン（1943）
((Sd.Kfz.164) 8.8cm Pak43/1(L/71) auf Geshutzwagen III und IV(Sf))

フンメルと同じIII/IV号車体に88mm対戦車砲を搭載したもの。この対戦車砲は70口径という長砲身で、その威力は抜群。当たれば一撃で敵戦車を破壊できた。ホルニッセとは「熊ん蜂」の意味で、のちにナスホルン（サイ）と改称された。
全長8.44m　全幅2.86m　全高2.65m　最大装甲厚80mm
武装：70口径88mm対戦車砲×1、7.92mm機銃×1
エンジン：マイバッハ300HP　最高速42km/h　航続距離215km　乗員5名

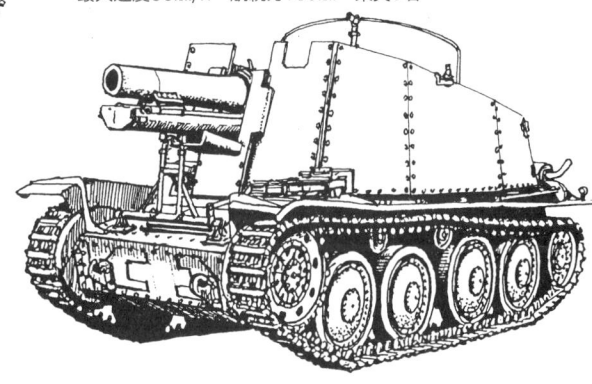

軽駆逐戦車

駆逐とは敵戦車の駆逐のことで、軽装甲の対戦車自走砲では損耗が激しいことから、防禦力充分な車両が1943年ごろから開発された。これらの駆逐戦車の共通の特徴は極めて低いプロフィールに強力な対戦車砲を備えていることだ。戦闘室は傾斜装甲板で完全に覆われ、後部機関部の上まで延長された独特の精悍なスタイルを持っている。いずれも大戦末期の登場で、P.64で紹介するように大型化した固定砲塔の重駆逐戦車も開発されている。

Light Tank Destroyers
As the light armored anti tank SPGs were vulnerable, the vehicles with sufficient armor protection were developed since 1942-43. Most of these tank destroyers had very low silhouette and equipped effective anti tank gun. As their fighting compartment was completely covered by sloped armor plates, and the side armor plates were extended to cover rear engine room, they were sharply styled. Most of them appeared in the latter stage of the war. There were also heavy tank destroyers with fixed large super structure shown on page 64.

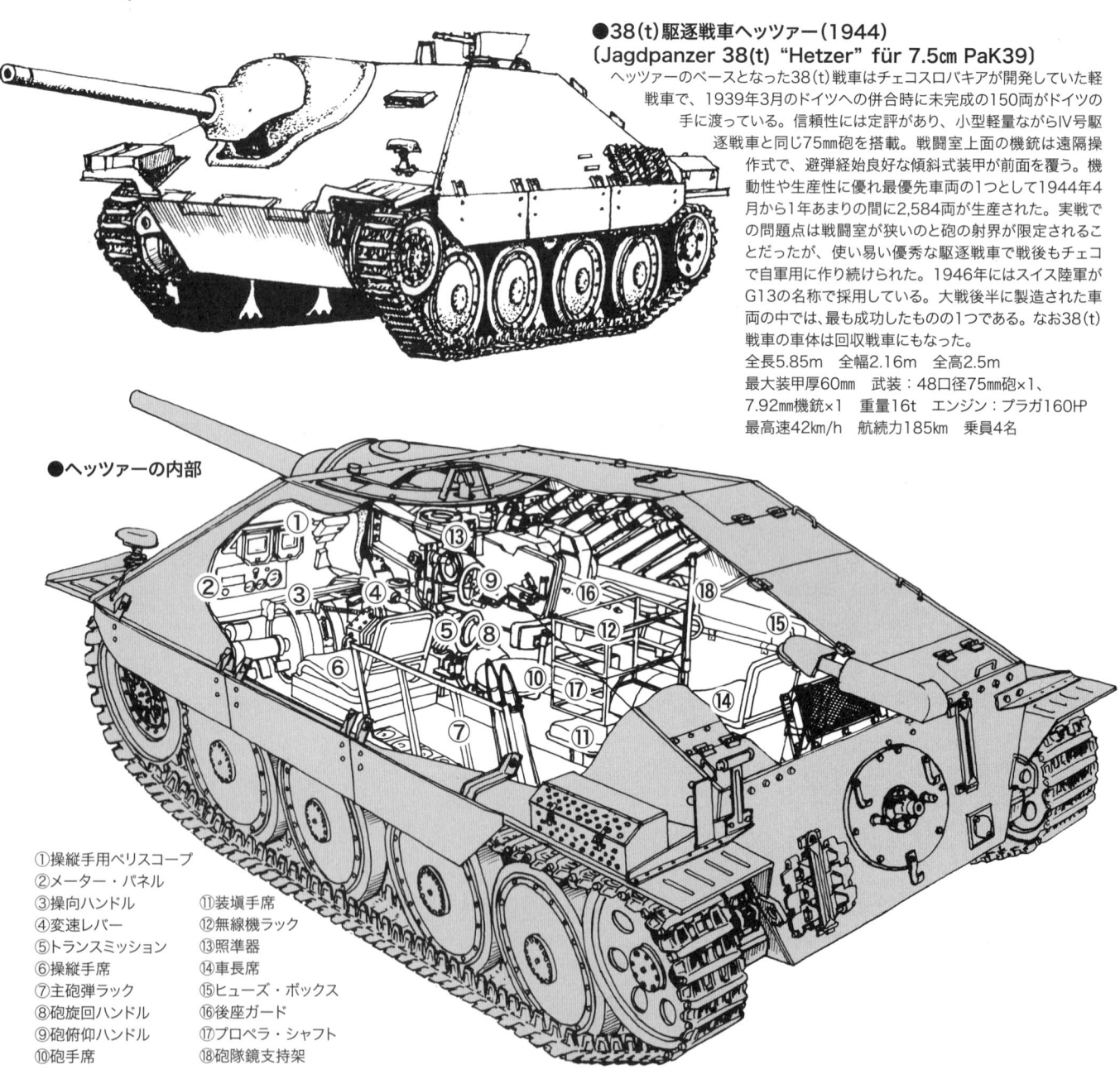

●38(t)駆逐戦車ヘッツァー（1944）
（Jagdpanzer 38(t) "Hetzer" für 7.5㎝ PaK39）

ヘッツァーのベースとなった38(t)戦車はチェコスロバキアが開発していた軽戦車で、1939年3月のドイツへの併合時に未完成の150両がドイツの手に渡っている。信頼性には定評があり、小型軽量ながらIV号駆逐戦車と同じ75㎜砲を搭載。戦闘室上面の機銃は遠隔操作式で、避弾経始良好な傾斜式装甲が前面を覆う。機動性や生産性に優れ最優先車両の1つとして1944年4月から1年あまりの間に2,584両が生産された。実戦での問題点は戦闘室が狭いのと砲の射界が限定されることだったが、使い易い優秀な駆逐戦車で戦後もチェコで自軍用に作り続けられた。1946年にはスイス陸軍がG13の名称で採用している。大戦後半に製造された車両の中では、最も成功したものの1つである。なお38(t)戦車の車体は回収戦車にもなった。

全長5.85m　全幅2.16m　全高2.5m
最大装甲厚60㎜　武装：48口径75㎜砲×1、
7.92㎜機銃×1　重量16t　エンジン：プラガ160HP
最高速42km/h　航続力185km　乗員4名

●ヘッツァーの内部

①操縦手用ペリスコープ
②メーター・パネル
③操向ハンドル
④変速レバー
⑤トランスミッション
⑥操縦手席
⑦主砲弾ラック
⑧砲旋回ハンドル
⑨砲俯仰ハンドル
⑩砲手席
⑪装塡手席
⑫無線機ラック
⑬照準器
⑭車長席
⑮ヒューズ・ボックス
⑯後座ガード
⑰プロペラ・シャフト
⑱砲隊鏡支持架

●IV号駆逐戦車F(1944)
((Sd.Kfz.162) Sturmgeschütz neuer Art mit 7.5cm PaK L/48 auf Fahrgestell Panzerkampfwagen IV)

IV号戦車H型の車体をベースに、極端に低い戦闘室を載せた車両。車体前面の上下装甲板が鋭角的に組み合わされ、防禦力を向上させている。1944年初めから11月までの間に804両が生産され、下図の長砲身のものに切り替わった。なおドイツ軍では自走砲や突撃砲は砲兵科に属したが、戦車は装甲科(戦車兵)が乗り、この駆逐戦車は戦車扱いで戦車兵が乗った。

全長6.85m　全幅3.17m　全高1.85m
最大装甲厚80mm　武装：48口径75mm対戦車砲×1、
7.92mm機銃×1　重量24.25t
エンジン：マイバッハ300HPガソリン
最高速40km/h　航続距離210km　乗員4名

●IV号駆逐戦車/70(V)(1944)
((Sd.Kfz.162/1) Panzer IV/70(v))

パンターと同じ長砲身を搭載し、「IV号戦車ラング(V)」という名称がある。長砲身になったための車体前部過荷重に対応して前部第2転輪までが鋼製リムになり、後期型では上部転輪が4個から3個になっている。1944年8月から930両が作られた。名称末につく(V)は開発、生産したフォマーグ社を表している。

全長8.5m　重量25.8t　他はFと同じ

●IV号駆逐戦車/70(A)(1944)
(Panzer IV/70(A))

IV号戦車J型の車体にそのまま駆逐戦車の戦闘室を載せたもので背高のシルエットが特長。重量過大がネックとなった。(A)はアルケット社製作を表す。278両生産。

重量28t　全長8.44m

①第1防盾
②第2防盾
③砲尾
④砲弾収納ラック
　75mm砲弾×20
⑤車長用ペリスコープ
⑥鋳造カウンターウエイト
⑦無線機
⑧吸気管
⑨冷却ファン
⑩排気管
⑪エンジン
⑫履帯張度調整器
⑬オイルクーラー
⑭ゴムタイヤ転輪
⑮砲手席
⑯クラッチ
⑰鋼製転輪
⑱操縦手席
⑲操向レバー
⑳変速レバー
㉑ギアボックス
㉒ステアリングブレーキ

●IV号駆逐戦車/70の構造

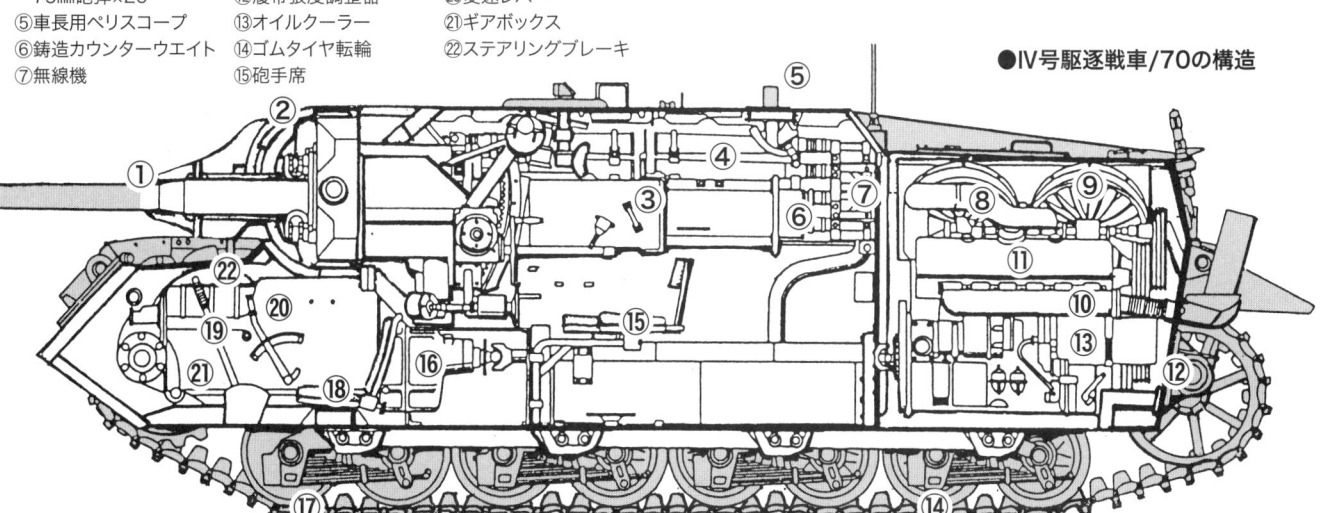

重駆逐戦車

ここでは重戦車ベースの車両を重駆逐戦車としてまとめた。いずれも強固な防御力と88mm以上の強力な火砲を搭載したもので、数は少ないながら戦場では存在感を発揮したものばかりだ。

Heavy Tank Destroyers
On the following pages, we will illustrate heavy tank destroyers utilizing heavy tank chassis. Each vehicle has sufficient protection and considerable firepower of 88 mm gun or more over and though they were so few in number, all of them showed impressive presence in battle field.

●VK4501(P) ポルシェティーガー (Tiger(P)/ Porsche-Tiger)

開発中止になった36tクラスのVK3601(P)に続いてポルシェ博士が開発した車両。発電機に直結されたガソリンエンジンで電力を発生させてモーター駆動すれば重い変速機が不要という独特の理論が根底にあった。ヘンシェル社のVK4501(H)と並行して開発が進められたが、実用性に難ありとされ試作10両が製作された時点で開発中止となった。ただし、この時点で100両分の資材がクルップ社に山積みされていたという。砲塔はポルシェとクルップの共同開発で、この砲塔のみティーガーIに採用されている。

全長9.34m　全幅3.14m　全高2.8m　最大装甲厚100mm
武装：88mm砲×1、7.92mm機銃×2　重量59t
エンジン：ポルシェ101式空冷V型10気筒×2基（計640HP）、モーター×2
最大速度35km/h　航続力80km　乗員5名

●重突撃砲／駆逐戦車フェアディナント（1943）
((Sd.Kfz.184) Sturmgeschütz mit 8.8cm PaK 43/2 L71 Ferdinand)

71口径8.8cm砲を搭載する突撃砲の開発がヒトラーにより指示されたため、競作に敗れ、資材が無駄になりそうだったポルシェティーガーの車体に、200mmの重装甲を施し71口径88砲を搭載したもの。エンジンはマイバッハになっているが電気モーターによる駆動方式はそのまま用いられている。車体前方に操縦手が配され、その前部にはボルト止めで100mmの装甲板が追加された。1943年7月のチタデレ作戦に89両が投入されたが、重量の割に非力で機動性に難点があった。車名のフェアディナントはポルシェ博士のファーストネームに由来している。

全長8.14m　全幅3.38m　全高2.97m　最大装甲厚200mm
武装：71口径88mm砲×1、7.92mm機銃×1（車内装備）　重量65t
エンジン：マイバッハ300HP×2　最高速30km/h　航続距離150km　乗員6名

●8.8cm Pak43/41

フェアディナント／エレファントが搭載した71口径88mm砲Pak43/2はティーガーIのものとは違い、8.8cm対戦車砲Pak43を突撃砲架に載せたものだ。この砲はクルップ社により開発されたもので、砲が巨大化したため、それまでの戦車砲とは違い4輪の台車に乗せた十字砲架を有していたのが特徴だった。ところが、この砲架の生産が遅延したため急遽従来の2輪砲架仕様にしたものがラインメタル社でPak43/41として開発される。撃発装置や閉鎖機が元のPak43とは異なっていた（これをPak43/1として搭載したのがナスホルン）が、基本的な部分は同じだ。イラストはこのPak43/41。

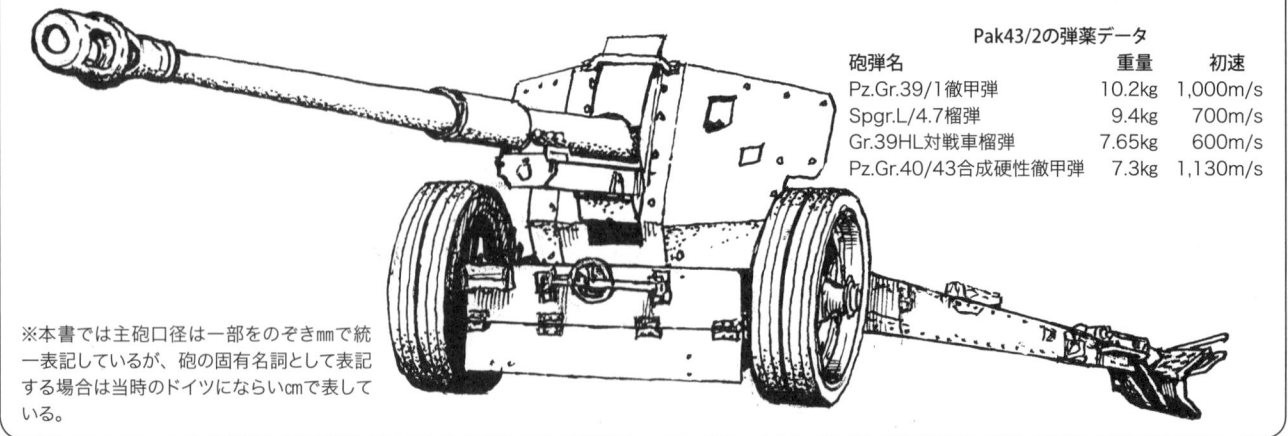

Pak43/2の弾薬データ

砲弾名	重量	初速
Pz.Gr.39/1徹甲弾	10.2kg	1,000m/s
Spgr.L/4.7榴弾	9.4kg	700m/s
Gr.39HL対戦車榴弾	7.65kg	600m/s
Pz.Gr.40/43合成硬性徹甲弾	7.3kg	1,130m/s

※本書では主砲口径は一部をのぞきmmで統一表記しているが、砲の固有名詞として表記する場合は当時のドイツにならいcmで表している。

●ベルゲフェアディナント/ベルゲティーガー P
（BergeFerdinand / Bergepanzer Tiger(P)）
フェアディナントの支援車両としてポルシェティーガーの車体をそのまま利用して製作された戦車回収車。ただしエンジンはフェアディナントと同様に車体中部へ配置され、車体後部に背の低い戦闘室を設けていた。車体前面の機銃マウントはこの戦闘室へ移されている。車体中央部上面に折りたたみ式の2t補助クレーンを搭載しており、故障車の牽引や押し出すために使用できる頑丈なホールドを車体前後部に装備。車体前面にボルト留めの増加装甲がないのも特徴だった。1943年8月までに少なくとも3両が完成し、第653重戦車駆逐大隊へ配備された。

全長6.7m　全幅3.38m　全高不明　最大装甲厚100mm
武装：7.92mm機銃×1　重量51t
エンジン：マイバッハHL120TRM×2基（計530HP）、モーター×2
最大速度27km/h　航続力170km　乗員4名

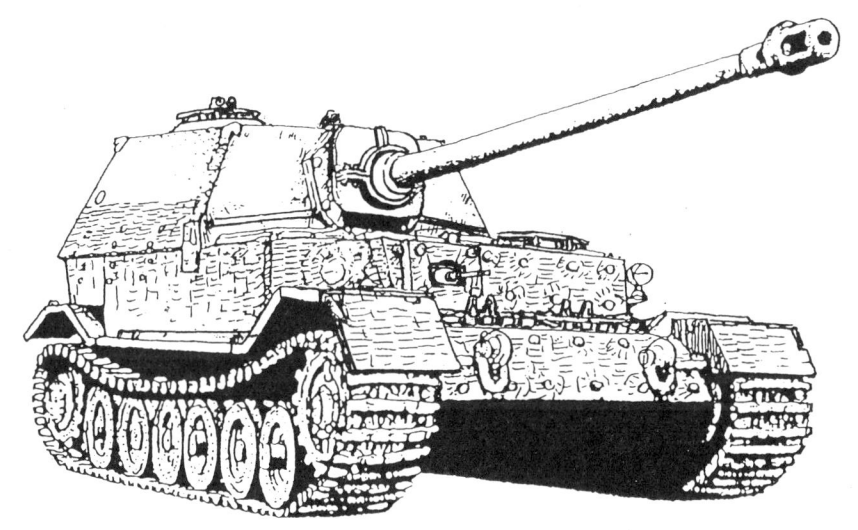

●重駆逐戦車エレファント
（(Sd.Kfz.184) Panzerjäger Tiger(P) "Elefant"）
1943年12月、クルスク戦からからくも帰還した48両のフェアディナントは戦訓を盛り込んだ改修を実施し、新たにエレファントとして生き返った。これは大掛かりなもので、車体は可能な限り分解され整備されたという。外観上の特徴は車体前部に対歩兵用の車体機銃マウントを取り付けたこと、戦闘室上面に車長キューポラを装備したことなどだが、それ以外にも駆動部改善、地雷対策など改良点は細部に渡った。できあがったエレファントはすべて第653重駆逐戦車大隊に配備され、第1中隊はイタリア戦線（のち第614独立重戦車駆逐中隊に改編）で、第2、第3中隊は東部戦線で戦った。

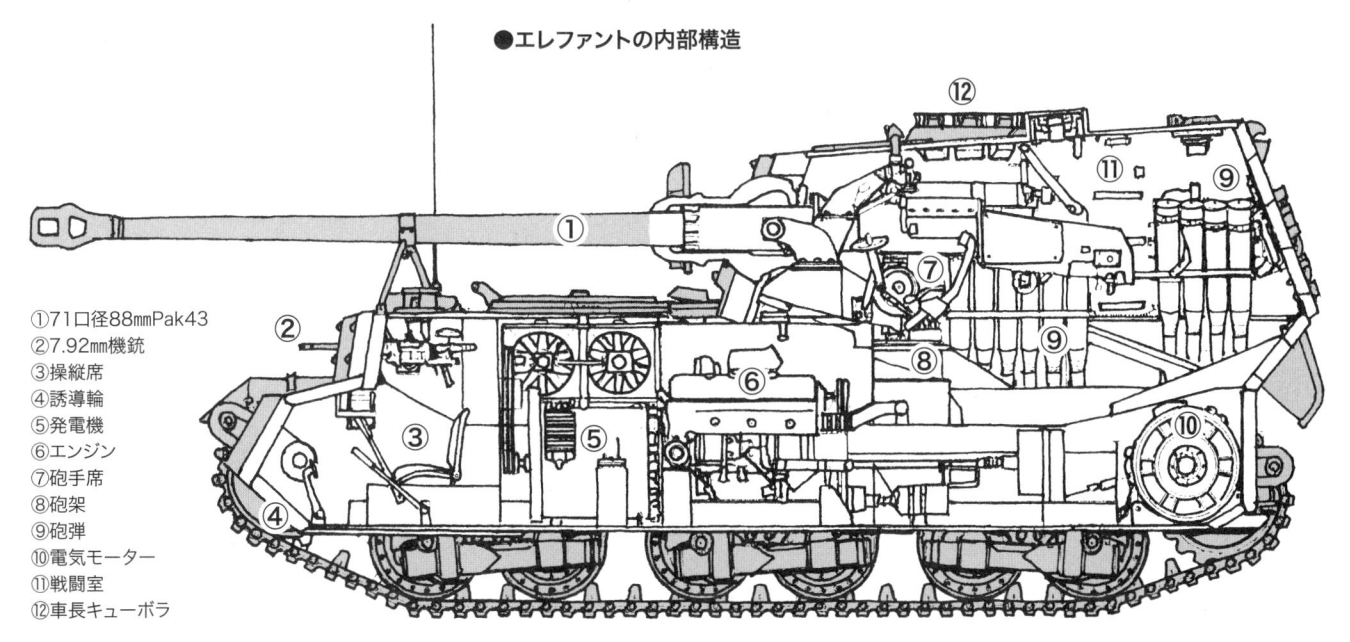

●エレファントの内部構造

①71口径88mmPak43
②7.92mm機銃
③操縦席
④誘導輪
⑤発電機
⑥エンジン
⑦砲手席
⑧砲架
⑨砲弾
⑩電気モーター
⑪戦闘室
⑫車長キューポラ

●V号重駆逐戦車 ヤークトパンター（1944）((Sd.Kfz.173) Panzerjäger Jagdpanther)

パンター戦車の車体にティーガーⅡと同じ71口径88mm砲を搭載した対戦車自走砲。性能的には攻撃力、防禦力、機動力を兼ね備えた大戦中最優秀の駆逐戦車と考えられるが、登場したのが遅く大きな戦力となるまでには至らなかった。この88mm砲(Pak43)は対戦車砲のうちでも最良のバランスとされ、これをパンターに搭載する計画自体は早くからあった。装甲は特別厚いものではないが傾斜が与えられ効果的であった。生産数392両。

全長9.9m　全幅3.42m　全高2.72m　最大装甲厚100mm
武装：71口径88mm砲×1、7.92mm機銃×1
重量46t　エンジン：マイバッハ700Hpガソリン
最高速46km/h　航続距離160km　乗員5名

後期生産型
防盾基部のボルトが特徴。これは元々戦闘室内に付いていたものだが、被弾した際に折れて戦闘室内へ飛び散って危険だ、という戦訓からなされた改修。

●Ⅵ号駆逐戦車 ヤークトティーガー（1944）
((Sd.Kfz.186) Panzerjäger Jagdtiger) 
ティーガーⅡの車体に12.8cmの強力な対戦車砲を搭載したのがヤークトティーガーだ。側面が一体化した固定砲塔で、形状もティーガーⅡの戦闘室がそのまま巨大化した感になっている。開発命令は1943年初めに出されていたが、生産は遅れて結局77両が生産されただけで終わった。主砲は当時の戦車の装甲ならば一撃で破壊できた。
全長10.65m　全幅3.63m　全高2.95m　最大装甲厚250mm
武装：128mm砲×1、7.92mm機銃×1　重量70t
エンジン：マイバッハ700HP　最高速38km/h　航続距離170km

●ヤークトティーガー初期生産型
(Jagdtiger w/Porsche suspension system)
ヤークトティーガーの試作車を含む初期生産10両はポルシェ式走行装置と呼ばれるサスペンションを有していた。これは生産や補修の際に手間のかかるトーションバーを廃止し、車体へ台車を直接取り付けて置換するもの。走行性能自体に問題があり、すぐに廃止された。

●12.8cm Pak44
ドイツが開発した最大最強の戦車砲がPak44で、ヤークトティーガーはこれを車載砲に改修したものを搭載した。このクラスの火砲になると弾薬は60kgを軽く超えるため、砲弾と薬莢(装薬)を分離していたのが特徴だ。

弾薬データ

砲弾名	砲弾重量	薬莢(装薬含)重量	初速
Pz.Gr.43徹甲弾	31.8kg	36.6kg	920m/s
Spr.GrL/5.0榴弾	31.5kg	33.8kg	750m/s

66

超重戦車

超重戦車とは陸上兵器の"大艦巨砲主義"というべきもので、戦争末期のあだ花的色彩が強い。いずれも100tを超える大型なものだったが試作段階で終わっている。1944年半ばにはヒトラー自らが超重戦車は無用として、開発が中止されたからだ。

German Super Heavy Tanks
These German super heavy tanks may be the land version of "super Dreadnought" battle ship and they seemed to be the fruitless struggling by the end of war. They were ultra large tanks over 100 tons and both projects ended in prototype stages. This was because Hitler stopped these developments as useless in the middle of 1944.

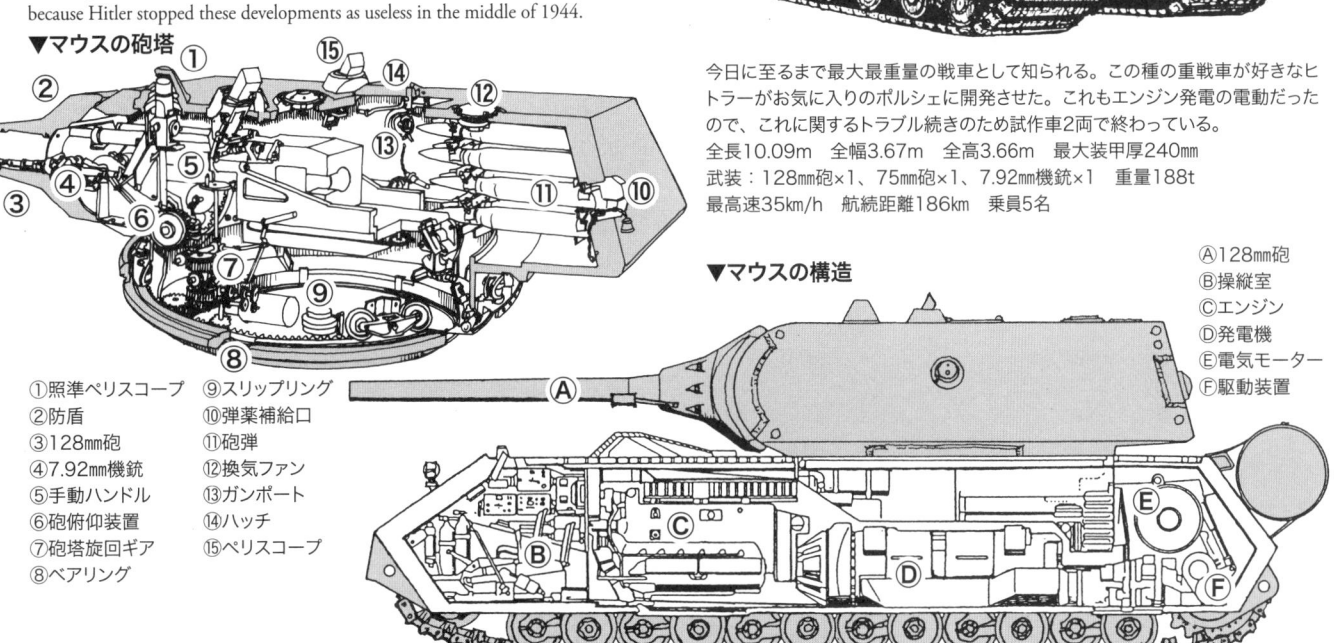

●マウス（1944）（Panzerkampfwagen "Maus"）

今日に至るまで最大最重量の戦車として知られる。この種の重戦車が好きなヒトラーがお気に入りのポルシェに開発させた。これもエンジン発電の電動だったので、これに関するトラブル続きのため試作車2両で終わっている。
全長10.09m　全幅3.67m　全高3.66m　最大装甲厚240mm
武装：128mm砲×1、75mm砲×1、7.92mm機銃×1　重量188t
最高速35km/h　航続距離186km　乗員5名

▼マウスの砲塔

①照準ペリスコープ
②防盾
③128mm砲
④7.92mm機銃
⑤手動ハンドル
⑥砲俯仰装置
⑦砲塔旋回ギア
⑧ベアリング
⑨スリップリング
⑩弾薬補給口
⑪砲弾
⑫換気ファン
⑬ガンポート
⑭ハッチ
⑮ペリスコープ

▼マウスの構造

Ⓐ128mm砲
Ⓑ操縦室
Ⓒエンジン
Ⓓ発電機
Ⓔ電気モーター
Ⓕ駆動装置

●E-100（1944）（Panzerkampfwagen E-100）

マウスの開発は1942年6月に命じられたが、ちょうどその1年後に開発が始まったのがこのE-100だ。並行して進行したがE-100の方が実用性は高いとみられていた。砲塔はマウスと同型でこれに17cm砲を搭載する計画もあったが、15cm砲に落ち着いた。その重量のため懸架装置に苦心し、またキャタピラは幅が1mもあった。試作1両だけで終わった。
全長10.27m　全幅4.48m　全高3.29m　最大装甲厚240mm
武装：150mm砲×1、75mm砲×1、7.92mm機銃×1　重量140t
エンジン：マイバッハ800HP　最高速40km/h　航続距離120km

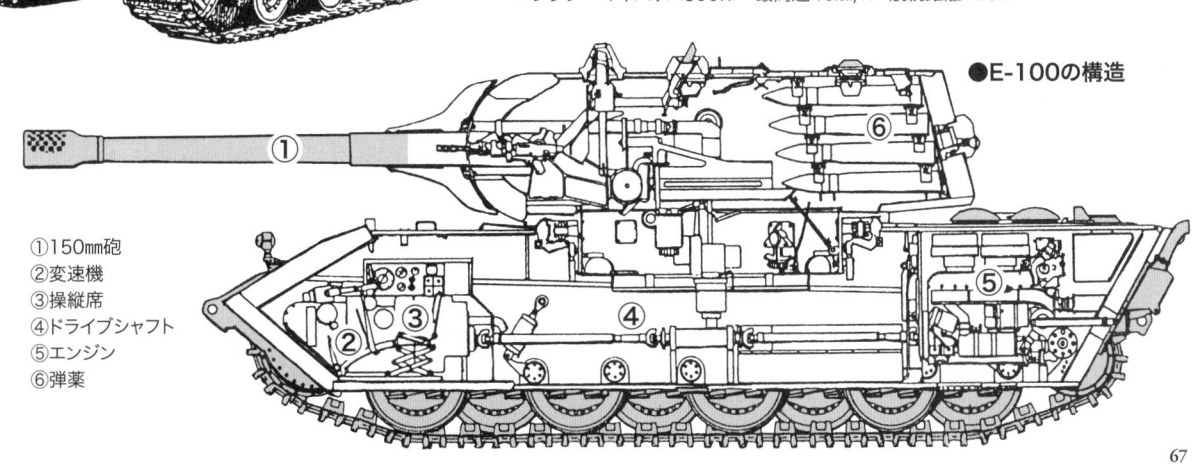

●E-100の構造

①150mm砲
②変速機
③操縦席
④ドライブシャフト
⑤エンジン
⑥弾薬

WWII ドイツ主力戦車の主砲砲尾

ドイツ戦車は独特な機甲部隊構想の下に戦車を開発しており、当初は歩兵支援に重点を置いていたが、次第に対戦車戦闘を主目的とした長砲身大口径砲を搭載するようになっていった。ここでは戦闘室の砲尾付近を中心に観察してみよう。

The Breeches of German Tank Guns in WWII
German tanks were developed under distinctive armor unit doctrine, and though they emphasized on infantry support at first, their tank gun gradually became larger and longer focusing on anti-tank warfare. Here, we will observe inside of fighting compartment around the breech.

● III号H型戦車
5cm戦車砲砲尾と
同軸機銃
防盾中央に長砲身の42口径50mm砲を搭載、その左に照準器が、右にMG34同軸機銃が配置されている。主砲弾の装填は右側から行なうので、この部分のガード（発砲の際に空薬莢が自動的に排出される際に乗員を守るためのもの）が切り欠かれているのがわかる。ガードの下は空薬莢受け。

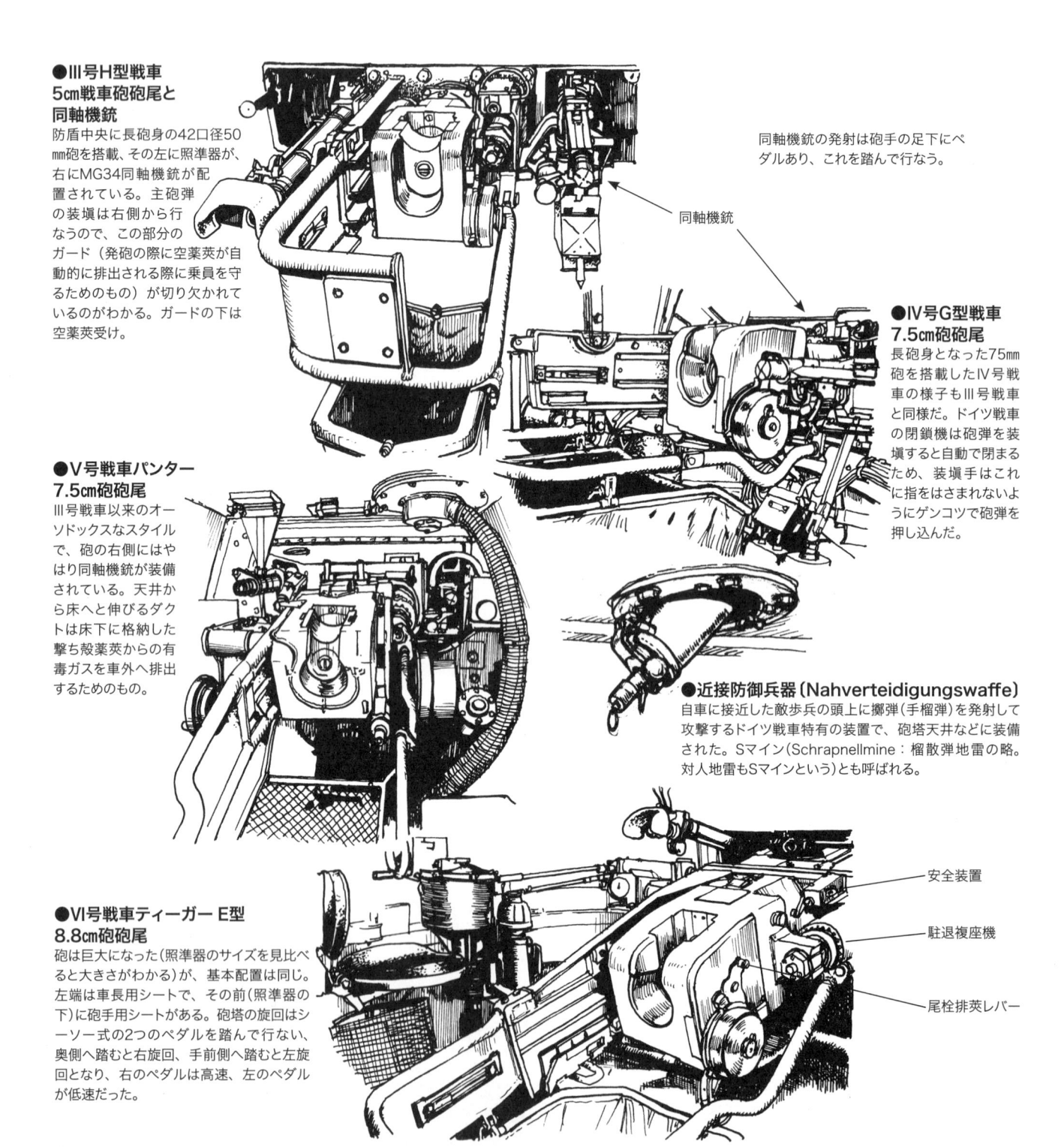

同軸機銃の発射は砲手の足下にペダルあり、これを踏んで行なう。

同軸機銃

● IV号G型戦車
7.5cm砲砲尾
長砲身となった75mm砲を搭載したIV号戦車の様子もIII号戦車と同様だ。ドイツ戦車の閉鎖機は砲弾を装填すると自動で閉まるため、装填手はこれに指をはさまれないようにゲンコツで砲弾を押し込んだ。

● V号戦車パンター
7.5cm砲砲尾
III号戦車以来のオーソドックスなスタイルで、砲の右側にはやはり同軸機銃が装備されている。天井から床へと伸びるダクトは床下に格納した撃ち殻薬莢からの有毒ガスを車外へ排出するためのもの。

● 近接防御兵器（Nahverteidigungswaffe）
自車に接近した敵歩兵の頭上に擲弾（手榴弾）を発射して攻撃するドイツ戦車特有の装置で、砲塔天井などに装備された。Sマイン（Schrapnellmine：榴散弾地雷の略。対人地雷もSマインという）とも呼ばれる。

● VI号戦車ティーガーE型
8.8cm砲砲尾
砲は巨大になった（照準器のサイズを見比べると大きさがわかる）が、基本配置は同じ。左端は車長用シートで、その前（照準器の下）に砲手用シートがある。砲塔の旋回はシーソー式の2つのペダルを踏んで行ない、奥側へ踏むと右旋回、手前側へ踏むと左旋回となり、右のペダルは高速、左のペダルが低速だった。

安全装置

駐退複座機

尾栓排莢レバー

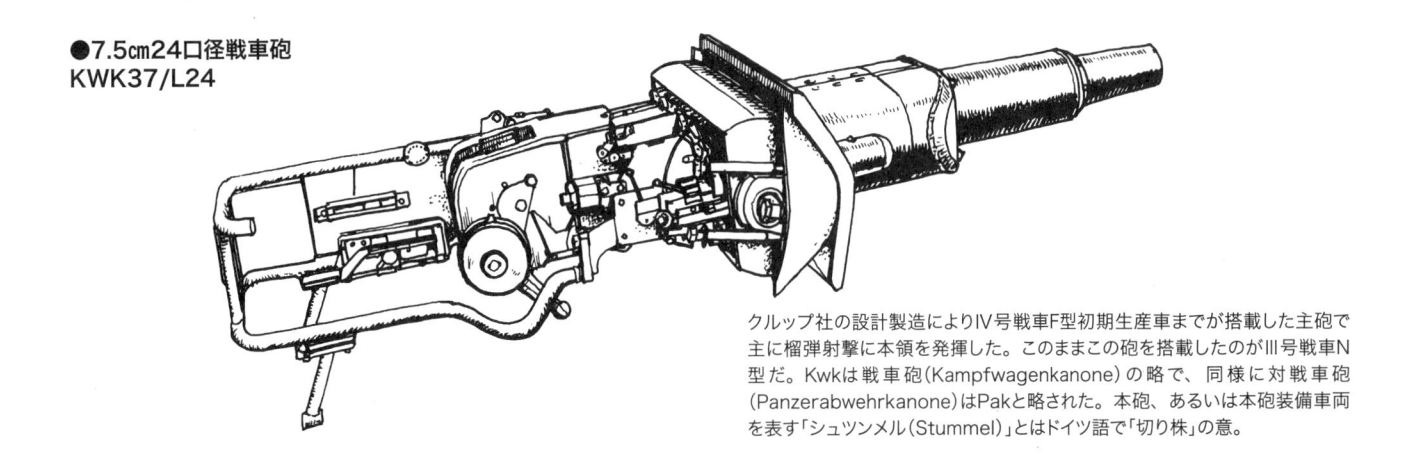

●7.5cm24口径戦車砲
KWK37/L24

クルップ社の設計製造によりIV号戦車F型初期生産車までが搭載した主砲で主に榴弾射撃に本領を発揮した。このままこの砲を搭載したのがIII号戦車N型だ。Kwkは戦車砲(Kampfwagenkanone)の略で、同様に対戦車砲(Panzerabwehrkanone)はPakと略された。本砲、あるいは本砲装備車両を表す「シュツンメル(Stummel)」とはドイツ語で「切り株」の意。

WWII ドイツ戦車の車載機銃

車体前部に搭載された車載機銃は第2次世界大戦時のドイツ戦車の特徴ともいえる。口径7.92mmMG34がもっともポピュラーなものだが、38(t)戦車のようにベースとなったお国柄を反映した機銃を装備したものもあった。

The German Tank Machine Guns in WWII
The machine gun placed in front of hull is a distinctive feature of German tanks in WWII. While the most widely used machine gun was 7.92 mm MG34, some foreign-designed tanks such as 38 (t) carried machine gun of same origin.

●MG34初期型
IV号戦車などで使用されたタイプで四角い機銃マウントに左右上下に動く回転軸でフレキシブルに射界を確保した。MG34は1934年に制式化された汎用性の高い機関銃で、初速755m/s、発射速度は800〜900発/分。

●MG34後期型
パンターやティーガーなど、大戦中期以降に登場した車両に搭載されていたボールマウント式銃架と車載機銃。機銃自体はMG34だが、車載型はマウントから外部へ出る銃口に7mm厚の装甲カバーを付けているため、上図とは違った外観になっている。

●38(t)軽戦車E型車体銃
MG37(t)
併合前のチェコスロバキアで開発されていたブルーノVz.37機関銃をドイツ軍で兵器採用したもの。口径7.92mmで、初速790m/s、発射速度は500発/分、700発/分のどちらかに切り替えることができた。38(t)戦車など、チェコスロバキア製の戦車が搭載。

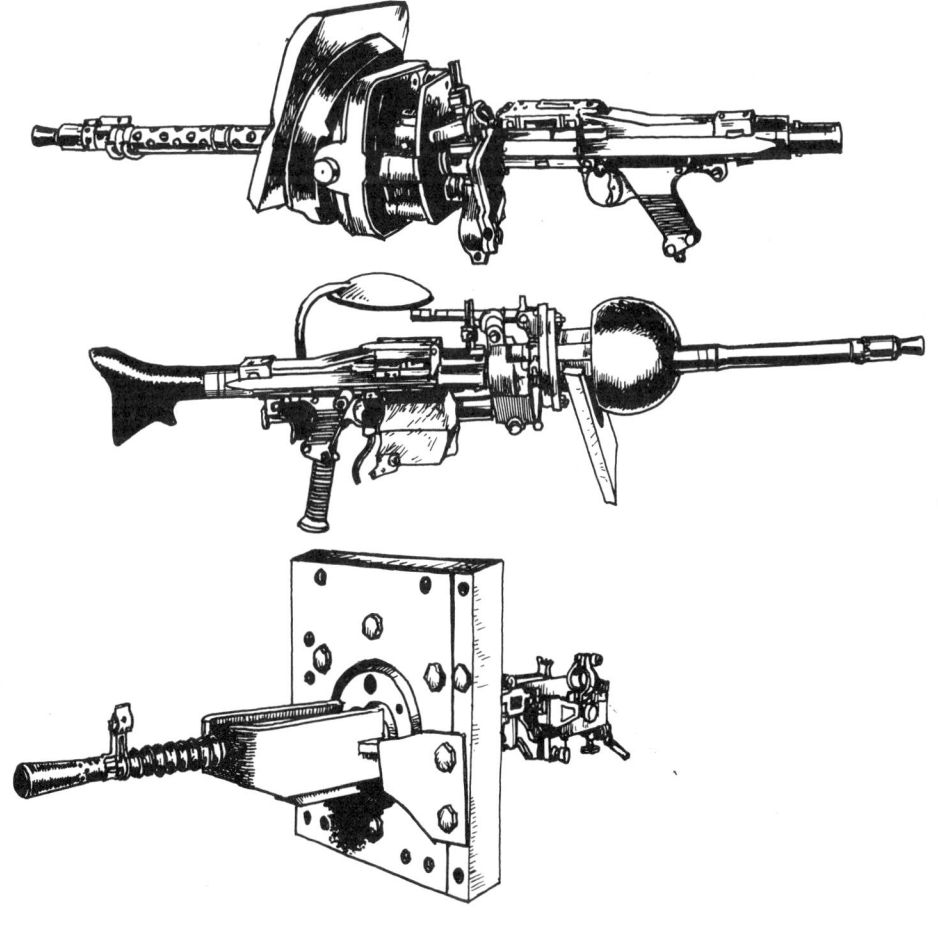

35(t)戦車と38(t)戦車

35(t)戦車と38(t)戦車は、いずれもチェコスロバキアが開発した軽戦車であった（1939年3月にドイツへ併合）。第2次世界大戦開戦時に車両不足であったドイツ戦車隊の一翼を担い、後者についてはバリエーションも開発されている。

35(t) Tank and 38(t) Tank
35(t)Tank and 38(t)Tank are light tanks developed by Czechoslovakia. As Czechoslovakia was annexed to the German in March 1939, it played a role in the German tank corps who had run out of vehicles at the start of WWII.

●35(t)戦車（1939）(Panzerkampfwagen 35 (t))

チェコスロバキアを併合したため219両のLT35を入手したドイツ軍が35(t)戦車の制式名称を与えて自軍での運用に合うように改修、戦力化した車両。砲塔内右側に装填手用のシートを増設して乗員を4名としたため、搭載弾薬数の減少。しかし車長の負担が減り、戦闘能力の向上をみた。

全長4.9m 全幅2.1m
全高2.35m 最大装甲厚25mm
武装：40口径37mm砲×1
　　　7.92mm機銃×2
重量10.5t
エンジン：
スコダT11/0（120HP）
最大速度35km/h
乗員4名

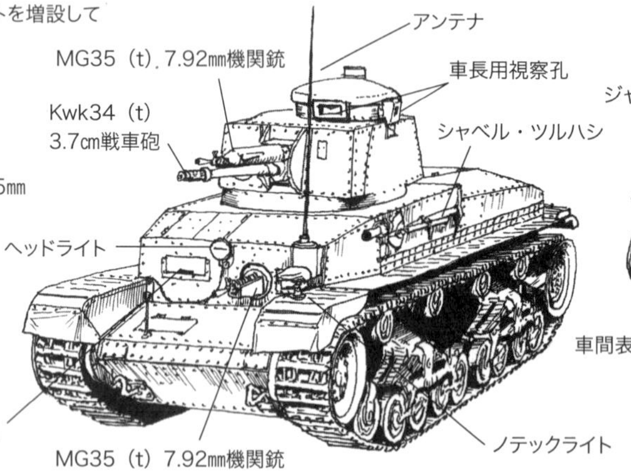

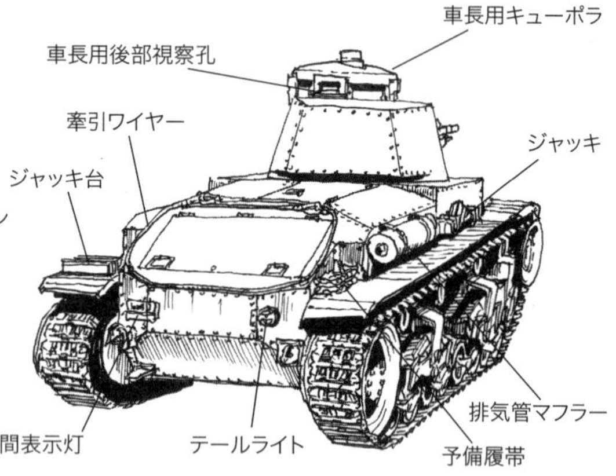

ラベル：MG35(t) 7.92mm機関銃、Kwk34(t) 3.7cm戦車砲、ヘッドライト、操縦手用視察孔、MG35(t) 7.92mm機関銃、アンテナ、車長用視察孔、シャベル・ツルハシ、車間表示灯、ノテックライト

ラベル：車長用後部視察孔、車長用キューポラ、牽引ワイヤー、ジャッキ台、ジャッキ、排気管マフラー、テールライト、予備履帯

ポーランド侵攻やフランス戦、独ソ戦に参加、1942年初頭から順次第1線を退いた。フレームアンテナを搭載した35(t)指揮戦車や砲塔を撤去した35(t)火砲牽引車も作られた。

●38(t)戦車A型（1939）
（Panzerkampfwagen 38 (t) Ausf A）

チェコスロバキアで開発され、ドイツ併合時には製作途中であった150両のLTVz38を完成させてそのまま制式化（ただし、装填手を1名追加して乗員4名）したもの。車体左側面のパイプ式アンテナが外観上の特徴であった。

全長4.61m 全幅2.135m 全高2.252m 最大装甲厚25mm
武装：37mm砲×1、7.92mm機銃×2
重量9.725t
エンジン：プラガ製EPA（125HP）
最大速度42km/h
乗員4名

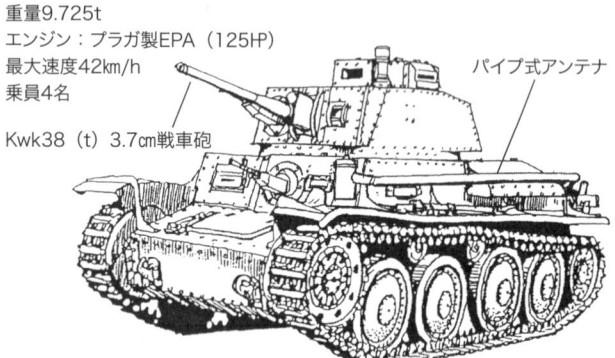

Kwk38(t) 3.7cm戦車砲、パイプ式アンテナ

●38(t)戦車G型（1939）
（Panzerkampfwagen 38 (t) Ausf G）

ポーランド戦での戦訓により前面へ25mmの増加装甲を付けたE型、F型（あわせて525両）が生産されたが、これを50mmの1枚装甲としたタイプ。321両生産。

組み立てにも溶接が多用されたが旧式化のため1942年3月生産分の一部と4月生産分の全部の車台は対戦車自走砲に転用されることとなった（5月〜6月に最終の47両が製作された）。

●38(t)戦車B型、C型、D型（1940）
（Panzerkampfwagen 38 (t) Ausf B,C und D）

A型を新規に325両生産した車両。B、C、D型のいずれも、生産ロットの違いで基本形は一緒であった。パイプ式アンテナは撤去された。

D型には砲塔リング基部に断片防御がつく

●38(t)戦車の後部の変遷

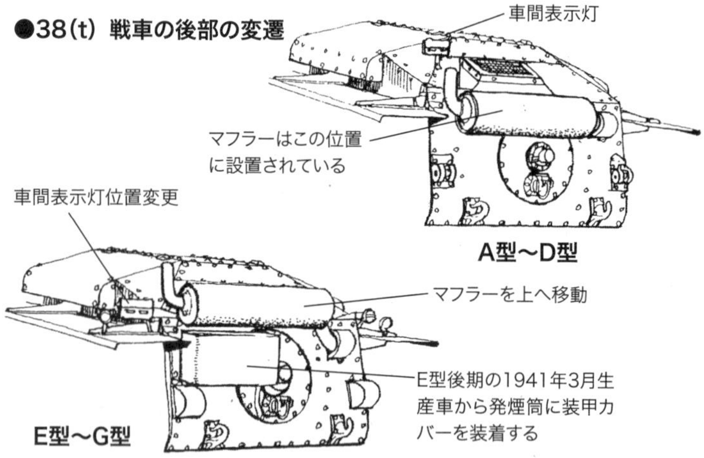

A型〜D型：車間表示灯、マフラーはこの位置に設置されている

E型〜G型：車間表示灯位置変更、マフラーを上へ移動、E型後期の1941年3月生産車から発煙筒に装甲カバーを装着する

ドイツ戦車の車外搭載物（OVM）

戦車は車体上に工具類など多くの搭載物を取り付けている。それは車体独自の工具から部隊や個人装備品までさまざまだ。ここではパンター戦車をモチーフに、ドイツ戦車の車外搭載物を紹介する。

The On Vehicle Materials (OVM) of German tanks
Tanks were attached various materials that consist of mainly tools, and they included the tools peculiar to the vehicle or personal properties as well. In the following pages, we will survey the OVM of German tanks taking Panther tank as the example.

トラベルクランプは行軍時に主砲を固定し、俯仰旋回装置のギアを振動による摩耗から防ぐためのもの

- ベンチレーター
- 照準眼鏡
- 砲塔機銃
- トラベルクランプ
- 対空機銃架用レール
- 牽引ロープ 直径50mm
- 予備キャタピラ 防弾もかねている
- クリーニングロッドケースは二段式になっていて下には予備アンテナを収納している
- 砲身を清掃するクリーニングロッド
- 予備アンテナ

機銃用防塵防水カバー

- 牽引フック
- 車体機銃
- ヘッドライト
- 牽引クレビス 上部が回転する
- ワイヤーカッター
- シャベル

牽引クレビスは戦車を牽引回収したりする時にロープと戦車の牽引ホールドの間に装着する

ワイヤーカッター、シャベル、手斧はドイツ車両共通のもので、有刺鉄線の切断や土木作業に使用する

ドイツ戦車のジャッキはギア式で持ち上げる重量（戦車）によって数種類あった

- 20t用ジャッキ
- 雑具箱
- 牽引ホールド
- 点検口を通じてキャタピラの緊張を調整できる
- 砲塔吊上用フック
- キャタピラ交換用ロープ
- ジャッキ台 ジャッキアップの際の台となるもので木製
- 六角レンチ キャタピラ緊張調整具
- ハンマー
- バール
- 消化器
- 手斧
- 始動用クランクハンドル

ハンマーやバールはキャタピラや転輪等の交換時に使用されるもの

パンサーのA型では大型のバールがもう1本装備されていた

懸架装置を装備するためジャッキを使用して転輪を押し上げている

ジャッキ台

通常のエンジン始動はセルモーターによって行なうが、冬季の場合はバッテリーの消耗をさけるために手動によるエンジン始動が指示されていた

ラジエーター冷却水の凍結防止用トーチランプ 左排水管下部へ取りつける

エンジン付始動機 クランクハンドルとは異なり楽に始動できる

- キューベルワーゲン
- パンサー
- クランクシャフトでつなげて使用する

キューベルワーゲン（軽汎用車）のエンジンを利用した始動用特殊装置

パンサー後部のスターター点検ハッチへ連結

●キャタピラの修理（履きかえの場合）

履帯（キャタピラ） パンターは片側86枚の履帯を使用

- 連結ピン
- ロックワッシャー

①まず緊張調整具（上イラスト参照）でキャタピラの緊張を緩める

②ロックワッシャーを外してハンマーで予備のピンなどを打ちこんで連結ピンを叩き出し、キャタピラの連結を解く。この間、結合用工具とバールでキャタピラを保持しておく

③修理を終えたらキャタピラを車体後方へ並べる。牽引用ロープをキャタピラの先端に取りつけ、後方から前方へ向けて巻いていく

④キャタピラを軌道輪にかませたらエンジンで軌道輪を回転させ巻きつける。車体前方下部でキャタピラ先端と後端の穴を合わせ、連結ピンを打ちこんだら、ロックワッシャーをかませて終了

71

【イギリスの戦車（WWII）】
キャリアと軽戦車

　イギリスの戦車の発達は、歩兵直協支援用の歩兵戦車と偵察用の巡航戦車との2極分化の傾向があった。キャリアと軽戦車はかつてのタンケッティの発展型と考えてよいが、もちろん後者の系列に属している。

　キャリアは装軌式武器運搬車というべきもので、大戦に入ると大量に生産された。汎用といって良く、特別に限定されず便利な装軌車として活躍した。

　軽戦車は豆戦車がやや大型化したもので、偵察が主任務だった。かつての騎兵のような役割で、機動性が求められるものだが、のちにより速く強力な装輪装甲車に変えられる。

British Tanks (WWII) / Carriers and Light Tanks
The development of British tanks polarized into the infantry tank for supporting infantry and cruiser tank for reconnaissance. The carriers and light tanks may be considered as the advanced tankette, and of course belonged to the latter category.
The carriers were tracked weapon transporter, and mass produced after the outbreak of the WWII. They may be said capable of universal purpose, and were used as convenient tracked vehicle for various tasks.
Light tanks were enlarged tankette and mainly used for reconnaissance. They played the role of conventional cavalry and were required mobility, but replaced with faster and stronger wheeled armored cars later.

■キャリア（Carrier）

●ユニバーサルキャリア（1939）(Universal Carrier)

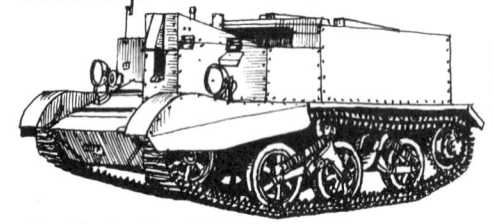

ユニバーサルキャリアにはMk.I～IIIまでの型があるが基本構造は同じだ。

ブレンガンキャリアの発展型だが、同じ基本車体で装備や細部の回収を行なうと多用途に使用できる、汎用装甲輸送車だ。便利な車両のせいもあり、装軌車両としてはWWIIで最大の65,100両という生産数を誇っている。
全長3.66m　全幅2.06m
全高1.59m　装甲7～10mm
重量3.9t　エンジン65HP
最高速48km/h

●ブレンガンキャリア（Bren Gun Carrier）
ビッカース社が野砲と機関銃の運搬用に開発したもので、カーデン・ロイドMk.IVの後継車だった。機関銃運搬車No.2 Mk.1として制式化されたが、1938年にブレン軽機関銃が歩兵に装備されると名称はブレンガンキャリアとなった。
全長3.65m　全幅2.87m　全高2.05m　装甲12mm　武装：ブレン軽機関銃×1
重量3.81t　エンジン85HP　最高速48km/h　航続力260km

上面図

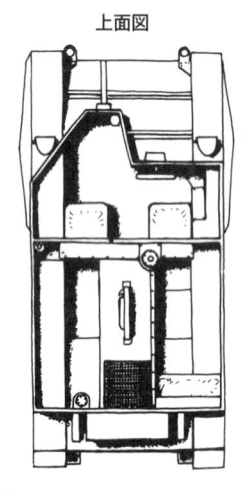

すぐ右のものは標準車両の武器弾薬以外の配置。右端の図は偵察用の積載物配置。黒く示すのは銃器類。
①スペア転輪
②牽引ロープ
③オイル
④工具箱
⑤糧食
⑥水
⑦バッテリー
⑧工具箱
⑨信号弾・ピストル
⑩雑具
⑪雑具
⑫雑具
⑬防水カバー
⑭予備防水カバー

標準装備　　偵察型（対戦車銃装備）

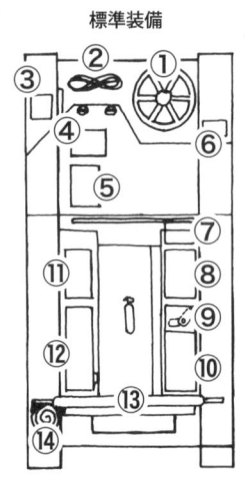

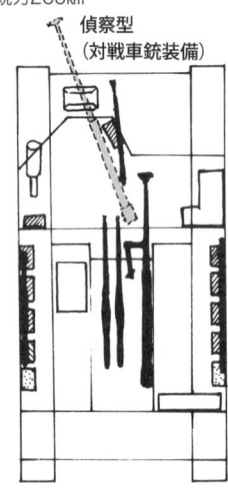

●ウィンザーキャリア（1944）(Windsor Carrier)
ユニバーサルキャリアの戦訓を取り入れた改良型で、車体が幅、長さとも拡大されている。実際ユニバーサルキャリアが基になって派生した車両は数多くある。中には火焔放射器を積んだものや迫撃砲搭載のものもあった。このウインザーキャリアは本格生産に入る前に終戦となり5,000両が作られて終わっている。
全長4.37m　全幅2.1m　全高1.45m　装甲前面10mm　重量4.2t
エンジン：フォードV8ガソリン95HP　最高速56km/h　航続力200km　乗員2名

●ロイドキャリア（1940）(Loyd Carrier)
カーデン・ロイドの一方の開発者ロイド大尉が陸軍省の依頼で製作したキャリア。安価で時間もかけずに作れる車両が狙いで、小型自動車の部品を流用し、履帯、懸架装置はブレンガンキャリアのものを使った。物資、人員の輸送を重視し、もっぱら兵員輸送車として運用された。
全長4.14m　全幅2.07m　全高1.42m　重量3.8t
エンジン：フォードV8ガソリン85HP　最高速48km/h　乗員2名（＋兵員8名）

■軽戦車（Light Tank）

●軽戦車Mk.ⅡB（1929）（Light Tank Mk.ⅡB）
カーデン・ロイド型の発展型。軽戦車は偵察用とされたためもあり機銃1丁で装甲も薄い。ⅡB型は数は多くなかったが量産された初の軽戦車で、海外にも仕様を変えて供給された。図のものはインド仕様で21両生産された。砲塔上に固定式のキューポラを備え、インディアンパターンと呼ばれた車両だ（インドは当時イギリスの植民地）。
全長3.58m　全幅1.83m　全高2.02m　装甲4～10mm　武装：機銃×1
重量4.25t　エンジン66HP　最高速48km/h　乗員2名

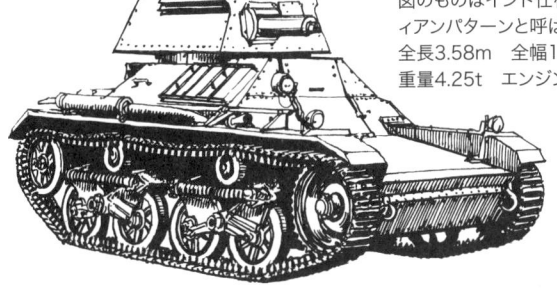

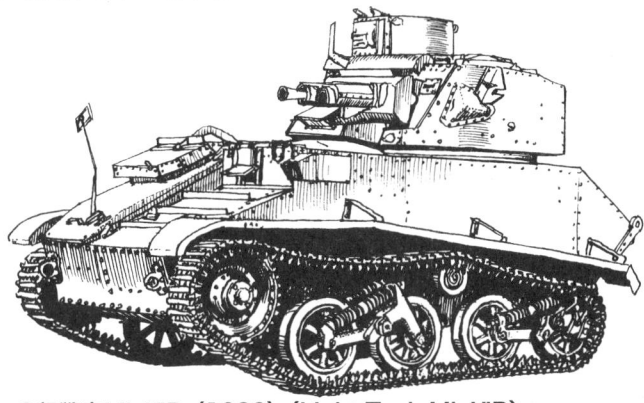

●軽戦車Mk.Ⅶテトラーク（※）（1940）（Light Tank Mk.Ⅶ "Tetrarch"）

●軽戦車Mk.ⅥB（1936）（Light Tank Mk.ⅥB）
MkⅠ～Ⅴ型までのイギリスの軽戦車は懸架装置がキャリア類のものを流用したもので、どれも少量の生産だった。このMkⅥはドイツにヒトラーが登場したこともあり大量生産された。大戦勃発時には数の足りない巡航戦車の代わりに機甲師団に配備されていた。本来偵察用を目的に1,400両作られた。
全長3.95m　全幅2.06m　全高2.22m　装甲4～14mm
武装：12.7mm機銃×1、7.7mm機銃×1　重量5.2t　エンジン88HPガソリン
最高速56.3km/h　航続力200km　乗員3名

ビッカース社が自主的に開発し、軽巡航戦車として軍に売り込んだもの。数々の新機軸を採用、中でも操向装置に特徴がある。自動車の様にハンドルで操作し、転輪の向きを変えてフレキシブルキャタピラをよじらせるという機構だ。軽戦車として120両が発注されたが実戦部隊には配備されず、グライダー搭載の空挺戦車として空艇部隊に配備された。専用グライダーでノルマンディ上陸作戦に参加した。
全長4.11m　全幅2.31m　全高2.12m　装甲4～14mm
武装：2ポンド砲×1、7.92mm機銃×1
重量7.6t　エンジン160HP水平対向12気筒
最高速64km/h　航続力225km　乗員2名

●ハリーホプキンスの内部

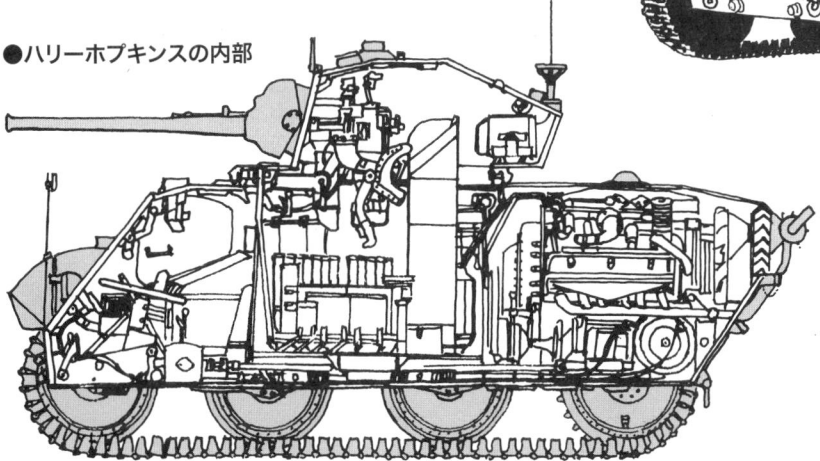

●軽戦車Mk.Ⅷハリーホプキンス（1944）（Light Tank Mk.Ⅷ "Harry Hopkins"）
テトラークの改良型で、傾斜装甲を採用しデザインが変わった。2ポンド（40mm）砲は変わらないが、装甲貫徹力が増している。油圧を使用した操縦系では、ステアリング機構が改善されている。92両製造された本車がイギリス最後の軽戦車となっている。
全長4.27m　全幅2.71m　全高2.11m　装甲6～38mm
武装：2ポンド砲×1、7.92mm機銃×1
重量8.6t　エンジン148HPガソリン
最高速48km/h　航続力200km　乗員3名

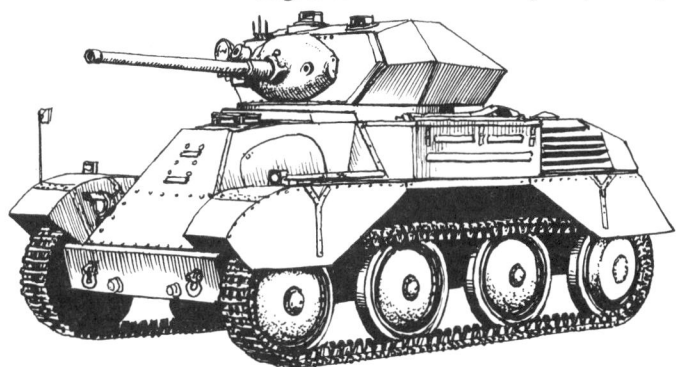

※イギリスの戦車には1940年ころから愛称が加えられるようになった。

歩兵戦車マチルダとバレンタイン

イギリス陸軍は戦車を歩兵戦車と巡航戦車の2つのカテゴリーに大別して開発していたが、マチルダとバレンタインは前者に分類される。歩兵の直協支援を行なう歩兵戦車は、当初は敵機関銃座等を肉薄攻撃するというイメージで作られており、装甲は強力だが、スピードと火力は貧弱なものが多かった。武装は機関銃のみのものと2ポンド砲装備のものとがあったが、フランスや北アフリカの戦線に投入されると非力を悟らされる。マチルダⅠは開戦当初の水準でも実戦に耐え得ず、そのあとの型も撃たれ強いがドイツ軍の戦車に太刀打ちできず、歩兵戦車は戦場の主役にはなれなかった。

Infantry Tanks Matilda and Valentine
British army generally developed their tanks in the two categories of infantry tank and cruiser tank, and Matilda and Valentine belonged to the former. The infantry tanks for supporting infantry were initially developed to carry out close attack against enemy machine gun nests or positions, so while their armor protection was heavy, most of them had relatively poor mobility and firepower. Initially they equipped with only a few machine guns or one 2 pounder gun, but these armaments turned out ineffective in French or North African campaigns. Matilda I turned out to be unsuited for practical battle even in the early stage of the war, and though the later versions had relatively good protection, still unable to compete with German army's firepower, and even the introduction of 75mm gun could not keep them for first-line use.

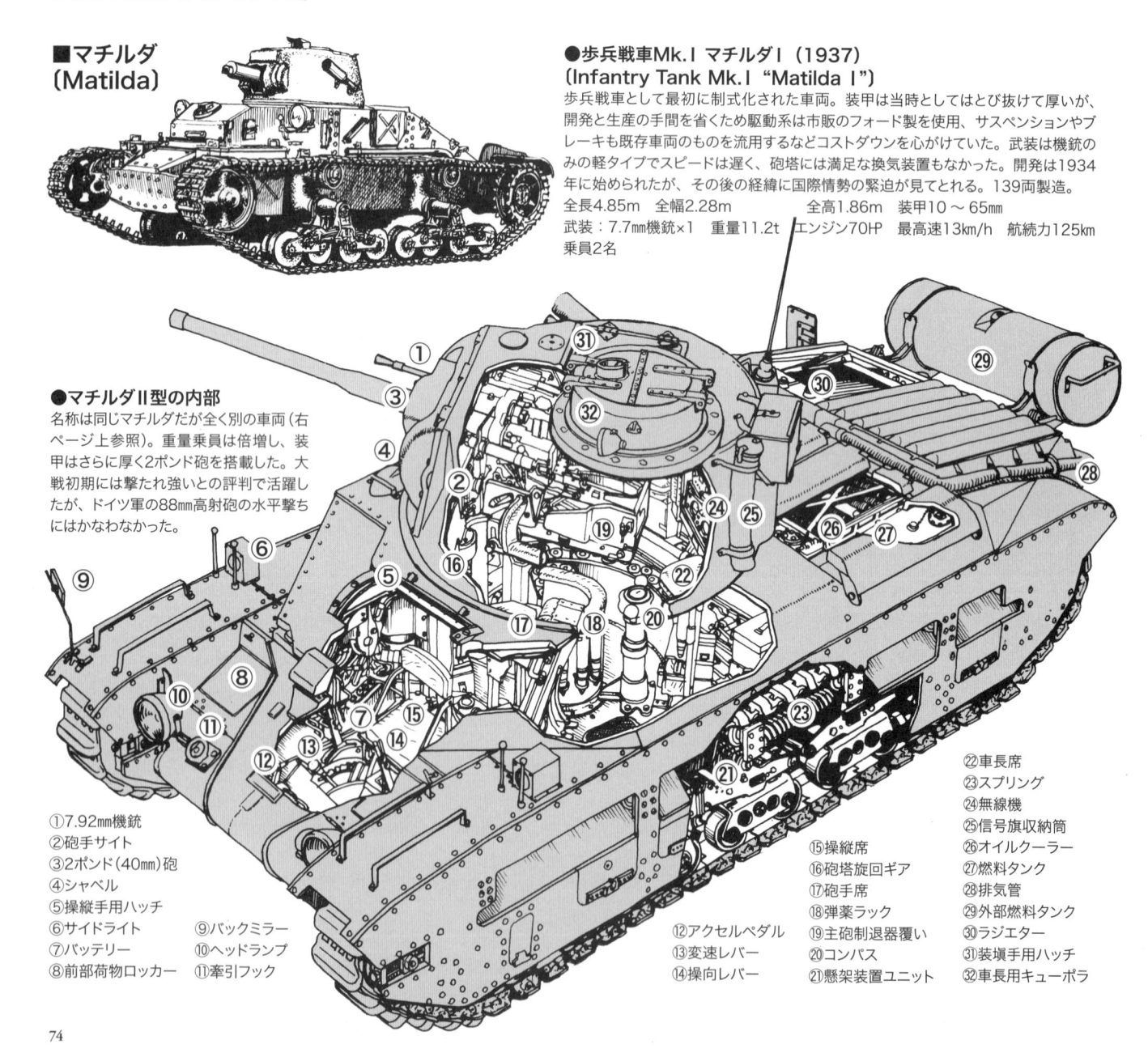

■マチルダ（Matilda）

●歩兵戦車Mk.I マチルダI（1937）(Infantry Tank Mk.I "Matilda I")

歩兵戦車として最初に制式化された車両。装甲は当時としてはとび抜けて厚いが、開発と生産の手間を省くため駆動系は市販のフォード製を使用、サスペンションやブレーキも既存車両のものを流用するなどコストダウンを心がけていた。武装は機銃のみの軽タイプでスピードは遅く、砲塔には満足な換気装置もなかった。開発は1934年に始められたが、その後の経緯に国際情勢の緊迫が見てとれる。139両製造。

全長4.85m　全幅2.28m　全高1.86m　装甲10～65mm
武装：7.7mm機銃×1　重量11.2t　エンジン70HP　最高速13km/h　航続力125km
乗員2名

●マチルダⅡ型の内部

名称は同じマチルダだが全く別の車両（右ページ上参照）。重量乗員は倍増し、装甲はさらに厚く2ポンド砲を搭載した。大戦初期には撃たれ強いとの評判で活躍したが、ドイツ軍の88mm高射砲の水平撃ちにはかなわなかった。

①7.92mm機銃
②砲手サイト
③2ポンド（40mm）砲
④シャベル
⑤操縦手用ハッチ
⑥サイドライト
⑦バッテリー
⑧前部荷物ロッカー
⑨バックミラー
⑩ヘッドランプ
⑪牽引フック
⑫アクセルペダル
⑬変速レバー
⑭操向レバー
⑮操縦席
⑯砲塔旋回ギア
⑰砲手席
⑱弾薬ラック
⑲主砲制退器覆い
⑳コンパス
㉑懸架装置ユニット
㉒車長席
㉓スプリング
㉔無線機
㉕信号旗収納筒
㉖オイルクーラー
㉗燃料タンク
㉘排気管
㉙外部燃料タンク
㉚ラジエター
㉛装填手用ハッチ
㉜車長用キューポラ

●歩兵戦車Mk.IIマチルダII（1938）
(Infantry Tank Mk.II "Matilda II")
マチルダIのスピードの遅さと貧弱な武装に辟易したイギリス軍は、速度の大幅な向上や火砲の装備などを要求した。このためマチルダIIは名前は同じでも根本的に設計をやり直した、マチルダIとは別の戦車だった。開戦前年の1938年から1943年夏まで計2,987両が生産された。しかしマチルダIゆずりの重装甲は強力だったが、40mmという火砲はやはり非力で、また大幅に速度が増したとはいえ当時の水準でも機動性は低かった。そのため大活躍というわけにはゆかなかったが、北アフリカ戦線では米軍の供給車両が来る1942年夏までは主力戦車だった。バリエーションは数多くあり、3インチ砲に換装した車両もあった。
全長5.61m　全幅2.59m　全高2.51m　装甲13〜78mm
武装：2ポンド砲×1、7.92mm機銃×1　重量26.9t
エンジン95HP×2　最高速24km/h　航続力200km　乗員4名

■バレンタイン（Valentine）
●歩兵戦車Mk.IIIバレンタインI型（1943）
(Infantry Tank Mk.III "Valentine" Mk.I)
ビッカース社が1937年に作った巡航戦車A10(Mk.II)のエンジン・サスペンション等のパーツを流用し装甲を強化して、翌年から歩兵戦車として開発されたのがバレンタイン戦車だ。駆動・懸架装置がA10と共通なため、装甲強化のための重量増加を小型化によって抑えざるを得ず、中でも2名用の小型砲塔は不評だったが信頼性は高く、1941年に北アフリカ戦線に投入された。その後火力増強を主とした改良を続け、またIII型からは3名用砲塔になっている。I型からXI型まで計8,275両が生産され、うち2,394両が東部戦線のソ連軍に供与された。連合軍供与の戦車の中で最も優秀といわれている。
全長5.41m　全幅2.63m　全高2.27m　装甲8〜65mm
武装：40mm砲×1、7.92mm機銃×1　重量16t　エンジン131HPディーゼル
最高速24km/h　航続力145km

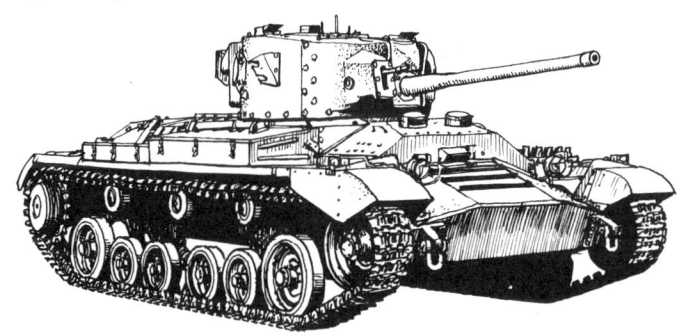

●歩兵戦車Mk.IIIバレンタインX型（1940）
(Infantry Tank Mk.III "Valentine" Mk.X)
バレンタインX型は57mm6ポンド砲を装備したため、上図のI型とは防盾が異なっている。砲の大口径化のためIII型で3名用となった砲塔はまた2名用に減ってしまった。1943年からの生産分には75mm砲を搭載した。

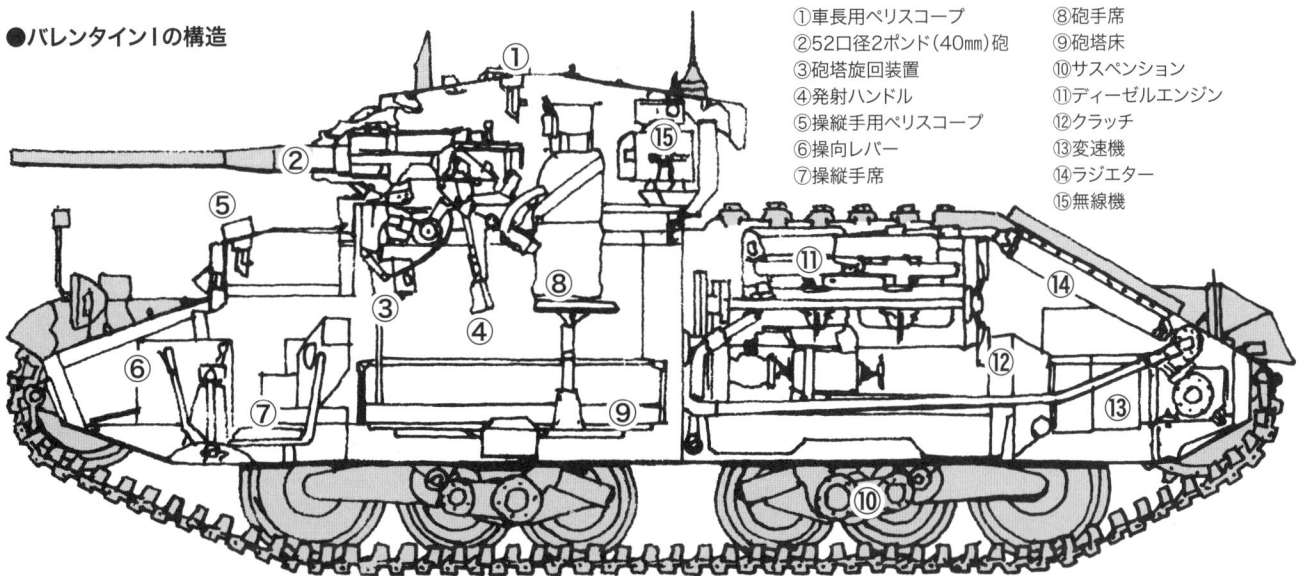

●バレンタインIの構造

①車長用ペリスコープ
②52口径2ポンド（40mm）砲
③砲塔旋回装置
④発射ハンドル
⑤操縦手用ペリスコープ
⑥操向レバー
⑦操縦手席
⑧砲手席
⑨砲塔床
⑩サスペンション
⑪ディーゼルエンジン
⑫クラッチ
⑬変速機
⑭ラジエーター
⑮無線機

チャーチル歩兵戦車

　重装甲、低機動性の歩兵戦車というカテゴリーで、最後に制式化されたのがこのチャーチル戦車だ。1940年に入って英仏両軍もとうとうドイツ軍と本格的な戦闘になったが、ベネルクス3国はアッという間にドイツの手に落ち、5月20日にダンケルクに包囲された英仏軍はすべてを捨てて海からイギリスに撤退という憂き目にあった。これを見たチャーチルが開発中のこの戦車の生産を最優先させたことが名前の由来だ。

　元来マチルダの後継として開発された古臭い設計のA20を、情勢緊迫の折から大急ぎで改良し使える戦車にしたもので、初期不良に悩まされたものの、II型までは2ポンド砲、III型からは6ポンド砲、そしてVI型からは75mm砲とパワーアップし5,600両が生産された。

Churchill Infantry Tank
In the category of infantry tank with heavy armor and low mobility, Churchill was the last infantry tank adopted by British army. In 1940, French and British army at last started full scale engagement with German army. But Benelux countries were occupied by German at once, and the French and British army cornered to Danquerque on May 20th, abandoned all of their equipments and retreated to England by sea. As Winston Churchill who saw this horrible defeat gave priority for the production of this tank under development, it was named after him.

This tank was originally called A20 of obsolete design developed for the successor of Matilda tank, the demand of situation forced it to be a refined effective tank. Though it suffered initial failures, the types till Mk. II had 2 pounder gun, Mk. III began to equip with 6 pounder gun and from Mk. VI and later were upgraded to 75 mm gun, and total 5,600 Churchills were produced.

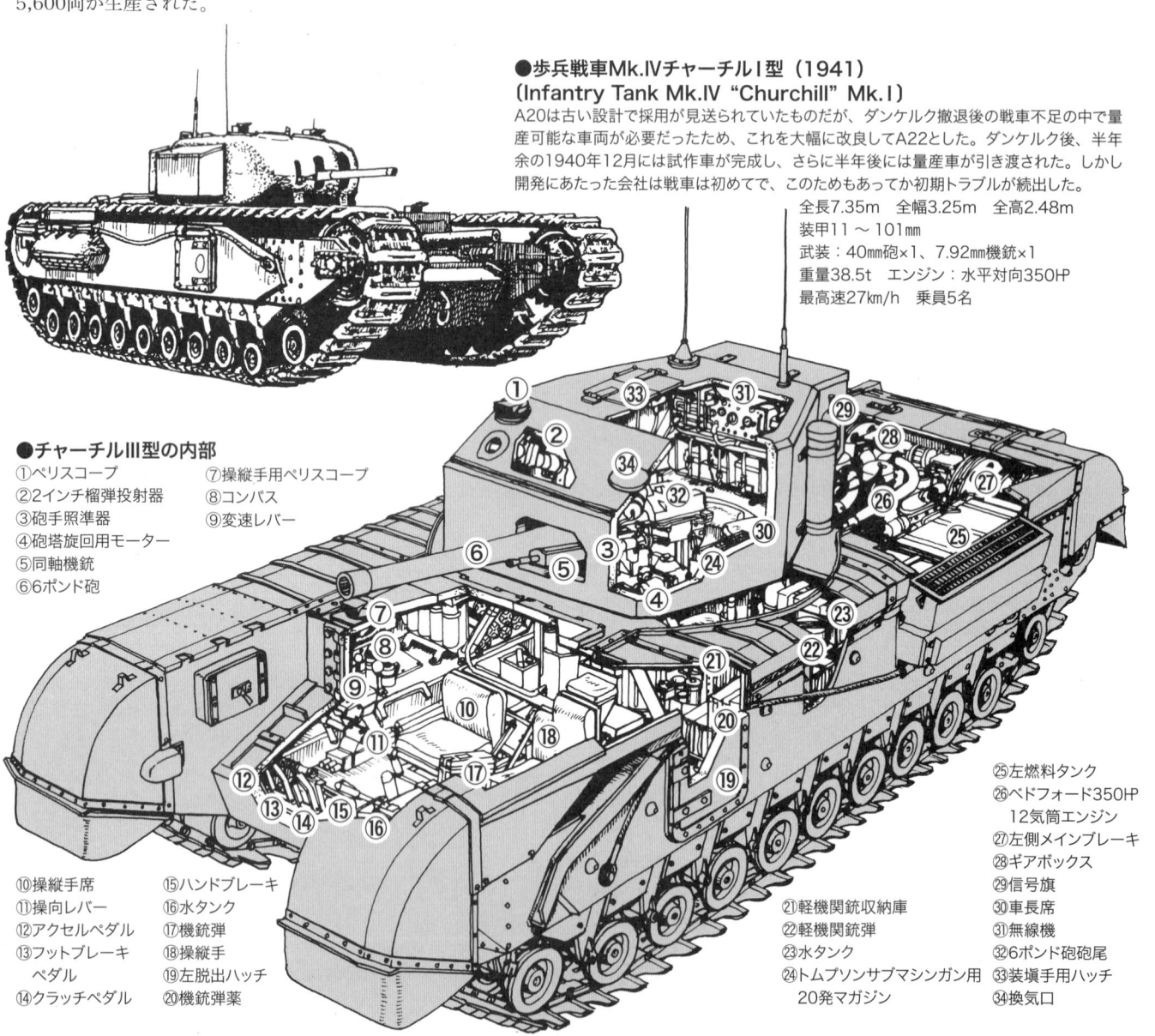

●歩兵戦車Mk.IVチャーチルI型（1941）
(Infantry Tank Mk.IV "Churchill" Mk.I)

A20は古い設計で採用が見送られていたものだが、ダンケルク撤退後の戦車不足の中で量産可能な車両が必要だったため、これを大幅に改良してA22とした。ダンケルク後、半年余の1940年12月には試作車が完成、さらに半年後には量産車が引き渡された。しかし開発にあたった会社は戦車を初めてで、このためもあってか初期トラブルが続出した。

全長7.35m　全幅3.25m　全高2.48m
装甲11～101mm
武装：40mm砲×1、7.92mm機銃×1
重量38.5t　エンジン：水平対向350HP
最高速27km/h　乗員5名

●チャーチルIII型の内部

①ペリスコープ
②2インチ榴弾投射器
③砲手照準器
④砲塔旋回用モーター
⑤同軸機銃
⑥6ポンド砲
⑦操縦手用ペリスコープ
⑧コンパス
⑨変速レバー
⑩操縦手席
⑪操向レバー
⑫アクセルペダル
⑬フットブレーキペダル
⑭クラッチペダル
⑮ハンドブレーキ
⑯水タンク
⑰機銃弾
⑱操縦手
⑲左脱出ハッチ
⑳機銃弾薬
㉑軽機関銃収納庫
㉒軽機関銃弾
㉓水タンク
㉔トムプソンサブマシンガン用20発マガジン
㉕左燃料タンク
㉖ベドフォード350HP 12気筒エンジン
㉗左側メインブレーキ
㉘ギアボックス
㉙信号旗
㉚車長席
㉛無線機
㉜6ポンド砲砲尾
㉝装填手用ハッチ
㉞換気口

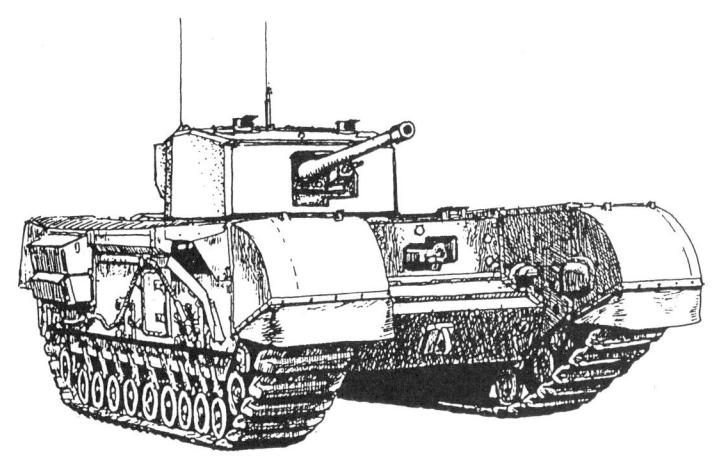

●歩兵戦車Mk.IVチャーチルIII型（1942）
(Infantry Tank Mk.IV "Churchill" Mk.III)
従来の鋳造砲塔では6ポンド砲を搭載できなかったため熔接の大型砲塔を新たに開発してこれに搭載したタイプ。なおこの次のIV型も6ポンド砲搭載だが、鋳造の大型砲塔となっている。前部後部とも、キャタピラがフェンダーで覆われたため威圧感が増している。このチャーチルをベースに車体を大型化して17ポンド砲を搭載した歩兵戦車がスーパーチャーチル（ブラックプリンス）として開発されたが、制式化はされなかった。
全長7.44m　全幅3.25m　全高2.74m　最大装甲厚102mm
武装：57mm砲×1、7.92mm機銃×2　重量39.6t
エンジン：12気筒350HPガソリン　最高速24.9km/h　航続力145km
乗員5名

●歩兵戦車Mk.IVチャーチルVII型（1943）
(Infantry Tank Mk.IV "Churchill" Mk.VII)
VII型は新型砲塔を搭載し75mm砲を装備したチャーチル戦車の決定版ともいえるものだ。砲塔には新型のキューポラを装着し、周囲にペリスコープを付けている。操縦手用のペリスコープも1基追加され計2基となった。最大装甲厚も152mmと大幅にアップし防護力も強化されている。しかしその半面、重量も増加し、速度はさらに遅くなった。なおVI型も75mm砲搭載だが砲塔はIV型の鋳造のものと同じで、VII型は砲塔・車体とも改良されていることになる。
全長7.44m　全幅3.48m　全高2.74m　装甲16～152mm
武装：75mm砲×1、7.92mm機銃×2
重量41t　エンジン：水平対向水冷12気筒350HP
最高速20.4km/h　航続力161km　乗員5名

チャーチル戦車には多くの派生型があり、特殊車両も数多い。火焔放射戦車、95mm榴弾砲を装備した近接支援戦車などの他、架橋戦車、戦車回収車、AVRE（工兵用装甲車両）がチャーチルをベースに作られている。これら各車についてはP.232を参照されたい。

イギリスの戦車は歩兵戦車と巡航戦車の2系列で進化していったが、その呼称は当初「歩兵戦車Mk.I」「巡航戦車Mk.II」などと記されていた。しかし、次第に車種が多くなったため1940年ころから固有名詞を追加するようになり、また、車種と型式名の両方に「Mk.」が付くためまぎらわしいことから、1942年頃からははじめのMk.（車種名）は使われなくなった。

●チャーチルVII型の構造

①75mm砲　　　⑦脱出ハッチ
②同軸機銃　　　⑧砲塔旋回装置
③照準眼鏡　　　⑨車長席
④無線機　　　　⑩エンジン
⑤車体機銃　　　⑪ギアボックス
⑥操縦席

巡航戦車

　1936年当時のイギリス軍の2大戦車区分、歩兵戦車と巡航戦車のうち、巡航戦車はかつての騎兵的な活躍を想定した、追撃や長距離偵察を任務としてスピードに重点をおいたもので、軽装甲で武装も長い間2ポンド砲のままだった。しかし第2次世界大戦が始まるとドイツ戦車に太刀打ちできないことがはっきりしてしまう。元々イギリスに中戦車という発想は無かったが、前線の要請に応じて大戦後半にはアメリカ供与のM4に17ポンド砲を載せたり、チャレンジャーを開発したりと、相応の火力・装甲・スピードを持つ戦車が作られた。

Cruiser Tanks
Among the two major categories of British tanks, infantry tanks and cruiser tanks, the latter was intended to take over the roles of cavalry, pursuit and long range reconnaissance, thus the speed was emphasized. They were lightly armored and the armament remained 2 pounder gun for long time. But as the WWII began, they turned out unable to compete with German tanks. Though originally British did not have the concept of medium tank, in the latter stage of the war, they replaced the gun of US supplied M4 tanks with 17 pounder gun and also developed various cruiser tanks including Challenger with appropriate firepower, protection and speed.

●巡航戦車Mk.Ⅰ（1936）〔Cruiser Tank Mk.Ⅰ〕
イギリス軍初の巡航戦車となった車両だが、当初はMk.Ⅳ中戦車として開発された。設計はジョン・カーデンで、懸架装置はのちにバレンタイン戦車に使われるものと同じスローモーションサスペンションと呼ばれる、あまり高速走行には向かないものだ。さらに予定していたロールス・ロイスのエンジンが使用できずに市販のバスのエンジンを流用したため、巡航戦車という名のわりには機動性に欠けたものになった。
全長5.79m　全幅2.5m　全高2.64m　最大装甲厚14mm
武装：2ポンド砲×1、7.7mm機銃×3　重量13t　エンジン150HPガソリン
最高速40km/h　航続力240km/h　乗員6名

●巡航戦車Mk.Ⅱ（1939）〔Cruiser Tank Mk.Ⅱ〕
Mk.Ⅰの装甲強化型（最大装甲厚30mm）がMk.Ⅱで、これはむしろ歩兵戦車に近いものとなっている。

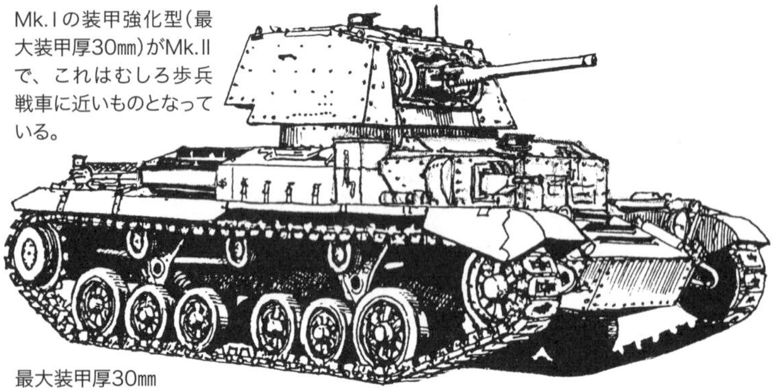

最大装甲厚30mm
武装：2ポンド砲×1、7.7mm機銃×1

●巡航戦車Mk.Ⅲ（1938）〔Cruiser Tank Mk.Ⅲ〕
Ⅰ型、Ⅱ型のサスペンションは高速走行を身上とする巡航戦車には不向きな形状だったが、このⅢ型からはクリスティー式の懸架装置が採用された。生産に当たってはモーリス社がライセンスを取得し、大型転輪と組み合わされた。試作車は実際の走行で56.3km/hを記録し、やっと巡航戦車らしい戦車の完成となった。車体はシンプルな箱形となり、ライセンス生産のリバティエンジンを積んだ。
全長6.02m　全幅2.59m　全高2.54m　装甲6～14mm
武装：2ポンド砲×1、7.7mm機銃×1　重量14.2t　エンジン340HP
最高速64km/h　航続力145km　乗員4名

●巡航戦車Mk.Ⅳ（1939）〔Cruiser Tank Mk.Ⅳ〕

Mk.Ⅲの装甲強化型で、最大装甲厚が30mmになった。砲塔側面がくの字形にふくらんでいるのは、ここがスペースドアーマーとなっているためだ。その他の仕様はⅢ型と変化が無かったが、後期生産型ではビッカース製同軸機銃が7.92mmのベサのものに改められた。このため防盾の形状が変化している。
全長6.02m　全幅2.59m　全高2.54m　装甲6～30mm
武装：2ポンド砲×1、7.92mm機銃×1　重量15t　エンジン340HPガソリン
最高速48km/h　航続力145km　乗員4名　生産数655両

●巡航戦車Mk.VカビナンターIII型（1939）
（Cruiser Tank Mk.V "Covenanter" Mk.III）
巡航戦車Mk.IIIベースに、発展させたものだ。狙いは車高を可能な限り低くすることだった。そのためエンジンを水平対向の新型にし、スペースの関係でラジエターを車体前方操縦手の左隣に配置する変則レイアウトとなったが、これが冷却不足を引き起こす原因になった。制式化され主に冷却系の改良を重ねて1,771両も生産されながら、訓練用戦車となってしまった。
全長5.8m　全幅2.61m　全高2.23m
装甲7～40mm　武装：2ポンド砲×1、
7.92mm機銃×1　重量18.3t　エンジン280HP
最高速50km/h　航続力160km

●巡航戦車Mk.VIクルセイダーI型（1939）
（Cruiser Tank Mk.VI "Crusader" Mk.I）
クルセイダーは大戦前半のイギリス軍の主力戦車で、歩兵戦車のマチルダIIと共に北アフリカ戦線で活躍した。Mk.IIIまでの軽巡航戦車に対し重巡航戦車という位置付けで、カビナンターの拡大発展型といえる。転輪を1個増やし接地性を改良した。また2ポンド砲搭載車の他、3インチ榴弾砲や下図の6ポンド砲搭載のIII型などの発展型がある。
全長5.99m　全幅2.64m　全高2.24m　装甲7～40mm
武装：2ポンド砲×1、7.92mm機銃×2
重量19.3t　エンジン340Hpガソリン
最高速44km/h　航続力160km　乗員5名

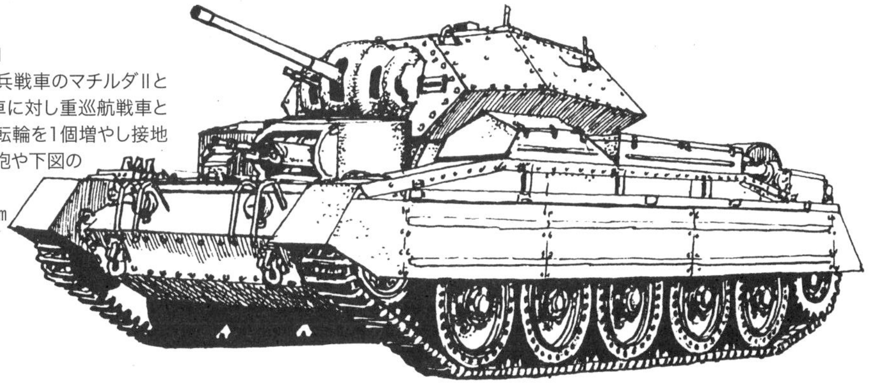

●巡航戦車Mk.VIクルセイダーIII型（1942）
（Cruiser Tank Mk.VI "Crusader" Mk.III）
クルセイダーの最終生産型で、主砲が6ポンド砲に換えられている。車体と砲塔には増加装甲が施されたが、コンパクトな設計の砲塔はそのままに6ポンド砲を搭載したため、砲塔内は装填手兼車長と砲手の2名となった。これに操縦手を入れて定員は3名に減った。クルセイダーは1943年までに全体で5,300両が製造され、チュニジア戦終了後は特殊車両の車体などに転用された。そのためバリエーションの数は多い。弱点はエンジンがオーバーヒートしやすいことで、また変速機などの機械的なトラブルも多かった。
全長6.04m　全幅2.68m　全高2.26m　装甲7～51mm
武装：6ポンド（57mm）砲×1、7.92mm機銃×1
重量20.1t　エンジン340Hpガソリン
最高速43.4km/h　航続力161km　乗員3名

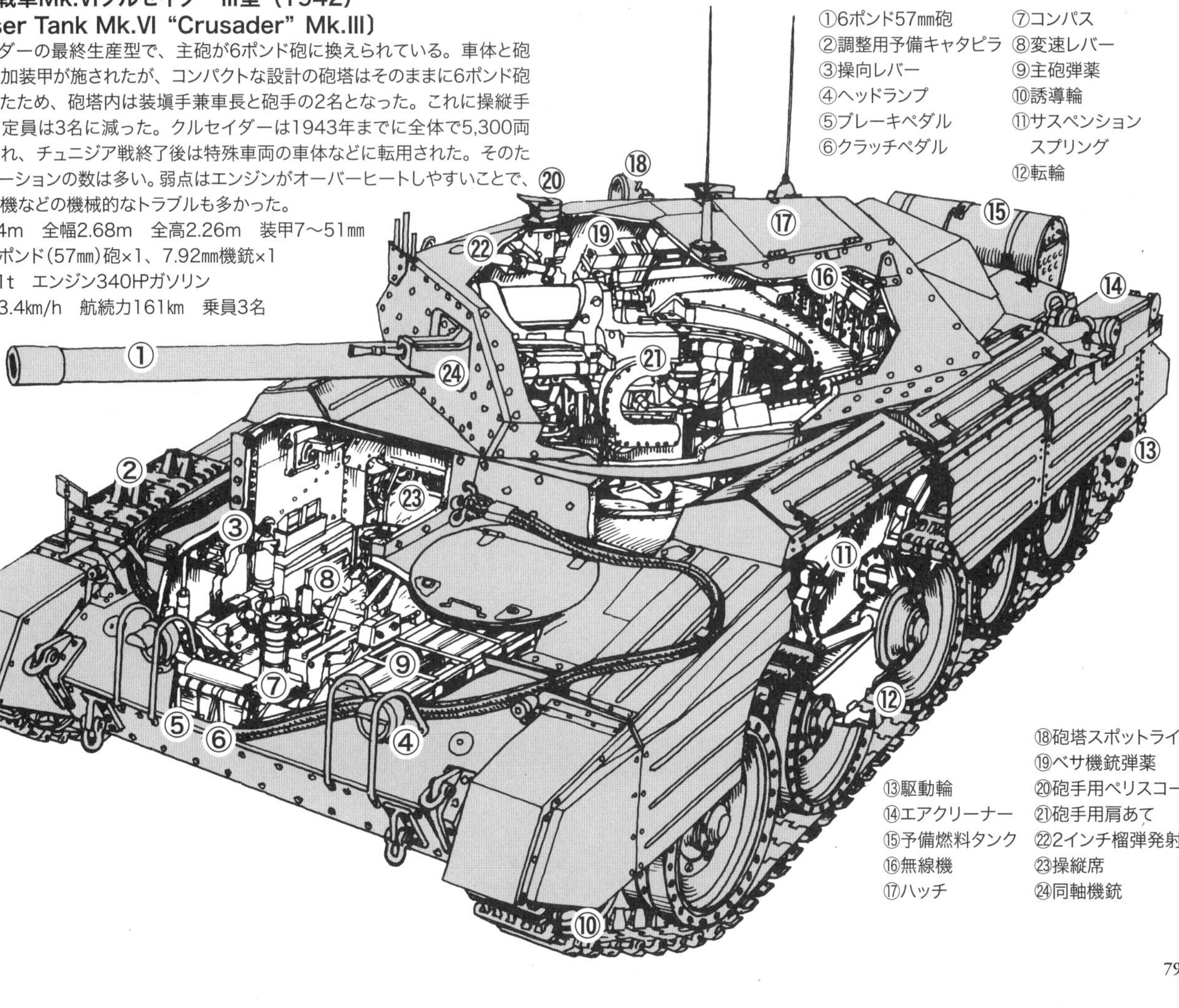

①6ポンド57mm砲
②調整用予備キャタピラ
③操向レバー
④ヘッドランプ
⑤ブレーキペダル
⑥クラッチペダル
⑦コンパス
⑧変速レバー
⑨主砲弾薬
⑩誘導輪
⑪サスペンションスプリング
⑫転輪
⑬駆動輪
⑭エアクリーナー
⑮予備燃料タンク
⑯無線機
⑰ハッチ
⑱砲塔スポットライト
⑲ベサ機銃弾薬
⑳砲手用ペリスコープ
㉑砲手用肩あて
㉒2インチ榴弾発射器
㉓操縦席
㉔同軸機銃

●巡航戦車Mk.Ⅶキャバリエ（1942）
〔Cruiser Tank Mk.Ⅱ "Cavalier"〕
制式採用されたが実戦には出ず、訓練用に使われた戦車。A24の名称で1940年よりクルセイダーの後継車として開発され、1942年1月に完成したが、搭載エンジンの開発に失敗したため予定通りの性能が出せず、結果的に失敗作となってしまった。この教訓を基にミーティアエンジン搭載を前提に改良されたのが次のA27L（セントー）であった。
全長6.35m　全幅2.83m　全高2.44m　装甲20～76mm
武装：6ポンド砲×1、7.92mm機銃×2　重量26.9t
エンジンV-12ガソリン410HP　最高速39km/h
航続力261km　乗員5名

●巡航戦車チャレンジャー（1944）
〔Cruiser Tank "Challenger"〕
下のクロムウェルにドイツ重戦車に対抗すべく17ポンド砲を搭載する計画がもち上がったが、車体が小さく無理であった。前線からの要求で転輪を一組増やし車体を延長して急ぎ作ったのがこのチャレンジャーである。エンジンや懸架装置はそのままだったので必然的に機動性に欠け、同時期に開発されていたM4シャーマンに17ポンド砲を搭載したものに劣る結果となった。そのため本車はクロムウェルの補佐として偵察連隊に配備されることになって、本来の活躍の場を失ってしまった。
全長8.15m　全幅2.91m　全高2.78m　装甲10～101mm
武装：17ポンド砲×1、7.62mm機銃×1　重量32.97t
エンジン600HP　最高速51.5km/h　航続力170km　乗員5名

●巡航戦車Mk.Ⅷクロムウエル（1943）
〔Cruiser Tank Mk.Ⅷ "Cromwell"〕
A27Lセントーのエンジンをロールス・ロイス製マーリン戦闘機用ミーティアエンジンに換装したのがA27Mのクロムウエルである。クロムウエルにはⅠ～Ⅷ型まであり、Ⅲ～Ⅳ型がセントーからの改造である。また主砲はⅠ～Ⅲ型まで6ポンド砲で以後75mm砲搭載車、95mm榴弾砲搭載車などが作られた。しかし車体からの制約で強力な大口径砲の搭載は無理だったため主力戦車となるには至らなかった。エンジンは強力でスピードが速く故障も少ない車両で、派生型を含めると3,000両が製造されている。
全長6.35m　全幅2.91m　全高2.49m　装甲10～101mm
重量27.9t　エンジン：ミーティア600HP水冷V-12ガソリン
最高速52km/h　航続力265km　乗員5名

セントーとクロムウェルの外観は同じで、セントーⅠのエンジンをミーティアに換装したものがクロムウェルⅢ、セントーⅢのエンジンを換装したものがクロムウェルⅣ。

●クロムウエルの構造

①75mm砲　⑦操縦席
②同軸機銃　⑧砲弾
③ベンチレーター　⑨車長席
④無線機　⑩エンジン
⑤ペリスコープ　⑪ギアボックス
⑥ギアチェンジレバー

80

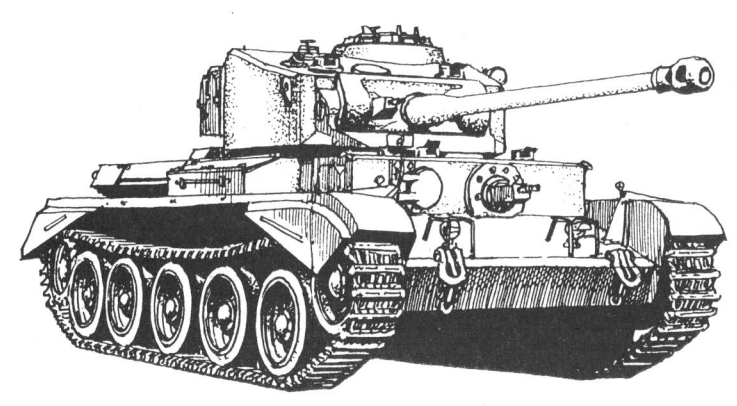

●巡航戦車コメット（1944）
(Cruiser Tank "Comet")
本車に搭載された77mm戦車砲は、威力ある17ポンド砲をコンパクトにしたもので、車体が小さめなイギリス戦車用にビッカース社で17ポンド砲の砲身を短く、砲尾を小型化して作られ、車体はクロムウエル戦車のパーツをなるべく流用するように設計されていた。この戦車がイギリス軍としてはドイツ戦車に対抗し得るバランスの取れた初めてのものだったが、実戦に投入されたのは1945年になってからであまり活躍したとは言い難い。巡航戦車というイギリス軍のカテゴリーでは実質上最後のもので、生産は戦後も続けられ、900両が作られた。
全長7.66m　全幅3.05m　全高2.68m　装甲14〜101mm
武装：77mm砲×1、7.92mm機銃×2　重量35.7t
エンジン：ロールスロイス・ミーティア600HP
最高速47km/h　航続力198km　乗員5名

●コメットの構造

①77mm砲
②同軸機銃
③車長用キューポラ
④無線機
⑤操縦手用ペリスコープ
⑥ギアチェンジレバー
⑦主砲俯仰装置
⑧砲弾
⑨エンジン
⑩ギアボックス

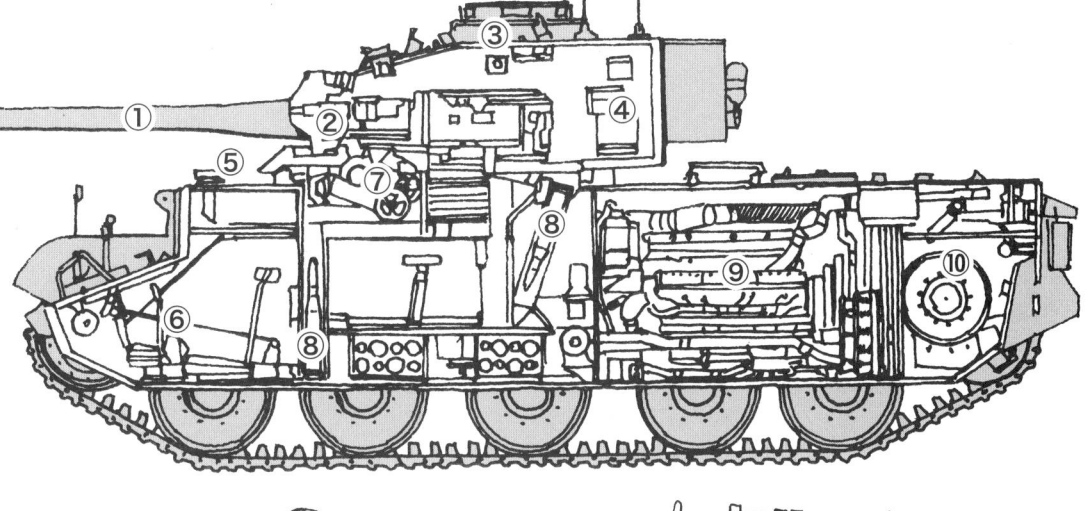

●シャーマン・ファイアフライ（1944）
(Sherman Firefly)
チャレンジャーと並行して開発されていたもの。M4中戦車は1943年夏にはイギリス機甲部隊の主力となりつつあったが、このM4には大きな改造をせずに17ポンド砲を載せることができた。ベースはM4とM4A4が多く約600両がファイアフライに生まれ変わっている（M4ベースのものをファイアフライIcといい、M4A4ベースのものをファイアフライVcという。cは17ポンド砲搭載を表している）。ノルマンディー上陸時の機甲師団に配備された。
全長7.42m　全幅2.67m　全高2.74m　装甲13〜89mm
武装：17ポンド砲×1、7.62mm同軸機銃×1　重量32.7t　最高速40km/h
航続力160km　乗員4名

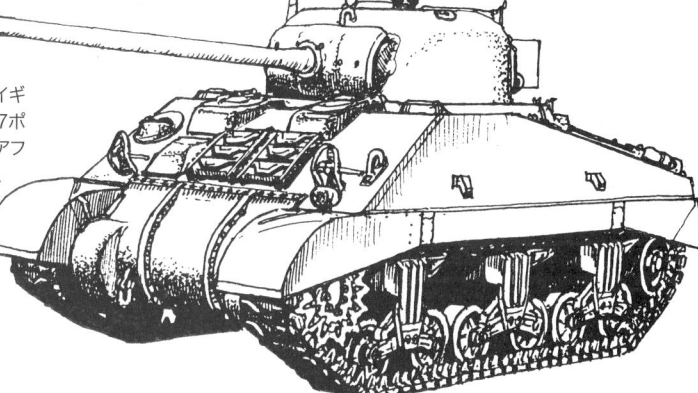

●巡航戦車センチュリオン（1945）
(Cruiser Tank "Centurion")
センチュリオンは巡航戦車の区分になっているが、むしろ歩兵戦車や巡航戦車という区分を超えた汎用の戦車である。開発が始まったのは1942年だが、量産車の完成は終戦間際になり大戦では活躍していない。しかし戦後はイギリス軍の主力となった名戦車だ。計画よりやや重量オーバーで速度は遅いが、高速性はさほど求められていなかった。
全長7.67m　全幅3.35m　全高2.94m
装甲17〜152mm　武装：17ポンド砲×1、20mm機関砲×1
重量48.7t
エンジン：ロールスロイス・ミーティア600HPガソリン
最高速34km/h　航続力96km　乗員4名

重戦車と自走砲

　ここで紹介する2つの重戦車はどちらも試作のみで終わったものだ。開戦前に企画されたものは前時代的なコンセプトだったが、終戦直前に試作されたものは車両搭載としてはイギリス軍で最大の砲を装備していた。しかしいずれも、機動力に欠けた性能で、量産後の運用には問題が多かったと想像される。

　イギリス独自の自走砲には25ポンド(88mm)砲を搭載したものが2種類と17ポンド砲搭載のものが1つあった。しかしヨーロッパ戦線にはアメリカからM7プリースト自走砲が大量に供与されており、これに搭載する105mm砲の方が性能が勝っていた。そのためイギリス軍の自走砲はその活躍にいま1つの精彩を欠いたが、やはり自前のものを使用したかったのかノルマンディ戦以後はM7に代わってセクストンを砲兵隊の主装備としていった。セクストンはカナダ製の戦車をベースにしており、他の2車種はバレンタイン戦車がベースとなっている。後者は寸法重量とも1回り小ぶりになっている。

■重戦車（Heavy Tank）

●重戦車TOGIII（1941）（Heavy Tank TOGIII）

TOGとはThe Old Gang（古い仲間達）という意味の言葉の略で、第2次世界大戦開戦直前に計画された古い設計のものである。塹壕突破用重戦車という名目だが、スタイル通りの古臭いコンセプトで作られていた。当然試作車のみで終わっているが、寸法重量とも超大型で、その割には非力なエンジンで恐しく機動力に欠けたものになっている。第2次世界大戦の機甲部隊で活躍する戦車のイメージからはほど遠い。
全長10.13m　全幅3.12m　全高3.05m　装甲12〜62mm　武装：77mm砲×1
重量80t　エンジン600HPディーゼル　最高速14km/h　乗員6名

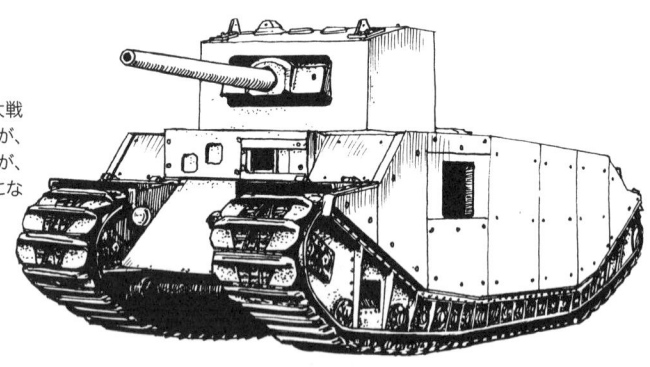

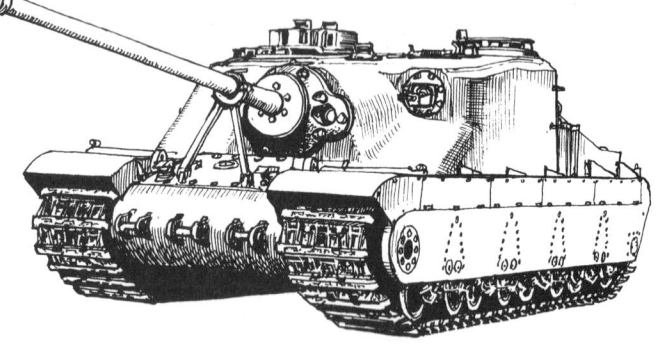

●重突撃戦車トータス（1945）（Heavy Assault Tank "Tortoise"）

機動性を無視し、200mmを超える重装甲を施した突撃砲で、1944年末から開発された。ドイツ軍の88mm砲に耐えられるというのが条件で、搭載する32ポンド(94mm)砲は全ての敵戦車を撃破できるはずだったが、1両完成したところで終戦となった。しかし当時はこの戦車を運搬する手段がなく、生産しても戦場まで運べなかったはずだ。
全長10.6m　全幅3.91m　全高3.05m　装甲35〜225mm
武装：32ポンド(94mm)砲×1、7.92mm機銃×3　重量79.3t
エンジン600HPガソリン　最高速20km/h　乗員7名

■自走砲〔Self-propelled artillery, SPA〕

●25ポンド自走砲ビショップ（1941）
(Ordnance QF 25pdr on Carrier Valentine 25-pdr Mk.I "Bishop")

第2次世界大戦でイギリス軍が制式採用したものとしては最初の自走砲。自走する強力火砲の要求は前線から強くあり、バレンタイン戦車の砲塔を取り去って主力野砲の88mm榴弾砲を取り付けている。砲架ごと搭載するという方法のため砲の操作性が悪く、射角も制限され射撃時には狭い戦闘室の後ろの扉を開くという事態になった。北アフリカ戦線に投入されたが評判は芳しくなく、アメリカ軍からM7自走砲が供与され始めてからは訓練用にまわされた。生産数100両。

全長5.54m　全幅2.63m　全高2.8m　装甲8〜60mm
武装：25ポンド(88mm)砲×1、ブレン軽機銃×1　重量17.6t
エンジン131HPディーゼル　最高速24km/h　航続力145km　乗員4名

●ビショップの内部

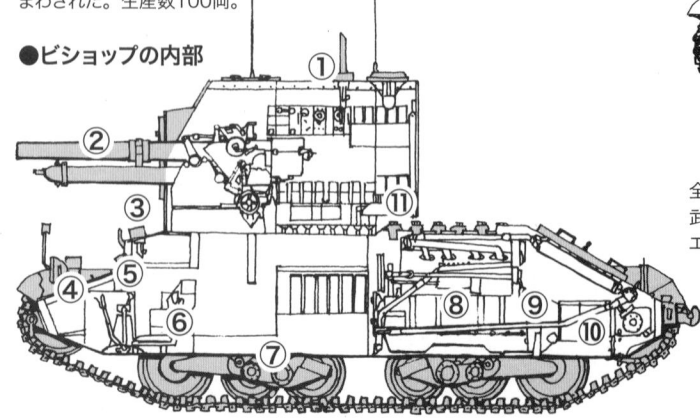

①車長用ペリスコープ
②25ポンド砲
③操縦手用ペリスコープ
④操向レバー
⑤変速レバー
⑥操縦手席
⑦ビッカース式サスペンション
⑧エンジン
⑨クラッチ
⑩変速機
⑪車長席

Heavy Tanks and SPGs
The both of two heavy tanks shown below ended with just prototype stages. The one started the development before the war under obsolete concept, and the other saw the completion of the prototype just before the end of the war with the largest tank gun in Britain. But both had poor mobility and if mass produced, they would have many problems for practical use.
On the other hand, the cruiser tanks gradually increased their firepower and protection, and some of them equipped with 17 pounder gun and began to show the characteristics that might be said as semi-heavy tank. On SPGs, there were two types with 25 pounder (88 mm) gun and one with 17 pounder gun. But the 105 mm gun of M7 Priest supplied substantially by US to European theater had better performance than those guns. So the activities of British SPGs were rather quiet, but as British seemed to prefer their own artillery pieces, replaced M7 with Sexton as the main equipment of artillery units after the invasion on Normandy. The 25pdr SP Tracked Sexton utilized the chassis of Canadian tanks and other two SPGs utilized the chassis of Valentine tanks. The latter were a size smaller and lighter than Sexton.

●25ポンド自走砲セクストン（1942）（25pdr SP, tracked "Sexton"）
ビショップと同じ25ポンド砲を搭載しているが、戦闘室は大型で全体の雰囲気はアメリカのM7プリーストに似ている。ベースにした車体はカナダ製のラム中戦車で、開発が始まった時にはすでにM7の供与も始まっていたのだが、自国の25ポンド砲を載せた自走砲の方が補給や運用面で利便性が高いと考えたのだろう。開発の実作業はモントリオールの会社で行なわれている。ノルマンディ上陸作戦以後、イギリス砲兵隊は本車を主装備としており、1942年末から終戦まで2,150両が生産された。自走砲の歩兵支援はドイツ軍の動きから学んだもので、早速開発したビショップは100両で生産を終えたが、セクストンはイタリア戦線で投入されて以降終戦時まで活躍した。下の断面図に見るようにオープントップの大型戦闘室はビショップよりはるかに作業しやすい。後部のエンジンは星型で少し前傾して取り付けられているのが分かる。

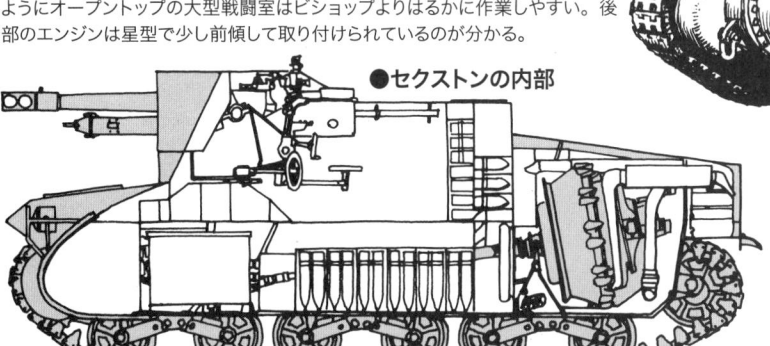

●セクストンの内部

全長 6.12m　全幅2.72m　全高2.44m　装甲12.7～50mm
武装：88mm砲×1、ブレン機銃×2　重量25.9t
エンジン400HPガソリン　最高速40km/h　航続力290km
乗員6名

●17ポンド自走砲アーチャー（1944）
（Self-propelled 17pdr, Valentine, Mk.I "Archer"）
搭載された17ポンド砲は長砲身の強力な対戦車砲で、当時ドイツの重戦車を撃破できる連合軍の車両は本車のみと言われていた。車体は古い設計ながら信頼性の高いバレンタイン戦車で、下の断面図の左が本来の前部で、砲は後ろ向きに取り付けられていることになる。これは元のバレンタインの戦闘室の区画に17ポンドをすえ付けたからで（P.75の断面図参照）操縦席はそのままの位置にある。操縦手は射撃中は砲尾の真後ろになるため席を外さなければならなかった。生産数665両。

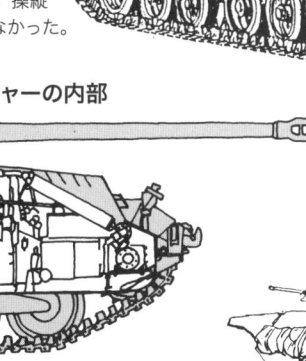

●アーチャーの内部

全長6.69m　全幅2.63m　全高2.25m　装甲8～60mm
武装：17ポンド（76mm）砲×1、ブレン機銃×1
重量16.7t　エンジン165HPディーゼル　最高速24km/h
航続力160km　乗員4名

●17ポンド自走砲アキリーズ（1944）
（Self-propelled 17pdr "Achilles"）
アメリカから供与されてウルヴァリンの名で使用していたM10（P.102参照）に、17ポンド砲を搭載した車両。制式にアキリーズ（Achilles：アキレスの意）という名が付けられたが、実際には「17ポンド砲装備M10」などと呼ばれたという。供与されたM10のうち、1,100両が本車に改修された。
全長7.01m　全幅3.05m　全高2.57m　装甲57.2mm
武装：17ポンド（76mm）砲×1、12.7mm機銃×1　重量29.6t
エンジン375HPディーゼル　最大速度51km/h　航続力300km　乗員5名

【アメリカの戦車（WWII）】
軽戦車の発達

　第1次世界大戦に積極的に参加しなかったアメリカは戦車の開発も出遅れの観があった。しかし自動車の大量生産技術がバックボーンにあるなど工業力は高く、戦車生産力は一歩抜きん出たものがあった。第2次世界大戦において自軍用ばかりでなく連合国に大量に戦車を供給し得たのもそのためだ。

　アメリカの戦車はその作りの合理性に特徴があったが、1930年代にいくつも開発された装軌式戦闘車がアメリカ的な車両の始まりだ。

American Tanks (WWII) / The Development of Light Tanks
As the United States participated in WWI reluctantly, their tank development also started late. But since they had already achieved the mass production technology of automobiles that was backed by considerable industrial might, their potential tank production ability was outstanding. That was why they could supply masses of tanks not only for the U.S. Army but also for Allied armies.
American tanks were distinctive for their rational design and the various tracked combat vehicles developed during 1930s' were the beginning of such American styled vehicles.

●M2A4軽戦車（1939）（M2A4 Light Tank）
1933年に作られた試作軽戦車T2をベースに開発されたもの。もとのT2は重量7.5tの機銃装備だったが、M2はA1～A3までは2砲塔式の機銃装備で、A4になって初めて37mm砲が装備された。A2とA4は大量生産されている。

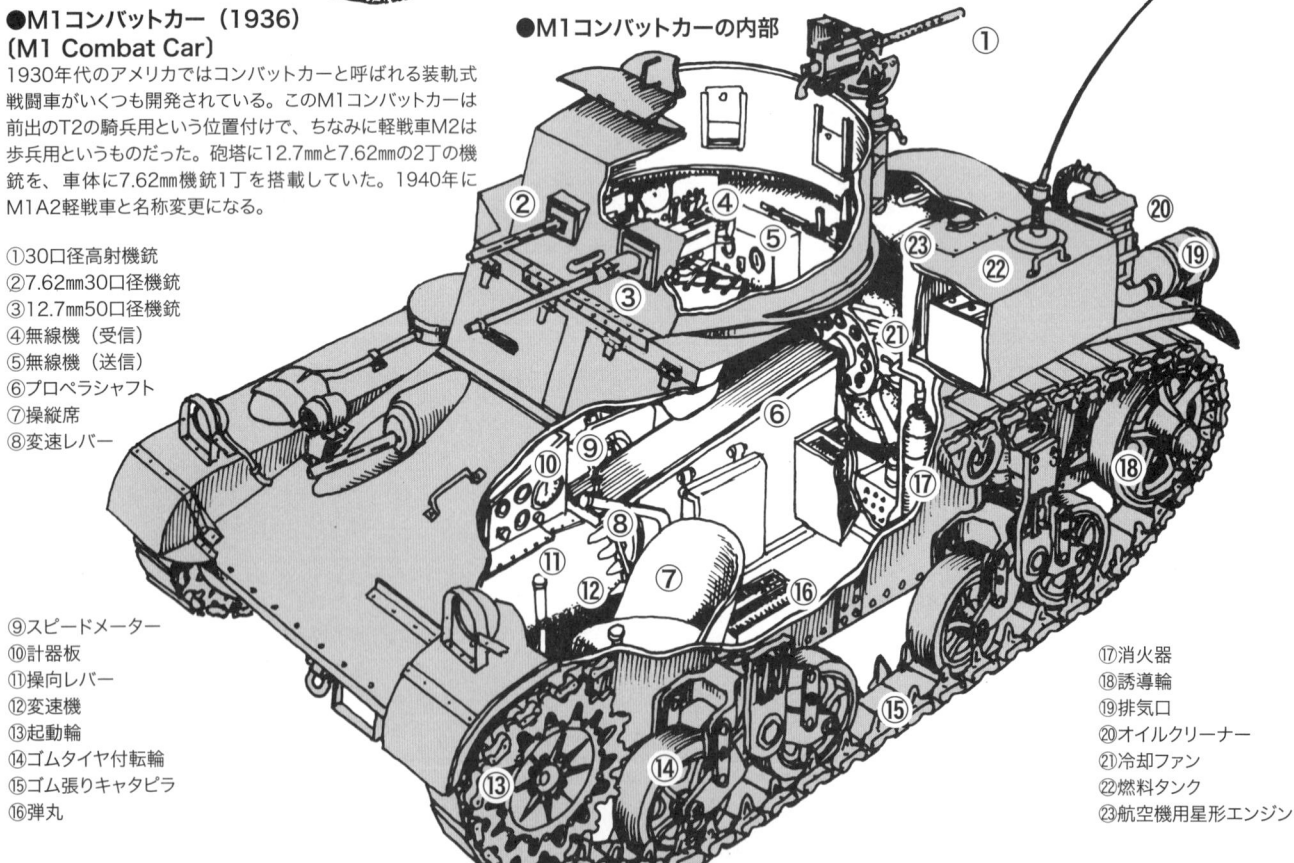

●M1コンバットカー（1936）
（M1 Combat Car）
1930年代のアメリカではコンバットカーと呼ばれる装軌式戦闘車がいくつも開発されている。このM1コンバットカーは前出のT2の騎兵用という位置付けで、ちなみに軽戦車M2は歩兵用というものだった。砲塔に12.7mmと7.62mmの2丁の機銃を、車体に7.62mm機銃1丁を搭載していた。1940年にM1A2軽戦車と名称変更になる。

●M1コンバットカーの内部

①30口径高射機銃
②7.62mm30口径機銃
③12.7mm50口径機銃
④無線機（受信）
⑤無線機（送信）
⑥プロペラシャフト
⑦操縦席
⑧変速レバー
⑨スピードメーター
⑩計器板
⑪操向レバー
⑫変速機
⑬起動輪
⑭ゴムタイヤ付転輪
⑮ゴム張りキャタピラ
⑯弾丸
⑰消火器
⑱誘導輪
⑲排気口
⑳オイルクリーナー
㉑冷却ファン
㉒燃料タンク
㉓航空機用星形エンジン

●M2A4の構造
試作型T2から制式化されたM2軽戦車はM2A1、A2が少量作られただけだった。1938年にM2A3、1939年にM2A4と続いたが、最終型のA4が大量生産を意識して設計され成功した例となった。ほとんどが訓練用に使用されたが、一部はイギリスにも供給された。実戦では日本軍相手に太平洋戦線に投入されたが、装甲の薄いのが欠点であった。
全長4.42m　全幅2.47m　全高2.49m　装甲6〜25mm
武装：37mm砲×1、7.62機銃×5　重量10.4t　エンジン250HP　最高速48km/h
航続力201km　乗員4名

〔凡例：本ページ各図共通〕
①エンジン　　　　　④プロペラシャフト　　⑦消音器
②ディファレンシャル　⑤クラッチペダル　　　⑧砲手席
③トランスミッション　⑥操向レバー　　　　　⑨砲塔バスケット

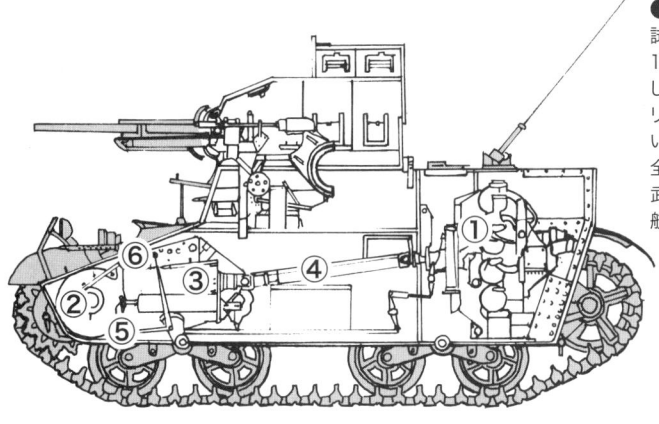

●M3軽戦車スチュアート（1940）
(M3 Light Tank "General Stuart")
熔接車体で企画されたM3A2が生産ラインに乗らず、代わってM3A3がシリーズ最終型として生産された。全熔接車体で滑らかなラインになり避弾経始が向上し、車内スペースが増えて、37mm砲弾の携行数が103発から174発に増加した。M3は軽快ではあったが車高が高くキャタピラ幅が狭いため接地圧が高い等の欠点があり、1942年中頃に登場したM5に交代していった。
全長4.46m　全幅2.30m　全高2.47m　装甲43mm　武装：37mm砲×1、7.62mm機銃×5　重量12.3t　エンジン星型9気筒　ガソリン250HP

1940年に制式化されたM2軽戦車の改良型。装甲厚を増し、一部64mmのタイプもあり、重量増に対応して後部誘導輪を接地型にして接地長を増している。基本的にM2A4の改良なので砲塔や車体はリベット接合で組み立てられている。イギリスやソ連の他、フランス、中国にも供与され、M3シリーズ全体では13,859両が生産された。イギリスではスチュアートと言う。

最終生産型
全長4.52m
全幅2.5m
全高2.6m
装甲12〜43mm
武装：37mm砲×1、
7.62mm機銃×4
重量14.4t
エンジン250HP
最高速50km/h
航続力201km
乗員4名

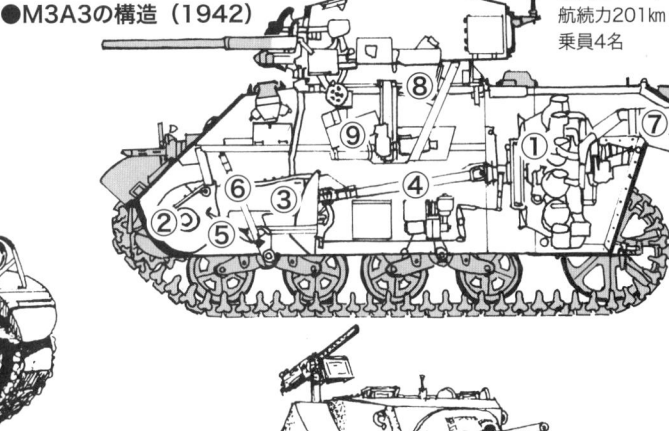

●M3A3の構造（1942）

●M5軽戦車の構造
構造的には戦車用星型エンジンの不足からキャデラックのハイドロマティックトランスミッション付のV8液冷ガソリンエンジン2基を搭載したため、機関室下部を貫通するプロペラシャフトの位置を下げることができた。その結果、砲塔バスケットを下に延長することが可能になり、戦闘室が広くなった。外観的な車体の特徴は、新エンジン収容のため後部が一段盛り上がり、生産性を上げるため熔接構造で装甲板には傾斜がつけられている点などだ。

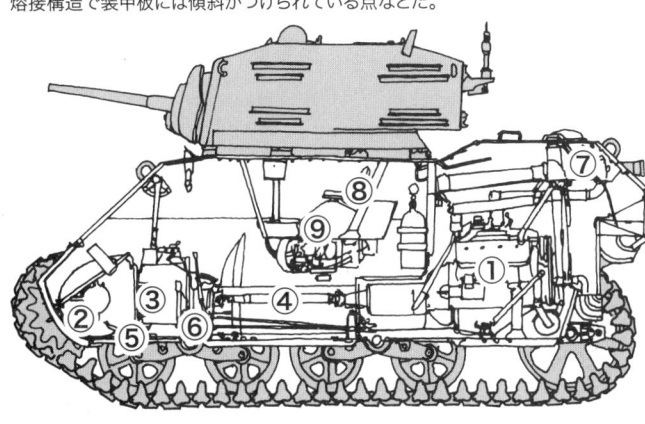

●M5A1軽戦車（1942）
(M5A1 Light Tank "General Stuart VI")
車体前面の装甲厚を最大64mmにした熔接車体にM3A3の砲塔を搭載したもので、1942年9月から1944年10月までに8,884両が生産された。イギリスではジェネラルスチュワートVI型とも呼ばれる。M5の改造型には75mm曲射砲に12.7mm対空機銃を搭載したM8自走砲があり、戦車大隊の火力支援に使われた。M5A1がM3/M5軽戦車シリーズの最終型である。
全長4.85m　全幅2.29m　全高2.29m　装甲10〜15mm
武装：37mm砲×1、7.62mm機銃×1　重量15.3t　エンジン250HP水冷V8×2
最高速58km/h　航続力160km　乗員4名

85

M24とT95

　M22は軽量な空挺戦車、M24は代表的なアメリカの軽戦車だ。M6はアメリカ初の重戦車だったが実戦には参加せず、T95はドイツ軍に対抗して開発した重戦車が砲の限定旋回のため自走砲となったものだが、こちらも試作のみで終わった。

M24 and T95
M22 was a light weighted airborne tank and M24 was a typical American light tank. M6 was the first American heavy tank but never saw practical combat and T95 was originally a usual heavy tank but the limitation of turret traversing turned it into a SPG, and it also ended only with prototype stage.

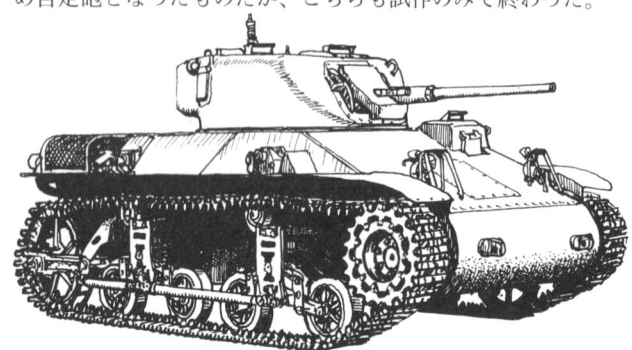

●M22軽戦車（1942）ローカスト（M22 Light Tank "Locust"）
空輸可能な空挺部隊用の軽戦車として1941年から開発された。このため重量と寸法に制約があり、試作車から砲スタビライザーや砲塔の動力駆動装置を取り除いて軽量化した。1944年9月になって制式化されたが、本車を空輸するグライダーが無かったこともありアメリカ軍では実戦使用はされていない。しかしイギリス軍はライン渡河作戦にハミルカー・グライダーを用いて本車12両を実戦で使用した。M22は830両の生産を終えてから制式名称が与えられている。
全長3.93m　全幅2.23m　全高1.75m　装甲12〜25mm　武装：37mm砲×1、7.62mm機銃×1　重量7.3t　エンジン162HPガソリン　最高速64km/h　乗員3名

●M24軽戦車ジェネラル・チャーフィー（1944）（M24 Light Tank "General Chaffee"）
M3/M5軽戦車シリーズの後継車両として1944年7月に制式化された新型軽戦車。熔接接合のスマートな流線型の砲塔と車体は避弾経始も良好。サスペンションはトーションバー式で、中戦車なみの強力な75mm砲を主砲として搭載した。装甲は厚くはないが効果的で、全体的にみても優秀な軽戦車だった。イギリスに供給されたものはチャーフィーとも呼ばれる。その優秀さは、多くの軍隊で'70年代まで使われ続けたことからもわかる。一部では1980年まで使用された。
全長5.00m　全幅2.97m　全高2.47m　装甲12〜40mm
武装：75mm砲×1、7.62mm機銃×1、12.7mm機銃×1　重量18t　乗員5名

●M24軽戦車の内部構造
①M6型37.5口径75mm戦車砲　ノースアメリカンB-25H爆撃機に搭載された艦船攻撃用のカノン砲を車載に転用
②M64型連動砲架　ジャイロ安定装置付
③同軸A4型7.62mm機銃
④誘導輪
⑤上部支援輪
⑥主砲弾薬庫
⑦砲等コントロールボックス
⑧転輪
⑨操縦席
⑩駆動輪
⑪トランスファーシフトレバー
⑫操向レバー
⑬コントロールディファレンシャル　M5で採用されたキャデラックのエンジンと操向変速機を流用。
⑭M1919A4型7.62mm車体機銃
⑮副操縦手兼前方機銃手席。M24の特徴でもある複式操縦機構のステアリング、ブレーキレバーがあり、必要の際はここで操縦できる。
⑯ベンチレーター
⑰雑具箱
⑱薬莢排出口
⑲対空機銃架
⑳M2型12.7mm機銃
㉑発煙弾発射器（前期型）
㉒車長用キューポラ

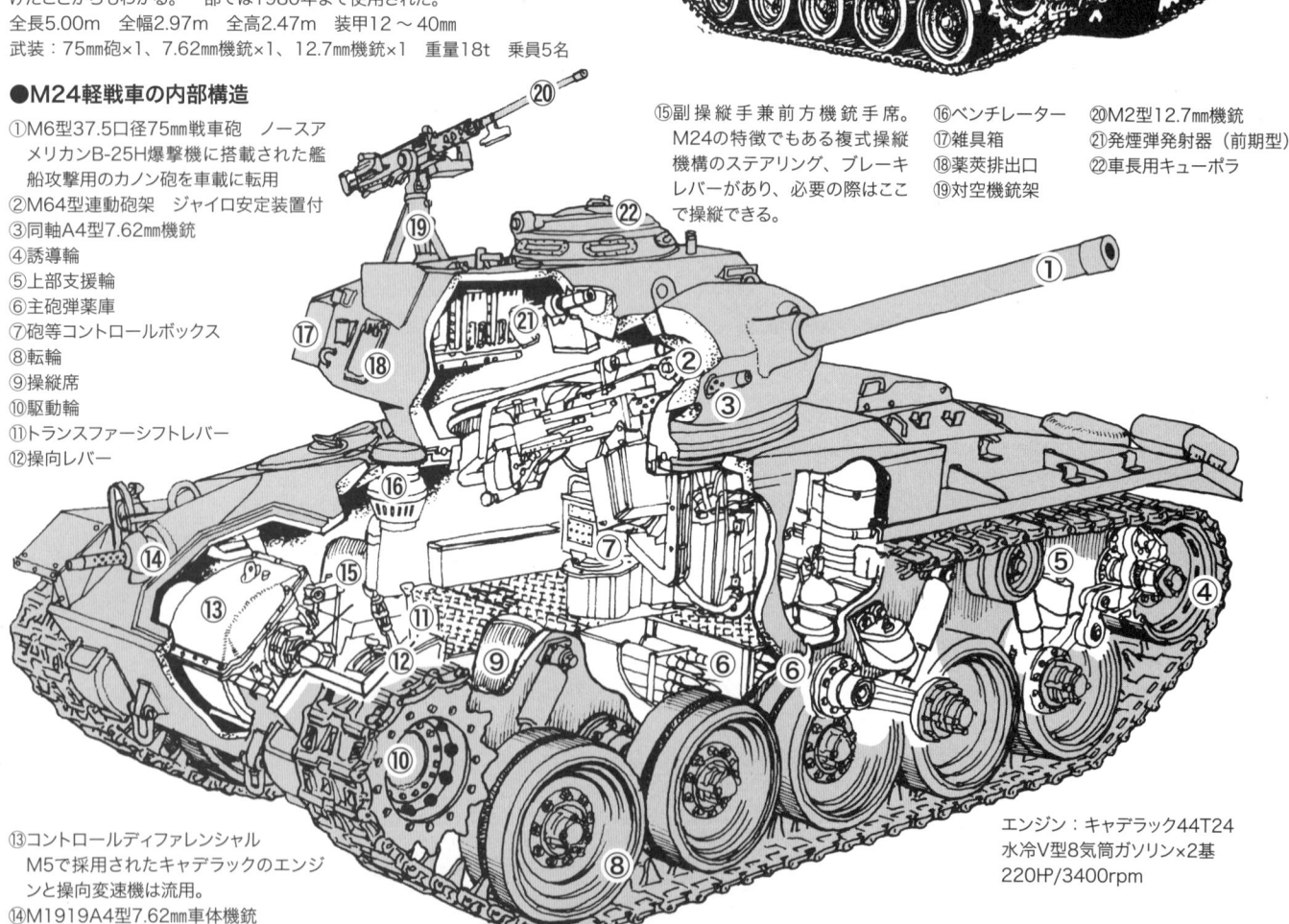

エンジン：キャデラック44T24　水冷V型8気筒ガソリン×2基　220HP/3400rpm

●M6重戦車（1942）（M6 Heavy Tank）
アメリカが開発した初の重戦車で、ヨーロッパの情勢が緊迫した1940年6月に計画が決まり試作車4両の製作を開始。3両完成した試作車のうちT1E2が42年5月にM6重戦車として制式化され、続いてT1E3がM6A1重戦車として制式化された（T1E4は開発中止、T1E1は制式化されず）。アメリカ陸軍はドイツ戦車の活躍を見て軽快な中戦車の大量配備を望んだため結局40両で生産は打ち切られ、実戦にも用いられていない。
全長7.54m　全幅3.11m　全高2.99m　装甲25～83mm
武装：3インチ砲×1、37mm砲×1、12.7mm機銃×2
重量57.4t　エンジン空冷星形800HP　最高速度35km/h

●T95自走砲（1945）（GMC T95）

T28超重戦車として開発されていた車両。ヨーロッパでのドイツ軍の頑強な防禦線「大西洋の壁」や「ジークフリート」の突破を目指していたが、開発中に終戦となり2両が作られただけに終わった。なお主砲が限定旋回式となったことから開発中の1945年3月に自走砲T95と名称変更された。
全長11.13m　全幅4.40m
全高2.85m　装甲25～300mm
武装：105mm砲×1、12.7mm機銃×1
重量85.5t　エンジン410HPガソリン
最高速13km/h　乗員8名

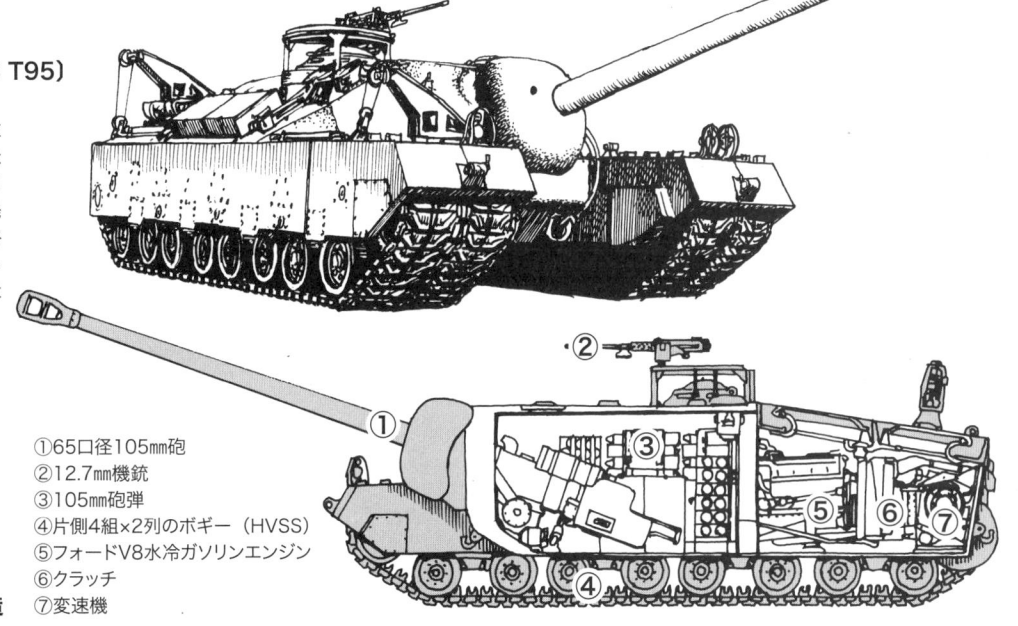

①65口径105mm砲
②12.7mm機銃
③105mm砲弾
④片側4組×2列のボギー（HVSS）
⑤フォードV8水冷ガソリンエンジン
⑥クラッチ
⑦変速機

●T95の構造

本車の外観上の特徴は何と言っても長砲身の105mm砲と複列になったキャタピラだ。中戦車で実用化されていたHVSS方式の懸架装置を使用し、片側2列のキャタピラを履いた。これは大重量を考慮したことと輸送時や路上走行時に外側のキャタピラを外して使うためだ（ちなみにドイツ軍の重戦車の懸架装置は一組で、同じような事態ではわざわざ狭幅と広幅のキャタピラを履き替えていた）。しかし大重量にもかかわらずエンジンはM26パーシングと同じもので、時速は13km/hと遅い。また試作車の完成が1945年9月となったため試作車2両の発注のみで終わっている。その後もテストは続けられたが、本車を開発する理由が無くなったため実用化されずに終わっている。

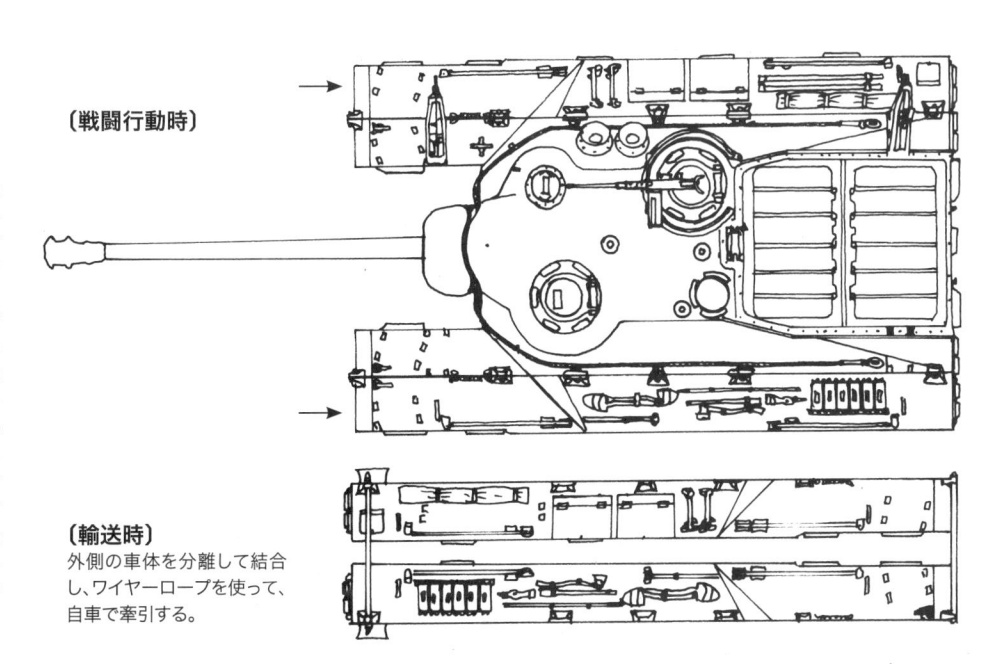

〔戦闘行動時〕

〔輸送時〕
外側の車体を分離して結合し、ワイヤーロープを使って、自車で牽引する。

87

M3中戦車

ヨーロッパでのドイツの勢力拡大に対抗するべく、M2中戦車の火力強化版として急ぎ開発したのがM3中戦車だ。M4が完成するまでの橋渡しで、イギリス・ソ連に大量供与された。

Medium Tank M3
Medium Tank M3 was developed in haste by upgrading the armament of Medium Tank M2 to compete with emerging threat of German tanks in Europe. M3 was the stop gap until the completion of M4 tank and many M3s were supplied to Britain and Soviet Union.

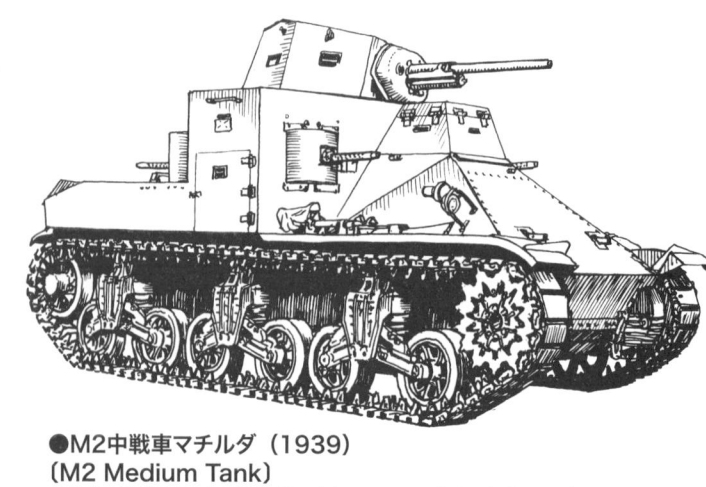

●M2中戦車マチルダ（1939）
（M2 Medium Tank）
大戦前の設計で、37㎜砲搭載の本車ではドイツ戦車に対抗し得ず、制式化されながら生産をキャンセルされてしまった。しかし車体関係はそのままM3中戦車に受け継がれた。

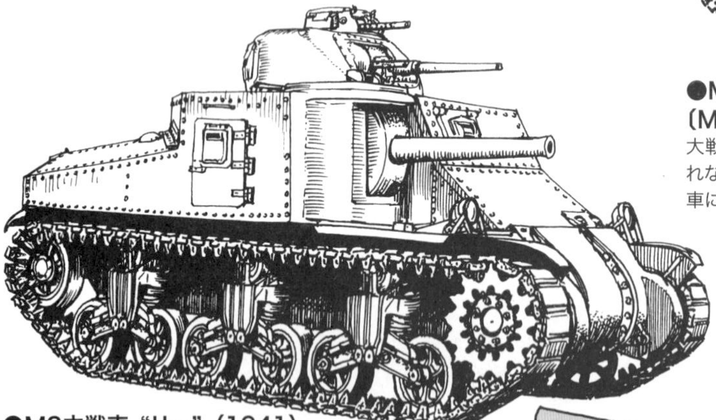

●M3中戦車 "リー"（1941）
（M3 Medium Tank "General Lee"）
M2の車体を基本に75㎜砲を装備したもの。3段になった砲塔は上から7.62㎜機銃、37㎜砲、75㎜砲となっており、主砲が車体右側に付くという奇妙な構成になっている。当初は全周旋回の砲塔に主砲を載せるはずだったが、開発時間がかけられずこうなった。リーとは南北戦争当時の将軍の名で、3段砲塔のままイギリスで使用された本車の名称。

●M3中戦車の内部

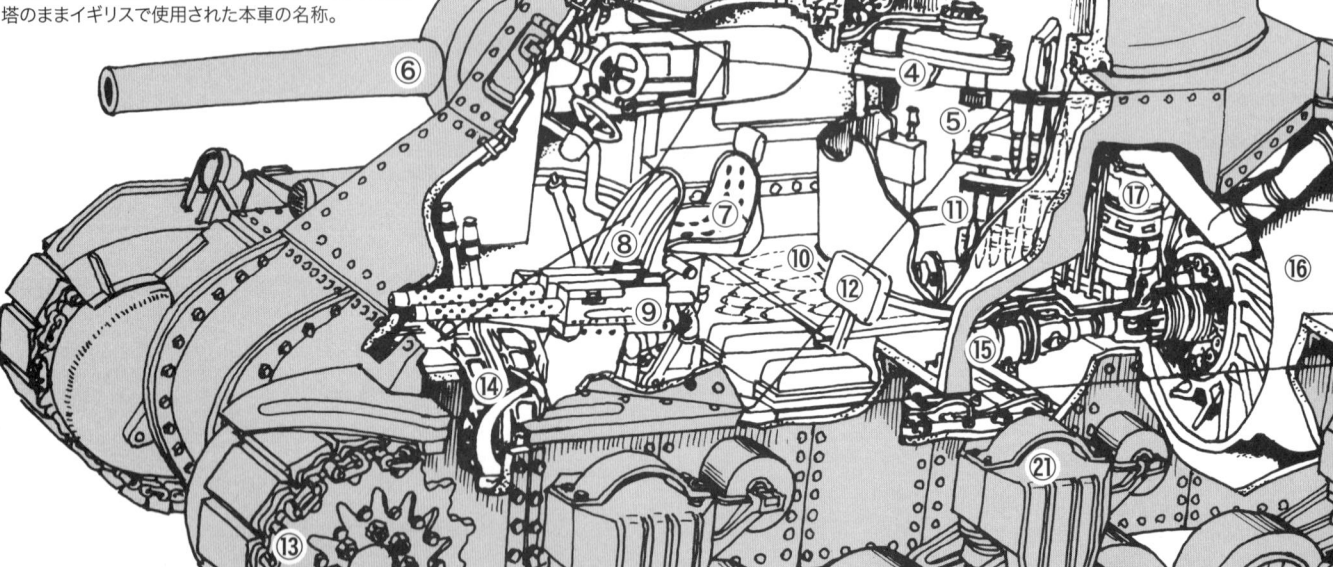

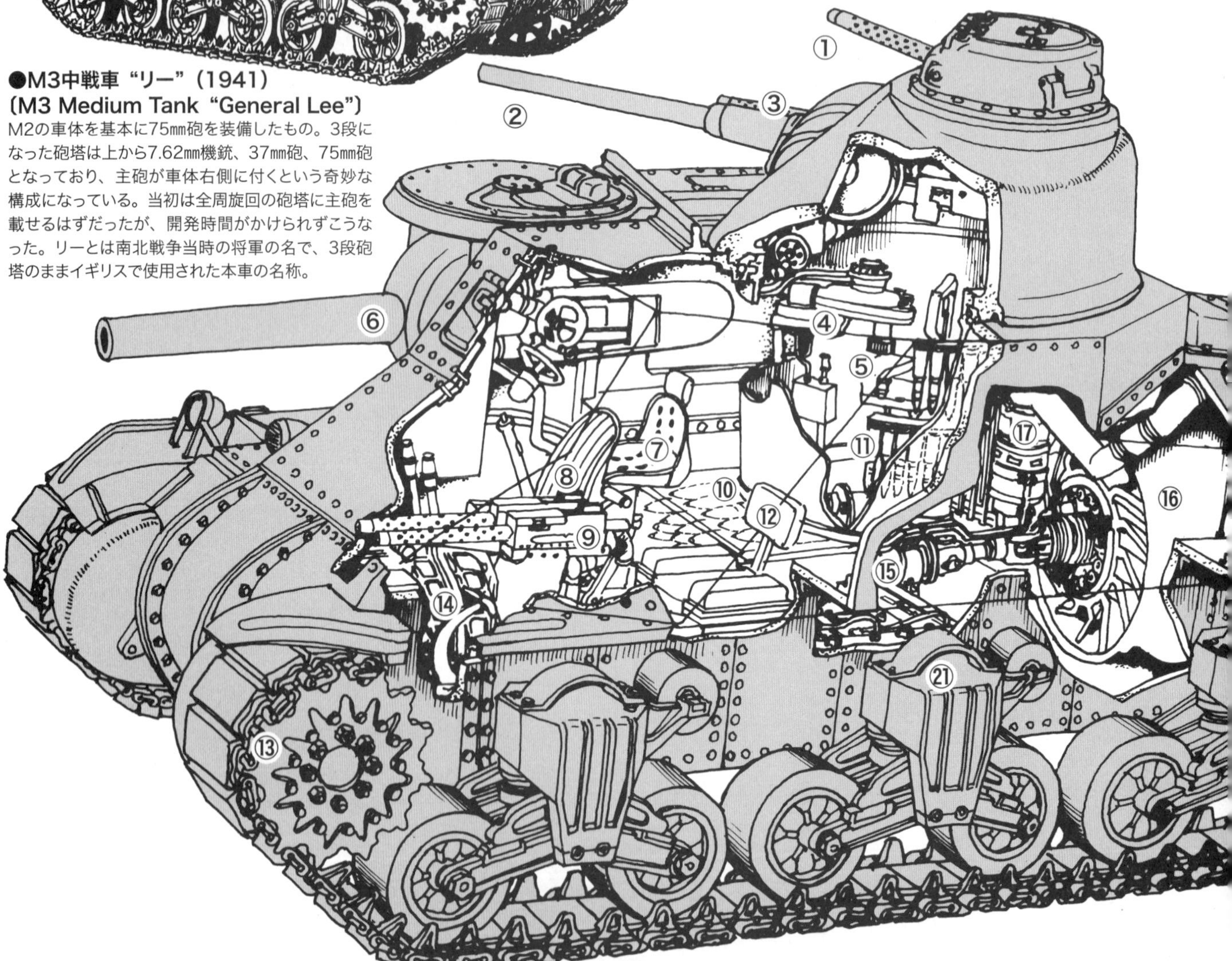

●グラント中戦車
〔M3 Medium Tank UK model "General Grant"〕

M3中戦車はM3、M3A1～A5の基本6種類と砲塔の構成の違いが大まかなタイプの区別になる。M3～M3A2までは車体がそれぞれリベット接合、熔接、鋳造となっている。エンジンは下図の米軍マニュアルに見るように、始めは航空機用の星型で、次にGMのディーゼル、クライスラーのガソリンエンジンなどが使われた。M4が量産されるまで計6,258両が作られ、うち2,653両がイギリスへ、1,386両がソ連に供与された。北アフリカ戦線などではイギリス軍の主力として活躍したが、アメリカ軍では一部で実戦に使用されたほかはほとんどは訓練用だった。右図はイギリスが自国用に発注したM3中戦車の2砲塔装備の車両でグラント中戦車と呼ばれたもの。

全長5.54m 全幅2.72m 全高3.12m 装甲12.7mm～51mm
武装：75mm砲×1、37mm砲×1、7.92mm機銃×3 重量27.9t 最高速39km/h
乗員6名

●米軍マニュアルに見るM3の変遷

右の枠内は上から航空機用星型エンジン搭載のM3、ディーゼルエンジン2基のM3A3、マルチバンクガソリンエンジンのM3A4だ。車体の構造は全部同じで、形と大きさの違うエンジンを据えつけている。星型エンジンの径は相当なものであることが分かるが、ディーゼルの場合は背の低い分、長さが合わずに戦闘室に突き出してしまっている。あらかじめ作った鉄の箱に、ユニット化した各装備を組み付けてゆくという、量産しやすい構成になっている。

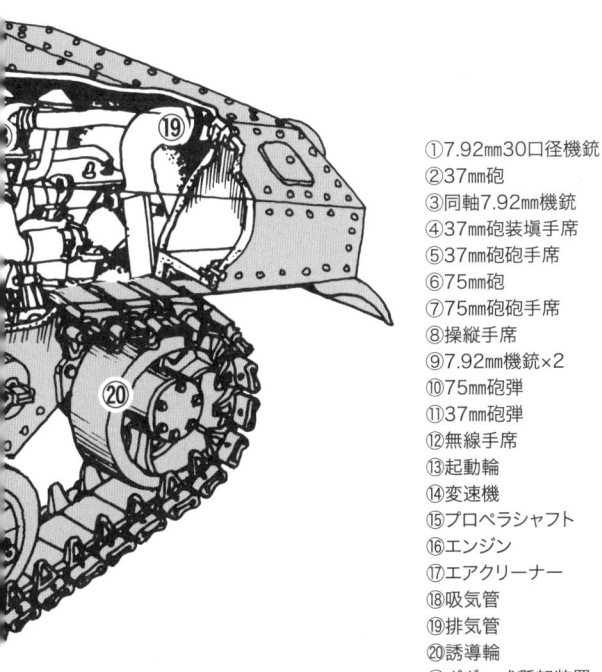

①7.92mm30口径機銃
②37mm砲
③同軸7.92mm機銃
④37mm砲装填手席
⑤37mm砲砲手席
⑥75mm砲
⑦75mm砲砲手席
⑧操縦手席
⑨7.92mm機銃×2
⑩75mm砲弾
⑪37mm砲弾
⑫無線手席
⑬起動輪
⑭変速機
⑮プロペラシャフト
⑯エンジン
⑰エアクリーナー
⑱吸気管
⑲排気管
⑳誘導輪
㉑ボギー式懸架装置

M4シャーマン中戦車シリーズ

　M4中戦車の開発は1941年4月より始まり、9月には短砲身のM2、75mm砲と4丁の7.62mm機銃を装備した試作車T6が公開テストされた。そして10月にはこれの改良型がM4中戦車として制式採用され、M3に代わってすべての中戦車の生産ラインがこのM4の生産に立ち上がるというスピードぶりであった。熔接車体のM4と鋳造車体のM4A1が当初の型だったが、主砲はT6のものより長砲身のM3になっている。M4中戦車は連合軍の主力として大活躍し、戦後も長く使われたため、そのバリエーションの数は多い。また製造会社、製造地も多様である。数あるモデルの中ではM4A3が代表的で、フォードV8エンジンを積んだモデルは最良といわれる。M4はシャーマンの呼称で広く知られたアメリカの代表的な中戦車となった。

■M4シリーズのバリエーション

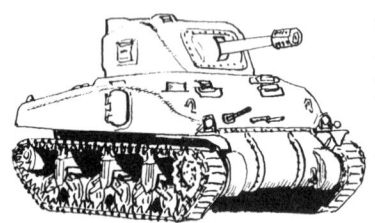

●試作中戦車 (Prototype)
バランサー付きの31口径75mm砲と4丁のブローニング機銃を装備したT6は16両が製作された。
＊1942年3月からはM3以来の車体前方固定機銃は廃止。

●M4A1
M4シリーズで最初に量産された鋳造車体タイプ。9,677両が生産され、うち6,281両が主砲にM3、3,396両が76.2mmM1を装備した。イギリスでは前者がシャーマンⅡ、後者がシャーマンⅡAと呼ばれた。

●M4
A1に半年遅れて量産開始になった熔接車体型で、シルエットは角ばった感じになった。砲塔は同じ。8,389両が生産され、うち6,748両が標準の75mm砲を装備し、1,641両が105mm砲装備。イギリスでの呼称はシャーマンⅠ。

●M4A2
M4と同じ熔接車体だが、増産要求に対しガソリンエンジンは航空機用の生産が優先されたため、ディーゼルエンジンに代えられている。図の前面固定機銃はすぐ廃止された。11,283両作られ、うち8,053両が75mm砲、残りが76.2mm砲。イギリス名はシャーマンⅢ。

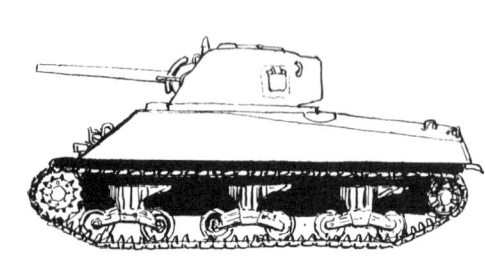

●M4A4
エンジンが大型なため車体後部が長くなっている。クライスラーの自動車エンジンを組み合わせた複雑な構造で、主にイギリスに供給されシャーマンⅤと呼称された。7,499両生産。

●M4A6
A4のバリエーションで鋳造式の車体前面を持つ。1943年末にライトとフォードのガソリンエンジンに一本化されたため、たった75両で生産中止。

＊この他国内使用のみのA5やイギリス開発のファイアフライ(P.81参照)など多数ある。

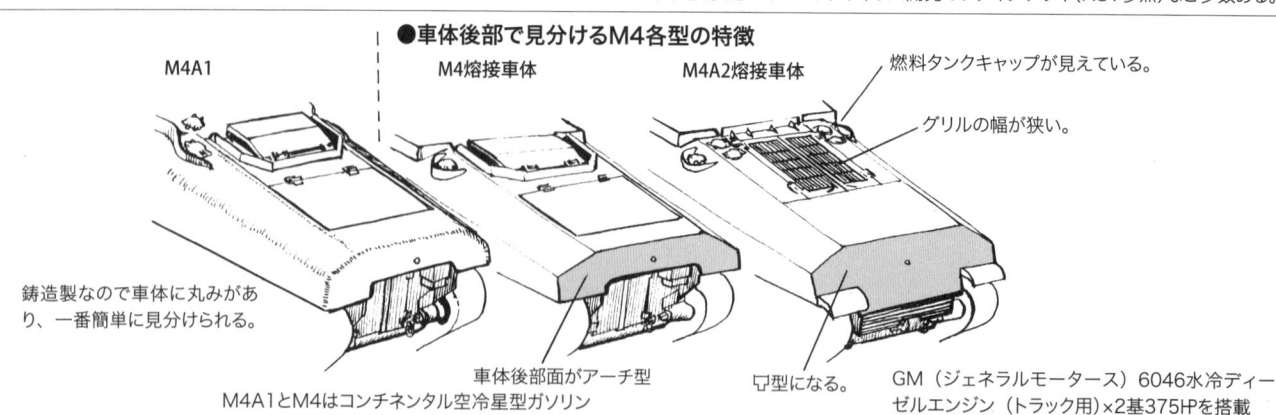

●車体後部で見分けるM4各型の特徴

M4A1
鋳造製なので車体に丸みがあり、一番簡単に見分けられる。
M4A1とM4はコンチネンタル空冷星型ガソリンエンジンR975C1 (350HP) またはC4 (400HP) を搭載

M4熔接車体
車体後部面がアーチ型

M4A2熔接車体
燃料タンクキャップが見えている。
グリルの幅が狭い。
凹型になる。
GM (ジェネラルモータース) 6046水冷ディーゼルエンジン (トラック用)×2基375HPを搭載

90

Medium Tank M4 Sherman Series

The development of Medium Tank M4 began from April 1941, and the Prototype T6 with one short barreled 75 mm M2 gun and four 7.62 mm machine guns was unveiled to public and tested in August. In October, the improved version of T6 was adopted as Medium Tank M4, and all new production lines for medium tank were changed from M3 to M4 without delay. The initial production models were M4 with welded hull and M4A1 with cast hull, and their 75 mm M3 gun had longer barrel than T6. Since then M4 medium tanks showed enormously active service as the backbone of Allied armies and they remained in service after the war for a long time, thus their variants are numerous. And their manufacturers and places of production were various too. Among many types of M4s, M4A3 was the most typical type, and among M4A3s, especially the type with Ford V8 engine was considered to be the best M4 tank. M4 was the most popular American medium tank known as Sherman tank.

■M4A3シャーマン

M4は48,347両も作られ、重要なバリエーションの種類だけでも数多い。その中でもこのA3型は最も活躍した主要モデルだ。シリーズ最良といわれ、A2型に1ヶ月遅れて制式化された。11,424両作られ、5,015両が75mm砲、3,370両が76.2mm砲、3,039両が105mm砲を装備した。75mm砲装備車の中には254両の通称"ジャンボ"も含まれる。

旧型車長用ハッチ

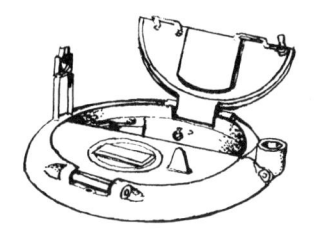

新型車長用キューポラ

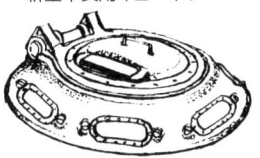

75mm砲搭載タイプにも途中から新型キューポラが付くようになり、前線で交換された。

イギリスでは武装の違いにより型式名にアルファベットを付与した。Aがアメリカ製76mm砲、Bがアメリカ製105mm榴弾砲、Cがイギリス製17ポンド砲、何も付けないものはアメリカ製75mm砲の搭載を意味する。
例：シャーマンⅠC＝17ポンド砲搭載のM4（ファイアフライ）
　　シャーマンⅡA＝76mm砲搭載のM4A1
　　シャーマンⅤ　＝75mm砲搭載のM4A4

●第1号車

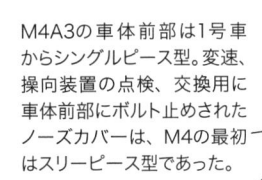

M4A3の車体前部は1号車からシングルピース型。変速、操向装置の点検、交換用に車体前部にボルト止めされたノーズカバーは、M4の最初はスリーピース型であった。

視察スリット

●初期生産型

主砲の防盾はM34（次ページ参照）。

改良型（下図）になるまで最も一般的な車体。

装填手用ハッチが砲塔に付けられた。

一体型の車体下部の形状も数種類ある。

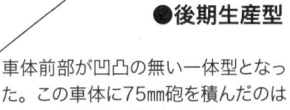

●後期生産型

車体前部が凹凸の無い一体型となった。この車体に75mm砲を積んだのはM4A3だけだ。戦車専用フォードGAA500HPエンジンは信頼性が高く、31tの車体を駆動した。

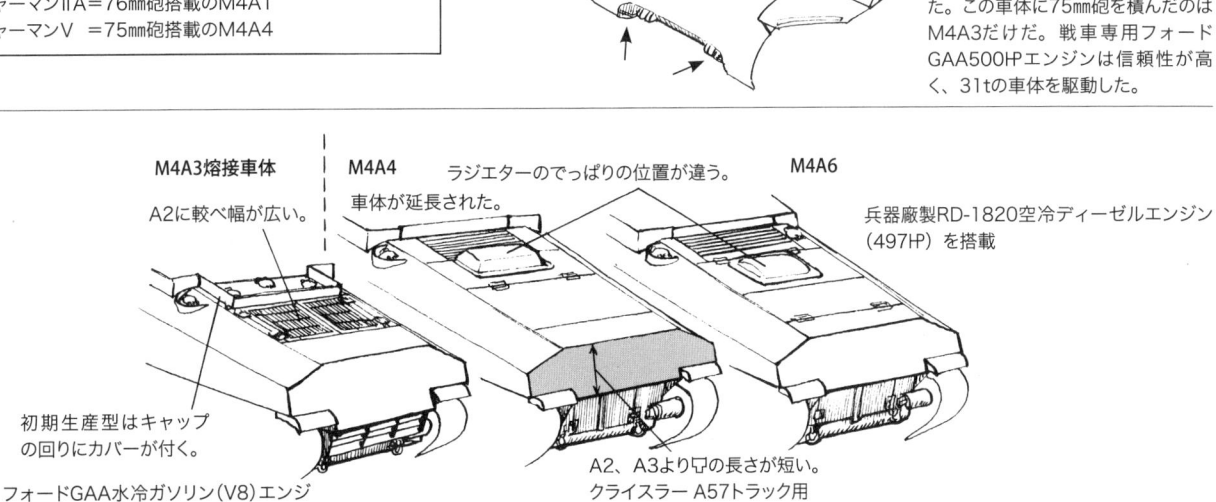

M4A3熔接車体

A2に較べ幅が広い。

初期生産型はキャップの回りにカバーが付く。

フォードGAA水冷ガソリン(V8)エンジン500HP、あるいは450HP(E8)搭載

M4A4　ラジエターのでっぱりの位置が違う。

車体が延長された。

A2、A3より凸の長さが短い。

クライスラー A57トラック用エンジン×5基(計370HP)を結合して搭載

M4A6

兵器廠製RD-1820空冷ディーゼルエンジン（497HP）を搭載

●M4A3の砲塔各型

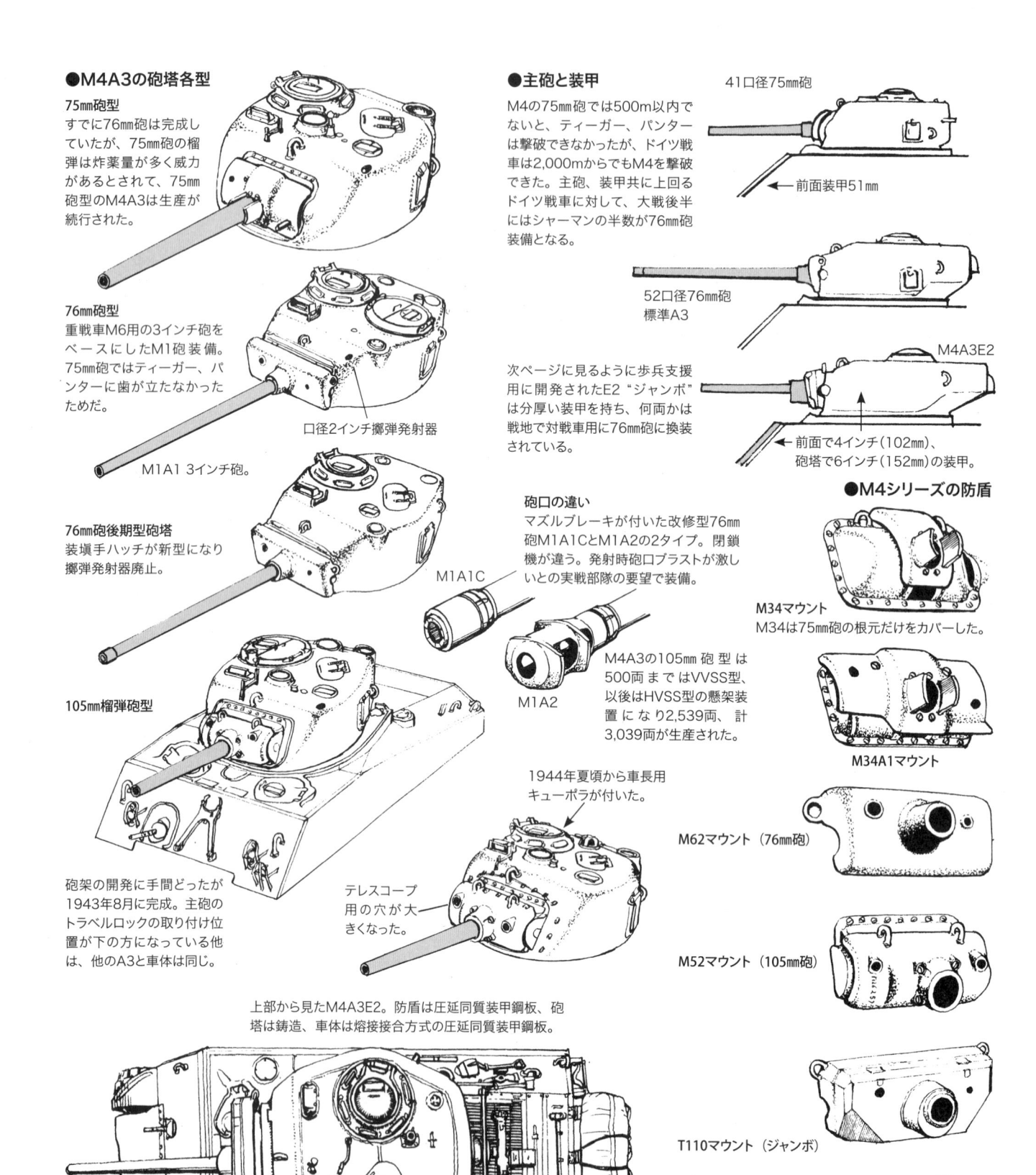

75mm砲型
すでに76mm砲は完成していたが、75mm砲の榴弾は炸薬量が多く威力があるとされて、75mm砲型のM4A3は生産が続行された。

76mm砲型
重戦車M6用の3インチ砲をベースにしたM1砲装備。75mm砲ではティーガー、パンターに歯が立たなかったためだ。

口径2インチ擲弾発射器

M1A1 3インチ砲。

76mm砲後期型砲塔
装填手ハッチが新型になり擲弾発射器廃止。

105mm榴弾砲型
砲架の開発に手間どったが1943年8月に完成。主砲のトラベルロックの取り付け位置が下の方になっている他は、他のA3と車体は同じ。

1944年夏頃から車長用キューポラが付いた。

テレスコープ用の穴が大きくなった。

●主砲と装甲

M4の75mm砲では500m以内でないと、ティーガー、パンターは撃破できなかったが、ドイツ戦車は2,000mからでもM4を撃破できた。主砲、装甲共に上回るドイツ戦車に対して、大戦後半にはシャーマンの半数が76mm砲装備となる。

41口径75mm砲

← 前面装甲51mm

52口径76mm砲
標準A3

M4A3E2

次ページに見るように歩兵支援用に開発されたE2"ジャンボ"は分厚い装甲を持ち、何両かは戦地で対戦車用に76mm砲に換装されている。

← 前面で4インチ(102mm)、砲塔で6インチ(152mm)の装甲

砲口の違い
マズルブレーキが付いた改修型76mm砲M1A1CとM1A2の2タイプ。閉鎖機が違う。発射時砲口ブラストが激しいとの実戦部隊の要望で装備。

M1A1C

M1A2

M4A3の105mm砲型は500両まではVVSS型、以後はHVSS型の懸架装置になり2,539両、計3,039両が生産された。

●M4シリーズの防盾

M34マウント
M34は75mm砲の根元だけをカバーした。

M34A1マウント

M62マウント(76mm砲)

M52マウント(105mm砲)

T110マウント(ジャンボ)

イギリス型ファイアフライ(17ポンド砲)用

上部から見たM4A3E2。防盾は圧延同質装甲鋼板、砲塔は鋳造、車体は熔接接合方式の圧延同質装甲鋼板。

■歩兵支援戦車M4A3E2 "ジャンボ"
(M4A3E2 "Jumbo")

1944年初め、大陸反攻をひかえたヨーロッパ派遣軍司令部は、ドイツ軍の要塞突破作戦時に使用する歩兵支援用の重戦車を要望した。しかし新型重戦車T26(M26)は間に合いそうになく、結局M4A3をベースに装甲を強化して対処することになった。これがM4A3E2(通称ジャンボ)で、1944年3月より限定で制式化され、254両が生産された。

In early 1944, as the Allied invasion of Europe was imminent, American Expeditionary Forces headquarters demanded a heavy infantry support tank for attacking German fortified positions. But as the new heavy tank T26 (M26) would not complete in time, it was improvised by M4A3 with reinforced armor. This was M4A3E2 (nicknamed "Jumbo") adopted in March 1944 and 254 were produced.

ジャンボは、6月中のフランス侵攻作戦を勝ち抜くため分厚い装甲を施されている。砲塔は6インチ(152mm)の厚さで、当初は76mm砲搭載の予定だったが榴弾の威力が大きい75mm砲装備に落ち着き、生産時は全車75mm砲を搭載していた。車体も、前面は合計4インチ(約102mm)になる装甲板を追加熔接、側面も同様にして3インチ(76mm強)に増強された。そのため重量は、スタンダードのM4A3が31t強だったのに較べ、38tを超える重さになった。

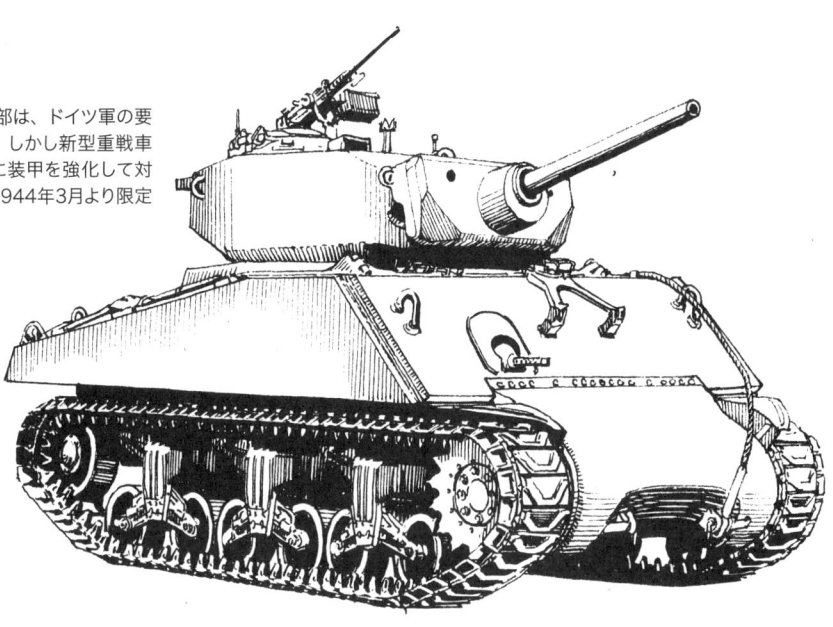

●追加装甲を付けたシャーマン
通常のシャーマンにもヨーロッパ戦線ではさまざまな装甲防禦対策が工夫された。

Jumbo was protected by considerably thick armor to survive the invasion of France in June. The turret had 6 inches (152 mm) thick and initially 76 mm gun was planned, but eventually 75 mm gun that could fire more effective HE round was selected, and all production type were completed with 75 mm gun. The hull glacis was welded an additional armor plate and the armor thickness increased to 4 inches (102 mm) in total, and hull sides were also reinforced to 3 inches (76 mm) thick. These reinforcement increased the weight over 38 tons while usual M4A3 weighed a little over 31 tons.

装甲板を熔接するのは一般的だが、その他にも上図のように前面にコンクリートを塗りつけたものも登場した。もっとも費用がかからずポピュラーだった方法は下図の様にサンドバックを車体に積み重ねるもので、ドイツ軍の強力な対戦車火力に有効であった。

●M4A3からの改造点

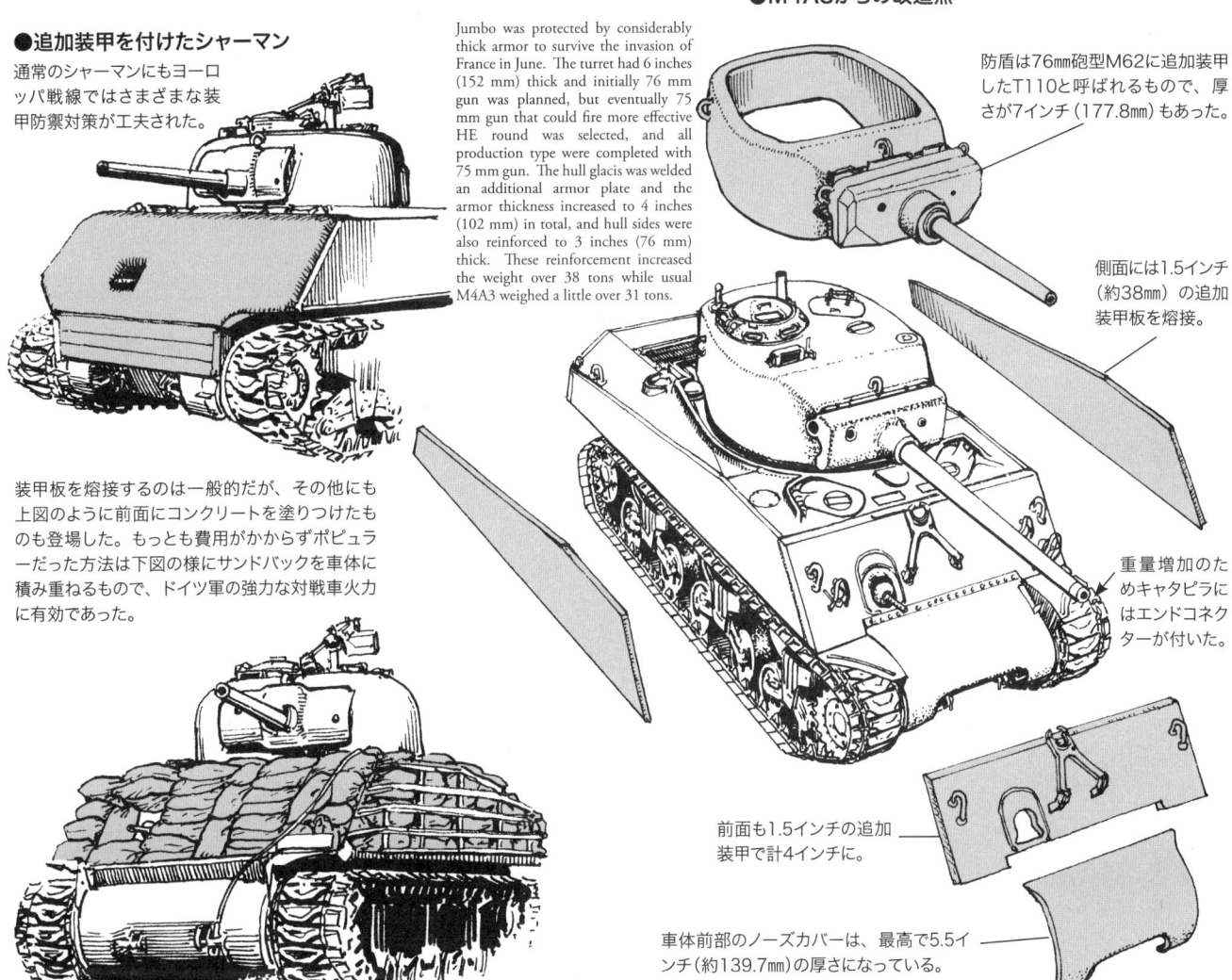

防盾は76mm砲型M62に追加装甲したT110と呼ばれるもので、厚さが7インチ(177.8mm)もあった。

側面には1.5インチ(約38mm)の追加装甲板を熔接。

重量増加のためキャタピラにはエンドコネクターが付いた。

前面も1.5インチの追加装甲で計4インチに。

車体前部のノーズカバーは、最高で5.5インチ(約139.7mm)の厚さになっている。

93

■M4A3E8(76)W "シャーマン・イーズイエイト"

第2次世界大戦中、連合軍の代表的な中戦車だったM4シリーズは、生産数もそのバリエーションも数多い。戦後も息長く各国で使用され、1970年代まで途上国などでは残っており、今でも使われ続けている所もある。このM4A3E8(通称イーズイエイト)は1944年8月から1945年9月まで生産されたM4シリーズの最終型で、大戦後もしばらくはアメリカの主力戦車として活躍した。2,539両が生産された他、1946年から朝鮮戦争までの間に、他のM4A3型1,172両が新たにイーズイエイトに改修されている。

M4A3E8(76)W Sherman Easy Eight
As Medium Tank M4 was the most typical Allied medium tank in WWII, their number of production and variants were of course so many. They remained in service in various countries for long time, some developing countries used them even in 1970s' and some M4s are still in service even today. The M4A3E8 Easy Eight was the last production type of M4 series produced from August 1944 till September 1945, and served as the U.S. Army's main battle tank for some years after the war. 2,539 M4A3E8s were produced and in addition to them, 1,172 Easy Eights were converted from other M4A3s during the Korean War.

二重作動型マズルブレーキ
発射ガスを両サイドに逃がし、砲煙によるホコリの巻き上げを少なくする。

2インチM4発煙弾発射器

マズルブレーキがついた改修型76mm砲M1A2型砲装備。

戦車長のキューポラ
6個のビジョンブロックを持ち視界良好。

ペリスコープ

車長用直接照準器
ベーン・サイト

両側に2基の送受信用アンテナベース

HVSS懸架装置

固定式機銃架

改良型防盾
(防水カバー装着)

重機関銃銃身止め

76mm砲の後期型砲塔。発煙弾発射口は塞がれ、装填手用ハッチは新型になった。

直接照準孔
M71Dテレスコープ

同軸機銃

76mm砲用のM62マウント

M3(50mm)発煙弾発射口

砲手用ペリスコープカバー
照準用M4A1ペリスコープ

銃身止め

機銃架

装填手用ハッチ(新型)

装填手用ハッチ(旧型)
両開き式で片側にペリスコープが付く。それまでの車長用の流用。

装填手用ペリスコープ(旋回式)

砲塔部のサンドバック積み込み用ラック。排莢用ハッチの部分は開けてある。

空薬莢排出口

装甲防禦力が貧弱だったM4シリーズは戦地で乗員たちによってさまざまな防禦対策が採られた。これは車体前面にサンドバックを積み重ねたもの

車体銃のところはサンドバックを開けてある。

サンドバック積み込み用のラック

車体全体に乗せると約2〜3tの重量オーバーとなり、機動力に悪影響が出るので、実施させない部隊もあった。

これは本格的な防禦力向上策。増加装甲板が砲塔前面にも施され、ボルト止めと熔接したものとがある。敵戦車の装甲を切り取って装甲板に使った車体もあった。

M4シリーズの戦車は、戦後西側陣営の再軍備、軍隊再建に多数供与され、その国独自のバリエーションも多い。また1950年に勃発した朝鮮戦争では、北朝鮮のT-34/85とほぼ互角の戦いぶりを見せた。

M4A3E8主要諸元
全長7.7m(車体長6.27m) 全幅2.67m 全高3.43m
装甲38〜76mm 戦闘重量32.3t
エンジン：フォード水冷V型8気筒500HP/2600rpm
最高速度48km/h 航続力161km 乗員5名
副武装：12.7mmM2重機関銃
7.62mmM1919A4機関銃

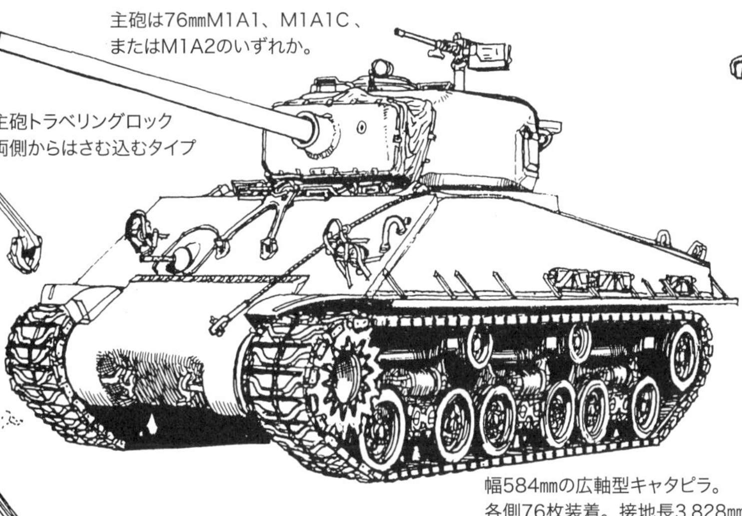

主砲は76mmM1A1、M1A1C、またはM1A2のいずれか。

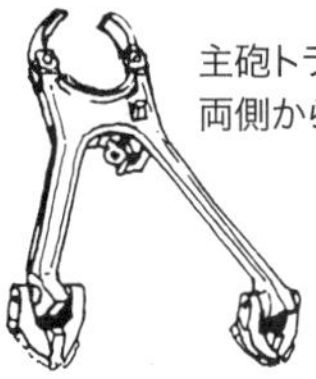

主砲トラベリングロック
両側からはさむ込むタイプ

下の後期型では片側ヒンジになった。

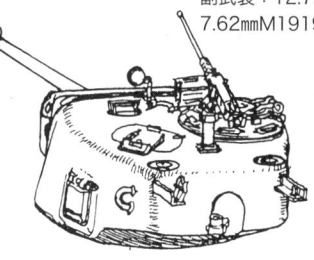

砲塔後部に重機関銃格納時
銃身
本体
砲塔後部上面

幅584mmの広軸型キャタピラ。
各側76枚装着。接地長3,828mm、
接地圧0.75kg/cm²

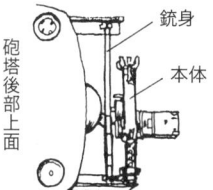

HVSS型
水平渦巻スプリング。水平にしたスプリングをサスペンションにしたことで、ストロークを稼いだ。 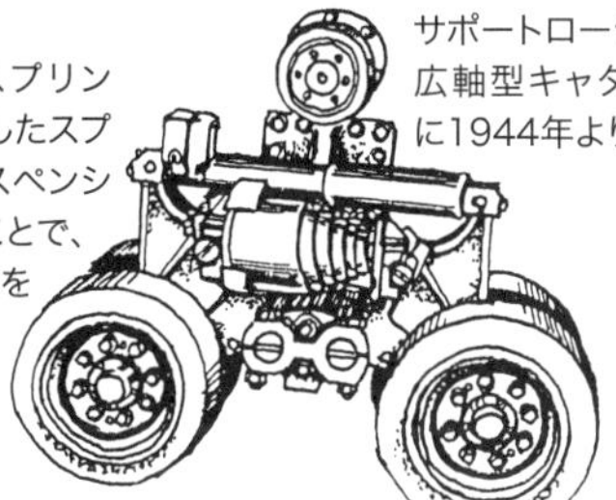

サポートローラー
広軸型キャタピラ用に1944年より開発。

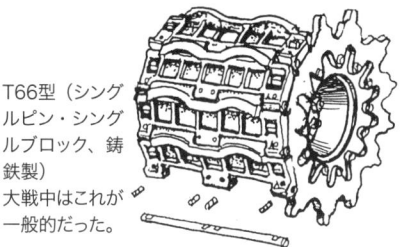

T66型（シングルピン・シングルブロック、鋳鉄製）
大戦中はこれが一般的だった。

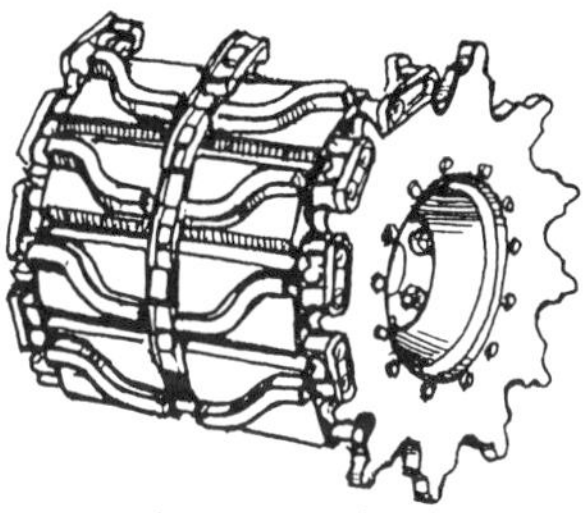

T80型（ダブルピン・ダブルブロック、鋼製）

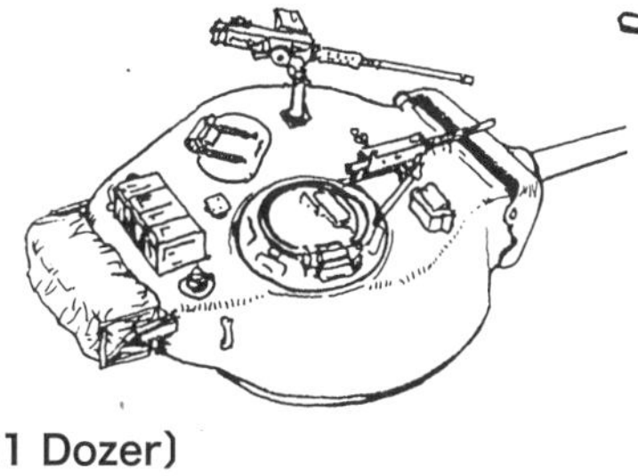

下はT84型（ダブルピン・ダブルブロック、ゴム製）

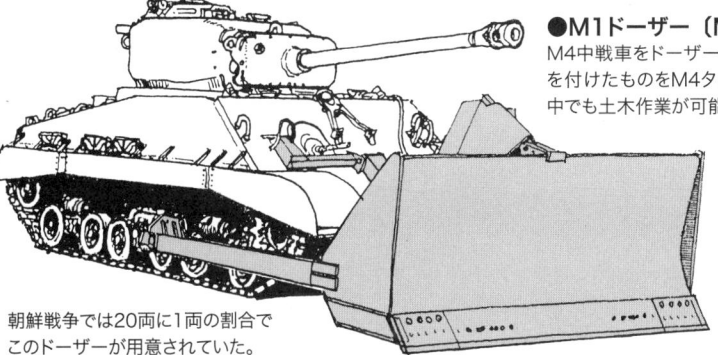

機銃増設 朝鮮戦争では敵の肉迫攻撃に備え、機銃の位置を変えたり、増設したりしている。

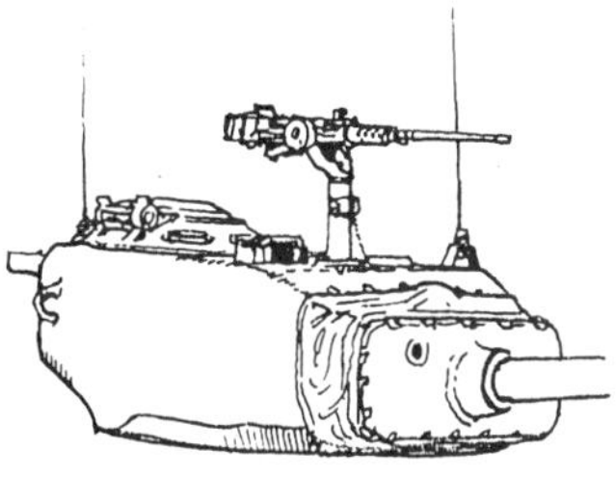

車長がキューポラ内から射撃できるようにM1919A4（7.62mm）機関銃を増設

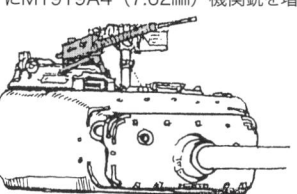

M2（12.7mm）を装填手前に、M1919A4を車長前に装備。

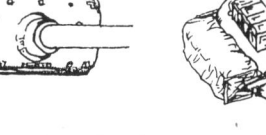

●M1ドーザー〔M1 Dozer〕
M4中戦車をドーザー化するためのパーツで、これを付けたものをM4タックドーザーと称した。戦闘中でも土木作業が可能なように開発されたものだ。

朝鮮戦争では20両に1両の割合でこのドーザーが用意されていた。

●M2ドーザー〔M2 Dozer〕

95

構造にみるM4中戦車の変遷

これまで述べてきたようにM4中戦車は第2次世界大戦の連合軍を代表する戦車であり、自走砲などを除いたシリーズの量産数も42,953両と桁違いに多く、最も成功した戦車でもある。

大戦の始まった頃のアメリカの中戦車といえばM2A1であり、これは37mm砲装備という貧弱なものであった。1941年の夏にこれに代わって75mm砲という当時としては強力な主砲を備えたM3中戦車が開発された。しかしこのM3は当時の技術的制約から主砲が左右15度しか旋回しないという欠点があり、敏速な全周方向射撃の要求される機動戦には対応できなかった。そこで登場してくるのがM4であるが、外観的な変遷についてはすでに述べたので、ここでは構造の面からみてみよう。

M4の前身の試作車両T6は、M2、M3で採用された垂直ボリュート・スプリング(VVSS)懸架装置の下部車体に、一体型で鋳造の上部構造を載せ、75mm戦車砲搭載の大型砲塔が全周旋回可能な状態で結合するというものであった。開発はM3の部隊配備と並行して行なわれ、試作からM4中戦車として制式化されるまで半年もかからないというスピードで開発された。

M4シリーズには小改造されたものを除き車体形式、砲塔形式、搭載砲、搭載エンジン、サスペンションなどの形式により次の基本型式に分けられる。M4(シャーマンⅠ)、M4A1(シャーマンⅡ)、M4A2(シャーマンⅢ)、M4A3(シャーマンⅣ)、M4A4(シャーマンⅤ)、M4A5(ラム1)、M4A6(シャーマンⅦ)である。このうち、第2次世界大戦中の型式として最も名高いのはもちろんM4A3だ。

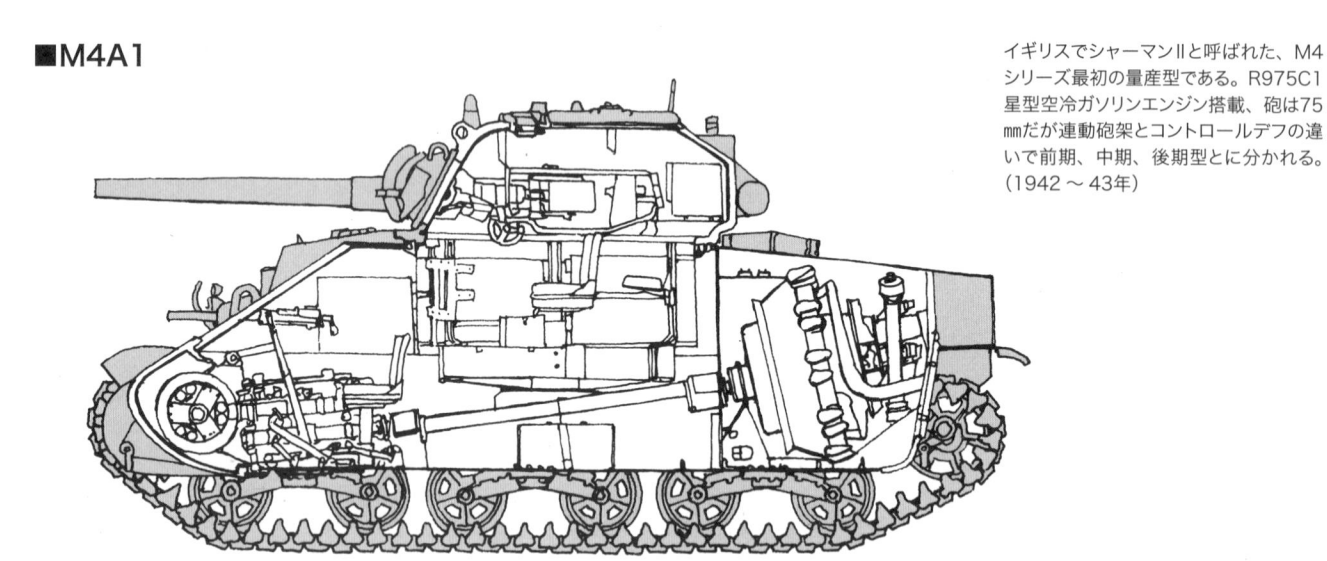

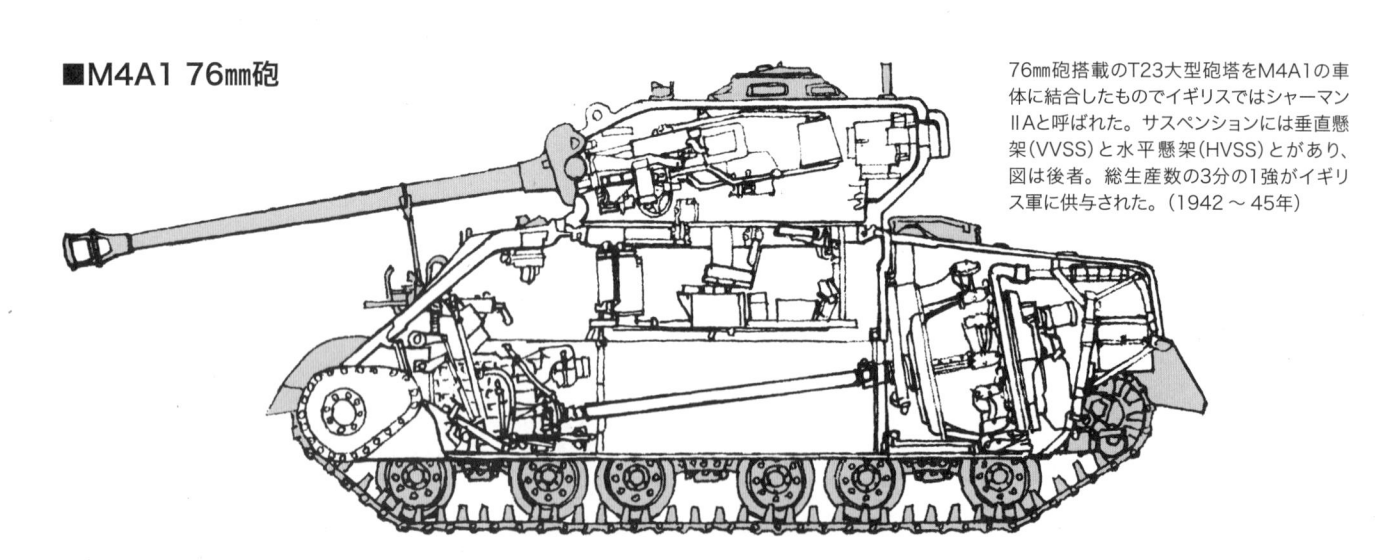

■M4A1

イギリスでシャーマンⅡと呼ばれた、M4シリーズ最初の量産型である。R975C1星型空冷ガソリンエンジン搭載、砲は75mmだが連動砲架とコントロールデフの違いで前期、中期、後期型とに分かれる。(1942〜43年)

■M4A1 76mm砲

76mm砲搭載のT23大型砲塔をM4A1の車体に結合したものでイギリスではシャーマンⅡAと呼ばれた。サスペンションには垂直懸架(VVSS)と水平懸架(HVSS)とがあり、図は後者。総生産数の3分の1強がイギリス軍に供与された。(1942〜45年)

車体には熔接接合方式で圧延／鋳造型同質装甲板のタイプと鋳造同質装甲鋼板のものとがある。砲塔は鋳造同質装甲鋼板で、75㎜砲、76㎜砲、105㎜榴弾砲用とがある。防盾を含めて砲塔の外観は各型式とも異動がある。搭載砲の種類としては初期のものから順に、M2型28.5口径75㎜砲、M3型37.5口径75㎜砲、M1/M1A1/M1A1C/M1A2型52口径76㎜砲、同時期にはイギリス製Mk4/Mk.7型55.1口径3インチ砲、またHEAT弾を発射するM4型22.5口径105㎜榴弾砲があった。エンジンの種類では、350/400HPの星型空冷エンジン、375HP液冷ディーゼル、450HP液冷ガソリン、370HPマルチバンク液冷ガソリン、また450HPの星型空冷ディーゼルエンジンとがあった。

The Structural Changes of Medium Tank M4

As described above, Medium Tank M4 was the most typical Allied tank in WWII, and the fact that the total production of M4 series except SPG or ARV versions reached exorbitant 42,953 also shows it was the most successful tank. The main medium tank of U.S. Army at the beginning of the war was M2A1 with 37 mm gun and it was quite ineffective. In the summer of 1941, Medium Tank M3 with more effective 75 mm gun was developed. But M3 tank had the shortage that the main gun could traverse only 30 degrees by technological limitations, thus was unsuitable for modern mobile warfare that required quick firing in all directions. This urged the development of M4 tank and as we have seen its external changes, we will survey its structural changes here.

The prototype of M4 tank, T6 had the chassis with vertical volute spring suspension (VVSS) system adopted by M2 and M3 tanks, and one piece cast super structure on it, and equipped with the fully traversing large turret mounting one 75 mm gun. The development of M4 tank was carried out so quickly along with the deployment of M3 medium tank, and it took less than 6 months from the test manufacturing to the start of mass production.

The variants of M4 series except minor changes are summarized as below according to the types of hull, turret, main gun, engine and suspension: M4 (Sherman I), M4A1 (Sherman II), M4A2 (Sherman III), M4A3 (Sherman IV), M4A4 (Sherman V), M4A5 (Ram I) and M4A6 (Sherman VI). Among them, the most renowned type in WWII was of course M4A3.

The hull had basically two types with welded rolled/homogeneous armor and cast homogeneous armor. The turret was cast homogeneous armor only but there were variants for 75 mm or 76 mm gun and 105 mm howitzer. Each turret had external differences including mantlet. The types of gun from early: 75 mm M3 L/40 gun, 76 mm gun M1 (L/55), British 17 pounder gun (76.2 mm L/55) and 105 mm howitzer that could fire HEAT round. And the engine variants were: 350/400 hp radial air cooled engine, 375 hp liquid cooled diesel engine, 450 hp liquid cooled gasoline engine, 370 hp multi bank liquid cooled gasoline engine or 450 hp radial air cooled engine.

■**M4A2**

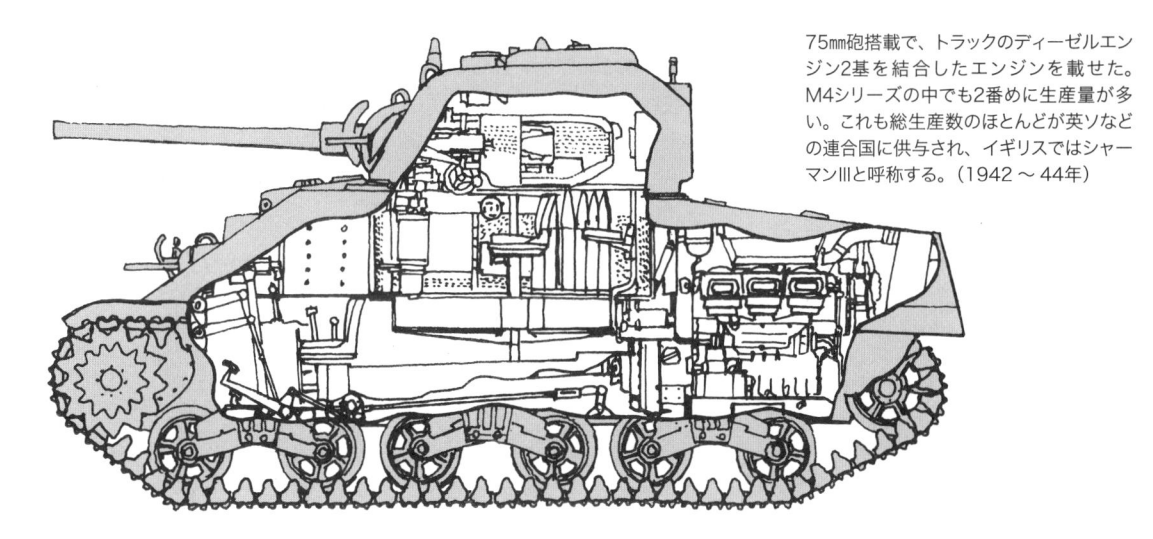

75㎜砲搭載で、トラックのディーゼルエンジン2基を結合したエンジンを載せた。M4シリーズの中でも2番めに生産量が多い。これも総生産数のほとんどが英ソなどの連合国に供与され、イギリスではシャーマンⅢと呼称する。（1942～44年）

■**M4A4**

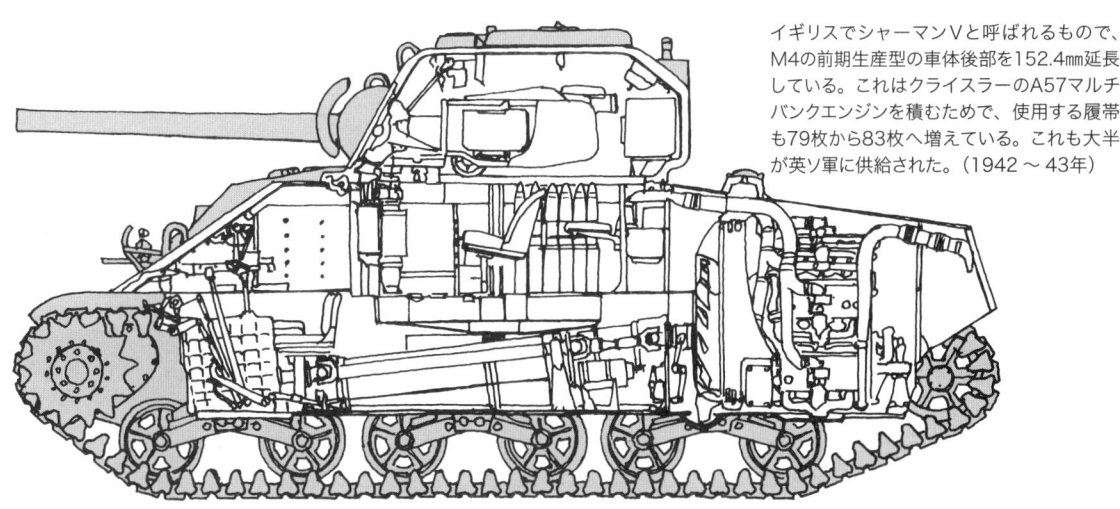

イギリスでシャーマンⅤと呼ばれるもので、M4の前期生産型の車体後部を152.4㎜延長している。これはクライスラーのA57マルチバンクエンジンを積むためで、使用する履帯も79枚から83枚へ増えている。これも大半が英ソ軍に供給された。（1942～43年）

M4A3の構造

　イギリスでシャーマンⅣと呼ばれるM4A3は、M4シリーズ4番目の量産型で、アメリカ陸軍機甲師団戦車大隊の標準型戦車として活躍した。このタイプはほとんどがアメリカ軍で使用され、他の連合国に供給されたものはわずかである。
　M4後期型の車体に水冷V型8気筒のフォードGAAエンジン500HPを搭載した型式でで、その中でもサスペンションが垂直懸架(VVSS)の前期型、これの前部装甲とハッチ類などが改良された中期型、サスペンションが水平懸架(HVSS)になった後期型とに分類される。

The Structure of M4A3
M4A3, also known as Sherman IV in Britain, was the fourth production type of M4 series, and served as the standard tank of the U.S. Army Armored Divisions. Most of M4A3 were used by U.S. Army and those supplied to Allied armies were few.
This type equipped with a Ford GAA engine on late type chassis, and it was classified into three subtypes: the early production with VVSS suspension, the mid production with improved glacis plate and hatches, and the late production with HVSS suspension.

①車長席
②無線機
③ラジエターキャップ
④エンジン
⑤無限軌道調整装置
⑥燃料タンク
⑦予備ジェネレーター
⑧無線手兼装塡手席
⑨砲塔旋回用スリップリング(電動で旋回)
⑩砲弾供給器
⑪操縦席
⑫操縦桿
⑬変速レバー
⑭ギアボックス
⑮操舵ブレーキ
⑯機銃手席
⑰砲塔旋回用ベアリング
⑱砲昇降装置
⑲砲塔ロック装置
⑳旋回装置
㉑直接照準器
㉒ペリスコープ
㉓砲塔用ベンチレーター
㉔砲手席
㉕ペリスコープ
㉖12.7mmM2機関銃
㉗76mm砲
㉘7.92mm同軸機銃
㉙7.92mm車体機銃

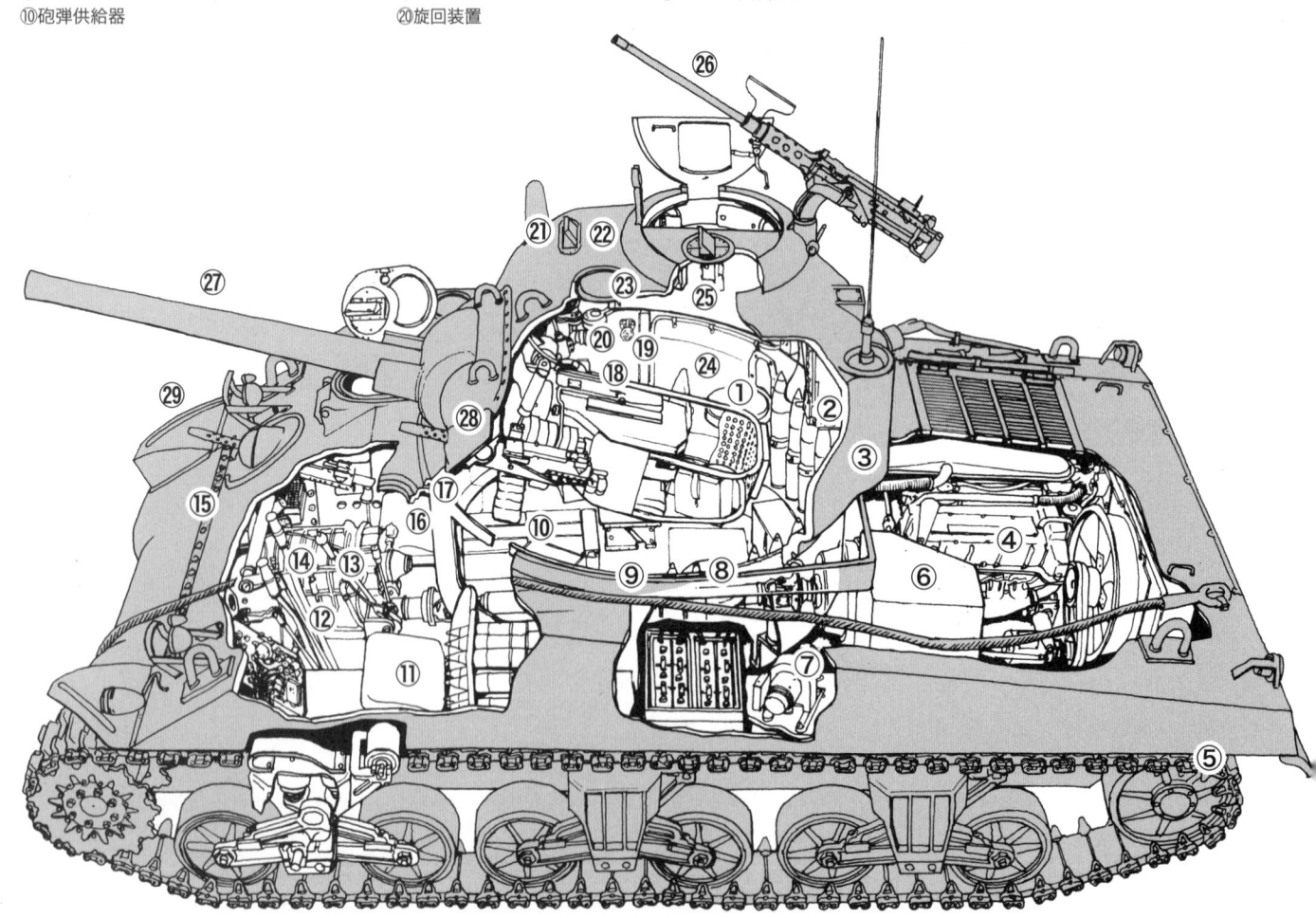

M4中戦車の車載品　The Equipments of Medium Tank M4

アメリカ軍の戦車兵は歩兵と同じ装備（シャツやオーバーコート、下着や食器など）を持っており、これを車内や車外へ積み込んで出撃した。
ここではM4中戦車を例にこれら車載品を紹介する。

M4中戦車の乗員は、ドイツのIV号戦車などと同様に、車長、砲手、装填手、無線手、操縦手の5名だ。

ヘルメット、ガスマスク、水筒など兵士の装備

スコップ、ツルハシ、バール、斧などこのあたりはドイツ戦車も似たような内容

予備履帯

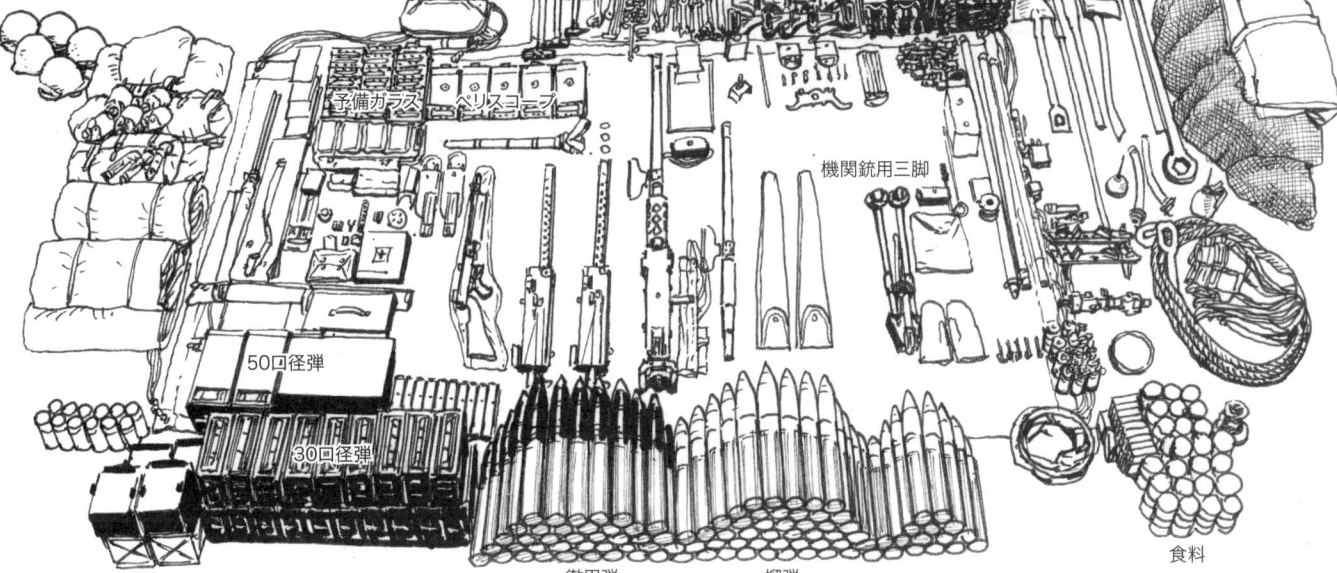

シート類

予備ガラス　ペリスコープ

工具

機関銃用三脚

50口径弾

30口径弾

徹甲弾　榴弾

食料

車内通話装置がない頃は、アメリカ軍の戦車でも他の国と同様に、戦車長が操縦手の背中を靴でけって合図していた。
戦車兵の服装については巻末を参照のこと。

トン！　グイッ！　押すと停止　蹴れば前進　トン！
左廻り　トン！　右廻り　トン！　ニ　後進

戦車兵は全員が自衛用にピストルを携帯するが、ほかに短機関銃やカービン銃なども配備されており、必要によっては車載されている機関銃を取り外して使用する。そのために機関銃用三脚も持っていた。

M4A3改造特殊戦車

M4中戦車のバリエーションは数多いが、これを特殊用途に改造した例も数多い。ここでは主にヨーロッパ反攻用に開発工夫されたM4A3の改造機種をみてみる。戦訓を受けて次々と改良されてゆくので、このバリエーションもまた数多くなっている。

Special Attachment Variants of M4A3
While M4 Sherman tank had various subtypes, there were also many examples converted into special purpose vehicle. The variants of M4A3 shown below were developed for Allied invasion of German occupied Europe. As they were modified continuously in accordance with battle experiences, the number of variants also increased.

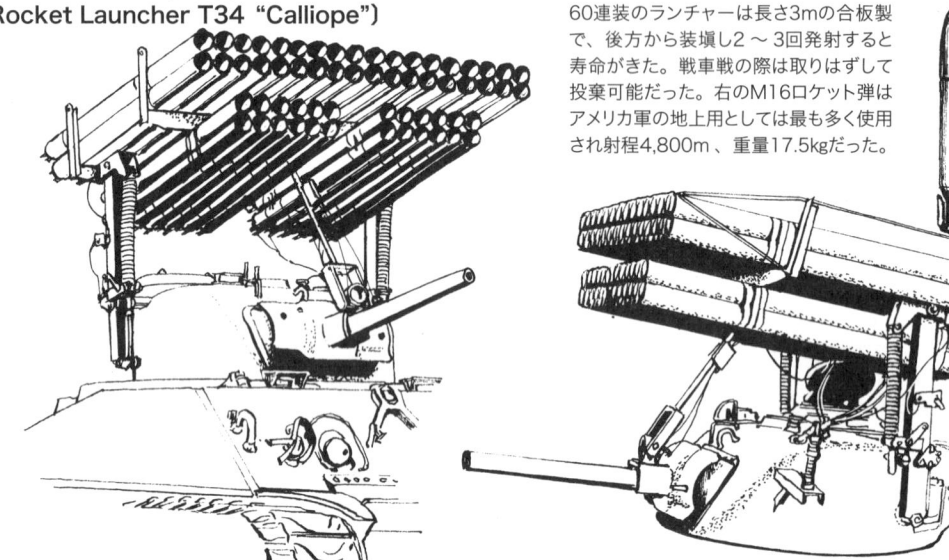

●T34 4.5インチ多連装ロケットランチャー "カリオペ" (Rocket Launcher T34 "Calliope")

60連装のランチャーは長さ3mの合板製で、後方から装填し2～3回発射すると寿命がきた。戦車戦の際は取りはずして投棄可能だった。右のM16ロケット弾はアメリカ軍の地上用としては最も多く使用され射程4,800m、重量17.5kgだった。

この"カリオペ"は砲塔上に取り付けられて旋回することができ、上下角も砲身と連動してとれるようになっている。1943年の開発で、限定制式ではあったが、終戦まで使用され続けた。ランチャーの重量834.6kg、推進部の発射装薬への点火は6V電源か、10発掛発火装置によって行なった。1944年8月1日のフランス戦線サン・ロー突破の「コブラ作戦」で初めて実戦に登場した。

■地雷処理機 (Mine Exploder)

第2次世界大戦中、対人・対戦車地雷による兵員・車両の損失は大きく、地雷経験豊富なイギリス軍の戦訓によって、米陸軍は各種の地雷処理機を開発した。

●T1E3 "アント・ジェミマ" (Aunt Jemima)

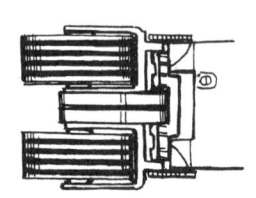

フランスの処理機を参考にしたローラーディスク型。この型式はE6型まで作られている。金属ディスクの高接地圧によって地雷を爆破する。

アント・ジェミマは1944年フランス戦線で戦場実験が行なわれた。

●T1E4

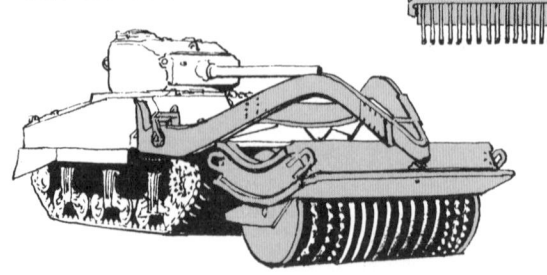

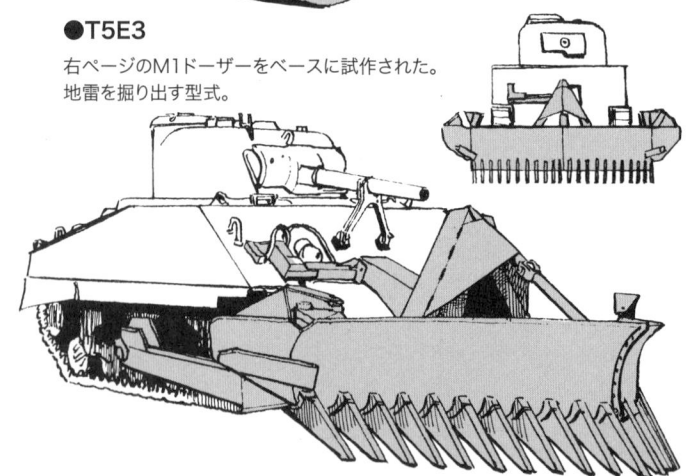

これまでのローラーディスク型を戦場実験の結果、改良してこの形になった。戦後もこの型式の実験は続けられた。

●T5E3

右ページのM1ドーザーをベースに試作された。地雷を掘り出す型式。

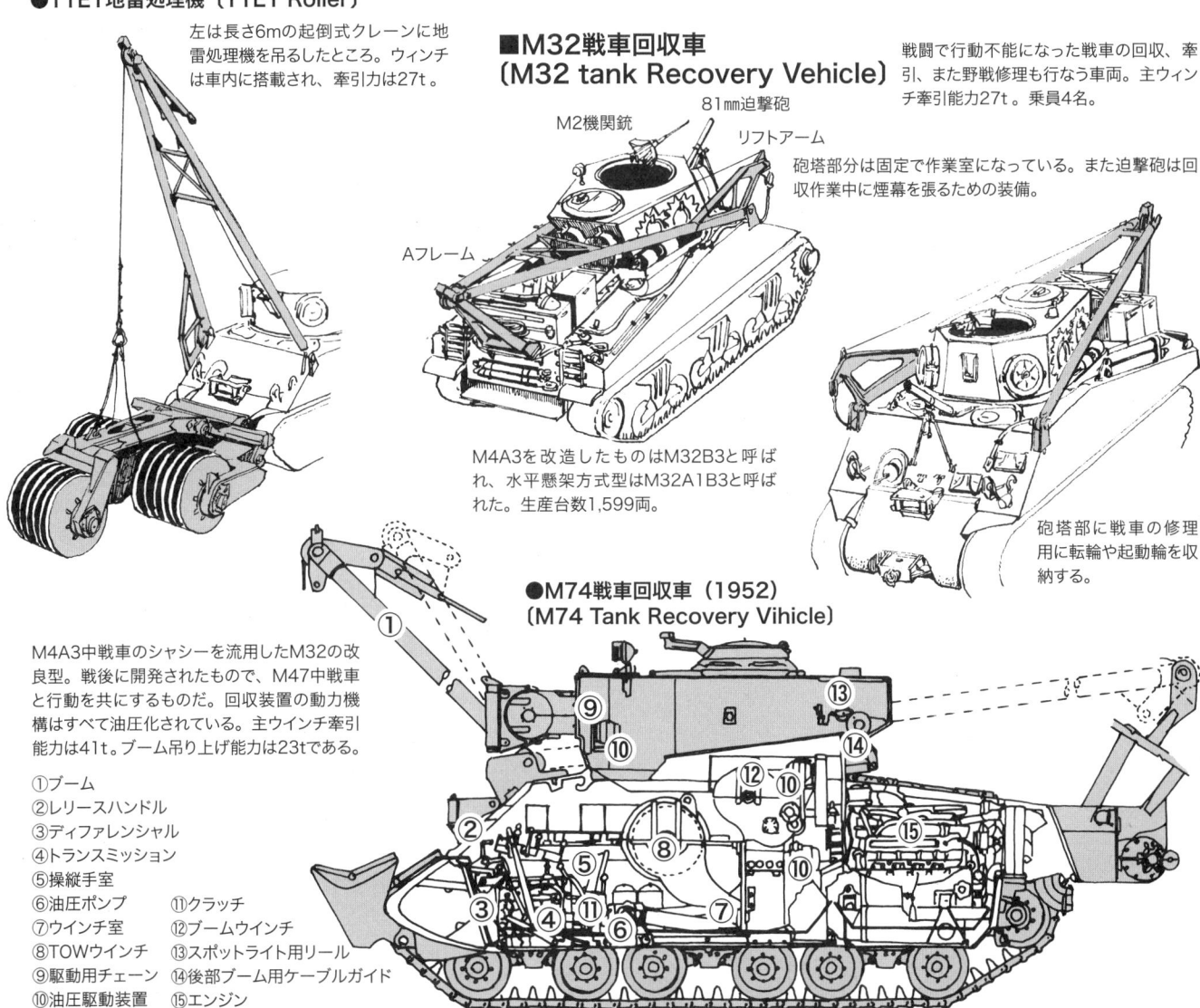

●M1A1戦車用ドーザー
(M1A1 Dozer blade for M4 Tank)
工兵隊の非装甲の一般的ブルドーザーでは、前線での作業では操縦手が撃たれたり、ブルドーザーも破壊されたりで、非常に危険で非効率的だった。この戦訓から戦車にドーザーを取り付けるということになった。

■ブルドーザー
(Bulldozer)

重量3,200kg
幅 3.14m
高さ1.24m

ドーザー装着用アタッチメント。戦車前部に付く。

M4中戦車シリーズの垂直懸架方式に対応している。サイドボード型で、前部アタッチメントで上下に可動する。

●T1E1地雷処理機 (T1E1 Roller)
左は長さ6mの起倒式クレーンに地雷処理機を吊るしたところ。ウィンチは車内に搭載され、牽引力は27t。

■M32戦車回収車
(M32 tank Recovery Vehicle)
戦闘で行動不能になった戦車の回収、牽引、また野戦修理も行なう車両。主ウィンチ牽引能力27t。乗員4名。

M2機関銃
81mm迫撃砲
リフトアーム
Aフレーム

砲塔部分は固定で作業室になっている。また迫撃砲は回収作業中に煙幕を張るための装備。

M4A3を改造したものはM32B3と呼ばれ、水平懸架方式型はM32A1B3と呼ばれた。生産台数1,599両。

砲塔部に戦車の修理用に転輪や起動輪を収納する。

●M74戦車回収車（1952）
(M74 Tank Recovery Vihicle)

M4A3中戦車のシャシーを流用したM32の改良型。戦後に開発されたもので、M47中戦車と行動を共にするものだ。回収装置の動力機構はすべて油圧化されている。主ウインチ牽引能力は41t。ブーム吊り上げ能力は23tである。

①ブーム
②レリースハンドル
③ディファレンシャル
④トランスミッション
⑤操縦手室
⑥油圧ポンプ
⑦ウインチ室
⑧TOWウインチ
⑨駆動用チェーン
⑩油圧駆動装置
⑪クラッチ
⑫ブームウインチ
⑬スポットライト用リール
⑭後部ブーム用ケーブルガイド
⑮エンジン

アメリカの駆逐戦車と重戦車M26

ここで駆逐戦車というのは対戦車自走砲のことで、歩兵部隊を敵戦車から護る目的で作られた。戦車駆逐のため強大な砲を積み、これは重戦車並みだが、装甲はそれほどでもない。

アメリカでは第2次世界大戦突入後の1942年5月以来、ドイツの重戦車パンター、ティーガーに対抗するため試作車T20、T22、T23、T25が次々と開発されてきた。アメリカの重戦車には試作車T1の系列から1942年に制式化されたM6のシリーズがあるが、このT20〜25の系列は実は中戦車のクラスになっていた。T26も中戦車としてデザインされたが、重くなって重戦車の格付けになった。90mmという強力な砲を持ちドイツのティーガーに対抗し得る重戦車だったが、制式化が1945年1月と第2次世界大戦で活躍するには登場が遅すぎた。

American Tank Destroyers and M26 Heavy Tank

The tank destroyers shown here are the anti-tank SPGs and they were developed to defend infantry from enemy tanks. They equipped with strong gun as heavy tanks but their armor was lighter.

After the participation of America in WWII, they started the development of prototype tanks T20, T22, T23 and T25 since May 1942 to compete with German Panther and Tiger heavy tank. There were two origins of American heavy tanks, one was test manufactured T1 and the other was officially named M6 in 1942, but the series of T20-25 were classified as medium tank. T26 was also designed as medium tank, but as the weight increased, reclassified as heavy

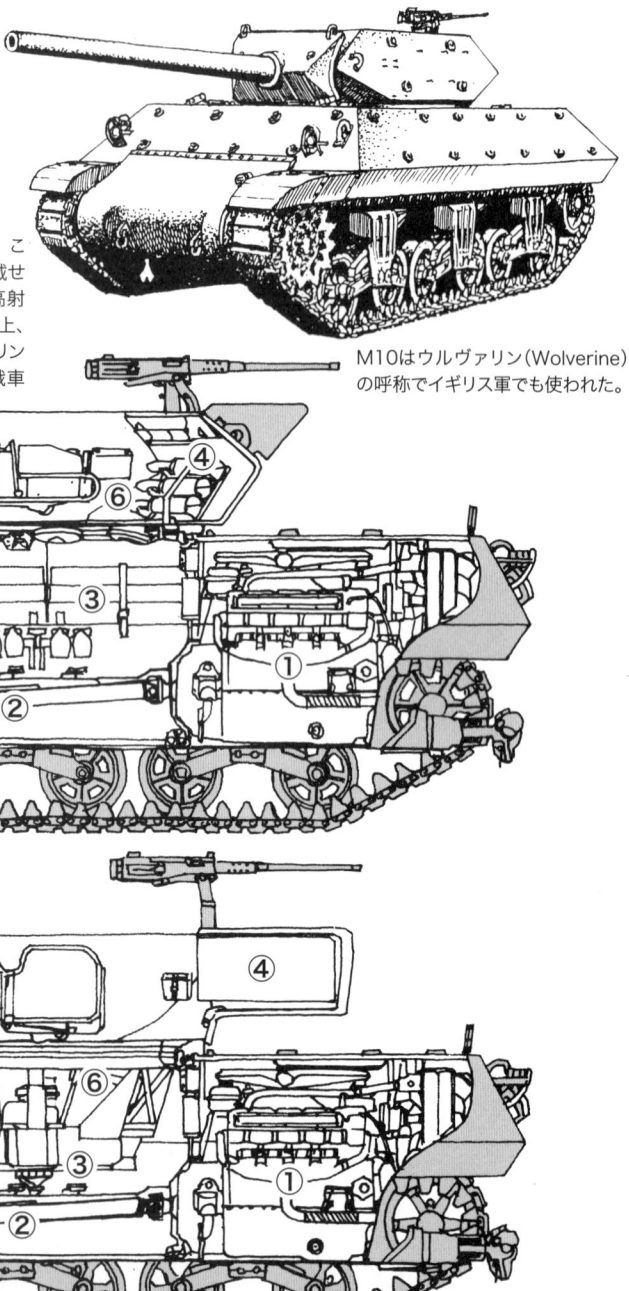

■駆逐戦車 (Tank Destroyer)
●M10 (1942)

アメリカ軍の戦車駆逐部隊では、車高が低く全周旋回の砲塔を持つ車両を要求した。このためディーゼルエンジンのM4A2中戦車の車体に、オープントップの回転式砲塔を載せた自走砲T35E1を作った。この砲塔に装備したのは、対戦車用に3インチ(76.2mm)高射砲を改良したM7戦車砲で、12.7mm機関銃と共に火力的にはM4を上回っている。外観上、元が高射砲のため砲身が長いのが特徴。これを制式化したのがM10自走砲で、ガソリンエンジンのM4A3の車体を使用したものはM10A1と呼ばれている。ただドイツの重戦車の装甲は100mm以上あり、3インチ砲でも威力が不足した。

M10はウルヴァリン(Wolverine)の呼称でイギリス軍でも使われた。

●M10の構造
①エンジン
②プロペラシャフト
③砲塔バスケット
④弾薬庫
⑤操縦席
⑥戦闘室
⑦トランスミッション

全長5.97m　全幅3.05m
全高2.48m　装甲19〜64mm
武装：76.2mm戦車砲×1、12.7m機銃×1
重量29.94t
エンジン400HP/2100rpm
最高速48.3km/h　航続力322km　乗員5名

3インチ(76.2mm)戦車砲M7

●M36の構造

全長7.47m
全幅3.05m
全高3.19m
装甲19〜76mm
武装：90mmM3戦車砲×1、
　　　12.7mm機銃×1
重量29.03t
エンジン450HP/2600rpm
最高速41.8km/h
航続力249km
乗員5名

90mm戦車砲M3

tank. It armed with one 90 mm gun and was the heavy tank capable of competing with German Tiger. The completion of T26 was January 1945 and it was too late to show noticeable actions in WWII.

●M18（1943）
イギリスでヘルキャット（Hellcat）という呼称で使われた軽駆逐戦車。T10と並行して戦車駆逐部隊用に開発された。懸架装置はアメリカ戦車初のトーションバー式。M4と同じコンチネンタルのエンジンを搭載するが、軽装甲のため最高速88km/hと大戦中の制式戦車のなかでも最速であった。
全長5.45m　全幅2.83m　全高2.38m　装甲7〜30mm
武装：76.2mmM1戦車砲×1、12.7mm機銃×1　重量17.5t　エンジン400HP
最高速88km/h　航続力168km

●M36（1944）
ヨーロッパ戦線でM10を実戦使用してみると、ドイツのパンターやティーガーなど重装甲の戦車には威力不足であることが実感された。そこでM10と同じ車体に90mm砲を装備するM36が計画され、1944年6月に登場した。重戦車M26の登場が遅れ翌年にずれ込んだため、本車がドイツ軍重戦車を撃破できる唯一の戦車だった。ジャクソン（Jackson）はイギリス軍での呼称。

■M26パーシング（1945）〔M26 "Pershing"〕
パンター、ティーガーに対抗するために開発された本格的な重戦車。避弾経始の良い大型鋳造砲塔に長砲身50口径90mmM3戦車砲を装備する。サスペンションはトーションバー、エンジンはフォードのV8ガソリン500HPを搭載。M26は2,432両の生産数があったが、1945年になってからの登場のため、大戦中はそのうちの少数の配備しかできなかった。また1946年5月になって再び中戦車クラスに分類されるという数奇な運命となったが、その後、朝鮮戦争にも投入されている。パーシングは珍しくアメリカ軍が付けたニックネーム。
全長7.26m　全幅3.51m　全高2.78m　装甲51〜102mm
武装：12.7mm機銃×1、90mm砲×1、7.62mm機銃×1　重量41.9t
最高速48km/h　航続力180km　乗員5名

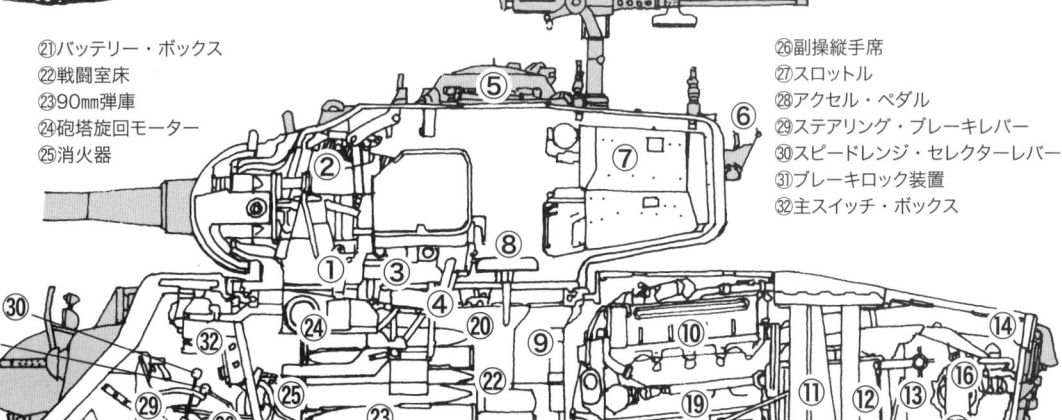

①主砲俯仰装置
②主砲平衡スプリング
③方位角指示器
④砲手席
⑤車長用キューポラ
⑥12.7mm機銃用ブラケット
⑦無線機/雑具箱
⑧車長席
⑨エアクリーナー
⑩エンジン
⑪冷却装置
⑫トランスミッション
⑬ディファレンシャル
⑭エクゾースト
⑮ファイナル・ドライブ
⑯ユニバーサル・ジョイント
⑰車体排水バルブ
⑱トーションバー・スプリング
⑲ファン駆動軸
⑳砲塔ロック
㉑バッテリー・ボックス
㉒戦闘室床
㉓90mm弾庫
㉔砲塔旋回モーター
㉕消火器
㉖副操縦手席
㉗スロットル
㉘アクセル・ペダル
㉙ステアリング・ブレーキレバー
㉚スピードレンジ・セレクターレバー
㉛ブレーキロック装置
㉜主スイッチ・ボックス

103

アメリカの自走砲

■M7 "プリースト"（M7 105㎜ HMC "Priest"）

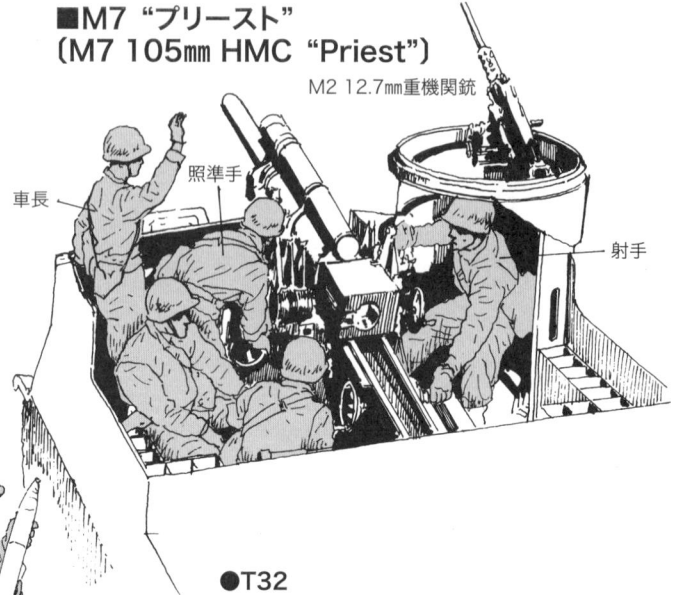

M2 12.7㎜重機関銃
照準手
車長
射手

M7"プリースト"は第2次世界大戦中のアメリカ軍機甲師団自走野砲大隊の主力兵器として広く使用された。米機甲師団は自走野砲3個大隊編成でM7を54両装備した。搭乗員は7名で、車長、操縦手の他は砲関係者だった。プリースト（牧師）の名は最初に実戦に使用したイギリス軍が、円筒の対空機銃台が教会の説教台に似ているのを見てつけたもの。M8はM5軽戦車の車体に75㎜榴弾砲を、M12はM3中戦車の、M40はM4中戦車のの車体にそれぞれ155㎜砲を搭載したもの。

American Self Propelled Guns
M7 "Priest" was widely used as the main artillery piece of U.S. Army Armored Field Artillery Battalions in WWII. One U.S. Armored Division had 54 M7s in three Self-propelled Field Artillery Groups. The crew of M7 was 7 and it consisted with commander, driver and gun crew. The nickname "Priest" was given by the British who used M7 in combat first and thought the AA machine gun ring looked like a pulpit. M8 had a 75 mm howitzer on the chassis of light tank. M12 and M40 equipped a 155 mm gun on the chassis of M3 and M4 tank each.

●M7初期型（1942）
初期型はM3中戦車の車体で作られ、後期型はM4の車体を流用している。後期型の外観はほとんどM7B1と同じになっている。

全長6.02m 全幅2.88m 全高2.95m 装甲：戦闘室全周12.7㎜
武装：105㎜榴弾砲（最大射程11,160m） 発射速度：毎分8発
搭載弾薬数69発 改修型は76発 全備重量22.97t 最大速度39km/h
航続力193km

●T32
M3中戦車の車体にM2A1野戦榴弾砲を載せて2両が試作された。テストの結果M7 105㎜自走榴弾砲として1942年4月に制式化。総生産数4,267両。

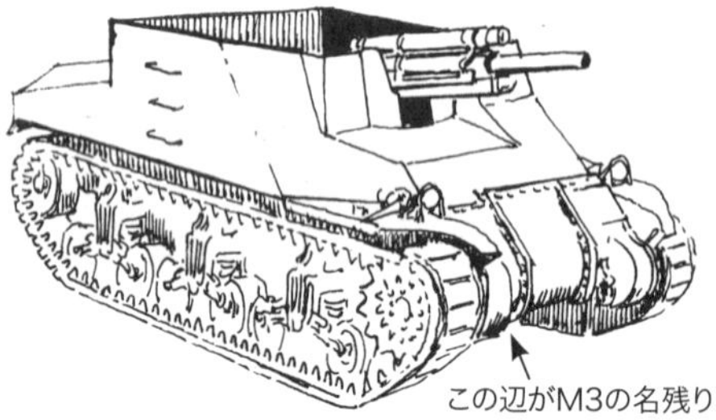

この辺がM3の名残り

●M7後期型
B1との違いはエンジンルーム上面と車体後部。

●M7B1（1944）
M4A3戦車の車体を使用して作られた。ガソリンエンジンを搭載しているので車体後部の形状が後期型と違っている。

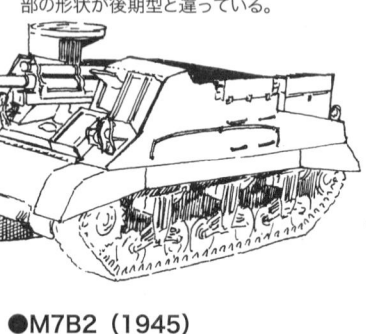

M7の戦場における展開例

オープントップの戦闘室全体に幌をかぶせた光景がよく見られた。

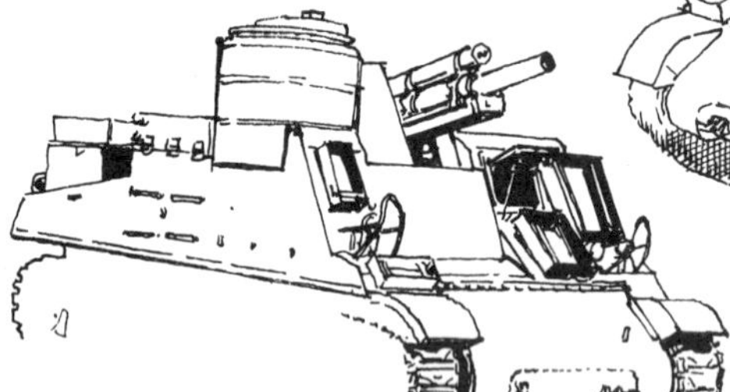

●M7B2（1945）
砲座を高くし、最大仰角65°をとれるように改良されたタイプ。122両が製作された。

●プリースト・カンガルー（Armoured personnel carrier "kangaroo"）
M7またはM7B1をイギリス軍で改造して兵員輸送車にしたもの。歩兵20名が搭乗できた。

イギリス軍は102両のM7をカンガルーに改造した。

●M7プリーストの内部（1942）

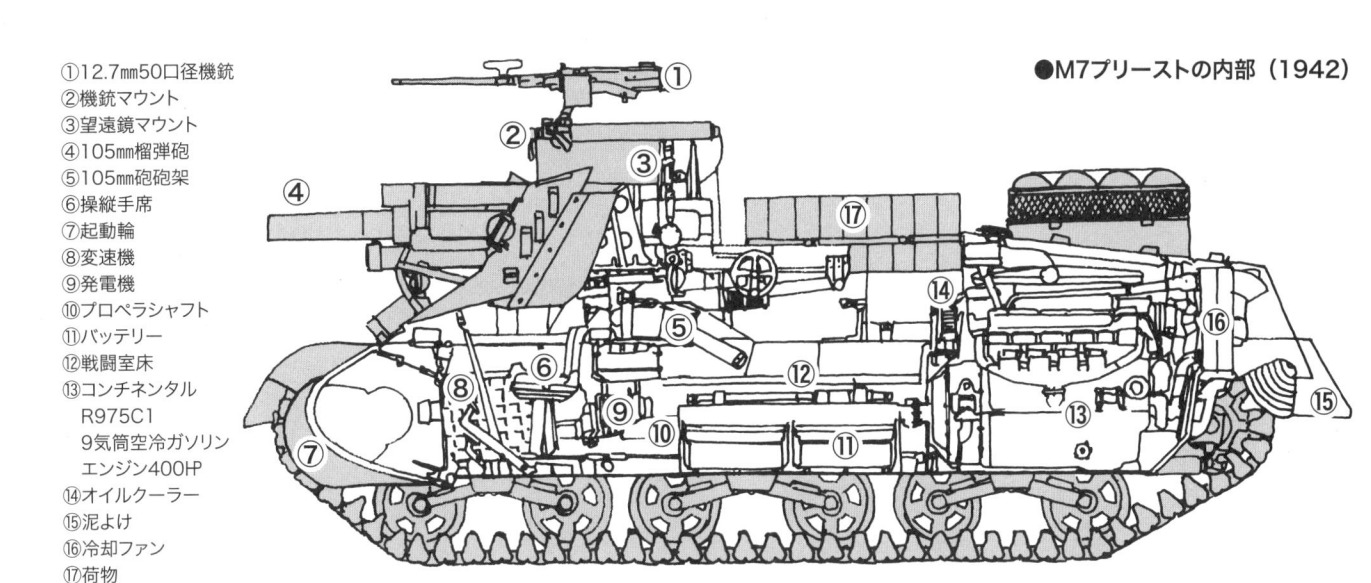

①12.7mm50口径機銃
②機銃マウント
③望遠鏡マウント
④105mm榴弾砲
⑤105mm砲砲架
⑥操縦手席
⑦起動輪
⑧変速機
⑨発電機
⑩プロペラシャフト
⑪バッテリー
⑫戦闘室床
⑬コンチネンタルR975C1
　9気筒空冷ガソリンエンジン400HP
⑭オイルクーラー
⑮泥よけ
⑯冷却ファン
⑰荷物

●M8自走榴弾砲（1942）（M8 75mm HMC）
全装軌式自走砲としてはアメリカ軍初のもので、ベースの車体はM5軽戦車だ。これに全周旋回砲塔を載せ、75mmM1A1榴弾砲を装着している。戦車の砲塔のようだがオープントップで、M5より大型になったため車体上面ハッチのスペースが無くなり前面に2つの視察窓が設けられた。図は後期生産車で、初期のものにはスカートはつかない。1942年9月から44年初頭まで1,778両が生産された。
　全長4.41m　全幅2.24m　全高2.32m　装甲10〜28mm
　　武装：75mm榴弾砲×1、12.7mm対空機銃×1
　　　重量15.7t　エンジン：キャデラックV8ガソリン2基220HP
　　　　最高速56km/h　乗員4名

●M12自走砲（1942）（M12 155mm GMC）
M7と同じくM3中戦車の車体を流用したもの。搭載した155mm砲は第1次世界大戦時のものだったが、それでも牽引砲に比べれば機動性があり、機甲師団と行動を共にできた。大口径砲とその砲架で車内にスペースがとれず砲弾は10発しか積めないため、同じ車体で砲弾運搬車を開発している。
全長6.77m　全幅2.67m　全高2.88m　装甲10〜50mm
武装：155mm砲×1　重量26.76t
エンジン：ライトコンチネンタルR975 EC2空冷星型9気筒340HP　乗員6名

●M40自走砲（1944）（M40 155mm GMC）
M12の後継として開発された。車体はM4A3E8イージイエイトをベースに新型のM2 155mm砲を搭載している。装甲はM4ベースのため厚くなり10t近く重量が増しているが、携行弾数は20発となっている。この他に全く同じコンセプトで搭載砲を203mm榴弾砲にしたM43自走榴弾砲も開発された。登場がやや遅く、大戦で大活躍というわけにはいかなかった。
全長6.65m　全幅3.14m　全高2.84m　装甲12〜100mm
武装：155mm砲×1　重量37.2t
エンジン：ライトコンチネンタルR975 EC2空冷星型9気筒340HP
最高速38km/h　航続力160km　乗員8名

【ソ連の戦車（WWII）】軽戦車

大戦間に戦車の開発で大きな進歩を見せたのはソ連だが、革命直後という事情を考えれば、これは驚くべきことだと言って良い。1920年代の早くから計画的に開発され、特にイギリスのカーデン・ロイドやビッカース・アームストロングの影響が強い。1930年にはドイツBMWのエンジンとアメリカのクリスティーのサスペンションのライセンスを購入、1931年には6トン戦車のライセンスを受けたT-26軽戦車や豆戦車T-27が登場し、またロシアの地理風土を考えた水陸両用の軽戦車T-37やT-38がカーデン・ロイドA4E11を参考に作られている。

しかしこの軽戦車の系列は、戦争開始後はドイツ軍に対抗して強火力、重装甲の戦車に重点が移って開発されなくなり、戦場では脇役になってしまった。

Soviet Tanks (WWII) / Light Tanks
The Soviet Union achieved great advance in the development of tanks during interwar period. Considering their industrial might just after the Russian Revolution, this deserves amazing. Soviet tanks were developed systematically from early 1920s' and they were influenced especially by British Carden Loyd tankettes and Vickers-Armstrongs tanks. Russians also purchased the licenses of German BMW engine and American Christie suspension system in 1930. In 1936, T-26 light tank under license of Vickers 6-Ton Tank and T-27 tankett were developed, and T-37 and T-38 amphibious light tanks based on Carden Loyd A4E11 tankette and redesigned to suit Russian geographic and climatic conditions were completed.

After the break out of war, as the emphasis on tanks shifted to high firepower and heavy armor to compete with German tanks, the development of such light tanks was stopped and they were relegated to sideline roles on the battle fields.

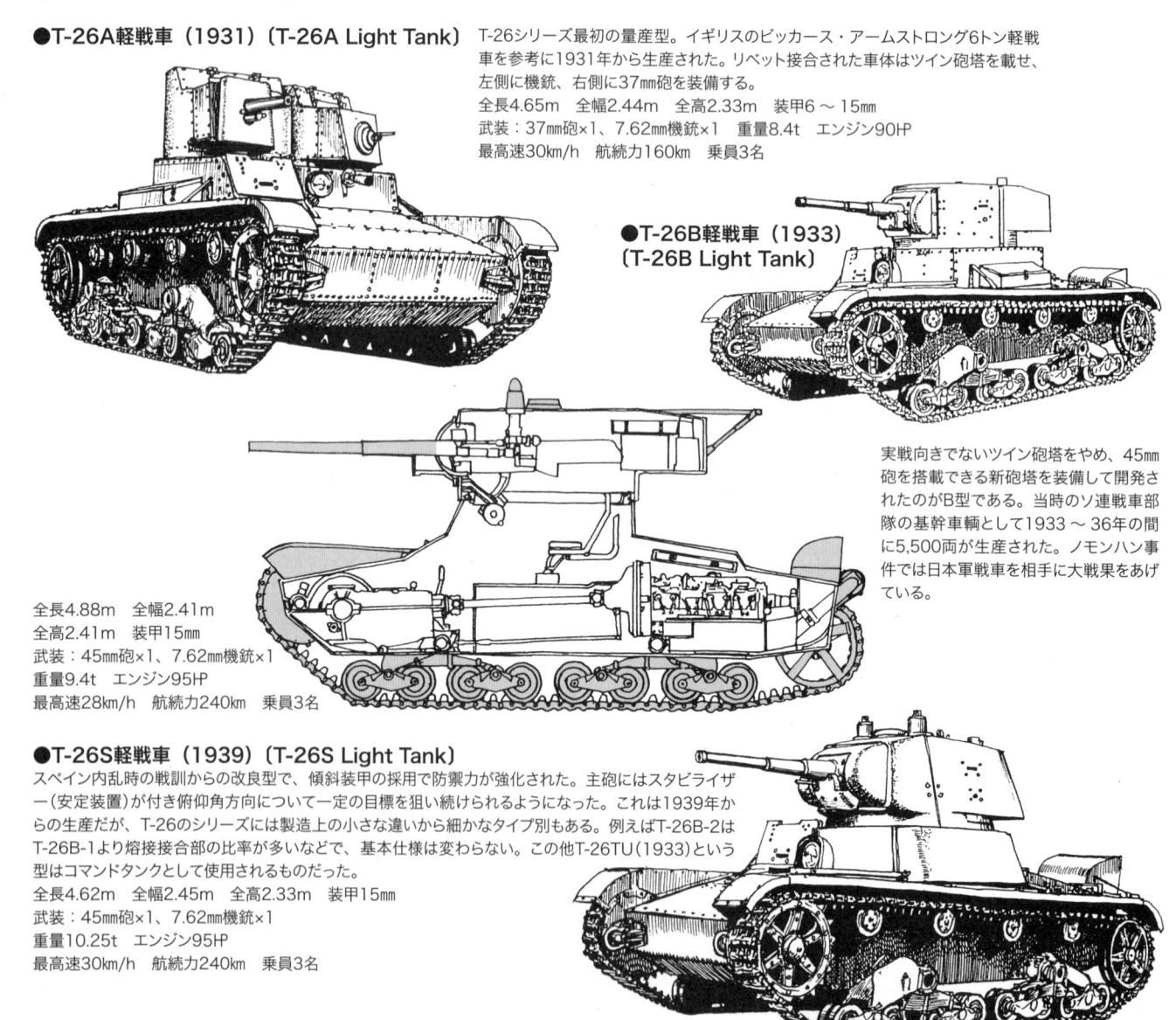

●T-26A軽戦車（1931）（T-26A Light Tank）

T-26シリーズ最初の量産型。イギリスのビッカース・アームストロング6トン軽戦車を参考に1931年から生産された。リベット接合された車体はツイン砲塔を載せ、左側に機銃、右側に37mm砲を装備する。
全長4.65m　全幅2.44m　全高2.33m　装甲6～15mm
武装：37mm砲×1、7.62mm機銃×1　重量8.4t　エンジン90HP
最高速30km/h　航続力160km　乗員3名

●T-26B軽戦車（1933）（T-26B Light Tank）

実戦向きでないツイン砲塔をやめ、45mm砲を搭載できる新砲塔を装備して開発されたのがB型である。当時のソ連戦車部隊の基幹車輌として1933～36年の間に5,500両が生産された。ノモンハン事件では日本軍戦車を相手に大戦果をあげている。

全長4.88m　全幅2.41m
全高2.41m　装甲15mm
武装：45mm砲×1、7.62mm機銃×1
重量9.4t　エンジン95HP
最高速28km/h　航続力240km　乗員3名

●T-26S軽戦車（1939）（T-26S Light Tank）

スペイン内乱時の戦訓からの改良型で、傾斜装甲の採用で防禦力が強化された。主砲にはスタビライザー（安定装置）が付き俯仰角方向について一定の目標を狙い続けられるようになった。これは1939年からの生産だが、T-26のシリーズには製造上の小さな違いから細かなタイプ別もある。例えばT-26B-2はT-26B-1より熔接接合部の比率が多いなどで、基本仕様は変わらない。この他T-26TU（1933）という型はコマンドタンクとして使用されるものだった。
全長4.62m　全幅2.45m　全高2.33m　装甲15mm
武装：45mm砲×1、7.62mm機銃×1
重量10.25t　エンジン95HP
最高速30km/h　航続力240km　乗員3名

● T-37水陸両用軽戦車（1933）（T-37 Amphibious Light Tank）
カーデン・ロイドの1931年型水陸両用軽戦車をモデルに1932年からT-33の名称で開発された車両で、1933～36年まで量産された。この型には重量が2.9tのT-37と3.5tのT-37A型とがある。左右フェンダー部の厚みをパルサー型浮体と呼び、水中で浮力を与える。スクリューが首振り式になっており、これによって前・後進が可能となっている。40HPのGAZエンジンはフォードのもののコピーである。
全長3.74m　全幅1.98m　全高1.68m　装甲4～9.5mm
武装：7.62mm機銃×1
重量3.5t　エンジン：GAZ-AA4気筒40HPガソリン
最高速：路上42km/h、水上4km/h　航続力230km　乗員2名

● T-38水陸両用軽戦車（1938）（T-38 Amphibious Light Tank）
T-37の改良型で1938年に開発された。同じエンジンを使用しているが、キャタピラの幅を広くしたり、トランスミッションを改良したりして、駆動系が性能向上している。
全長3.76m　全幅2.33m　全高1.62m　装甲4～9.5mm
武装：7.62mm機銃×1　重量3.28t　エンジン：GAZ-AA4気筒ガソリン40HP　最高速路上45km/h　乗員2名

● T-40水陸両用軽戦車（1940）（T-40 Amphibious Light Tank）
T-38の後継車として1940年から生産された。大幅に改良された車体は後部両側面に浮力タンクが付き、車体前部に水上浮航時用のトリム板が付けられた。また軽戦車として初のトーションバー式懸架装置を採用、エンドコネクター式の狭軌キャタピラとなっている。この水陸両用戦車は戦闘時に装甲が薄いのが問題となる。
全長4.11m　全幅2.33m　全高1.98m　装甲6～14mm
武装：12.7mm機銃×1、7.62mm機銃×1　重量5.5t
エンジン：6気筒85HP　最高速：路上45km/h、水上5km/h　乗員2名

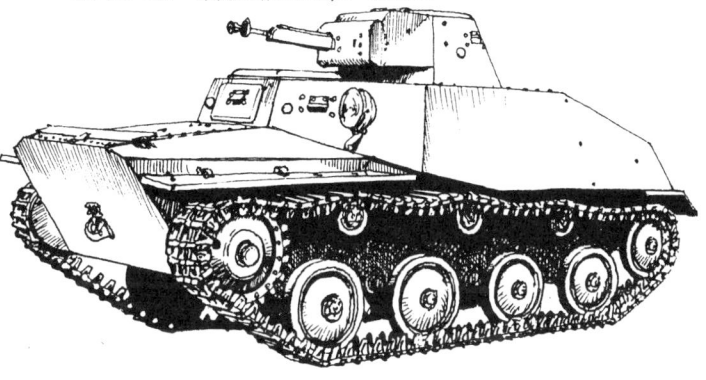

● T-60軽戦車（1941）（T-60 Light Tank）
水陸両用だったT-40の低火力と弱装甲を補うため、水上浮航性を切り捨てて本車が開発され、狙撃師団、機械化師団、戦車師団等の偵察大隊の装備戦車として活躍した。戦時下の1941年11月からT-70が登場するまで6,000両近くが作られた。前面装甲を35mmとしたT-60Aもある。
全長3.99m　全幅2.28m　全高1.75m　装甲7～20mm
武装：20mm機関砲×1、7.62mm機銃×1
重量5.75t　エンジン：GAZ-202 6気筒ガソリン85HP
最高速45km/h　航続力350km　乗員2名

● T-70軽戦車（1942）（T-70 Light Tank）
T-60は東部戦線に投入され、その教訓はT-70に生かされた。ドイツ戦車を相手に活躍するT-34中戦車と行動を共にできるように、装甲は最大で70mmとなり重量は10tにまで増加した。火力も大幅増強で45mm砲を搭載、これをT-60と同馬力のエンジン2基で走らせる。1943年秋までに8,225両が生産された。駆動輪は前で、誘導輪が後ろとなっている。
全長4.71m　全幅2.47m　全高2.02m　装甲10～70mm
武装：46口径45mm戦車砲×1、7.62mm機銃×1　重量10t
エンジン：GAZ-203 6気筒85HP×2　最高速45km/h
航続力350km

ソ連の中戦車（WWII直前）

帝政ロシアに代わったソ連は革命直後の1919年にルノーFTタンクの改良型を注文する等して陸軍の機械化に力を入れはじめ、1920年代には長期5ヶ年計画を立て、赤軍の機械化近代化を目指した。ソ連の機械化部隊の戦車は①偵察用軽戦車、②歩兵支援用軽戦車、③快速戦車、④火力支援戦車の4種類の系統に分けて開発された。

①の偵察用軽戦車は、大きな河川や湿地帯のあるソ連の風土に合せて、T-37/38、T-40などの水陸両用戦車として開発。

②はT-26のシリーズで、これはビッカースの6トン軽戦車のライセンス生産である。

③が下に見るBTシリーズの快速戦車。

④がT-28やT-35の多砲塔重戦車である。

しかし、スペイン内乱やフィンランド侵攻の教訓から②が無くなり、③、④の系統からT-34やKV戦車が登場する。ソ連は第2次世界大戦開始時の1939年に戦車保有台数が約24,000両で、これは全世界の戦車保有数の合計よりも多い世界一の戦車大国だった。

■BT（快速）戦車シリーズ

Bは快速（Bystrokhodny）、Tは戦車（Tank）のロシア語の頭文字をとったもの。アメリカのクリスティーM1931中戦車をベースにソ連が自国に合わせ改良発展させたものである。BT-2は1931年に完成した最初の量産型で、図示した37㎜砲装備の他にBT-1と同じ7.62㎜機銃2丁を装備したものもあった。BT戦車は文字通り快速で、BT-1の場合は軽いせいもあり道路では大型のゴム輪をはめたホイールで110km/h、荒地63km/hという数字が残っている。BT-3は45砲を装備したもので、一部はBT-4のプロトタイプとして作られた。BT-4は、T-26Aのような2砲塔型で27㎜砲と機銃を別砲塔に装備している。

●BT-5の構造

エンジン：V12気筒M-53
50HP　最高速52km/h
装輪走行時72km/h

●BT-5（1933）

BT-4まで少量生産であったが、BT-5は1933年からの2年間で1,884両が生産されソ連戦車部隊の中核となった。兵士からは「ベチューシカ」とか「ベトカ」というニックネームが与えられた。図は、ヘッドバンド型のアンテナを装備したもので、のちの標準となるラジオアンテナ装備のさきがけとなった。
全長5.76m　全高2.31m　全幅2.15m　装甲6～13㎜
武装：M1932 46口径45㎜戦車砲×1　重量11.5t　乗員3名

Soviet Medium Tanks and Heavy Tanks (Just before WWII)

In 1919, just after the Russian Revolution, Soviet Government which took place of Tsarist Russia started the mechanization of army by introducing improved version of Renault FT tank, and developed long term 5-Year Plans settling the mechanization and modernization of Red Army as the objective. The tanks of Soviet mechanized units were developed in the following four categories: 1. Light tanks for reconnaissance 2. Light tanks for supporting infantry 3. High speed tanks 4. Tanks for fire support

1. The amphibious tanks like T-37/38 or T-40 able to travel Russian terrain with wide rivers and marshes.
2. T-26 tank series which were the licensed version of Vickers 6-Ton Tank.
3. The BT series fast speed tanks shown below.
4. The multi-turreted heavy tanks like T-28 or T-35.

Later, based on the combat experiences of the Spanish Civil War and the Winter War, category 2 was discarded and T-34 and KV-1 emerged from category 3 and 4. In 1939, at the beginning of WWII, Soviet Union was the first tank holding state of the world with about 24,000 tanks, more than the total tanks of the rest of the world.

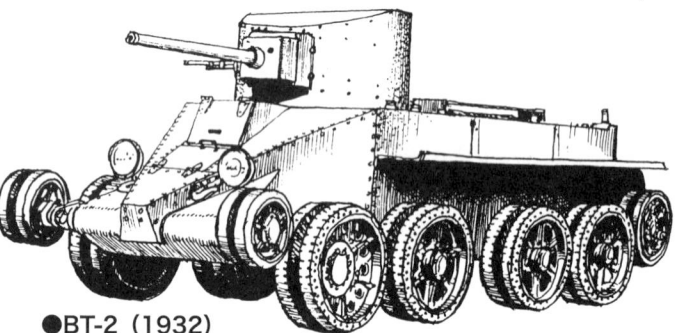

●BT-2（1932）

全長5.58m　全幅2.23m　全高2.2m　武装：37㎜戦車砲×1、7.62㎜機銃×1　重量11t　最高速52km/h、装輪走行時70km/h　乗員3名
アメリカのリバティー社の液冷12気筒エンジンを国産化して搭載。

BT (Fast Tank) Series

Russian Bystrokhodny Tank means fast tank. The origin of BT tanks was American Christie medium tank M1931 and Russians improved it to suit their geographical conditions. BT-2 was the first mass production model completed in 1931, besides the type with 37 mm gun shown in the illustration here, there was another type with two 7.62 mm machine guns like BT-1. BT tank was literally fast and in case of BT-1, thanks to its light weight, it achieved 110 km/h with the large rubber rimmed wheels on road and 63 km/h on rough terrain. BT-3 was equipped with one 45 mm gun and some of them were produced as the prototype of BT-4. BT-4 had twin turrets like T-26A, and one turret had a 27 mm gun and another had a machine gun. While the production of these BT tanks were relatively in small numbers, BT-5 was produced 1,884 units within the 2 years since 1933 and formed the backbone of Russian tank units. BT tanks were nicknamed "Betushka" or "Betka" by Russian soldiers.

●BT-7（1935）
BT-7はスペインでの戦訓で装甲が格段に増加し、重量も14t近くまで増えた。避弾経始の良い新型砲塔を搭載し、後期の型では76.2mm砲を積んだものもあり、のちのT-34への道を拓くものであった。図は新型砲塔を搭載したBT-7-2（1938年型）。
全長5.66m　全幅2.29m　全高2.42m　装甲6～22mm
武装：45mm砲×1、機関銃×2
重量13.8t　エンジン：V12 M-17T 450HP
最高速50km/h　装輪走行時72km/h　乗員3名

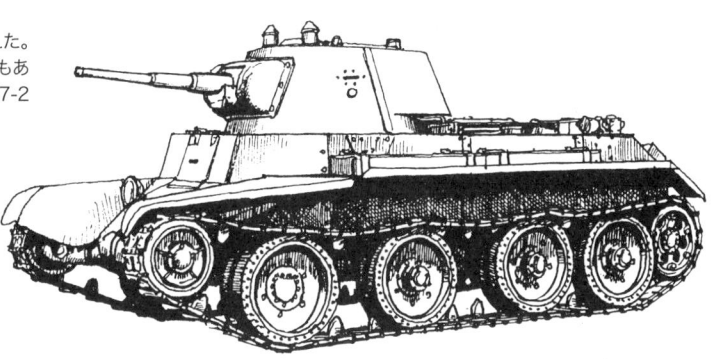

●BT-7タイヤ走行図

BT戦車シリーズは後部にエンジンと変速機があり、最後端のスプロケットが駆動輪で、タイヤ走行時はチェーンで最後部転輪左右各1輪と結ばれる。

駆動輪と第4転輪をチェーンで結んで駆動させる。

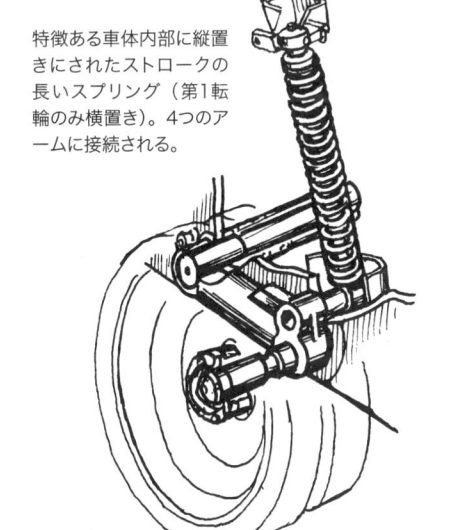

特徴ある車体内部に縦置きにされたストロークの長いスプリング（第1転輪のみ横置き）。4つのアームに接続される。

●クリスティ式懸架装置（コイルバネ式）

クリスティ式サスペンションは母国アメリカでは不遇で、ライセンスを購入したソ連とイギリスで結実している。

●BT-42（Finnish assault gun）
正式な開発車両ではないが、フィンランドが冬戦争や継続戦争で鹵獲したソ連のBT-7を改装して作り上げたのがこのBT-42自走砲だ。主砲はイギリス製のQF4.5インチ（114mm）榴弾砲で、これを搭載するため砲塔は大幅に改修されている。18両製作。フィンランドではクリスティ突撃砲と呼ばれた。
全長5.66m　全幅2.29m　全高2.70m
武装：114mm砲×1
重量15t　エンジン400HPガソリン　最大速度53km/h　乗員3名

ソ連の重戦車（WWII直前）

ソ連戦車の4つの柱のうちのひとつ、火力支援戦車は多砲塔の重戦車として開発が試みられた。重戦車とはいえその内容は意外や70tまでのものが多く、実戦主義であったことがわかる。T-100重戦車やSMK重戦車の製作や実戦での経験から、やがてオーソドックスな単砲塔のKV-1重戦車の登場となる。

Soviet Heavy Tanks (Just Before WWII)
One of four categories of Soviet tanks, fire support tank was embodied as multi-turreted heavy tank. Though categorized as heavy tank, most of them were less than 70 tons and this fact shows Russians were very practical. The experience through production of T-100 or SMK heavy tanks and their result in battles at last led to KV-1 heavy tank of usual single turret design.

戦場で活躍するT-28の想像図

●T-28中戦車（1932）(T-28 Multi-turreted Medium Tank)

1932年にプロトタイプが完成したこの中戦車は、主砲塔の他に2個の銃砲塔を持ち、左右各12個の小さな転輪を垂直支持のサスペンションで支えるという特徴あるものだった。1933年にT-28として制式化された時は砲安定装置を備えるなど当時としては先進的でもあった。武装は型式によって異なるが、副砲塔の機銃に代えて47mmの戦車砲を備えた強力なものもあった。スペイン内乱で実戦テストされフィンランド侵攻から第2次世界大戦はじめまで使われた。なお、T-28にクリスティ式サスペンションを組みこんだT-29-5も製作されたが、これは試作のみに終わった。
全長7.44m　全幅2.81m　全高2.82m　装甲20〜40mm
武装：76.2mmL16.5砲×1、7.62mm機銃×4
重量28t　エンジン500HP　最高速37km/h　乗員6名

●T-28Cの構造

1939〜40年頃に製造されたT-28の最終生産型。フィンランド戦の教訓で装甲が強化され車体前部50mm、砲塔前部80mm、重量32tとなる。B型から主砲は16.5口径76.2mm榴弾砲から24口径76.2mm戦車砲に換装された。副武装として、対空用銃架、2個の銃塔、及び主砲右側の前・後部の機関銃架に7.62mmDT型機銃を装備した。エンジンは航空機用のドイツBMW-6型を改良したM17V12気筒液冷ガソリン500HP/1450rpmを搭載。

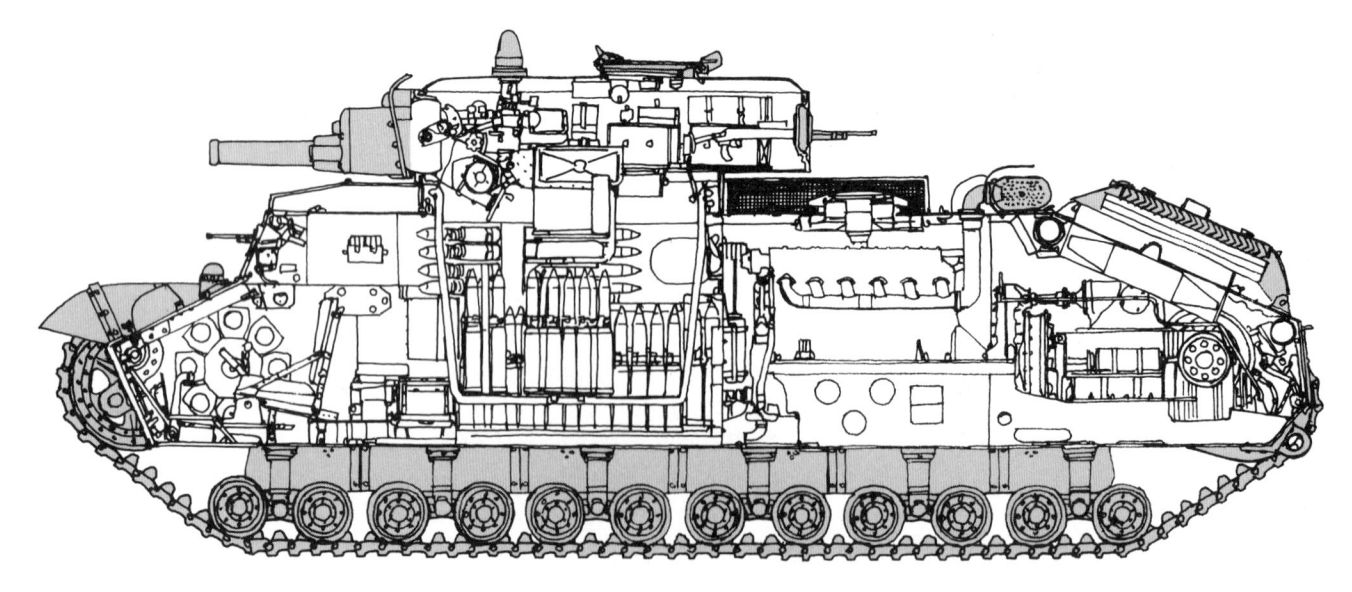

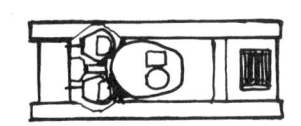

T-28 主砲塔×1、銃塔×2

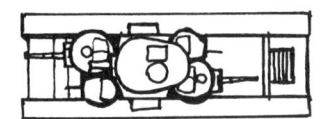

T-35 主砲塔×1、戦車砲塔×2、銃塔×2

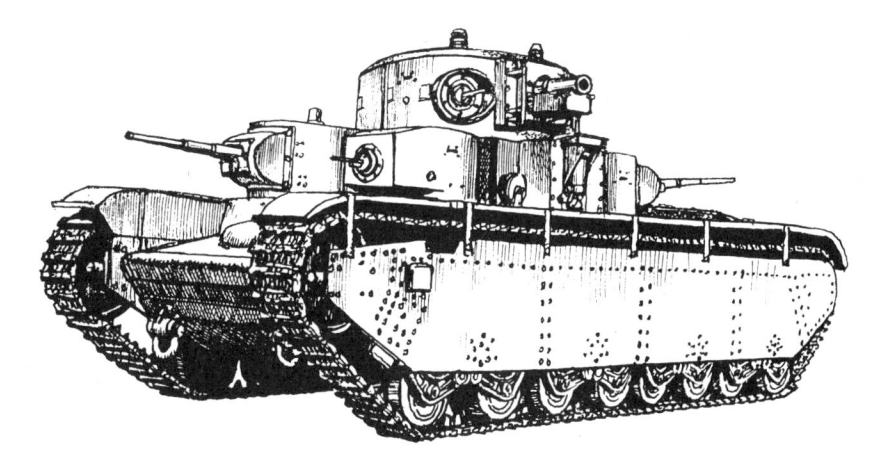

こちらは傾斜をつけた新しいデザインの主砲塔を搭載したタイプで1938年型と分類される車両。車体各部も溶接による組み立てが部分増やされていた。

●T-35重戦車（1933）（T-35 Multi-turreted heavy Tank）
T-32(T-35 1932年型とも呼ばれる)に代わって1932年に開発された重戦車。フランスの2C重戦車とイギリスのインデペンデント中戦車をモデルにした、砲塔、銃塔が5個もある多砲塔型。重武装の割には装甲が薄く、低速で機動性も悪かったので、独ソ戦ではドイツの対戦車兵器の好餌となった。
全長9.6m　全幅3.43m　全高3.2m　装甲20〜25mm
武装：76.2mmL16.5砲×1、47mmL46砲×2、7.62mm機銃×5　重量45t
エンジン：イスパノスイザM17MV12気筒500HP/2200rpm　最高速29km/h
航続力151km　乗員10名または11名

●T-100重戦車（T-100 Heavy Tank）
T-35の後継として開発された多砲塔重戦車で、開発当初は砲塔が3基だった。サスペンションはトーションバー式、転輪は小径のもの。主砲は76.2mm砲で、下部砲塔には45mm砲が搭載されたがこの旋回角度は180°に限定された。数両が試作され、1940年にフィンランド戦に投入された結果、実戦的ではないと判断され開発中止。単砲塔のKV重戦車の開発に移行していく。
全長8.93m　全幅2.97m　全高3.26m　装甲30〜60mm
武装：76.2mm砲×1、45砲mm×1、7.62mm機銃×3
重量15t　エンジン400HPガソリン　最大速度30km/h　乗員6名

●SMK重戦車（1938）（SMK Heavy Tank）
T-100と共にT-35の後継型として開発された。スペインでの戦訓を生かし装甲を厚くして1938年に登場したもの。1939年のフィンランド侵攻へ戦場実験のため投入されたが、生産台数は少ない。この頃までのソ連の重戦車は多砲塔で全長が長く、また幅に比して背が高く、戦術的にもマイナス面が多かった。この経験がKV重戦車の開発につながるわけだ。SMKはソ連共産党幹部のSergei Mironovich Kirovの名にちなんだもの。
全長9.6m　全幅3.2m　全高3.2m　装甲30〜60mm
武装：76.2mmL24砲×1、47mmL46砲×1、7.62mm機銃×3
重量45t　エンジン：BD-2V12気筒400HP/2000rpm
最高速32.2km/h　乗員7名

T-34中戦車シリーズ

　T-34はプロトタイプが1939年末に完成し、1940年6月にハリコフの工場で量産1号車が完成した。代表的な仕様のT-34/76Aは、長さ6.1m、幅3m、高さ2.45m、戦闘重量26.7t、乗員4人で、500HPディーゼルエンジン搭載、時速51.5km/hで航続距離450km（オンロード）となっている。大戦中、長く活躍した代表的な中戦車で、以下のような変遷がある。

T-34 Medium Tank Series
The prototype of T-34 was completed in late 1939, and the first production model was completed at the factory in Kharkov in June 1940. The typical specification of T-34/76A was: length 6.1 m, width 3 m, height 2.45 m, combat weight 26.7 tons, crew 4, power plant 500 hp diesel engine, range 450 km with 51.5 km/h (on road). T-34 was the most typical Soviet tank which served throughout the WWII, and their changes are shown below.

■T-34/76シリーズ（Mideum Tank T-34/76 series）

●T-34/76　1940年型（Model 1940）

30.5口径 L-11　76.2mm砲

砲塔ハッチに付いていたこの車長用ペリスコープはすぐに廃止される。

1940～1941年型ドライバーズハッチ

ドライバー用のペリスコープは全部で3基装備していた。

1940年型の鋳造砲塔ハッチは大型の1枚板だ。

1940年型の主砲防盾リコイルシリンダーが上にあるためこのシリーズの中でも独特の形状となっている。

PT-47 ペリスコープ

●T-34/76　1941年型（Model 1941）

装填手用ペリスコープ増設

1941年2月生産開始。当初は指揮官用として1940年型と並行して生産された。長砲身の40口径F-34 76.2mm砲を装備。主砲の換装にともない防盾形状が大きく変化した。1940年型と41年型はハリコフ、レニングラード、スターリングラードで合計1,225両が生産された。

車体後部に付けられる予備燃料タンク。これは大型のもの。

鋳造砲塔　1941/42年型砲塔

ベンチレーター

ピストルポート

砲塔後面が平面板型。

各部を簡略化し生産性を向上させた戦時生産タイプ。

熔接砲塔

簡易式装填手用ペリスコープ

前面下部が斜めに削られている。この砲塔170基はトーチカとしてスターリングラードで使用され、ドイツ軍を苦しめた。

1940～41年型車体後部

テールライト

エンジン室の側面グリルはタテに仕切られている。

トランスミッション用点検ハッチは角型

1942年型

丸みがなくなり鋭角的な結合型となる。点検ハッチは丸型になった。

小型タイプの予備タンク

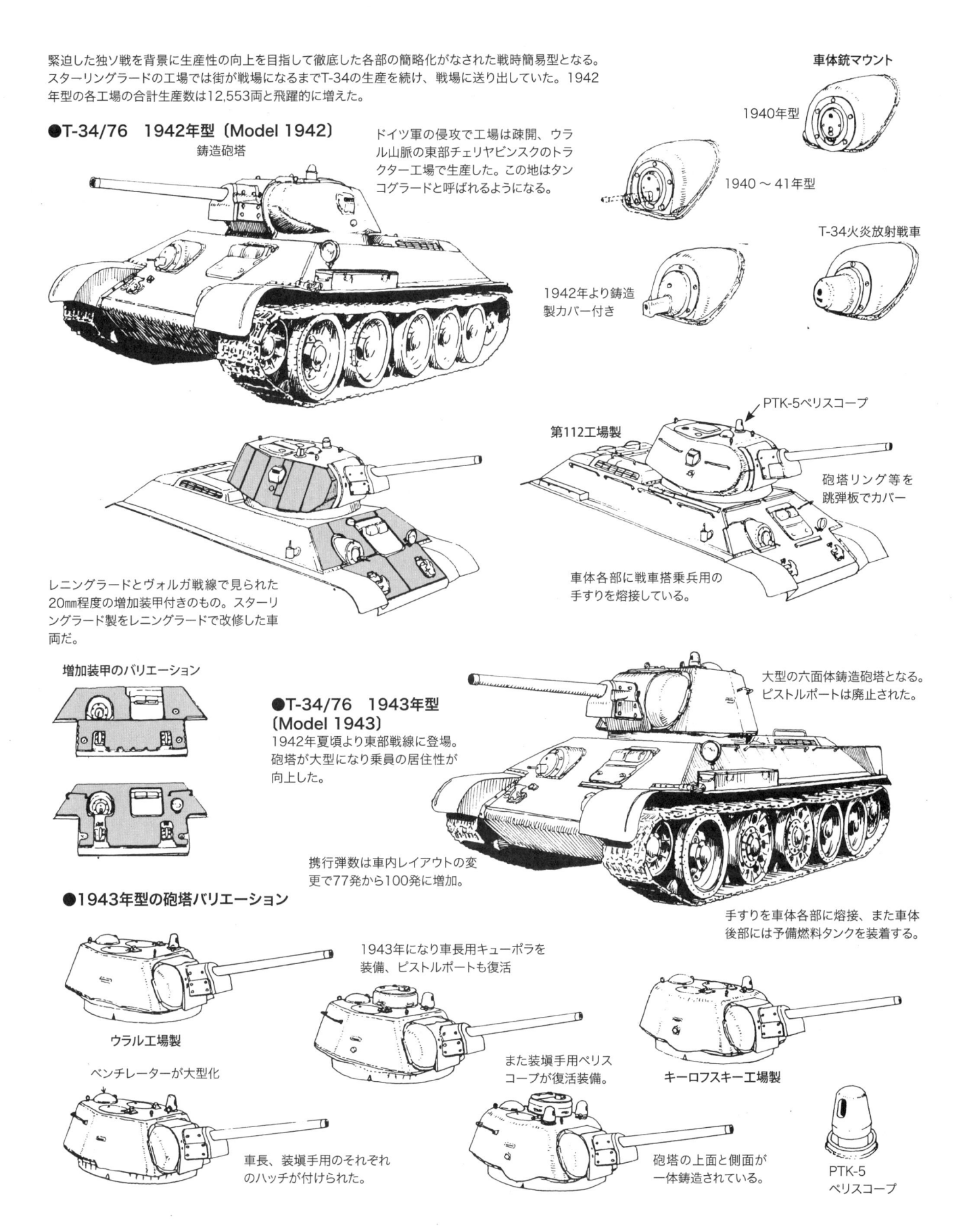

緊迫した独ソ戦を背景に生産性の向上を目指して徹底した各部の簡略化がなされた戦時簡易型となる。スターリングラードの工場では街が戦場になるまでT-34の生産を続け、戦場に送り出していた。1942年型の各工場の合計生産数は12,553両と飛躍的に増えた。

車体銃マウント

1940年型

1940～41年型

T-34火炎放射戦車

●T-34/76 1942年型（Model 1942）
鋳造砲塔

ドイツ軍の侵攻で工場は疎開、ウラル山脈の東部チェリヤビンスクのトラクター工場で生産した。この地はタンコグラードと呼ばれるようになる。

1942年より鋳造製カバー付き

レニングラードとヴォルガ戦線で見られた20mm程度の増加装甲付きのもの。スターリングラード製をレニングラードで改修した車両だ。

第112工場製

PTK-5ペリスコープ

砲塔リング等を跳弾板でカバー

車体各部に戦車搭乗兵用の手すりを熔接している。

増加装甲のバリエーション

●T-34/76 1943年型（Model 1943）
1942年夏頃より東部戦線に登場。砲塔が大型になり乗員の居住性が向上した。

大型の六面体鋳造砲塔となる。ピストルポートは廃止された。

携行弾数は車内レイアウトの変更で77発から100発に増加。

手すりを車体各部に熔接、また車体後部には予備燃料タンクを装着する。

●1943年型の砲塔バリエーション

ウラル工場製

ベンチレーターが大型化

1943年になり車長用キューポラを装備、ピストルポートも復活

また装填手用ペリスコープが復活装備。

車長、装填手用のそれぞれのハッチが付けられた。

キーロフスキー工場製

砲塔の上面と側面が一体鋳造されている。

PTK-5ペリスコープ

113

■T-34/85シリーズ（T-34/85 series）

1943年、T-34は主砲を85mmに強化し、乗員も5名となり重量は32tと増加したT-34/85へと進化する。このタイプは終戦後も生産され、50年代半ばまでソ連陸軍の現役だった。また友好国で広く使われた。

T-34/85
The armament of T-34 was improved as shown below, and crew increased to 5 and weight reached to 32 tons. The production of T-34/85 continued after the end of the war, and they served Red Army until middle of 1950s'. They were also widely used by Communist Bloc and other friendly countries.

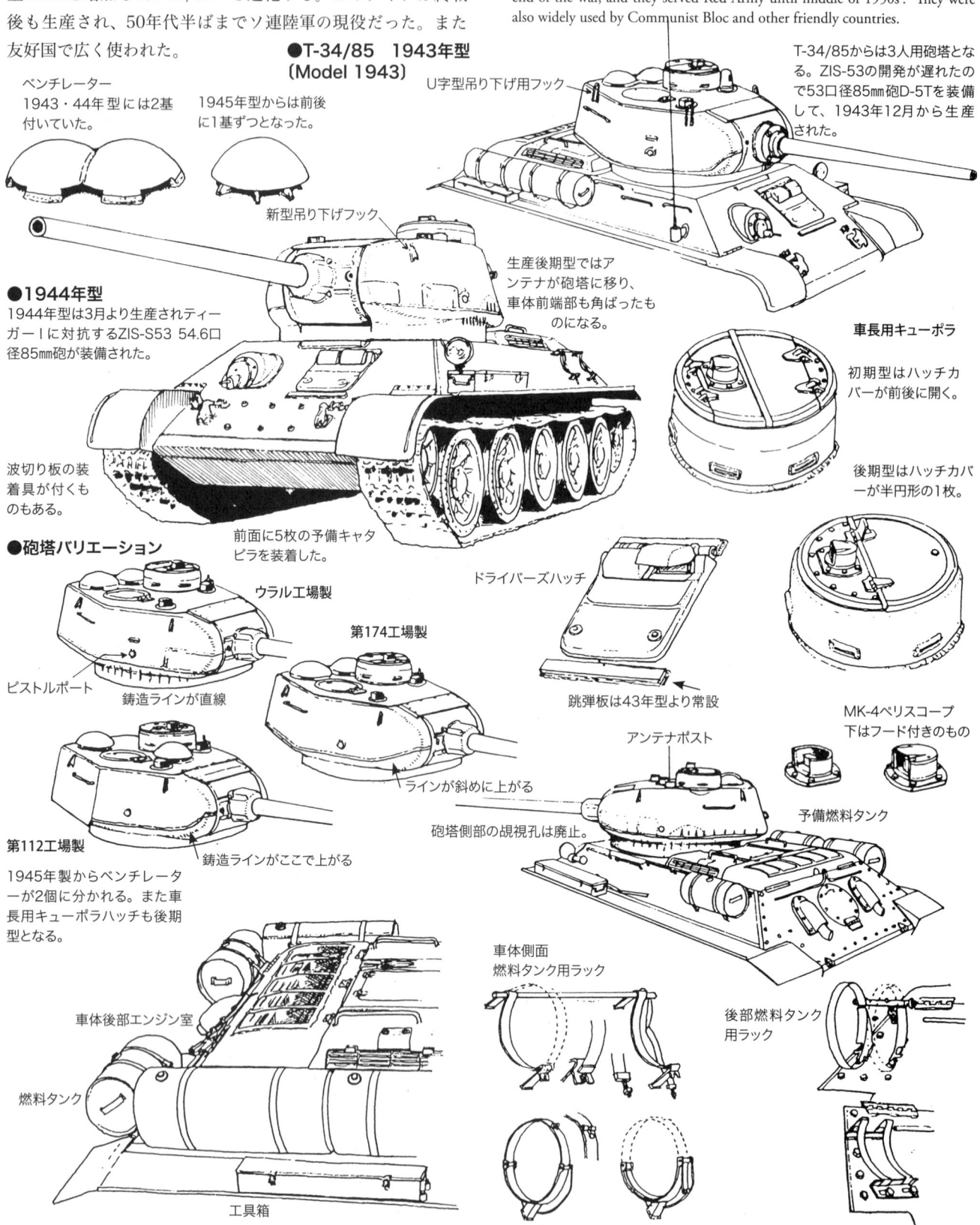

●T-34/85 1943年型 (Model 1943)

T-34/85からは3人用砲塔となる。ZIS-53の開発が遅れたので53口径85mm砲D-5Tを装備して、1943年12月から生産された。

ベンチレーター
1943・44年型には2基付いていた。

1945年型からは前後に1基ずつとなった。

U字型吊り下げ用フック

新型吊り下げフック

●1944年型
1944年型は3月より生産されティーガーIに対抗するZIS-S53 54.6口径85mm砲が装備された。

生産後期型ではアンテナが砲塔に移り、車体前端部も角ばったものになる。

車長用キューポラ

初期型はハッチカバーが前後に開く。

後期型はハッチカバーが半円形の1枚。

波切り板の装着具が付くものもある。

●砲塔バリエーション

前面に5枚の予備キャタピラを装着した。

ウラル工場製
ピストルポート
鋳造ラインが直線

第174工場製
ラインが斜めに上がる

ドライバーズハッチ

跳弾板は43年型より常設

MK-4ペリスコープ
下はフード付きのもの

第112工場製
1945年製からベンチレーターが2個に分かれる。また車長用キューポラハッチも後期型となる。

鋳造ラインがここで上がる

アンテナポスト
砲塔側部の覘視孔は廃止。

予備燃料タンク

車体後部エンジン室
燃料タンク

車体側面
燃料タンク用ラック

後部燃料タンク用ラック

工具箱

■T-34のディティール
●防盾バリエーション

T-34/76

1941年型

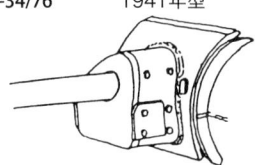

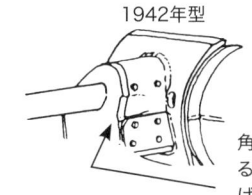

1942年型
角ばっているものもある。照準鏡の視野を広げるため少し削られる。

1942年型スターリングラード製
前方にとがっている。

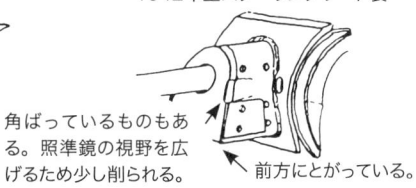

1943年型
砲耳部が別パーツとなり、砲塔に熔接されるようになる。

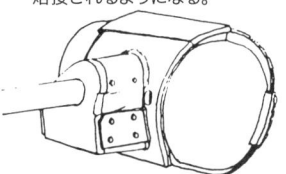

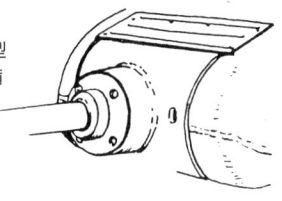

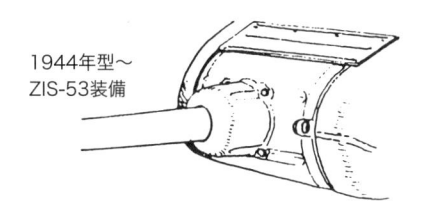

T-34/85

1943年型 D-5T装備

1944年型～ ZIS-53装備

T-34/85の44年型は砲身基部のカバーのふくらみが小さいものと大きいものがあり、小さいものが標準型のようだ。

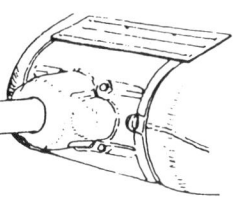

●牽引用シャックル

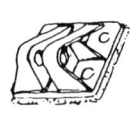

1940～1941年型

初期型

後期型 1942年以降のシャックル

●誘導輪
基部にキャタピラ張度調整装置がある。

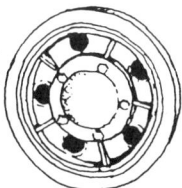

初期型ゴムタイヤ付き。

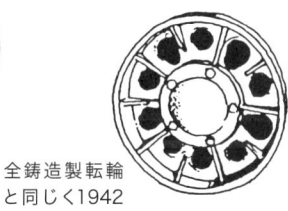

全鋳造製転輪と同じく1942年型のスターリングラード製のT-34に多く見られる。

●起動輪
内側のローラーとキャタピラのセンターガイドを噛み合わせキャタピラを駆動させる。

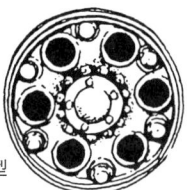

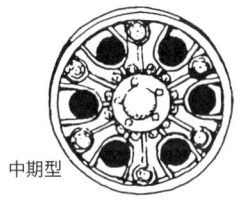

初期型　　中期型　　後期型

●転輪
クリスティ式大直径の転輪で、生産時期や工場によって形の違いがあるが、互換性は保たれている。

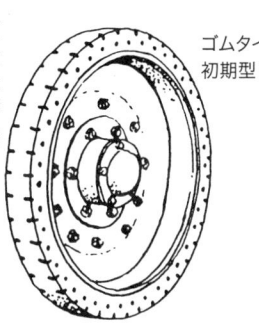

ゴムタイヤ付き初期型

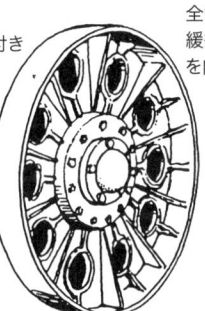

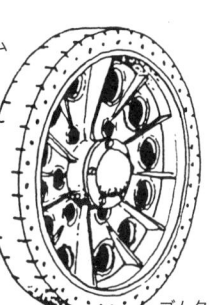

全鋳造製緩衝用ゴムを内蔵

ゴムタイヤ付き後期型

●キャタピラ　シングルピン・シングルガイドの鋳造製。片側74枚使用。

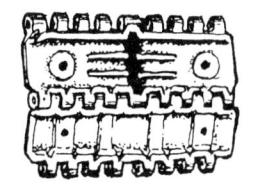

旧型550mm履帯　　新型550mm履帯　　500mm履帯　　旧型500mm履帯

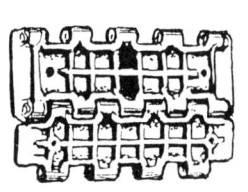

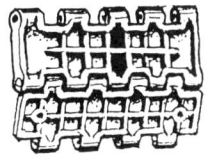

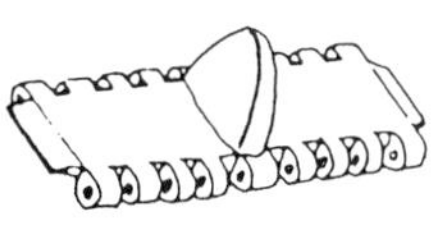

防滑用

旧型はリンク同士のかみ合わせが多いセンターガイドは1枚おきに付く。

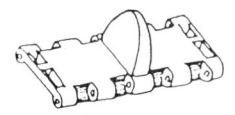

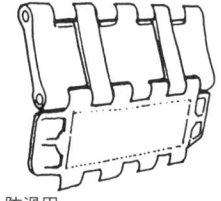

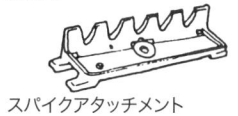

スパイクアタッチメント

T-34の構造

　T-34は第2次世界大戦時の最も重要な戦車であり、のちに与えた影響の強い戦車でもある。西側の戦車に比較して、そのメカニズムは洗練されているとは言い難いが、エンジンやサスペンションは信頼するに足るものだった。低いシルエット、低い接地圧、主砲の威力とどれをとっても当時の戦車では抜群で、正面から見ると砲塔から両側面にかけて大きく傾斜が付いており避弾経始も抜きん出て良好であった。搭載した全周旋回砲塔は最も成功したデザインで、1940年に登場した時は熔接であったが組立が複雑で、すぐに鋳造砲塔に変わった。T-34/76とT-34/85という呼称は西側で主砲の違いから区分したもので、独ソ戦の経験から常に改良はされていた。ドイツの50mm対戦車砲が登場するとすぐに装甲を増して対応し、1942年には主砲が長砲身のF34に変わる。このような変化は西側の呼称ではT-34/76AからF型までの区別となる。1943年に登場したT-34/85は、KV-85重戦車の主砲と砲塔を大型化して搭載したもの。T-34のシリーズは設計上量産が容易で、大戦中4万両近くが生産され、その高性能と共に独ソ戦の、ひいてはヨーロッパ戦線の帰趨を決したといっても過言ではない。

The Structure of T-34
T-34 was one of the most important tanks in WWII which gave greatest influence to the later tank design in the history of tanks. Though the mechanism of T-34 was not sophisticated compared with western tanks, the reliability of its engine and suspension was sufficient. Its low silhouette, low ground pressure and firepower were outstanding among the current tanks at that time, and the sloped armor adopted at the turret and the hull sides formed excellent glacis plates. The fully traversing turret was one of most successful feature of T-34 and though the first turret adopted in 1940 had complicated welded structure, it was immediately changed to cast type to improve productivity. The names T-34/76 or T-34/85 were used by western side and the improvement of firepower was continued constantly through the battle experiences with Germans. As Germans deployed 50 mm AT gun, Russians also reinforced their armor at once, and the main gun was changed to F34 with longer barrel. These changes corresponded with the western names from T-34/76A to F. The T-34/85 in 1943 was armed with the main gun of KV-85 in the newly designed larger turret. The simple design of T-34 enabled easier mass production and nearly 40,000 T-34s were produced during the WWII and along with their excellent performance, it is no exaggeration to say that T-34 concluded the outcome of the Russo-German Conflict and thus concluded that of European Theater.

①履帯アジャスター
②無線手席
③アクセル
④エア・スターター用ボンベ
⑤ブレーキ
⑥エア・プレッシャー・ポンプ
⑦エスケープ・ハッチ
⑧サスペンション・スプリング
⑨変速レバー
⑩予備機銃弾薬
⑪クラッチ・ペダル
⑫操縦手席
⑬回転計
⑭速度計
⑮機銃発射ペダル
⑯主砲発射ペダル
⑰ハッチ開閉助力装置
⑱ハッチ開閉ハンドル
⑲無線器
⑳コントロール・パネル
㉑動力旋回加減抵抗器
㉒照準ペリスコープ・リンケージ
㉓直接照準眼鏡
㉔照準ペリスコープ
㉕予備機銃弾薬
㉖ピストルポート
㉗動力旋回ギアボックス
㉘俯仰ハンドル
㉙ヒューズ・ボックス
㉚車長、砲手席
㉛燃料タンク
㉜ラジエター
㉝B2-34 12気筒水冷ディーゼル・エンジン
㉞エアクリーナー
㉟排気管
㊱トランスミッション

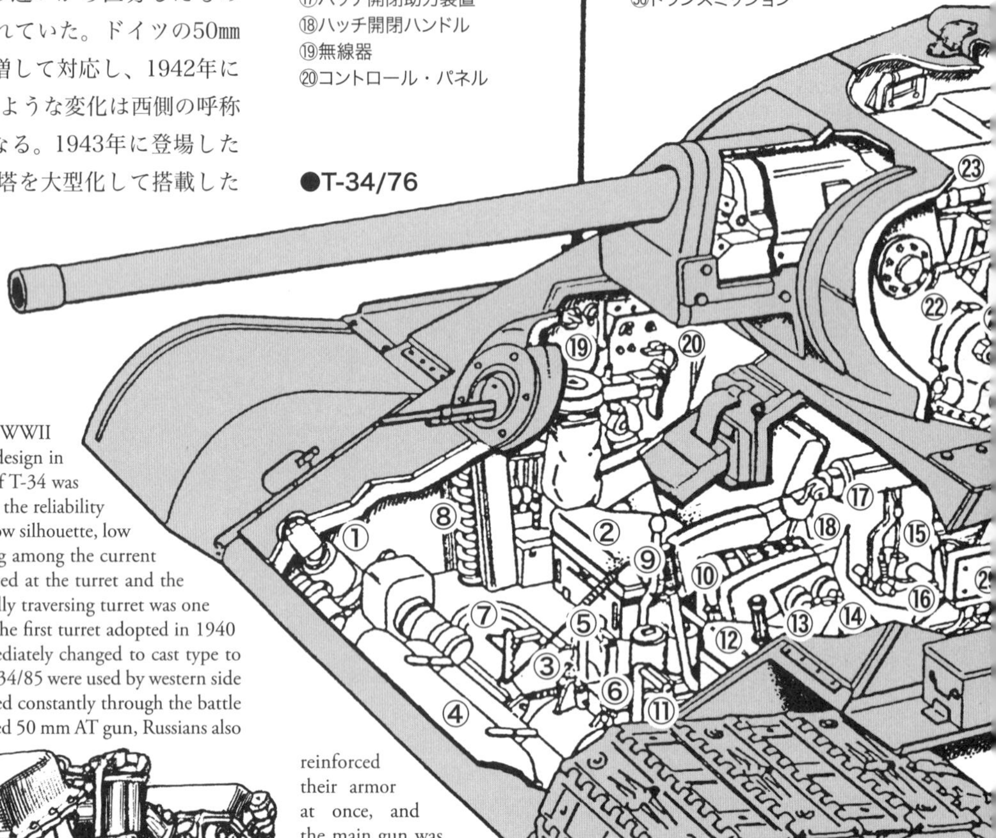

●T-34/76

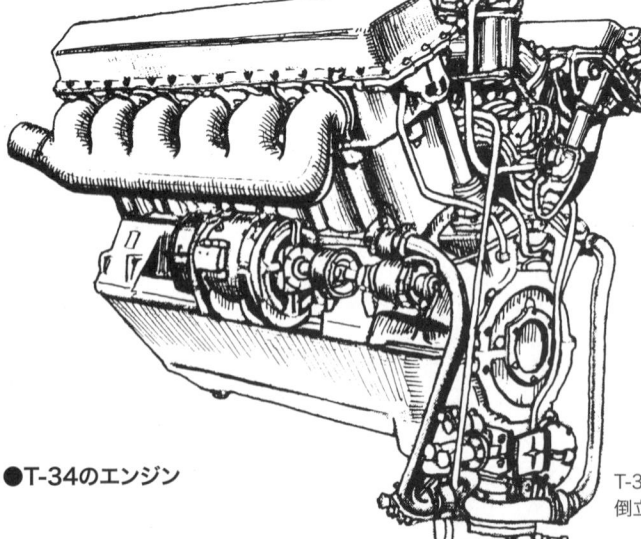

●T-34のエンジン

T-34の車体の半分近くを占める機関室に納められていた倒立V型12気筒エンジン。T-34/85も基本的に一緒だ。

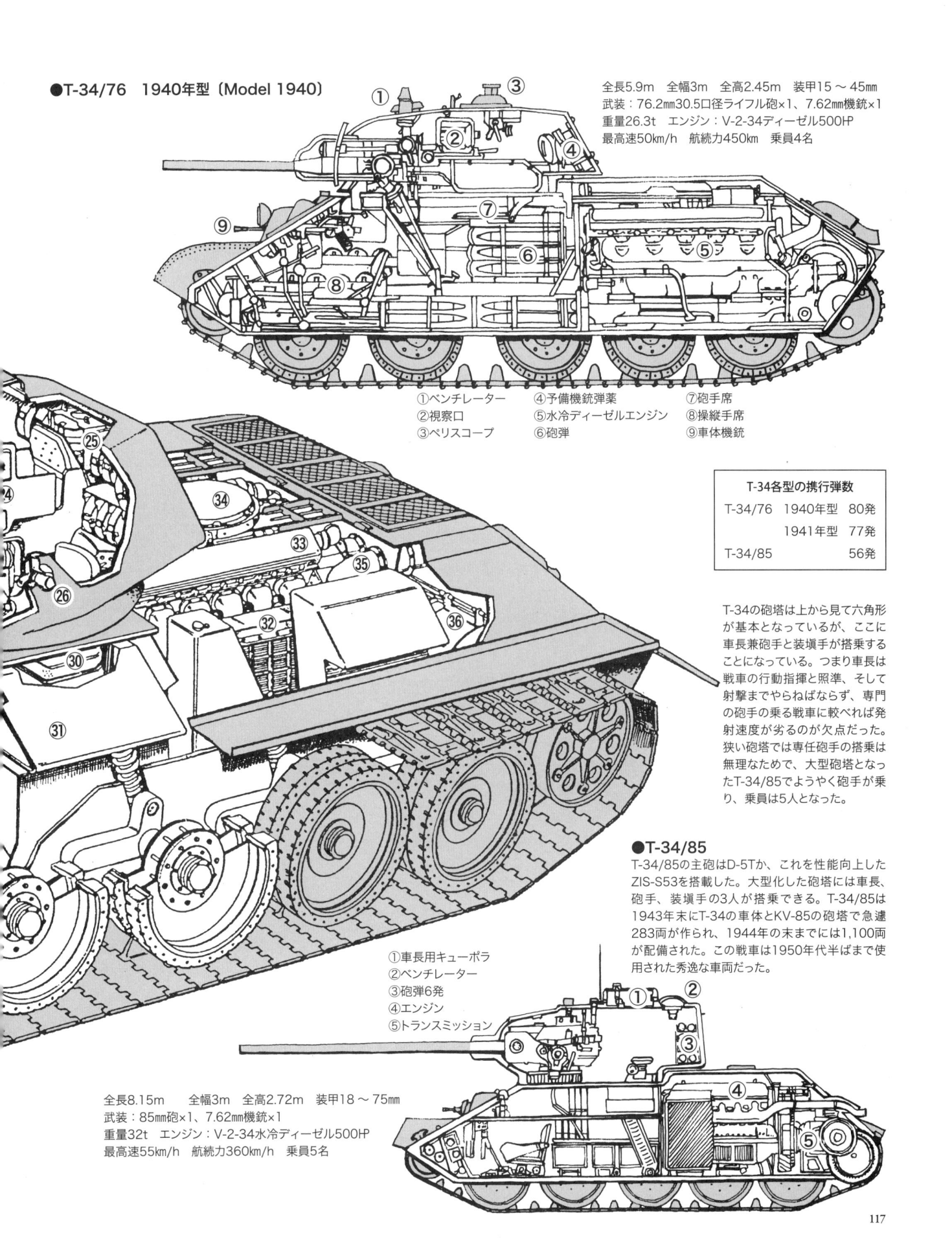

● T-34/76 1940年型（Model 1940）

全長5.9m 全幅3m 全高2.45m 装甲15～45mm
武装：76.2mm30.5口径ライフル砲×1、7.62mm機銃×1
重量26.3t エンジン：V-2-34ディーゼル500HP
最高速50km/h 航続力450km 乗員4名

①ベンチレーター　④予備機銃弾薬　⑦砲手席
②視察口　　　　　⑤水冷ディーゼルエンジン　⑧操縦手席
③ペリスコープ　　⑥砲弾　　　　　⑨車体機銃

T-34各型の携行弾数	
T-34/76 1940年型	80発
1941年型	77発
T-34/85	56発

T-34の砲塔は上から見て六角形が基本となっているが、ここに車長兼砲手と装填手が搭乗することになっている。つまり車長は戦車の行動指揮と照準、そして射撃までやらねばならず、専門の砲手の乗る戦車に較べれば発射速度が劣るのが欠点だった。狭い砲塔では専任砲手の搭乗は無理なためで、大型砲塔となったT-34/85でようやく砲手が乗り、乗員は5人となった。

● T-34/85

T-34/85の主砲はD-5Tか、これを性能向上したZIS-S53を搭載した。大型化した砲塔には車長、砲手、装填手の3人が搭乗できる。T-34/85は1943年末にT-34の車体とKV-85の砲塔で急遽283両が作られ、1944年の末までには1,100両が配備された。この戦車は1950年代半ばまで使用された秀逸な車両だった。

①車長用キューポラ
②ベンチレーター
③砲弾6発
④エンジン
⑤トランスミッション

全長8.15m 全幅3m 全高2.72m 装甲18～75mm
武装：85mm砲×1、7.62mm機銃×1
重量32t エンジン：V-2-34水冷ディーゼル500HP
最高速55km/h 航続力360km/h 乗員5名

117

T-34/76の内部

　出現当時、ドイツ軍に衝撃を与えたT-34だが、その砲塔内部が狭く車長が砲手を兼ねなければならない、満足に外を見ることができないなどさまざまな問題も抱えていた。

The Interior of T-34/76
Though the emergence of T-34 shocked Germans, the space inside its turret was very narrow and the commander had to fulfill gunner's role as well. There were many shortages such as poor observation capability.

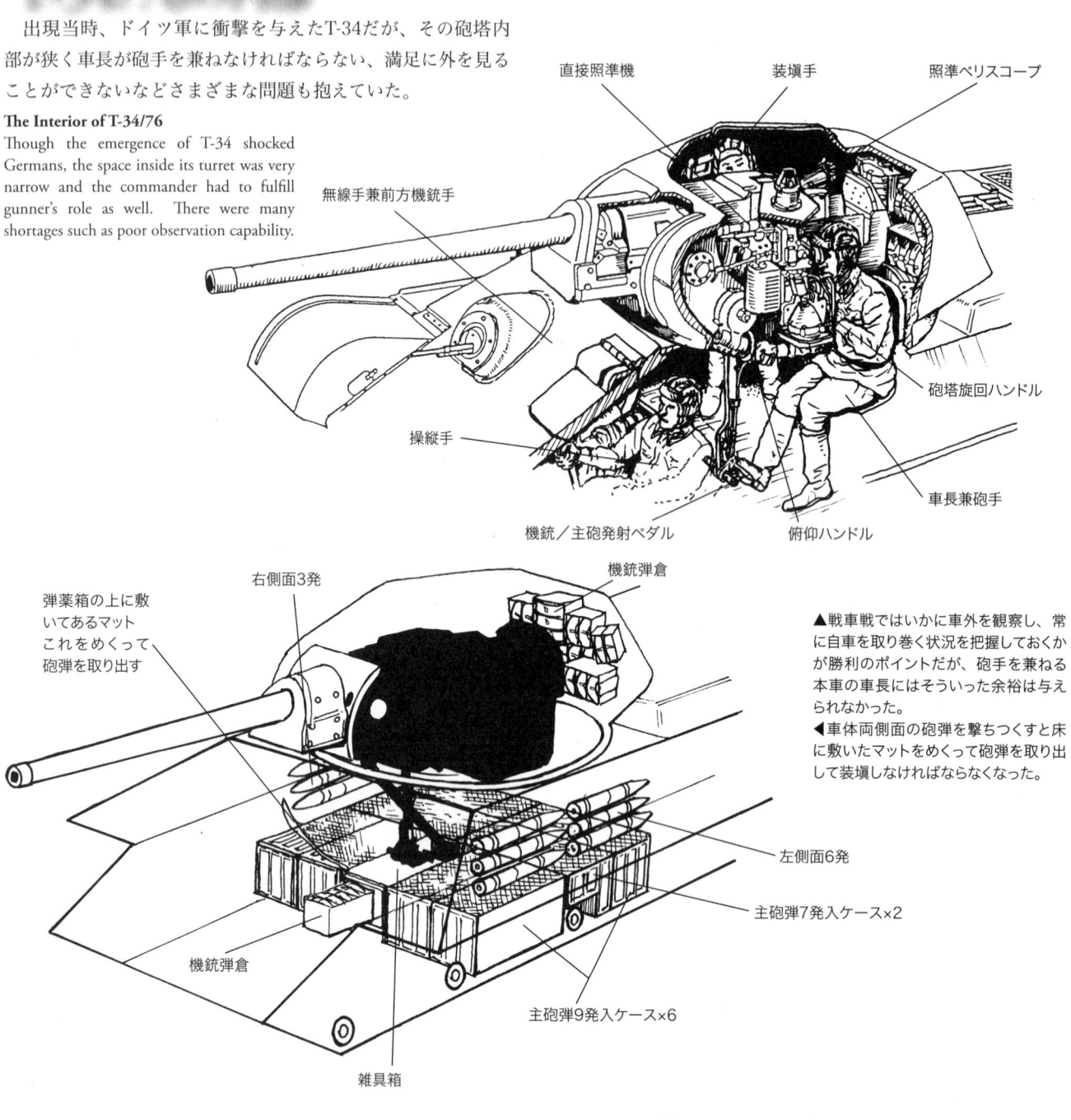

直接照準機　装填手　照準ペリスコープ
無線手兼前方機銃手
操縦手
機銃／主砲発射ペダル
砲塔旋回ハンドル
車長兼砲手
俯仰ハンドル

弾薬箱の上に敷いてあるマットこれをめくって砲弾を取り出す
右側面3発
機銃弾倉
左側面6発
主砲弾7発入ケース×2
主砲弾9発入ケース×6
機銃弾倉
雑具箱

▲戦車戦ではいかに車外を観察し、常に自車を取り巻く状況を把握しておくかが勝利のポイントだが、砲手を兼ねる本車の車長にはそういった余裕は与えられなかった。
◀車体両側面の砲弾を撃ちつくすと床に敷いたマットをめくって砲弾を取り出して装填しなければならなくなった。

●42口径76.2mm砲F-34の砲架と砲尾
　T-34/76が搭載したもっともポピュラーな主砲。俯仰角度は-3°〜+30°で、発砲は車長兼砲手が発射ペダルを踏んで行なった。III号戦車、IV号戦車との対峙では有利な砲戦を展開できたが、ティーガーIには歯が立たず、85mm砲装備のT-34/85が出現する。

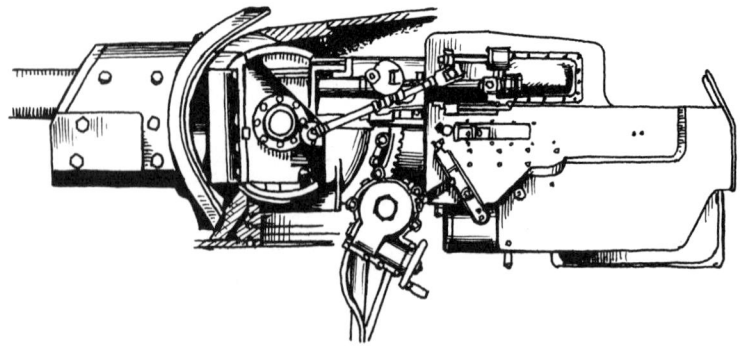

ソ連戦車の特殊な車外品の例

T-34に限らず、ソ連戦車に見られた特殊な車載品の例を紹介する。どれも実戦に則したものばかりだ。

Unique On-Vehicle Equipments of Soviet Tanks
These are the on-vehicle equipments of Soviet tanks including T-34. Each was equipped for acute practical need.

泥濘地脱出用の丸太束

※これはKV-1の例。

キャタピラを使って脱出

これは当時の写真に見られた作戦中のT-34/76の例。信頼性の低いミッションの予備を車体後部に搭載して、故障に備えたようだ。

予備ミッション

車体側面にブレーキディスクを搭載した例も見られた。

予備ブレーキディスク

KV重戦車シリーズ

　T-35のような多砲塔式重戦車を愛用したソ連が、新型重戦車として1939年に開発したのがKV型である。その装甲防禦力は大きく、ドイツ軍には強敵となった。最大77mm厚の装甲は、独ソ戦開始当時のドイツ軍の37mm、50mm対戦車砲では歯が立たず、88mm高射砲や野砲を使って対抗するしかなかった。

KV Heavy Tank Series
The Red Army which used extensively multi-turreted heavy tank like T-35 developed a new heavy tank KV-1 in 1939. Its armor protection was so heavy that it sometimes barred the advance of German army. The maximum armor thickness was 77 mm and German 37 mm and 50 mm AT gun at the beginning of the campaign could not penetrate it, and only 88 mm AA gun or large field guns could destroy KV-1.

全長6.88m　全幅3.32m　全高2.71m
乗員5名

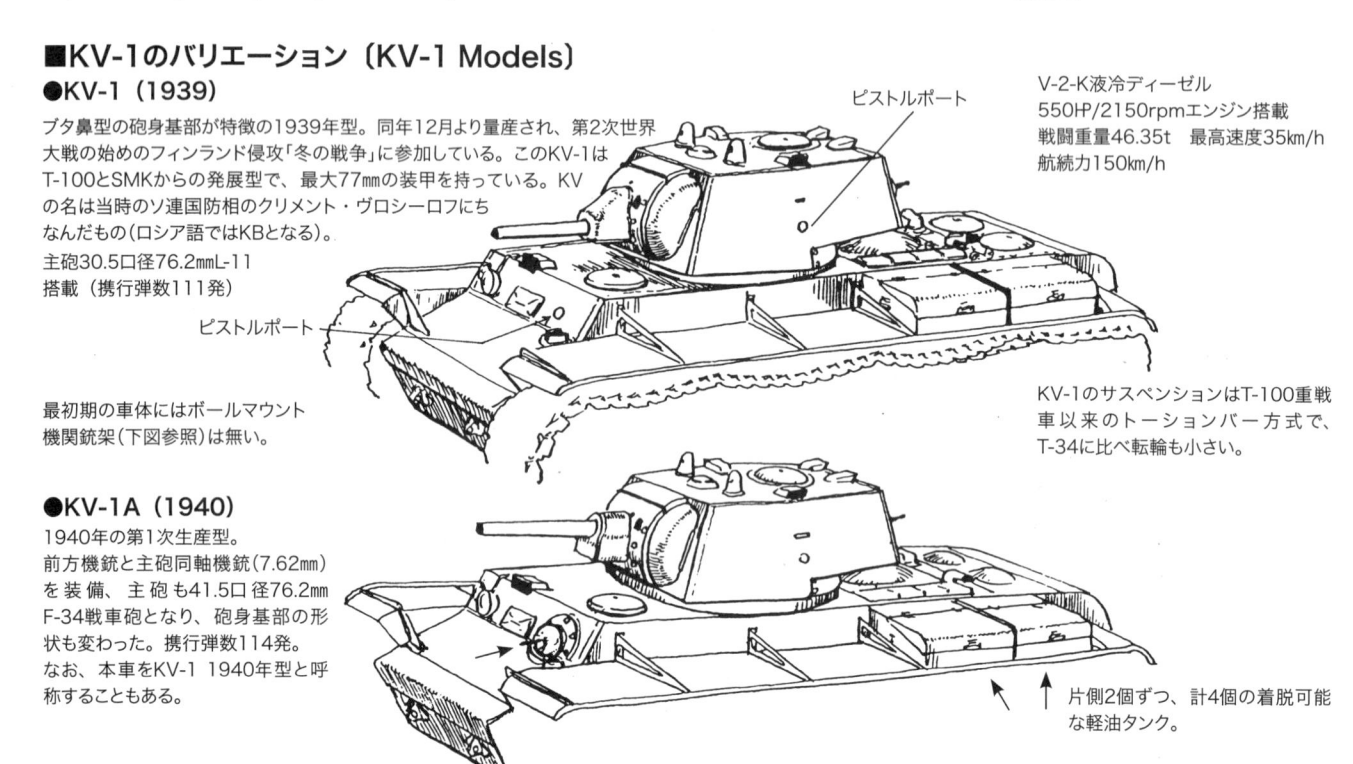

■KV-1のバリエーション（KV-1 Models）

●KV-1（1939）

ブタ鼻型の砲身基部が特徴の1939年型。同年12月より量産され、第2次世界大戦の始めのフィンランド侵攻「冬の戦争」に参加している。このKV-1はT-100とSMKからの発展型で、最大77mmの装甲を持っている。KVの名は当時のソ連国防相のクリメント・ヴォロシーロフにちなんだもの（ロシア語ではKBとなる）。
主砲30.5口径76.2mmL-11搭載（携行弾数111発）

最初期の車体にはボールマウント機関銃架（下図参照）は無い。

ピストルポート
ピストルポート

V-2-K液冷ディーゼル 550HP/2150rpmエンジン搭載
戦闘重量46.35t　最高速度35km/h
航続力150km/h

KV-1のサスペンションはT-100重戦車以来のトーションバー方式で、T-34に比べ転輪も小さい。

●KV-1A（1940）

1940年の第1次生産型。前方機銃と主砲同軸機銃（7.62mm）を装備、主砲も41.5口径76.2mm F-34戦車砲となり、砲身基部の形状も変わった。携行弾数114発。なお、本車をKV-1 1940年型と呼称することもある。

片側2個ずつ、計4個の着脱可能な軽油タンク。

●KV-1B（1941）

1940/41年型の装甲強化型「アップリケ」25mmから35mmの装甲板をボルト止めした。車体前面が110mm厚、側面75～110mm厚、また砲塔側面が110mmの装甲となった。しかしこの改修はあまり成功とはいえず、重量増加の割りには防禦能力は向上せず、かえって走行性能が悪くなった（最高速28km/hという）。

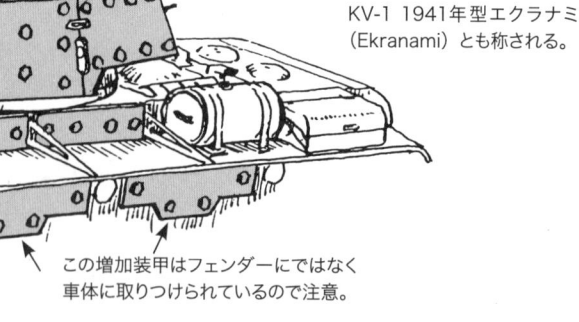

KV-1 1941年型エクラナミ（Ekranami）とも称される。

この増加装甲はフェンダーにではなく車体に取りつけられているので注意。

●KV-1C

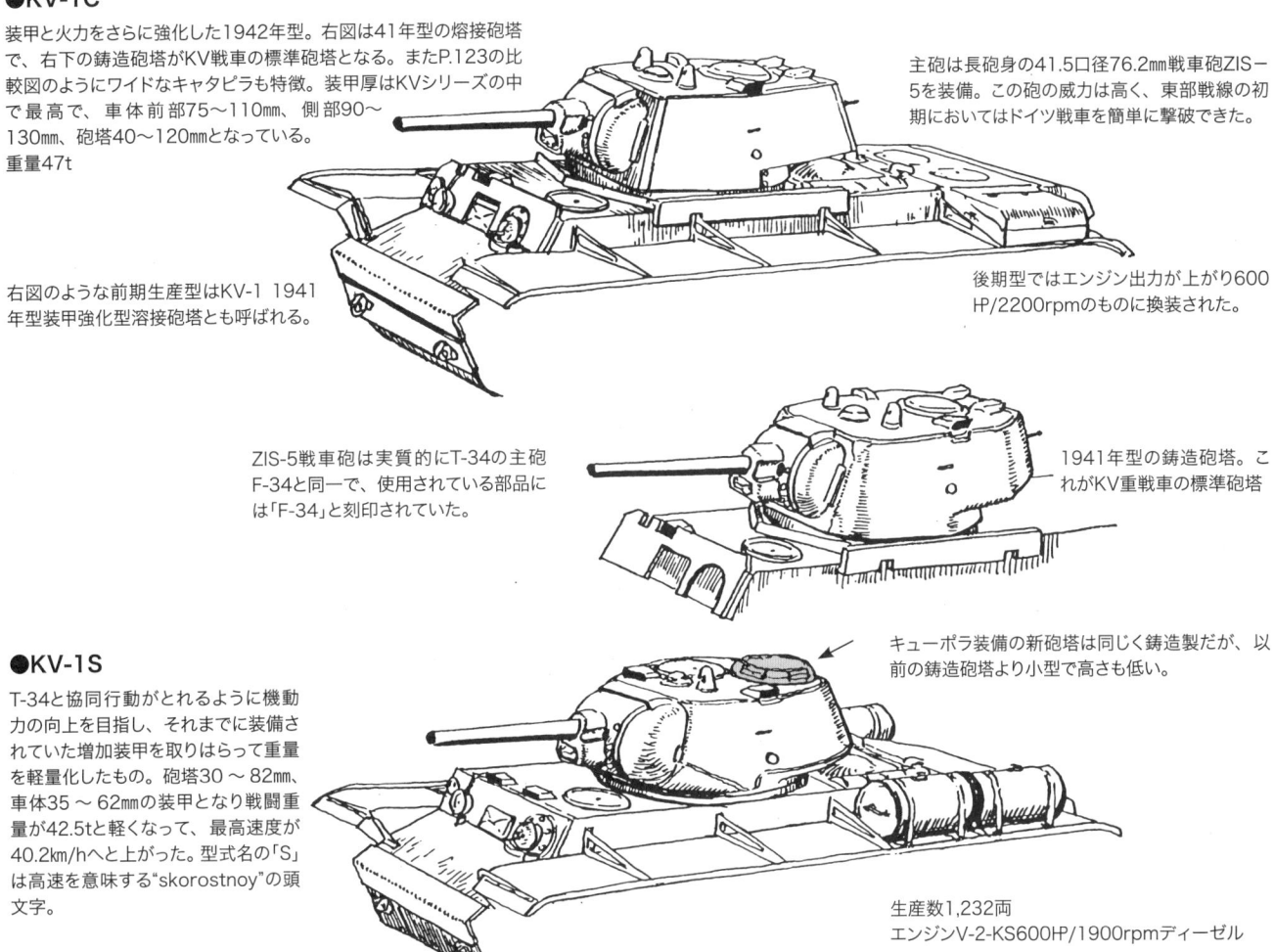

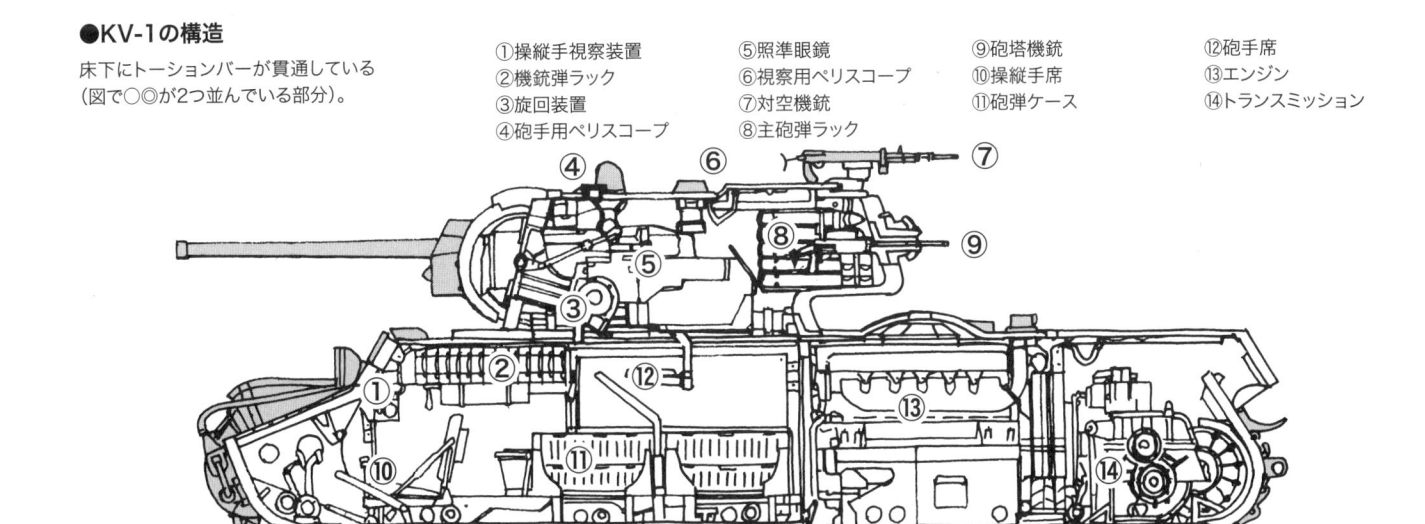

装甲と火力をさらに強化した1942年型。右図は41年型の熔接砲塔で、右下の鋳造砲塔がKV戦車の標準砲塔となる。またP.123の比較図のようにワイドなキャタピラも特徴。装甲厚はKVシリーズの中で最高で、車体前部75～110mm、側部90～130mm、砲塔40～120mmとなっている。
重量47t

主砲は長砲身の41.5口径76.2mm戦車砲ZIS-5を装備。この砲の威力は高く、東部戦線の初期においてはドイツ戦車を簡単に撃破できた。

右図のような前期生産型はKV-1 1941年型装甲強化型溶接砲塔とも呼ばれる。

後期型ではエンジン出力が上がり600HP/2200rpmのものに換装された。

ZIS-5戦車砲は実質的にT-34の主砲F-34と同一で、使用されている部品には「F-34」と刻印されていた。

1941年型の鋳造砲塔。これがKV重戦車の標準砲塔

●KV-1S

T-34と協同行動がとれるように機動力の向上を目指し、それまでに装備されていた増加装甲を取りはらって重量を軽量化したもの。砲塔30～82mm、車体35～62mmの装甲となり戦闘重量が42.5tと軽くなって、最高速度が40.2km/hへと上がった。型式名の「S」は高速を意味する"skorostnoy"の頭文字。

キューポラ装備の新砲塔は同じく鋳造製だが、以前の鋳造砲塔より小型で高さも低い。

生産数1,232両
エンジンV-2-KS600HP/1900rpmディーゼル

●KV-1の構造

床下にトーションバーが貫通している（図で○◎が2つ並んでいる部分）。

①操縦手視察装置
②機銃弾ラック
③旋回装置
④砲手用ペリスコープ
⑤照準眼鏡
⑥視察用ペリスコープ
⑦対空機銃
⑧主砲弾ラック
⑨砲塔機銃
⑩操縦手席
⑪砲弾ケース
⑫砲手席
⑬エンジン
⑭トランスミッション

■KV-2

KV-1のシャシーを流用して大型砲塔を搭載した重火器支援歩兵用戦車。KV-1シリーズの生産と並行して作られた。20口径152mm榴弾砲を装備。KV-1Aの車体を利用したのがKV-2A、同じくKV-1Bのシャシーを使うのがKV-2B。

KV-2
This heavy tank utilized the chassis of KV-1 and mounted a large turret with one 152 mm L/20 howitzer to support infantry. They were produced along with KV-1 series. KV-2A used the chassis of KV-1A and KV-2B used that of KV-1B.

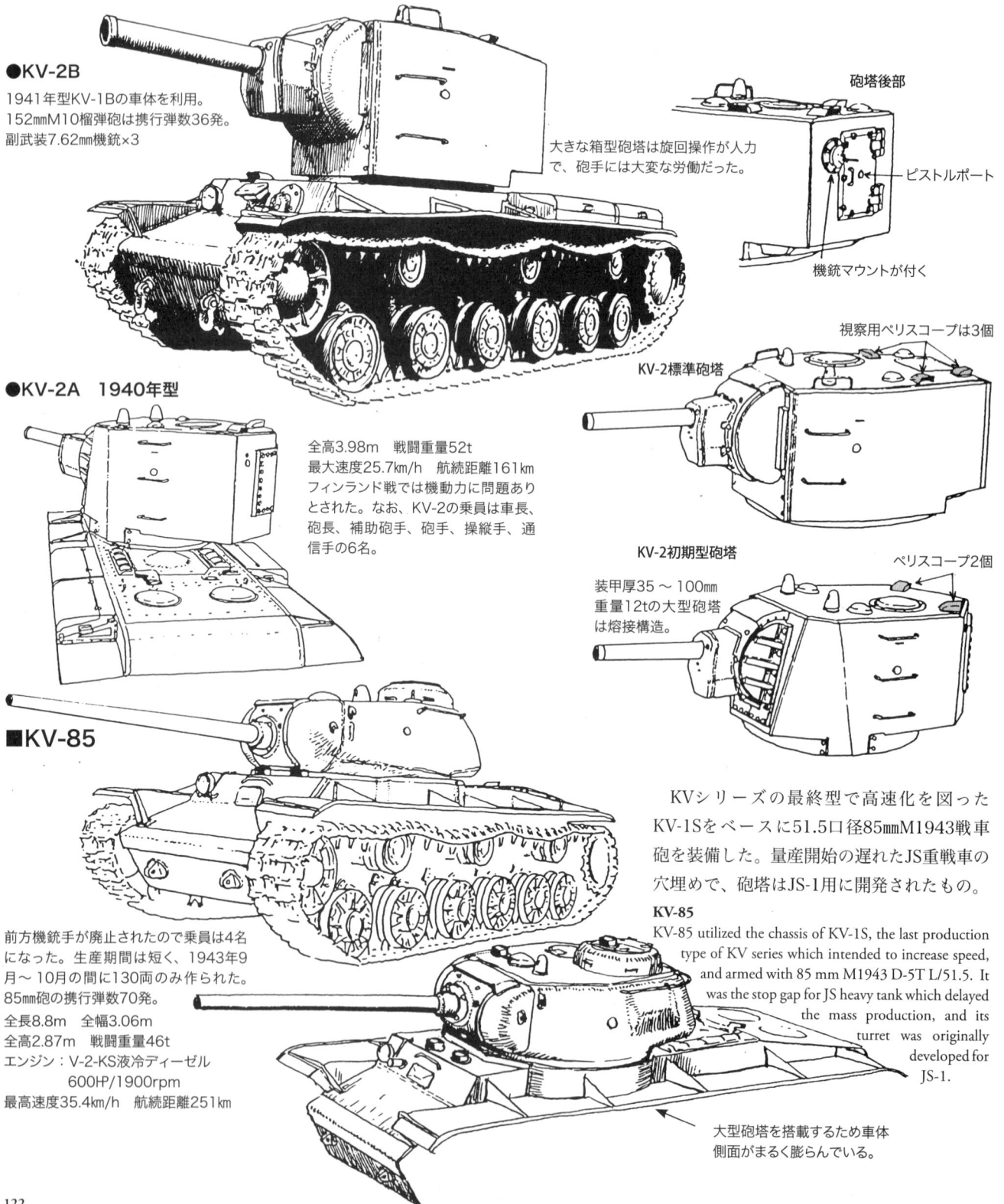

●KV-2B
1941年型KV-1Bの車体を利用。
152mmM10榴弾砲は携帯弾数36発。
副武装7.62mm機銃×3

砲塔後部 — ピストルポート
機銃マウントが付く

大きな箱型砲塔は旋回操作が人力で、砲手には大変な労働だった。

●KV-2A 1940年型
全高3.98m 戦闘重量52t
最大速度25.7km/h 航続距離161km
フィンランド戦では機動力に問題ありとされた。なお、KV-2の乗員は車長、砲長、補助砲手、砲手、操縦手、通信手の6名。

KV-2標準砲塔
視察用ペリスコープは3個

KV-2初期型砲塔
装甲厚35〜100mm
重量12tの大型砲塔は熔接構造。
ペリスコープ2個

■KV-85

KVシリーズの最終型で高速化を図ったKV-1Sをベースに51.5口径85mmM1943戦車砲を装備した。量産開始の遅れたJS重戦車の穴埋めで、砲塔はJS-1用に開発されたもの。

KV-85
KV-85 utilized the chassis of KV-1S, the last production type of KV series which intended to increase speed, and armed with 85 mm M1943 D-5T L/51.5. It was the stop gap for JS heavy tank which delayed the mass production, and its turret was originally developed for JS-1.

前方機銃手が廃止されたので乗員は4名になった。生産期間は短く、1943年9月〜10月の間に130両のみ作られた。
85mm砲の携帯弾数70発。
全長8.8m 全幅3.06m
全高2.87m 戦闘重量46t
エンジン：V-2-KS液冷ディーゼル
600HP/1900rpm
最高速度35.4km/h 航続距離251km

大型砲塔を搭載するため車体側面がまるく膨らんでいる。

■SU-152（1943）

わずか25日間の開発期間で試作車を完成させたKVベースの自走砲。152mmカノン榴弾砲ML20Sを装備、ドイツのティーガー重戦車を撃破すべく、1943年7月のクルスク戦に投入された。戦闘室左前部に操縦席があるため主砲がやや右側にオフセットされ、また戦闘室のスペースを確保する必要上、できるだけ前方に砲架を装備したため、独特なゴツい防盾形状となっている。

Su-152 (1943)
The prototype of this SPG was completed within only 25 days. Armed with one 152 mm ML-20S gun-howitzer, they were deployed in the battle of Kursk in July 1943 to destroy German Tiger heavy tank. As the driver seat was placed in front left of the fighting compartment, the gun was slightly set to right and forward to enlarge effective space, thus the mantlet presented distinguishing crude appearance.

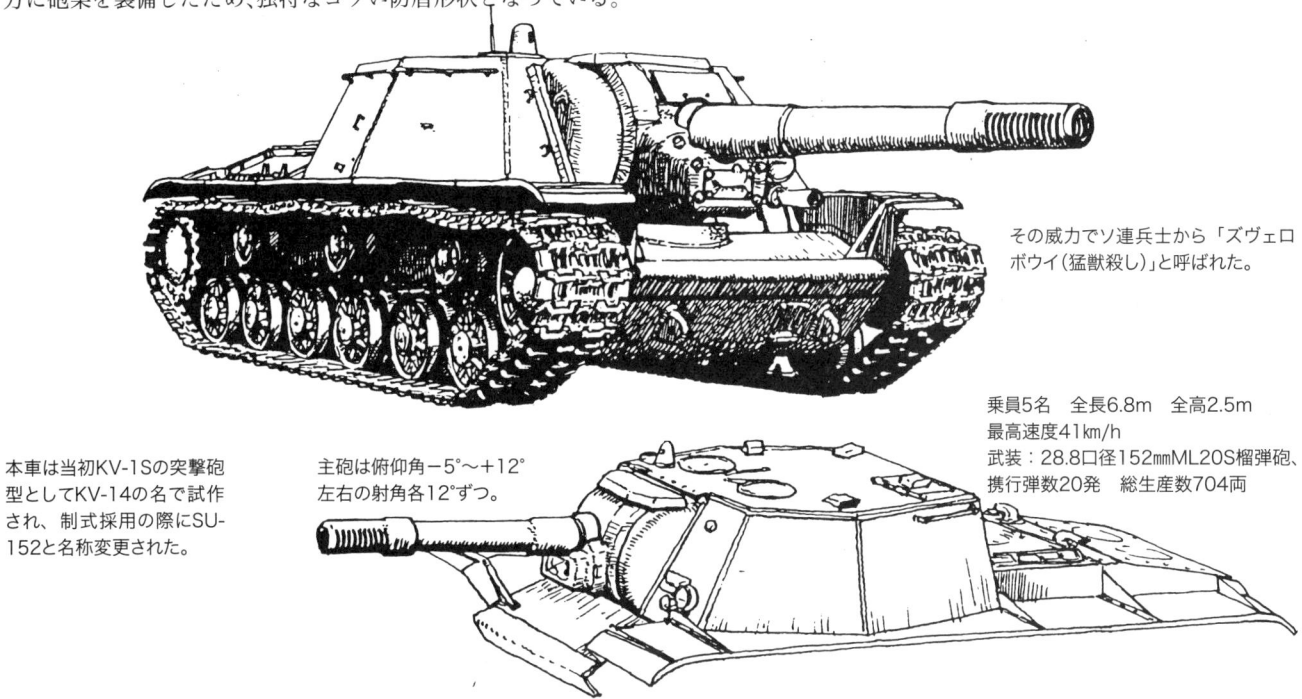

その威力でソ連兵士から「ズヴェロボウイ(猛獣殺し)」と呼ばれた。

乗員5名　全長6.8m　全高2.5m
最高速度41km/h
武装：28.8口径152mmML20S榴弾砲、携行弾数20発　総生産数704両

本車は当初KV-1Sの突撃砲型としてKV-14の名で試作され、制式採用の際にSU-152と名称変更された。

主砲は俯仰角-5°〜+12°
左右の射角各12°ずつ。

■KVシリーズの足廻り

キャタピラは鋳造マンガン鋼製のセンターガイド付で枚数は87〜90枚、ドライピン接続方式。

The Running Gear of KV Series
The track consisted of 87-90 cast manganese steel links with center guide, and connected by steel dry pin.

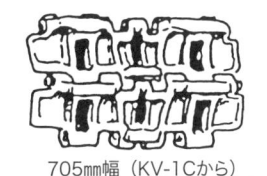

705mm幅（KV-1Cから）　　698mm幅

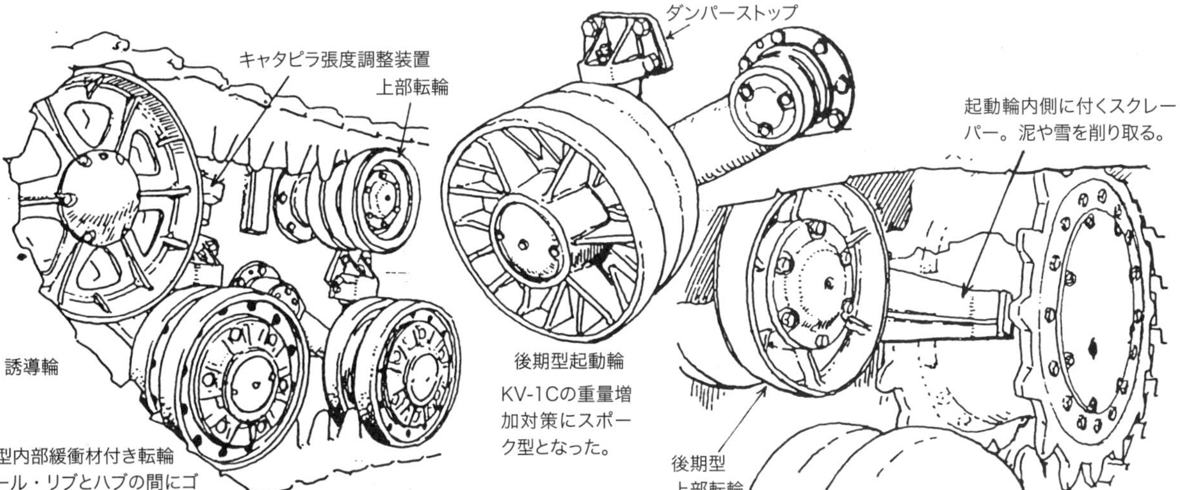

キャタピラ張度調整装置
上部転輪

ダンパーストップ

起動輪内側に付くスクレーパー。泥や雪を削り取る。

誘導輪

初期型内部緩衝材付き転輪
スチール・リブとハブの間にゴムリングを入れた方式。

後期型起動輪
KV-1Cの重量増加対策にスポーク型となった。

後期型
上部転輪

起動輪

123

JS-2（IS-2）スターリン重戦車

　国家主席ヨゼフ・スターリンの名を冠したJS（ロシア語ではイオーシフ・スターリン、ISと略）スターリン戦車は、当初はT-34/85と同じ85mm砲装備のJS-1（JS-85とも呼ばれた）であったが、1943年1月に登場したティーガーⅠ重戦車に対抗するには威力不足とされ、同年8月に完成後少量生産されただけで、その後はすべて122mm砲装備のJS-2となる。

JS-2 (IS-2) Stalin Heavy Tank
JS tank was named after Soviet leader Joseph Stalin (Iosif Stalin, the Russian acronym is IS), and the first production type JS-1 was initially equipped with 85 mm gun that was same with T-34/85, but it was concluded insufficient to compete with Tiger I heavy tank that appeared in January 1943. JS-1 completed in August of the year was produced in small numbers and whole production shifted to JS-2 with 122 mm gun.

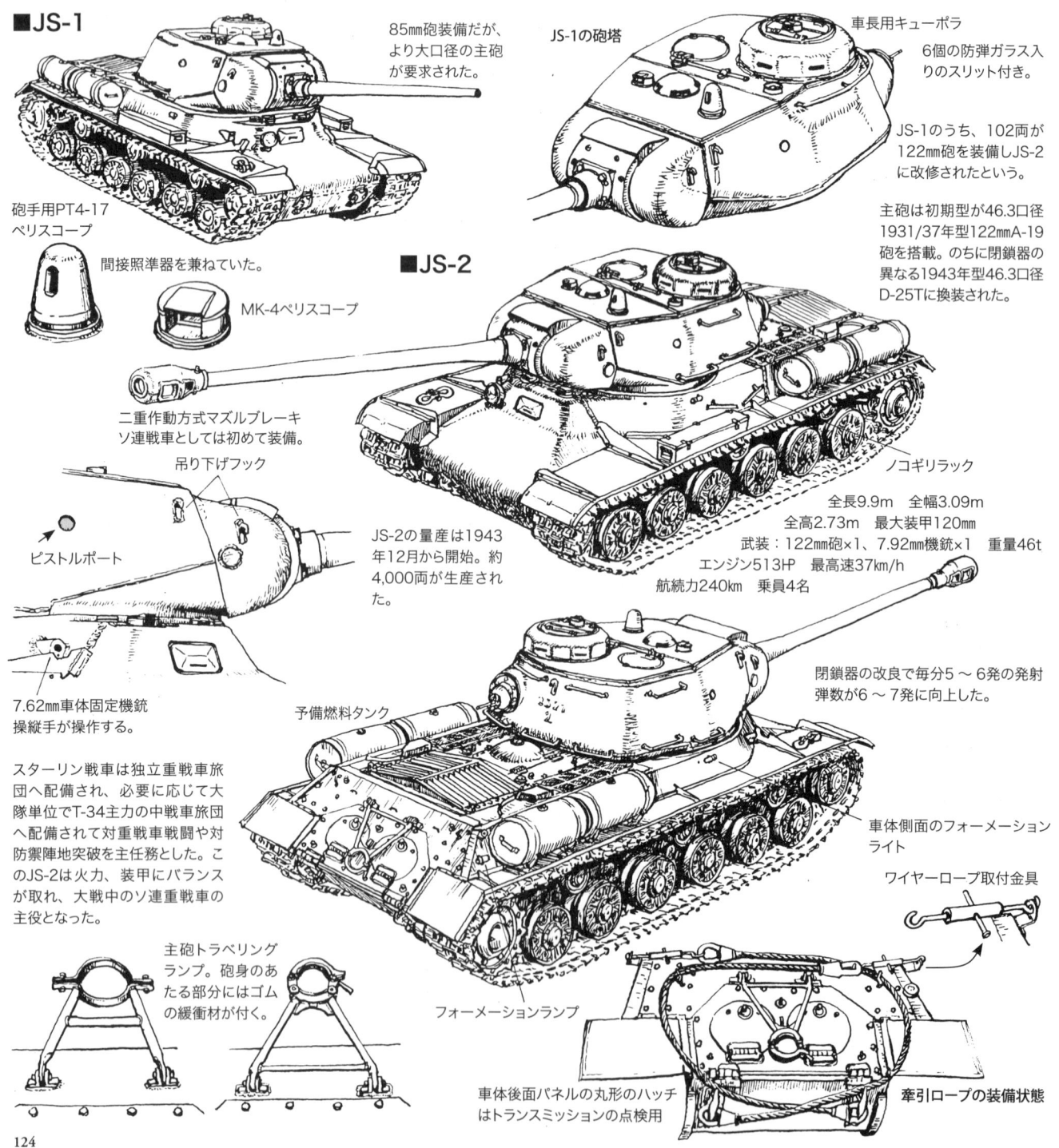

■JS-1

85mm砲装備だが、より大口径の主砲が要求された。

砲手用PT4-17ペリスコープ
間接照準器を兼ねていた。

MK-4ペリスコープ

JS-1の砲塔

車長用キューポラ
6個の防弾ガラス入りのスリット付き。

JS-1のうち、102両が122mm砲を装備しJS-2に改修されたという。

主砲は初期型が46.3口径1931/37年型122mmA-19砲を搭載。のちに閉鎖器の異なる1943年型46.3口径D-25Tに換装された。

■JS-2

二重作動方式マズルブレーキ ソ連戦車としては初めて装備。

吊り下げフック

ピストルポート

7.62mm車体固定機銃 操縦手が操作する。

　スターリン戦車は独立重戦車旅団へ配備され、必要に応じて大隊単位でT-34主力の中戦車旅団へ配備されて対重戦車戦闘や対防禦陣地突破を主任務とした。このJS-2は火力、装甲にバランスが取れ、大戦中のソ連重戦車の主役となった。

JS-2の量産は1943年12月から開始。約4,000両が生産された。

ノコギリラック

全長9.9m　全幅3.09m
全高2.73m　最大装甲120mm
武装：122mm砲×1、7.92mm機銃×1　重量46t
エンジン513HP　最高速37km/h
航続力240km　乗員4名

閉鎖器の改良で毎分5～6発の発射弾数が6～7発に向上した。

予備燃料タンク

車体側面のフォーメーションライト

ワイヤーロープ取付金具

主砲トラベリングランプ。砲身のあたる部分にはゴムの緩衝材が付く。

フォーメーションランプ

車体後面パネルの丸形のハッチはトランスミッションの点検用

牽引ロープの装備状態

●JS-2m

JS-2の弱点といわれた車体前面装甲板を再設計し、主砲をD-25Tに換装、不評だった照準器の位置を直した型式。シャシーは自走砲用に開発された熔接構造を採用したもので、これで大きく生産性が向上した。1944年後半には、前月より3.6倍生産数がアップした。

JS-2 照準器

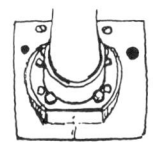

JS-2後期型 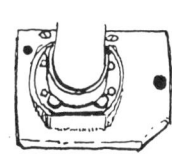 直接照準器の位置を砲尾から離したため防盾の幅を広くして対応。照準器は10T17テレスコープ。

JS-2の砲塔

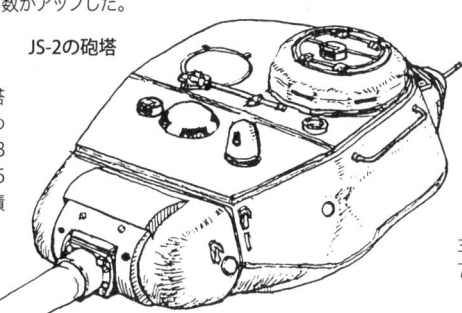

もともと85mm砲搭載砲塔だったため携行主砲弾数は28発しかない。JS-85(JS-1)では59発積めた。

JS-2m

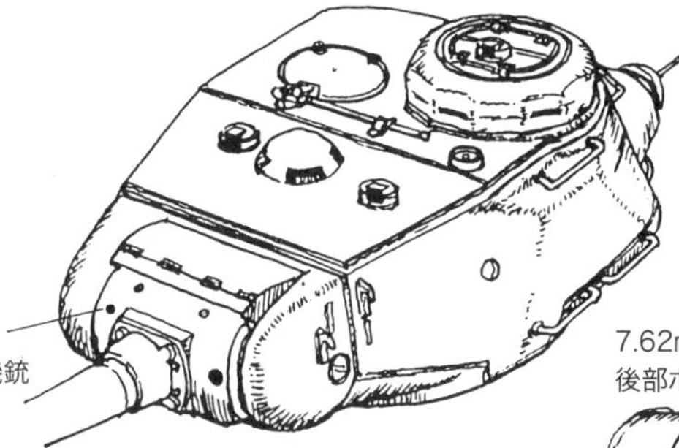

主砲同軸7.62mm機銃

砲塔の装甲厚は前面100〜160mm、後面90mm、上面30mm。

7.62mm機銃後部ボールマウント銃架

車体上を誤射しないように付けられたストッパー

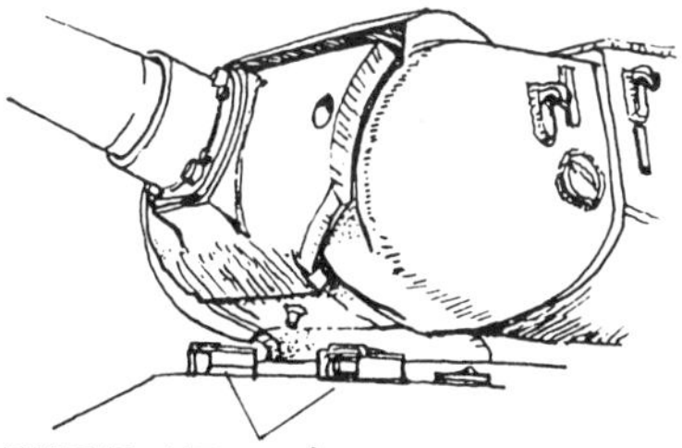

操縦手用ペリスコープ 左側の方が少し高い。

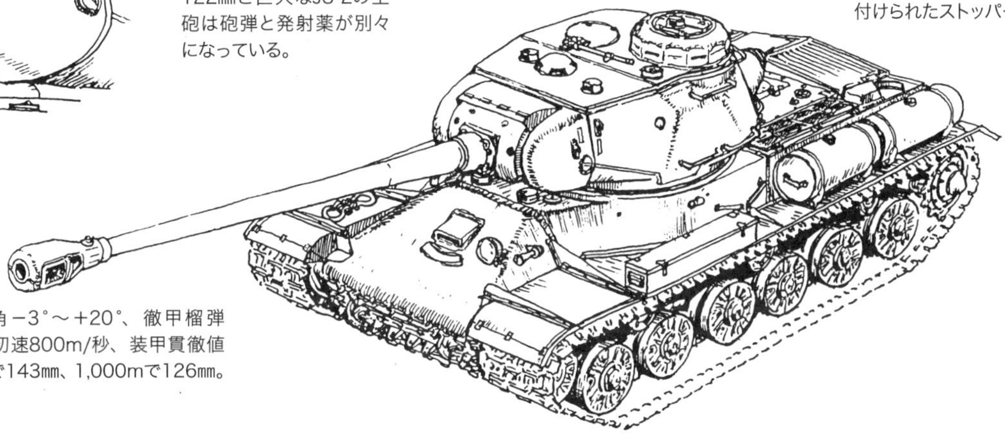

122mmと巨大なJS-2の主砲は砲弾と発射薬が別々になっている。

主砲の俯仰角-3°〜+20°、徹甲榴弾(APHE-T)の初速800m/秒、装甲貫徹値からは500mで143mm、1,000mで126mm。

JS-2のシャシー
操縦手用バイザー ここをドイツ軍に狙われた
燃料注入口
MK-4ペリスコープ

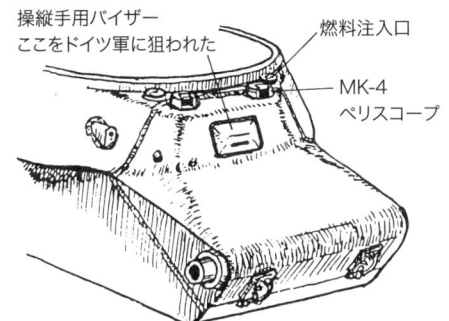

JS-2mのシャシー
鋳造式
防弾ガラス付視察孔
小口径弾の破片を防ぐ跳弾板

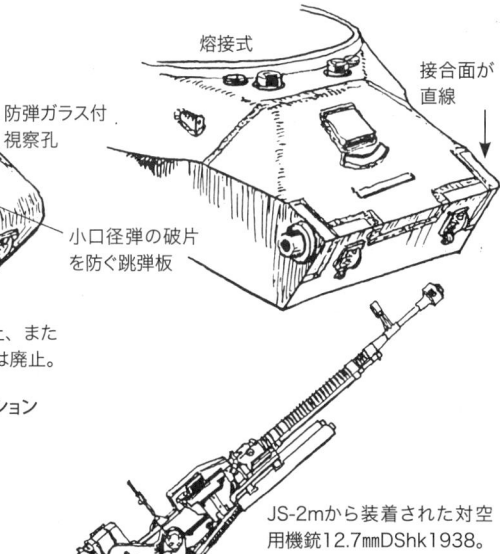

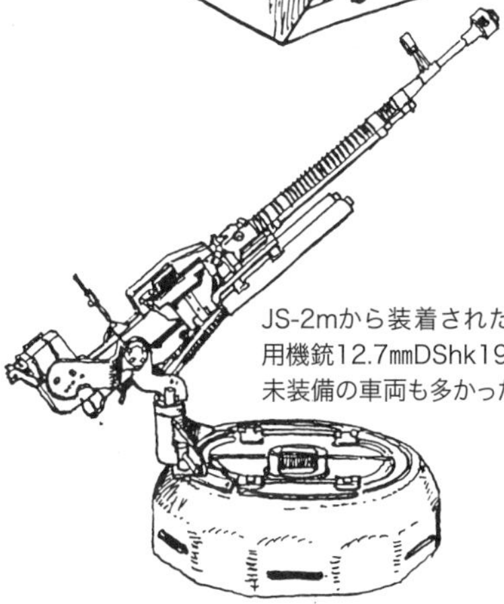

熔接式
接合面が直線

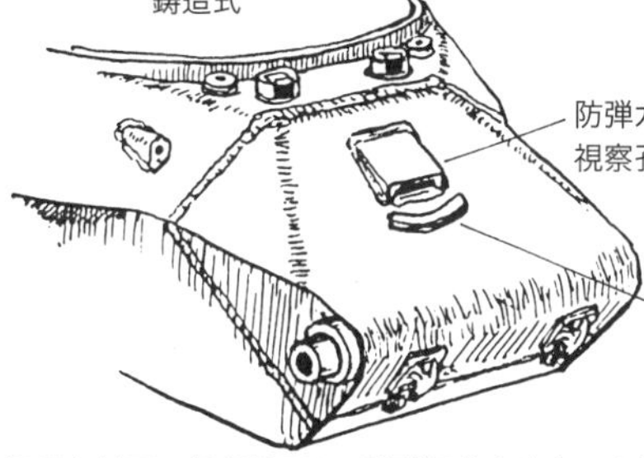

操縦室前面は傾斜装甲とし避弾経始を向上、またJS-2のアキレス腱だった操縦手用バイザーは廃止。

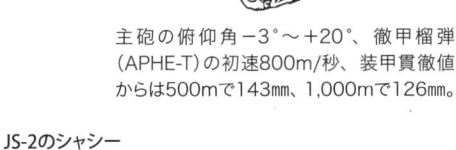

起動輪
整備しやすいようにボルト止めが多用されている。歯数は14枚。

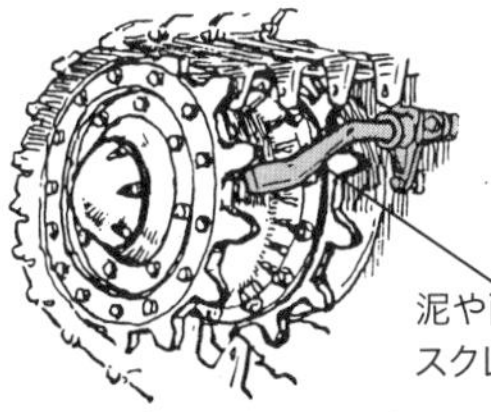

泥や雨等の異物排除用スクレーパー 2種

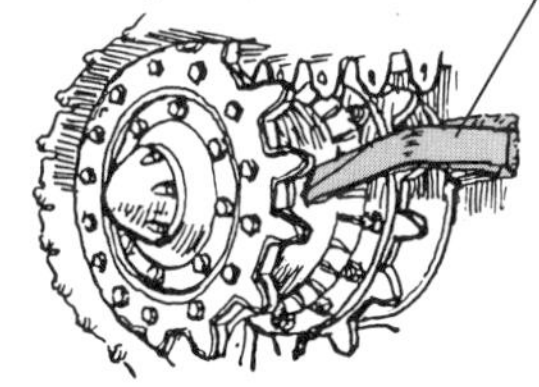

初期型

JS用幅650mmキャタピラのバリエーション

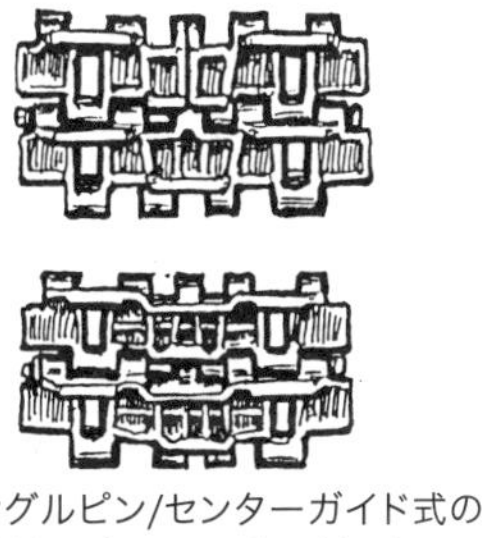

シングルピン/センターガイド式の鋳造製でゴムパット等は付かない。

JS-2mから装着された対空用機銃12.7mmDShk1938。未装備の車両も多かった。

JS-3重戦車（JS-2との構造比較）

　1943年末に配備されたJS-2はその火力と装甲でドイツ軍にとって実に恐るべき存在となっていたが、戦線での経験は翌年末に登場するJS-3に活かされた。砲塔、車体とも避弾経始の良い革命的なデザインで、戦車の形状のコンセプトを画する斬新なものであった。終戦までにJS-3は350両が生産されていたが、これらがベルリンでの戦勝パレードに登場した時は、西側の軍事関係者にショックを与え、戦後の戦車開発はJS-3を超えることを目標に進められたほどだ。JS-3は戦後も生産が続けられ、ソ連の代表的な重戦車となる。制式な装備から外れるのはT-62が主力となった1963年である。この間エンジンをV-2-JSからV-54K-JSに換装したJS-3mも生産された。東欧諸国や中東へも供給され1967年の中東戦争でも使われている。

JS-3 Heavy Tank (Structural Differences with JS-2)
While JS-2 deployed in late 1943 had greatly threatened Germans for its firepower and heavy armor, its battle experiences were reflected to the design of JS-3 completed in late 1944. The revolutionary refined design that formed good glacis plates adopted to both its turret and hull altered the concept on the shape of tanks. 350 JS-3s were produced before the end of the war, and when they first appeared at the victory parade in Berlin, the western military experts were so shocked by its advanced design that JS-3 once became the objective to be exceeded for the western new post-war tanks. The production of JS-3 continued after the war and became the typical Soviet heavy tank. JS-3 tanks retired in 1963 when T-62 became the main battle tank. During its service period, JS-3m which converted the engine from V-2-JS to V-54K-JS was also produced. JS-3s were supplied to East European bloc and Middle East countries and used in the 1967 Middle East War.

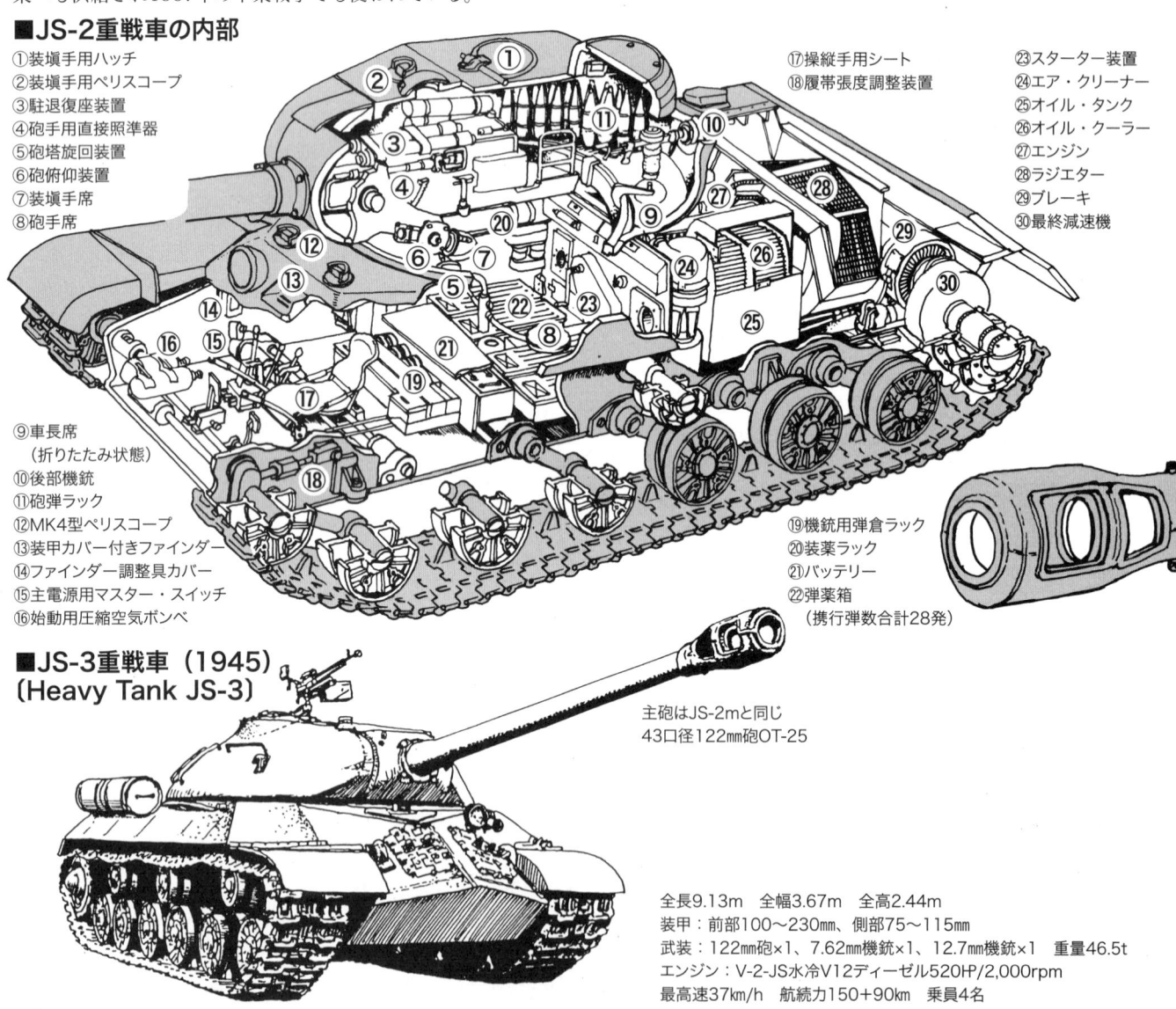

■JS-2重戦車の内部

①装填手用ハッチ
②装填手用ペリスコープ
③駐退復座装置
④砲手用直接照準器
⑤砲塔旋回装置
⑥砲俯仰装置
⑦装填手席
⑧砲手席
⑨車長席（折りたたみ状態）
⑩後部機銃
⑪砲弾ラック
⑫MK4型ペリスコープ
⑬装甲カバー付きファインダー
⑭ファインダー調整具カバー
⑮主電源用マスター・スイッチ
⑯始動用圧縮空気ボンベ
⑰操縦手用シート
⑱履帯張度調整装置
⑲機銃用弾倉ラック
⑳装薬ラック
㉑バッテリー
㉒弾薬箱（携行弾数合計28発）
㉓スターター装置
㉔エア・クリーナー
㉕オイル・タンク
㉖オイル・クーラー
㉗エンジン
㉘ラジエター
㉙ブレーキ
㉚最終減速機

■JS-3重戦車（1945）(Heavy Tank JS-3)

主砲はJS-2mと同じ43口径122mm砲OT-25

全長9.13m　全幅3.67m　全高2.44m
装甲：前部100〜230mm、側部75〜115mm
武装：122mm砲×1、7.62mm機銃×1、12.7mm機銃×1　重量46.5t
エンジン：V-2-JS水冷V12ディーゼル520HP/2,000rpm
最高速37km/h　航続力150+90km　乗員4名

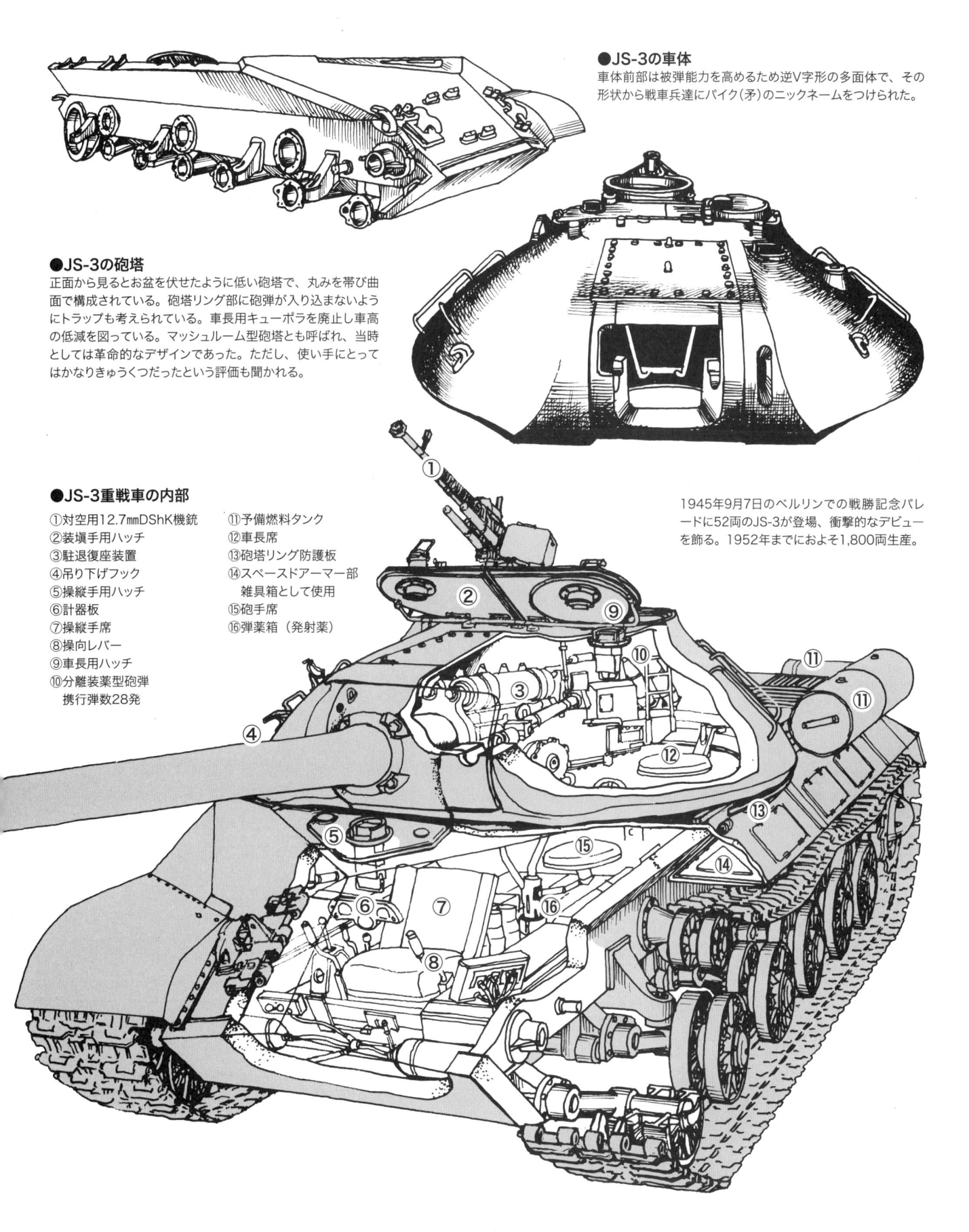

●JS-3の車体
車体前部は被弾能力を高めるため逆V字形の多面体で、その形状から戦車兵達にパイク(矛)のニックネームをつけられた。

●JS-3の砲塔
正面から見るとお盆を伏せたように低い砲塔で、丸みを帯び曲面で構成されている。砲塔リング部に砲弾が入り込まないようにトラップも考えられている。車長用キューポラを廃止し車高の低減を図っている。マッシュルーム型砲塔とも呼ばれ、当時としては革命的なデザインであった。ただし、使い手にとってはかなりきゅうくつだったという評価も聞かれる。

●JS-3重戦車の内部
①対空用12.7mmDShK機銃
②装填手用ハッチ
③駐退復座装置
④吊り下げフック
⑤操縦手用ハッチ
⑥計器板
⑦操縦手席
⑧操向レバー
⑨車長用ハッチ
⑩分離装薬型砲弾
　携行弾数28発
⑪予備燃料タンク
⑫車長席
⑬砲塔リング防護板
⑭スペースドアーマー部
　雑具箱として使用
⑮砲手席
⑯弾薬箱(発射薬)

1945年9月7日のベルリンでの戦勝記念パレードに52両のJS-3が登場、衝撃的なデビューを飾る。1952年までにおよそ1,800両生産。

127

ソ連の自走砲（WWII）

　独ソ戦でのドイツ軍のⅢ号突撃砲の威力を間近に見て、ソ連軍でも自走砲を製造しはじめた。車体は戦車のものを流用し、固定砲塔に強力な砲を搭載するというものが多い。

Soviet SPGs (WWII)
Seeing the effectiveness of German StuG III in Russo-German Conflict, Soviet Union also started to produce their Self-propelled Guns. Most of them utilized the chassis of tanks and armed with a large gun in fixed fighting compartment.

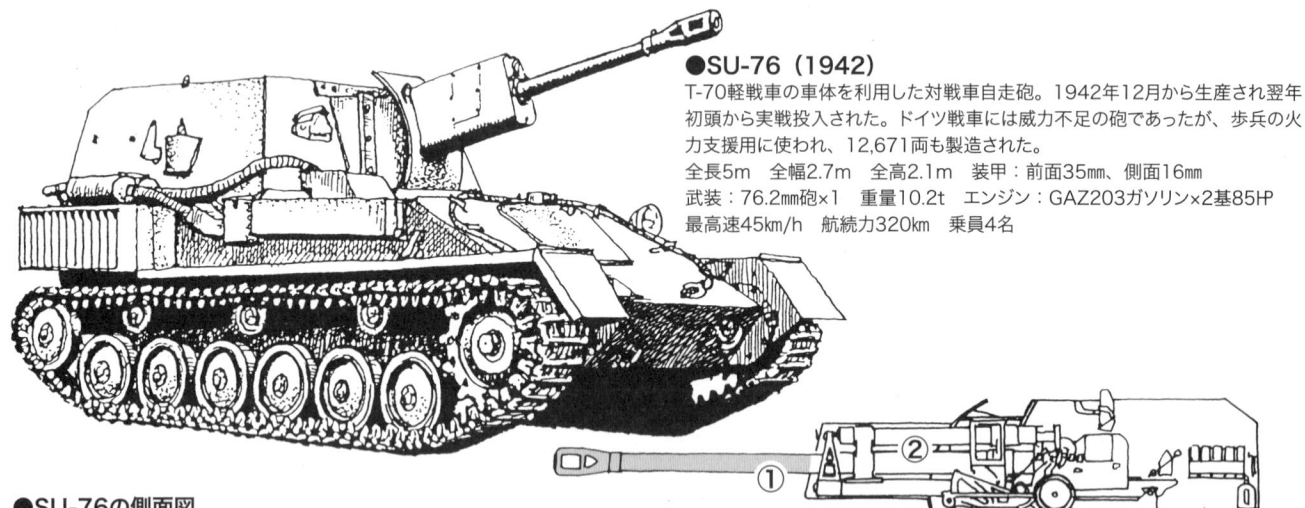

●SU-76（1942）
T-70軽戦車の車体を利用した対戦車自走砲。1942年12月から生産され翌年初頭から実戦投入された。ドイツ戦車には威力不足の砲であったが、歩兵の火力支援用に使われ、12,671両も製造された。
全長5m　全幅2.7m　全高2.1m　装甲：前面35mm、側面16mm
武装：76.2mm砲×1　重量10.2t　エンジン：GAZ203ガソリン×2基85HP
最高速45km/h　航続力320km　乗員4名

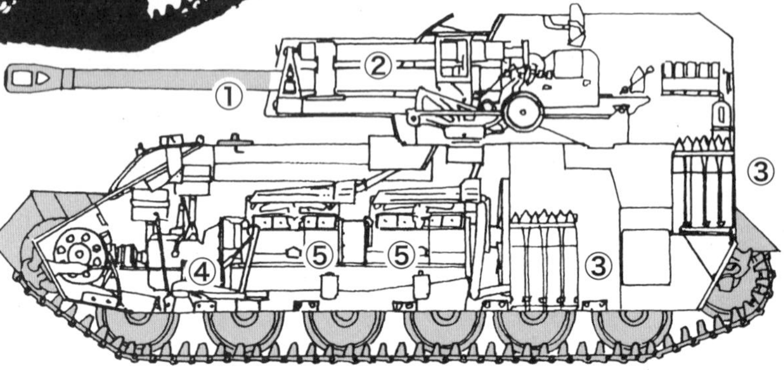

●SU-76の側面図
①ZIS3 76.2mm野砲　②駐退機　③砲弾（携行弾数60発）
④操縦手席　⑤エンジン（2基同軸で搭載して出力不足をカバー）

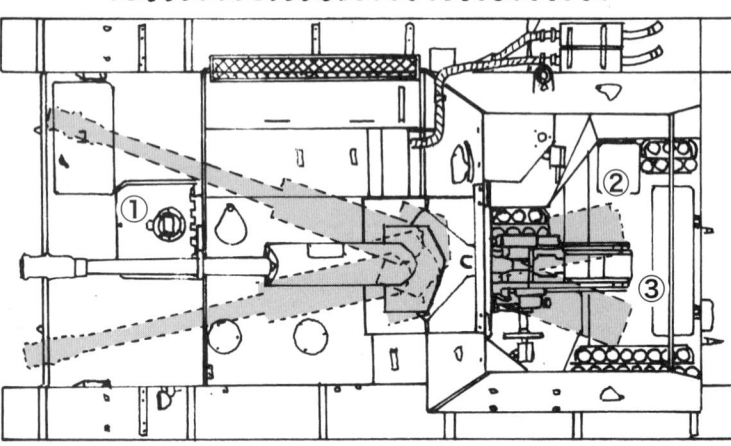

●SU-76の平面図
主砲の俯仰角＋25°～－3°、左12°～右20°と射界は広く、T-34/76の発射速度5～6発/分に比して最高20発/分と多かった。砲塔はオープントップで砲の操作性を重視していたが、戦闘室は乗員達には不評だった。ニックネームをスーカ（犬畜生）といった。
①操縦手用ハッチ　②戦車長席　③砲手＆装填手席

●SU-76I（1943）
この自走砲の車体はドイツのⅢ号戦車である。ソ連はスターリングラード戦で多数のⅢ号戦車を捕獲したので、これを利用してT-34/76の76mm砲を載せ、自軍の突撃砲に利用した。

●SU-122（1942）
T-34の車体に122mm榴弾砲M30Sを搭載したもの。駐退機の巨大なカバーのため防盾部が恐ろしくごつい外観になった。1943年1月にSU-72とともに登場、機動性に優れた近接支援砲車となった。
全長6.95m　全幅3m　全高2.32m
装甲：前面側面とも45mm
武装：122mm榴弾砲×1、携行弾数40発
重量30.9t　エンジン：VZディーゼル500HP
最高速55km/h　航続距離300km　乗員5名

●SU-85（1943）
SU-76とSU-122は対戦車戦闘力としてはドイツのティーガー戦車に対抗できなかった。このために開発されたのが本車で、主砲に高射砲を車載用に改造したD5S戦車砲を搭載した。1943年後半より生産。
全長8.15m　全幅3m　全高2.45m
装甲：前面側面とも45mm
武装：85mm砲×1、携行弾数48発
重量29.2t　エンジン：V2ディーゼル500HP
最高速47km/h　航続力400km　乗員4名

●SU-100（1944）
大戦末期にはT-34/85が登場したため、自走砲にはより大口径のものが要求された。そこで長砲身56口径100mm戦車砲D-60Sを装備したSU-100を作った。外観上は防盾部が大型であること、また車長用キューポラが付いたのが特長。1944年11月より生産された。
全長9.45m　全幅3m　全高2.25m
装甲：前面側面とも45mm
武装：100mm砲×1、携行弾数34発
重量31.6t　エンジン：V2ディーゼル500HP
最高速48km/h　航続距離320km　乗員4名

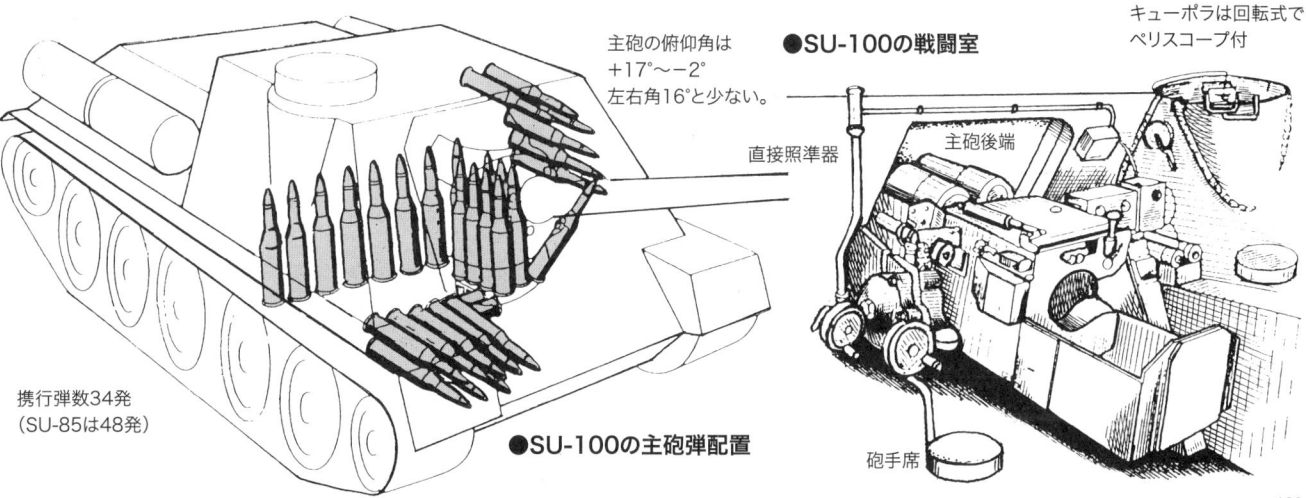

主砲の俯仰角は
+17°〜-2°
左右角16°と少ない。

携行弾数34発
（SU-85は48発）

●SU-100の主砲弾配置

●SU-100の戦闘室

キューポラは回転式で
ペリスコープ付

直接照準器
主砲後端
砲手席

129

JSU自走砲シリーズ

　JS戦車の車体を利用し、上から見て六角形の大きな密閉式戦闘室を設けた自走砲。JSU-122とJSU-152は並行生産され、対重戦車戦闘を主任務とした。デザインはKV戦車をベースとしたSU-152を流用しているが、砲の操作を容易にするため戦闘室を高く設計してあるので識別は簡単にできる。1944年初頭より部隊配備され、終戦までに両車併せて4,075両が生産された。

JSU SPG Series
JSU Self-propelled guns utilized the chassis of JS tank and had hexagonal fighting compartment. JSU-122 and JSU-152 were produced simultaneously and intended to destroy German heavy tanks. Their designs followed that of SU-152 based on KV tanks, but as the top of fighting compartment was higher for easier gun operation, the identification between them is easy. They were deployed from early 1944 and a total of 4,075 JSU SPGs were produced by the end of the war.

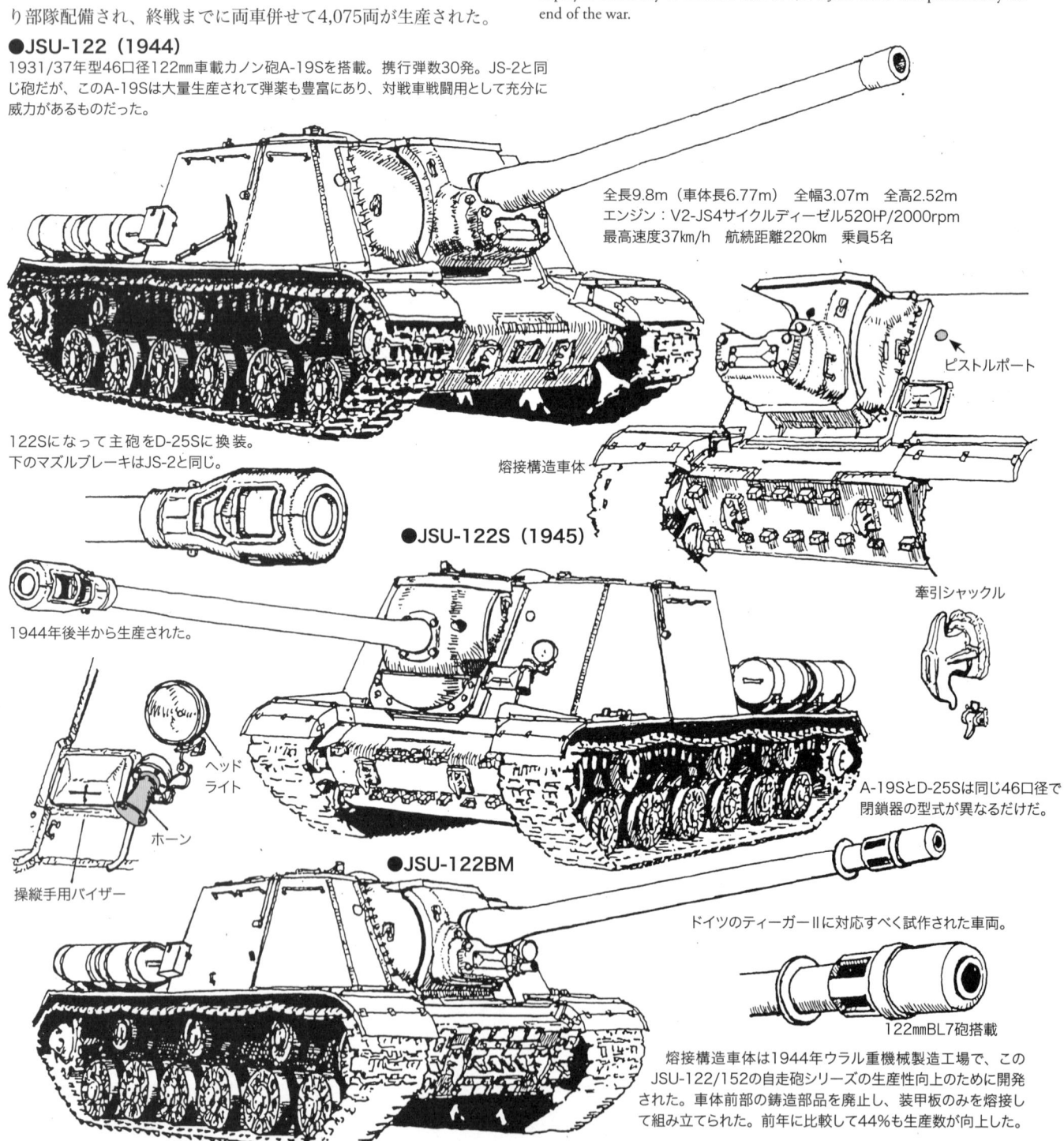

●JSU-122（1944）
1931/37年型46口径122mm車載カノン砲A-19Sを搭載。携行弾数30発。JS-2と同じ砲だが、このA-19Sは大量生産されて弾薬も豊富にあり、対戦車戦闘用として充分に威力があるものだった。

全長9.8m（車体長6.77m）　全幅3.07m　全高2.52m
エンジン：V2-JS4サイクルディーゼル520HP/2000rpm
最高速度37km/h　航続距離220km　乗員5名

ピストルポート

熔接構造車体

122SになってD-25Sに換装。下のマズルブレーキはJS-2と同じ。

牽引シャックル

●JSU-122S（1945）
1944年後半から生産された。

ヘッドライト
ホーン
操縦手用バイザー

A-19SとD-25Sは同じ46口径で閉鎖器の型式が異なるだけだ。

●JSU-122BM

ドイツのティーガーIIに対応すべく試作された車両。

122mmBL7砲搭載

熔接構造車体は1944年ウラル重機械製造工場で、このJSU-122/152の自走砲シリーズの生産性向上のために開発された。車体前部の鋳造部品を廃止し、装甲板のみを熔接して組み立てられた。前年に比較して44％も生産数が向上した。

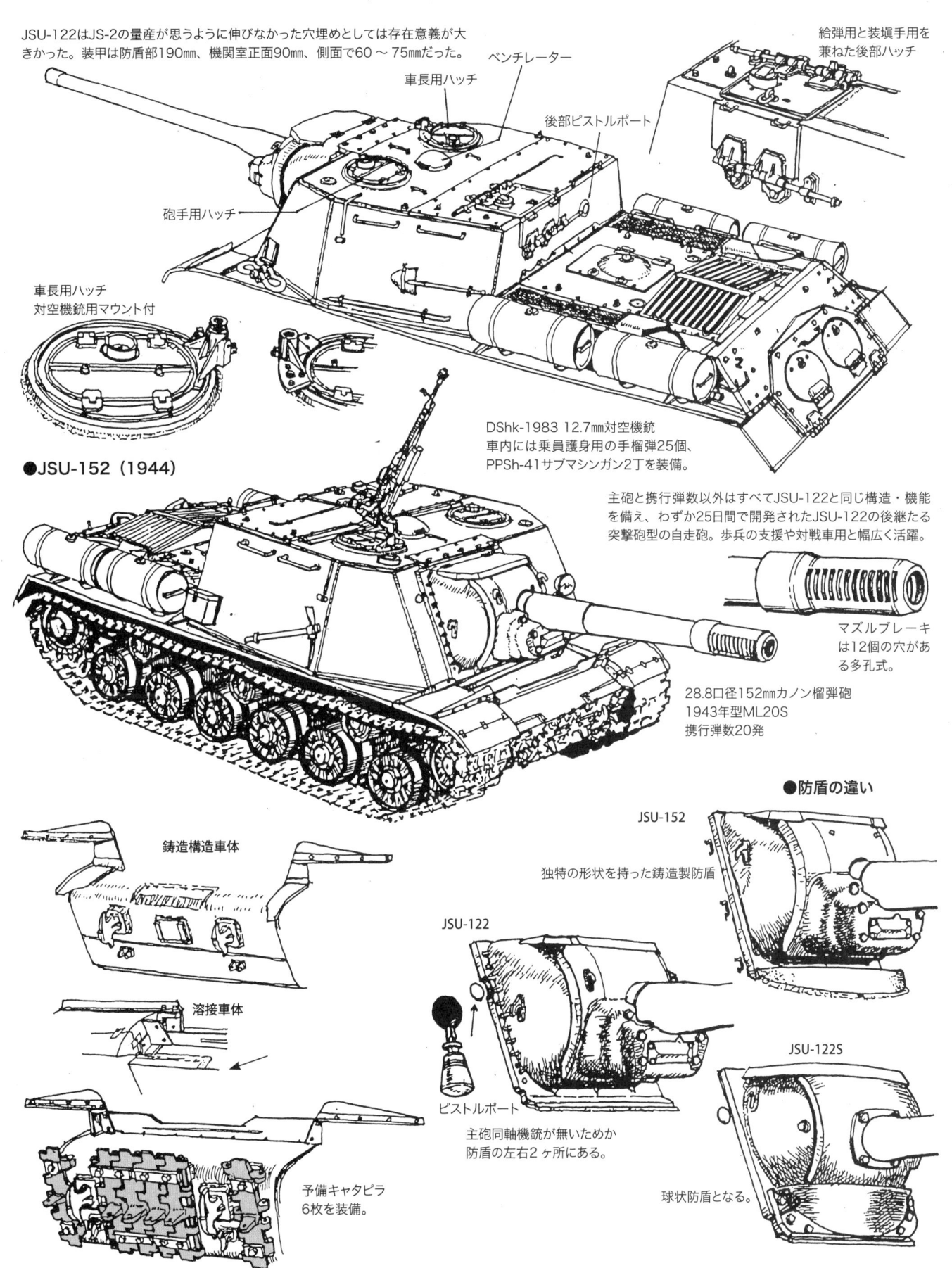

JSU-122はJS-2の量産が思うように伸びなかった穴埋めとしては存在意義が大きかった。装甲は防盾部190mm、機関室正面90mm、側面で60〜75mmだった。

ベンチレーター

車長用ハッチ

後部ピストルポート

給弾用と装塡手用を兼ねた後部ハッチ

砲手用ハッチ

車長用ハッチ
対空機銃用マウント付

DShk-1983 12.7mm対空機銃
車内には乗員護身用の手榴弾25個、PPSh-41サブマシンガン2丁を装備。

● JSU-152（1944）

主砲と携行弾数以外はすべてJSU-122と同じ構造・機能を備え、わずか25日間で開発されたJSU-122の後継たる突撃砲型の自走砲。歩兵の支援や対戦車用と幅広く活躍。

マズルブレーキは12個の穴がある多孔式。

28.8口径152mmカノン榴弾砲
1943年型ML20S
携行弾数20発

● 防盾の違い

JSU-152

独特の形状を持った鋳造製防盾

鋳造構造車体

JSU-122

溶接車体

ピストルポート

主砲同軸機銃が無いためか防盾の左右2ヶ所にある。

JSU-122S

予備キャタピラ6枚を装備。

球状防盾となる。

【日本の戦車】日本の戦車の発達

日本の戦車は、参考のためイギリスからA型中戦車、フランスからルノーFTなどを輸入したことから始まった。国産か輸入かには議論があったが、1927年に試作車が開発されて以降国産化が進む。日本戦車には共通ないくつかの特徴がある。まず世界でもいち早く空冷ディーゼルエンジンを採用したことだ。これは燃費が良いなどの利点があるが、反面ガソリンエンジンと同馬力を得るにはより大型のものが必要となった。また独特な形のシーソー式懸架装置も特徴の一つで、これは軽量に仕上がる利点があった。ただ日本陸軍では戦車の戦略的運用についてドイツの機甲部隊のような発想はなく、また島国で輸送面での制約もあり、先進国には数年は遅れる結果となった。

Japanese Tanks / The Development of Japanese Tanks
The history of Japanese tanks began with the import of British Medium Mark A Whippet and French Renault FT as the reference tanks. Though there were arguments of the domestic development or import, after the completion of first experimental tank in 1927, the domestic production was started. Japanese tanks had some distinctive common features. They adopted air cooled diesel engine first in the world. Diesel engine has advantages such as good fuel efficiency, but in order to achieve same output with gasoline engine, larger diesel engine was required. And unique scissor shaped see-saw type suspension was another feature and it contributed to weight reduction. But Japanese army lacked the idea of strategic use of tanks like German armored units, and as there were the disadvantages of transportation because of being an island country, the development of Japanese tanks lagged several years behind leading countries.

●試製第一号戦車（1927）（Experimental Tank No.1）
試作許可からわずか1年9ヶ月で陸軍造兵廠大阪工廠で完成した第1号車。試験の結果も良好で、このことから日本でも戦車を国産で装備することになった。3砲塔式で、そのうち機銃1丁は後部に付いている。エンジンはまだガソリンで、航続力約10時間という記録が残っている。
全長6.03m　全幅2.4m　全高2.43m　装甲6～15mm　武装：57mm砲×1、7.7mm機銃×2　重量18t　エンジン140HP　最高速20km/h　乗員5名

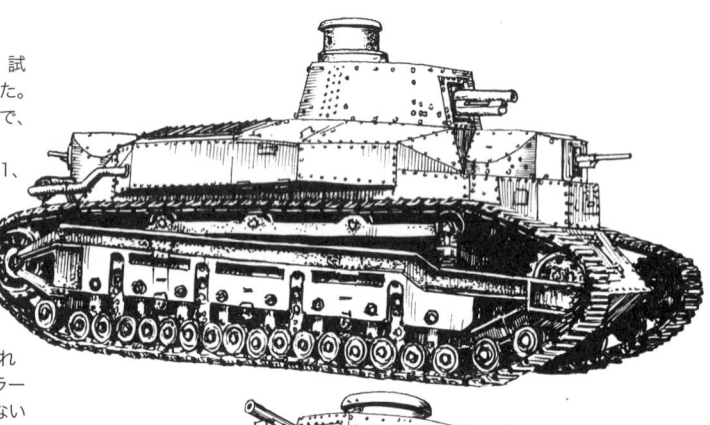

●八九式中戦車甲型（1929）
（Type 89 Medium Tank "I-Go" Ko）
制式化された国産発の戦車で、イギリスのビッカース・マークCを参考に1927年から開発していた。1929年春に完成した試作車は9.8tで八九式軽戦車として採用されたが、満州事変などの影響で数回に渡って改良されて重量は11.8tに増加したため、中戦車の名称になった。初期にはダイムラーのガソリンエンジンが用いられ甲型と称される。自前の石油資源のほとんどない日本の事情から、のちに石油消費の少ないディーゼルエンジンに変えられる。
全長5.75m　全幅2.18m　全高2.56m　装甲10～17mm　武装：57mm砲×1、6.5mm機銃×2　重量12.7t
エンジン：水冷直6ガソリン118HP
最高速25km/h　乗員4名

●八九式中戦車の内部構造

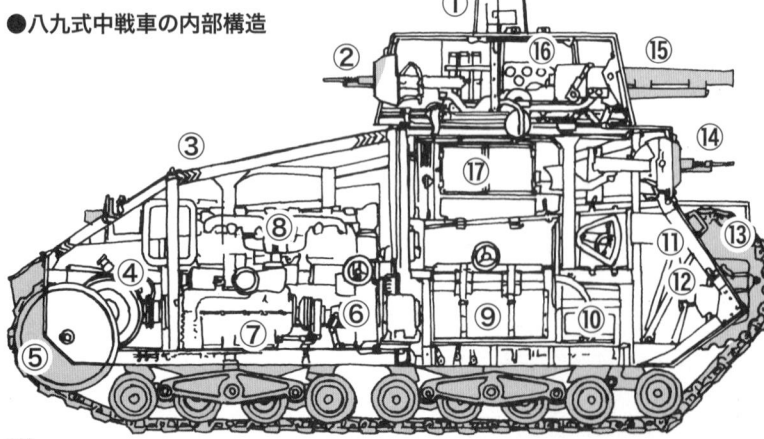

●八九式中戦車乙型（1934）
（Type 89 Medium Tank "I-Go" Otsu）
ディーゼルエンジンに換装された八九式中戦車は乙型と称された。基本スペックに変更はないが、各部に多少の改良が加えられ若干の形状変更がある。ディーゼルエンジンには燃料消費が少ないことのほか、被弾時に火災が起こりにくいなどの利点があった。八九式のスタイルは第1次世界大戦時の戦車を踏襲した古臭いものだが、戦車を自力開発したメリットは大きかった。
エンジン：空冷直6ディーゼル120HP　最高速25km/h
航続力170km　その他甲型に同じ。

①展望塔　⑦変速機　⑬誘導輪
②後部砲塔銃　⑧エンジン　⑭車体前方銃
③吸気口　⑨弾薬庫　⑮57mm戦車砲
④操向変速機　⑩操縦席　⑯戦闘室
⑤起動輪　⑪操向レバー　⑰両側に燃料タンク
⑥クラッチ　⑫変速レバー

●九四式軽装甲車TK（1932）
(Type 94 Light Armored Car "TK")
TKとは特殊牽引車の略称で、前線に弾薬補給するトレーラの牽引用装甲車両として開発された。カーデン・ロイド型の日本版ともいえ、戦場では偵察・連絡・警戒用に豆戦車として大活躍している。元々戦闘用には考えていなかったので砲塔は車長1人が乗って腕力で旋回する。後期型は後部誘導輪を大型にして接地させ、不整地走行性能を上げている。懸架装置は日本独自のリンク式サスペンション。
全長3.08m　全幅1.62m　全高1.62m　装甲4〜12mm　武装：7.7mm機銃×1
重量3.45t　エンジン35HPガソリン　最高速40km/h　航続力200km　乗員2名

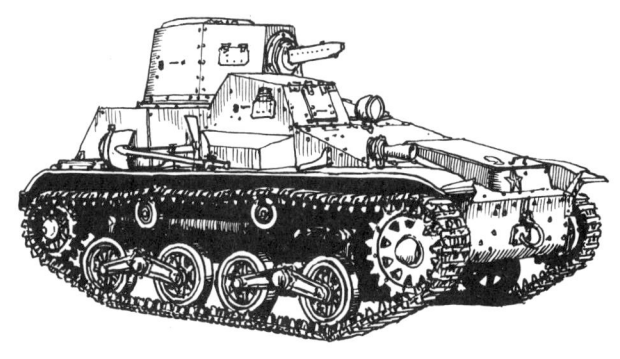

●九二式重装甲車（1932）
(Type 92 Heavy Armored Car)
騎兵用に開発されたため重装甲車となっているが、実質的には軽戦車と同じものである。当時の日本の戦車はリベット接合が普通だったが、本車は全面熔接という珍しい作り方をしている。ただし鉄板の厚さは6mmなので装甲というにはあまりに貧弱である。ちなみに日本で作られて戦力として活躍した戦車の装甲厚は最大で50mmで、当時の世界水準に照らしても貧弱なものだった。搭載された九二式13mm機関砲は対空射撃も可能なことが特長だ。
全長3.94m　全幅1.63m　全高1.87m　装甲6mm　武装：13mm機関砲×1、機銃×1
重量3.5t　エンジン45HPガソリン　最高速40km/h　航続力200km　乗員3名

●九七式軽装甲車テケ（1936）
(Type 97 Light Armored Car "Te-ke")
九四式軽装甲車は牽引用ということもあり、機銃1丁では戦闘には不向きで、火力増強が望まれた。そこで37mm砲搭載の本車が開発されたが、用途目的は九四式と同じである。後期型の九四式と同じ後部誘導輪が大型の接地式となっている。全体に九四式より一回り大型化し重量も1t以上重くなっているが、搭載された空冷ディーゼルエンジンの出力も65HPへと増大している。一部では37mm砲の代わりに機銃搭載車もある。
全長3.7m　全幅1.9m　全高1.79m　装甲4〜16mm
武装：37mm砲×1または7.7mm機銃×1　重量4.75t
エンジン：空冷65HPディーゼル　最高速40km/h　航続力250km　乗員2名

■試製重戦車（Experimental Heavy Tanks）

●試製九一式重戦車（1930）
(Experimental Heavy Tank Type 91)
(試製二号戦車)

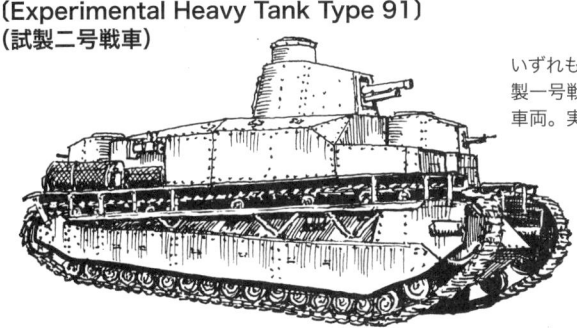

●試製一号戦車改造型（1930）
いずれも左ページの試製一号戦車を改修した車両。実用化ならず。 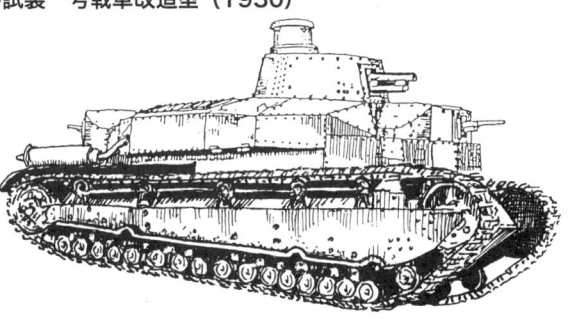

●九五式重戦車（1934）（Type 95 Heavy Tank）
70mm砲と37mm砲を搭載した多砲塔重戦車。ただ装甲は薄いため重量はのちの中戦車並みだ。重戦車の名称は試製一号戦車以来で、九五式重戦車として制式化されたが4両が作られたのみで終わっている。本車クラスの主砲を搭載した日本戦車は、大戦末期の三式中戦車まで作られなかった。しかし主砲は短砲身でこの当時は対戦車戦闘は全く考慮されていないのが分かる。この後の日本戦車の主力となる九七式中戦車も短砲身の57mm砲で、1939年のノモンハン事件ではソ連戦車に惨敗、その後も火力・装甲の劣ったまま大戦に突入する。本車でも日本の戦車に特有の砲塔後部の機銃が装備されている。
全長6.47m　全幅2.7m　全高2.9m　装甲12〜35mm
武装：70mm砲×1、37mm砲×1、機銃×2
重量26t　エンジン290HP　最高速22km/h　航続力110km　乗員5名

133

九五式軽戦車ハ号

　日本陸軍の戦車開発は、西欧諸国に比べて軽戦車に重点があった。それは陸軍の機械化への課題に中心となる戦車が装輪自動車と行動をともにできるだけの速度を持つことというのがあり、速度と機動性を第1目標においていたからだ。1934年末に試作車が完成し、生産は三菱に任された。1935年から終戦までに2,378両が作られたが、開発当時は世界の軽戦車の中でも性能は一番と評価されていた。また日本軍が太平洋戦争中に製造した戦車の中では最も質の良いものだった。リベット接合と熔接を併用した車体に全周旋回する砲塔が付く。戦争中、全戦線において使用された。

Type 95 Light Tank "Ha-Go"
Imperial Japanese Army more emphasized on the development of light tanks than western countries. This was because one of their objectives in mechanizing army was to speed up tanks to enable cooperative actions with wheeled vehicles, thus high speed and mobility were the prime demands for tanks. The prototype was completed in late 1934 and Mitsubishi was selected as manufacturer. 2,378 Type 95s were produced from 1933 till the end of the war, and initially it was regarded as the best light tank in the world. Type 95 was of the highest quality among the Japanese tanks produced during WWII. The hull adopted riveted and welded structure and fully traversing turret was mounted. They were used in all theaters.

●九五式軽戦車ハ号（1935）

九五式軽戦車の室内には、アスベスト（石綿）の層が貼られ、内部の熱や振動から乗員を守っていた。

発射式発煙筒を装備した。九五式発煙缶を発射する。

砲塔上に4本の支柱を張り出し、これにアンテナを取り付ける。

図はハチマキアンテナ装着車。九五式でこれをつけるのはめずらしい部類に入る。

●北満型（Northern Manchuria Model）

●プロトタイプ第1号車（First Prototype）

九五式軽戦車は中国侵攻に備え約1,250両ほどが急ぎ操作可能な状態に作られ大陸に送られた。ところが、北満州でテストした結果、九五式の下部転輪の間隔が偶然にも現地のコウリャン畑の畝の間隔と一致しており、横断走行が極めて困難になることが分かった。その対策として下部転輪の間に小型の補助転輪を付けたのが左図の型である。しかしあまり効果がなく、少数が改造されたにとどまった。

大陸や南方での作戦では、長期になるため、補給のトラック部隊に制約があり、戦車後部に生活用品をくくりつけて行動した。

車体後部にアングルで荷台が作り付けられ、乗員の所帯道具を満載して作戦に従事した。

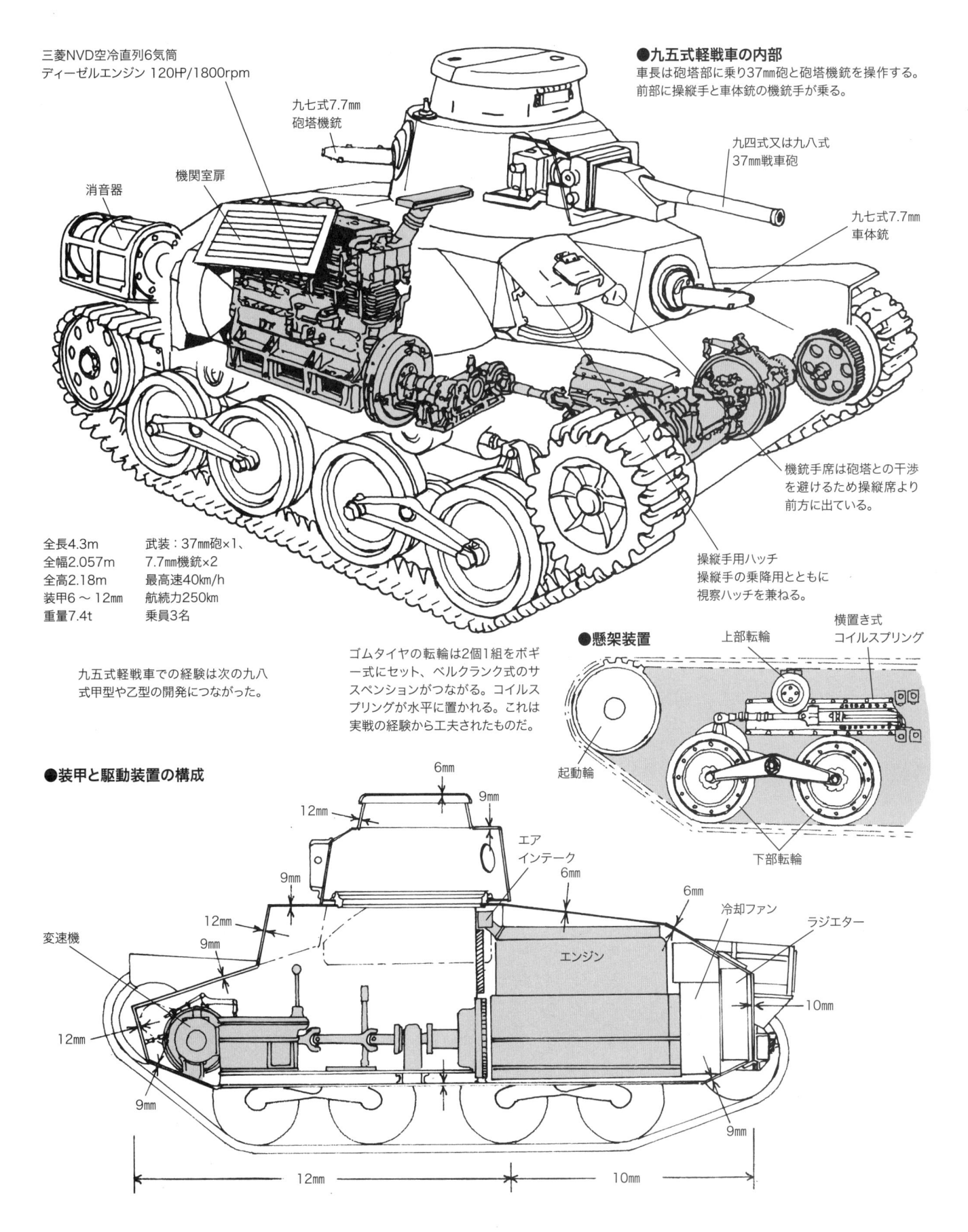

三菱NVD空冷直列6気筒
ディーゼルエンジン 120HP/1800rpm

九七式7.7mm
砲塔機銃

消音器

機関室扉

●九五式軽戦車の内部
車長は砲塔部に乗り37mm砲と砲塔機銃を操作する。前部に操縦手と車体銃の機銃手が乗る。

九四式又は九八式
37mm戦車砲

九七式7.7mm
車体銃

機銃手席は砲塔との干渉を避けるため操縦席より前方に出ている。

操縦手用ハッチ
操縦手の乗降用とともに視察ハッチを兼ねる。

全長4.3m
全幅2.057m
全高2.18m
装甲6〜12mm
重量7.4t

武装：37mm砲×1、
7.7mm機銃×2
最高速40km/h
航続力250km
乗員3名

九五式軽戦車での経験は次の九八式甲型や乙型の開発につながった。

ゴムタイヤの転輪は2個1組をボギー式にセット、ベルクランク式のサスペンションがつながる。コイルスプリングが水平に置かれる。これは実戦の経験から工夫されたものだ。

●懸架装置

上部転輪
横置き式コイルスプリング

起動輪

下部転輪

●装甲と駆動装置の構成

6mm
9mm
12mm
エアインテーク
6mm
冷却ファン
ラジエター
6mm
9mm
12mm
9mm
エンジン
10mm
変速機
12mm
9mm
12mm
10mm
9mm

九七式中戦車

　九七式中戦車は八九式中戦車の後継の主力戦車として開発されたもので、生産数約2,000両と日本の戦車の中では最も多い。大戦の終わりまで使用された日本の代表的な戦車である。

　元々日本の戦車は歩兵支援の想定しかなく、ノモンハン事件の戦訓から九七式中戦車も高初速の47mm戦車砲に代えられる。しかしその後も主砲の大口径化は進まず、装甲厚は薄いままで、大戦中登場するM4中戦車などの連合国の主力戦車には歯が立たない存在だった。

Type 97 Medium Tank
Type 97 Medium Tank was developed as the successor of Type 89 Medium Tank, and its total production of about 2,000 was the most among Japanese medium tanks. It was Japanese typical tank used until the end of the war. Originally Japanese tanks intended only for infantry support, but the experiences of Nomonhan Incident forced Type 97 to rearm 47 mm gun with higher muzzle velocity. But further reinforcement of firepower was never carried out and armor protection remained poor, therefore they were quite ineffective compared with M4 or other Allied tanks that appeared during the war.

●九七式中戦車チハ（1937）
(Type 97 Medium Tank "Chi-Ha")

八九式中戦車に比べると全高はかなり低く抑えられている。開発は三菱重工で、大阪工廠が開発していたチニとの争いになったが、性能的に優れたチハが制式化された。主力戦車として中国大陸に送られ歩兵直協として使用された。図でははちまきアンテナが付いているが、当時無線機を装備したのは指揮戦車だけだ。また重量15tとなっているのは、戦地に送るには鉄道や船などに乗せる必要があるためで、クレーンの能力に合せていることもある。これが日本の戦車の制約ともなっていた。ただし、戦車用の空冷ディーゼルエンジンというのは当時は世界の他の国では例がなく、この点だけは列強の中で傑出していた。

●九七式中戦車改 新砲塔チハ（1942）
(Type 97 Medium Tank "Shin-Hoto-Chi-Ha")

九七式57mm砲は機銃座破壊など歩兵支援を目的としたもので、対戦車戦闘には威力不足だった。このため一式中戦車とおなじ長砲身47mm砲と大型の新砲塔を装備したのが本車だ。一式中戦車の生産の遅れで相当数が作られ、むしろ生産数は九七式中戦車のほうが多い。なお、チハの後期生産型は車体後部の形状が異なり、「新車台」と分類される。

全長5.52m　全幅2.33m　全高2.23m　装甲8〜25mm　武装：57mm砲×1、7.7mm機銃×2　重量15t　エンジン：九七式空冷V12ディーゼル170HP　最高速38km/h　航続力210km　乗員4名

●九七式中戦車の構造

①ヘッドライト
②差動機
③変速機
④変速レバー
⑤計器板
⑥操向レバー
⑦機銃弾薬箱
⑧操縦手席
⑨機銃手席
⑩57mm砲弾薬箱
⑪砲手席
⑫隔壁
⑬機銃弾薬
⑭車体機銃
⑮操縦手用ペリスコープ
⑯57mm砲
⑰57mm砲弾ラック
⑱車長用ペリスコープ
⑲キューポラ
⑳高射機銃架
㉑砲塔機銃
㉒燃料噴射装置
㉓発電機
㉔エンジン
㉕排気管
㉖エアクリーナー
㉗バッテリー
㉘燃料タンク
㉙マフラー
㉚プロペラシャフト

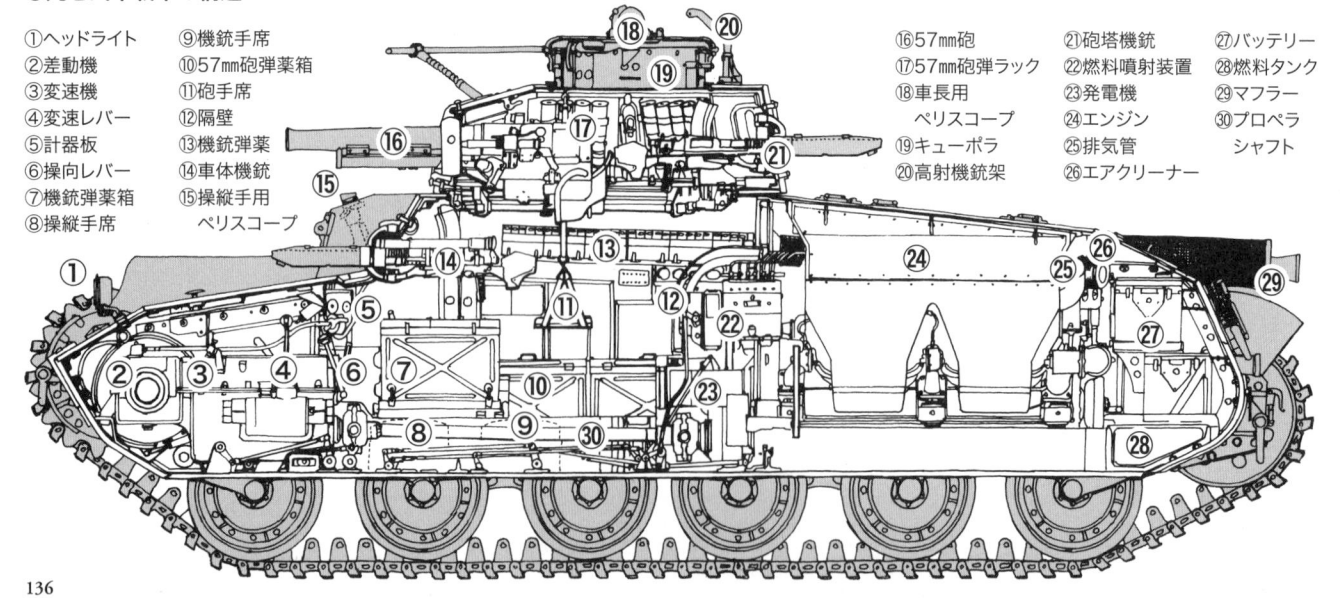

■九七式中戦車の現地改修

各国の戦車が予備履帯や土嚢、はたまた追加の装甲板を装着するなどして防御力向上を図る一方、日本陸軍の戦車はこうした対策がとれなかった。その根底には軍上層部にはびこる独特な精神主義が影響していたわけだが、なかにはここに紹介するような改修を施したものもあった。

●戦車第十四連隊の例

ビルマ方面唯一の戦車部隊である戦車第十四連隊の連隊長である上田信夫中佐は装備品の創作改善に意欲的で、1944年に行なわれたインパール作戦に臨むにあたり、配備されたばかりの新砲塔チハ3両に増加装甲を施すという独自の改修を行なった。この戦車は常に尖兵となる、各中隊の第1小隊長車に配備された

〔上田中佐の行なった主な準備ポイント〕
1：戦車に二重装甲を施す。
2：戦車用トレーラー（燃料、弾薬用）、増設戦車用地隙通過資材（戦車積載）などの資器財の製作。

> 上田信夫中佐はまったくの偶然で、残念ながら私の親戚ではありません。

M3のエンジン防護用の装甲板がちょうど3組収集されていた。厚さ約25mmでこれを鉄材6本で支持。おかげで車体と15cmの隙間ができた（怪我の功名で、夕弾に対しても有効とみられた）。

●フィリピン戦での新砲塔チハ

1944年10月にフィリピン決戦が始まるが、この頃の車両には砲塔前側面に予備履帯を装着し、防御力を高めたものもあったようだ。

点検ハッチや車体機銃を避けた結果こうなった

この3両の九七式の写真はないが、終戦時、インドシナにおいてフランス軍に接収された九五式軽戦車に同様な増加装甲が施された写真がある。ただしこれは戦後フランス軍が改造したもの。

●ガダルカナルでアメリカが鹵獲したチハ

1942年8月からガダルカナル島をめぐる戦いが始まったが、九七式中戦車10両を含む増援が送り込まれたのは10月中旬のこと。この島でアメリカ軍の手に落ちた車両には砲塔に発煙弾ラックが付いていた。

発煙弾ラックあり。

●イリサンの戦車特攻

昭和20年4月17日、ルソン島バギオに布陣していた戦車第七連隊第五中隊は九七式中戦車や九五式軽戦車に爆薬を仕掛けて、イリサン峡谷の一本道を迫りくるアメリカ軍のM4戦車隊へ特攻を仕掛け、その前進を1週間くいとどめることに成功している。

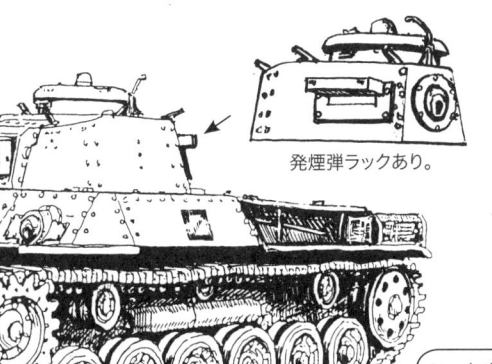

前方に1m突きだした支持架に10kg爆雷2個を取りつけ、手榴弾の信管を起爆装置とした。

Chi（チ）＝Medium Tank
I（イ）、Ro（ロ）、Ha（ハ）、Ni（ニ）、Ho（ホ）、He（ヘ）、To（ト）、Chi（チ）、Ri（リ）、Nu（ヌ）＝Japanese A, B, C ...

一式中戦車

　一式中戦車は九七式中戦車の火力・装甲強化版で、基本的には九七式改とほぼ同じ戦車だが、リベット接合から熔接式に作り方が変わった点が特徴。しかし、いずれにしても当時の世界の主力戦車の水準からは大きく遅れをとっていたことは確かだ。

Type 1 Medium Tank
Type 1 Medium Tank was the reinforced version of Type 97 in firepower and armor protection, and though it was almost identical with Type 97 Chi-Ha Kai (Shin-Hoto-Chi-Ha), the hull structure adopted welding instead of former riveting. Anyway it certainly lagged behind the standard of main battle tanks of the world.

●一式中戦車チヘ（1942）(Type 1 Medium Tank "Chi-He")

　九七式中戦車は列強各国の主力戦車に比して装甲・火力に劣っていたため、いくらかでもこの点をカバーすべく開発されたのが本車だ。装甲は前面50mmと強化され、長砲身47mm砲と大型砲塔の組み合わせとなっている。車体は若干寸法が長くなっているが、リンクアームとコイルスプリングの独特の懸架装置は踏襲されている。エンジンは百式というボアとストロークを統一したシリーズで、要するに統制エンジンである。

全長5.73m　全幅2.33m　全高2.38m　装甲8〜50mm
武装：47mm砲×1、7.7mm機銃×2
重量17.2t　エンジン：統制型百式空冷ディーゼル240HP
最高速44km/h　航続力210km　乗員5名

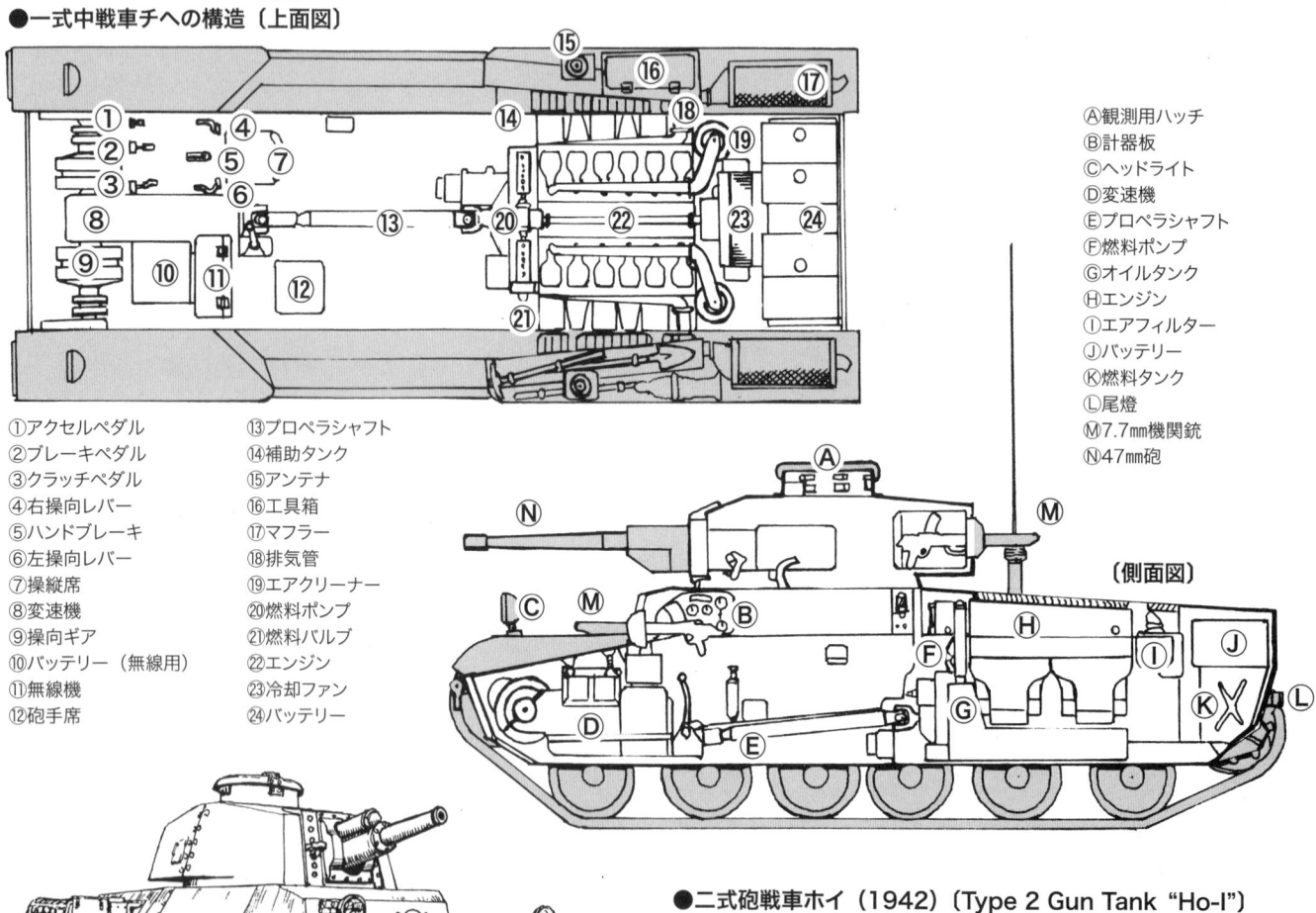

●一式中戦車チヘの構造〔上面図〕

①アクセルペダル
②ブレーキペダル
③クラッチペダル
④右操向レバー
⑤ハンドブレーキ
⑥左操向レバー
⑦操縦席
⑧変速機
⑨操向ギア
⑩バッテリー（無線用）
⑪無線機
⑫砲手席
⑬プロペラシャフト
⑭補助タンク
⑮アンテナ
⑯工具箱
⑰マフラー
⑱排気管
⑲エアクリーナー
⑳燃料ポンプ
㉑燃料バルブ
㉒エンジン
㉓冷却ファン
㉔バッテリー

Ⓐ観測用ハッチ
Ⓑ計器板
Ⓒヘッドライト
Ⓓ変速機
Ⓔプロペラシャフト
Ⓕ燃料ポンプ
Ⓖオイルタンク
Ⓗエンジン
Ⓘエアフィルター
Ⓙバッテリー
Ⓚ燃料タンク
Ⓛ尾燈
Ⓜ7.7mm機関銃
Ⓝ47mm砲

（側面図）

●二式砲戦車ホイ（1942）(Type 2 Gun Tank "Ho-I")

　これは一式中戦車の車体（基本的には九七式中戦車の熔接版）に短砲身の75mm砲を搭載した火力支援用戦車。一式中戦車の生産が遅れたこともあって、約30両作られた本車も本土決戦用とされ、実戦には投入されていない。

全長5.73m　全幅2.33m　全高2.58m　装甲8〜50mm
武装：75mm砲×1、7.7mm機銃×1
エンジン240HP　最高速44km/h　航続力200km　乗員5名

軽戦車

軽戦車は日本の国情にあった戦闘車両といえたが、九五式ハ号という名戦車があったため、その後新たに開発された軽戦車の量産が阻害されるという皮肉な結果になった。軽戦車は九五式が傑出していたため、他に開発された軽戦車の生産はなおざりにされ、いずれも少量生産で終わってしまっている。

Light Tanks
Since Japanese army had excellent light tank Type 95 Ha-Go, the mass production of newly developed light tanks were hindered by its presence ironically.

●九八式軽戦車ケニ（1940）
(Type 98 Light Tank "Ke-Ni")
本車も九五式軽戦車の後継車両として開発されたものだ。車高は低く車長は短く小型化されており、九五式より近代的に洗練された形状になった。また装甲厚も増して、性能的には九五式軽戦車を上回っていた。しかし九五式への軍の好評価故になかなか生産に移らず、やっと大戦突入後の1942年から生産された。すでに非力な武装と装甲の本車が活躍する場はなく、113両が作られただけだ。
全長4.1m　全幅2.12m　全高1.82m　装甲6～16mm
武装：37mm砲×1、7.7mm機銃×1　エンジン130HP
最高速50km/h　航続力300km　乗員3名

●二式軽戦車ケト（1942）
(Type 2 Light Tank "Ke-To")
戦局の影響で軽戦車より中戦車の生産が優先されたため、新たに開発された軽戦車はみな少量生産で終わっている。二式軽戦車は九八式ケニ型の改造型で、高初速の長砲身一式37mm砲を搭載し、そのため砲塔を大型化している。なお、九八式と二式軽戦車は空挺戦車に使う予定もあったが実現しなかった。
全長4.1m　全幅2.12m　全高1.82m　装甲6～16mm
武装：37mm砲×1、7.7mm機銃×1　重量7.2t　エンジン130HP
最高速50km/h　航続力300km　乗員3名

●三式軽戦車ケリ（1944）
戦場では九五式軽戦車の37mm砲はあまりに非力であったため応急的な処置として九七式57mm戦車砲を搭載したのが三式軽戦車ケリだ。これは九五式の車体・砲塔をそのままにして57mm砲を組み込んだもので実際は単なる派生型である。砲塔が狭すぎて砲の扱いが難しく試作のみで終っている。

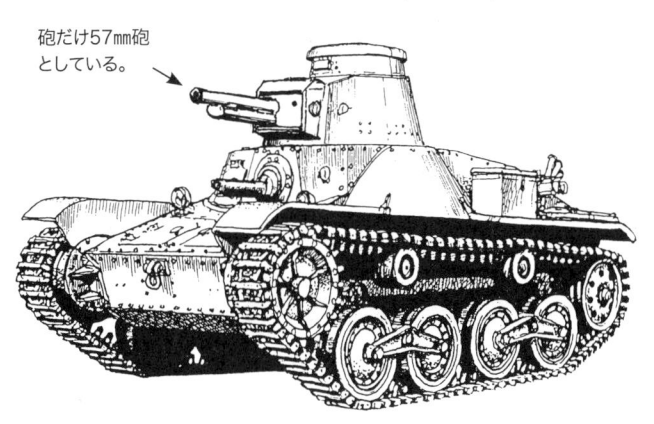

●四式軽戦車ケヌ（1945）
ケヌ型は九五式軽戦車の車体の砲塔リングの径を大きくして、九七式中戦車の砲と砲塔をそのまま取り付けたものだ。試作車の他に少数が九五式から改造されているが実戦には参加していない。戦争末期の焦躁が分かる事態だ。九七式中戦車の砲塔のため高さは九五式軽戦車より20cmほど高いと考えられ重量は約1t増加しているはずだ。三式軽戦車の方は57mm砲に変わった以外は、寸法は九五式軽戦車と同じだ。
全長4.3m　全幅2.07m　全高不明　装甲6～25mm
武装：57mm砲×1、7.7mm機銃×2　重量8.4t　エンジン115HP
最高速40km/h　航続力240km　乗員3名

砲だけ57mm砲としている。

大戦中の日本の中戦車

　ここで紹介する中戦車はいずれも1943年以降の開発で、世界の水準に並んだ本格的なものであった。しかし完成したのは44年以降で時すでに遅く、量産に入った三式中戦車も本土決戦用になり実質的に実戦には参加していない。

Japanese Medium Tanks Developed during WWII
The medium tanks shown here were developed after 1943 and could be compared with world standard tanks. But most of their completions were after 1944 that was too late, and though Type 3 medium tank was somehow mass produced, they were retained for the decisive fighting on the mainland and virtually saw no action.

●三式中戦車チヌ（1944）（Type 3 Medium Tank "Chi-Nu"）

一式中戦車の発展型で、従って九七式中戦車系列としては最終の型である。火力増強が主目的で、搭載された三式75mm砲は対戦車戦闘を意識し、M4中戦車に対抗し得るものと期待された。この砲はフランスのシュナイダー製の火砲をライセンス生産した九〇式野砲を改造したもので、車体は一式中戦車と同様、全面熔接となった。しかし完成は1944年になってからで、60両作られて終わった。

全長5.73m　全幅2.33m　全高2.67m　装甲8～50mm
武装：75mm砲×1、7.7mm機銃×1　重量18.8t　エンジン240HP
最高速38.8km/h　航続力210km　乗員5名

●三式中戦車の構造

日本中戦車の特徴でもあった砲塔後部の車載機銃はこのチヌから廃止されている。

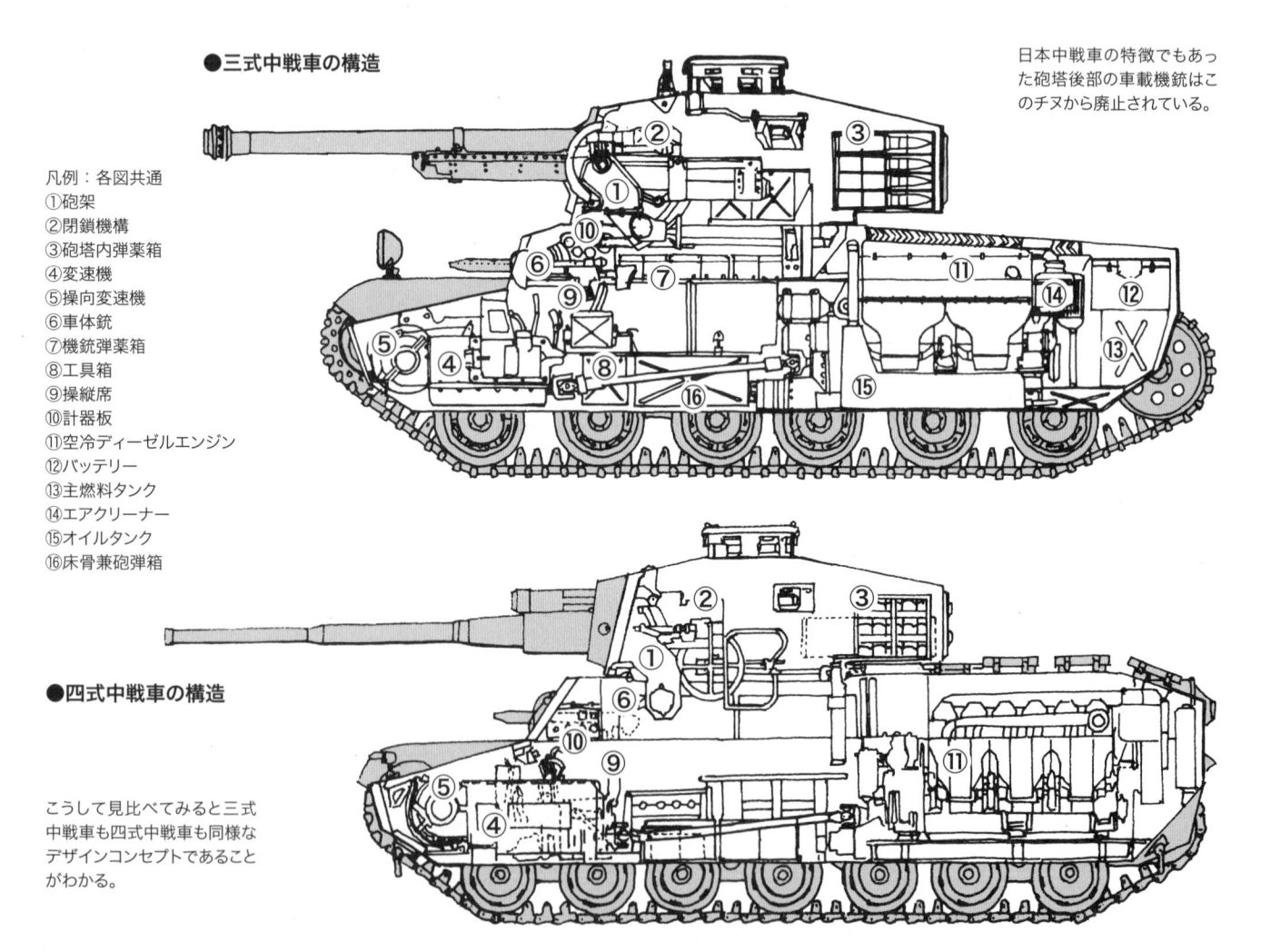

凡例：各図共通
①砲架
②閉鎖機構
③砲塔内弾薬箱
④変速機
⑤操向変速機
⑥車体銃
⑦機銃弾薬箱
⑧工具箱
⑨操縦席
⑩計器板
⑪空冷ディーゼルエンジン
⑫バッテリー
⑬主燃料タンク
⑭エアクリーナー
⑮オイルタンク
⑯床骨兼砲弾箱

●四式中戦車の構造

こうして見比べてみると三式中戦車も四式中戦車も同様なデザインコンセプトであることがわかる。

●四式中戦車チト（1945）
(Type 4 Medium Tank "Chi-To")
寸法・重量とも世界の中戦車と肩を並べることができる初の日本の中戦車で、始めから当時の対戦車戦闘を念頭に置いて開発された。主砲は高射砲改造の五式75mm砲で、M4中戦車の前面装甲を1,000mの距離で貫通できた。装甲もやっと世界水準となり、砲塔は日本初の鋳造だった。油圧操縦装置の採用で操向性能も良好だったが、終戦までに6両（2両の説もあり）の完成のみで終わっている。
全長6.34m　全幅2.87m　全高2.87m　装甲12〜75mm
武装：75mm砲×1、7.7mm機銃×2
重量30t　エンジン：四式空冷V型12気筒ディーゼル400HP
最高速45km/h　航続力250km　乗員5名

●五式中戦車チリ（1945）
(Type 5 Medium Tank "Chi-Ri")
日本で開発された最後の中戦車で、四式中戦車の発展型とみることもできるが、寸法・重量ともそれまでのものと一線を画するほど大きく、開発は難行したようで、結局、試作車1両が完成しただけだった。砲塔は平面板の熔接となり、形状はティーガーを思わせる。最初は88mm砲を載せる計画もあった。37mm砲を砲塔下段に搭載し重量が40tを超えたため、片側8個の転輪となった。重量に見合うエンジンは空冷ディーゼルでは無理なため、ガソリンエンジンとなり550HPの大出力を得た。
全長7.3m　全幅3.05m　全高3.05m　装甲最大75mm
武装：75mm砲×1、37mm砲×1、7.7mm機銃×2
エンジン550HPガソリン　最高速45km/h　乗員5名

●試製五式七糎半対戦車砲ナト
(Experimental Tank Destroyer "Na-To")
主砲名と車名が同一なのでややこしいが、「試製五式七糎半（ななせんちはん）対戦車砲」を搭載する強力な対戦車自走砲として開発されたもの。ベース車体は四式中型装軌貨車チソを装甲化したものだった。砲の試作は大阪造兵廠で行なわれ、1944年7月に2門が完成、実験に供されたが故障続発で、すぐに改修されることになった。1945年1月以降、四式中戦車の搭載砲である「試製五式七糎半戦車砲」との部品の共通化が図られたものが製作され、こちらはII型砲と分類される。終戦までにI型砲と車体が2組、II型砲2基が製作された。
車体長5.7m　全幅2.40m　全高2.64m　装甲8〜12mm
武装：75mm砲×1　重量13.7t　エンジン：百式V型8気筒ディーゼル165HP
最大速度40km/h　航続力300km　乗員7名

●試製十糎加農砲戦車ホリ
(Experimental Tank Destroyer "Ho-Ri")
1943年になり、五式中戦車の車体を拡大発展させた車体に、55口径105mmの「試製十糎戦車砲（長）」を搭載する車両として開発に着手されたもので、日本版重駆逐戦車として紹介されることもある。砲の開発は第1陸軍研究所で行なわれ、初速900m/s、1,000mの距離で200mmの装甲板を撃ちぬけるという額面通りの性能が発揮されれば、連合国はおろかソ連の重戦車とも互角に戦えたはずだった。1944年12月に試作砲2基が完成したが車体の開発がはかどらず、実車は1台も完成していない。
全長7.4m　全幅3.05m　全高2.7m　装甲25〜125mm
武装：100mm砲×1、37mm砲×1、20mm双連機関砲×1、7.7mm機銃×1
重量40.0t　エンジン：BMW改造V型12気筒ガソリン550HP
最大速度40km/h　航続力200km　乗員6名

141

日本の自走砲と内火艇

　火力支援のための自走砲は日本でも作られたが、九七式中戦車の車体を使用して開発されたものが多く、前線からの要求にもかかわらず少量の生産しか行なわれなかった。ここで紹介する内火艇は水陸両用戦車のことで、陸戦隊の上陸作戦用に日本海軍が開発した。有名なのは特二式で180両以上が製造されたとみられるが、他は数10両程度だったようだ。

Japanese SPGs and Special Launches
Japanese also produced Self-propelled Guns for fire support, but in spite of the demands from frontline units, the production ended in small numbers. All of them utilized the chassis of Type 97 Medium Tank. The Special Launches described here were amphibious tanks and Imperial Japanese Navy developed them for the amphibious operations of Navy Land Forces. The most famous one was Type 2 special launch Ka-Mi that over 180 were considered to have been produced, but other Special Launches were produced 10 or so.

■自走砲

●一式75mm自走砲ホニⅠ（1941）(Type 1 Gun Tank "Ho-Ni I")
九七式中戦車の砲塔を外し、九〇式75mm野砲を搭載したオープントップの戦闘室は、前面50mm、側面12mmの装甲板で防盾としている。250両前後が作られ南方に送られた。
全長5.51m　全幅2.33m　全高2.39m　装甲8～50mm　武装：75mm砲×1
重量15.9t　エンジン170HP　最高速38km/h　航続力300km　乗員5名
※砲塔は七角形の大型なもので車体から左右にはみ出している

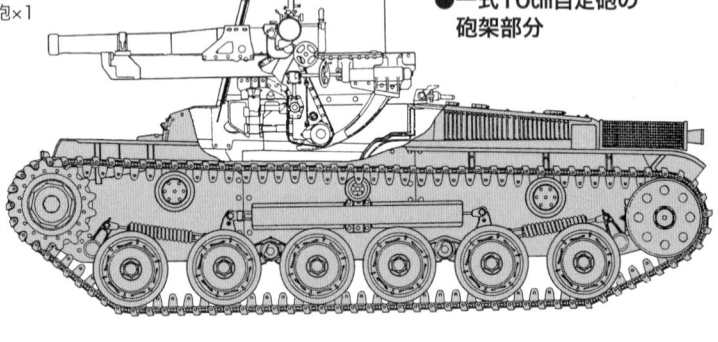

●一式10cm自走砲ホニⅡ（1942）(Type 1 Gun Tank "Ho-Ni II")
ホニⅠの九〇式野砲に替わり九一式10cm榴弾砲を搭載した車両。遠距離からの間接射撃が任務とされたため装甲はホニⅠほど厚くなく、最大で25mmであった。従って重量16.3tとわずかな増加で、他のスペックはホニⅠと同じだ。

●一式10cm自走砲の砲架部分

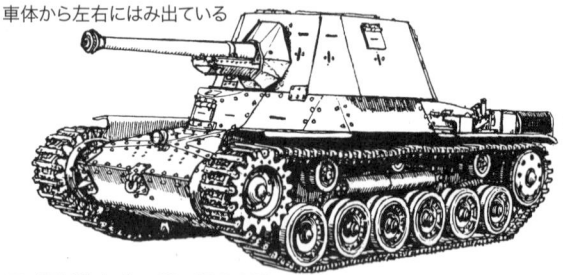

●三式砲戦車ホニⅢ（1943）(Type 3 Gun Tank "Ho-Ni III")
三式中戦車に搭載されたものと同じ三式戦車砲を載せた日本初の対戦車自走砲といえる。大戦後期の開発だが九七式中戦車の車体を使用しており、ホニⅠの改良型だ。少数が作られたとされるが明らかでない。
全長5.51m　全幅2.33m　全高2.36m　装甲8～50mm　武装：75mm砲×1
重量17t　エンジン170HP　最高速38km/h　乗員5名

●四式15cm自走砲ホロ（1944）(Type 4 15cm Self-propelled Gun "Ho-Ro")
これも九七式中戦車の車体をベースにしており、少数ながらフィリピンと沖縄で実戦に投入された。三八式15cm榴弾砲を装備した戦闘室は上面にも装甲板が張られている。本来は歩兵支援用だが前線からの要望で直接照準装置が取付けられ、対戦車戦闘用にも使われた。戦闘室の後に見える箱が弾丸ケースで、砲の左右の射角は3°ずつしかない。実際の生産数は不明だ。
全長5.52m　全幅2.33m　全高2.36m　装甲8～25mm　武装：150mm砲×1
重量16.3t　エンジン170HP　最高速38km/h　航続力200km　乗員6名

●試製四式重迫撃砲ハト (Type 4 Self-propelled Heavy Mortar "Ha-To")
直径30cm、重量200kgの有翼弾を発射する四式三十糎重迫撃砲を搭載した装軌車両。1944年3月に砲と車体が完成し、試験が行なわれた結果、車体と砲に負担がかかりすぎるとして弾丸重量を170kgへ軽減したところ、射程は2,000mから3,000mへ伸びたという。4両製作。
全長6.8m　全幅2.4m　全高2.75m　武装：30cm重迫撃砲×1
重量14.5t　エンジン：百式V型8気筒空冷ディーゼル165HP
最高速度40km/h　乗員7名

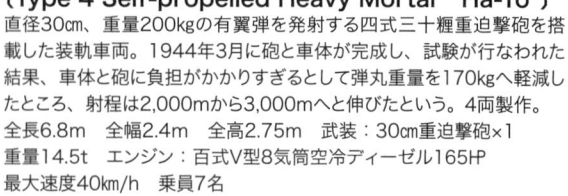

■内火艇

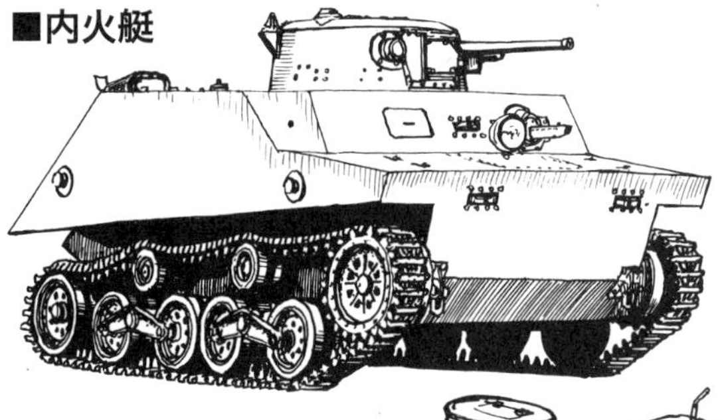

●特二式内火艇カミ（1942）（Type 2 Special Launch "Ka-Mi"）
日本の水陸両用戦車としては最も多く作られ、実戦にも投入されたのが本車だ。九五式軽戦車がベースになったが、水上航行するため熔接構造でハッチ類にはゴムシールドが付き、外観は全く異なる。水上では前後に浮舟が付き、2軸のスクリューで推進し、ケーブルで2枚の舵を操作した。浮舟は上陸後、車内からの操作で取り外すことができた。180両以上作られ、南方諸島に投入されている。
全長7.5m（浮舟装着時）　全幅2.8m　全高2.3m　装甲厚最大12mm
武装：37mm砲×1、7.7mm機銃×1　重量：陸上9.15t、水上12.5t　エンジン115HP
最高速：陸上37km/h、水上9.5km/h
航続力：陸上320km、水上140km
乗員6名

●浮舟装着時

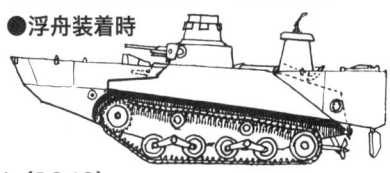

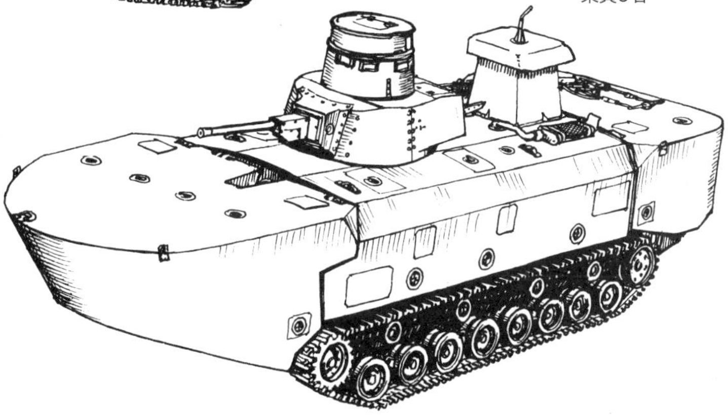

●特三式内火艇カチ（1943）
(Type 3 Spesial Launch "Ka-Chi")
カミより一回り大きく、一式中戦車をベースとしている。車体は耐圧構造にし最大潜水深度100mでの潜水艦による輸送が可能といわれる。形状もベース車両とは似ても似つかないものとなった。19両が作られたが実戦には使用されていない。航続力は陸上・水上共カミと同程度だった。
全長10.3m（浮舟共）　全幅3m　全高3.824m　装甲最大50mm
武装：47mm砲×1、7.7mm機銃×1　重量：陸上26.45t、水上28.75t
エンジン240HP　最高速：陸上32km/h、水上10.5km/h　乗員3名

●特四式内火艇カツ（1944）（Type 4 Special Launch "Ka-Tsu"）
輸送用の水陸両用車として開発され、人員で40名、貨物で4tが積載可能だった。車体は始めから舟型に作られ、カミやカチの様に浮舟装着ではない。甲板上に13mm機銃2丁と、45cm魚雷を左右に各1本装備する計画だったが、これは実験だけに終わった。生産数49両。
全長11m　全幅3.3m　全高2.8m　装甲前面のみ10mm　重量16t
エンジン：空冷直6ディーゼル120HP　最高速：陸上20km/h、水上8km/h
航続力：陸上300km、水上160km　乗員5名

●特五式内火艇トク（1945）
(Type 5 Special Launch "To-Ku")
カチの武装強化と生産性の向上を図ったもの。回転砲塔に25mm機銃を装備した。完成はしていない。浮舟装着全長10.8m　全幅3m　全高3.38m
武装：一式47mm戦車砲×1、25mm機銃×1、7.7mm機銃×1
重量：陸上26.8t、水上29.1t　エンジン240HP
最高速：陸上32km/h、水上10.5km/h
航続力：陸上320km、水上140km　乗員7名

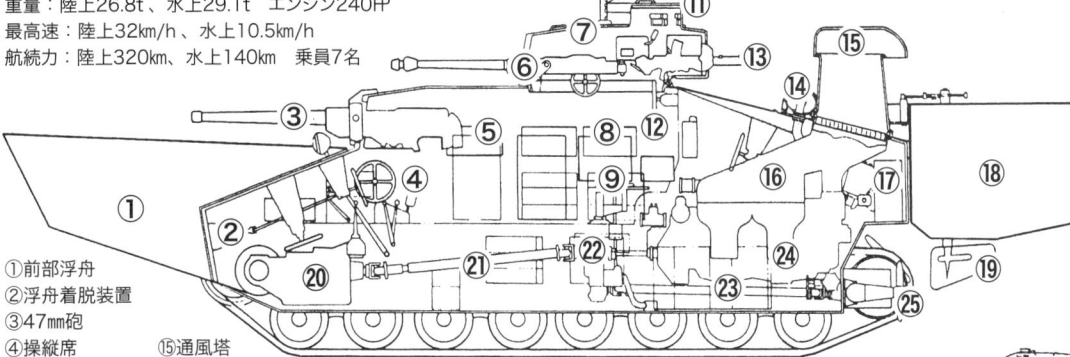

①前部浮舟
②浮舟着脱装置
③47mm砲
④操縦席
⑤弾薬箱
⑥25mm機関砲
⑦砲塔
⑧無線機
⑨車長踏台
⑩車外信号灯
⑪キューポラ
⑫操舵ハンドル
⑬7.7mm機銃
⑭排気装置
⑮通風塔
⑯風胴
⑰蓄電池
⑱後部浮舟
⑲舵板
⑳変速機
㉑推進軸（起動輪）
㉒伝動機
㉓推進軸（スクリュー）
㉔エンジン
㉕スクリュー

●短12cm自走砲
(Shot Barrel 12cm SP Howizer)
日本海軍が保有した九七式中戦車新砲塔型に、主に特設艦船で使用されていた短12cm砲を独自に車載砲に改装して搭載した車両。詳しい諸元は不明。この他にも海軍は九七式中戦車に十年式十二糎高角砲を搭載したものも製作している。

143

【フランスの戦車（WWII）】

　フランスは第1次世界大戦後、ドイツとの国境沿いに大要塞線（マジノ線）を築き、これを防衛戦略の要としていたため、戦車については偵察連絡任務の騎兵用の快速軽戦車や歩兵支援での運用という保守的な考えで積極的とはいえなかった。ただしルノーFTを生んだ国だけに、性能的には優れた戦車を保持してはいた。

　フランスは元来鋳造技術に優れた国で、その戦車も車体や砲塔に鋳造部品を多用するのが特徴だった。そして開戦時、量的にはドイツとほぼ同数の戦車を持っていたのである。

●ホチキスH35軽戦車（1935）
(Hotchkiss H35 Infantry Tank)

ホチキスは1933年の新型軽戦車計画でルノーR35との競作に敗れたが、機械化を進めていた騎兵部隊の装備車両として採用された。エンジンのパワー不足が問題とされていたため、1938年にはエンジンを換装したH38も作られた。生産数はH35が625両、H38が1,080両。車体は3分割して鋳造したもので、重く、速度も遅かった。

全長4.22m　全幅1.85m　全高2.14m　装甲最大45mm
武装：37mm砲×1、7.5mm機銃×1
エンジン75HP　最高速28km/h　乗員2名

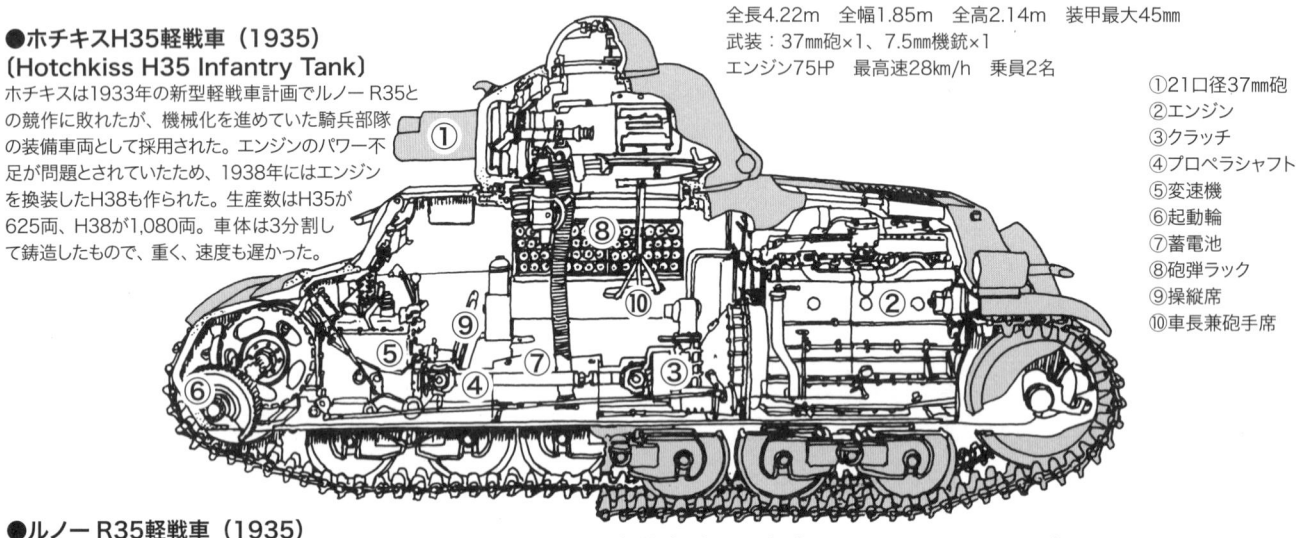

①21口径37mm砲
②エンジン
③クラッチ
④プロペラシャフト
⑤変速機
⑥起動輪
⑦蓄電池
⑧砲弾ラック
⑨操縦席
⑩車長兼砲手席

●ルノーR35軽戦車（1935）
(Renault R35 Infantry Tank)

ルノーFTに替わる歩兵戦車として1935年に制式化。ホチキスH35と同じく車体は3分割した鋳造部品をボルトで組み立てるという生産性の高い方法である。反面、ボルト部に被弾し破壊された際、車体がずれて行動不能になる欠点があった。その後主砲が換装されて1611両が完成後、ドイツ軍の手に落ち改造されて使用された。

全長4.02m　全幅1.87m　全高2.13m　装甲最大40mm
武装：37mm砲×1、7.5mm機銃×1　重量10t　エンジン82HP
最高速20km/h　航続力138km　乗員2名

●ホチキスH39軽戦車（1939）
(H39 Infantry Tank)

●FCM36軽戦車（1936）（FCM36 Infantry Tank）

これも歩兵支援用の軽戦車だが、車体は熔接構造で、フランス戦車初のディーゼルエンジンを搭載するなどそれまでにない新機軸を打ち出している。しかしコスト高のため、100両のみの生産に終わった。

全長4.46m　全幅2.14m
全高2.20m　装甲最大40mm
武装：37mm砲×1、7.5mm機銃×1
重量12.35t　エンジン91HP
最高速23km/h　航続力230km
乗員2名

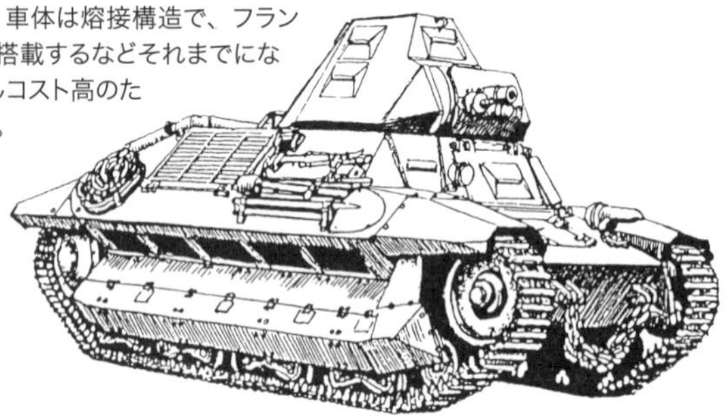

●AMC34

●AMR35
P.32で紹介した車両に13.2mm機銃を搭載したタイプ。

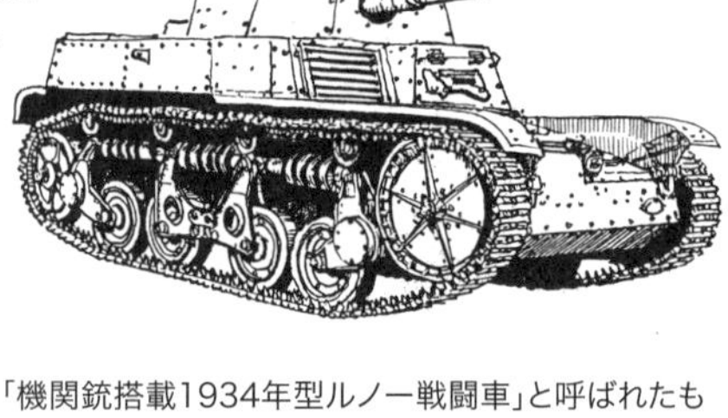

「機関銃搭載1934年型ルノー戦闘車」と呼ばれたもので機械化騎兵隊用に開発された軽戦車。
全長3.98m　全幅2.06m　全高2.89m
装甲20mm　武装：25mm砲×1、7.5mm機銃×1
重量10.8t　エンジン120HP　最大速度40.2km/h
乗員3名

騎兵用のH35の発展型で、エンジンを75HPから120HPにアップしたH38に続き、主砲を33口径の37mm砲に換装したもの。ドイツ軍の侵攻までに770両が作られた。フランスの軽戦車は2名乗車で、車長が砲手・装填手を兼ねるため、戦闘中は外部状況の判断が難しかった。

全長4.22m　全幅1.95m　全高2.15m　装甲最大40mm　武装：37mm砲×1、7.5mm機銃×1
重量12.2t　エンジン120HP　最高速36km/h　航続力151km　乗員2名

French Tanks (WWII)

After WWI, French constructed an elaborate fortified line (Maginot Line) along their German border and settled it as the foundation of defense, but this policy lead them to keep conservative idea for the roles of tanks such as fast cavalry light tank or infantry support tank and be satisfied with it. However as might be expected from the country of origin of Renault FT tank, they held more or less effective tanks.

As French had excellent metal casting technology, the extensive use of cast parts in hull and turret was a distinctive feature of French tanks. And at the beginning of the war, they held substantial tanks as Germans.

●ソミュアS-35中戦車（1937）
（Somua A35）

騎兵用中戦車として開発され、全面的に鋳造構成とした世界初の戦車として知られる。各部を分割して鋳造しボルトで結合するもので、製造工程を簡略にする利点があったが、前述のように被弾時の欠点もあった。性能的には開戦時のドイツのⅢ号・Ⅳ号戦車と対等のもので、フランスの戦車の中では最優秀といわれる。しかしドイツ軍侵攻時に500両が完成していただけだった。
全長5.38m　全幅2.12m　全高2.63m　装甲最大40mm
武装：47mm砲×1、7.5mm機関砲×1　重量19.5t　エンジン190HP
最高速40km/h　航続力260km　乗員3名

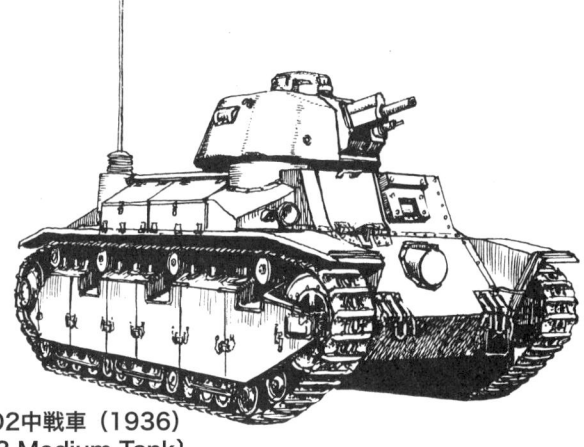

●D2中戦車（1936）
（D2 Medium Tank）

1929年に採用されたD1戦車の改良型で、スタイルが古臭い感じは否めない。1931年には試作車が完成しており、この時はエンジンがディーゼルだったが、1936年から量産された時はガソリンになっていた。車体側面に雑具箱を取り付け増加装甲としている。車体は当時のフランス戦車では普通だったリベット接合だ。サスペンション保護に装甲板が付いている。生産数50両前後。
全長5.46m　全幅2.22m　全高2.66m　装甲厚最大40mm
武装：47mm砲×1、7.5mm機関銃×1　重量19.75t　エンジン150HP
最高速23km/h　航続力90km　乗員3名

●B1 bis重戦車
（1937）
（B1 bis
Heavy Tank）

外観から想像がつくように第1次世界大戦の塹壕突破用のコンセプトで作られた戦車、B1の改良型である。シャールという名を付けて呼ばれるが、シャールは元々フランス語でチャリオットのことで、転じて戦車の意味だ。フランスには第1次世界大戦末期に作られた2Cという70tクラスの戦車があり、通常そちらが重戦車と呼ばれ、B型は戦闘戦車と呼ばれた。ドイツ軍の侵攻時は装甲が比較的強力だったため打たれ強かったが、機動性の劣るのが欠点だった。生産数約500両。

●B1 bisの内部
①車長兼射手用キューポラ
②47mm砲
③操縦手席（砲操作機有）
④75mm砲
⑤注油孔
⑥砲弾ラック
⑦ルノー6気筒水冷エンジン
⑧変速機
⑨燃料タンク

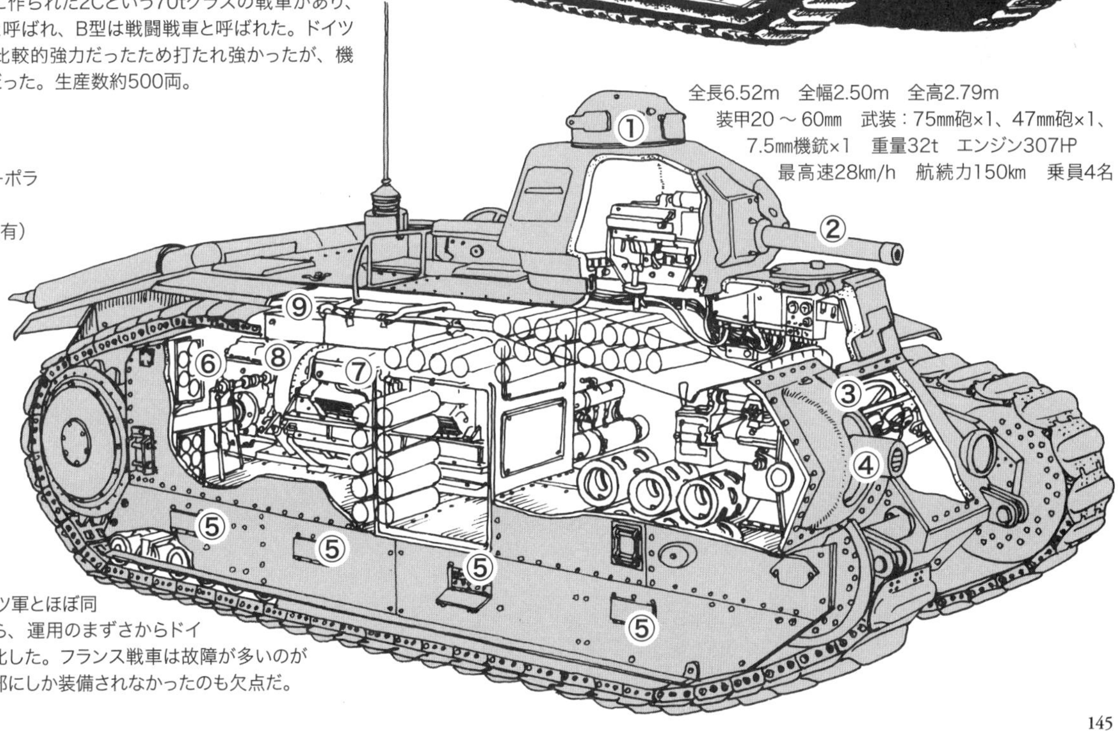

全長6.52m　全幅2.50m　全高2.79m
装甲20～60mm　武装：75mm砲×1、47mm砲×1、7.5mm機銃×1　重量32t　エンジン307HP
最高速28km/h　航続力150km　乗員4名

開戦時フランスはドイツ軍とほぼ同数の戦車を持ちながら、運用のまずさからドイツ軍の電撃戦に大敗北した。フランス戦車は故障が多いのが難点で、無線機が一部にしか装備されなかったのも欠点だ。

【イタリアの戦車（WWII）】

イタリアは近代国家として統一されたのが19世紀の後半なため工業基盤が未整備で、開戦前に保有していた戦車も大半はL3というタンケッティだった。ムッソリーニが政権を握り、ドイツでヒトラーが首相になって情勢が緊迫する1935年頃から中戦車の開発に乗り出したが、完成したのは開戦後だ。主力はM13/40系列の中戦車で、これらは液冷ディーゼルエンジンが特徴だったものの、板バネ式の懸架装置やリベット接合はすでに古臭い感じだった。その後の戦車も技術的に旧態依然としたもので、装甲板の質も低いといわれている。また連合国に真っ先に降伏したこともあり、戦時中の戦車生産数も多くはなく、性能的にも評価は芳しくない。なお、カルロ・アルマート（Carro Armato）はイタリア語で装甲車両の意。

Italian Tanks (WWII)
Since the unification of Italy as a modern nation was achieved in late 19th century, the development of their industrial infrastructure was lagged behind, thus the most of their tanks just before the war were L3 tankettes. As Mussolini took power and Hitler was named the chancellor of Germany, Italians started the development of medium tank since about 1935, but its completion was after the beginning of the war. The main battle tank of Italian army was medium tank M13/40 series, and though their liquid cooled diesel engine was distinctive, the suspension using leaf springs or riveted structure were already old-fashioned. Later Italian tanks also remained unchanged in technology and their armor plate was considered inferior in quality. And as Italia surrendered to Allies first, the production of Italian tanks during the war was not so many and their performance was not appreciated. By the way, the Italian word "carro armato" means armored car.

●L6/40軽戦車（1939）（L6/40 Light Tank）

試作車が完成したのは1939年だが生産開始は41年からで、試作段階の37mm砲は高初速の20mmブレダ製機関砲に替わった。実戦に参加すると火力不足や弱装甲が問題となった。イタリアの戦車には珍しくリーフスプリングではなく、トーションバーの懸架装置を採用していた。283両で生産を終えたが、自走砲や火焔放射機搭載車両のベースとして利用されている。

全長3.78m　全幅1.92m　全高2.03m　装甲6〜30mm　武装：20mm機関砲×1
重量6.8t　エンジン70HP　最高速42km/h　航続力200km　乗員2名

●M11/39中戦車（1939）（M11/39 Medium Tank）

イタリア初の中戦車で、1939年に制式化された。旋回砲塔に機銃を、車体前面に37mmの主砲を搭載するという構成で、そのため主砲の射角が左右30°に限定されている。転輪2つのボギー2組を1つのリーフスプリングで支えるサスペンションを採用し、以後イタリアの戦車はこの形式を踏襲することになる。またエンジンは液冷ディーゼルが始めて採用され、本車以降の戦車にも出力を増大などの改良を施して用いられる。ヨーロッパの戦車でディーゼルは珍しい。

●セモベンテL40 da 47/32（Semovente da 47/32）

左のL6/40軽戦車をベースに47mm da 47/32という野砲を搭載した自走砲。300両製作。

●M11/39中戦車の内部

全長4.73m　全幅2.18m　全高2.30m　装甲6〜30mm　武装：37mm砲×1、
8mm連装機銃×1　重量11t　エンジン105HP　最高速33.3km/h　航続力200km　乗員3名

●M13/40中戦車（1940）（M13/40 Medium Tank）

M11/39は開発中に主砲の欠点が分かり、これを改良する形で本車がすぐに開発されていた。1940年に制式化されると799両(709両の説有)が製造され、イタリアの主力戦車となった。車体はM11/39よりやや大型化しているが、懸架装置などは基本的に同じである。主砲は砲塔に搭載され射角の問題は無くなった。旋回装置は油圧を使ったものになり、そのため大口径砲の装備が可能になった。エンジンが非力であったため、145HPにパワーアップしたエンジン搭載のM14/41が1941年から作られている。こちらは1,103両が生産された。火力、装甲、エンジンなどのスペックは日本の九七式中戦車とほぼ同じである。

全長4.92m　全幅2.20m　全高2.37m　装甲14〜40mm
武装：47mm砲×1、8mm連装機銃×1
重量14t　エンジン125HP　最高速31.8km/h　航続力200km　乗員4名

●M15/42中戦車（1943）
（M15/42 Medium Tank）
M14/41の改良型でイタリア最後の制式中戦車だ。足廻りはM13から共通で、エンジンの大型化に伴って車体が若干大きくなった。主砲は47mmだが40口径と長砲身で、初速は高い。ディーゼルでの出力増大は当時の技術ではサイズが大きくなってしまうので、本車はガソリンエンジンである。イタリアの降伏まで82両が作られただけだった。

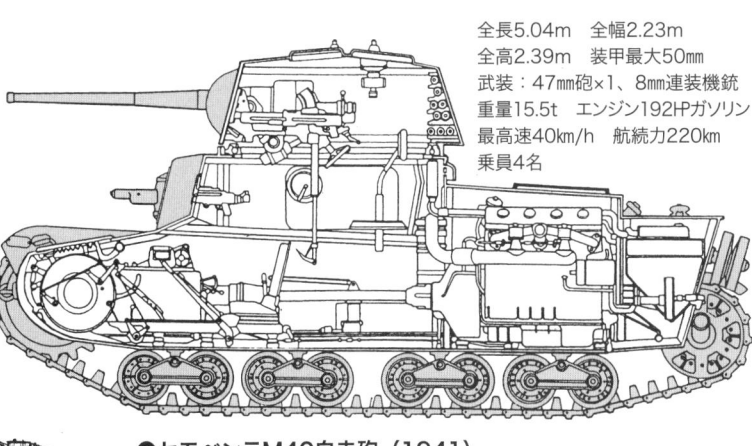

全長5.04m　全幅2.23m
全高2.39m　装甲最大50mm
武装：47mm砲×1、8mm連装機銃
重量15.5t　エンジン192HPガソリン
最高速40km/h　航続力220km
乗員4名

●P40重戦車（1942）（P40 Heavy Tank）

イタリア初の重戦車で、1940年から開発され降伏する1943年に入ってから生産に移った。計画そのものは30年代からムッソリーニの強い要求があったのだが、結局21両のみの生産で終わっている。26tクラスの大きさでスタイルは旧式、足廻りや全体の構成はM13/40以来のもので新味はない。T-34のエンジンをコピーした液冷ディーゼルが開発できず、結局ガソリンエンジン搭載になった。
全長5.75m　全幅2.75m　全高2.5m　装甲最大60mm
武装：75mm砲×1、8mm機銃×1　重量26t　エンジン420HP
最高速40km/h　航続力275km　乗員4名

●セモベンテM40自走砲（1941）

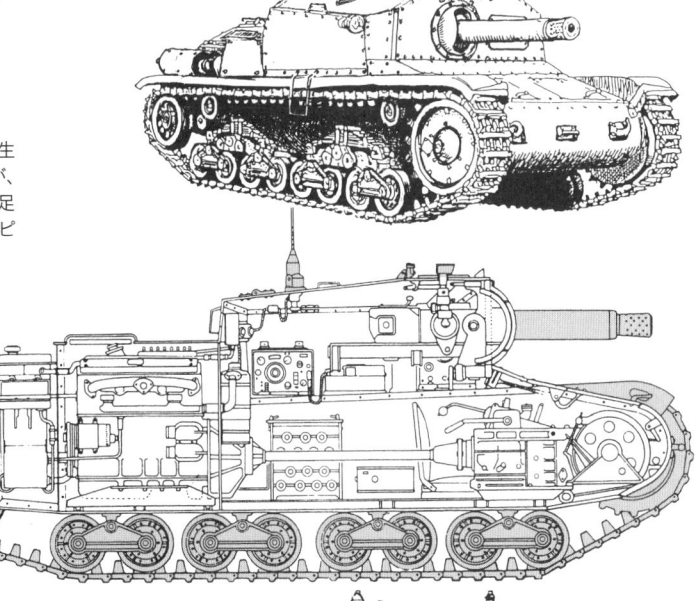

●セモベンテM40自走砲の構造
（Semovente M40 da 75/18）
スタイルがドイツのⅢ号突撃砲に似た低いもので、大分その影響を受けている。車体はM13/40をベースに背の低い戦闘室と18口径75mm砲を搭載した。イタリア軍の当時の最強の車両だった。M42と合せて200両前後が生産された。セモベンテはイタリア語で自走砲の意。
全長4.9m　全幅2.2m　全高1.8m　装甲最大50mm
武装：75mm砲×1　重量14.4t　最高速30km/h　航続力250km

●セモベンテM41 da 90/53自走砲（1942）
（Semovente M41 da 90/53）
イタリア軍初の本格的な自走砲で、ドイツの88mm砲より初速が速い強力な90mm高射砲を搭載していた。M14/41の車体を改造しエンジンを中央に移している。生産数はわずか30両で、活躍とまではいかなかった。
全長5.2m　全幅2.2m　全高2.14m　装甲10〜40mm　武装：90mm砲×1
重量17t　エンジン145HP　最高速35km/h

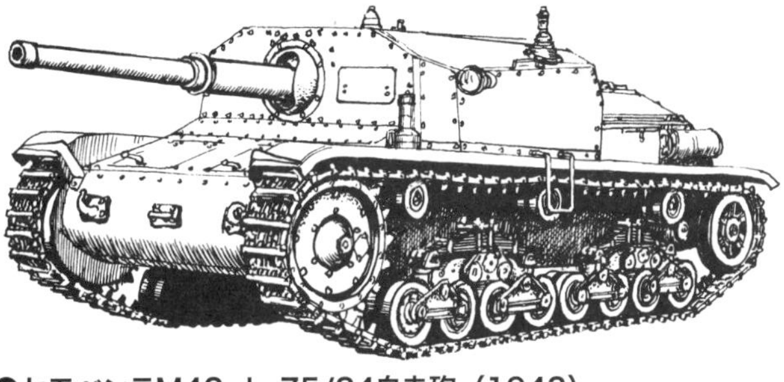

●セモベンテM42 da 75/34自走砲（1943）
（Semovente M42 da 75/34）
M15/42に34口径75mm砲を搭載したもの。イタリアの降伏直前に生産に入ったためイタリア分の生産はわずかだが、ドイツ占領地で1945年まで作られ計90両程度が完成しドイツ軍により使用された。装甲が薄いのが難点だった。
全長5.69m　全幅2.23m　全高1.85m　装甲最大40mm　武装：75mm砲×1
重量15t　エンジン192HP　最高速32km/h　乗員3名

●セモベンテM43 da 105/25（1943）
（Semovente M43 da 105/25）
M15/42の車体幅を増して25口径105mm榴弾砲を搭載した車両。降伏後はドイツが生産して使用された。
全長5.1m　全幅2.4m　全高1.75m　武装：105mm砲×1、7.5mm機銃×1
重量15.8t　エンジン145HP　最大速度35km/h　乗員3名

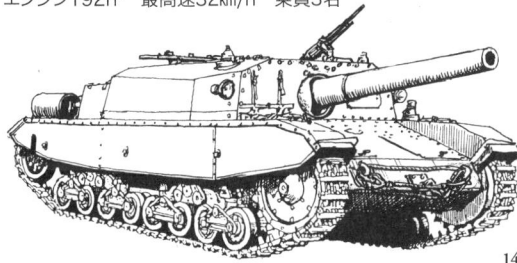

WWIIの各国戦車

第2次世界大戦時には列強諸国ばかりでなく、中には意外な国が技術的にも高いものを持ち、戦車を製造していた。特に中欧・東欧のチェコやハンガリーなどでは工業基盤が整っており、大兵器メーカーがあったのが分かる。またスウェーデンはこの時代から兵器製造には実力があり、注目される戦車を作っていた。列強の戦車の輸入版をベースにしたものも多いが、自主開発力も充分あり、驚かされることも多い。

Tanks of Various Countries in WWII
In WWII, not only the great powers but also unexpected countries with advanced technology produced their original tanks. Especially, Czechoslovakia and Hungary in Central/East Europe had well developed industrial infrastructures and there were several major weapon manufacturers. And Sweden already had efficient weapon industry at this period, also produced noticeable tanks. Though many of those tanks were based on super power's export models, they had considerable development capability that sometimes surprises us.

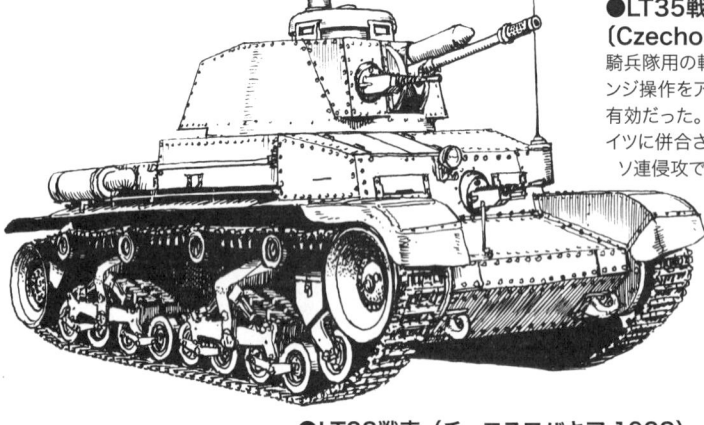

●LT35戦車（チェコスロバキア 1935）(Czechoslovakian Light Tank 35)

騎兵隊用の軽戦車としてスコダ社が開発生産した。圧搾空気でステアリングやギアチェンジ操作をアシストするというアイデアで、ドライバーの負担を軽くし、特に戦闘時には有効だった。ハンガリーやルーマニアにも輸出されている。しかしチェコは1939年にドイツに併合されたため、本車もドイツ軍に接収され、35(t)戦車としてポーランド戦からソ連侵攻で使用された。この(t)はドイツ語でチェコの意味。

全長4.45m　全幅2.14m　全高2.20m　装甲6〜16mm
武装：最大37mm砲×1、7.92mm機銃×1　重量10.5t　エンジン120HP
最高速40km/h　航続力190km　乗員4名

●LT38戦車（チェコスロバキア 1938）(Czechoslovakian Light Tank 38)

CKD/Praga（プラガ）社が開発しチェコ陸軍に採用されたが、生産に入る前にチェコはドイツに併合されたため、ドイツ軍の38(t)戦車として有名になった傑作戦車だ。1944年に第1線から外されるまで1,411両が生産され、その後も各種自走砲のベースとして利用された。諸元は初期タイプで、末期のものは150HPで最高速56km/hとなっている。

全長4.9m　全幅2.06m　全高2.37m　装甲最大25mm
武装：37mm砲×1、7.92mm機銃×1　重量9.7t　エンジン125HP
最高速42km/h　航続力250km　乗員4名

●TNH戦車（チェコスロバキア 1935）(Czechoslovakian Light Tank TNH)

これはLT38の輸出モデルで、基本的におなじものである。TNHにはバリエーションが多くあり、当時チェコ最大の兵器メーカーCKD社が各国用にモディファイしていた。TNHPというモデルがLT38と同じスペックである。古典的な軽戦車だがバランスが取れており、評価が高い。イランに50両、スイスに26両、ペルーに24両、スウェーデンに90両輸出され、スウェーデンのものもその後、ドイツに徴用された。乗員3名のスケールダウンモデルで重量8t、その他は同じ。

●7TP（ポーランド 1937）(Polish Light Tank 7TP)

第2次世界大戦の発端にもなったドイツの侵攻により真っ先に占領されたが、ポーランドでも戦車は作られていた。本車はイギリスのビッカース6トン戦車をベースに開発したもので、1934年に作られた初期型では原型と同じ2銃塔型であった。37年以降単砲塔スタイルとなり、ボフォース37mm対戦車砲を搭載するようになった。さらにこれを改良した10TPの生産準備中に、ドイツ軍の電撃侵攻を受け、計画はストップしてしまった。

全長4.6m　全幅2.41m　全高2.15m　装甲8〜15mm
武装：37mm砲×1　重量9.4t　エンジン110HP　最高速32km/h　乗員3名

●38Mトルディー I 軽戦車（ハンガリー 1938）
(Hungarian Light Tank 38M Toldi I)

スウェーデンのランツベルクL60Bを国産化したのが本車で、武装以外のスペックは基本的に原モデルと同じだ。20mm対戦車ライフル砲と8mm機銃はイギリスからライセンスを得て国産したものだった。トルディーには I と II とがあるが、後者からは全コンポーネントが国産となっている。1940年から1年ほどの間にトルディー I を80両、トルディー II を110両生産している。

全長4.75m　全幅2.05m　全高2.14m
装甲6～13mm
武装：20mm対戦車ライフル×1、8mm機銃×1
重量8.7t　エンジン155HP
最高速50km/h　航続力220km
乗員3名

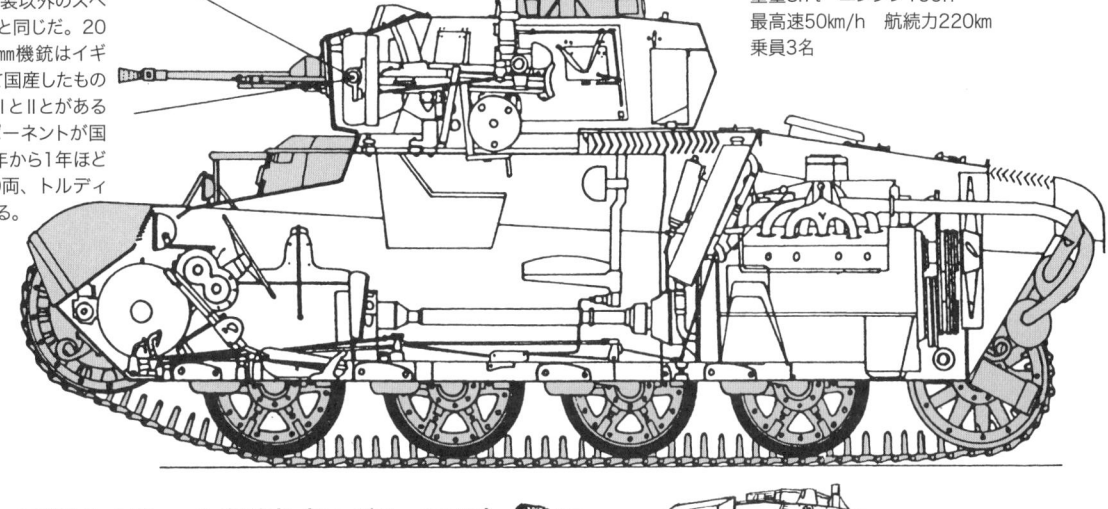

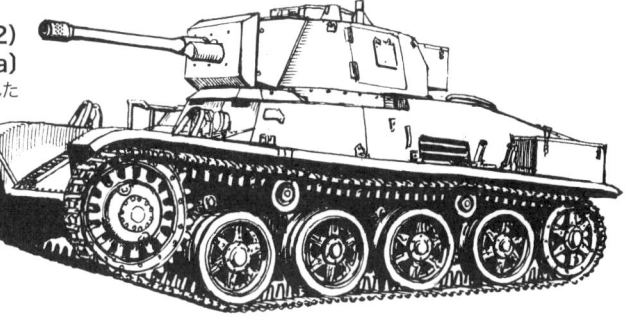

●38Mトルディー II a軽戦車（ハンガリー 1942）
(Hungarian Light Tank 38M Toldi IIa)

20mm対戦車ライフルはいかにも威力不足で、1942年から43年にかけて80両作られたトルディー II の主砲を、自国開発の40mm戦車砲に換装したのが本車だ。ただし他のスペックは同じで、装甲が貧弱だったため、さらに発展型で装甲強化版のトルディー III も作られたが中戦車トゥーランの生産に重点が移ったこともあり、34両の生産で終わっている。 II aで変更したデータは、重量9.3t、武装：40mm砲×1、8mm機銃×1、装甲6～13mm、最高速48km/hだ。

●40Mトゥーラン I 中戦車（ハンガリー 1941）
(Hungarian Medium Tank Turan I)

チェコのスコダ社開発のT-22を自国仕様にし国産化したもの。砲塔、主砲、エンジンなどを改良している。基本的にはドイツの35(t)と同じで285両が生産された。1941年には75mm砲搭載のトゥーラン II 重戦車も作られた。
全長5.5m　全幅2.3m　全高2.44m　装甲最大30mm　武装：40mm砲×1、8mm機銃×1　重量18.2t　エンジン260HP　最高速47.2km/h　乗員5名

●43Mズリィーニィ II 自走砲（ハンガリー 1943）
(Hungarian Assault Tank Zrinyi II)

トゥーラン中戦車の車体に国産の突撃榴弾砲を載せたもの。形状はドイツの突撃砲をまねたイタリアのセモベンテに似ている。終戦までに66両が完成している。
全長5.32m　全幅2.30m　全高2.14m　装甲最大75mm　武装：75mm砲×1
重量21.5t　エンジン260HP　最高速43km/h　航続力220km　乗員4名。

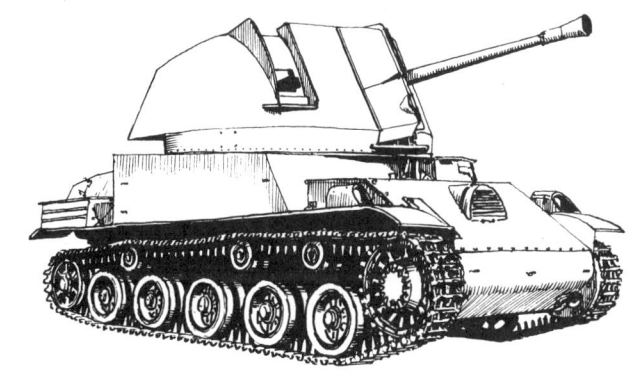

●40Mニムロッド自走対空砲（ハンガリー 1941）
(SPAAG 40M Nimród)

スウェーデンの対空自走砲LVKV40にハンガリー独自の改良を盛り込んだ同国唯一の対空戦車だ。原型よりも砲塔を大型化したため車体を延長している。主砲は40mmボフォース機関砲で、高射機関砲のため水平射撃なら軽戦車程度には威力を発揮した。1940年当時、他の国では対空戦車の本格的な運用はなく、これが画期的であった。
全長5.45m　全幅1.9m　全高2.89m　装甲最大13mm　武装：40mm機関砲×1
重量10.5t　エンジン160HP　最高速46.5km/h　航続力250km　乗員6名

149

●ラムIIの構造

①ペリスコープ
②ベンチレーター
③ジャイロスタビライザー
④砲俯仰ギア
⑤砲手席
⑥車長席
⑦装填手席
⑧発射ペダル
⑨7.62mm機銃
⑩変速機
⑪車体銃手席
⑫操縦手席
⑬プロペラシャフト
⑭マフラー
⑮エアクリーナー
⑯星形エンジン
⑰燃料タンク
⑱無線機
⑲バリオメーター

全長5.69m　全幅2.82m　全高2.64m
装甲28～89mm
武装：57mm砲×1、7.62mm機銃×3
重量30t　エンジン400HP
最高速40km/h　航続力232km　乗員5名

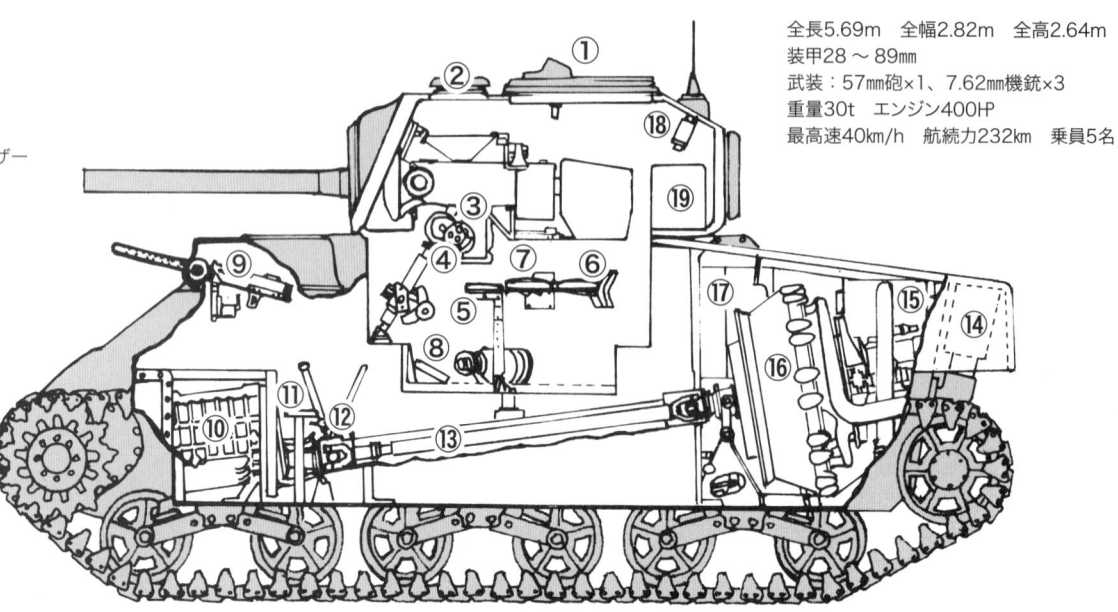

●ラムII巡航戦車（カナダ 1942）（Canadian Cruiser Tank Ram）

ベースはアメリカのM3中戦車だが、カナダが独自に改良して製造した国産初のラム戦車の強化版。M3は多砲塔の車体側に主砲の75mm砲を搭載する背の高い特異な形状だったが、ラム戦車はM3の車体のみを流用し、上部構造と砲塔は全く新設計で、全周旋回砲塔に主砲を搭載し、初めの型では2ポンド砲だったが、ラムIIからは6ポンド砲となった。M3より近代的で装甲も強力。1,094両が作られたが、実戦には参加していない。

●Strv.m40K（スウェーデン 1940）
（Swedish Tank m40K）

全長4.9m　全幅2.1m　全高2.08m　装甲最大24mm
武装：37mm砲×1、8mm機銃×1　重量10.9t　最高速44.8km/h　乗員3名

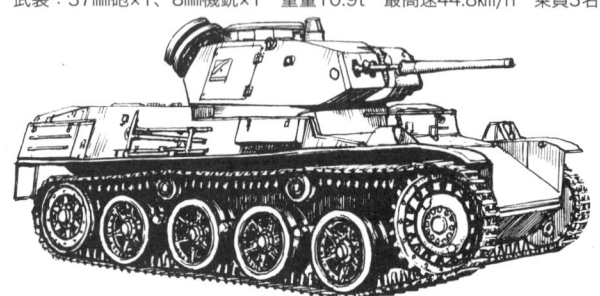

●センチネルACI（オーストラリア 1942）
（Australian Cruiser Tank Sentinel ACI）

オーストラリア初の国産戦車で、ACIからIVまでの型があった。開発時の敵はもちろん日本軍で、国産の自動車用エンジンを3基結合して用いるなどして1942年に試作車が完成するが、問題が多くACIは66両で生産を終了した。ACIIIとIVは700両作られた。

全長6.32m　全幅2.76m　全高2.55m　装甲25～65mm
武装：40mm砲×1、7.62mm機銃×2　重量28.5t　エンジン330HP
最高速48km/h　乗員5名

●Strv.m42（スウェーデン 1942）（Swedish Tank m42）

第1次世界大戦後、スウェーデンはドイツから戦車開発のノウハウを吸収し、1929年から独自に戦車を開発していた。1934年のL-60軽戦車が成功した例で、初めての量産戦車となった。Strv.m40はL-60シリーズの発展型というべきもので、スウェーデン陸軍に量産装備された初の戦車だ。37mm砲装備で、K型になってエンジンや装甲が若干強化された。一方Strv.m42は第2次世界大戦激化のなか開発された新戦車で、75mm砲搭載の22tクラスであった。トーションバーによる独立懸架で、装甲・スピードとも水準並みだった。主砲は短砲身の75mm砲だったため、戦後は長砲身に換装して使用され続けた。

全長6.09m　全幅2.43m　全高2.59m　装甲最大80mm
武装：75mm砲×1、8mm機銃×3　重量22.5t　エンジン380HP　最高速45km/h　乗員4名

第5章
主力戦車の登場
大戦後から東西冷戦期

　第2次世界大戦後から現在までに登場した戦車は便宜的に3つの世代に大別されています。いわゆる「第1世代」といわれる戦車は、大戦中に開発計画がスタートし、戦後すぐに完成した戦車や終戦直後から開発に着手された一群を指します。これらの基本的な設計思想は大戦型の戦車を踏襲・発展させたもので、丸みを帯びた鋳造砲塔に口径90mmクラスの主砲を備えていました。この時点ですでにソ連（旧東側）陣営の戦車は100mm砲を採用し、以後も常に欧米（旧西側）戦車より口径が5〜10mm大きい砲を搭載するという傾向は現在まで続いています。軽戦車、中戦車、重戦車という重量別の区分がなくなり、主力戦車（MBT）として統合されたこともこの頃から現代へと続く特徴です。「第2世代」は西側が105mmライフル砲、東側が115mm滑腔砲（かっこうほう）を搭載。砲塔は避弾経始の重視から、より低く流線型にデザインされました。しかし、対戦車ミサイルの登場により攻撃力が防禦力を大幅に上回ることになり、装甲の厚さよりも機動力によって間接的な防護力を高めているのもこの世代の特徴です。アクティブ式の赤外線暗視装置で夜戦能力を獲得し、汚染環境下でも行動できるようNBC（核・生物・化学）防護装置も装備されました。1970年代末から1980年代にかけて、ソ連軍の125mm滑腔砲に対抗して西側も120mm滑腔砲を採用、戦車はいわゆる「第3世代」に進化します。チョバムアーマーを嚆矢とする複合装甲は画期的な性能向上で、再び防護力を優位に立たせました。50tを超えて60tに迫る車体を時速70kmで走らせる1,500HP級のエンジンも第3世代の条件とされ、パッシブ式の暗視装置（熱線映像装置）、安定化された照準装置など、FCS（射撃統制装置）も大幅に進化しました。
　ここでは戦後第3世代までの各国主力戦車を見てみましょう。

Chapter 5: The Appearance of Main Battle Tank After WWII until the end of Cold War

The tanks that appeared after WWII until today are classified broadly into three generations. "The first generation" was the tanks that were developed since just before the end of WWII and completed after the war or started the development just after the war. Their design policy was the extension or improvement of WWII tanks and had round shaped turret with 90 mm class gun. At this point, Soviet (or Eastern bloc) tanks had adopted 100 mm gun and the tendency they would arm with 5-10 mm larger gun in caliber than Western bloc began from this point on until now. The classification of light, medium or heavy tank also became obsolete at this point and they were unified into the only category, Main Battle Tank (MBT), which is used today. "The second generation" tanks were armed with 105 mm gun in the West, or 115 mm smooth bore gun in the East. The turret became lower and more streamlined shape for emphasis on shot deflection. But as the appearance of anti-tank missile realized considerably stronger striking power than armor, the tanks of this generation indirectly increased their protection by agile mobility rather than thickening armor. They acquired night fighting capability by equipping active infrared night vision device and NBC (Nuclear, Biological and Chemical) protection system enabled them the actions under polluted environment. From late 1970s to early 1980s, to counter 125 mm smooth bore gun of Soviet tanks, Western tanks adopted 120 mm smooth bore gun, and the tanks evolved to "the third generation". Chobham armor was the first composite armor that improved the protection considerably and the advantage of defensive armor was recovered. The 1500 hp class engine that propels the tank over 50 tons or nearly 60 tons with the speed of 70 km/h was also essential for the third generation tank, and passive Image Intensifier (Thermal Imager), stabilized targeting system and FCS (Fire Control System) have also greatly advanced.

We will survey the post WWII MBTs of various counties in this chapter.

【アメリカの戦車】
第2次世界大戦後の新開発戦車

大戦後、アメリカはソ連とともに戦車大国となり、自国軍用ばかりでなく多数の国に大量の戦車を供給し続けることになる。M4などは戦後も長く使用されたが、1950年代までに開発されたものを現在でも使用している国がある。中東ではアメリカ製の戦車同士が戦うという皮肉なことが何度も起こった。

1970年代位までは戦中の戦車技術の延長という面が強く残っていたが、砲安定、射撃統制などの制御機構に進歩があり、朝鮮戦争時には夜間作戦用のサーチライトが赤外線仕様になるなどハイテク化も次第に進行していった。

American Tanks / New Tanks after the WWII

After WWII, America and Soviet Union became world's leading tank country and they would keep supplying substantial tanks not only for their own army but for many other countries. While WWII tanks such as M4 were used for a long time after the war, the tanks developed by 1950s are still used in many countries. In fact, the ironical engagement between American-built tanks occurred several times in the Middle East.

The technological characteristics of tanks by 1970s still remained those of WWII tanks, but there were considerable improvements in fire control technology such as gun stabilizer or fire control systems, and the introduction of high-tech gradually proceeded such as the white light projector for night fighting adopted during the Korean War was replaced with infrared type.

■軽戦車(Light Tank)

●M41軽戦車 ウォーカー・ブルドッグ(1951) (M41 "Walker Bulldog" Light Tank)

大戦末期に開発された傑作軽戦車M24の後継として開発されたのが本車だ。アメリカ陸軍は1949年に大戦以来の戦車を新しいシリーズに置き替えることになった。軽戦車の開発は試作車T37から始まるが、この発展型T41がM41リトル・ブルドッグとして制式化される。リトルがウォーカーに変わるのは、朝鮮戦争で基地移動中に殉職したウォーカー大将の名にちなむもの。アメリカはもとより西側諸国で広く使用され、約5,500両が生産された。

●M551軽戦車 シェリダン(1966) (M551 "Sheridan" Light Tank)

主砲の152mmガンランチャーは、通常弾の他に赤外線誘導のシレーラミサイルを発射できる。車体はアルミ合金製で小型軽量、空中投下可能など、新時代を感じさせる内容だ。装甲偵察空挺攻撃車という名称通り、偵察・空挺部隊用に開発され、ベトナム戦争では実戦に使用されている。評価は高かったが、コスト高が影響して生産は1,700両で打ち切られた。
全長6.3m 全幅2.82m 全高2.95m 武装:152mmガンランチャー、12.7mm砲塔機銃×1、7.62mm機銃×1 重量15.83t エンジンV6水冷ディーゼル300HP 最高速70km/h 行動距離600km

●M8 AGS軽戦車(1985)(M8 AGS Light Tank)

1980年代、アメリカ陸軍にはM1がMBTとして登場するが、これをスリムダウンした軽戦車を企画、AGS(Armoured Gun System/装甲砲システム)と名付けられた計画に基いて試作されたのが本車だ。FMC社は軽装甲車両の主要メーカーで、そのCCVL(Close Combat Vehicle近接戦闘車両)のプロトタイプとして製作され、他社との競作を経て1992年に本車が選ばれたが96年に生産取り止めとなった。高性能高機動性が目標で、空輸可能が前提。砲塔は鋼鉄のレイヤーを付けたアルミニウム製で、M113やM2のコンポーネントを流用して生産性を上げ、105mmの低反動砲は自動装填で、射撃統制装置はM1並み。C-131や141で空中投下が可能であった。

全長9.37m(車体長6.2m) 全幅2.69m 全高2.78m
武装:105mm低反動砲×1、7.62mm同軸機銃
戦闘重量19.5t エンジン552Pディーゼル
最高速70km/h 航続距離483km 乗員3名

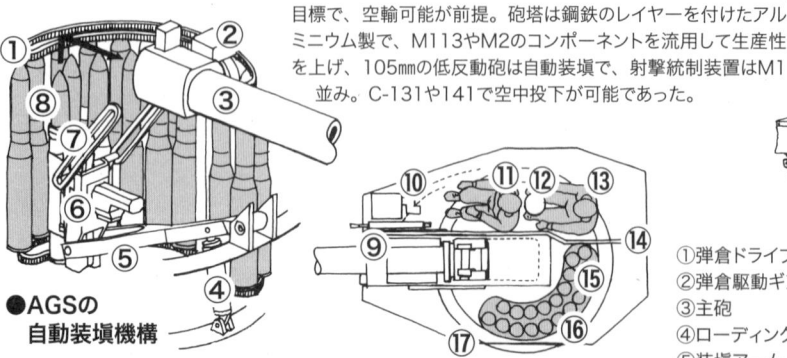

●AGSの自動装填機構

①弾倉ドライブチェーン ⑥ラム・トレイ部 ⑪砲手 ⑯砲塔リング
②弾倉駆動ギアボックス ⑦ガイドレール ⑫CITV ⑰砲塔バスケット
③主砲 ⑧次発弾 ⑬車長
④ローディングシリンダー ⑨7.62mm同軸機銃 ⑭隔壁
⑤装填アーム ⑩砲手用照準器 ⑮即用弾19発入自動装填弾倉

●M41の内部
M41は第2次世界大戦の戦訓を充分活かして作られた戦車だ。全熔接車体に鋳造砲塔(屋根を除く)を載せ、クロスドライブ式操向変速機の採用でリアエンジン・リアドライブとなった。M41は細部の違いでこの他にA1からA3までのタイプがある。最終型はエンジンが燃料噴射式になっている。
全長8.21m　車体長5.82m　全幅3.2m　全高3.075m　武装：76mm砲×1、12.7mm×2　戦闘重量23.5t　エンジン500HPガソリン
最高速72km/h　行動距離161km　乗員4名

①76mm砲
②防盾
③砲手ペリスコープ
④車長キューポラ
⑤12.7mm同軸機銃
⑥12.7mm機銃
⑦換気装置
⑧5ガロンタンク
⑨工具箱
⑩主砲繋止具
⑪牽引金具
⑫クロスドライブ変速機
⑬エンジン
⑭エアクリーナー
⑮消火器
⑯車長席
⑰操縦手席
⑱誘導輪
⑲操縦手ペリスコープ

■中戦車〔Medium Tank〕

●M46中戦車 ジェネラル・パットン（1950）
〔M46 "Patton" Medium Tank〕
戦後のアメリカ中戦車はM26の流れをくむデザインのT42が試作されていた。しかし、折しも起こった朝鮮戦争に対してT42の生産準備ができていなかったため、余っていたM26の車体に新エンジンとクロスドライブ式操向変速機を積んで急ぎ製作されたのが本車だ。この変速機の採用は旋回を機敏にさせ、機動力の向上に寄与した。M26に比べると出力/重量比が優秀で、起伏の多い朝鮮半島での評価は上々だった。北朝鮮軍のソ連製戦車に対しても圧倒的に強かった。この戦争では夜間作用用に主砲防盾上に円筒形のサーチライトが装備された。停戦後も韓国内に残り、長い間、第一線の装備となっている。
全長8.47m　車体長6.36m　全幅3.51m　全高3.18m　武装：90mm砲×1、12.7mm対空機銃×1、7.62mm機銃×2　装甲厚最大114mm　戦闘重量44t
エンジン704HP空冷ガソリン　最高速48km/h　行動距離128km　乗員5名

各図共通
①90mm砲
②砲手席
③12.7mm機銃
④車長キューポラ
⑤無線機
⑥換気装置
⑦エンジン
⑧オイルクーラー
⑨砲繋止装置
⑩クロスドライブ変速機
⑪牽引金具
⑫補助転輪
⑬エアクリーナー
⑭転輪
⑮消火器
⑯誘導輪
⑰操向装置
⑱7.62mm機銃

●M47中戦車 ジェネラル・パットンⅡ（1951）
〔M47 "Patton II" Medium Tank〕
朝鮮戦争の勃発により急遽開発されたが、結局戦争には間に合わなかった。M46の車体にT42の砲塔を搭載したものだが、砲塔が前進した感じになりリアが張り出している。主砲と連動する測遠機を装備しており、これは量産型としては初めてだった。配備は1952年からだが、すぐにM48が量産に入ったため諸外国に供与された。生産数約9,000両で、現在でも使用している国もある。

全長8.51m　車体長6.36m　全幅3.51m　全高3.33m　装甲厚最大114mm
武装：90mm砲×1、12.7mm対空機銃×1、7.62mm機銃×2
重量46.18t　エンジン：スーパーチャージャー付ディーゼル643HP
最高速48km/h　行動距離128km　乗員5名

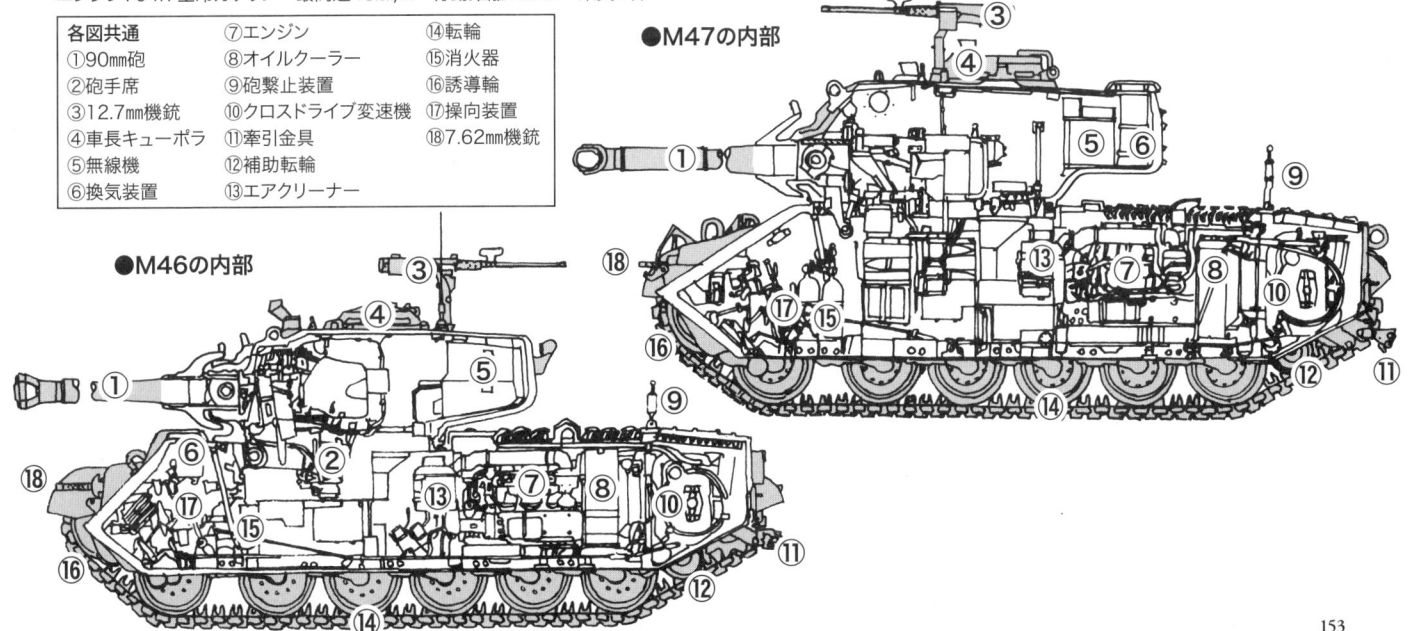

●M47の内部

●M46の内部

M48パットン中戦車シリーズ

　M48はM46とM47の発展型である。短命に終わったM47と異なり、1953年の制式化後も改良が続けられ、59年のM60の制式化まで主力戦車の座にあった。シリーズの総生産数は11,700両で、半分強が約20ヶ国に供与・輸出されている。従って地域仕様のものも多く、派生型の特殊車両も作られた。

　開発は朝鮮戦争当時から行なわれており、アメリカでは第3次世界大戦にエスカレートするのではないかという不安もあって新戦車の開発が急がれていた。鋳造車体と鋳造砲塔を採用し、M47と比べ全体に広く低いデザインになっている。最初の型ではM47と同じエンジンと変速機を搭載し、1tほど戦闘重量が増加したにもかかわらず、何故かM48の方が速かった。装甲は従来の方式で砲塔前部で最大120mmだが、当時の対戦車兵器の能力では充分だったと考えられる。エンジンは初め空冷ガソリンで、M48A3以降空冷ディーゼルになった。ディーゼルエンジンは燃費、耐久性など総合的にみて現在では戦車用エンジンの主流である。ソ連戦車はすでにディーゼル化されており、また同時期には主砲が100mmになっていた。そのためM48の最終型A5では遅ればせながら105mm砲搭載となる。

　基本メカニズムとしては第2次世界大戦の頃からあまり進歩がないとも言えるが、射撃用のコンピューターや赤外線投射器などが装備されたものもあり、細部ではハイテク化が始まっている。

M48 Patton Medium Tank Series
M48 was developed from M46 and M47. While M47 was short-lived, the improvement of M48 was continued after its debut in 1953 and it had been the primary tank of US Army until M60 succeeded the position in 1959. The total production was 11,700 and more than half of them were exported or supplied to about 20 countries. So the foreign or specialized variants were also many.
The development started during the Korean War, when Americans were afraid of the escalation of it into the World War III. Thus the development of new tanks was accelerated. M48 adopted cast hull and turret, and the silhouette was generally broader and lower than M47. The first type was equipped with the same engine and transmission with M47, and though the weight was 1 ton heavier than M47, M48 was faster for some reason. The armor was conventional type and the maximum thickness was 120 mm at the front of turret but this was considered enough for the anti tank weapons in those days. The engine was initially air cooled gasoline type, but was replaced with air cooled diesel after M48A3. As diesel engine is superior in fuel economy and durability, it seems to be the most typical tank engine today by all accounts. All Soviet tanks at this period were already dieselized and the introduction of 100 mm gun was also started. M48 was finally armed with 105 mm gun with the last production type A5.
Though the basic mechanism of M48 was almost identical with WWII tanks, it equipped with ballistic computer and infrared light projector and introduction of high-tech devices was gradually proceeded in details.

●**M48 ジェネラルパットンⅢ（1953）**
（M48 "Patton III" Medium Tank）
全長8.44m　車体長6.7m　全幅3.63m　全高3.24m　装甲25〜120mm
武装：90mm砲×1、12.7mm対空機銃×1、7.62mm機銃×1　戦闘重量44.9t
エンジン810HP空冷ガソリン　最高速41.8km/h　行動距離113km　乗員4名

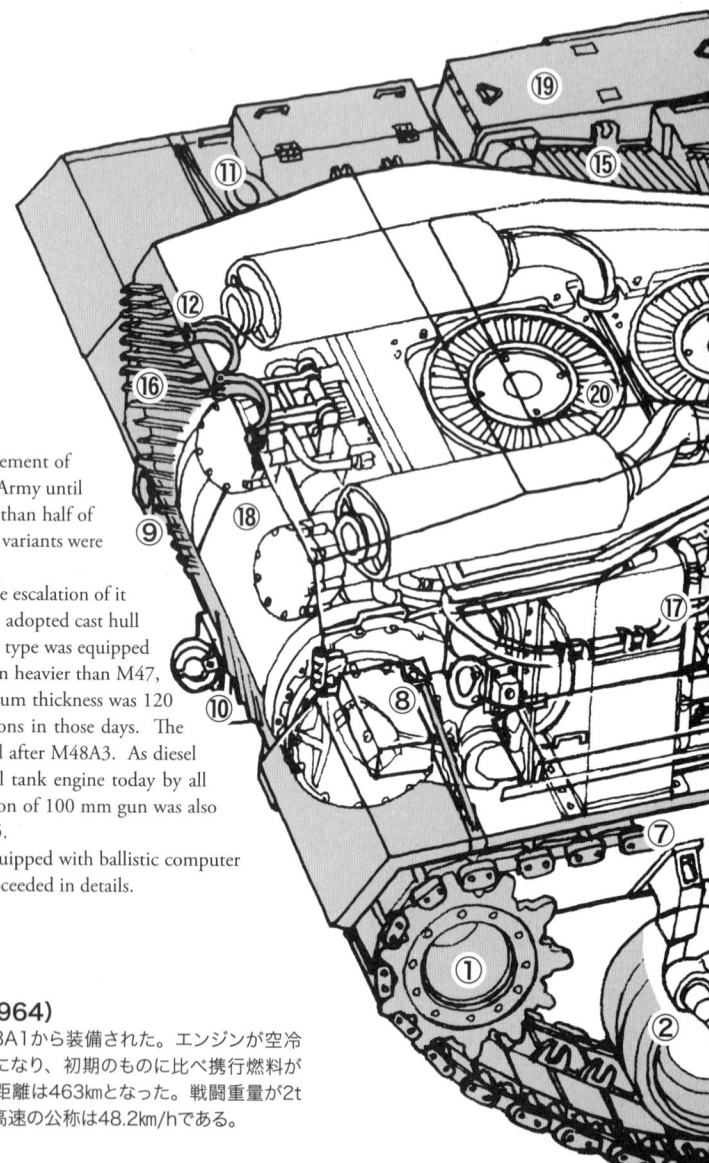

●**M48A3（1964）**
車長用銃塔はM48A1から装備された。エンジンが空冷ディーゼル750HPになり、初期のものに比べ携行燃料が倍増したため行動距離は463kmとなった。戦闘重量が2tほど増えたが、最高速の公称は48.2km/hである。

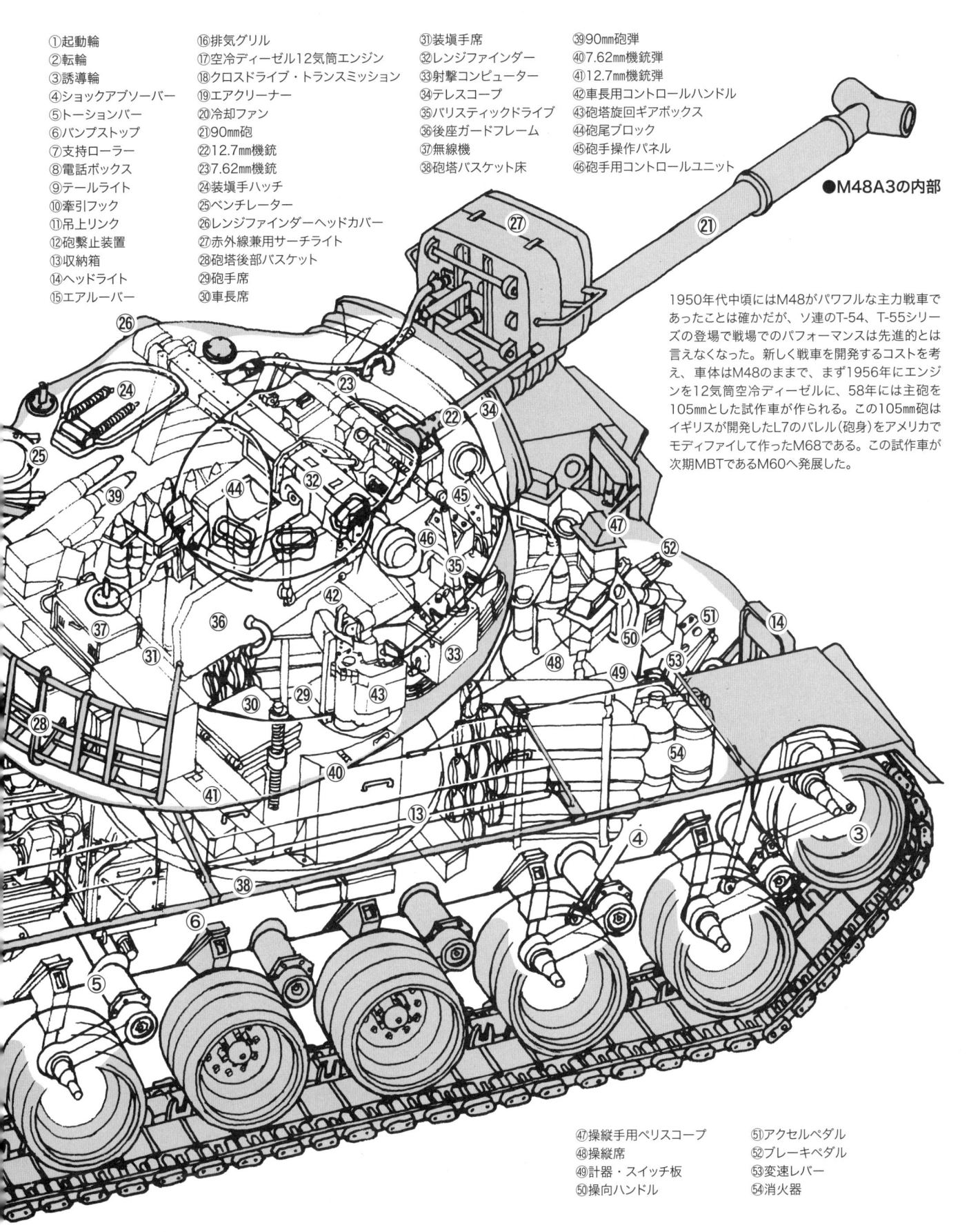

①起動輪
②転輪
③誘導輪
④ショックアブソーバー
⑤トーションバー
⑥バンプストップ
⑦支持ローラー
⑧電話ボックス
⑨テールライト
⑩牽引フック
⑪吊上リンク
⑫砲繋止装置
⑬収納箱
⑭ヘッドライト
⑮エアルーバー
⑯排気グリル
⑰空冷ディーゼル12気筒エンジン
⑱クロスドライブ・トランスミッション
⑲エアクリーナー
⑳冷却ファン
㉑90mm砲
㉒12.7mm機銃
㉓7.62mm機銃
㉔装填手ハッチ
㉕ベンチレーター
㉖レンジファインダーヘッドカバー
㉗赤外線兼用サーチライト
㉘砲塔後部バスケット
㉙砲手席
㉚車長席
㉛装填手席
㉜レンジファインダー
㉝射撃コンピューター
㉞テレスコープ
㉟バリスティックドライブ
㊱後座ガードフレーム
㊲無線機
㊳砲塔バスケット床
㊴90mm砲弾
㊵7.62mm機銃弾
㊶12.7mm機銃弾
㊷車長用コントロールハンドル
㊸砲塔旋回ギアボックス
㊹砲尾ブロック
㊺砲手操作パネル
㊻砲手用コントロールユニット

●M48A3の内部

1950年代中頃にはM48がパワフルな主力戦車であったことは確かだが、ソ連のT-54、T-55シリーズの登場で戦場でのパフォーマンスは先進的とは言えなくなった。新しく戦車を開発するコストを考え、車体はM48のままで、まず1956年にエンジンを12気筒空冷ディーゼルに、58年には主砲を105mmとした試作車が作られる。この105mm砲はイギリスが開発したL7のバレル（砲身）をアメリカでモディファイして作ったM68である。この試作車が次期MBTであるM60へ発展した。

㊼操縦手用ペリスコープ
㊽操縦席
㊾計器・スイッチ板
㊿操向ハンドル
(51)アクセルペダル
(52)ブレーキペダル
(53)変速レバー
(54)消火器

155

●M48A1の構造（1956）〔The Structure of M48A1〕

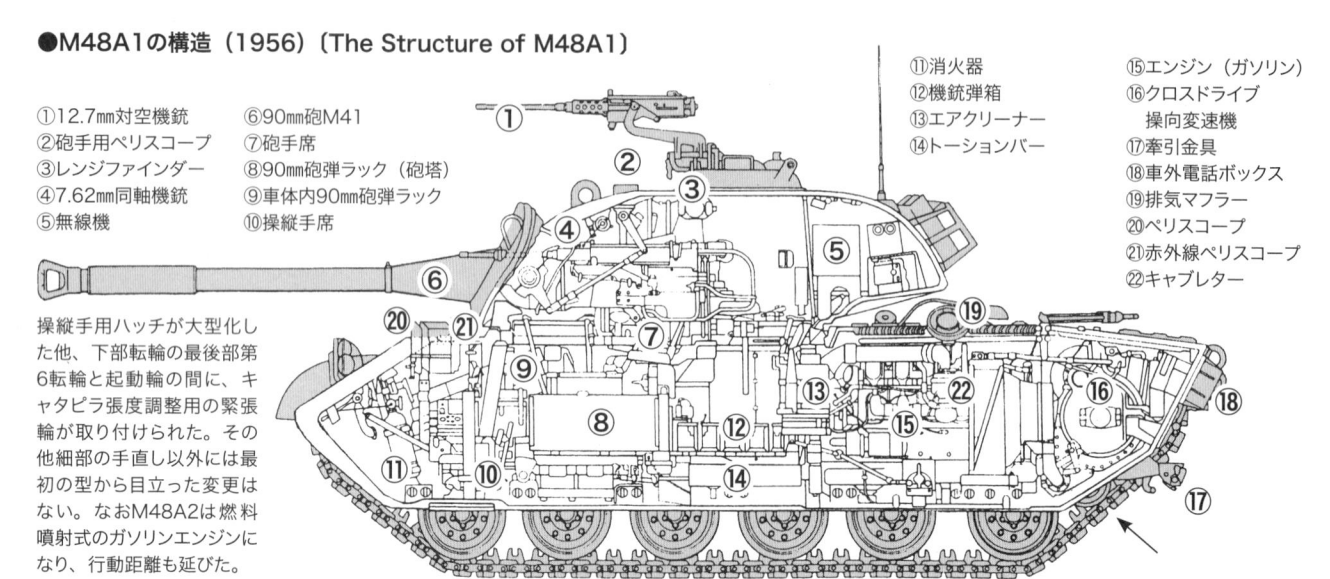

①12.7mm対空機銃
②砲手用ペリスコープ
③レンジファインダー
④7.62mm同軸機銃
⑤無線機
⑥90mm砲M41
⑦砲手席
⑧90mm砲弾ラック（砲塔）
⑨車体内90mm砲弾ラック
⑩操縦手席
⑪消火器
⑫機銃弾箱
⑬エアクリーナー
⑭トーションバー
⑮エンジン（ガソリン）
⑯クロスドライブ　操向変速機
⑰牽引金具
⑱車外電話ボックス
⑲排気マフラー
⑳ペリスコープ
㉑赤外線ペリスコープ
㉒キャブレター

操縦手用ハッチが大型化した他、下部転輪の最後部第6転輪と起動輪の間に、キャタピラ張度調整用の緊張輪が取り付けられた。その他細部の手直し以外には最初の型から目立った変更はない。なおM48A2は燃料噴射式のガソリンエンジンになり、行動距離も延びた。

●M48A5（1975）

既存のM48A1、A2、A3をリビルト（改修）して製造されたタイプ。A3も実質A2の改修型で、エンジンをディーゼル化したものだった。A5は主に砲塔関係の改修型で、主砲を90mmから105mmに換装し、射撃統制装置の改良も行なわれている。すでに主力戦車はM60になっていたが、M48はこのように改修が続けられ長く使用された。また下に見る通り輸出または供与された各国でも、地域の事情に合せた改修が行なわれている。中東ではイスラエル、ヨルダン両国に供給されたため、M48同士の戦闘という事態も起こった。

■各国での改修型〔Foreign Variants〕

●M48A2 GA2 西ドイツ（1978）〔German〕

西ドイツのヴェクマン社が改造生産を担当。主砲はレオパルト1と同じ105mm砲を搭載している。FCS（射撃統制装置）の改良も行なわれ、約650両に近代化改修を施した。
全長9.4m　全幅3.6m　全高2.9m　武装：105mm砲×1、7.62mm機銃×2
重量47t　エンジン835HP空冷V12ガソリン　最高速48km/h
航続力200km　乗員4名

●M48A5 韓国軍仕様（1981）〔South Korean Model〕

サイドスカートを付けた韓国仕様車。M48は輸入や供与された国も数多いため改修型も多い。スペイン、イスラエル、ギリシャなどの独自な改修が代表的なところで、現在でも使用されている。

●M48H/CM11 勇虎戦車 中華民国（1990）〔Republic of China M48H/CM11 "Brave Tiger"〕

これは現在中華民国（台湾）で配備されている戦車だが、M48の改造型と言うのかM60の改修型と呼ぶのか迷うところだ。車体がM60A3のもので、砲塔がM48A5のものになっている。ただ、M60自体はM48の発展型なので、どちらでも似たようなものではある。エンジンがM48A5と同じ空冷ディーゼルだが、750HPからM60A3では900HPにパワーアップしている。CM11は台湾名。

M103とM60

■M103

大戦中に登場したソ連戦車は数々のショックを与えたが、1945年9月、ベルリンでの戦勝パレードに現れたJS-3重戦車も西側諸国には衝撃的だった。これに対抗してアメリカが開発した重戦車がM103だ。1947年の試作車T43を原型として、当時は55tクラスで装甲厚5インチ（127mm）、120mm砲を装備し800HPのエンジンで時速20マイルで走る、という計画だった。発展型のT43E1が制式化されM103となるが、火力・装甲に機動力がついていけず、陸軍の装備からは早々とはずされ、海兵隊での使用のみとなった。

全長11.39m　全幅3.76m　全高3.56m
武装：120mm砲×1、12.7mm機銃×1、7.62mm機銃×1　装甲12.7～178mm
重量56.7t　エンジン810HP　最高速33.8km/h
航続力129km　乗員5名

●M103の内部
①120mm砲
②7.62mm機銃
③砲架
④弾道計算機
⑤ペリスコープ
⑥ハッチ
⑦レンジファインダー
⑧12.7mm機銃
⑨車長用キューポラ
⑩車長席
⑪換気装置
⑫砲塔旋回用ギアボックス
⑬砲手席
⑭エアクリーナー
⑮エンジン
⑯変速機
⑰砲塔軸受
⑱発電機
⑲レンジファインダー制御用アンプ
⑳操縦席
㉑操縦手用ハッチ

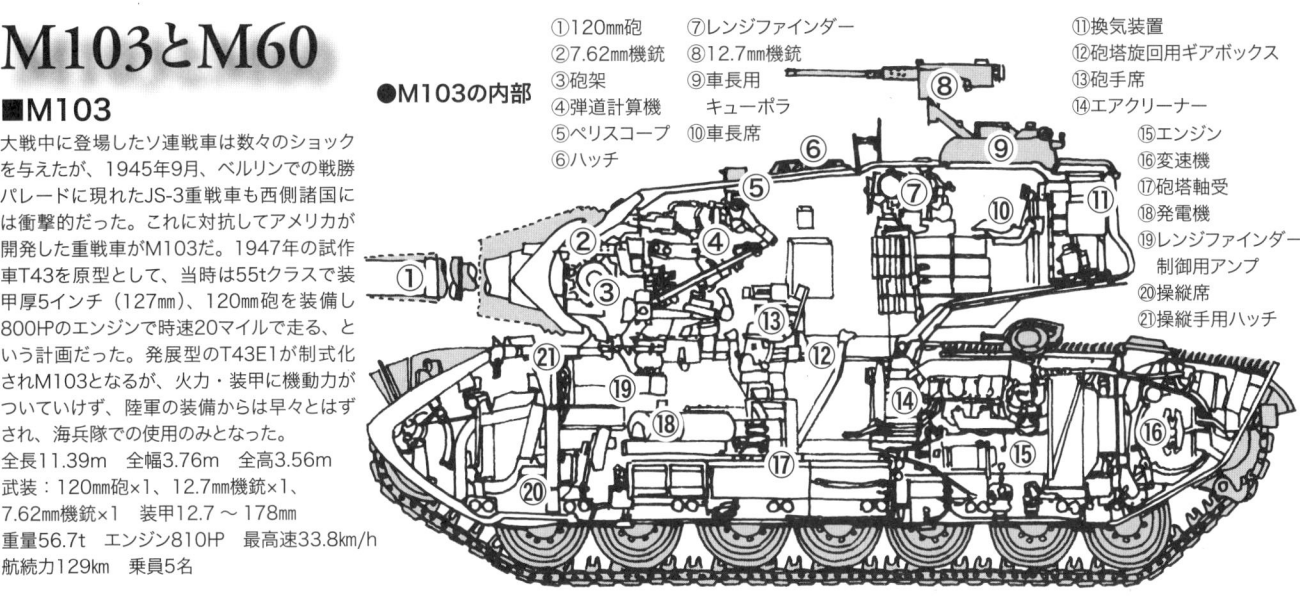

●M103重戦車（1953）
（M103 Heavy Tank）

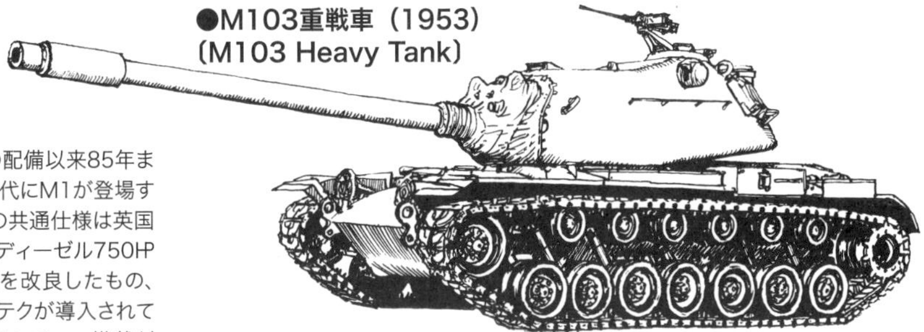

■M60

●M60主力戦車 スーパーパットン（1958）
（MBT M60 "Super Patton"）

M60シリーズは基本的にM48の改良型であるが、1960年の配備以来85年まで生産が続けられた長寿命の戦車だ。アメリカ本国でも80年代にM1が登場するまで主力戦車であり、輸出した国も数多い。M60A2以外の共通仕様は英国製L7A1 105mm砲、12.7mm、7.62mm機銃各1装備で、空冷ディーゼル750HP（A3は900HP）だ。M60A1は耐弾性向上のため砲塔形状を改良したもの、A3ではレーザー測距儀やコンピュータのデジタル化などハイテクが導入されている。M60A2はシレーラミサイルを発射可能な152mmガンランチャー搭載が特徴だ。

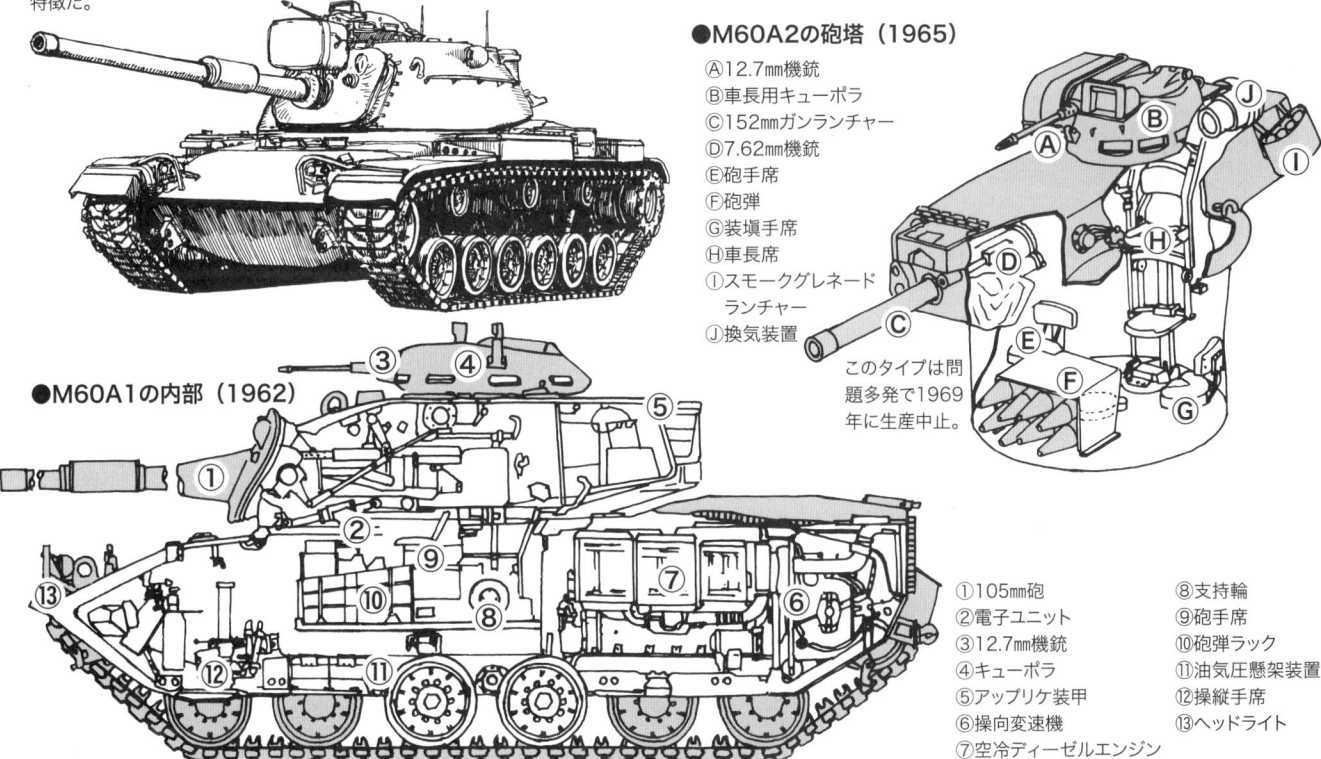

●M60A2の砲塔（1965）
Ⓐ12.7mm機銃
Ⓑ車長用キューポラ
Ⓒ152mmガンランチャー
Ⓓ7.62mm機銃
Ⓔ砲手席
Ⓕ砲弾
Ⓖ装填手席
Ⓗ車長席
Ⓘスモークグレネードランチャー
Ⓙ換気装置

このタイプは問題多発で1969年に生産中止。

●M60A1の内部（1962）
①105mm砲
②電子ユニット
③12.7mm機銃
④キューポラ
⑤アップリケ装甲
⑥操向変速機
⑦空冷ディーゼルエンジン
⑧支持輪
⑨砲手席
⑩砲弾ラック
⑪油気圧懸架装置
⑫操縦手席
⑬ヘッドライト

M60主力戦車シリーズ

M60はM48パットンをベースに1956年に開発計画がスタートし、比較的短期間で誕生した。最初の180両は1959年6月、デラウェアのクライスラー工場で作られたが、のちにアメリカの主力戦車工場となるデトロイトに切り替わった。部隊配備は1960年からで、M1エイブラムスが現れるまでの間は主力戦車の地位を保った。砲塔形状はM48と基本的に同じで、主砲がソ連のT-54に対抗して105mmになっている。しかし、防禦力不足が認められ1962年にはM60A1に発展する。

M60A1のスペックをみると、全長9.436m、車体長6.946m、全幅3.631m、全高3.27mで、主砲105mmM68E1、携行弾数63発、7.62mm同軸機銃、12.7mm機銃を装備する。またあとになるほど搭載電子機器は向上し、昼夜兼用光学照準に加えレーザーレンジファインダー、弾道計算コンピューター、各種センサーが次々と装備される。

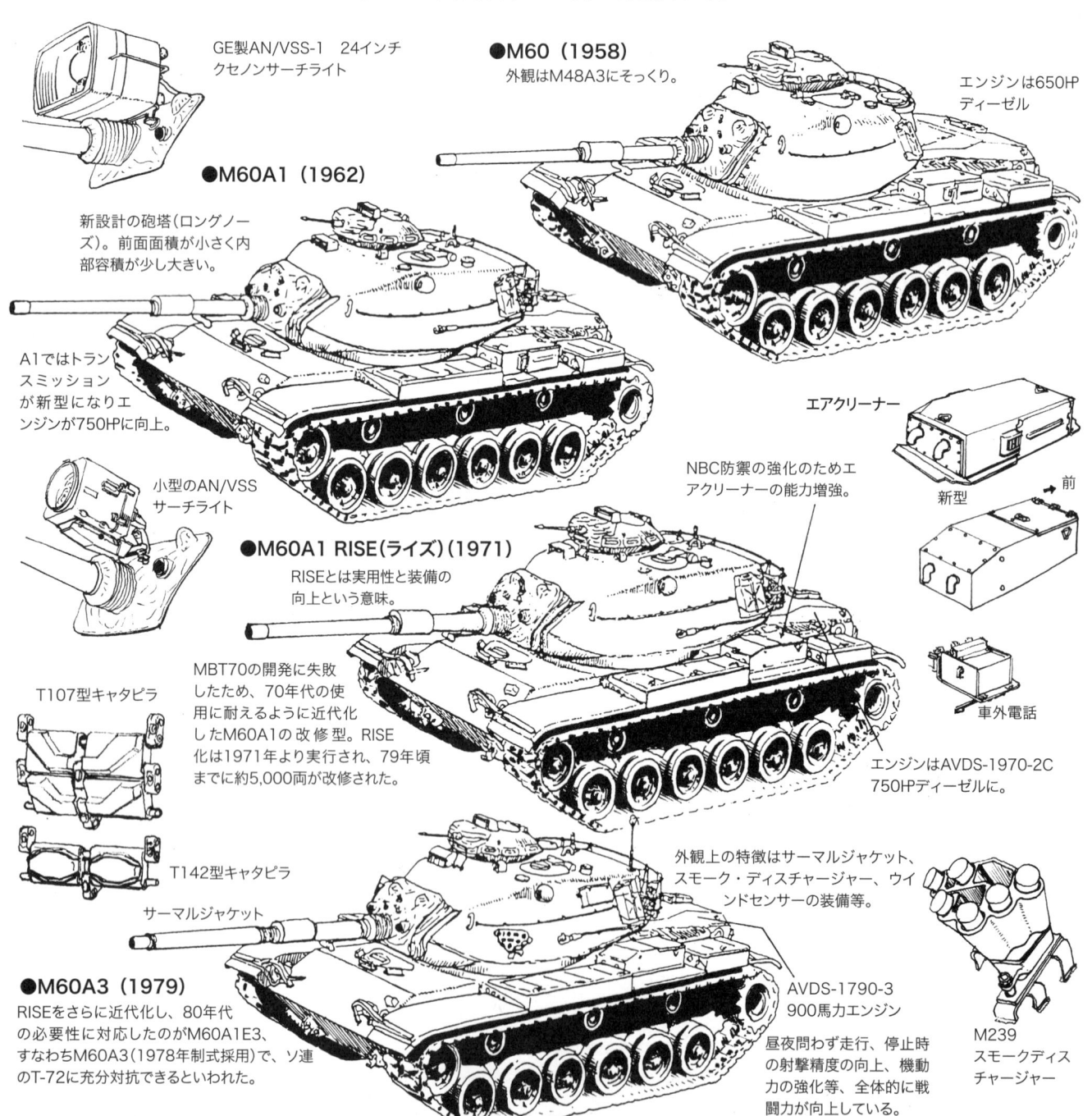

GE製AN/VSS-1 24インチ クセノンサーチライト

●M60（1958）
外観はM48A3にそっくり。
エンジンは650Hpディーゼル

●M60A1（1962）
新設計の砲塔（ロングノーズ）。前面面積が小さく内部容積が少し大きい。

A1ではトランスミッションが新型になりエンジンが750HPに向上。

小型のAN/VSSサーチライト

エアクリーナー
新型
前

●M60A1 RISE（ライズ）（1971）
RISEとは実用性と装備の向上という意味。

MBT70の開発に失敗したため、70年代の使用に耐えるように近代化したM60A1の改修型。RISE化は1971年より実行され、79年頃までに約5,000両が改修された。

NBC防禦の強化のためエアクリーナーの能力増強。

車外電話

T107型キャタピラ

T142型キャタピラ

サーマルジャケット

エンジンはAVDS-1970-2C 750HPディーゼルに。

●M60A3（1979）
RISEをさらに近代化し、80年代の必要性に対応したのがM60A1E3、すなわちM60A3（1978年制式採用）で、ソ連のT-72に充分対抗できるといわれた。

外観上の特徴はサーマルジャケット、スモーク・ディスチャージャー、ウインドセンサーの装備等。

AVDS-1790-3 900馬力エンジン

昼夜問わず走行、停止時の射撃精度の向上、機動力の強化等、全体的に戦闘力が向上している。

M239スモークディスチャージャー

158

M60 Main Battle Tank Series

The development of M60 based on M48 was started from 1956 and completed in relatively short time. First 180 M60s were built at Chrysler Newark Assembly, Delaware, but later the production was moved to Detroit Arsenal Tank Plant. The deployment started from 1960 and it had been the primary tank of US Army until the appearance of M1 Abrams. The initial turret shape was identical with M48, but the gun was replaced with 105 mm to counter Soviet T-54 tank. But as the armor protection of the turret was concluded to be insufficient, the M60A1 with new turret was introduced in 1962.

The Specification of M60: Total length 9.436 m, Hull length 6.946 m, Width 3.631 m, Height 3.27 m, Armament; M68A1 105 mm gun with 63 rounds, 7.62 mm coaxial machinegun and 12.7 mm machine gun. The electronic equipments were upgraded in later production, and in addition to usual optical rangefinder, laser rangefinder, ballistic computer and various sensors were gradually added.

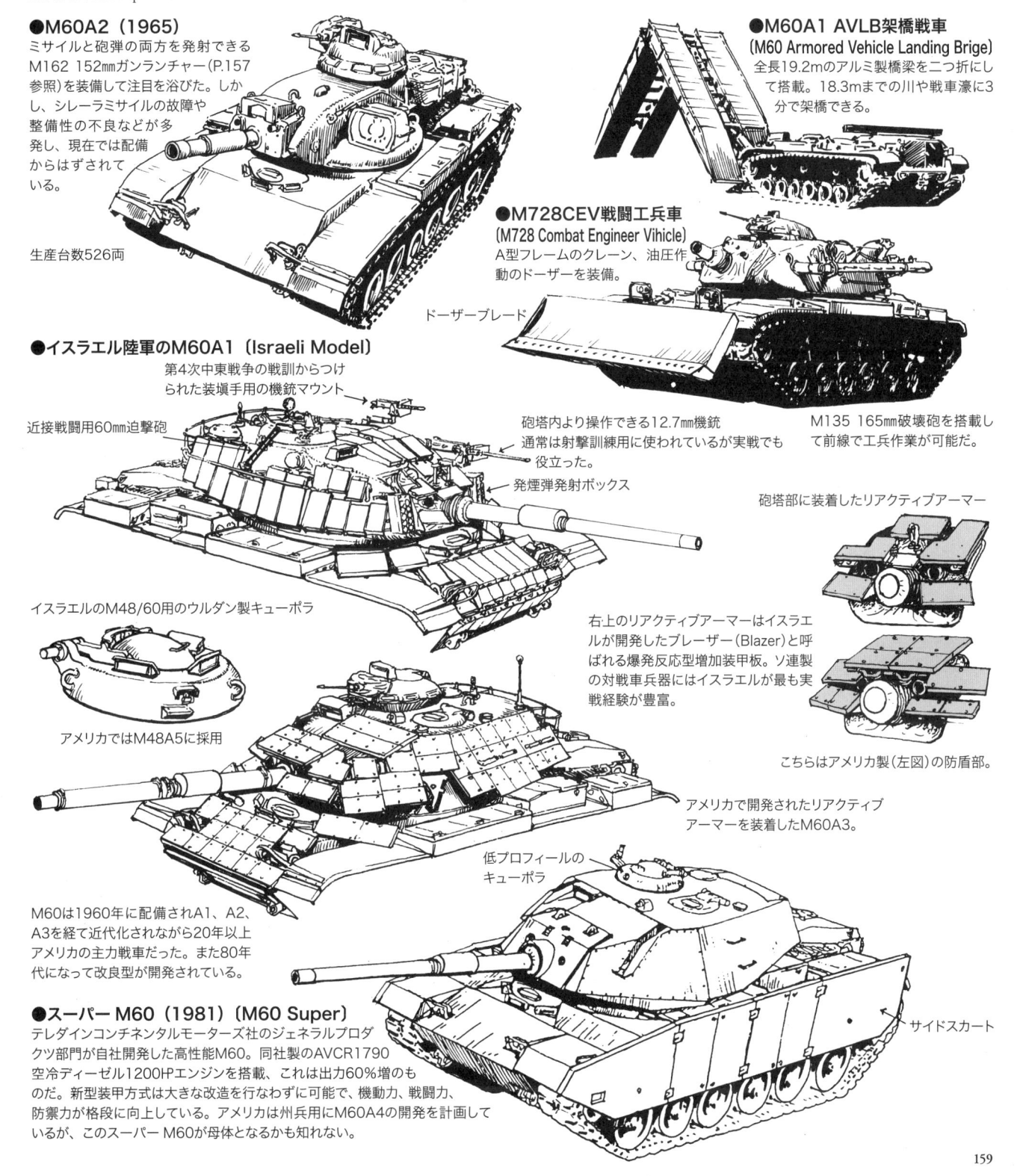

●M60A2（1965）
ミサイルと砲弾の両方を発射できるM162 152mmガンランチャー（P.157参照）を装備して注目を浴びた。しかし、シレーラミサイルの故障や整備性の不良などが多発し、現在では配備からはずされている。

生産台数526両

●M60A1 AVLB架橋戦車
(M60 Armored Vehicle Landing Brige)
全長19.2mのアルミ製橋梁を二つ折にして搭載。18.3mまでの川や戦車濠に3分で架橋できる。

●M728CEV戦闘工兵車
(M728 Combat Engineer Vihicle)
A型フレームのクレーン、油圧作動のドーザーを装備。

ドーザーブレード

●イスラエル陸軍のM60A1（Israeli Model）

第4次中東戦争の戦訓からつけられた装填手用の機銃マウント

近接戦闘用60mm迫撃砲

砲塔内より操作できる12.7mm機銃 通常は射撃訓練用に使われているが実戦でも役立った。

発煙弾発射ボックス

M135 165mm破壊砲を搭載して前線で工兵作業が可能だ。

砲塔部に装着したリアクティブアーマー

イスラエルのM48/60用のウルダン製キューポラ

アメリカではM48A5に採用

右上のリアクティブアーマーはイスラエルが開発したブレーザー（Blazer）と呼ばれる爆発反応型増加装甲板。ソ連製の対戦車兵器にはイスラエルが最も実戦経験が豊富。

こちらはアメリカ製（左図）の防盾部。

アメリカで開発されたリアクティブアーマーを装着したM60A3。

低プロフィールのキューポラ

M60は1960年に配備されA1、A2、A3を経て近代化されながら20年以上アメリカの主力戦車だった。また80年代になって改良型が開発されている。

●スーパーM60（1981）（M60 Super）
テレダインコンチネンタルモーターズ社のジェネラルプロダクツ部門が自社開発した高性能M60。同社製のAVCR1790空冷ディーゼル1200HPエンジンを搭載、これは出力60％増のものだ。新型装甲方式は大きな改造を行なわずに可能で、機動力、戦闘力、防禦力が格段に向上している。アメリカは州兵用にM60A4の開発を計画しているが、このスーパーM60が母体となるかも知れない。

サイドスカート

M1エイブラムス主力戦車

戦後永い間のアメリカの主力戦車はM26～M60という基本的には同じシリーズの発展改良であった。従って基本構成とデザイン、及び基幹技術は大戦以来のものの成熟という面を持っており、ディテールでは電子技術を取り入れ、NBC (Nuclear, Biological, Chemical) 防禦装置などで時代に対応していたに過ぎない。このM1は全く新しいコンセプトで開発された戦車で、デザイン的にも新しい時代を感じさせるものだ。エンジンはガスタービン式である。

M1 Abrams Main Battle Tank
The MBTs of US Army after WWII until M60 were basically further development and improvement of M26 tank. This means their basic structure, design and technology were the extension of WWII period that reached maturation, and their updating was merely achieved by the introduction of electronic devices and NBC (Nuclear, Biological and Chemical) protection or so on. On the other hand, M1 tank was developed under utterly new concepts and its appearance also represents the arrival of new era. It was powered by gas turbine engine.

●M1エイブラムス主力戦車（1980）
エレクトロニクスを多用したFCS（射撃管制装置）や各種防禦システムも最新のものを装備。平面で構成した低い形姿は独特の威圧感がある。レーザーレンジファインダーと各種センサーはヒューズエアクラフト社製、射撃用コンピューターはカナダ製と、FCSだけでも納入会社は多い。実用化が急がれたため、ひとまず主砲には51口径105ミリM68A1ライフル砲を搭載した。全体的に平面的なデザインなのは、各部に空間装甲を取り入れているため。エイブラムスの名は本車の開発推進者であるクレイトン・エイブラムス(Creighton Williams Abrams Jr.)大将に敬意を表してのものだ。

全長9.766m　車体長7.918m　全幅3.655m　全高2.375m
武装：105㎜砲×1、12.7㎜機銃×1、7.62㎜機銃×1
重量53.4t　エンジン1500Hpガスタービン
最高速70km/h　行動距離450km　乗員4名

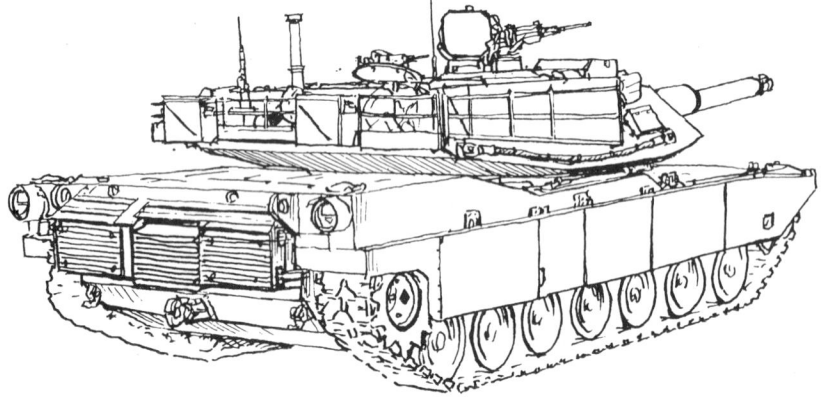

砲塔側面には荷物箱やラックを設けている。これはスペースドアーマーとしても有効。エンジンや走向機はパワーパックの名で一体化されており、アッセンブルで交換が可能。

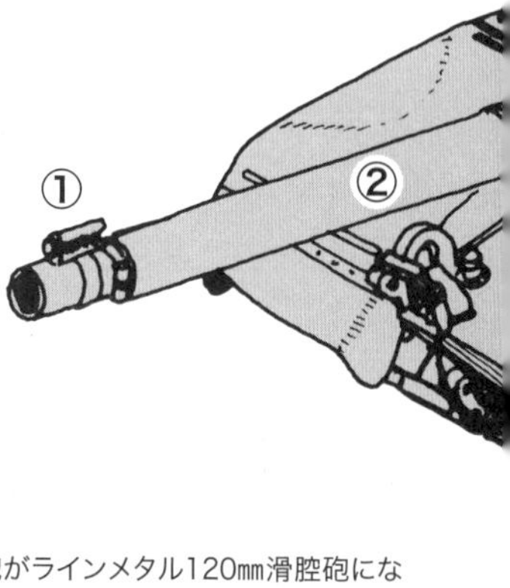

●M1A1（1985）
1991年の湾岸戦争で実戦デビュー。数十両の損害を出したが、これはIFF（敵味方識別装置）未装備のための味方討ちによるものといわれる。

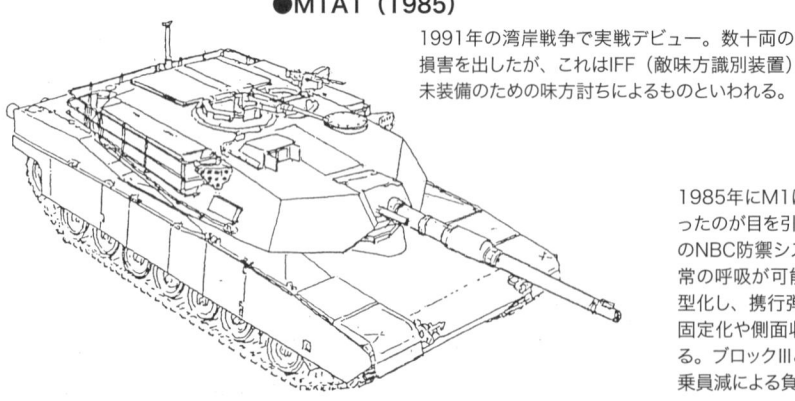

1985年にM1はM1A1に発展するが、主砲がラインメタル120㎜滑腔砲になったのが目を引く。これは現在の主要国MBTの標準となっているものだ。新型のNBC防禦システムは、乗員がNBCスーツとマスクを装着した場合、常に通常の呼吸が可能で、冷暖房完備というものだった。主砲の大型化で弾薬も大型化し、携行弾数は55発から40発に減った。細部では砲口視線照合ミラーの固定化や側面収納箱の拡大等も行なわれ、砲塔の装甲防禦力も強化されている。ブロックⅢと呼ばれる生産型では自動装塡を導入し、乗員が3名となったが、乗員減による負担増を考慮し、すぐに4名に戻った。

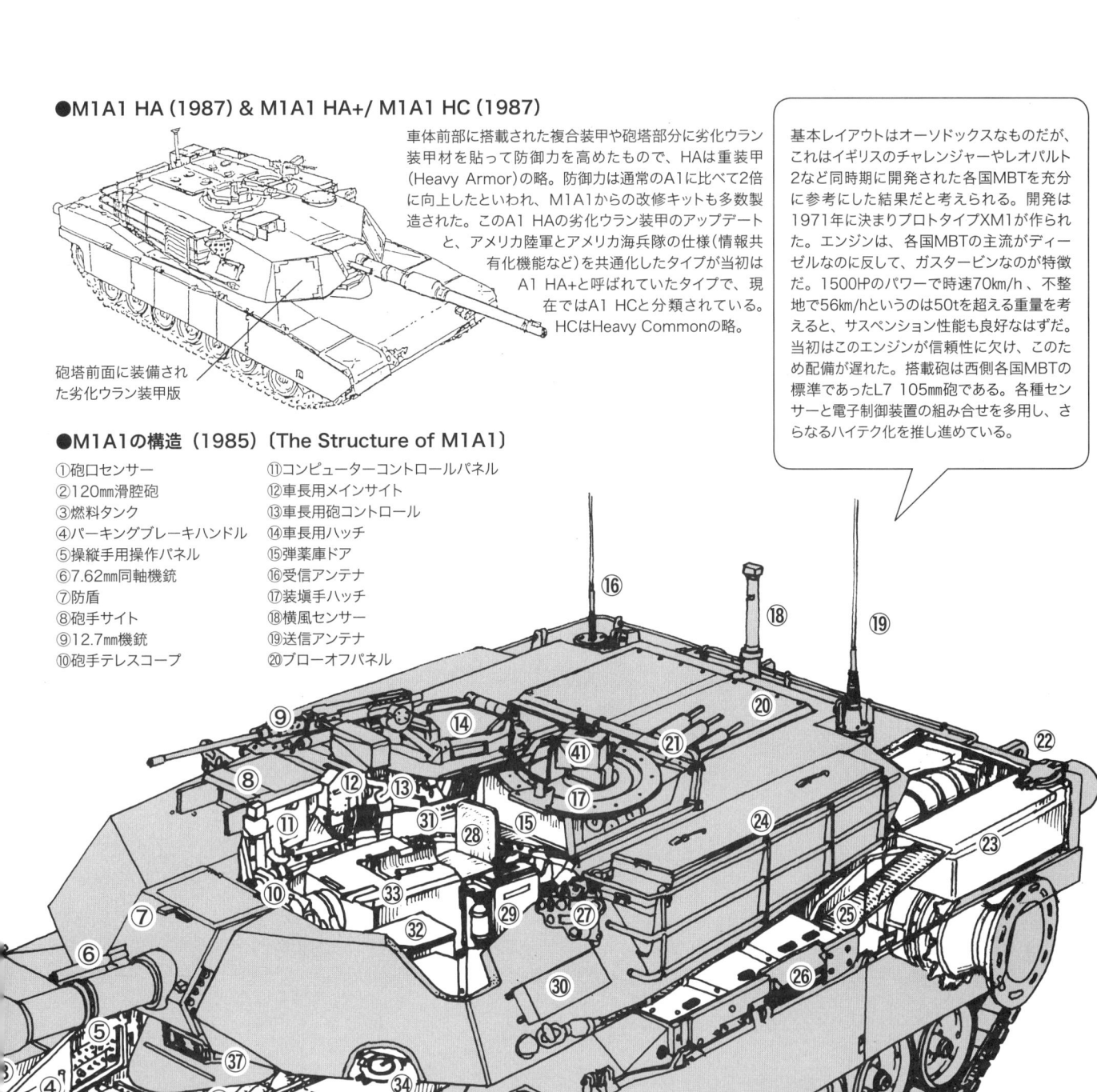

●M1A1 HA (1987) & M1A1 HA+/ M1A1 HC (1987)

車体前部に搭載された複合装甲や砲塔部分に劣化ウラン装甲材を貼って防御力を高めたもので、HAは重装甲(Heavy Armor)の略。防御力は通常のA1に比べて2倍に向上したといわれ、M1A1からの改修キットも多数製造された。このA1 HAの劣化ウラン装甲のアップデートと、アメリカ陸軍とアメリカ海兵隊の仕様(情報共有化機能など)を共通化したタイプが当初はA1 HA+と呼ばれていたタイプで、現在ではA1 HCと分類されている。HCはHeavy Commonの略。

砲塔前面に装備された劣化ウラン装甲版

基本レイアウトはオーソドックスなものだが、これはイギリスのチャレンジャーやレオパルト2など同時期に開発された各国MBTを充分に参考にした結果だと考えられる。開発は1971年に決まりプロトタイプXM1が作られた。エンジンは、各国MBTの主流がディーゼルなのに反して、ガスタービンなのが特徴だ。1500HPのパワーで時速70km/h、不整地で56km/hというのは50tを超える重量を考えると、サスペンション性能も良好なはずだ。当初はこのエンジンが信頼性に欠け、このため配備が遅れた。搭載砲は西側各国MBTの標準であったL7 105mm砲である。各種センサーと電子制御装置の組み合せを多用し、さらなるハイテク化を推し進めている。

●M1A1の構造（1985）〔The Structure of M1A1〕

① 砲口センサー
② 120mm滑腔砲
③ 燃料タンク
④ パーキングブレーキハンドル
⑤ 操縦手用操作パネル
⑥ 7.62mm同軸機銃
⑦ 防盾
⑧ 砲手サイト
⑨ 12.7mm機銃
⑩ 砲手テレスコープ
⑪ コンピューターコントロールパネル
⑫ 車長用メインサイト
⑬ 車長用砲コントロール
⑭ 車長用ハッチ
⑮ 弾薬庫ドア
⑯ 受信アンテナ
⑰ 装填手ハッチ
⑱ 横風センサー
⑲ 送信アンテナ
⑳ ブローオフパネル
㉑ 120mmHEAT弾
㉒ 給油口
㉓ 燃料タンク
㉔ 荷物箱
㉕ 吸気口
㉖ NBCシステム
㉗ スモークディスチャージャー
㉘ 車長席
㉙ 機銃弾薬箱
㉚ 発煙筒貯蔵庫
㉛ 声紋安全装置
㉜ 同軸機銃用弾薬
㉝ 砲尾
㉞ 給油口
㉟ 燃料タンク
㊱ 操縦席
㊲ 操縦手用ペリスコープ
㊳ 操向スロットルTバー
㊴ ブレーキペダル
㊵ パーキングブレーキペダル
㊶ 装填手用7.62mm機銃

●M1A2（1992）

M1A1のハイテク機能をさらに前進させたもの。特に情報通信機能は強化されており、自車と他車、また部隊の動きや戦場の状態など周囲の関係を素早く認識できるようになっている。劣化ウラン装甲、車長用キューポラの改良が行なわれ、生存性が向上している。77両生産されたほか、M1やM1A1から改修されて1,000両以上存在。
全長9.83m　全幅3.66m　全高2.37m
武装：120mm砲×1、12.7mm機銃×1、7.62mm機銃×1
重量62.1t　エンジン：1500HPガスタービン
最高速66.8km/h　航続力465km　乗員4名

M1A2の砲塔
デザインは変わっていないが、前面に貼られていたウラン装甲板がなくなり（基本構造に組み込まれたため）、天蓋に車長用の独立型熱線映像視察装置が着いたのが外観上の特徴といえる。

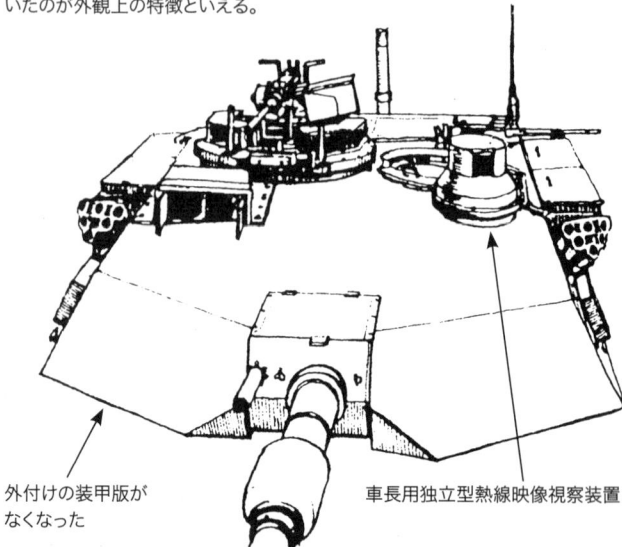

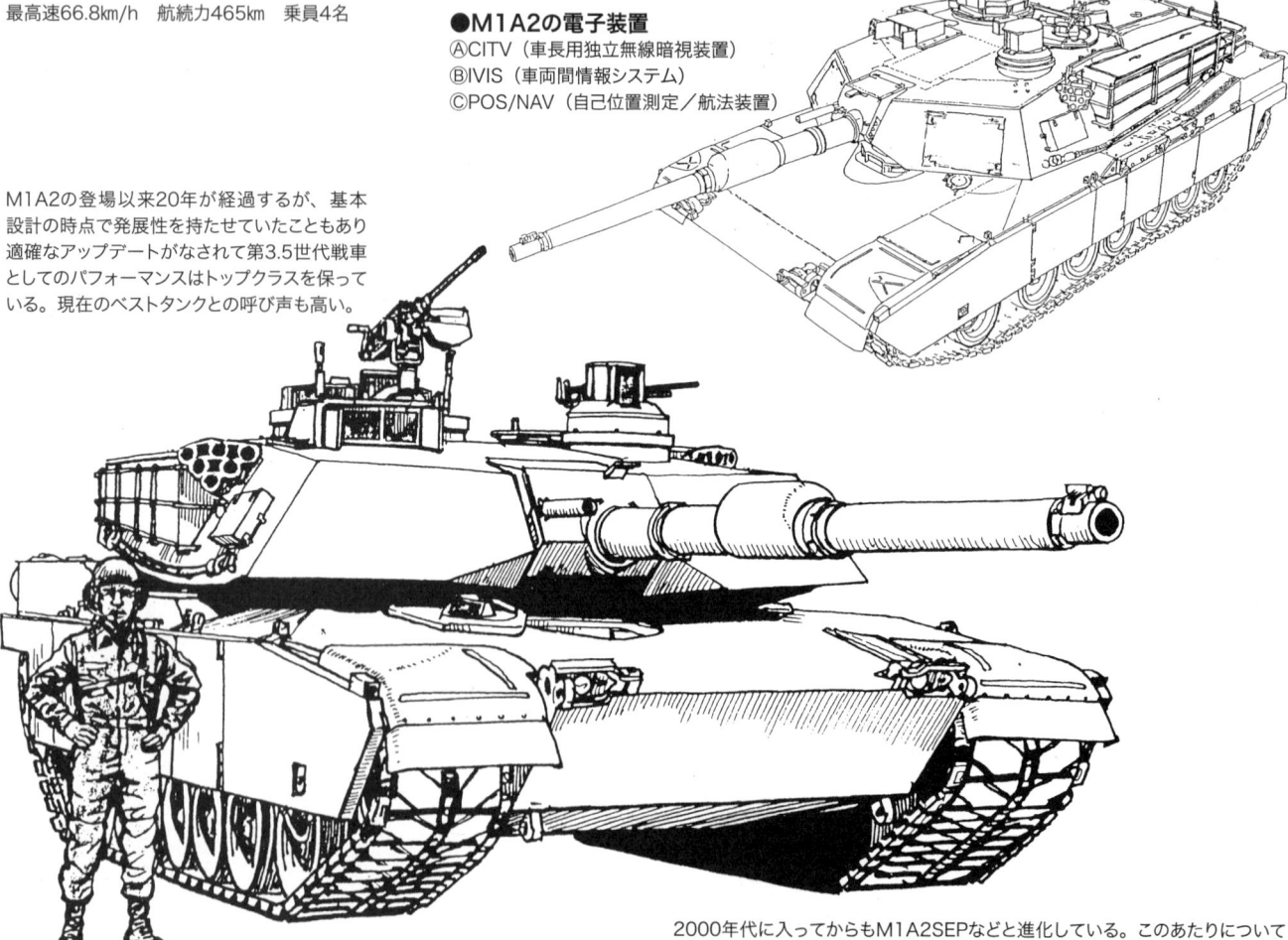

外付けの装甲版がなくなった

車長用独立型熱線映像視察装置

●M1A2の電子装置
ⒶCITV（車長用独立無線暗視装置）
ⒷIVIS（車両間情報システム）
ⒸPOS/NAV（自己位置測定／航法装置）

M1A2の登場以来20年が経過するが、基本設計の時点で発展性を持たせていたこともあり適確なアップデートがなされて第3.5世代戦車としてのパフォーマンスはトップクラスを保っている。現在のベストタンクとの呼び声も高い。

2000年代に入ってからもM1A2SEPなどと進化している。このあたりについてはP.264を参照。

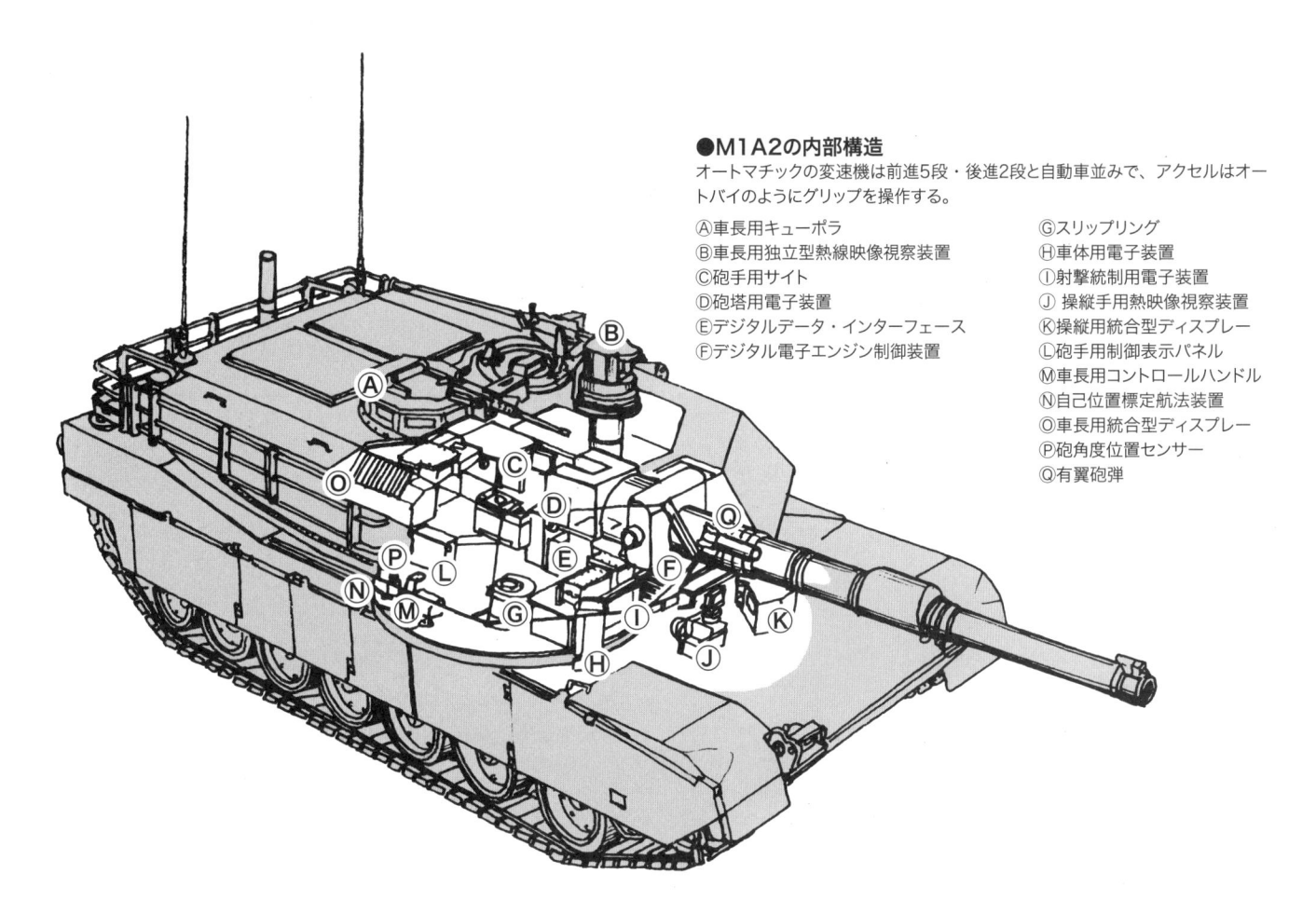

●M1A2の内部構造
オートマチックの変速機は前進5段・後進2段と自動車並みで、アクセルはオートバイのようにグリップを操作する。

- Ⓐ車長用キューポラ
- Ⓑ車長用独立型熱線映像視察装置
- Ⓒ砲手用サイト
- Ⓓ砲塔用電子装置
- Ⓔデジタルデータ・インターフェース
- Ⓕデジタル電子エンジン制御装置
- Ⓖスリップリング
- Ⓗ車体用電子装置
- Ⓘ射撃統制用電子装置
- Ⓙ操縦手用熱映像視察装置
- Ⓚ操縦用統合型ディスプレー
- Ⓛ砲手用制御表示パネル
- Ⓜ車長用コントロールハンドル
- Ⓝ自己位置標定航法装置
- Ⓞ車長用統合型ディスプレー
- Ⓟ砲角度位置センサー
- Ⓠ有翼砲弾

■試作に終わったMBTと機動砲構想

●MBT-70 / KPz.70（1968）
その名の通り1970年代を担うMBTとしてアメリカと西ドイツとで共同開発された車両で、MBT-70はアメリカ側の、KPz.70が西ドイツ側の呼称。主砲の150mmガンランチャーはシレーラミサイルを発射可能であった。アメリカはM60を、西ドイツ側はレオパルト1を改変する意図があったが、双方の考えが一致せず（たとえば西ドイツ側はミサイルをあまり評価していなかった）、結局、計画ごとキャンセルされてしまった。新技術を取り入れすぎてトラブルが多く、コストが高くなりすぎたのも一因だ。

全長9.10m　全幅3.51m　全高3.29m
武装：152mmガンランチャー×1（アメリカ仕様）、
120mm滑腔砲×1（西ドイツ仕様）、20mm機銃×1、7.62mm機銃×1
重量50.5t　エンジン：1475HPディーゼル　最高速65km/h　航続力650km
乗員3名

図は1996年に登場した改修型スティングレイⅡ

●スティングレイ軽戦車（1984）
（Stingray light tank）
M8 AGSとともにアメリカ陸軍の機動砲（あるいは装甲砲）システム計画に則ってキャデラック・ケージ社により開発されたのがスティングレイだ。1984年に試作車がアメリカ陸軍関係者に披露されたが、本車に最も興味を表したのがタイで、早速試作車が同国に送られて性能試験が行なわれた。結局、アメリカ本国では採用されず、1987年にタイ陸軍が採用、100両あまりが導入された。

全長9.30m　全幅2.71m　全高2.55m　装甲14.5mm
武装：105mm砲×1、12.7mm機銃×1、7.62mm機銃×1
重量21.2t　エンジン：535HPディーゼル
最高速67km/h　航続力483km　乗員3名

【ソ連／ロシアの戦車】
T-62までの主力戦車

Soviet ; Russia / Main Battle Tanks until T-62
While the Soviet Union had become a leading tank country during WWII, they kept shocking Western Bloc with their post-war generation tanks. The Soviet tanks were distinctive with their hemispherical turret and small-sized low hull, and always armed with larger main gun than Western tanks. But their narrow interior space forced crew uncomfortable ride. The massive production of Russian tanks including T-54/55 described here was remarkable and the tanks they supplied or exported to allied countries or other friendly countries were also substantial. Not only in the export of tanks, Soviet Union was the one of two major exporters of weapons along with America and though no accurate statistics data was available, their weapon production was conjectured to account for considerable part of their economy.

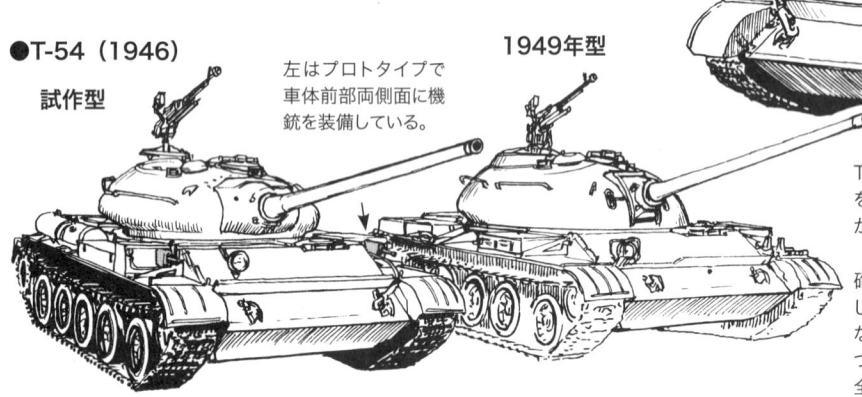

　第2次世界大戦中、一躍戦車大国にのし上がったソ連は、戦後に開発した戦車でも西側諸国にショックを与えた。ソ連戦車は半球形の砲塔と低く小ぶりな車体に特徴があり、同時期の西側戦車よりも常に先行して大口径砲を搭載した。反面、内部の狭さから居住性は悪くなっている。またここで取り上げるT-54/55シリーズを始めとして、ソ連戦車の生産量の多さは特筆されるもので、同盟国や諸外国への供与・輸出も膨大な数に上ぼる。戦車に限らずソ連はアメリカと並ぶ二大兵器輸出国であり、明らかな統計が公表されているわけではないが、兵器生産が自国の経済に占めた割合も相当なものだったと推察される。

●T-54 (1946)
試作型　　左はプロトタイプで車体前部両側面に機銃を装備している。　1949年型

●T-44 (1945)

T-34の改良型としてT-43が試作されたが、本車はこれを発展させたもの。前面装甲90mm、重量31.8t。これがT-54へとさらに発展していった。

砲塔を新設計し防盾を改良したT-54初期生産型。しかしまだ砲塔後部に張り出しがあり、ショット・トラップとなっている。車体の装甲は20〜99mmで前面には傾斜がつけられているが、側面は垂直だ。
全長9.2m　車体長6.3m　全幅3.3m　全高2.9m
武装：100mm砲×1　重量37t
エンジン560HPディーゼル　最高速45km/h　乗員4名

カウンターウェイトを兼ねた排煙器が付いた。

●T-54A (1951)
砲塔はお椀を伏せたような避弾経始の優れたデザインで、完全にショット・トラップを無くしている。1951年から生産されたが、車体は小型ながら当時の西側諸国の主力戦車の主砲口径90mmを上回る100mm砲を搭載し、西側関係者にショックを与えた。この砲は1,000mの距離で150mmの装甲を撃破できた。T-54Aは主砲を発展型のものに換装しており、排煙器が付いた。
全長9.00m　車体長6.45m　全幅3.27m　全高2.4m
武装：100mm砲×1、12.7mm機銃×1、7.62mm機銃×1
装甲20〜210mm　重量36t　エンジン570HPディーゼル
最高速50km/h　行動距離500km　乗員4名

●T-55M (1980)
T-54/55シリーズは生産数もバリエーションも数多い。そのため、外国に輸出された車両の中には、のちに西側諸国のMBTの標準となったL7 105mm砲に換装されたものまである。右のT-55Mは80年代に対応すべく改修されたタイプだ。主砲から対戦車ミサイルAT-10を発射できるようになり、射撃統制装置も大幅に更新されている。砲塔周囲には増加装甲、車体前面は複合装甲、操縦席下にも増加装甲を施し地雷対策としている。

●T-55（1958）の構造（The Structure of T-55）

T-55はT-54の改良型で、1958年の登場以来1981年まで、四半世紀以上の間に10万両以上が生産された。生産はソ連以外でも行なわれており戦後最も多く作られ、使われた大ベストセラー戦車だ。T-54の後期型との外観上違いはほとんど無く、砲塔上の換気用のドームを撤去したくらい。

Ⓐ55口径100mm砲
Ⓑ照準器
Ⓒ砲手用ペリスコープ
Ⓓ車長席
Ⓔ主砲弾
Ⓕエンジン580HP（T-54は520HP）
Ⓖ予備燃料タンク
Ⓗ変速機
Ⓘ装填手席
Ⓙ砲手席
Ⓚ車体銃を取り外し主砲弾を6発搭載
Ⓛ操縦席

●T-62（1960）

●T-62M（1977）

現代の戦車砲のスタンダードとなった滑腔砲をいち早く搭載したのがT-62だ。当時としては画期的なことで、1950年代半ばに完成したばかりの115mm滑腔砲を搭載した。車体はワイド＆ロウでT-55よりひと回り大きくなったが、全高は低くなっている。右側のT-62MはT-55Mと同様の近代改修型で、主砲以外はT-72と同レベルになっているようだ。主砲上に取り付けられているのはレーザー・レンジファインダー。

全長9.3m　車体長6.6m　全幅3.3m
全高2.4m
武装：115mm滑腔砲×1、7.62mm同軸機銃×1
重量40t　エンジン580HPディーゼル
最高速50km/h　行動距離450km　乗員4名

●T-62の内部

①62口径115mm滑腔砲
②L-2Gサーチライト
③7.62mm同軸機銃
④装填手用ハッチ
⑤12.7mm対空機銃
⑥空薬莢排出口
⑦ベンチレーター
⑧予備燃料タンク
⑨ディーゼルエンジン
⑩エンジンルーバー
⑪増加燃料タンク
⑫不整地脱出用木材
⑬エンジン排気口
⑭補助潤滑油タンク
⑮車長席
⑯車長用照準ペリスコープ
⑰砲手用照準ペリスコープ
　昼間用と夜間用赤外線
　の2種類を装備
⑱砲手席
⑲操縦手席
⑳工具箱

T-72 主力戦車シリーズ

　1974年に始まったT-72の生産は、旧ソ連内の4つの工場の他にチェコ、ポーランド、ユーゴなどでもライセンス生産された。T-72の使用国は東欧諸国以外にも、アンゴラ、キューバ、インド、フィンランド及び中東諸国にまで及び、このため数多くのバリエーションがある。輸出型はT-72M、T-72Bの輸出型はT-72Sと呼ばれる。

　T-72はT-64の改良型といっても良いが、機構的には大きく進歩し信頼性を高めている。動力ではT-64の5気筒エンジンに代わってV型12気筒ディーゼルを積み785HPと強力になっている。主砲の125㎜滑腔砲にはAT-8対戦車ミサイルの発射機構が付いていないが、ファイアコントロールは進歩しており、自動装填装置とのコンビネーションも良い。そのため乗員は3名と少なくなっている。装甲は最大で280㎜、総重量は41tあるが、これをV12ディーゼルで80km/hで走らせる。

　T-72はソ連軍のワークホースとして生産地の名を冠して「ウラル」戦車と呼ばれている。

T-72 Main Battle Tank Series
The production of T-72 tank started from 1974 and was carried out at not only four factories in former Soviet Union, but also in Czechoslovakia, Poland and Yugoslavia under license. The user of T-72 was not only Eastern bloc countries, but Angola, Cuba, India, Finland and various Middle Eastern countries also used it, and thus there are many variants. The export model of T-72 was called T-72M and that of T-72B was T-72S.
T-72 may be said as the improved version of T-64, but the mechanism was considerably improved to achieve high reliability. The power plant of T-72 was upgraded to V-line 12-cylinder diesel engine with the output of 785 hp instead of T-64's 5-cylinder engine. The 125 mm smooth bore gun had no function to launch AT-8 anti tank missile, but was equipped with advanced FCS and the combination with the autoloader was also good. It reduced the crew to 3 men. While the maximum armor thickness was 280 mm and total weight was 41 tons, the V-12 diesel engine propelled this tank at the maximum speed of 80 km/h. Though the variants of turret shown here are only three, there were more variants according to user countries, and some variants had no side armor skirts. T-72s were called "Ural" after the production place as the workhorse of Soviet army.

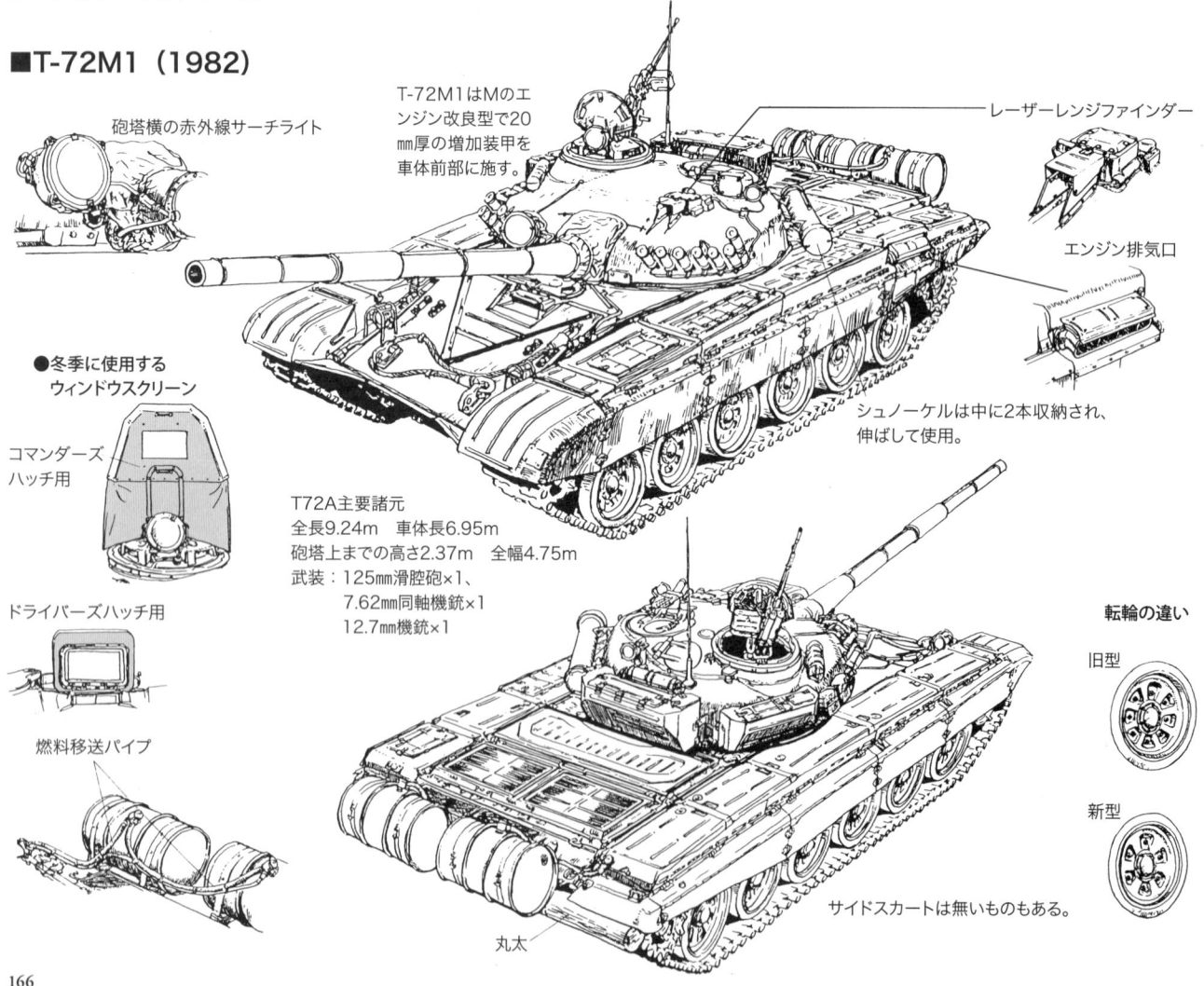

■T-72M1（1982）

砲塔横の赤外線サーチライト
T-72M1はMのエンジン改良型で20㎜厚の増加装甲を車体前部に施す。
レーザーレンジファインダー
エンジン排気口
シュノーケルは中に2本収納され、伸ばして使用。

●冬季に使用するウィンドウスクリーン
コマンダーズハッチ用
ドライバーズハッチ用
燃料移送パイプ

T72A主要諸元
全長9.24m　車体長6.95m
砲塔上までの高さ2.37m　全幅4.75m
武装：125㎜滑腔砲×1、
　　　7.62㎜同軸機銃×1
　　　12.7㎜機銃×1

転輪の違い
旧型
新型

サイドスカートは無いものもある。
丸太

■砲塔の変遷
図示したのは3種の砲塔のみだが、この他にも使用地域によってバリエーションは多い。

●T-72（1973） 光学レンジファインダー

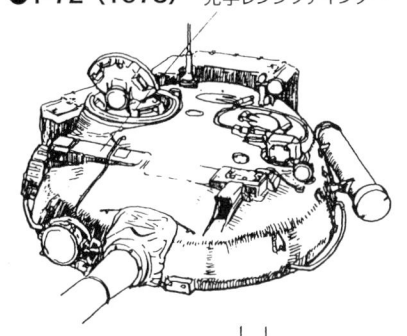

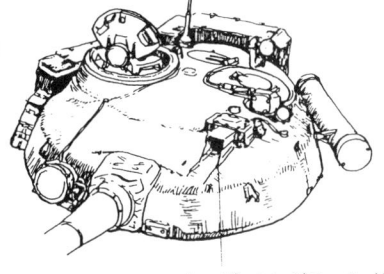

●T72A（1979） レーザーレンジファインダー

●T72B（1985） アップリケ装甲

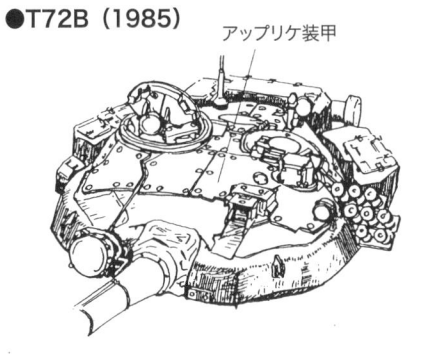

●ぬかるみ脱出用の丸太
キャタピラに丸太をかませる。

●シュノーケル装着状態
T-72のシュノーケルは1本だけで、乗員とエンジンに空気を供給する。排気はワンウエイバルブを排気口に付けて排出。

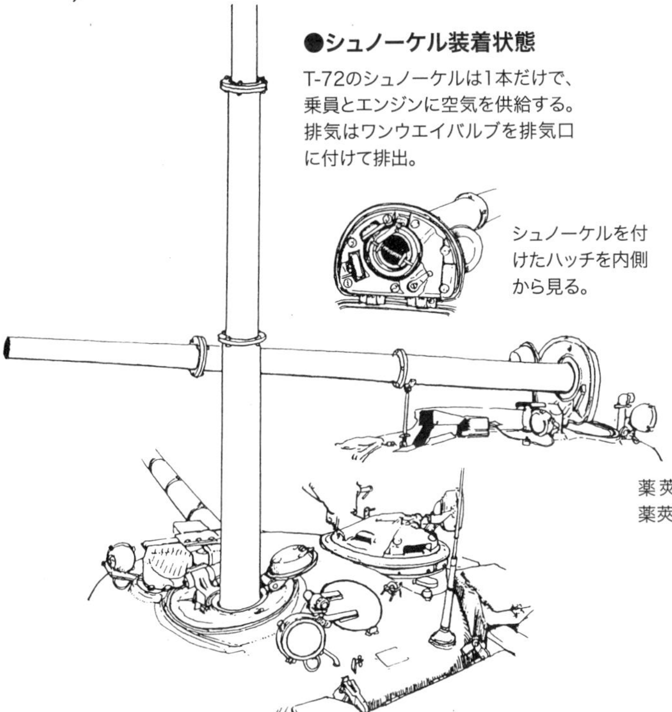

シュノーケルを付けたハッチを内側から見る。

●ドーザーブレード装着
これで壕を掘ることもできる。

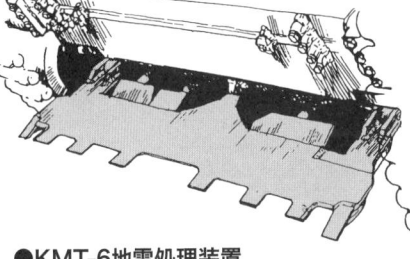

薬莢排出用ハッチ。T-72の薬莢は半燃焼式で排出は楽。

●KMT-6地雷処理装置
左右に地雷を掘り出す。 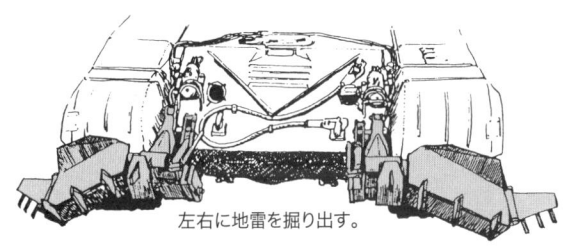

■アサド・バビロン（イラクのライセンス生産車）
("Lion of Babylon" or "Asad Babil", Iraq-built T-72)

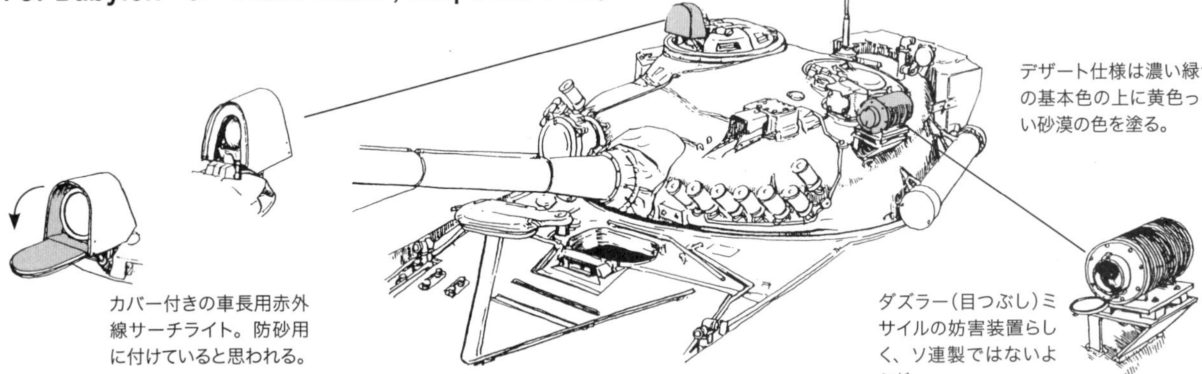

カバー付きの車長用赤外線サーチライト。防砂用に付けていると思われる。

デザート仕様は濃い緑色の基本色の上に黄色っぽい砂漠の色を塗る。

ダズラー（目つぶし）ミサイルの妨害装置らしく、ソ連製ではないようだ。

167

2系統になったソ連MBT

ソ連の主力戦車はエポックメーキングだったT-62のあと、少数精鋭のT-64と数で押すT-72の2つの系列が主力となる。それまでのデザイン上の特徴だったクリスティータイプの大型転輪が廃止され、走行性能向上を目指して新型車体になった。T-64からは片側6個の小さな転輪が採用され、滑腔砲も125㎜と大型化した。冷戦下の秘密主義のため詳細は当時分かりにくかったが、最高速度など、走行性能の向上が著しい。

Soviet MBTs Separated into 2 Branches
After epoch-making T-62 tank, the Soviet MBTs discarded distinguishing large Christie type road wheels and adopted newly designed hull to improve running performance. From T-64, 6 smaller wheels were adopted and the smooth bore gun was upgraded to 125 mm. While the accurate data was not available in those days for the secretive policy in the Cold War, the improvement of running performance including maximum speed was conspicuous.

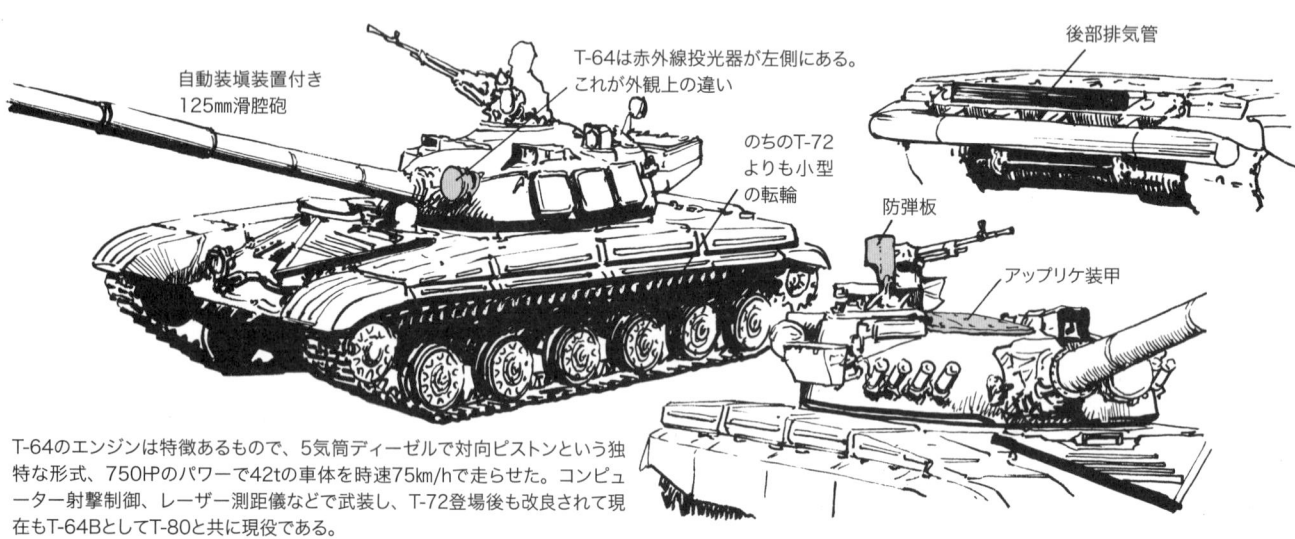

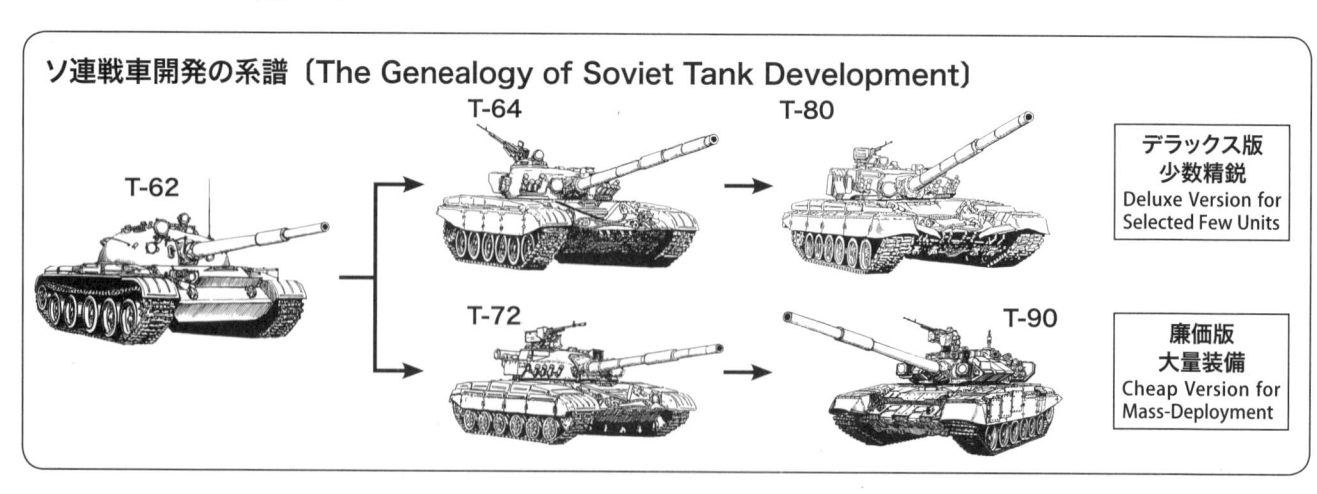

■T-64（1966）

基本コンセプトが第2次世界大戦型の車両と同様であったT-62の火力・防禦・機動性を刷新すべく開発された車両がT-64だ。初期型は115㎜滑腔砲を搭載していたが、1960年代後半から125㎜滑腔砲へと換装されたタイプが生産されている。西側に知られたのは1970年初めであったが、それはこの初期型だったようだ。

車体長6.3m　全幅3.19m　全高2.154m　装甲：多層式複合装甲
武装：125㎜砲×1、12.7㎜機銃×1、7.62㎜機銃×1
重量36.7t　エンジン：700Hpディーゼル
最高速60km/h　航続力600km　乗員3名

自動装塡装置付き125㎜滑腔砲

T-64は赤外線投光器が左側にある。これが外観上の違い

のちのT-72よりも小型の転輪

後部排気管

防弾板

アップリケ装甲

T-64のエンジンは特徴あるもので、5気筒ディーゼルで対向ピストンという独特な形式、750HPのパワーで42tの車体を時速75km/hで走らせた。コンピューター射撃制御、レーザー測距儀などで武装し、T-72登場後も改良されて現在もT-64Bとして T-80と共に現役である。

ソ連戦車開発の系譜（The Genealogy of Soviet Tank Development）

T-62 → T-64 → T-80　**デラックス版 少数精鋭** Deluxe Version for Selected Few Units

T-62 → T-72 → T-90　**廉価版 大量装備** Cheap Version for Mass-Deployment

■T-72（1973）

T-72は1974年頃から配備が始まり、いくつかのバリエーションがあるが、主生産型はT-72Mと呼ばれるものだ。またT-72は旧東側各国で使用された他、中東諸国にも輸出された。

図はT-70と呼ばれる試作車で砲塔はT-62と同じもの。

光学測遠機（ステレオ測距儀）

125mm滑腔砲

スモークディスチャージャー

スモークディスチャージャーは右5基、左7基。

赤外線投光器

ゴム製サイドスカート

シングルピンのキャタピラ

初期型には折りたたみ式補助装甲板を装備。

1982年にイスラエル軍に撃破されたシリア軍のT-72は回収され徹底的に調査された。
乗員3名、全長9.24m
車体長6.95m、全幅4.75m
全高（投光器除く）2.37m、エンジンは通常型のディーゼルになり780HP、最高速80km/hに向上。

T-72BはT-72の近代化版で砲塔前部も増厚された。また125mm滑腔砲はAT-8対戦車ミサイルも発射できるようになっていた。

車体左側後部にある排気管

大型で1個の視察窓

トップアタックに対抗するアップリケ装甲

●T-72の構造

①ヘッドライト
②パーキングブレーキ
③操向レバー
④シフトレバー
⑤NBC防護装置
⑥NBC浄化装置
⑦主砲俯仰装置
⑧砲手用サイト
⑨砲手用夜間サイト
⑩サーチライト
⑪砲手席
⑫旋回ベース
⑬揚弾機
⑭砲弾・装薬
⑮V-46多燃料エンジン
⑯変速機

T-80主力戦車シリーズ

少数精鋭主義ともいえるT-64の後継として開発されたのがT-80だ。T-64の開発途上で断念したガスタービンエンジン搭載を実用化することに成功、当時はこの方式を採用した世界唯一のMBTだった。射撃統制装置や電子技術をふんだんに盛り込まれ、あえてコスト削減にこだわらなかったことが特徴で、1991年のソ連崩壊後、ロシア連邦となった今も改良を続けて主力戦車の座にあり、ウクライナのほかパキスタン、キプロス、そして韓国にも輸出されている。

T-80 Main Battle Tank Series
T-80 was developed as the successor of T-64 based on quality before quantity policy. At that time, it was the first and the only MBT utilizing gas-turbine engine not implemented in the development of T-64. The intensive introduction of FCS or electronic devices regardless the cost was the distinguishing feature of T-80, after the dissolution of Soviet Union in 1991, the continuous upgrade under Russian Federation keeps this tank as the MBT up to the present, and they were also exported to Ukraine, Pakistan, Cyprus and South Korea.

●T-80（1976）

本車は当初から少数精鋭主義に位置づけられており、主砲はT-64やT-72と同様に125mm滑腔砲であったが、射撃統制装置などは最新式のものが装備された。当初、搭載されていた基線長式レンジファインダーはのちにレーザー式レンジファインダーに置き換えられた。
車体長6.78m　全幅3.525m　全高2.195m
装甲：多層式複合装甲
武装：125mm砲×1、12.7mm機銃×1、7.62mm機銃×1
重量42t　エンジン：1000HPガスタービン
最高速70km/h　航続力500km　乗員3名

●T-80Bの構造

西ドイツとアメリカの陸軍情報関係者によって製作されたT-80のモックアップモデル。これは実車写真と較べてリアクティブアーマーの数や位置まで当たっていた。

●T-80B（1978）& T-80BV（1978）
主砲をT-64Bと同様にAT-8ミサイルを発射可能な125mm滑腔砲に換装したのがT-80Bで、1985年以降に生産された車両やリフレッシュされた車両にブロック状の爆発反応装甲（ERA、リアクティブアーマーとも）「コンタクト」を装着したものがT-80BVとなる。図は後者のほうで、車体にレンガ状に貼られているのが「コンタクト」。トップアタックに対抗して上面にも貼られている。
車体長6.982m　全幅3.582m　全高2.219m
装甲：多層式複合
武装：125mm砲×1、12.7mm機銃×1、7.62mm機銃×1
重量43.7t　エンジン：1,100HPガスタービン
最高速70km/h　航続力370km　乗員3名

● T-80の細部

T-80はT-72の改良型で、T-72B、T-64B、T-80と3種類の似たような戦車があることになる。125mm滑腔砲から発射するAT-8ソングスターミサイルは対戦車ヘリにも使用される。

砲塔左側の装備

3個のドライバー用視察窓
V型防弾板がない

車体後部の排気管

T-80は985HPのガスタービンエンジンを搭載するので車体後部に大型の排気口がある。大きさはT-64とよく似たサイズだ。

ここの車輪間隔が狭いのが特徴。二つずつ3組という感じ。

ダブルピン型のキャタピラ

イスラエル軍の開発したリアクティブアーマーを装着。リアクティブアーマーのパネルは1台のT-80に185〜221個必要。リアクティブアーマーはT-72BやT-64Bにも装着するようになった。

ミサイル誘導装置

砲塔右側の装備

赤外線投光器

T-80がリアクティブアーマーを装着し始めたのは1984年頃からとされ、アメリカ軍ではこれを当初T-80M1984と呼んで区別していたが、現在はT-80BVと称される。

● T-80U（1985）

ガスタービンエンジンをパワーアップし、射撃統制装置や夜間暗視装置を高度化している。無線誘導式だったAT-8に代え、レーザービーム誘導のAT-11になった。輸出モデルもあり、そちらはディーゼルエンジン搭載でT-80UDと呼称されている。なお、いきなり型式がUとなるのはロシア語の「改良」を意味するулучшениеの頭文字уをアルファベットに直したため。

車体長7m　全幅3.59m　全高2.2m　装甲：鋼+ERA
武装：125mm滑腔砲×1、12.7mm機銃×1、7.62mm機銃×1
重量46t　エンジン1250HPガスタービン　最高速70km/h
行動距離335km　乗員3名

● T-80UK

T-80Uの指揮型で、ミサイルなどの誘導攪乱型の防護システム「シュトーラ1」を備えている。ただし、このタイプはRPGなどのテロ兵器にはやや効果が薄いのが悩みどころだ。

T-72のアップデートとT-90

　T-72はT-64の改良発展型で外観上も良く似ている。上部支持ローラーが1個減って3個になったこと、赤外線サーチライトが主砲右側のタイプが多いことなどが外観上の大きな違いだ。かつてのワルシャワ条約加盟国を中心に多くの国で使われている。T-90はロシアの最新MBTだが、T-72系の車体にT-80系の砲塔を組み合せたものといえる。

The Updates of T-72 and T-90
T-72 was improved and further developed version of T-64 and they were quite identical in appearance. The differences were the reduction of upper return roller from 4 to 3, and T-72 relocated the IR light projector at the right of main gun. T-72 is widely used by not only the Warsaw Pact countries but also other countries. T-90 is the latest Russian MBT with the turret derived from T-80 series and the hull derived from T-72 series.

■リアクティブアーマー装備のT-72改修型

　T-72でもバリエーションが多くあるが、主なタイプの変遷を見ると、初期のT-72、T-72Kが125mm砲・エンジン840ディーゼル・60km/hの基本仕様で、これをハイテク化したT-72A、T-72AKが1979年、輸出型のT-72M（1980）、装甲強化のT-72M1、ERA装着のT-72AV、ミサイル装備のT-72B、T-72BK（1985）、この輸出型T-72S、新型ERA装着T-72BM（1992）と続く。これらの車両は図のように砲塔・車体前部を中心にリアクティブアーマー（ERA爆発反応装甲）を装着しているのが特徴である。

●T-72AV（1985）

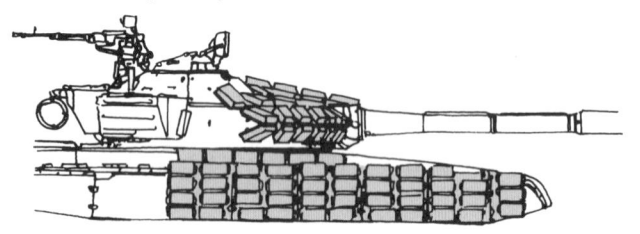

T-72Aにリアクティブアーマー（爆発反応装甲）「コンタクト1」を装着したタイプ。1両あたりコンタクトのブロックは227個使用されていたが、輸出型のT-72Sは155基しか装着されていない。現在は「コンタクト5」に置き換えられている。

●T-72BV（1985）

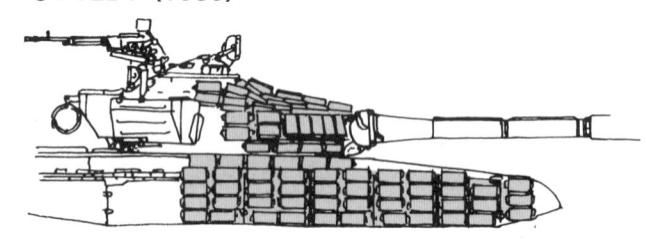

T-72Bにリアクティブアーマー「コンタクト1」を装着したもの。T-72Bは砲塔前部に増加装甲を有しているため、ブロックの付け方がT-72AVと違っている。こちらも現在は「コンタクト5」に置き換えられている。

●PT-91（1995）

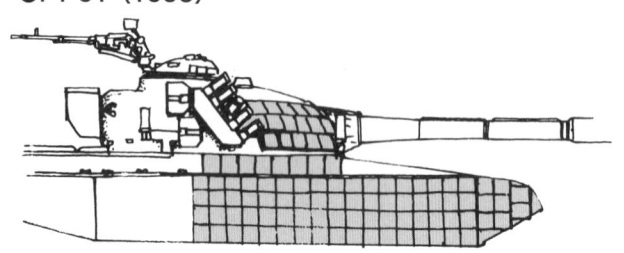

ポーランドがT-72をベースに自主開発した車両で、「トファルディ」の通称がある。輸出型のT-72Mの装甲を強化したT-72M1をさらに改良し、自国製の850HPディーゼルエンジン、射撃統制システムを搭載。リアクティブアーマーもポーランド独自のものだ。マレーシア陸軍でも使用されている。

●T-72BM（1992）

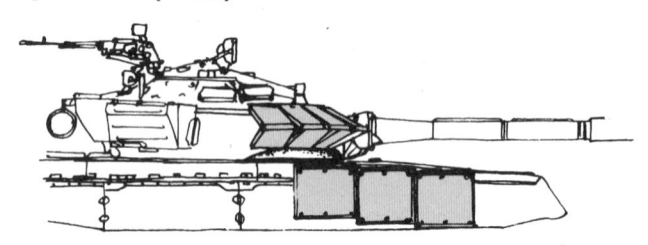

T-72Bをさらに発展させたタイプでリアクティブアーマーは「コンタクト5」と呼ばれる改良型になった。T-72B(M)と表記されることもある。これがT-90の原型となった。

●T-90（1993）

1993年に湾岸戦争におけるT-72の惨敗イメージを払拭すべく制式化された最新型で、T-80Uと同様に9K120「レフレークス」ミサイルを主砲から発射できるが、車体・エンジン関係はT-72がベースとなっている。ATM防護システム（レーザー検知のミサイル防禦）を装備する。輸出型も開発され、インド、アルジェリア、サウジアラビア、キプロス、トルクメニスタン、ベトナムなどが導入した。最大の特徴は強力な防護力で、積層コンポジットと称する5層以上の組み合わせ装甲で乗員の生存性を高めている。

全長9.53m　全幅3.78m　全高2.23m　装甲：多層式複合＋ERA
武装：125mm砲×1、12.7mm機銃×1、7.62mm機銃×1
重量46.5t　エンジン：840HPディーゼル
最高速60km/h　航続力470km　乗員3名

ソ連の特殊戦車

ロシア(旧ソ連)は第2次世界大戦前から陸軍の機械化に積極的であったが、戦後もP.214にみるBMPシリーズのように歩兵関係の機械化について先進的で、またここにみる水陸両用車や空挺部隊用車両も数多く開発されている。これらにも多くの輸出・現地仕様が生産されている。

Soviet Special Tanks
While Russia (former Soviet Union) had been active in the mechanization of army ever since before WWII, they further advanced the mechanization of infantry units after the war with BMP series shown on page 214, and also developed various amphibious or airborne vehicles shown here. There were also many export models or foreign variants of them.

●PT-76水陸両用軽戦車 (1952)
(PT-76 Amphibious Light Tank)

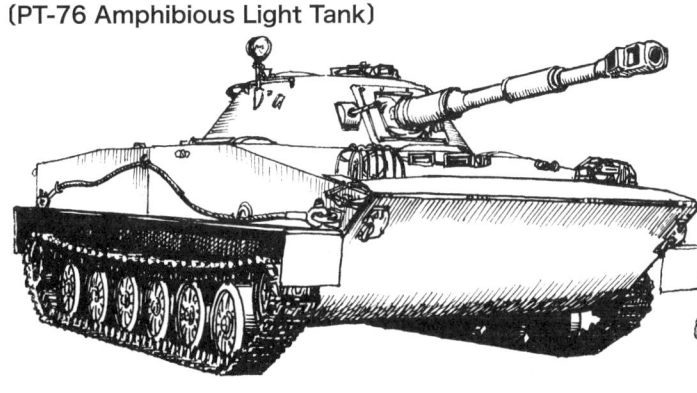

偵察を主任務に多目的に使用できる軽戦車として1950年頃から開発が始まり、52年に制式化された。戦車としては完全に水陸両用性を持つ数少ない車で、水上航行の際は車体側面後部取水口から水を吸い込み、後ろから噴き出すウォータージェット推進である。車体が大型で装甲が薄いのは浮航性を持たせるためで、これが弱点ともなっている。共産圏諸国の他、アフリカ、中東、インド、パキスタン、ベトナムなど紛争地域に多く輸出され、実戦に参加している。中国ではこれをベースに85mm砲を積む63式軽戦車を開発している。生産数約5,000両。
全長7.6m　全幅3.2m　全高3.2m　武装：76.2㎜砲×1、7.62㎜機銃×1
重量16t　エンジン240HP　最高速：路上44km/h、水上10km/h　航続力260km

●ASU-57空挺対戦車自走砲 (1957)
(ASV-57 Airborne Tank Destroyer)

パラシュートでの空中投下を可能にするため重量を4t以下に制限する必要があり、軽量化が図られている。車体後部はアルミニウムで作られ、この車両2台を輸送機に積載する専用の荷台も開発された。この荷台は巧妙なメカニズムで、逆噴射ロケットを装備し、輸送機から投下されると着地数秒前に点火して降下速度を減じるようになていた。軽量で手ごろな扱いやすい車両で旧ソ連軍空挺部隊で使用されたが、その反面、武装や装甲は貧弱なものとならざるをえず、これが弱点だった。そのためASU-85の開発につながった。
全長5m　全幅2.1m　全高1.2m
　武装：57㎜砲×1　重量3.35t　エンジン55HP
　最高速45km/h　航続力250km　乗員3名

●ASU-85空挺対戦車自走砲 (1962)
(ASV-85 Airborne Tank Destroyer)

ASU-57が対戦車砲というには貧弱な武装で威力不足であったため、85mm砲を搭載したもの。車体はPT-76をベースに主砲を密閉式戦闘室に装備した。装甲も強化されて重量も増えたため、水陸両用性もパラシュート投下も不可能になった。従って空輸可能なだけで、輸送機で飛行場に降りなければならなかった。
全長8.5m　全幅2.8m　全高2.1m
武装：85㎜砲×1、7.62㎜機銃×1　重量14t
エンジン240HP　最高速44km/h　航続力260km　乗員4名

●MT-LB兵員輸送車/砲兵牽引車 (1966)
(MT-LB Armoured Personnel Carrier)

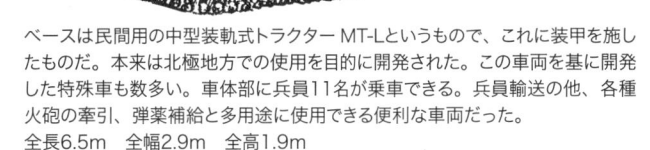

ベースは民間用の中型装軌式トラクターMT-Lというもので、これに装甲を施したものだ。本来は北極地方での使用を目的に開発された。この車両を基に開発した特殊車も数多い。車体部に兵員11名が乗車できる。兵員輸送の他、各種火砲の牽引、弾薬補給と多用途に使用できる便利な車両だった。
全長6.5m　全幅2.9m　全高1.9m
武装：7.62㎜機銃×1　重量12t　エンジン240HP
最高速：路上62km/h、水上5km/h　航続力500km　乗員2名+兵員11名

173

【ドイツの戦車】
レオパルト戦車

戦後ドイツの開発した初の戦車で、初めはNATO軍の標準戦車とするため、フランスと共同開発だったが、のちに単独開発となった。他のヨーロッパ諸国の戦車に比べ、火力、防禦力、機動性共に優れており、現在ではヨーロッパ諸国の他、トルコ、カナダ、オーストラリアなどでも使用されている。レオパルト1の諸元の代表的なものは、全長9.543m、車体長7.09m、全幅3.37m、全高2.764m、戦闘重量40t、乗員4名となっており、主砲は105mmライフル砲。'78年採用のレオパルト2になると120mm滑腔砲装備で重量55tとひと回り大きくなるが、1,500HPのハイパワーエンジンで速度も向上している。

※レオパルト2が登場したためレオパルト1と分類、呼称されるようになった。それまでは単に「レオパルト」と呼ばれていた。

■レオパルト1〔Leopard 1〕

●レオパルト1 原型チームA プロトタイプ1
主砲はラインメタル90mm砲

ステレオ測遠機

●レオパルト1 予備生産型
50両が生産された。

●レオパルト1 初期生産型
1965年9月9日より軍への引き渡しが始まる。砲塔の装甲が厚くなる。

●レオパルト1 原型チームA プロトタイプ2
主砲が英国製L7型105mm砲になる。

●レオパルト1 後期生産型（1A1）
主砲のサーマルジャケットとゴムスカートが常設となる。

●1A2
1972年から生産された近代型。ガン・スタビライザー装備。

●1A1A1
レオパルト1に1A2仕様の改修をしたもの。砲塔の追加装甲が特徴。

●1A3
熔接型スペースドアーマー砲塔装着。1973年に11両が生産された。

●1A4
レオパルト1シリーズの最終型。射撃統制装置を新しくして夜間戦闘能力を強化。

レオパルト1は1A1～A4の各型合わせて、2,437両が生産されドイツ陸軍主力戦車として活躍している。

●1A1A1 120mm滑腔砲装備型
1A1A1型を改修したもので、1,300両が最新式の射撃統制装置を装備する。

German Tanks / Leopard

Leopard 1 was the first German tank developed after the war, and initially it was the collaborative project with France, but French quitted it later. But as Leopard 1 achieved superior performance in firepower, protection and mobility than other European tanks, it was adopted by not only European countries, but also Turkey, Canada and Australia by now. ☒The specification of Leopard 1: Total length 9.543 m, Hull length 7.09 m, Width 3.37 m, Height 2.764 m, Combat weight 40 tons, Crew 4, Main gun 105 mm rifle. The Leopard 2 adopted in 1978 had 120 mm smooth bore gun and the weight increased to 55 tons, but the engine with larger output of 1500 hp enabled higher maximum speed.

■KPz.70（MBT70）

レオパルト1の配備が始まった頃、1970年代の新戦車を旧西ドイツ陸軍とアメリカで共同開発することになった。MBT70と呼ばれる新技術を盛り込んだこの戦車は、原型まで完成したが、結局計画ごとキャンセルされてしまった。（P.163参照）

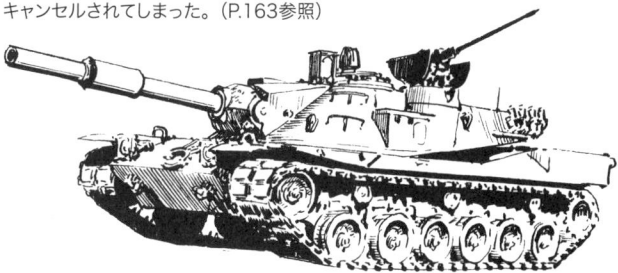

■レオパルト2

1970年1月にMBT70計画が流れたが、レオパルト戦車の開発は併行して続けられていた。そこでMBT70の予算を使って、当時のヨーロッパにおけるライバル戦車チーフテンやAMX-30に対抗するレオパルト2戦車が開発された。1973年にプロトタイプが完成、1978年には制式採用された。

●試作先行型ET
最初のレオパルト2の試作車

乗員3名。油気圧式懸架装置で射撃姿勢が自由に変えられた。

●第2次試作車
105mm砲装備型で砲塔はレオパルト1A3/4型とほぼ同じ形状だった。

●第2次試作車120mm滑腔砲装備型
このプロトタイプは105mm砲と120mm砲装備の2台がアメリカへ送られ、1976年9月〜12月にかけてXM-1との比較試験を受けている。

●第3次試作車
第4次中東戦争の戦訓から装甲防禦力強化のために複合装甲が採用され、これまでの試作車と形状が全く違う。

●2A1
レオパルト2の最初のタイプで第1バッチ380両、第2バッチ450両、第3バッチ300両の3回に分けて生産され、それぞれ細部が改良されている。

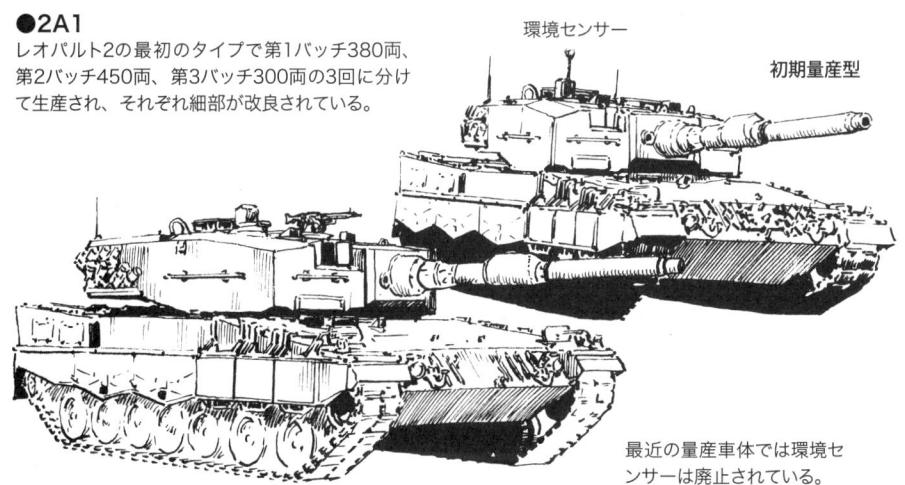

環境センサー
初期量産型

最近の量産車体では環境センサーは廃止されている。

※以下の形式は外観上の大きな違いはない。

●2A2
2A1の第1バッチの車両を第2、第3バッチの車両仕様と同じに改修したもの。砲塔上部の車長用視察ブロックの保護リングがないところで見分ける。

●2A3
レオパルト2第4バッチとして300両生産されたタイプ。NBC対策のため、砲塔側面の弾薬補給ハッチが溶接で塞がれた他、無線機も新型になった。

●2A4
第5バッチとして370両、第6バッチとして150両生産されたタイプ。スカートがついているためわかりづらいが上部転輪の配置が変更されている。弾薬補給用ハッチは後期の生産車では廃止されてない。

レオパルト1主力戦車の構造

大戦後のドイツ連邦(西ドイツ)で最初に開発量産された戦車。開発はポルシェ社を全体設計総括担当としたユンク社とMaK社のAチーム(その後ルーサ・ヨルダン社も参加)と、ルールシュタール社とラインシュタール・ヘンシェル社、ラインシュタール・ハノマーク社のBチームの競作形式であった。1960年に一次試作車、二次試作車と作られ、1961年11月にAチーム案が制式採用され、1963年にレオパルトという公式名称を与えられて主力戦車となる。西ドイツ陸軍向けに2,437両、その他ベルギー、オランダ、イタリア、ノルウェー、デンマーク、カナダ、トルコ、オーストラリアなどで使われ総生産数は4,500両を超える。イギリスのチーフテンなどの同時期のMBTと比べると機動力重視の造りで、最高速、航続力ともに優れている。1A3から砲塔が全く新しくなっている。

The Structure of Leopard 1 Main Battle Tank
It was the first tank developed and mass-produced in Federal Republic of Germany (West Germany) after WWII. The development was carried out through the competition between work group A of Porsche (general designer), Jung and MaK (Luther & Jordan joined group A later), and group B of Ruhrstahl, Rheinstahl Henschel and Rheinstahl Hanomag. The first and second prototypes were completed in 1960 and the design of group A was adopted in November 1961. West Germany army officially named it Leopard and adopted as MBT in 1963. Leopard was also adopted by Belgium, Holland, Italy, Norway, Denmark, Canada, Turkey and Australia and the total production of Leopard was over 4,500 including 2,437 for West Germany. Leopard emphasized on mobility than the MBTs of that era such as British Chieftain and achieved superior maximum speed and range. Totally newly designed turret was introduced after 1A3.

●レオパルト1 (1963) (MBT Leopard 1)
特に火力と機動性に重点をおいた設計で、830HPの多燃料エンジンによって大きさのわりには軽い車体を65km/hという速さで走らせる。主砲はNATO標準のラインメタルL7A1 105mmライフル砲(英国製)51口径を装備。
全長9.54m(車体7.09m) 全幅3.25m 全高2.62m 装甲10～70mm
武装:105mm砲×1(携行弾数60発)、7.62mm機銃×2
重量39.6トン エンジン830HP/2200rpm
最高速65km/h 航続力550km 乗員4名

●レオパルト1A2 (MBT Leopard 1A2)
レオパルト1は第4バッチまで4回に分けて生産されたが、これにサイドスカートなどを追加したのがA1とよばれるタイプで、A2は生産時(第5バッチ前期生産分)からこの改修を施されている車両だ。なお、第5バッチ後期生産分は砲塔にスペースドアーマーを取り入れたものとなり、A3と分類される。

●レオパルト1の内部

①赤外線照射器
②防盾
③MG3型機銃
④105mm砲尾栓
⑤立体式測遠機
⑥車長用照準器
⑦砲塔操作機
⑧車長用潜望鏡
⑨無線機
⑩無線機用同調装置
⑪無線機
⑫主砲薬莢受袋
⑬ライト
⑭ABC兵器用フィルター
⑮砲弾庫
⑯105mmAPDS弾
⑰消火器
⑱油圧装置サーボ
⑲油圧ポンプ
⑳戦車砲用加圧装置
㉑燃料噴射装置
㉒ベンツMB水冷ディーゼルエンジン
㉓ラジエター
㉔排気管
㉕オイルタンク
㉖流体変速機
㉗トーションバースプリング
㉘配電板
㉙砲手座席
㉚砲塔床板

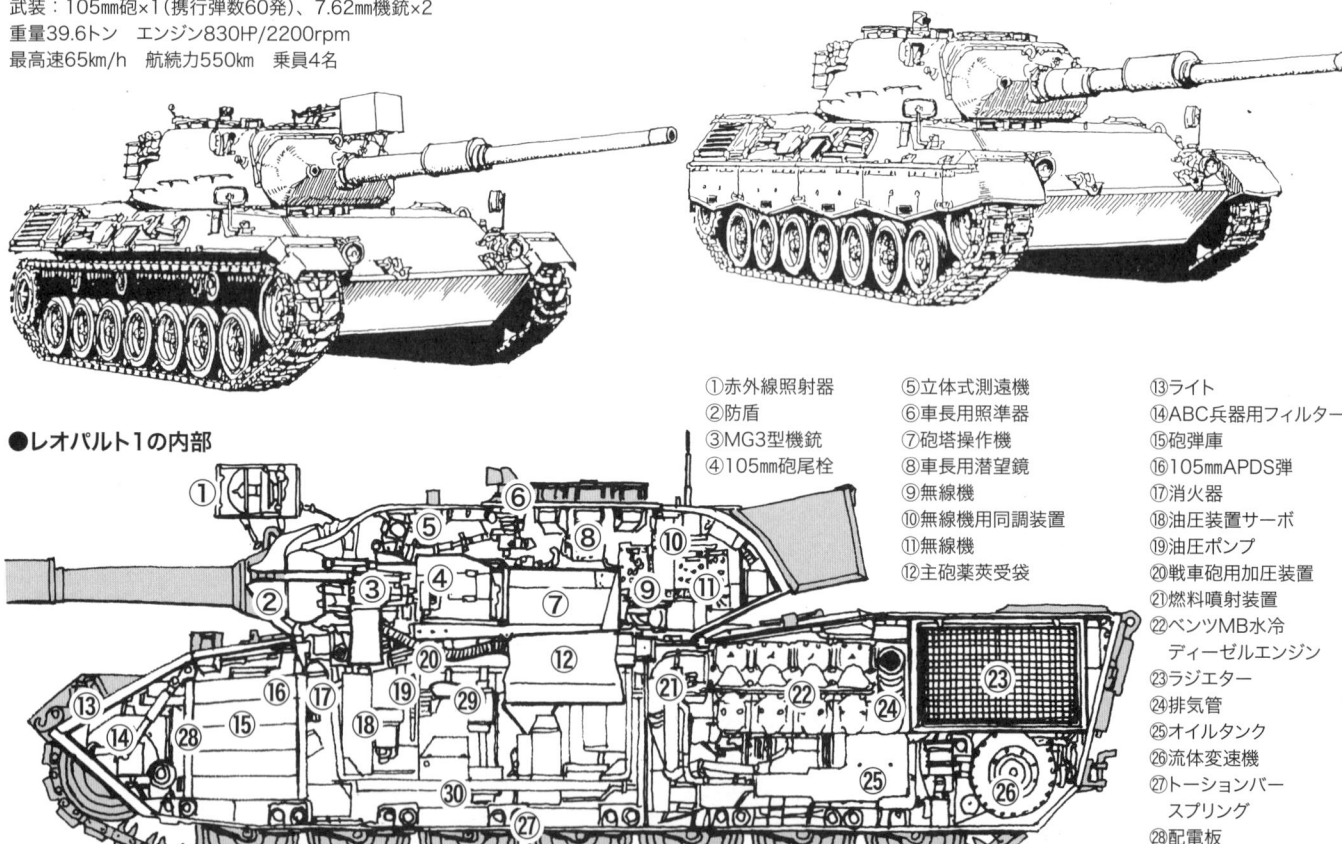

●レオパルト1の構成

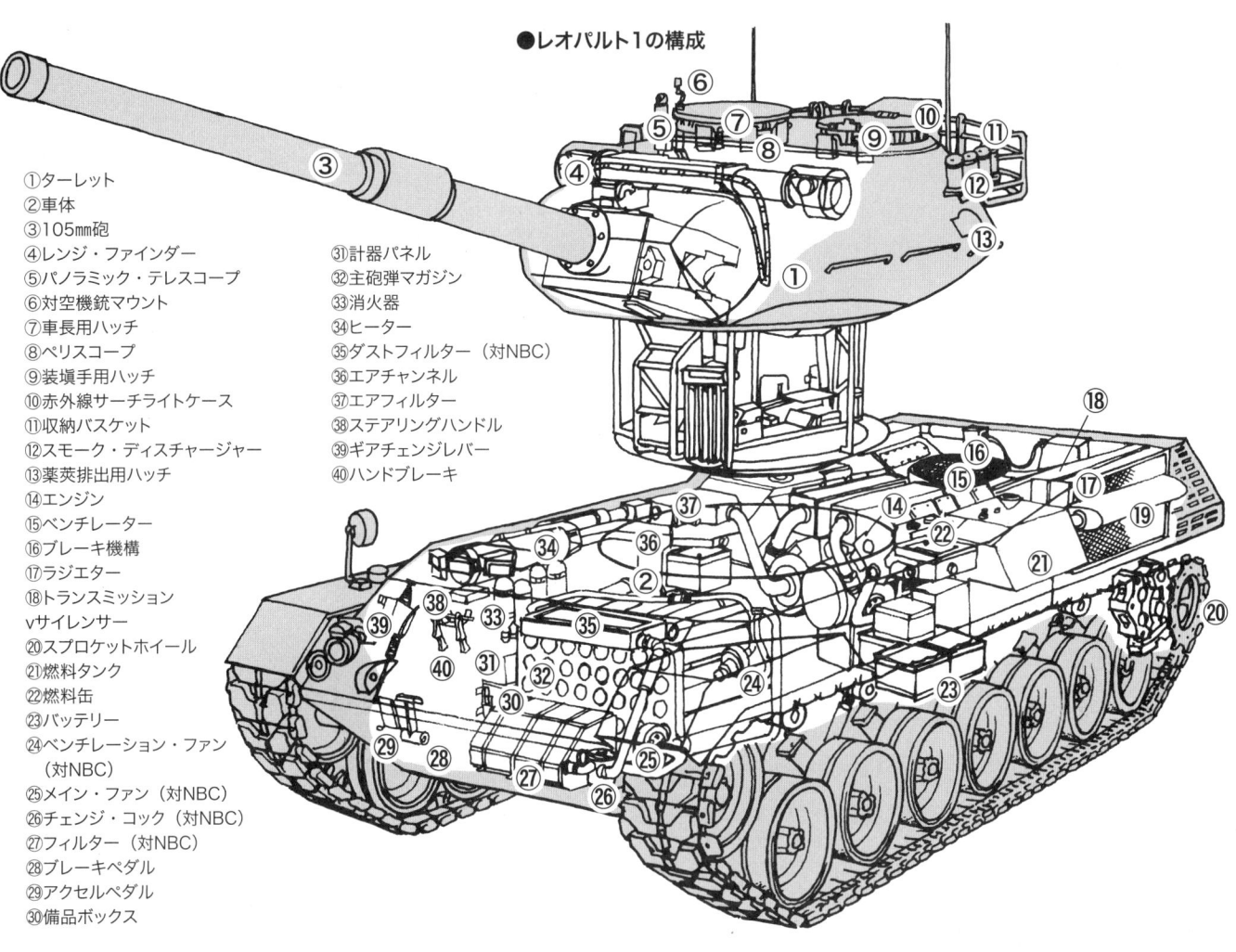

①ターレット
②車体
③105mm砲
④レンジ・ファインダー
⑤パノラミック・テレスコープ
⑥対空機銃マウント
⑦車長用ハッチ
⑧ペリスコープ
⑨装填手用ハッチ
⑩赤外線サーチライトケース
⑪収納バスケット
⑫スモーク・ディスチャージャー
⑬薬莢排出用ハッチ
⑭エンジン
⑮ベンチレーター
⑯ブレーキ機構
⑰ラジエター
⑱トランスミッション
⑲サイレンサー
⑳スプロケットホイール
㉑燃料タンク
㉒燃料缶
㉓バッテリー
㉔ベンチレーション・ファン（対NBC）
㉕メイン・ファン（対NBC）
㉖チェンジ・コック（対NBC）
㉗フィルター（対NBC）
㉘ブレーキペダル
㉙アクセルペダル
㉚備品ボックス
㉛計器パネル
㉜主砲弾マガジン
㉝消火器
㉞ヒーター
㉟ダストフィルター（対NBC）
㊱エアチャンネル
㊲エアフィルター
㊳ステアリングハンドル
㊴ギアチェンジレバー
㊵ハンドブレーキ

●レオパルト1A4（1974）（MBT Leopard 1A4）の構造

レオパルト1シリーズのドイツ陸軍向け最終型。1A3との相違は射撃統制装置が改良されていること、弾道計算コンピューターを導入し、砲手の側距儀はステレオ式の新型、車長用のパノラマサイトの導入、自動シフト可能な新型変速機の導入など。砲手用ペリスコープは廃止され、主砲の携行弾数は55発に減った。
全長9.54m　全幅3.41m　全高2.76m　航続力600km
その他レオパルト1と同じ。

①サーチライト
②同軸機銃
③レンジ・ファインダー
④車長用サイト
⑤ペリスコープ
⑥サーチライト収納箱
⑦砲塔ローラー・ベアリング
⑧空薬莢コンテナ（主砲）
⑨砲塔バスケット
⑩砲手咳
⑪砲/砲塔駆動パワー・サプライ
⑫空薬莢バッグ（同軸機銃）
⑬砲防盾
⑭ハンドブレーキ・レバー
⑮ギア選択装置
⑯操向レバー
⑰操縦手用ペリスコープ
⑱エンジン
⑲ラジエター
⑳工具箱
㉑トランスミッション
㉒操縦手席
㉓ブレーキ・ペダル
㉔アクセル・ペダル

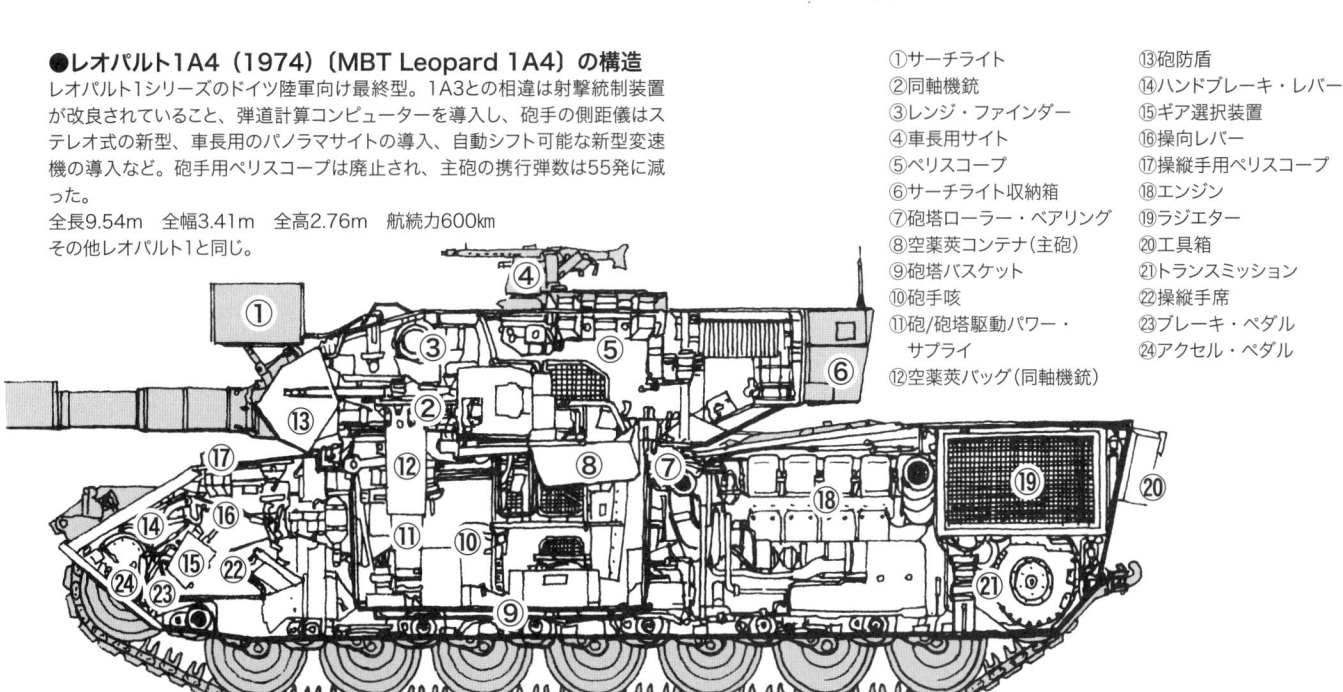

レオパルト2の構造

　1980年代の主力戦車として'69年から開発されていたが、米独共同開発のMBT-70の開発中止(P.163参照)に伴い急遽レオパルト1の性能向上型として具体化した。クラウス・マフェイ社のデザインで、1974年までの間にいくつもの試作車で実験を重ね、1978年にようやく制式配備となる。ヨーロッパの他の国々が保有するライバルにはチーフテンやAMX-30があったが、それぞれに弱点があり、レオパルト2は火力、機動力、防禦力ともに優れ、期を画するという意味ではかつてのT-34に比肩し得るものだ。

　主砲は旧西側諸国では最初に採用された滑腔砲で120mmラインメタルRh-120。機動性の源となるエンジンはレオパルト1の倍近い1500HPのMTU MB873多燃料式ディーゼルで、パワーウエイトレシオは世界一だ。装甲はスペースドアーマーでこれをマルチレイヤー(多層)に構成している。

The Structure of Leopard 2

The development of successive MBT had started since 1969, but as the German-US joint project of MBT-70 was cancelled, it was hastily embodied as the upgrade version of Leopard 1. Designed by Krauss-Maffei, various prototypes repeated tests by 1974 and at last saw deployment in 1978. The rivalrous tanks of other European countries such as Chieftain or AMX-30 had shortages respectively, and Leopard 2 with definitively superior firepower, mobility and protection was truly epoch-making tank that could be compared with T-34 of the past.

The main gun was first Western smooth bore gun Rheinmetall 120 mm tank gun. The output of MTU MB 873 diesel engine was 1,500 hp that was nearly twice of Leopard 1 and achieved the first power-to-weight ratio in the world. The armor protection intensively adopted spaced multi-layered composite armor.

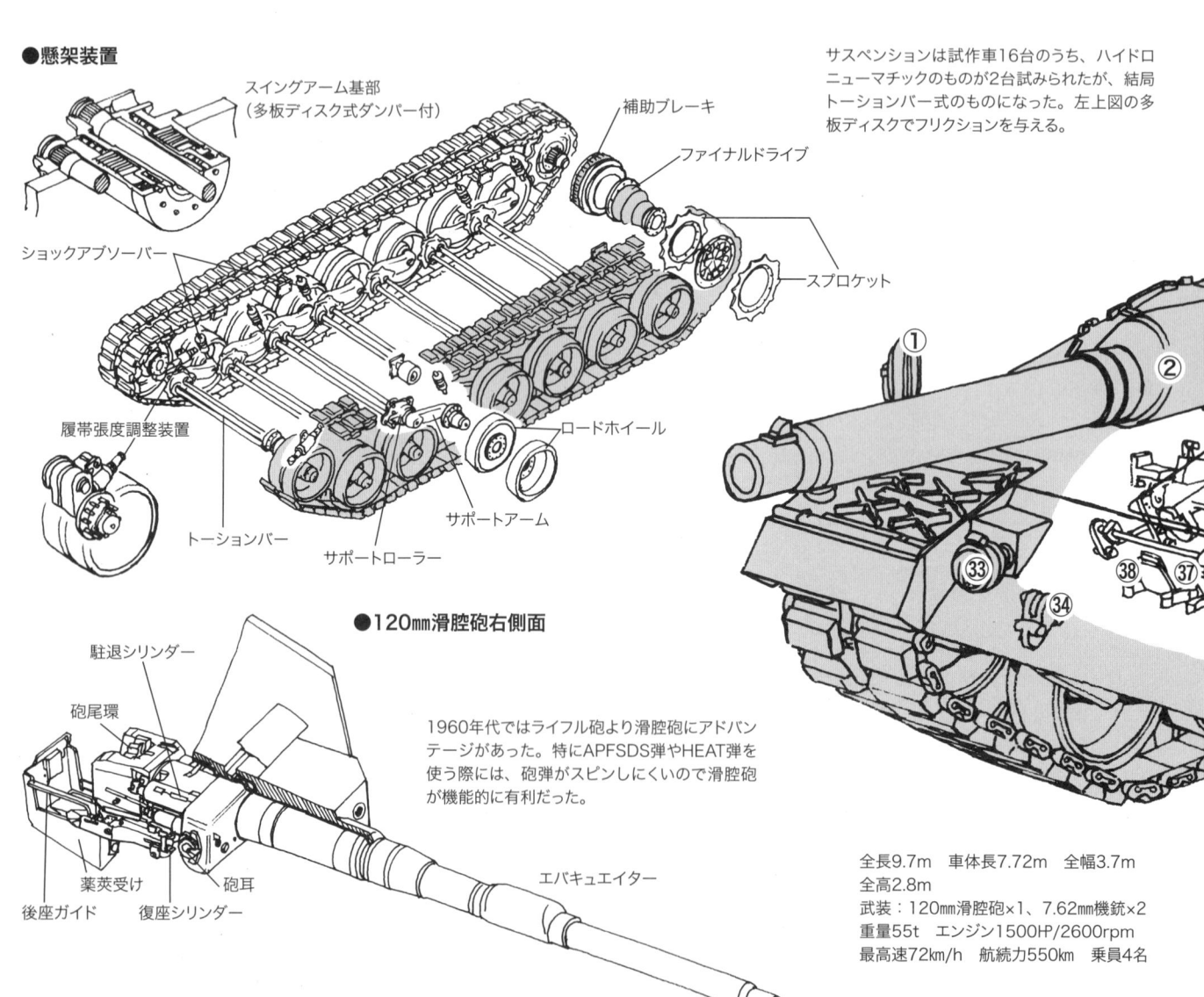

●懸架装置

サスペンションは試作車16台のうち、ハイドロニューマチックのものが2台試みられたが、結局トーションバー式のものになった。左上図の多板ディスクでフリクションを与える。

●120mm滑腔砲右側面

1960年代ではライフル砲より滑腔砲にアドバンテージがあった。特にAPFSDS弾やHEAT弾を使う際には、砲弾がスピンしにくいので滑腔砲が機能的に有利だった。

全長9.7m　車体長7.72m　全幅3.7m
全高2.8m
武装：120mm滑腔砲×1、7.62mm機銃×2
重量55t　エンジン1500HP/2600rpm
最高速72km/h　航続力550km　乗員4名

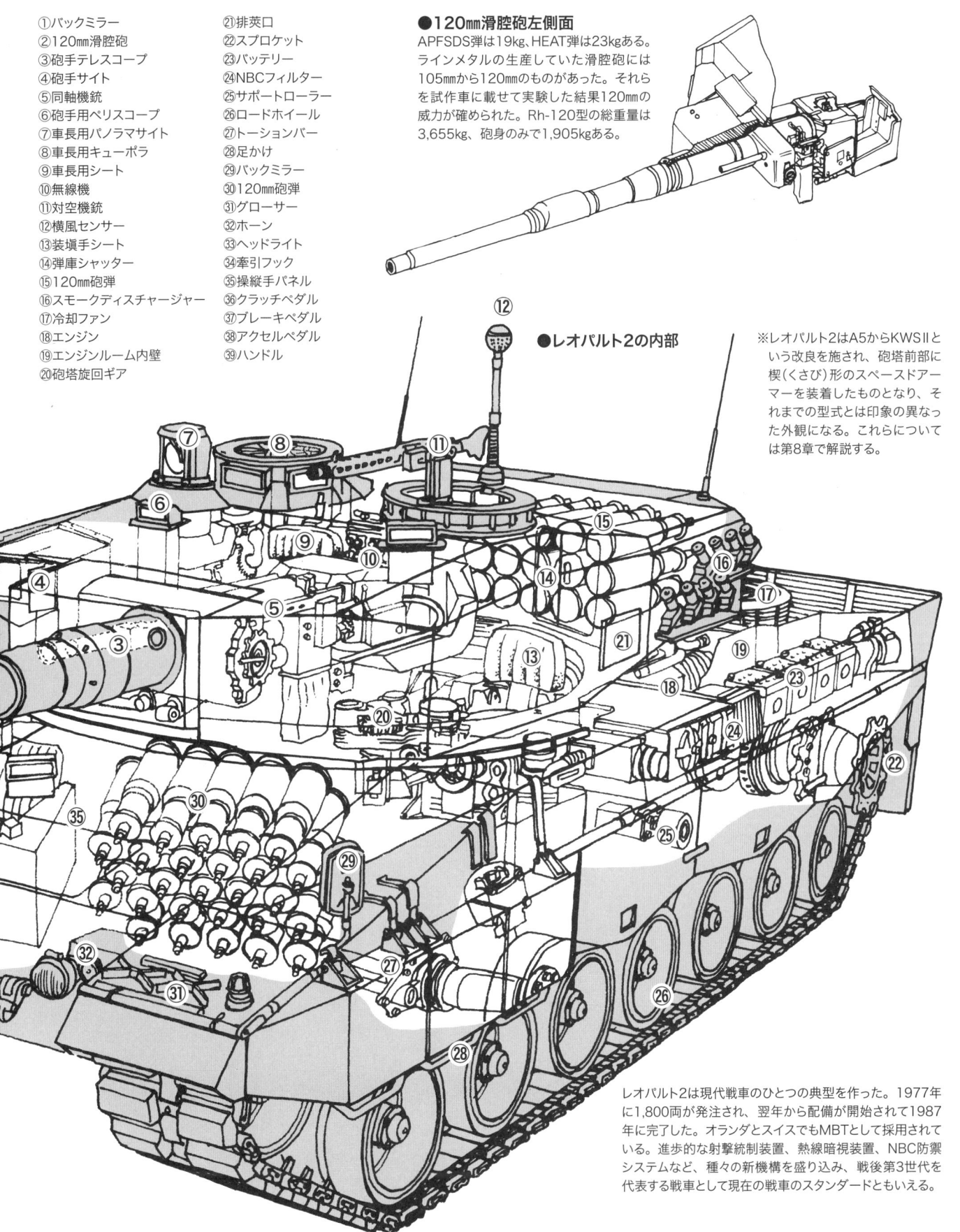

①バックミラー
②120mm滑腔砲
③砲手テレスコープ
④砲手サイト
⑤同軸機銃
⑥砲手用ペリスコープ
⑦車長用パノラマサイト
⑧車長用キューポラ
⑨車長用シート
⑩無線機
⑪対空機銃
⑫横風センサー
⑬装填手シート
⑭弾庫シャッター
⑮120mm砲弾
⑯スモークディスチャージャー
⑰冷却ファン
⑱エンジン
⑲エンジンルーム内壁
⑳砲塔旋回ギア
㉑排莢口
㉒スプロケット
㉓バッテリー
㉔NBCフィルター
㉕サポートローラー
㉖ロードホイール
㉗トーションバー
㉘足かけ
㉙バックミラー
㉚120mm砲弾
㉛グローサー
㉜ホーン
㉝ヘッドライト
㉞牽引フック
㉟操縦手パネル
㊱クラッチペダル
㊲ブレーキペダル
㊳アクセルペダル
㊴ハンドル

●120mm滑腔砲左側面
APFSDS弾は19kg、HEAT弾は23kgある。ラインメタルの生産していた滑腔砲には105mmから120mmのものがあった。それらを試作車に載せて実験した結果120mmの威力が確かめられた。Rh-120型の総重量は3,655kg、砲身のみで1,905kgある。

●レオパルト2の内部

※レオパルト2はA5からKWSⅡという改良を施され、砲塔前部に楔(くさび)形のスペースドアーマーを装着したものとなり、それまでの型式とは印象の異なった外観になる。これらについては第8章で解説する。

レオパルト2は現代戦車のひとつの典型を作った。1977年に1,800両が発注され、翌年から配備が開始されて1987年に完了した。オランダとスイスでもMBTとして採用されている。進歩的な射撃統制装置、熱線暗視装置、NBC防禦システムなど、種々の新機構を盛り込み、戦後第3世代を代表する戦車として現在の戦車のスタンダードともいえる。

【イギリスの現代戦車】
センチュリオンとコンカラー

イギリス軍では第2次世界大戦まで歩兵戦車と巡航戦車という区分で戦車を開発していたが、センチュリオンはこれを統合した新しい重巡航戦車として大戦末期に完成した。戦後のイギリスの戦車はこのセンチュリオンを基本に開発され、火力と装甲を重視し、メカニズムは新式より信頼性を第一として造られた。悪く言えば保守的な設計思想だが、登場以来多くの戦争に参加し、今なお各国で使用されて長い実戦歴を誇る傑作戦車だ。

British Modern Tanks / Centurion and Conqueror
While British developed their tanks under classifications of infantry tank and cruiser tank, Centurion was completed just before the end of WWII as the heavy cruiser tank, the new category that realized protection of infantry tank and the speed of cruiser tank. The most of British post-war tanks were developed following the design policy of Centurion, emphasizing on firepower and armor protection, and preferred conventional mechanism than newly developed one. If spoke badly, this design policy was stubborn, but Centurion which experienced many conflicts and still being used in various countries, was an excellent tank guaranteed by long combat career.

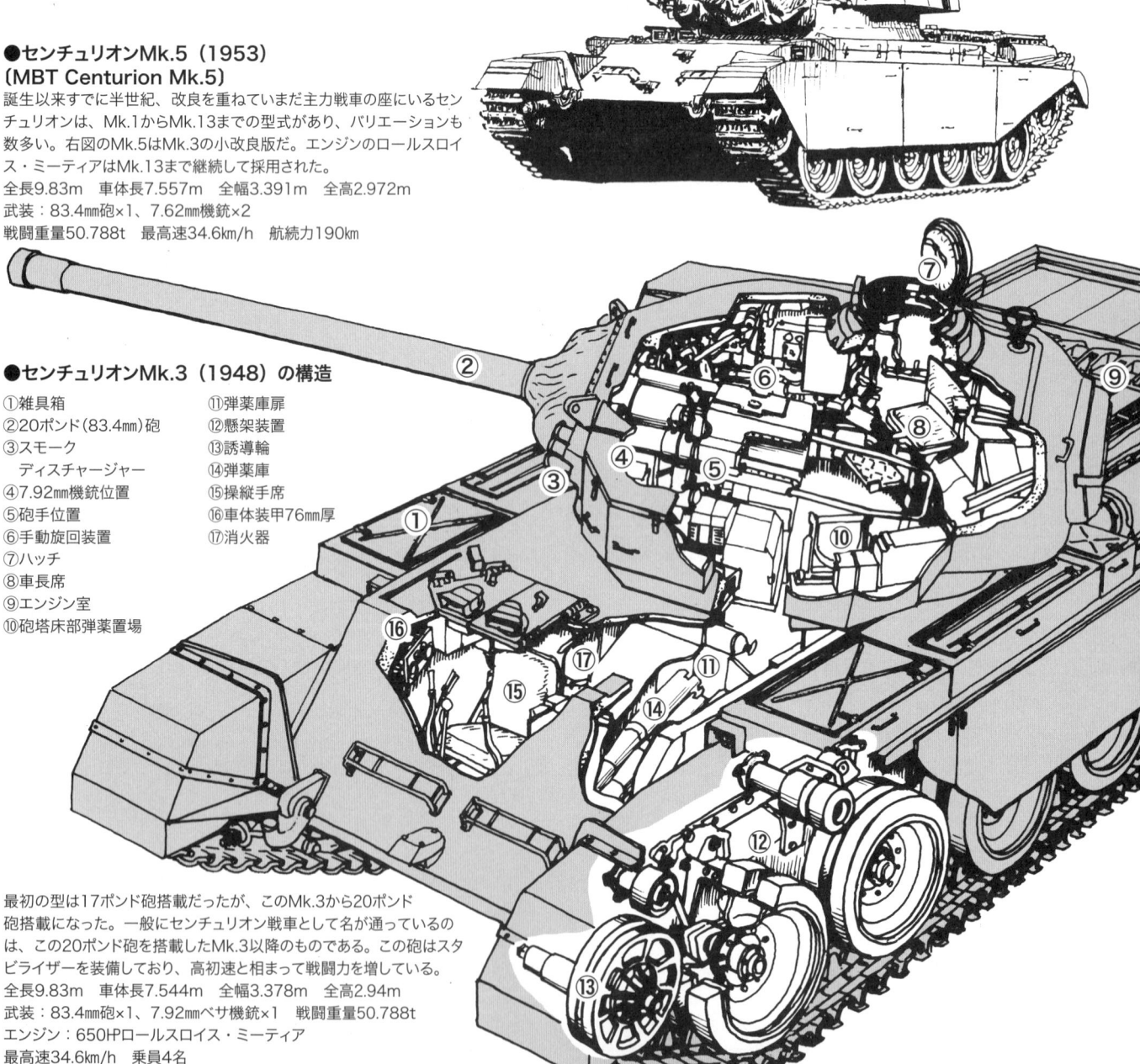

●センチュリオンMk.5（1953）
(MBT Centurion Mk.5)

誕生以来すでに半世紀、改良を重ねていまだ主力戦車の座にいるセンチュリオンは、Mk.1からMk.13までの型式があり、バリエーションも数多い。右図のMk.5はMk.3の小改良版だ。エンジンのロールスロイス・ミーティアはMk.13まで継続して採用された。
全長9.83m　車体長7.557m　全幅3.391m　全高2.972m
武装：83.4mm砲×1、7.62mm機銃×2
戦闘重量50.788t　最高速34.6km/h　航続力190km

●センチュリオンMk.3（1948）の構造

①雑具箱
②20ポンド（83.4mm）砲
③スモークディスチャージャー
④7.92mm機銃位置
⑤砲手位置
⑥手動旋回装置
⑦ハッチ
⑧車長席
⑨エンジン室
⑩砲塔床部弾薬置場
⑪弾薬庫扉
⑫懸架装置
⑬誘導輪
⑭弾薬庫
⑮操縦手席
⑯車体装甲76mm厚
⑰消火器

最初の型は17ポンド砲搭載だったが、このMk.3から20ポンド砲搭載になった。一般にセンチュリオン戦車として名が通っているのは、この20ポンド砲を搭載したMk.3以降のものである。この砲はスタビライザーを装備しており、高初速と相まって戦闘力を増している。
全長9.83m　車体長7.544m　全幅3.378m　全高2.94m
武装：83.4mm砲×1、7.92mmベサ機銃×1　戦闘重量50.788t
エンジン：650Hpロールスロイス・ミーティア
最高速34.6km/h　乗員4名

●センチュリオンMk.13（1964）
(MBT Centurion Mk.13)
センチュリオンの最終量産型。主砲はMk.7/2型から採用した105mm砲で新たにL7A2となり、赤外線暗視装置と12.7mm測距銃も備えた。なおセンチュリオンをベースにした多くの種類の車両には、戦車駆逐用に120mmや180mmという砲を積んだ自走砲もある。また外国で製造されたなかには、レーザー測距機や弾道計算機などのハイテクを導入し、近代的な射撃統制装置となったものもあった。本国での製造終了後も数多くの国で改良改造して使用されている。
全長9.82m　車体長7.8m　全幅3.3m　全高2.97m
装甲厚17〜152mm（Mk.5から共通）
戦闘重量52t　エンジン駆動系はMk.3、Mk.5と同じ
武装：105mm砲×1、7.62mm機銃×2　乗員4名

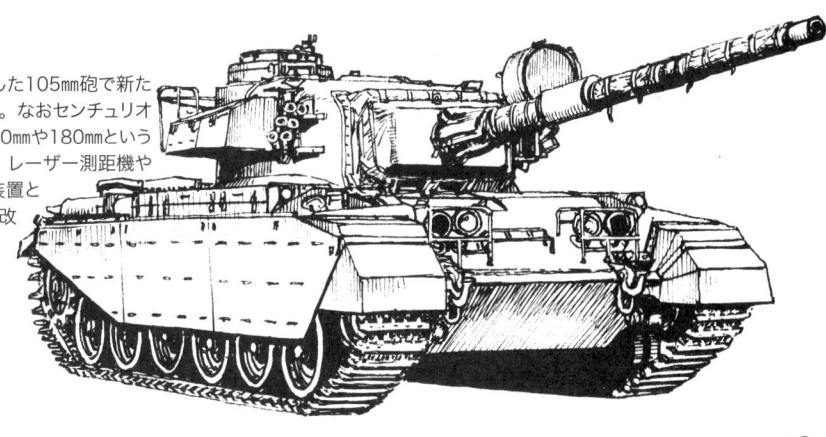

●センチュリオン　イスラエル仕様「ショット・カル」（1970）
(Israeli Centurion "Sho't Kal")
センチュリオンはクラシックな基本設計にもかかわらず、その高い信頼性と防禦力は国際的にも評価された。開発後、半世紀を経ても、本車を装備する国は10ヶ国を超え、さまざまに改良されて今後も使用される模様だ。イスラエル軍でも独自の改修を加えて長い期間主力MBTとして使用した。このイスラエル改修型は、外見はセンチュリオンでも中身は別の戦車と言われたほど改造されていた。エンジンはオリジナルのガソリンからコンチネンタルの12気筒ディーゼルに換え、出力は750HPにアップ、変速機もアリソン社の新型にして最高速43km/hになった。航続力も倍増し、携行弾数も増加、生存性を高めるため新型消火装置を備えるなど徹底的に改造した。

イギリス本国生産のオリジナルセンチュリオンのエンジンは、一貫してロールスロイスの液冷ガソリン式であった。主砲は最初の17ポンド砲から、20ポンド砲、105mmL7ライフル砲と変遷したが、砲身長を除けば車体サイズには大きな変化はない。装甲は砲塔部が厚くなる以外、これも最終型まで大きな変化はない。なおイギリス開発の105mm砲L7シリーズは、60年代から70年代の西側諸国MBTの標準戦車砲の地位を獲得している。

イスラエル名のショットはヘブライ語で「鞭」を指し、西側ではベングリオンとも呼ばれた。
"Sho't" meaning "Whip" in Hebrew

●コンカラー重戦車（1954）
(Heavy Tank Conqueror)

戦後もソ連戦車は脅威の的で、本車の開発もこれを念頭に行なわれている。特に重視されたのは火力性能で、ソ連の重戦車を相手に2,000mの距離で対抗できる長砲身55口径120mm砲を搭載し、これに車長用キューポラの測遠機と高性能射撃統制装置を組み合わせた。装甲厚も最大178mmあった。

コンカラーはMk.1からMk.3までの改良型があるが、大きく重い重戦車のコンセプトは軍内部でもすでに廃れかかっており、生産は1956年から59年までの3年間でわずか180両という数字が残っている。センチュリオンがL7A1砲を装備して登場すると、本国で部隊配備されていた少数のコンカラーは、1963年に編成装備表から外された。西ドイツ駐留イギリス軍に小数使用されていたが66年には姿を消した。
〔Mk.2諸元〕
全長11.58m　車体長7.72m　全幅3.99m　全高3.35m
武装：120mmL11砲×1、7.62mm機銃×2　戦闘重量66t
エンジン810HP水冷ガソリン　最高速34km/h　航続力153km
乗員4名

チーフテンとチャレンジャー

チーフテンはビッカース社の協力で開発したセンチュリオンの後継戦車で、今日のMBTというコンセプトを発展させた。チャレンジャーは現役のMBTで先進的な装甲とハイパワーなエンジンによる機動力が特徴だ。

Chieftain and Challenger
Chieftain was the successor of Centurion developed with the cooperation of Vickers, and established the concept of MBT today. Challenger is the current MBT and distinctive for its advanced armor protection and excellent mobility by high power engine.

●ビッカースMBT Mk.1の構造

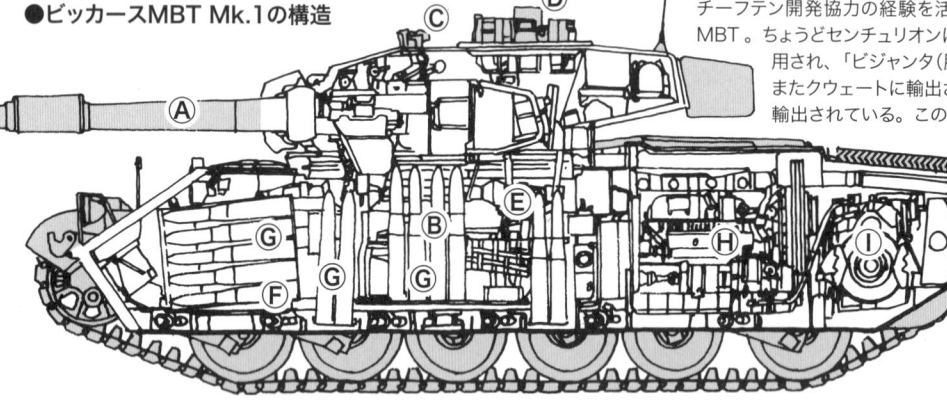

チーフテン開発協力の経験を活かしてビッカース社が自主開発した輸出専用MBT。ちょうどセンチュリオンに替わる新MBTを計画していたインド政府に採用され、「ビジャンタ（勝利）」と名付けられライセンス生産されている。またクウェートに輸出され、改良型のMk.3はケニアやナイジェリアに輸出されている。この後ビッカース社は1977年にバリアントMBT、86年にMk.3(I)を開発している。

- Ⓐ L7A3 105mm砲
- Ⓑ 砲手席
- Ⓒ 砲手用ペリスコープ
- Ⓓ 車長用キューポラ
- Ⓔ 車長席
- Ⓕ 操縦席
- Ⓖ 砲弾
- Ⓗ レイランド製L-60ディーゼルエンジン
- Ⓘ トランスミッション

●ビッカースMk.1（1964）
（Vickers MBT Mk.I）

武装：105mm砲×1
12.7mm機銃×1
7.62mm機銃×2

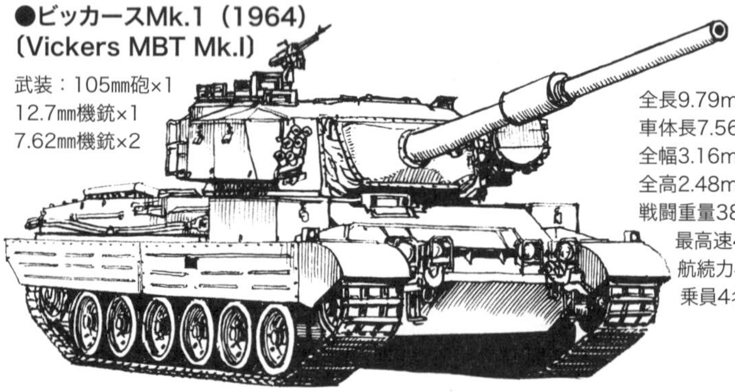

全長9.79m
車体長7.56m
全幅3.16m
全高2.48m
戦闘重量38.4t
最高速48km/h
航続力480km
乗員4名

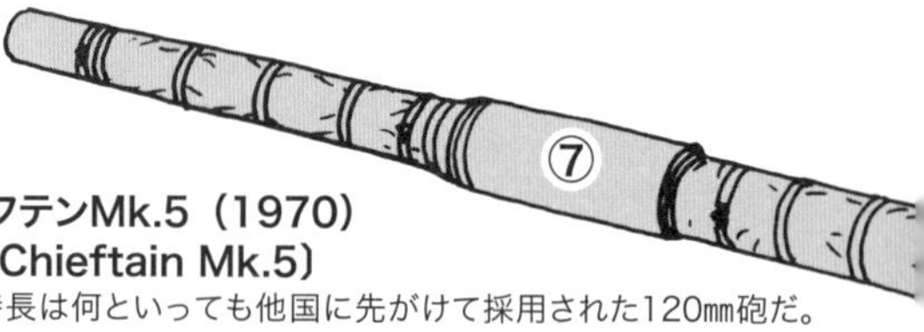

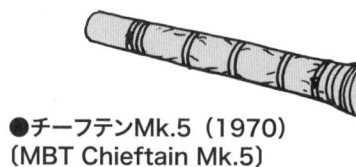

●チーフテンMk.5（1970）
（MBT Chieftain Mk.5）

本車の特長は何といっても他国に先がけて採用された120mm砲だ。重装甲のため重量55tとサイズに比してやや重いが、Mk.5からは750HPエンジンとなり、時速48kmが出せるようになった。低いプロフィールのデザインで避弾経始も良好だが、車体前部のスペースが圧迫され、操縦手はレーシングカーに乗るような姿勢となる。このため全幅3.5m強に対して、全高は2.5mを切っている。全長10.8m。

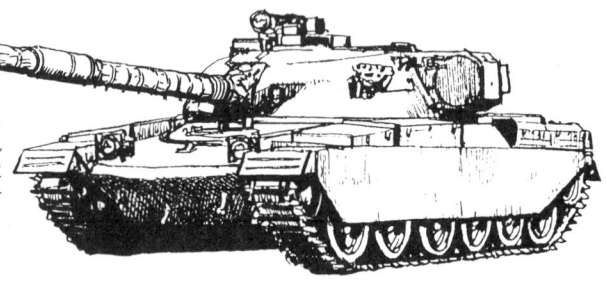

●チーフテンMk.1（1963）
（MBT Chieftain Mk.I）

チーフテンは次期MBTとして1950年代から開発が始まり、1962年に発注されたものの、実際の配備は67年からと遅れてしまった。これは主にエンジン・変速機など駆動系の問題によるものであった。しかしMk.1こそ585HPと非力だったが、すぐに750HPと強化され、重装甲に見合った性能となる。

全長10.8m　全幅3.66m　全高2.89m
重量53.5t　エンジン750HPガソリン

●チーフテンMk.12（1986）
（MBT Chieftain Mk.12）

主砲の120mmL11A5ライフル砲は、ソ連の125mm滑腔砲が登場するまでMBTとしては最大のものだった。55口径の長砲身にはサーマルジャケットが巻かれ、熱による不均等な歪みを防止する。砲口上にあるのは照合ミラーでゼロ点規制を容易にしている。チーフテンも改良を重ねて長く使用され、イギリス軍装備の戦車では最強との評もある。Mk.12は新しい改修型でスティルブリューと称する複合式の増加装甲を要部に付けた。NBC防護装置も効果的になり、熱線暗視システムも装備した車両もある。

武装：120mm砲×1、7.62mm機銃×2
最高速48km/h　航続力450km

●チャレンジャー1（1980）〔MBT Challenger1〕

NATO各国ではMBTの共同開発が何度か行なわれ挫折している。このチャレンジャーも、イラン向けの輸出用戦車シールが政変でキャンセルされたことと、次期主力戦車MBT-80の開発がコスト高で中止になったことが重なり、急遽シール戦車を次期MBTとして採用したものだ。大きな特徴は独自開発の複合装甲チョバムアーマーで、またチーフテンの弱点だった機動力を、1,200HPのハイパワーエンジンと油気圧サスペンションの採用で大幅に改善している。

全長11.55m　車体長8.39m　全幅3.518m　全高2.89m
武装：120mm砲×1、7.62mm機銃×2　戦闘重量62t
エンジン1200HPディーゼル　最高速56.3km/h　航続力450km
乗員4名

●チャレンジャー2（1990）〔MBT Challenger2〕

チャレンジャー1の改良型で、主に射撃統制装置と変速機の変更により信頼性と効率を高めた。このためやや弱いとされた機動力と射撃統制も現用第1線MBT並みとなっている。またキャタピラもシングル式からダブルピン、ダブルブロック型になり、全体的にグレードアップされている。

①ゴム製トラックパッド
②サイドライト
③砲弾
④操縦手ハッチバネチューブ
⑤操縦手ハッチ
⑥操縦手用ペリスコープ
⑦排煙器
⑧サーマルジャケット
⑨7.62mm機銃
⑩12.7mm同軸機銃
⑪テレスコープ
⑫射撃統制ボックス
⑬赤外線コントロールユニット
⑭7.62mm機銃
⑮車長用探照灯
⑯信号ピストル
⑰車長席
⑱コントロールパネル
⑲砲塔バッテリー
⑳NBC防護装置用ファン
㉑ギアボックス
㉒ブレーキユニット
㉓無線機
㉔ラジエターファン
㉕砲弾ラック
㉖ジェネレーター
㉗装填手席
㉘砲手席
㉙120mm砲砲尾
㉚雑具箱
㉛支持輪
㉜懸架装置
㉝パーキングブレーキ
㉞ギアボックスコントローラー
㉟操縦手用操作パネル
㊱ブレーキペダル
㊲エアダクト
㊳バッテリー
㊴アクセルペダル
㊵ヘッドライト
㊶キャタピラ張度調整装置

【フランスの現代戦車】

　第2次世界大戦直後のフランスでは、①100mm砲装備の50tクラスの重戦車、②空輸可能な13tクラスの軽戦車、③装輪式装甲車の3つの開発が計画された。①ではAMX-50が開発されるが、古典的な重戦車の戦術的意味が無くなり試作車で終わり、②の計画から生まれたAMX-13は傑作戦車との評価が高く、現在でも多くの国で使用されている。フランスはそのナショナリズムのためか独自開発の仕様も多く、現役のMBTであるAMX-30や最新型のルクレールなどでも、独創的なデザインと設計で他国のものと一味違う感じだ。また各種装置の自動化やハイテクの導入にも熱心である。

French Modern Tanks

The doctrine of French army just after WWII demanded the development of vehicles in following 3 categories: 1. Heavy tank of 50 ton with 100 mm gun. 2. Light tank of 13 ton with airborne capability. 3. Wheeled armored car. For the heavy tank of category 1, AMX-50 was developed but it ended at the prototype stage since the tactical value of conventional heavy tank had diminished. AMX-13 developed from category 2 was regarded as an excellent tank, and still being used in many countries. As French developed many tanks by independent project probably for their nationalism such as AMX-30 still remains in service or the latest MBT Leclerc, they have unique appearance and the design a bit different from other countries. French are also eager for the introduction of automation and high-tech devices.

●ARL-44（1949）(Heavy Tank ARL-44)

大戦中にB1 bisをベースに秘密裏に開発していた重戦車で、旧態依然とした車体に大型の砲塔を載せたような姿。1951年7月のフランス革命記念日のパレードが最初で最後の晴れ舞台だった。

全長10.5m
全幅3.5m
全高3.2m
武装：
90mm砲×1
7.5mm機銃×2
重量45t　最高速37km/h
乗員5名

●AMX-13軽戦車（1952）(Light Tank AMX-13)

戦後、世界各地のフランス植民地でも独立闘争が活発になり、これに対処するため空輸可能な戦車が求められ、本車の開発も1948年から始まる。独創的な設計で、エンジンを前置きにして車重13tの車体に61.5口径の75mm砲を搭載。これを納めるユニークな揺動砲塔は上下2つのブロックに分かれ、上部に砲と砲架、下部でこれを支持し旋回を行なう。砲塔後部には6発入の回転弾倉による自動装塡装置が組み込まれる。

全長6.4m　車体長4.9m
全幅2.5m　全高2.3m
武装：75mm砲×1、
7.62mm機銃×2
戦闘重量15t
エンジン
250HPガソリン
最高速60km/h
航続力350km
乗員3名

●AMX-13/90軽戦車（1968）(Light Tank AMX-13/90)

AMX-13/51は最初の量産型で、その後も改良を重ねた。小さな車体に威力充分な主砲を搭載したコンセプトは多くの国に受け入れられ、実に20ヶ国で採用されることになった。現在でも多くの国で現役使用中である。AMX-13/90は、75mm砲の内径を広げて90mmの滑腔砲に改造したものだ。従ってサイズや重量にはほとんど変化がない

●AMX-13の自動装塡機

FL-10型という砲塔になって採用された自動装塡装置は、任意の側の押さえ爪Eを送弾レバーを引いてはずすとガイドレールFとGをすべり、受け台Hにセットされる方式。弾倉の回転は手動ハンドルJを回して行なう。

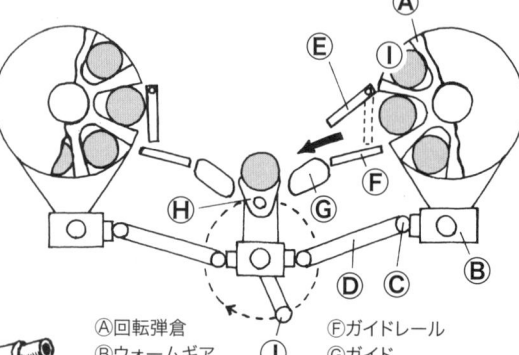

Ⓐ回転弾倉　　　　　Ⓕガイドレール
Ⓑウォームギア　　　Ⓖガイド
Ⓒユニバーサルジョイント　Ⓗ砲弾受け台
Ⓓ回転軸　　　　　　Ⓘ砲弾
Ⓔ押さえ爪　　　　　Ⓙ回転ハンドル

●AMX-30（1966）(MBT)

1956年発案のフランス・西ドイツ・イタリアによる主力戦車共同開発計画で、フランスが提案した車両。この計画自体は各国の意見が合わず流産したが、フランスは本車をMBTとして採用し開発を続けた。30tクラスで105mm砲を搭載する戦車としては最も軽量だ。フランスらしく独創的な設計で、姿勢の低いスタイルだが、主砲はG弾という特殊な成形炸薬弾を使い装甲貫徹力も大きい。

全長9.48m　車体長6.60m　全幅3.1m　全高2.29m　戦闘重量36t
エンジン720HPディーゼル　最高速65km/h　航続力450km　乗員4名

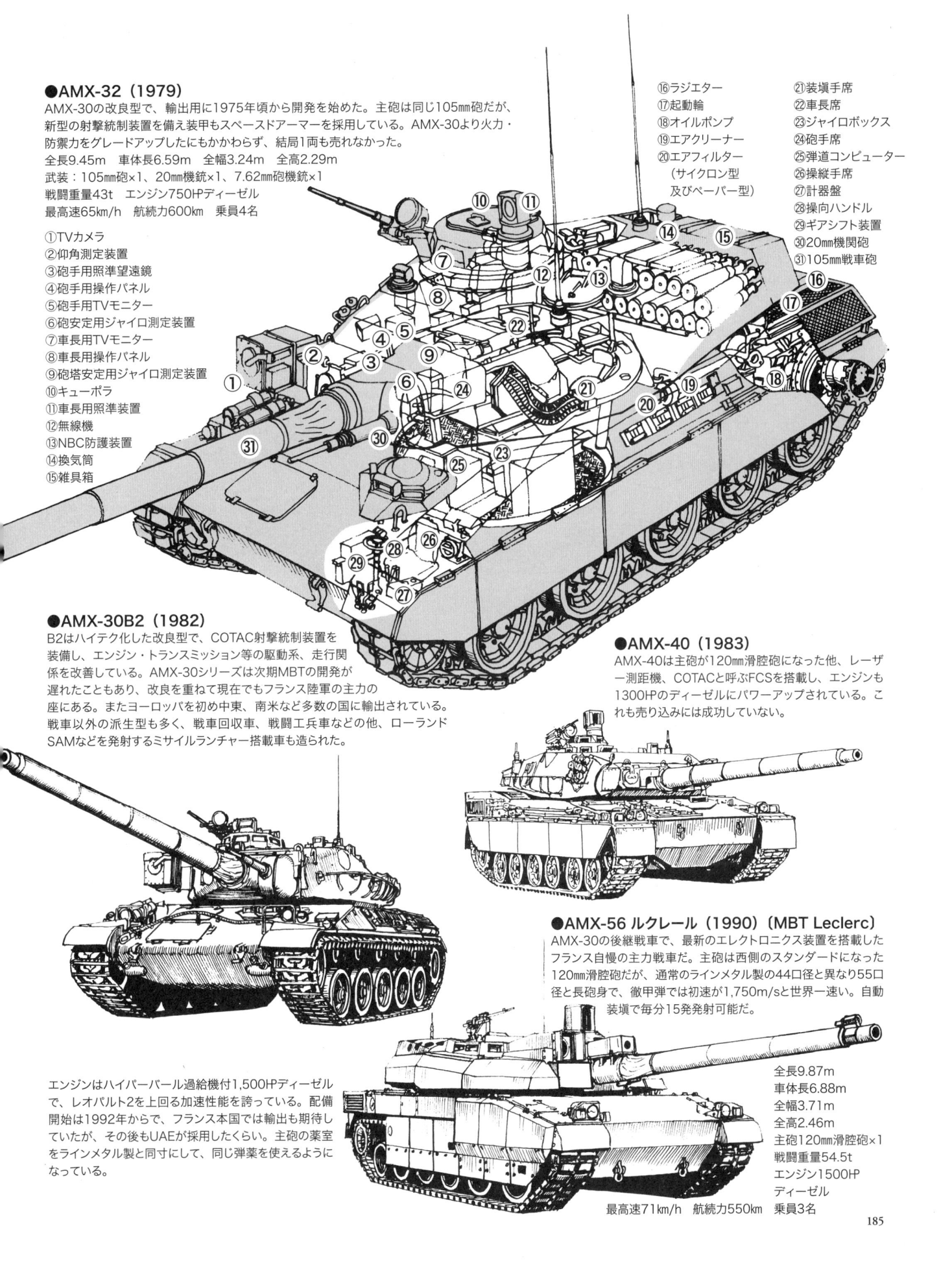

●AMX-32（1979）
AMX-30の改良型で、輸出用に1975年頃から開発を始めた。主砲は同じ105mm砲だが、新型の射撃統制装置を備え装甲もスペースドアーマーを採用している。AMX-30より火力・防禦力をグレードアップしたにもかかわらず、結局1両も売れなかった。
全長9.45m　車体長6.59m　全幅3.24m　全高2.29m
武装：105mm砲×1、20mm機銃×1、7.62mm砲機銃×1
戦闘重量43t　エンジン750HPディーゼル
最高速65km/h　航続力600km　乗員4名

①TVカメラ
②仰角測定装置
③砲手用照準望遠鏡
④砲手用操作パネル
⑤砲手用TVモニター
⑥砲安定用ジャイロ測定装置
⑦車長用TVモニター
⑧車長用操作パネル
⑨砲塔安定用ジャイロ測定装置
⑩キューポラ
⑪車長用照準装置
⑫無線機
⑬NBC防護装置
⑭換気筒
⑮雑具箱
⑯ラジエター
⑰起動輪
⑱オイルポンプ
⑲エアクリーナー
⑳エアフィルター
　（サイクロン型
　　及びペーパー型）
㉑装填手席
㉒車長席
㉓ジャイロボックス
㉔砲手席
㉕弾道コンピューター
㉖操縦手席
㉗計器盤
㉘操向ハンドル
㉙ギアシフト装置
㉚20mm機関砲
㉛105mm戦車砲

●AMX-30B2（1982）
B2はハイテク化した改良型で、COTAC射撃統制装置を装備し、エンジン・トランスミッション等の駆動系、走行関係を改善している。AMX-30シリーズは次期MBTの開発が遅れたこともあり、改良を重ねて現在でもフランス陸軍の主力の座にある。またヨーロッパを初め中東、南米など多数の国に輸出されている。戦車以外の派生型も多く、戦車回収車、戦闘工兵車などの他、ローランドSAMなどを発射するミサイルランチャー搭載車も造られた。

●AMX-40（1983）
AMX-40は主砲が120mm滑腔砲になった他、レーザー測距機、COTACと呼ぶFCSを搭載し、エンジンも1300HPのディーゼルにパワーアップされている。これも売り込みには成功していない。

●AMX-56 ルクレール（1990）（MBT Leclerc）
AMX-30の後継戦車で、最新のエレクトロニクス装置を搭載したフランス自慢の主力戦車だ。主砲は西側のスタンダードになった120mm滑腔砲だが、通常のラインメタル製の44口径と異なり55口径と長砲身で、徹甲弾では初速が1,750m/sと世界一速い。自動装填で毎分15発発射可能だ。

エンジンはハイパーバール過給機付1,500HPディーゼルで、レオパルト2を上回る加速性能を誇っている。配備開始は1992年からで、フランス本国では輸出も期待していたが、その後もUAEが採用したくらい。主砲の薬室をラインメタル製と同寸にして、同じ弾薬を使えるようになっている。

全長9.87m
車体長6.88m
全幅3.71m
全高2.46m
主砲120mm滑腔砲×1
戦闘重量54.5t
エンジン1500HP
ディーゼル
最高速71km/h　航続力550km　乗員3名

【陸上自衛隊の戦車】
61式戦車

　61式戦車は戦後初の国産戦車で、1953年から開発が始まり、第1次試作車のひとつSTA-1はレオパルト1並みの低いスタイルを持っていたが、選ばれたのはもう一方のSTA-2だった。STA-1～4を経て61年に制式化された61式戦車は、旧陸軍以来の空冷ディーゼルエンジンを採用し、国産の61式52口径90mm砲を装備、75年まで560両が生産された。

The Tanks of Japan Ground Self Defense Force / Type 61 Tank
Type 61 was the first Japanese-built tank after WWII and the development started from 1953, and one of the first prototypes STA-1 had low silhouette as Leopard 1, but another prototype STA-2 was adopted. After the development from STA-1 to 4, Type 61 Tank entered service in 1961 adopted air cooled diesel engine ever since IJA tanks, was armed with Type 61 L/52 90 mm gun and 560 Type 61s were produced by 1975.

●61式戦車（1961）
(MBT Type 61 Tank "Roku-Ichi-Shiki-Sensha")

●STA-1（1956）
(Type 61 Tank Prototype)

車体とエンジンは三菱重工製、高初速90mm砲は日本製鋼所製だ。90式戦車の装備に伴い、順次退役していった。
全長8.19m　車体長6.3m　全幅2.95m　全高3.16m
武装：90mm砲×1、12.7mm対空機銃×1、7.62mm機銃×1
重量35t　エンジン570HP空冷ディーゼル　最高速45km/h　航続力200km
乗員4名

61式戦車の試作第1号車であり、戦後初の日本製戦車として1956年12月に完成。低姿勢で、いかにも強そうなフォルムだ。転輪も7個あり、ドイツのレオパルト1に似ている。STA-4（試作4号車）を経て、砲塔位置の変更や防御力の強化が図られ、61式戦車生産型へと発展する。

■61式戦車の登場まで

　朝鮮半島の情勢により1950年に創設された警察予備隊は1952年に保安隊と改編、さらに1954年に陸海空の各自衛隊に発展するが、陸上自衛隊が61式戦車を手にするまでに保有した戦車はこの3種だ。まずは1952年にM24が貸与され（これは朝鮮半島でT-34/85に太刀打ちできなかった余剰のものを押し付けられた観がある）、ついでM4A3E8、M41の順であったが、性能はともかくとして日本人の体格に合わず（ペダルに足が届かないので高下駄を履いて操縦したという話も伝わっている）、国産戦車の開発が痛感された。

●M24

●M4A3E8

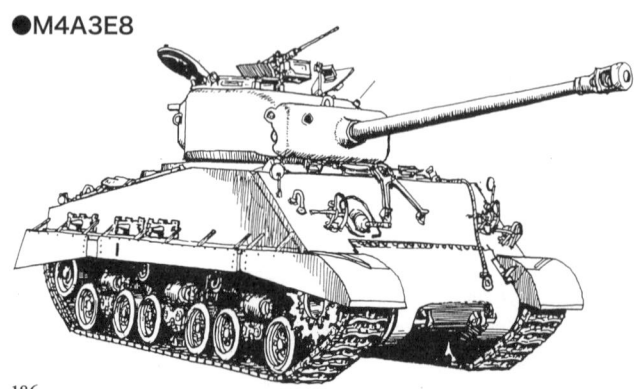

●M41

186

●61式戦車の構造 (The Structure of Type 61 Tank)

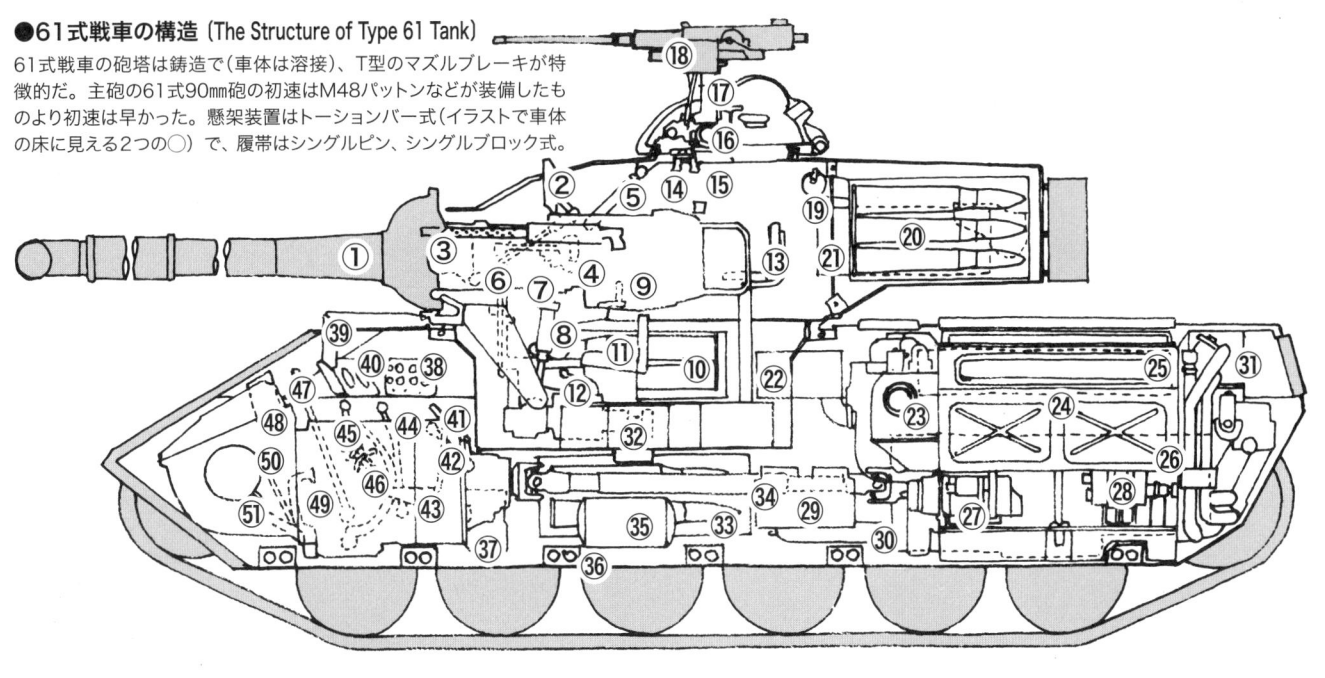

61式戦車の砲塔は鋳造で（車体は溶接）、T型のマズルブレーキが特徴的だ。主砲の61式90mm砲の初速はM48パットンなどが装備したものより初速は早かった。懸架装置はトーションバー式（イラストで車体の床に見える2つの○）で、履帯はシングルピン、シングルブロック式。

① 90mm戦車砲
② 砲手用照準潜望鏡
③ 7.62mm同軸機銃
④ 動力旋回ハンドル
⑤ トラベルロック
⑥ バリスティックドライブ
⑦ 旋回ギアボックス
⑧ 砲俯仰シリンダー
⑨ 手動旋回ハンドル
⑩ 90mm砲弾
⑪ 砲手席
⑫ 動力俯仰ハンドル
⑬ 車長席
⑭ 12.7mm機銃俯仰ハンドル
⑮ 同旋回ハンドル
⑯ 1m測遠機
⑰ 潜望鏡
⑱ 12.7mm機銃
⑲ アンテナ起倒装置
⑳ 90mm砲弾
㉑ 無線機
㉒ エアクリーナー
㉓ 排気管
㉔ エンジン
㉕ 上部燃料タンク
㉖ 下部燃料タンク
㉗ 起動モーター
㉘ ジェネレーター
㉙ バッテリー
㉚ 消化ボンベ
㉛ オイルクーラー
㉜ スリップリング
㉝ 90mm砲弾
㉞ 軌道軸
㉟ エアータンク
㊱ トーションバー
㊲ エアーコンプレッサー
㊳ 側方計器板
㊴ 潜望鏡
㊵ 前方計器板
㊶ 補助燃料タンク切り離しレバー
㊷ 燃料タンク切替レバー
㊸ 操縦手席
㊹ 減圧レバー
㊺ シフトレバー
㊻ アイドリング調整レバー
㊼ 操向レバー
㊽ スイッチボックス
㊾ 非常用クラッチペダル
㊿ アクセルペダル
51 常用クラッチペダル
52 制動差動機
53 変速機
54 起動輪
55 パワーシリンダー
56 最終減速機
57 クラッチ
58 7.62mm機銃弾
59 旋回ハンドル
60 90mm砲弾
61 脱出用ハッチ
62 7.62mm機銃弾
63 旋回ハンドル
64 12.7mm機銃弾
65 吸気管
66 排気ターボチャージャー
67 冷却ファン
68 キャタピラ張度調整装置
69 オイルフィルター
70 調圧機
71 燃料フィルター
72 燃料噴射ポンプ
73 注油口

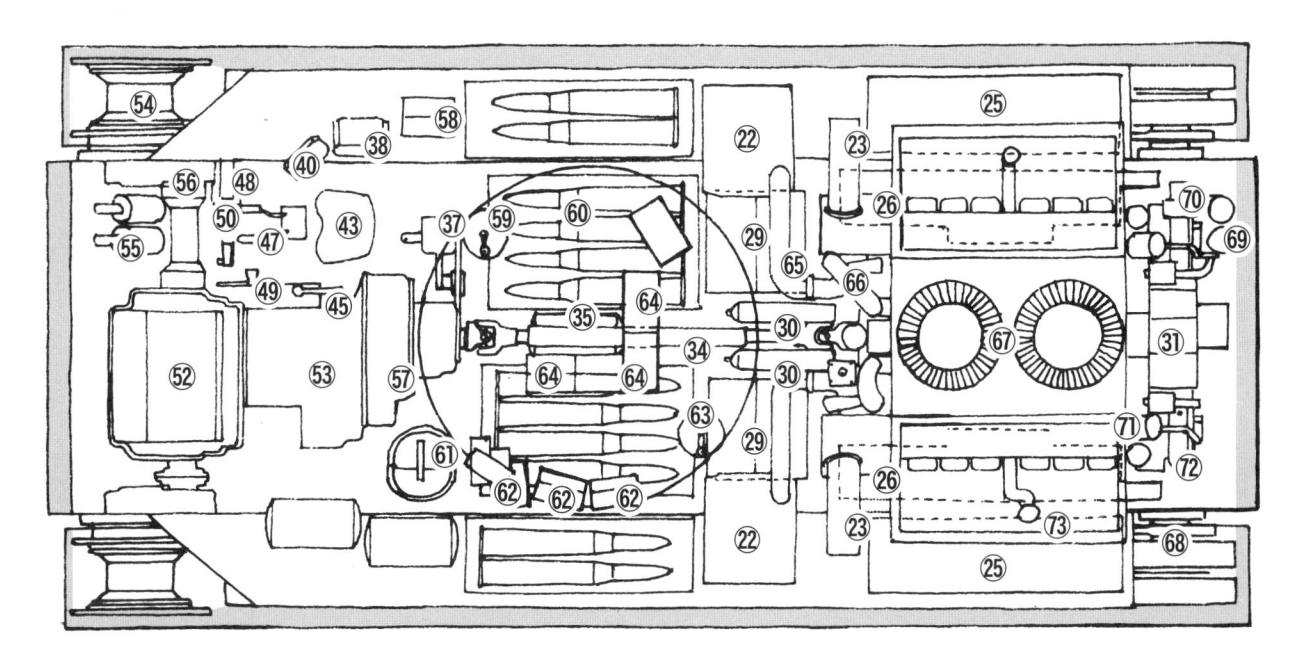

74式戦車

　61式戦車の後継として1964年から開発開始。低い形姿の車体に105mm砲搭載、射撃統制装置はレーザー測距儀と弾道計算コンピューターの組み合せである。油気圧式懸架装置で姿勢制御が可能となり、空冷ディーゼルエンジンは2ストロークとなった。日本の独自開発の技術を採り入れたスマートな車体である。1974年に制式化され、89年までに873両が作られた。その後サーマルスリーブ装着等の小改良が施されている。

Type 74 Tank
Type 74 Tank was the successor of Type 61 and had 105 mm gun on low silhouette hull, and the FCS consisted with laser rangefinder and ballistic computer. Type 74 with stylish appearance introduced Japanese original technologies such as hydro-pneumatic active suspension that enabled the height or inclination control of the hull and had 2-stroke cycle air cooled diesel engine. It entered service in 1974 and 873 Type 74s were produced by 1989. Some subtle improvements such as the addition of thermal sleeve were carried out later.

●74式戦車（1974）
（MBT Type 74 Tank "NaNa-Yon-Shiki-Sensha"）

●STB-1&STB-2（1969）
（Type 74 Tank Prototype）
　STTと呼ばれる車体のみの車両を製作、それによる油気圧式懸架装置の実験を経て作られ、1969年に完成した74式戦車の試作1号車がSTB-1で、第2号車がSTB-2だ。61式の時と違い、すでに生産車両に近い姿になっている。砲塔キューポラ上の機銃は、車内からリモコン操作で撃てるようになっていた（生産車では不採用）。この後、第2次試作としてSTB-6まで試作され、生産型となる。余談ながら、1970年の自衛隊記念日に本車を見る機会を得た筆者は「日本の戦車も本当にかっこよくなったなぁ」と感激したことがある。

●1992年に試作された改良型
レーザー測距YAGやパッシブ型暗視装置、新砲弾にサイドスカートまで装着していたが予算の都合で採用されず。

●現在使用されている改良型 74式戦車(G)
主砲にサーマルスリーブを装着。起動輪には履帯脱落装置を付けている。通称74改。

●74式戦車の車体制御
本車の特徴は油気圧懸架装置（ハイドロニューマチック）により車体姿勢を自在に変化できることだ。これは山岳地帯の多い日本の国土での運用を考慮したため。なお、超信地旋回も74式から可能になっている。

側方傾斜角9°

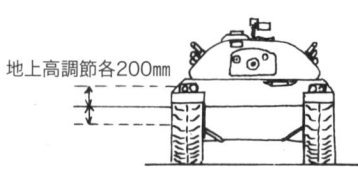

地上高調節各200mm

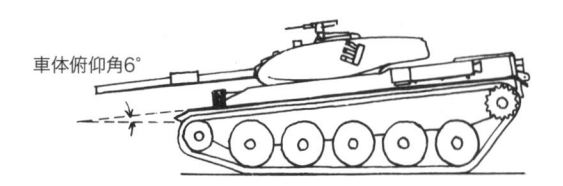

車体俯仰角6°

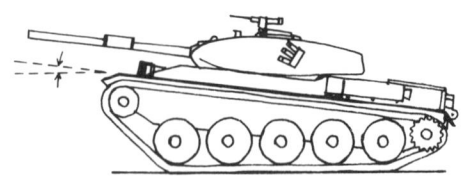

●内部配置

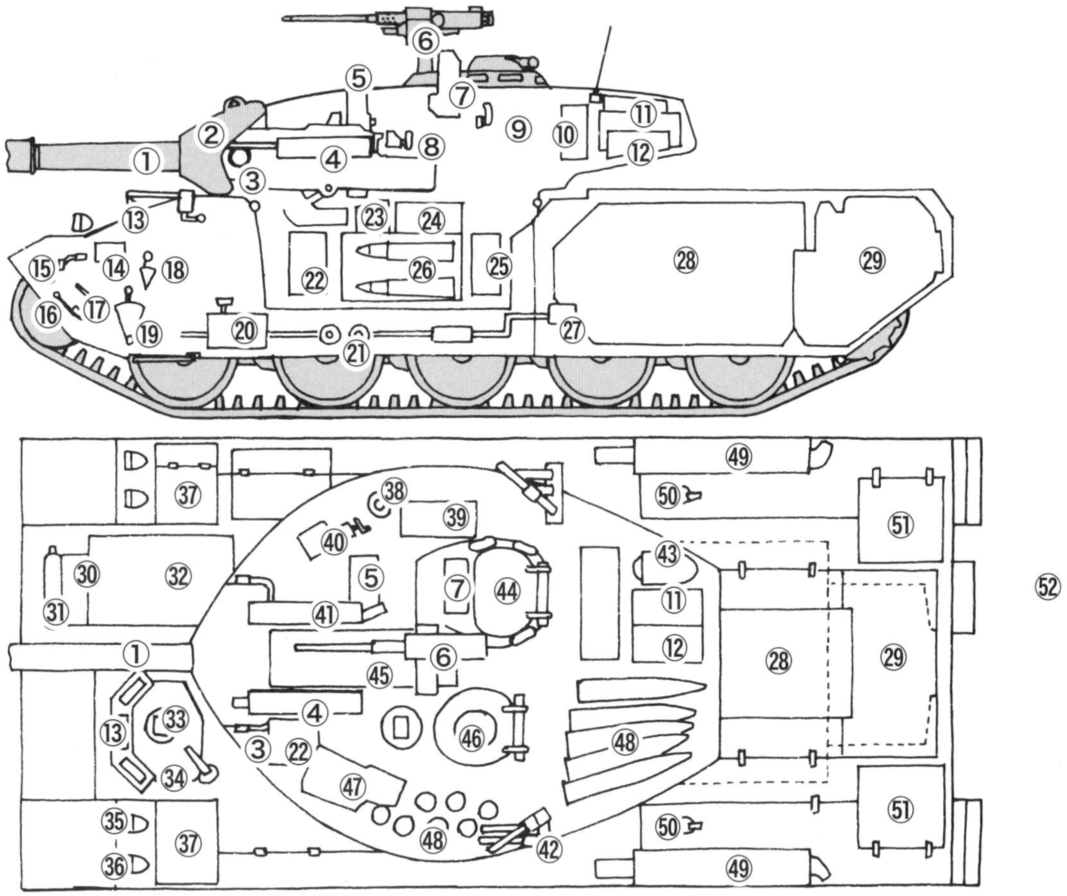

①105㎜砲
②防盾
③砲耳
④7.62㎜機銃
⑤砲手潜望鏡
⑥12.7㎜機銃
⑦車長潜望鏡
⑧砲手ハンドル
⑨車長ハンドル
⑩無線機
⑪インバーター
⑫暗視装置用電源
⑬潜望鏡
⑭計器板
⑮操向ハンドル
⑯クラッチペダル
⑰アクセルペダル
⑱アイドリングレバー
⑲変速レバー
⑳手動調節装置
㉑アキュームレーター
㉒7.62㎜弾薬
㉓信号増幅機
㉔射統点検機
㉕レーザー電源
㉖補助装填機
㉗油圧ポンプ
㉘エンジン
㉙変速機
㉚作動用オイルタンク
㉛主アキュームレーター
㉜主砲弾
㉝暗視鏡
㉞操縦手ハッチ
㉟前照灯
㊱暗視灯
㊲工具箱
㊳方向角指示器
㊴弾道計算機
㊵手動旋回ギア
㊶直接眼鏡
㊷発煙弾発射筒
㊸ブロアー
㊹車長ハッチ
㊺駐退復座機
㊻装填手ハッチ
㊼旋回モーターギアボックス
㊽主砲弾架
㊾排気管
㊿燃料給油口
(51)バッテリー
(52)電話機

●暗視用の赤外線サーチライトは白色用としても使用できる。また105㎜砲は当時の西側MBT標準だった英国開発のL7型である。弾道計算機は各種センサーから入った情報により、砲塔制御装置と連動する。

全長9.41m　車体長6.7m　全幅3.18m　全高2.67m
武装：105㎜砲×1、12.7㎜機銃×1、7.62㎜機銃×1
戦闘重量38t　エンジン720HP空冷2サイクルディーゼル　最高速53km/h
行動距離300km　乗員4名

●74式戦車の構造（The Structure of Type 74 Tank）

61式戦車ではリアエンジンで起動輪が前であったが、74式でやっと後部の起動輪になり車内スペースが効率的になった。操縦席は74式から左側となる。

Ⓐ車長用照準潜望鏡
Ⓑ105㎜砲閉鎖機
Ⓒ車長用コントロールハンドル
Ⓓ弾道計算機
Ⓔ車長席
Ⓕ105㎜砲弾薬架
Ⓖエアクリーナー
Ⓗ7.62㎜機銃弾箱
ⒾNBCフィルター
Ⓙ操縦手席

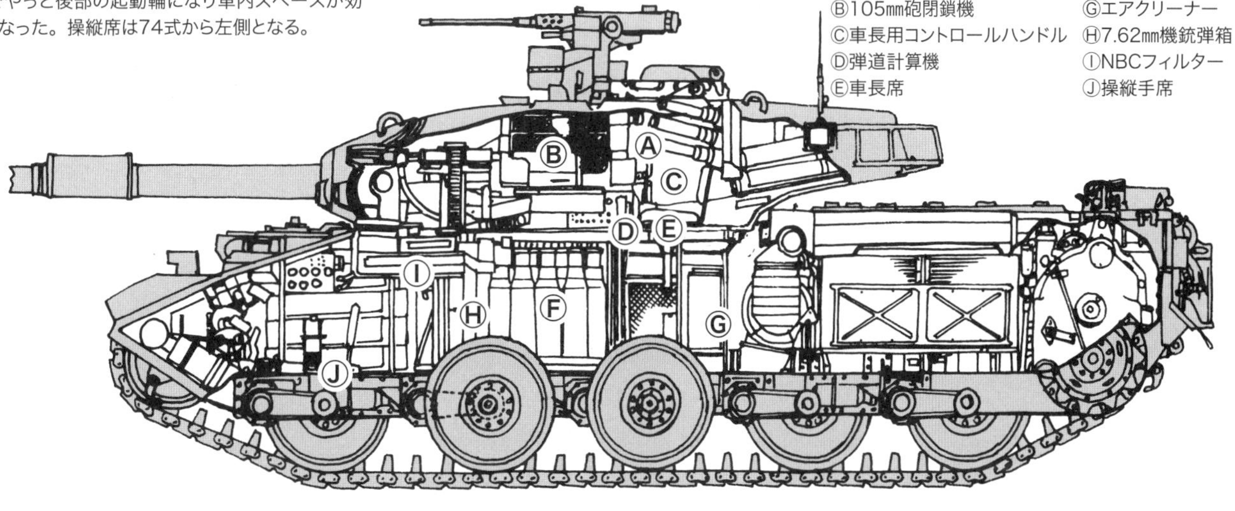

90式戦車

　74式戦車に続く陸上自衛隊の第3世代主力戦車(MBT)として、10年の開発期間をかけて1987年9月に二次試作車2両が納入された。開発費300億円以上、1両11億円というスケールのプロジェクトで技術・実用試験を経て90年に90式戦車として制式化。陸上自衛隊機甲部隊の主力となる。

　120mm滑腔砲はドイツ製であるが、その他は国産のハイテク技術を結集したものだ。主砲関係では、大容量のコンピューターを使った射撃指揮装置で命中率を上げ、走行中でも目標を自動追尾で射撃可能な砲安定装置など、国外でも注目される性能を持っている。各所に自動化が試みられ乗員は1人減って3人となったが、装甲・火力とも格段に向上し、乗員の生存性を上げる工夫がなされている。

Type 90 Tank

As the third generation MBT of JGSDF after Type 74, 2 second prototypes completed after the 10 years development were delivered in September 1987. The scale of the total project was over 30 billion yen and was 110 million yen for each tank, and after technical and operational suitability tests, it was adopted as Type 90 Tank in 1990. Type 90s served as primary tank of JGSDF armor units from then till early 21st century.

Though the 120 mm gun was developed in Germany, other equipments were the products of the latest Japanese technologies. The FCS utilizing high capacity computer rose accuracy rate of main gun and the gun stabilizer that enabled automatic tracing and firing target during running attracted the attention of foreign countries. The intensive introduction of automation in various aspects enabled the reduction of 1 crew to 3, and as both armor protection and firepower were considerably improved, the survivability of crew was also improved.

●90式戦車試作車両
(MBT Type 90 Tank Prototype)

ボアサイトミラー(砲口視準装置)

レーザー検知器
敵のレーザー照準射を感知すると戦車長に通報し、自動的に発煙弾を発射する。

直接照準眼鏡

砲手用照準装置
右側が昼光用(視察照準、レーザー共用)、左側が夜間用(熱線映像装置)

ラインメタル社製120mm滑腔砲

7.62mm同軸機銃

環境センサー

試作時につけられたキャンバス

戦車長用照準器

M2 12.7mm機銃(対空用)

排煙器

試作車のみに装備の74式60mmスモークディスチャージャー(発煙弾発射器)

APFSDS弾

HEAT-MP弾

90式戦車が使用する120mmAPFSDS砲弾(徹甲弾)は重量19kgで有効射程3,500m以上。90cm以上の装甲板を撃ち抜くことができる。
右のHEAT-MPは対戦車榴弾だが、多目的に使用される、重量23kgの成形炸薬弾。

90式戦車は全車がドーザーか地雷ローラーの装着が可能。

● 各国主力戦車の比較

アメリカ	イギリス	ドイツ	ソ連	イスラエル
M1A1エイブラムス	チャレンジャー	レオパルト2	T-80	メルカバ
重量：57t	重量：62t	重量：55t	重量：42t	重量：60t
乗員：4名	乗員：4名	乗員：4名	乗員：3名	乗員：4名
装備：120mm滑腔砲	装備：120mmライフル砲	装備：120mm滑腔砲	装備：122mm滑腔砲	装備：105mmライフル砲

上図の各国主力戦車と比べても、90式戦車は遜色ない諸元で（価格が問題だが）注目の最新鋭戦車だ。角ばったデザインだが全高はT-80なみに低い。自動給弾装置の採用で乗員は3名だが、新鋭自動変速装置と操向装置によって地形の複雑な場所でも走破性は高い。装甲も新素材の複合装甲板で耐被弾性を向上し、燃料と貯蔵弾を乗員から隔離して消火装備を付け安全性を高めた。

● 90式戦車
（MBT Type 90 Tank）
外観上、スモークディスチャージャーが新型になった以外は、試作車と同じ。

90式戦車諸元
全備重量　：50t
全長　　　：9.8m
全幅　　　：3.4m
全高　　　：2.3m
キャタピラ幅：0.8m
乗員　　　：3名
登坂能力　：tanθ60%
旋回性能　：超信地
最高速度　：70km/h
航続距離　：300km

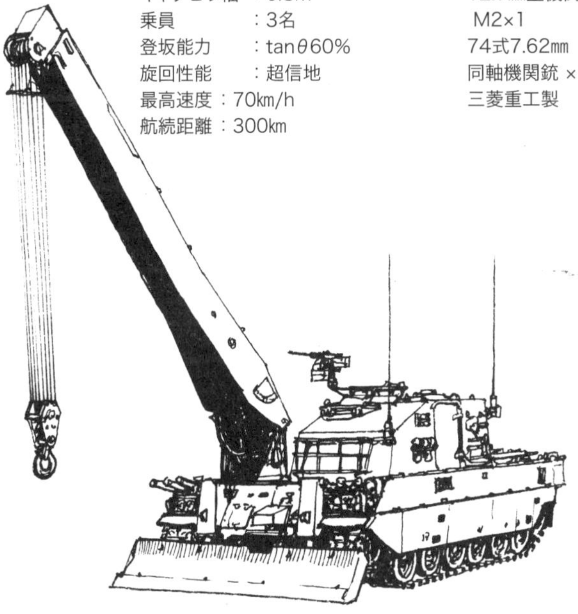

エンジン　：水冷2サイクル
　　　　　　10気筒ディーゼル
　　　　　　1500ps/2400rpm
武装　　　：120mm滑腔砲×1
　　　　　　12.7mm重機関銃
　　　　　　M2×1
　　　　　　74式7.62mm
　　　　　　同軸機関銃×1
三菱重工製

● 90式戦車回収車（Type 90 Tank Recovery Vehicle）
90式戦車の車体を流用して作られた車両で、砲と砲塔を取りはずしてクレーンとドーザーなどを付けた。走行系は90式戦車と同じ。1990年に制式化。戦車などの野外回収のほか、整備作業にも使用される。

牽引力　　：50t　　　　乗員　：4名
吊り上げ力：25t以上　　全長　：9.2m
全幅　　　：3.4m　　　 全高　：2.7m
全備重量　：50t　　　　武装　：12.7mmM2重機関銃

● 特大型運搬車
90式戦車を運搬できる特大型セミトレーラー。最大積載量50t。
牽引車は三菱自動車製、トレーラーは東急車輛製。
　全長16.97m　全幅3.49m　車両重量20t　最高速度60km/h
　最高出力535ps/2200rpm

90式戦車のメカニズム

　74式戦車の制式化後、世界の主力戦車の性能はもう1段階上になりつつあった。主砲は120mm級が標準化しつつあり、装甲もチョバムアーマーなどの複合装甲が主流で、パワープラントも1,500HP前後というのが常識化して高機動性が追求された。こうした情勢に合せて1976年から始まった次期主力戦車の開発は、これらの新技術をすべて盛り込んだものとなった。ラインメタル120mm砲を除けば、国産ハイテク技術で固められており、コンピューター制御による射撃統制装置、熱線映像装置等の採用により、夜間はもちろん霧や雪の中でも射撃可能である。

The Mechanism of Type 90 Tank
When Type 74 Tank was adopted, the performance of world's latest tanks was stepping one level higher. The 120 mm class gun was becoming the standard tank gun, the mainstream of protection was composite armor such as Chobham armor, and the power plant with the output of about 1,500 hp became ordinary to achieve high mobility. Thus the development of next MBT was demanded to introduce all of these new technologies. Most of them were achieved by Japanese original technology except the 120 mm gun by Rheinmetall, and the introduction of computer-controlled FCS and thermal imager enabled the accurate firing in foggy or snowy situation, needless to say at night.

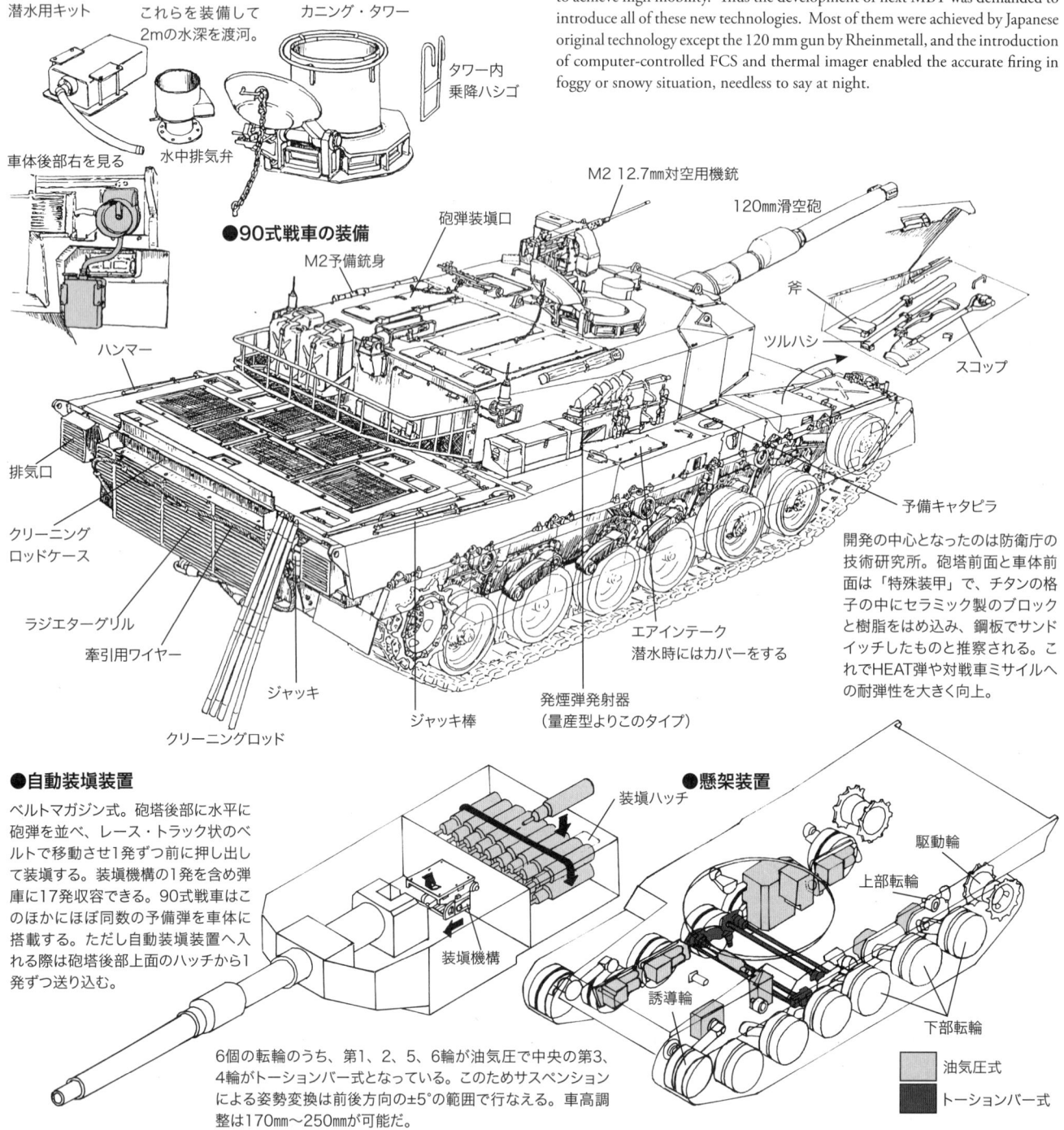

●90式戦車の装備

潜水用キット / これらを装備して2mの水深を渡河。 / カニング・タワー / タワー内乗降ハシゴ / 車体後部右を見る / 水中排気弁 / M2 12.7mm対空用機銃 / 120mm滑空砲 / 砲弾装塡口 / M2予備銃身 / 斧 / ツルハシ / スコップ / ハンマー / 排気口 / クリーニングロッドケース / ラジエターグリル / 牽引用ワイヤー / ジャッキ / クリーニングロッド / ジャッキ棒 / 発煙弾発射器（量産型よりこのタイプ） / エアインテーク 潜水時にはカバーをする / 予備キャタピラ

開発の中心となったのは防衛庁の技術研究所。砲塔前面と車体前面は「特殊装甲」で、チタンの格子の中にセラミック製のブロックと樹脂をはめ込み、鋼板でサンドイッチしたものと推察される。これでHEAT弾や対戦車ミサイルへの耐弾性を大きく向上。

●自動装塡装置

ベルトマガジン式。砲塔後部に水平に砲弾を並べ、レース・トラック状のベルトで移動させ1発ずつ前に押し出して装塡する。装塡機構の1発を含め弾庫に17発収容できる。90式戦車はこのほかにほぼ同数の予備弾を車体に搭載する。ただし自動装塡装置へ入れる際は砲塔後部上面のハッチから1発ずつ送り込む。

装塡ハッチ / 装塡機構

●懸架装置

駆動輪 / 上部転輪 / 誘導輪 / 下部転輪

□ 油気圧式
■ トーションバー式

6個の転輪のうち、第1、2、5、6輪が油気圧で中央の第3、4輪がトーションバー式となっている。このためサスペンションによる姿勢変換は前後方向の±5°の範囲で行なえる。車高調整は170mm～250mmが可能だ。

192

●車内配置

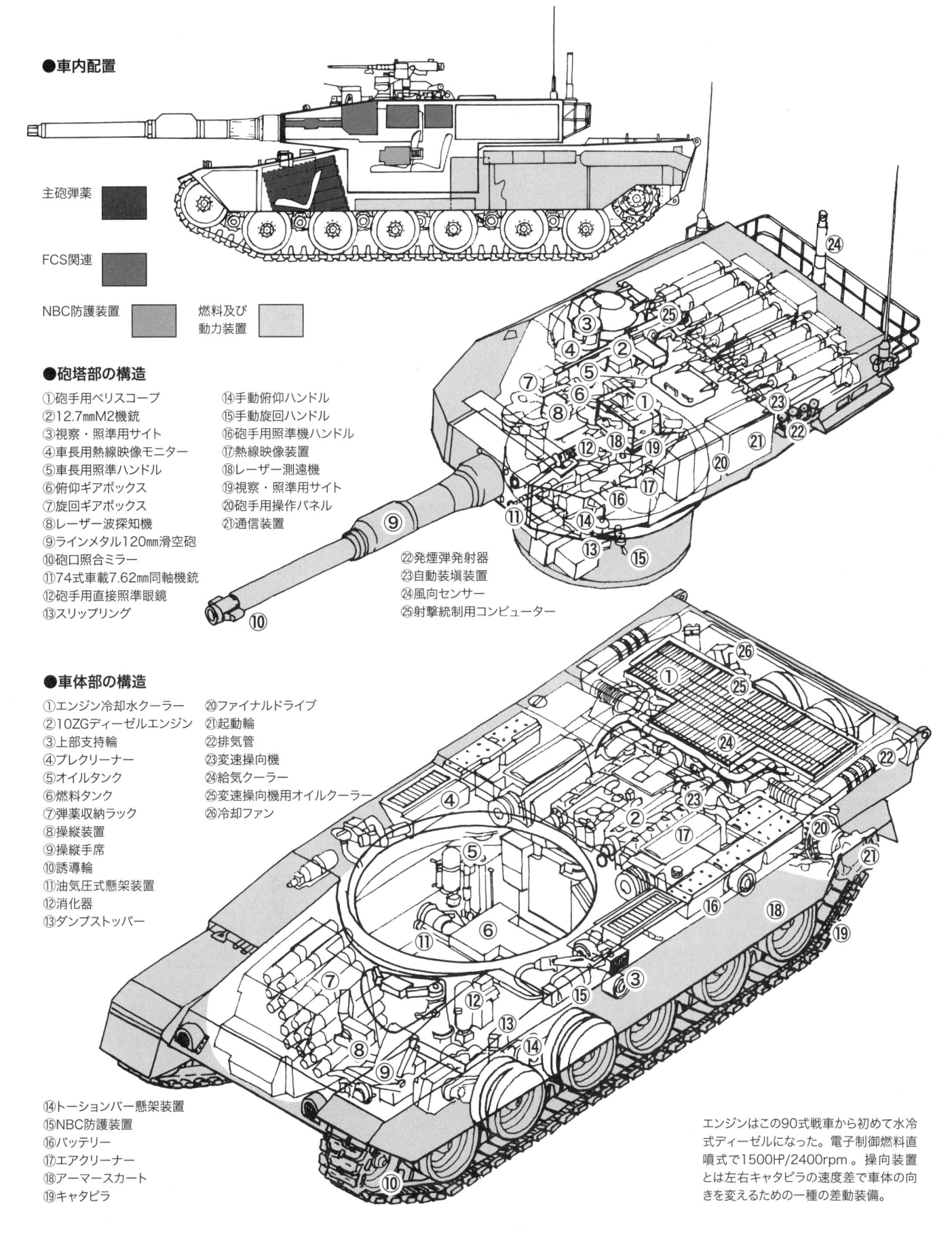

主砲弾薬

FCS関連

NBC防護装置　　燃料及び動力装置

●砲塔部の構造
①砲手用ペリスコープ
②12.7mmM2機銃
③視察・照準用サイト
④車長用熱線映像モニター
⑤車長用照準ハンドル
⑥俯仰ギアボックス
⑦旋回ギアボックス
⑧レーザー波探知機
⑨ラインメタル120mm滑空砲
⑩砲口照合ミラー
⑪74式車載7.62mm同軸機銃
⑫砲手用直接照準眼鏡
⑬スリップリング
⑭手動俯仰ハンドル
⑮手動旋回ハンドル
⑯砲手用照準機ハンドル
⑰熱線映像装置
⑱レーザー測遠機
⑲視察・照準用サイト
⑳砲手用操作パネル
㉑通信装置
㉒発煙弾発射器
㉓自動装塡装置
㉔風向センサー
㉕射撃統制用コンピューター

●車体部の構造
①エンジン冷却水クーラー
②10ZGディーゼルエンジン
③上部支持輪
④プレクリーナー
⑤オイルタンク
⑥燃料タンク
⑦弾薬収納ラック
⑧操縦装置
⑨操縦手席
⑩誘導輪
⑪油気圧式懸架装置
⑫消化器
⑬ダンプストッパー
⑭トーションバー懸架装置
⑮NBC防護装置
⑯バッテリー
⑰エアクリーナー
⑱アーマースカート
⑲キャタピラ
⑳ファイナルドライブ
㉑起動輪
㉒排気管
㉓変速操向機
㉔給気クーラー
㉕変速操向機用オイルクーラー
㉖冷却ファン

エンジンはこの90式戦車から初めて水冷式ディーゼルになった。電子制御燃料直噴式で1500HP/2400rpm。操向装置とは左右キャタピラの速度差で車体の向きを変えるための一種の差動装備。

【イスラエルの戦車】
メルカバ

くり返される中東戦争をスーパーシャーマンやセンチュリオンで戦っていたイスラエルは、ソ連製の新鋭戦車で増強されるアラブ諸国の機甲兵力に対抗して、チーフテンの導入を考えていた。しかしイギリス側からこれを一方的に破棄されたため、国産MBTを自主開発することに決めた。これがメルカバである。

Israeli Tanks "Merkava"
In the course of Middle East wars, Israeli intended the import of Chieftain to counter Arab countries' armor units being reinforced with new Soviet tanks. But as British refused it one-sidedly, Israeli decided the self-development of their MBT. This led to Merkava. Merkava means "chariot (ancient war wagon)" in Hebrew.

●メルカバMk.1 (Merkava Mk.1)
新戦車はユニークなコンセプトを持っており、特に乗員の生存性を高めることに重点を置いている。砲塔はできる限り小さく低い形に、エンジンを前置きにして被弾時のサバイバル性を高めた。また機動性を犠牲にして重装甲を施している。常に中東諸国と緊迫した情勢にあったため、当初は秘密のベールに隠れた部分が多かった。メルカバとはヘブライ語でいうチャリオットの意。

全長8.6m　車隊長7.5m　全幅3.7m　全高2.8m
武装：105mm砲×1、7.62mm機銃×3　戦闘重量60t
エンジン：コンチネンタル製ディーゼル900HP　最高速46km/h
航続力400km　乗員4名

●メルカバの内部
メルカバは砲塔にこそ弾薬を搭載しないが、車体後方には比較的大きめのスペースがあり、コンテナ式のラックによりT-72の倍以上の弾薬を携行できる。

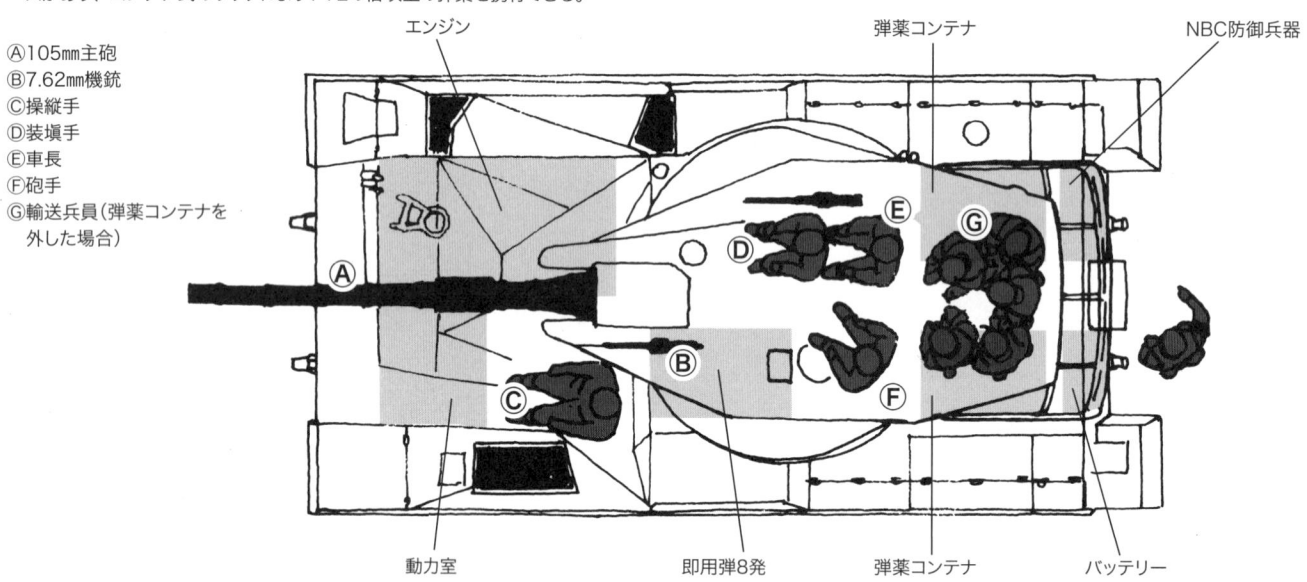

Ⓐ105mm主砲
Ⓑ7.62mm機銃
Ⓒ操縦手
Ⓓ装填手
Ⓔ車長
Ⓕ砲手
Ⓖ輸送兵員(弾薬コンテナを外した場合)

エンジン　弾薬コンテナ　NBC防御兵器
動力室　即用弾8発　弾薬コンテナ　バッテリー

登場当時、車体後部のハッチは歩兵を乗せるためのものといわれたが、実際は乗員が安全に脱出できるためと弾薬の補給を早くするためのものだ

後部ハッチは脱出する際にも使える

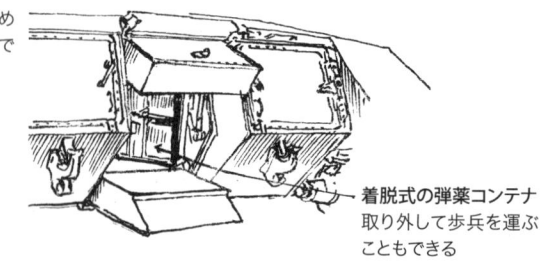

着脱式の弾薬コンテナ
取り外して歩兵を運ぶこともできる

■メルカバの開発

イスラエルは中東戦争の経験から独自のコンセプトで主力戦車を開発し、生産できる能力を持っている。メルカバの開発は1970年8月より始まった。アラブ諸国に対し、圧倒的に人口（兵士）が少ないイスラエルは、主力戦車についても乗員の生存性を第一としている。

センチュリオンの砲塔↓

●先行試作車その1
↓センチュリオンの車体

「ショット」の名で実績のあるセンチュリオンの車体と砲塔を利用して配置の検討に用いられた車両。

●モックアップ

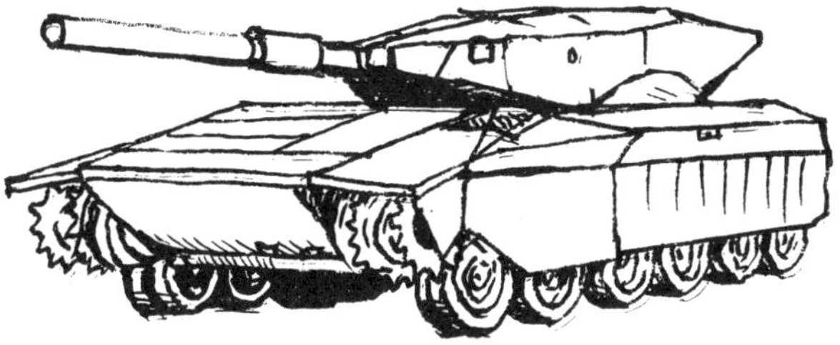

●先行試作車その2
M48の砲塔→
↓メルカバの車体

●先行試作車その3
↓モックアップの砲塔 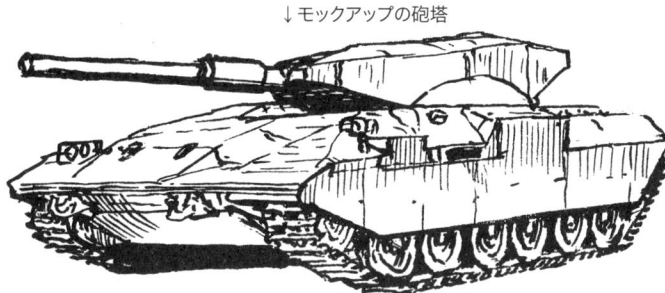

被弾確立の高い砲塔の正面面積を最小に設計し、主砲弾は搭載しないのがメルカバの特徴。

メルカバの車体にモックアップの砲塔を搭載して最終チェックが行なわれた。

●メルカバ試作車
1974年に完成

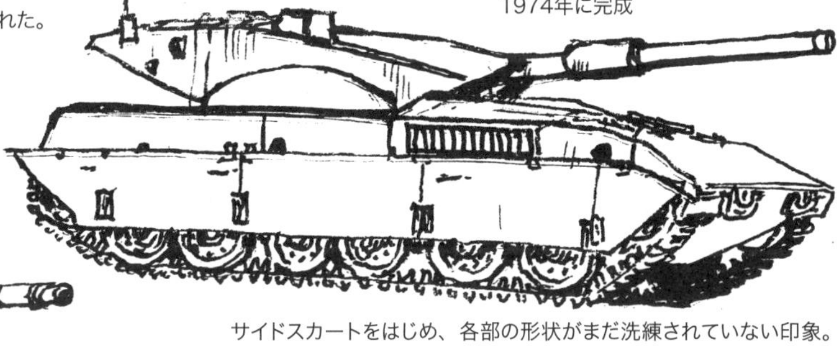

●メルカバMk.1生産第1号車
（1976年）

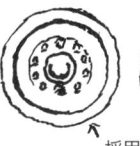

サイドスカートをはじめ、各部の形状がまだ洗練されていない印象。フェンダーにはライトや方向指示器が付いていない。

●メルカバMk.1標準生産型
1977年より部隊配備開始。

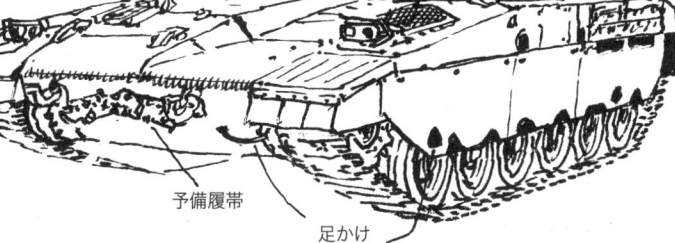

転輪は3種類あった

採用

予備履帯
足かけ

●メルカバMk.2（1982）（Merkava Mk.2）
「ガラリヤ平和作戦」の実戦投入で破壊されたメルカバを検証し、より乗員防護に努めた改良型。1982年より製造。

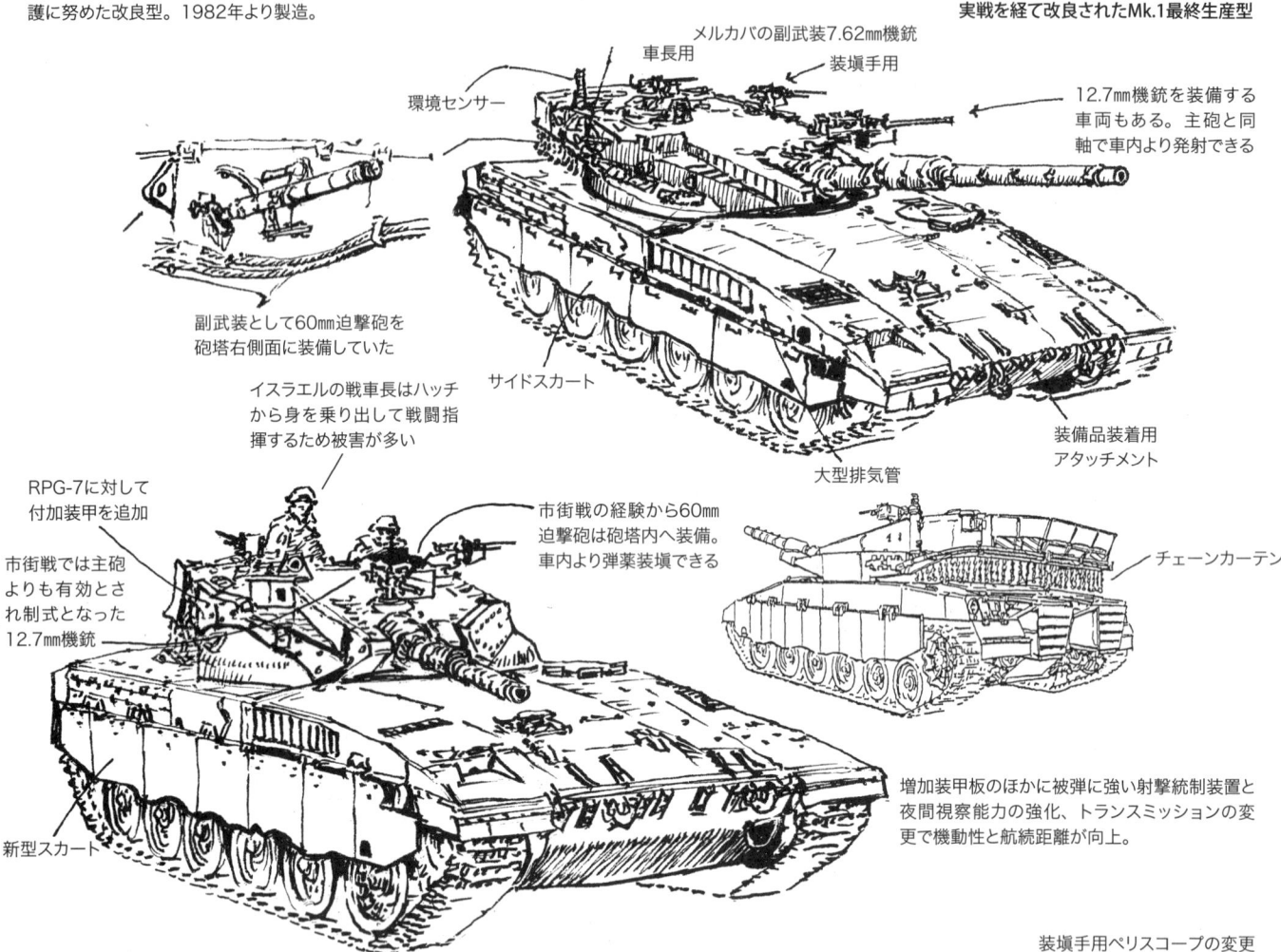

実戦を経て改良されたMk.1最終生産型

メルカバの副武装7.62mm機銃
車長用
装塡手用
環境センサー

12.7mm機銃を装備する車両もある。主砲と同軸で車内より発射できる

副武装として60mm迫撃砲を砲塔右側面に装備していた

サイドスカート

イスラエルの戦車長はハッチから身を乗り出して戦闘指揮するため被害が多い

大型排気管

装備品装着用アタッチメント

RPG-7に対して付加装甲を追加

市街戦では主砲よりも有効とされ制式となった12.7mm機銃

市街戦の経験から60mm迫撃砲は砲塔内へ装備。車内より弾薬装塡できる

チェーンカーテン

新型スカート

増加装甲板のほかに被弾に強い射撃統制装置と夜間視察能力の強化、トランスミッションの変更で機動性と航続距離が向上。

●Mk.2A（1984）
MK.2の射撃指揮装置（FCS）をマタドールMK.2に換装したもの。砲塔上部の装塡手用ペリスコープが背の高い形状になったのが外観上の特徴。

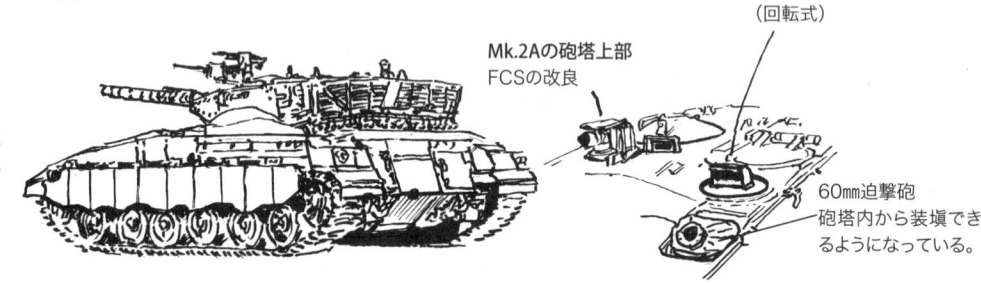

装塡手用ペリスコープの変更（回転式）

Mk.2Aの砲塔上部
FCSの改良

60mm迫撃砲
砲塔内から装塡できるようになっている。

●Mk.2B

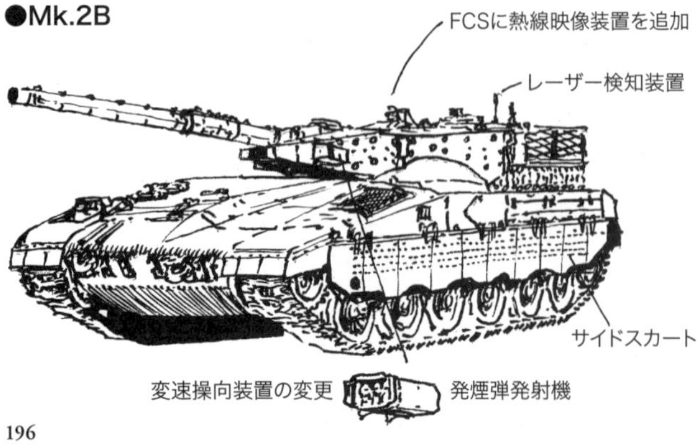

FCSに熱線映像装置を追加
レーザー検知装置

●Mk.2B ドル・ダレット
1997年秋、Mk.2が「ヒズボラ」による対戦車ミサイル「ファゴット」に攻撃され、乗員が死亡したことにより急遽開発された新型装甲パッケージを装着したものをこう呼ぶ。さらに腔内発射型ミサイルLAHATを発射できるようになる。

サイドスカート
変速操向装置の変更
発煙弾発射機

●メルカバMk.3（1989年）
(Merkava Mk.3)
車体も砲塔も新設計され、44口径120mm滑腔砲を装備、車体長も延長されたので、改良型というよりは新型戦車となった。主砲の制御も油圧から電動となり、被弾時炎上の危険が減った。主砲弾搭載数は50発に減る。
全長9.04m　全幅3.72m　全高2.66m　装甲：多層式複合
武装：120mm砲×1、12.7mm機銃×1、7.62mm機銃×2、60mm迫撃砲×1　重量65t　エンジン：1200HPディーゼル
最高速60km/h　航続力500km　乗員4名

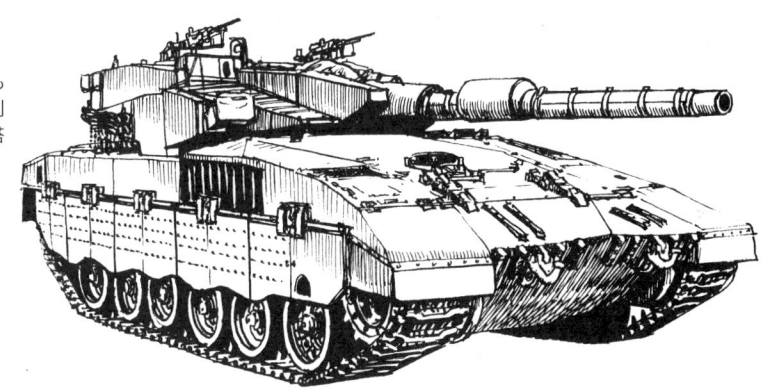

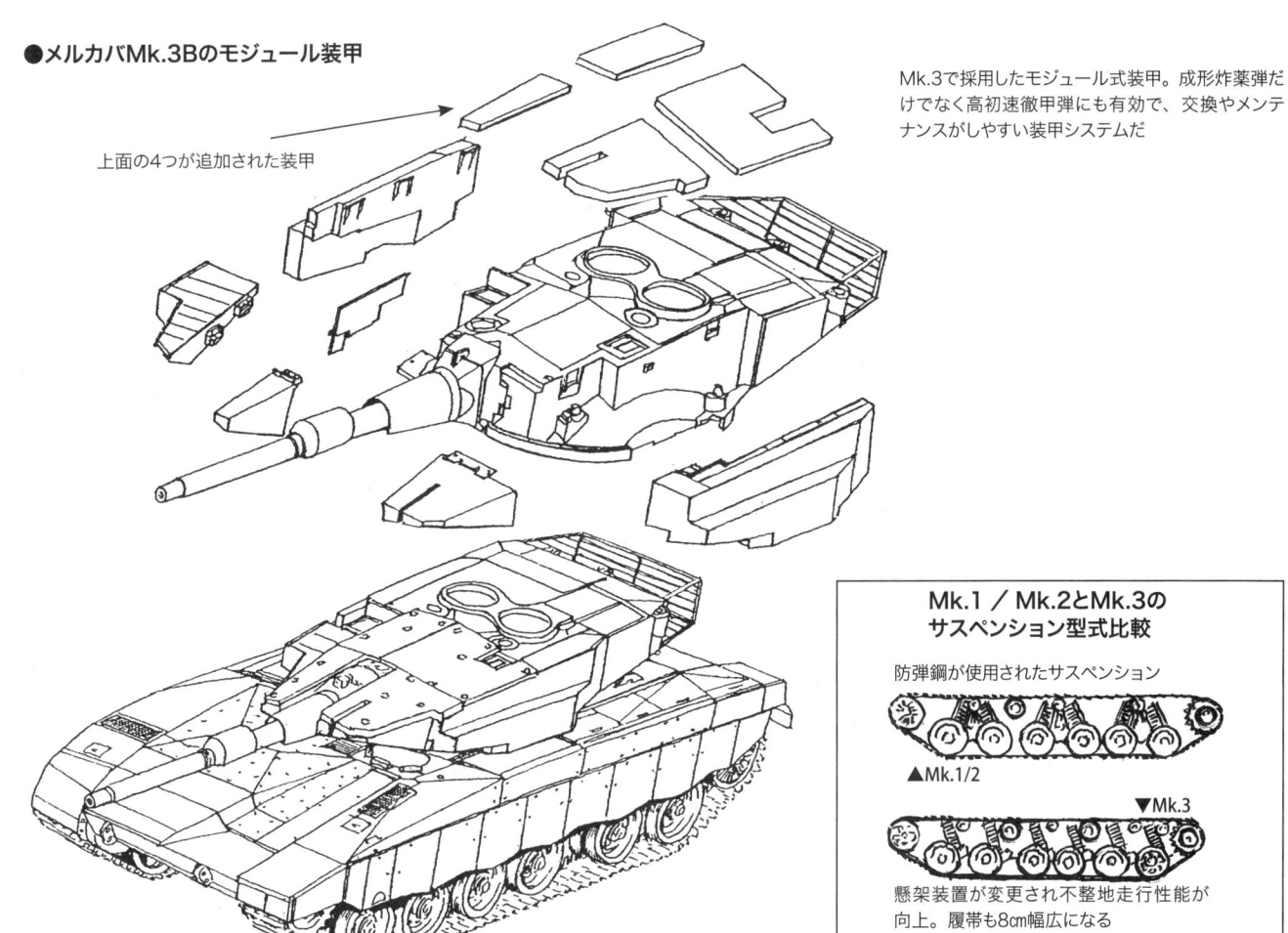

●メルカバMk.3Bのモジュール装甲

上面の4つが追加された装甲

Mk.3で採用したモジュール式装甲。成形炸薬弾だけでなく高初速徹甲弾にも有効で、交換やメンテナンスがしやすい装甲システムだ

Mk.1／Mk.2とMk.3のサスペンション型式比較

防弾鋼が使用されたサスペンション

▲Mk.1/2

▼Mk.3

懸架装置が変更され不整地走行性能が向上。履帯も8cm幅広になる

●メルカバMk.3B
MK.3の第3期生産型から砲塔上面にもトップアタック対策のモジュール装甲が追加され、MK.3Bと分類されるようになった。NBC対策として空調も改良されている。

砲塔上面に特殊装甲

●メルカバMk.3 Baz バズ

大型の車長用照準器

射撃指揮装置を新型のナイトMk.3にアップデートしたもの。

※Mk.3以降についてはP.270で詳述する。

【各国の現代戦車】

これまでに紹介した列強諸国以外にも大戦後、多くの国でそれぞれの国情に合わせた戦車を自主開発している。その中でも独創的で未来的なコンセプトを持つスウェーデンのStrv.103戦車はひときわ目立つ存在だ。

Modern Tanks of Various Countries
Besides great powers, various countries also self-developed their MBTs in accordance with their national situation. Among such tanks, most unique ones are Israeli Merkava emerged from their national history full of wars and Swedish Strv. 103 based on distinguishing future style concept. Their uniqueness is outstanding from other countries' tanks.

●Strv.103B（スウェーデン 1966）
(Swedish MBT "S-Tank")

独創的なコンセプトとユニークなスタイルの画期的な戦車。無砲塔で主砲は車体に固定され、射撃目標へは車体を旋回・俯仰させて対応する。姿勢制御は油気圧式懸架装置で行なうため、一般の戦車の砲塔部にあった機構は省かれることになり、内部的には極めてシンプルになった。もうひとつの特色はロールスロイスの多燃料ディーゼルの他にボーイング製のガスタービンエンジンを装備し、併用していることだ。

全長9m　車体長7m　全幅3.7m　全高2.4m
武装：105mm砲×1、7.62mm機銃×3　戦闘重量40t
エンジン240HP多燃料ディーゼル＋490HPガスタービン
最高速50km/h　航続距離390km　乗員3名

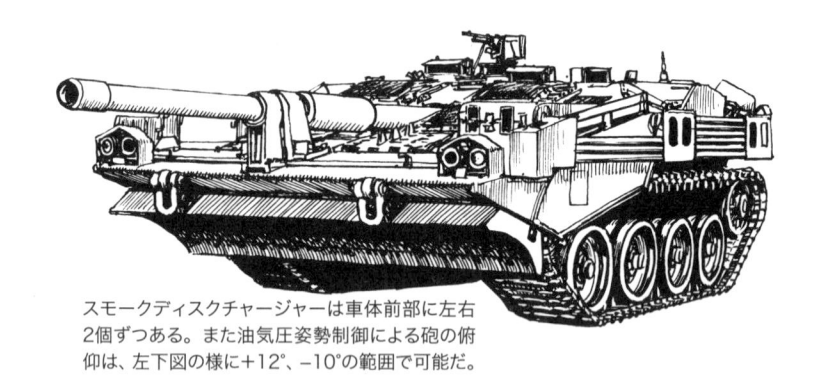

スモークディスクチャージャーは車体前部に左右2個ずつある。また油気圧姿勢制御による砲の俯仰は、左下図の様に＋12°、－10°の範囲で可能だ。

●Strv.103の構造

①62口径L74105mm砲
②ギアボックス
③エンジン室
④車長用キューポラ
⑤自動装填装置
⑥弾薬庫
⑦主エンジンロールスロイスK60多燃料ディーゼル
⑧ボーイング553ガスタービンエンジン
⑨コントロールボックス
⑩車長席
⑪操縦手兼砲手席
⑫無線手兼後方操縦手席
⑬弾薬庫（左右各25発）

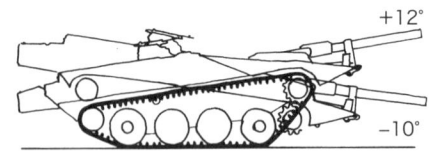

※「Strv.」は、Stridsvagnの略。
"Strv." is an abbreviation of Stridsvagn (Engl. battle wagon).

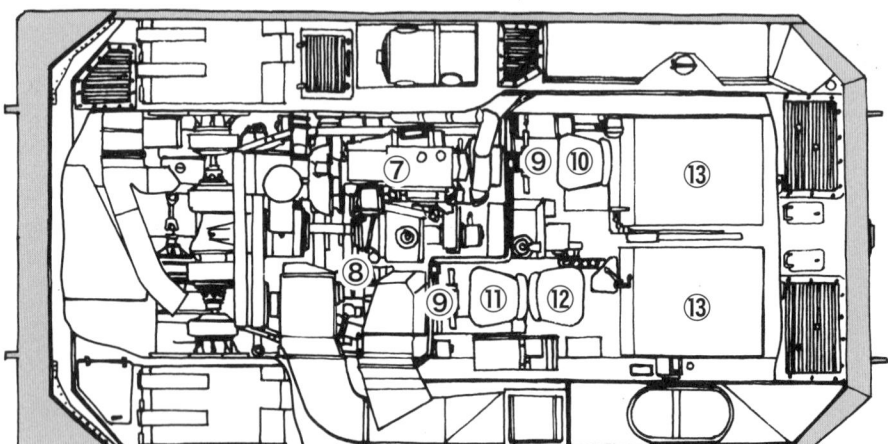

●Ikv91水陸両用軽戦車（スウェーデン 1972）
(Swedish Amphibious Light Tank Ikv91)

国土の大半が森と湖というスウェーデンの国情に合わせた水陸両用軽戦車。90mm砲を搭載するが、浮航性を持たせるため装甲は薄く、耐弾性はAPC並。主として偵察用で、水上航行はキャタピラの回転で行なう。砲は強力なため対戦車戦闘にも使える。

全長8.8m　車体長6.4m　全幅3m　全高2.3m
武装：90mm砲×1　戦闘重量16t　エンジン330HP
最高速：陸上65km、水上6.5km/h　航続力500km　乗員4名

●SK105軽戦車（オーストリア 1965）
〔Austrian Light Tank "Kürassier"〕
装甲兵員輸送車4K4FAの車体を利用し、フランス製のAMX13の揺動砲塔を改造して、18tの軽戦車でありながら105mm砲を搭載している。また暗視装置やサーマルファイアコントロール、レーザー測距機など、A1型からは現在要求される装備はひと通り揃っている。
全長7.7m　車体長5.6m　全幅2.5m　全高2.5m
武装：105mm砲×1、7.62mm機銃×1　重量18t　エンジン380HP
最高速70km/h　乗員3名

●Pz61/68（スイス 1961）〔Swiss MBT Pz61/68〕
スイスではセンチュリオンやAMX-13を配備していたが、50年代に国産MBTを開発することになった。初めは20ポンド砲装備のものを造ったがすでに非力となったため、これに105mm砲を搭載したのがPz61だ。Pz68は射撃統制や走行関係を改善したもので、レオパルト2が装備された現在でも使用されている。
全長9.5m　車体長6.9m　全幅3.1m　全高2.9m
武装：105mm砲×1、7.5mm機銃×2　重量40t
エンジン660HP　最高速55km/h　航続力350km

●ビジャンタ（インド 1965）〔India MBT Vijayanta〕

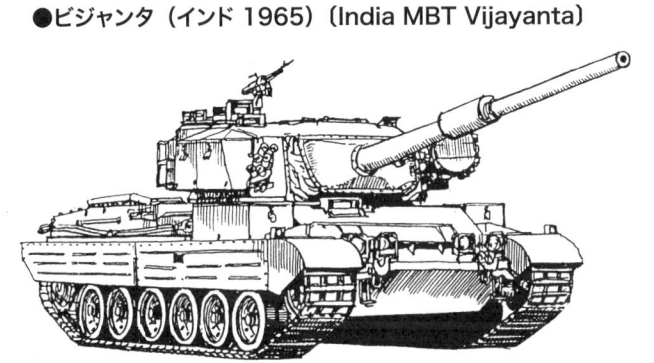

イギリスのビッカースMBT Mk.Iを購入したのが本車だが、インドではじつに2,200両もの数がライセンス生産されたという。ヴィジャンタとは「勝利」という意味。105mm砲搭載。重量36t　最高速48km/h

●オソリオ（ブラジル 1984）〔Brazilian MBT Osório〕

重量43.7t
最高速70km/h

ブラジルが独自に開発した戦車で、輸出も視野に入れていたが、結局売り込みに成功せず、開発のエンゲザ社も倒産し、試作2両に終わる。主砲は105mmライフル砲か120mm滑腔砲の選択式だったという。

●K1戦車（旧称：88戦車）（韓国 1985）〔South Korean MBT K1〕

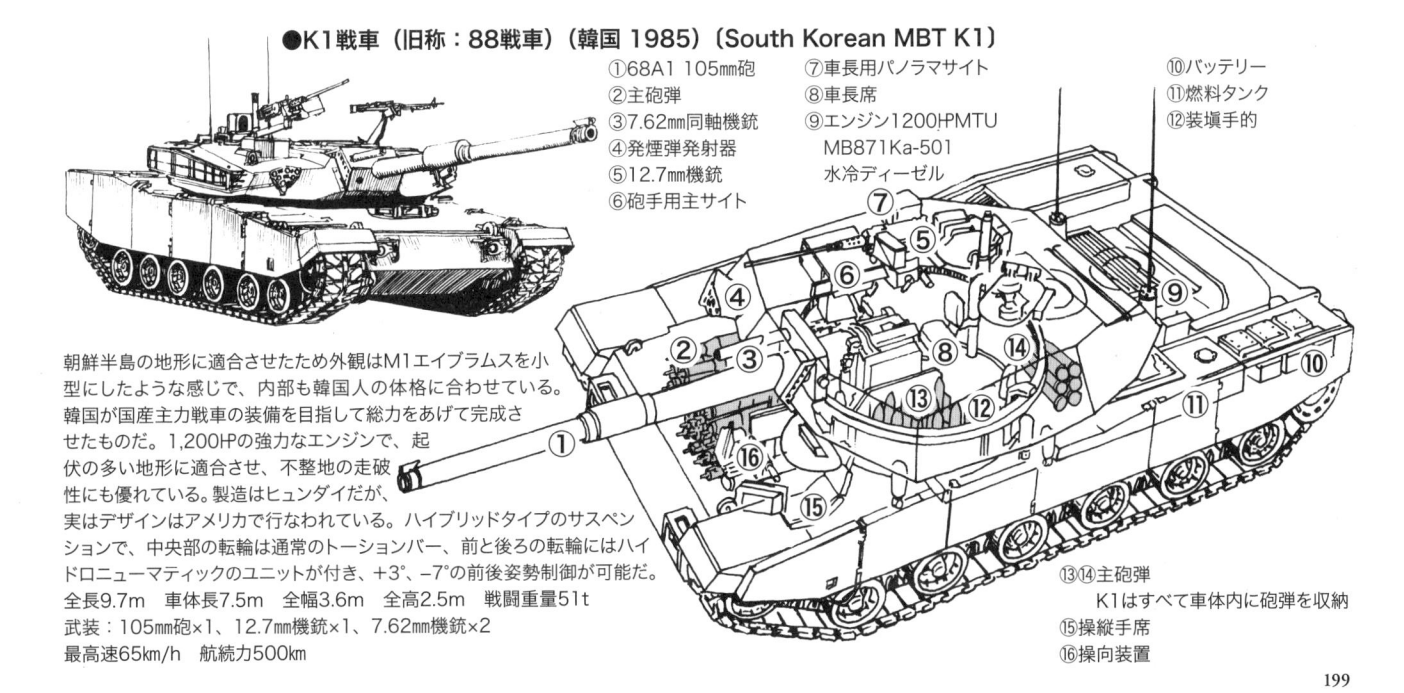

①68A1 105mm砲
②主砲弾
③7.62mm同軸機銃
④発煙弾発射器
⑤12.7mm機銃
⑥砲手用主サイト
⑦車長用パノラマサイト
⑧車長席
⑨エンジン1200HP MTU MB871Ka-501 水冷ディーゼル
⑩バッテリー
⑪燃料タンク
⑫装填手的

朝鮮半島の地形に適合させたため外観はM1エイブラムスを小型にしたような感じで、内部も韓国人の体格に合わせている。韓国が国産主力戦車の装備を目指して総力をあげて完成させたものだ。1,200HPの強力なエンジンで、起伏の多い地形に適合させ、不整地の走破性にも優れている。製造はヒュンダイだが、実はデザインはアメリカで行なわれている。ハイブリッドタイプのサスペンションで、中央部の転輪は通常のトーションバー、前と後ろの転輪にはハイドロニューマチックのユニットが付き、+3°、-7°の前後姿勢制御が可能だ。
全長9.7m　車体長7.5m　全幅3.6m　全高2.5m　戦闘重量51t
武装：105mm砲×1、12.7mm機銃×1、7.62mm機銃×2
最高速65km/h　航続力500km

⑬⑭主砲弾
K1はすべて車体内に砲弾を収納
⑮操縦手席
⑯操向装置

【中国の現代戦車】

1950年代初めから中国はソ連のT-54の供給を大量に受けていたが、55年頃からはこれを59式戦車としてライセンス生産することになる。以後永らくはソ連戦車のライセンス生産と改良で車両を調達していく。

Chinese Modern Tanks
China was supplied substantial T-54s from Soviet Union in early 1950s and started the licensed production of them from about 1955.

●59式戦車（1957年）（MBT Type 59）
この59式は基本的にはT-54Aのコピーで、60年代に中ソ関係が悪化してソ連からの技術導入が停止されると、その後新技術が追加されることはなかった。生産は80年代初めまで続けられ、多数の国に輸出された。データはT-55とほぼ同じ。

●62式軽戦車（1962年）（Light Tank Type 62）
中国が独自開発した軽戦車だが、スタイルは59式をそのままスケールダウンした格好になっている。100mmの主砲を85mmにして装甲もかなり薄くなった。この車両も北朝鮮を始めアフリカ諸国に輸出されている。
全長7.9m 車体長5.5m 全幅2.9m 全高2.3m 武装：85mm砲×1
戦闘重量21t エンジン430HP 最高速60km/h 航続力500km 乗員4名

●63式水陸両用軽戦車（1963年）〔Amphibious Light Tank Type 63〕
本車以前にソ連製PT-76のライセンス生産型60式水陸両用戦車があったが、これはその改良型である。60式の76.2mm砲搭載2名用砲塔を、85mm砲搭載3名用砲塔に換装した。エンジンもパワーアップし、出力重量比も改良されて機動性も増している。自国使用以外にも各国に輸出されている。
全長8.4m 車体長7.2m 全幅3.2m 全高3.1m
武装：85mm砲×1、12.7mm機銃×1、7.62mm機銃×1
戦闘重量19t エンジン400HPディーゼル
最高速：陸上50km/h、水上9km/h 航続力300km 乗員4名

●69式戦車（1969）（MBT Type 69）
59式戦車の改良型でソ連製戦車のコピーからの脱却を図ったもの。69I式を経て69II式が標準的な型式として生産された。エンジンを580HPにパワーアップ、100mm滑腔砲を搭載しており、輸出型の69IIA式は多数の紛争地域の国々に購入され、イラク軍の車両などはアメリカ軍と交戦記録がある。

●79式戦車（1986）（MBT Type 79）
69式戦車の改良型の69III式を制式化した車両で、主砲に西側装備のL7系ライフル砲をライセンス生産した105mm砲を採用するなど、新たな社会情勢を反映した内容となっていた。

●90式戦車（1990年）
中国の主力戦車も59式以後、69式、79式、85式等が開発されたが、これらは実質的には59式がベースでその改良発展型の域を出なかった。その時々の新技術を採り入れて戦力アップを図ってきたが、この90式に至って初めて全くの新規開発MBTが造られた。諸元でみる限り現代のMBTの水準に達している。技術的な疑問点も残るが、戦力レベルではソ連のT-72クラスと言われている。
全長7m 全幅3.4m 全高2m 武装：125mmライフル砲×1 戦闘重量41t
エンジン1200HPディーゼル

第6章
装甲車両

　本章では「戦車とは似て非なる仲間」として、戦車以外のさまざまな装甲戦闘車両や、戦車を撃破するための対戦車兵器などを中心に図解します。戦車は「直接照準」による大口径の火力、強力な装甲防護力、路上・不整地を問わない高度な機動力の三要素を兼ね備えるのを大きな特徴としています。現在の自走榴弾砲などは大きな旋回砲塔に長大な砲身を装備しており、外観としては戦車と区別しにくいものがありますが、それらは戦車に比べて装甲が貧弱で、たとえ搭載する火砲の砲口初速が高い(砲弾が飛び出すスピードが速い)としても、基本的に見えない目標を射撃するための「間接照準」射撃を主任務としており、敵戦車と互角に渡り合うことはできません。自走砲は「装甲された車体に火砲を載せて武装した車両」というよりも、「自力で動ける車体をもち装甲で囲った火砲」ということができます。これら自走砲は射撃の対象により、自走対戦車砲、自走高射砲、自走ロケット弾発射機などと細分化されますが、このうち戦車の車体を基本とし、相応の防護力を備えるものは対空戦車、あるいは架橋戦車のように戦車の一種として称されるケースがあります。また、戦車が充分に機能を発揮するためには、戦車と同等の機動力を備えた支援車両が不可欠となっています。例えば、歩兵の分隊(小銃班)を収容して戦車を支援する装甲車や、それに機関砲や対戦車ミサイルなどを装備した砲塔を搭載した歩兵戦闘車は、対戦車ミサイルを携行する敵歩兵に対処し戦車の側面を守る、現代戦には欠かせない車両になっています。

Chapter 6: Various Kinds of Armored Vehicles

In this chapter, we will survey various kinds of armored vehicles "those similar but different with tank" and anti-tank weapons by illustrations. The three essential characteristics of tank are "heavy firepower through direct firing", "heavy armor protection" and "high mobility on both road and rough terrain". Most modern self-propelled guns are equipped with long barreled gun in large traversing turret and some are quite similar with tanks, but their armor is very lighter and even its muzzle velocity was high, their main role is basically "indirect firing" that subjects the target that could not be observed from the vehicle and incapable of engaging equally with enemy tanks. The self-propelled gun is defined as "lightly armored gun on self-propelled carriage" and not "heavily armored vehicle armed with gun". According to the type of target, self-propelled guns are further categorized into "self-propelled anti-tank gun", "self-propelled anti-aircraft gun" or "self-propelled rocket launcher", but those utilizing tank hulls with sufficient armor protection are sometimes referred as a variant of tanks such as "anti-aircraft cannon tank" or "bridge layer tank". And for the effective use of tanks, the supporting vehicles with same mobility with tanks are essential. For example, the armored car that accommodates a rifle platoon to support tank units or IFV (Infantry Fighting Vehicle) with the turret armed with autocannon or anti-tank missile launcher can counter the enemy infantry with anti-tank missiles and defend the flank of tanks.

現代の自走砲① アメリカ

地上軍の機甲化に伴い野戦砲(野砲、榴弾砲、カノン砲)も自走、装甲化が進んだ。アメリカの自走砲は155mmクラスが主流となり、全周旋回の砲塔を持ち、自動装填装置により発射速度も格段の進歩がある。

Modern Self-Propelled Guns, Part 1 America
As the mechanization of land army proceeded, field guns (including howitzer or cannon) were also self-propelled and armored. The most modern self-propelled guns are armed with 155 class gun in fully traversing turret and their rate of fire was considerably improved by autoloader.

●M37 105mm自走榴弾砲 (1945)
(M37 105mm Howitzer Motor Carriage)

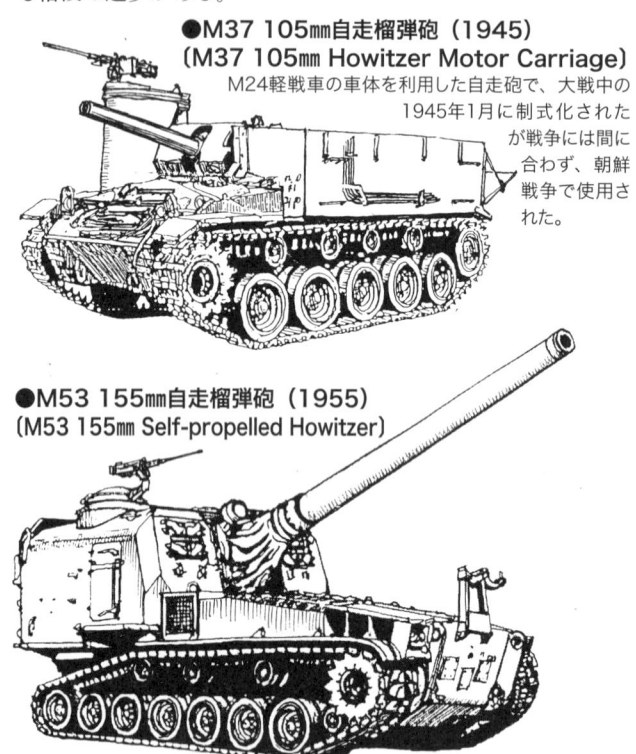

M24軽戦車の車体を利用した自走砲で、大戦中の1945年1月に制式化されたが戦争には間に合わず、朝鮮戦争で使用された。

●M41 155mm自走榴弾砲 (1945)
(M41 155mm Howitzer Motor Carriage)

M37と同じくM24車体の自走砲だが、エンジンを車体中央に配置して戦闘室を後部に設けている。本車も制式化は終戦直前で、朝鮮戦争に投入された。

●M53 155mm自走榴弾砲 (1955)
(M53 155mm Self-propelled Howitzer)

●M44 155mm自走榴弾砲 (1953)
(M44 155mm Self-propelled Howitzer)

M41軽戦車の車体をベースに、エンジンを前に移し、後部にオープントップの戦闘室を設けて155mmの榴弾砲を搭載した。砲は左右30°ずつ向きが変えられる。大戦後の代表的な中型自走砲で、本国以外にもヨーロッパや中東で広く使われた。重量28.35t。

車体は下図のM55と同じで、M41軽戦車のコンポーネントを多く使用し、搭載砲が45口径のカノン砲になっているのが違いだ。アメリカ陸軍は1958年までにM53をM55に統一してしまったが、海兵隊はそのまま使用し続け、ベトナム戦争にも使用された。射界は左右30°ずつ。アメリカ軍では同じ車体ベースで175mm砲搭載の、試作自走砲T162も造られている。
全長9.715m 車体長7.909m 全幅3.581m 全高3.469m
装甲13〜25mm 戦闘重量45.36t エンジン704HPガソリン
最高速56km/h 乗員6名 携行弾数20発

①エンジン	⑦ヒーター	⑫垂直平衡器シリンダー
②マフラー	⑧平衡器垂直	⑬車長席
③補助エンジンマフラー	調整シリンダー	⑭砲弾ラック
④キャブレター	⑨主計器盤	⑮水平平衡器シリンダー
⑤オイルクーラー	⑩操縦席	
⑥変速機	⑪リコイルシリンダー	

●M55 203mm自走榴弾砲 (1955)
(M55 203mm Self-propelled Howizer)

●M107 175mm自走砲 (1961)
(M107 175mm Self-propelled Howizer)

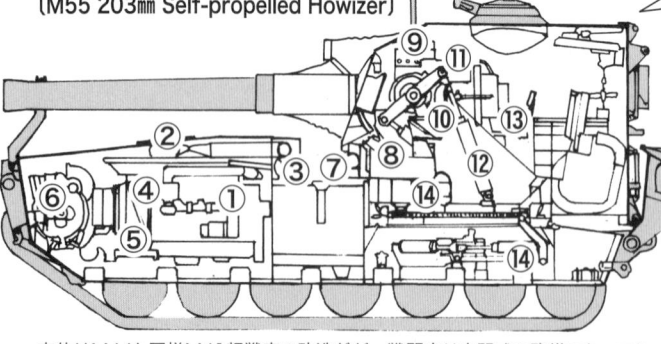

50年代中期からアメリカ陸軍は装備兵器を空輸可能にする方針を打ち出した。本車はそのために開発されたもので、長砲身の175mmカノン砲を搭載している。最大射程32.7kmで射角は左右各30°、重量67kgの砲弾を毎分1発のペースで射ち出せる。1980年までに約1,000両生産。

車体はM44と同様M41軽戦車の改造だが、戦闘室は密閉式の砲塔になっており、左右30°ずつ計60°旋回する。203mmのM47榴弾砲を搭載するが25口径のため全長はM53より短い。変速機は前進2段、後進1段のオートマチック。
全長7.909m 重量44.453t (その他はM53に同じ)

● M108 105㎜自走榴弾砲（1962）
(M108 105㎜ Howitzer Motor Carriage)
M109と同時期に同じ車体を用いて開発された車両で、成績は良好だったが結局大量装備の対象とならなかった。

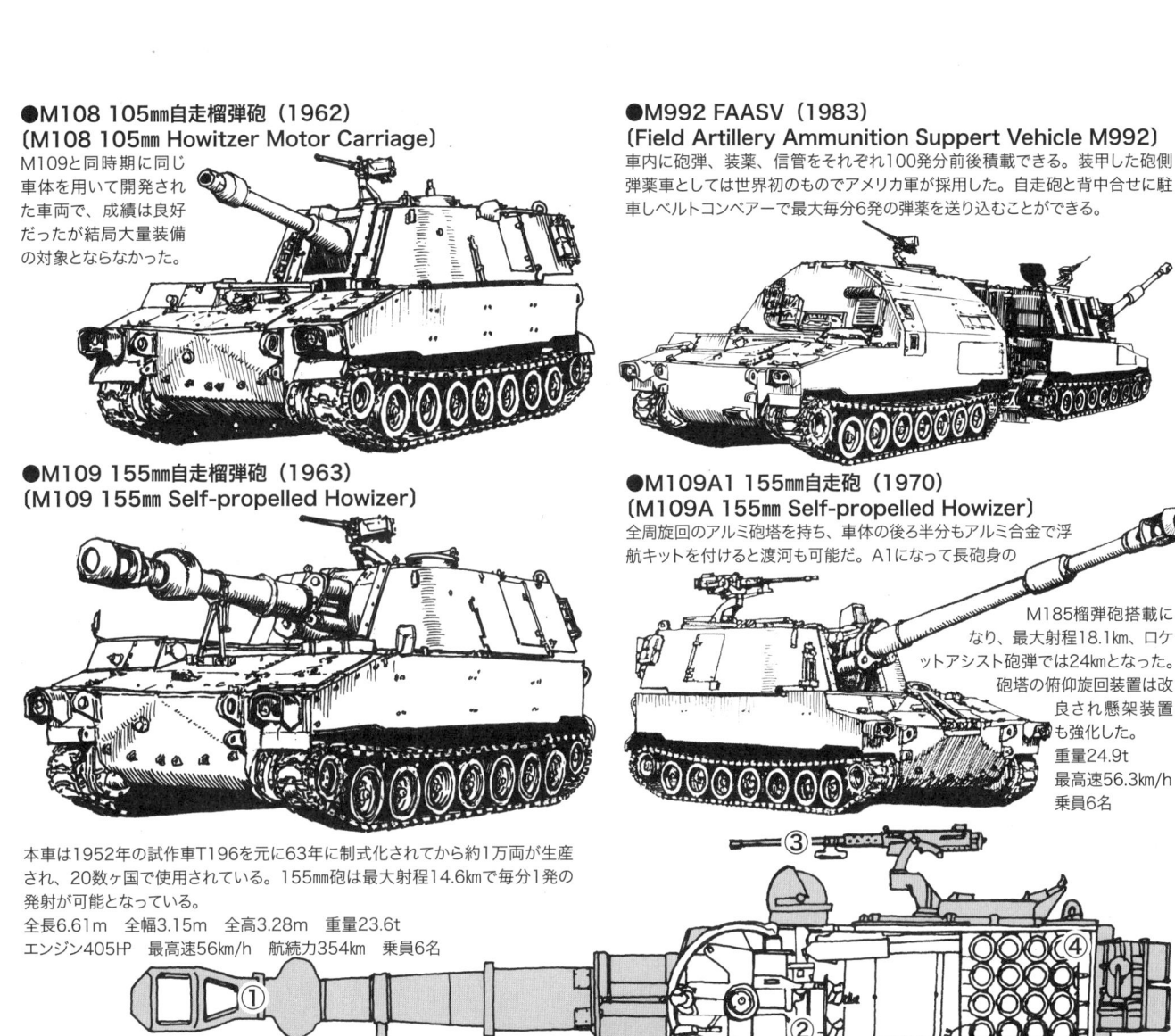

● M992 FAASV（1983）
(Field Artillery Ammunition Suppert Vehicle M992)
車内に砲弾、装薬、信管をそれぞれ100発分前後積載できる。装甲した砲側弾薬車としては世界初のものでアメリカ軍が採用した。自走砲と背中合わせに駐車しベルトコンベアーで最大毎分6発の弾薬を送り込むことができる。

● M109 155㎜自走榴弾砲（1963）
(M109 155㎜ Self-propelled Howizer)

● M109A1 155㎜自走砲（1970）
(M109A 155㎜ Self-propelled Howizer)
全周旋回のアルミ砲塔を持ち、車体の後ろ半分もアルミ合金で浮航キットを付けると渡河も可能だ。A1になって長砲身の

M185榴弾砲搭載になり、最大射程18.1km、ロケットアシスト砲弾では24kmとなった。砲塔の俯仰旋回装置は改良され懸架装置も強化した。
重量24.9t
最高速56.3km/h
乗員6名

本車は1952年の試作車T196を元に63年に制式化されてから約1万両が生産され、20数ヶ国で使用されている。155㎜砲は最大射程14.6kmで毎分1発の発射が可能となっている。
全長6.61m　全幅3.15m　全高3.28m　重量23.6t
エンジン405HP　最高速56km/h　航続力354km　乗員6名

● M109 155㎜自走榴弾砲の構造
① マズルブレーキ
② 砲尾
③ 12.7㎜機銃
④ 油圧式装塡補助装置
⑤ 砲弾
⑥ 砲弾
⑦ エンジン
⑧ 変速機
⑨ 起動輪

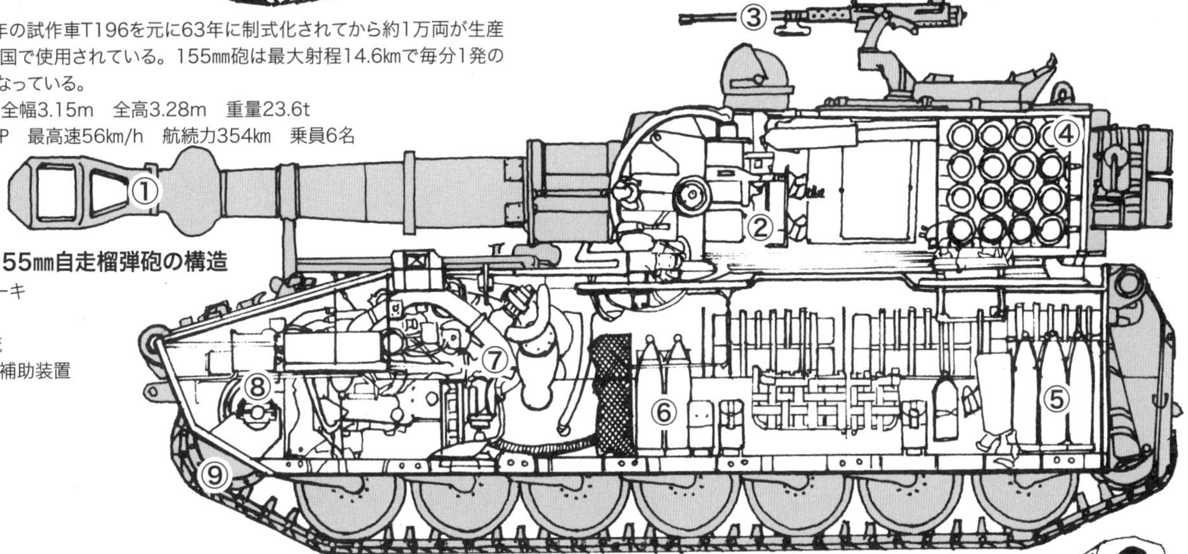

● M109A6 パラディン（1990）(M109A6 "Paladin")
M109の装甲強化、火力向上を実施して近代化を行なったタイプで現代の最新鋭、主砲は155㎜ながら58口径の長砲身。ロケット榴弾なら30kmの超射程だ。

重量28.8t
最高速64.4km/h
乗員4名

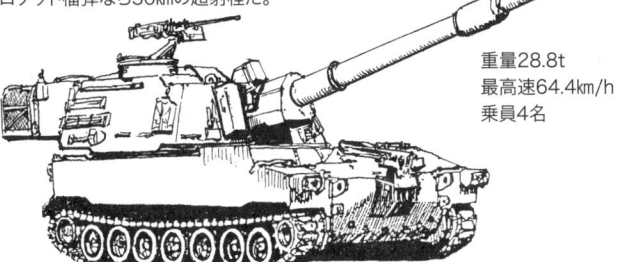

● M110A1 203㎜自走砲（アメリカ1976）
(Self-Propelled 203㎜ Howizer M110A1)
M107と同時に開発された203㎜自走榴弾砲。A1はその長砲身型で新型弾を発射できる。日本では1984年よりライセンス生産されている。

全長10.73m
車体長5.72m
全幅3.149m
全高3.143m
戦闘重量28.35t
エンジン405HP
最高速55km/h
乗員5名
射程20.6km

現代の自走砲② イギリスとドイツ
Modern Self-Propelled Guns, Part 2 Britain and Germany

■イギリス〔UK〕
●アボット105㎜自走砲（1964）
〔Self Propelled Gun "Abbot"〕

1950年代後期に開発が進められたFV403シリーズの1つとして造られた。密閉砲塔はNBC戦闘を考慮したもので、これが全周射撃を可能にした初めてのイギリス自走砲である。搭載砲はL13A1 105㎜砲で副武装に7.62㎜のブレン機銃も装着できる。砲弾は電動で押し出されてくるが装薬は手で運ばなければならない。そのままで1.2mの渡渉水深があり、浮航スクリーンを装着して浮上航行も可能だ。

全長5.9m　車体長5.7m　全幅2.6m　全高2.5m
戦闘重量17t　エンジン240HP
最高速：陸上48km/h、水上5km/h　航続距離390km　乗員4名

●アボットの内部

① アクセルペダル
② 変速レバー
③ 操向レバー
④ 操縦手席
⑤ エンジン支持フレーム
⑥ 燃料タンク
⑦ バッテリー
⑧ 砲俯仰ハンドル
⑨ 砲塔旋回ハンドル
⑩ ショックアブソーバー
⑪ バンプストップ
⑫ キャタピラ張度調整機
⑬ バッテリー
⑭ 砲手席
⑮ 車長席
⑯ 装填手席
⑰ フィルターハウジング
⑱ 車長用ペリスコープ
⑲ 砲弾
⑳ 潜望鏡型照準器
㉑ 直接照準器
㉒ 砲架
㉓ スモークディスチャージャー
㉔ 排煙器
㉕ オイルフィルター
㉖ 冷却ファン
㉗ エアクリーナー
㉘ 計器盤
㉙ 吸気ルーバー
㉚ 操向ユニット用オイルタンク
㉛ 燃料パイプ
㉜ 105㎜L13A1砲

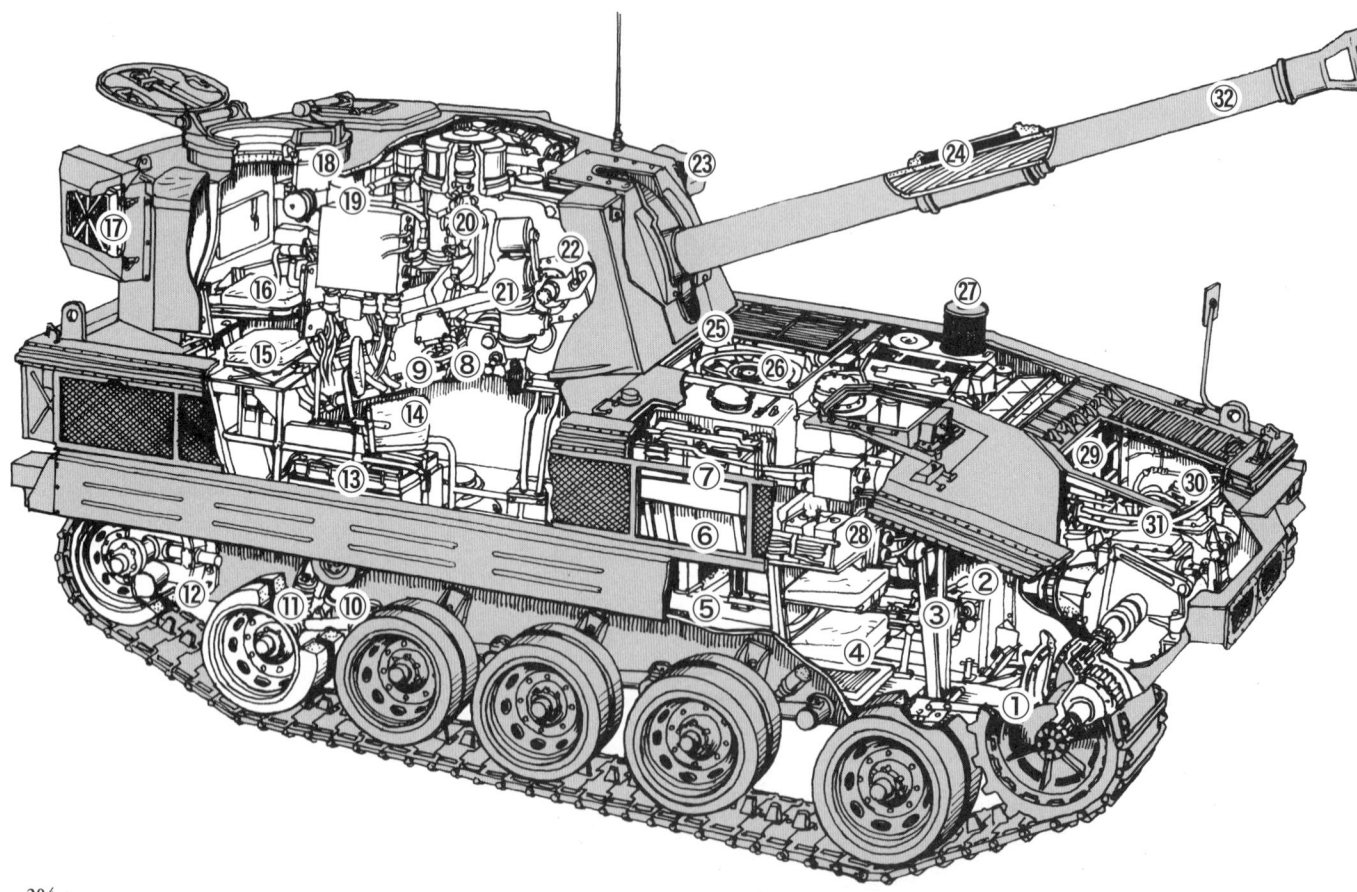

●155㎜自走砲AS90（1988）
(Self-propelled Gun AS90 "Artillery System for the 1990s")

アボットの後継として採用された新型自走砲で、スタイルは現代の自走砲の標準的なデザインだ。送弾システムはSTAと呼ぶ半自動式のものを備え、通常毎分3発程度の発射速度を、最大10秒間で3発にすることが可能となる。最大射程は約25kmだが、イギリス陸軍では2002年以降、砲身を39口径から52口径に換装した車両を製作。このタイプはブレイブハート"Braveheart"と呼称され、最大射程は30kmとなった。AS90の照準は、複数の自走砲に指揮所から司令データが送られ、これをコンピューター解析で自動的に決められる。各砲の位置関係が取り入れられて一種のシステム制御になっており、これをAGLSと呼んでいる。

全長9.7m　車体長7m　全幅3.3m　全高3m
戦闘重量42t　エンジン660HP　最高速55km/h　乗員5名

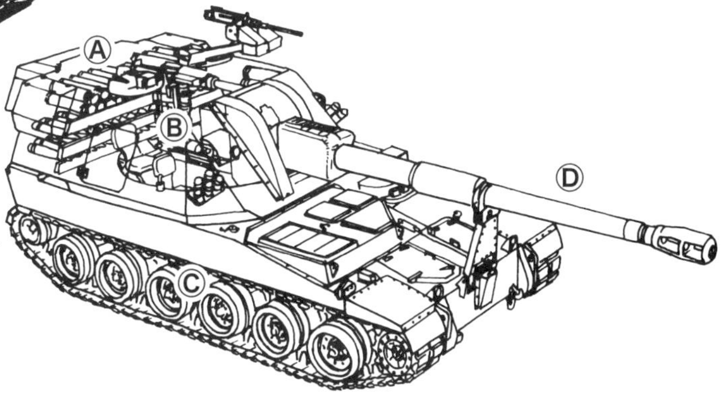

Ⓐ電動弾薬庫
Ⓑ半自動式装塡装置
Ⓒ油気圧式サスペンション
ⒹL31 155㎜砲

■ドイツ（German）
●155㎜自走砲PzH2000（1994）
(Self-propelled 155㎜ Howizer PzH2000)

80年代中頃に独英伊の共同開発でSP70という自走砲が造られるはずであったが中止になり、ドイツが独自に開発したもの。制式化は95年だが、60発以上の弾薬を携行でき自動装塡装置を持っているのが強みだ。装甲もトップアタックの子弾や砲弾破片には耐えられ、NBC環境下でも行動できるなど、一応の防禦機能を持っている。さらに自律的射撃能力も持ち重量47t以下という要求性能を満たしている。

全長11.67m　車体長7.87m　全幅3.48m　全高3.4m
戦闘重量55t　エンジン993.6HP　最高速60km/h　乗員5名

●火砲の種類

戦車砲の場合は砲弾と薬莢が一体となっているものが多いが、自走砲で使用する弾薬類は装薬量を加減して射程距離を変化させるため、砲弾と装薬を分離する。榴弾砲は発射薬量が少なく、砲の肉厚が薄めに作られている。しかし砲弾自体の炸薬量は多く威力がある。また砲弾・装薬の種類も多く使用範囲は広い。これと対照的にカノン砲は初速が速く精度の高い射撃が可能だ。そのため榴弾砲に比して長砲身で射程も長い。

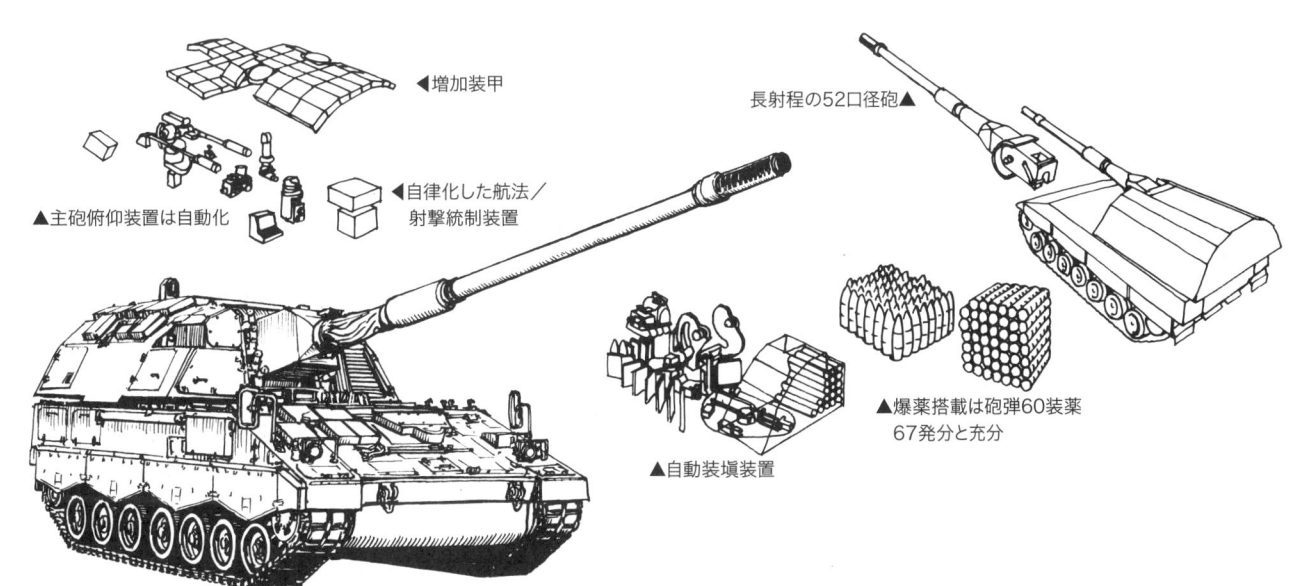

◀増加装甲
長射程の52口径砲▲
▲主砲俯仰装置は自動化
自律化した航法／射撃統制装置
▲自動装塡装置
▲爆薬搭載は砲弾60装薬67発分と充分

現代の自走砲③　その他各国

Modern Self-Propelled Guns, Part 3　Other Countries

●155mm GCT（フランス1977）

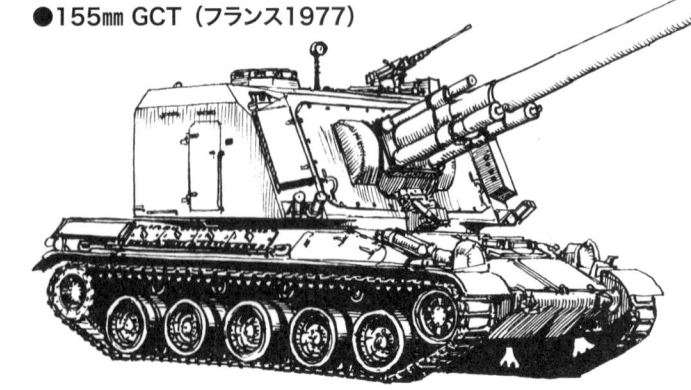

フランスのMBT AMX-30の車体を流用して造られた近代的な自走砲。開発は1969年から始まったが、部隊配備は80年代からとなった。主砲は40口径155mm砲で23.3km、ロケットアシスト弾で32kmという充分な射程距離がある。大型砲塔には自動装塡装置を備え、発射速度毎分8発、さらに弾薬庫には砲弾装薬42発分を収納し、現代の要求を満たしている。

全長10.3m　車体長6.7m　全幅3.1m　全高3.3m　戦闘重量42t
エンジン720HP　最高速60km/h　航続距離450km　乗員4名

●75式自走155mm榴弾砲（日本 1975）
(Japanese Self-propelled 155mm Howizer Type 75)

陸自の特科火力近代化自走化計画に基き1969年に開発された国産自走砲。155mm砲も戦後初の純国産で30口径だ。自動装塡装置はリボルバー型弾倉2基を電動で回転させ、3分間で18発の発射速度がある。車内に弾丸10発、装薬28発、信管56発分搭載。最大射程19km。

全長7.8m　車体長6.7m　全幅3.1m　全高2.5m
戦闘重量25t　エンジン450HP　最高速47km/h
航続力300km　乗員6名

●GCTの砲塔

砲塔はNBC防護システムを備え、出入は側面ドアから行なう。後面には弾薬補充用の大型扉が付く。

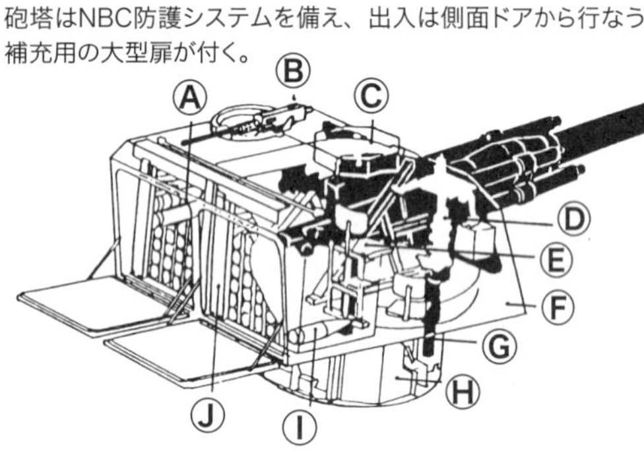

Ⓐ装薬
Ⓑ7.62mm機銃
Ⓒ自動給弾装置
Ⓓ射撃統制装置
Ⓔ車長席
Ⓕ砲塔
Ⓖ砲手席
Ⓗ砲塔バスケット
Ⓘ弾丸
Ⓙトランスファー装置

●75式の内部（日本1975）

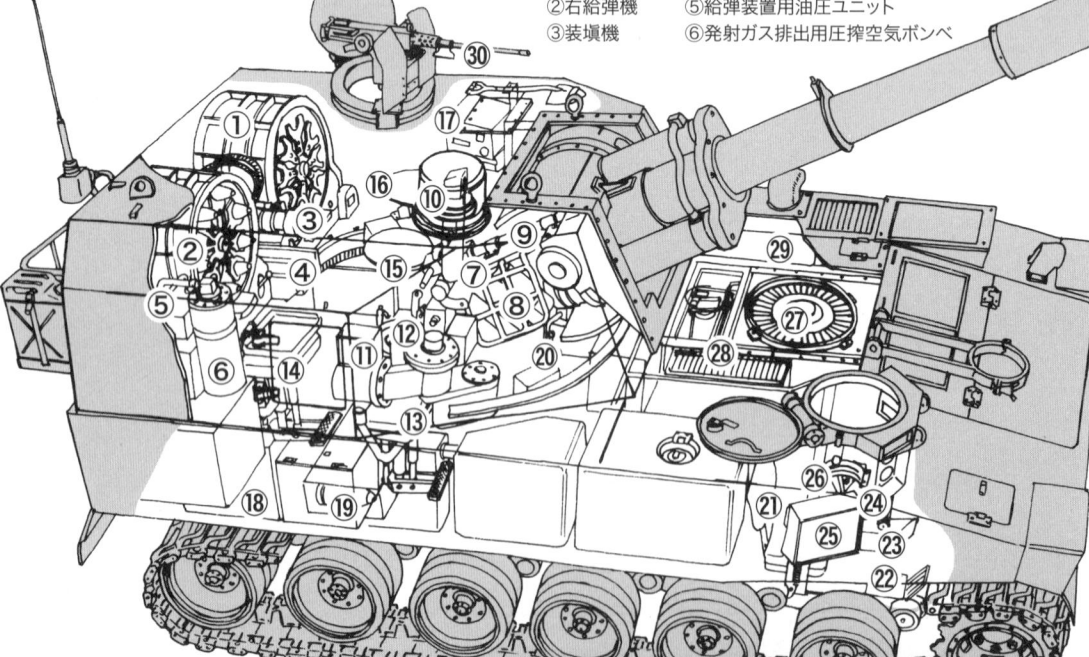

①左給弾機
②右給弾機
③装塡機
④装塡用トレイ
⑤給弾装置用油圧ユニット
⑥発射ガス排出用圧搾空気ボンベ
⑦砲尾
⑧後座ガード
⑨J3型直接照準器
⑩J2型パノラミック照準器
⑪射撃統制装置操作パネル
⑫砲コントロールハンドル
⑬砲手席
⑭車長席
⑮装塡手席
⑯無線手席
⑰無線機
⑱バッテリーケース
⑲床下砲弾庫
⑳NBCエアクリーナー
㉑操縦手席
㉒アクセルペダル
㉓ブレーキペダル
㉔ステアリングバー
㉕計器盤
㉖シフトレバー
㉗冷却ファン
㉘三菱製ディーゼルエンジン
㉙マフラー
㉚M2重機関銃
㉛30口径155mm榴弾砲

●155mmバンドカノン1A（スウェーデン 1966）
(Swedish Self-propelled Gun "Band kanon" 1A)

クリップ式弾倉に14発収納し、自動装填装置により、初弾を手動装填したあとは完全自動で3秒毎に発射可能。全弾60秒で発射でき、さらにクリップへの再装填は約2分で可能という画期的な高速射撃性能を持った自走砲だったが、コスト高で生産は少数で終わった。長砲身50口径の155mm砲の左右に自動装填装置を備え、再装填のためのクレーンを備えている。

全長11m
車体長6.6m
全幅3.4m
全高3.9m
戦闘重量53t
最高速28km/h
乗員5名
最大射程25.6km

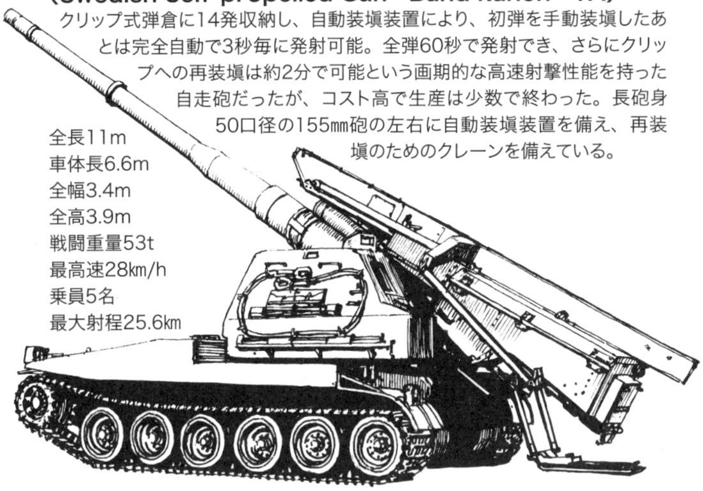

●G6 155mm自走砲（南アフリカ 1988）
(South African Self-propelled Howizer G6)

南アフリカのLEW社が開発した装輪式の自走砲で、アフリカでは装軌式より装輪車の方が機動性に利点があるとされる。このクラスでは他にチェコスロバキアのDANAしかない。大型砲塔は全周旋回可能だが、射撃は左右40度ずつが限度となる。45口径155mmカノン榴弾砲は通常弾で30kmという長射程で、ベリースブリート弾では39kmとなる。

全長10.3m　車体長9.2m　全幅3.4m　全高3.8m
戦闘重量46t　エンジン525HP
最高速90km/h　航続距離600km　乗員6名

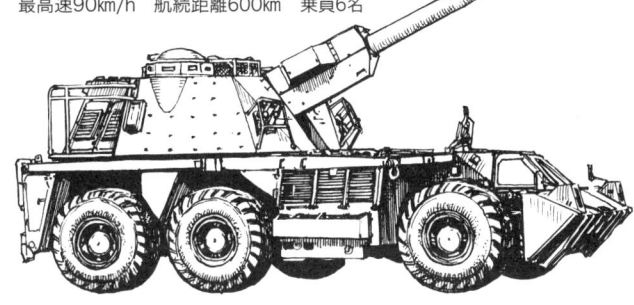

■ソ連（USSR）

●152mm自走砲SO-152（1971）
(Self-propelled Howizer SO-152 "Akatshiya")

アメリカのM109に対抗して造られた自走砲。M109同様に360度旋回可能な砲塔を持ち、搭載主砲の152mm砲は最大射程17.3km、ロケットアシスト弾で24kmの射程を持つ。渡河性能はないが砲の威力は互角だった。ソ連名は2S3アカツィヤという。戦闘重量27.5t、時速60kmで走れる。乗員4名。

●203mm自走砲SO-203（1975）
(Self-propelled Howizer SO-203 "Pion")

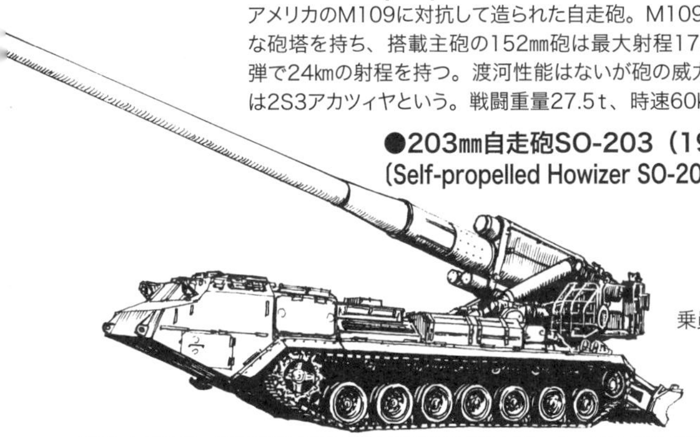

乗員7名

搭載する203mm砲は砲身長12mとソ連軍では最大だった。最大射程37.5kmの砲はT-80のコンポーネントを流用して造られた車体に積まれる。乗員のキャビンは最前部とさらに動力室の後ろにもある。長砲身のため全長が13.2mもあり重量も46tある。最後尾の部分は砲架。

●152mm自走砲2S19（1989）
(Self Propelled 152mm Howizer 3S19 "Msta-S")

2S3の後継車。主力自走砲となるはずだったが、ソ連崩壊後の財政難で配備は進んでいない。車体はT-80の流用でエンジンはT-72のもの。シュノーケルを備え潜水渡河も可能だ。装填は自動化され、砲側弾薬車を使えば毎分6〜7発の連射ができる。最大射程24.7km。

全長11.9m
全幅3.38m
全高2.98m
重量42t
最高速60km
乗員5名

●122mm自走砲SO-122（1971）
(Self Propelled 122mm Howizer "Gvozdika")

SO-152とともにソ連の本格的自走砲のはしりだ。装甲牽引車MT-LBの車体をベースに小型の砲塔に122mmD30榴弾砲を搭載する。最大射程15.2km、ロケットアシスト弾は21.9km。ソ連名は2S1グヴーシカという。

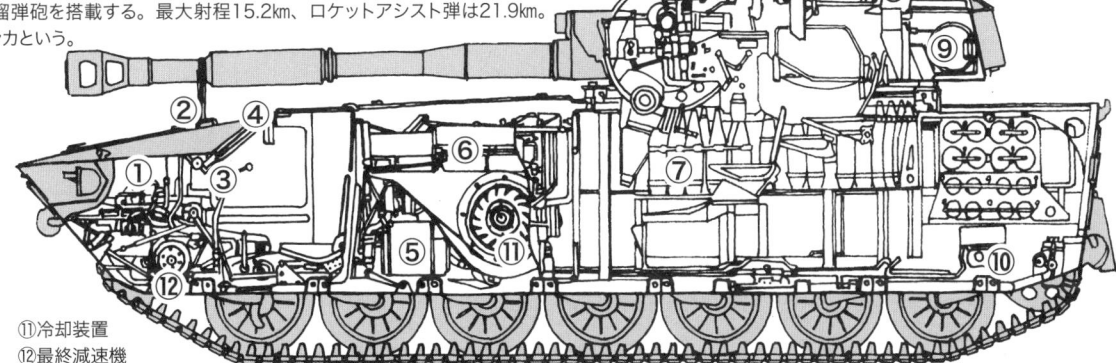

①空気圧装置
②トラベリングロック
③操向コントロールレバー
④ペリスコープ
⑤エンジンヒーター
⑥エンジン
⑦弾薬庫
⑧照準器
⑨空気浄化装置
⑩緩衝装置
⑪冷却装置
⑫最終減速機

重量15.7t　最高速61km/h　乗員4名

M2/M3戦闘車（アメリカ）

M2とM3は車体・砲塔とも同一で性能も同じであるが、M2が歩兵用、M3が偵察連絡の騎兵用の戦闘車という目的で作られ、細部が異なっている。M1戦車配備後の米軍機甲部隊の基本装備となっている車両だ。アルミ合金を熔接した車体・砲塔で、前部にエンジンと変速機を配しフロントドライブである。走行装置などの要部はスペースドアーマーにして装甲強化を図っている。装甲は改良されるごとに強化されている。

M2/M3 Infantry Fighting Vehicle (America)
M2 and M3 have identical hull and turret of same performance but M2 was designed as the fighting vehicle for infantry units and M3 for cavalry units, so their details are different. These vehicles became basic equipments of U.S. Army armor units after the deployment of M-1 Abrams. The hull and armor adopted weld aluminum alloy structure, and the engine and transmission are placed in the front of hull to drive front sprocket. The important parts such as running gear are intensively protected by spaced armor. Their armor protection is constantly upgraded along with various updates.

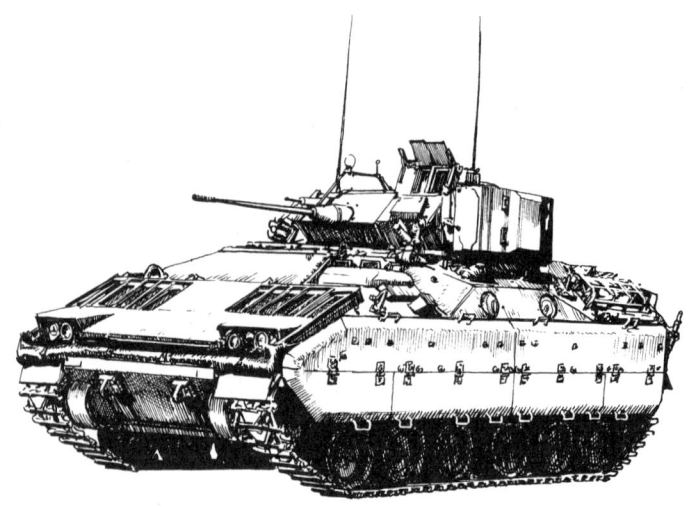

●M2/M3ブラッドレー（1979）
(M2/M3 Bradley Fighting Vehicle)
M2では戦闘用にガンポートがあり、その際に使用するペリスコープが付いている。偵察連絡用のM3ではそれが廃止され、空きスペースには弾薬が積載でき、オフロードバイクも積めるようになっている。
M2(M3)諸元　全長6.45m　全幅3.2m　全高2.5m　武装：25mm砲×1、TOWミサイルランチャー×1　戦闘重量22.6(22.4)t
エンジン506HPターボディーゼル　最高速66km/h　行動距離483km
乗員：3名+6名(3名+2名)

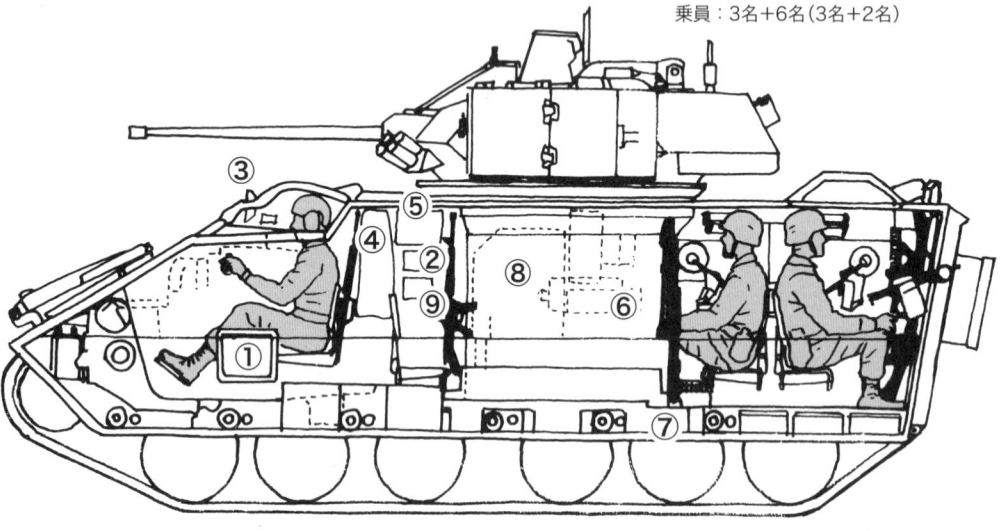

●M2歩兵戦闘車の内部
①ウインドシールド
②パネルマーカー
③操縦手用ハッチ
④M60スペアキット
⑤ボアサイトキット
⑥暗視装置
⑦燃料タンク
⑧燃料タンク
⑨救急箱
⑩変速機
⑪エンジン
⑫ファン
⑬マフラー
⑭車長
⑮砲手
⑯消火器
⑰戦闘員
⑱7.62mm弾倉
⑲戦闘員
⑳5.56mm弾倉
㉑ガスマスク
㉒40mmグレネードランチャー付M16A1
㉓放射能検出器
㉔機銃手
㉕指揮官
㉖操縦手
㉗銃道具
㉘ガスマスク
㉙ミサイル射手
㉚ミサイルラック
㉛消火器
㉜照明弾・地雷等格納ケース
㉝消火器
㉞配電器

●乗員配置

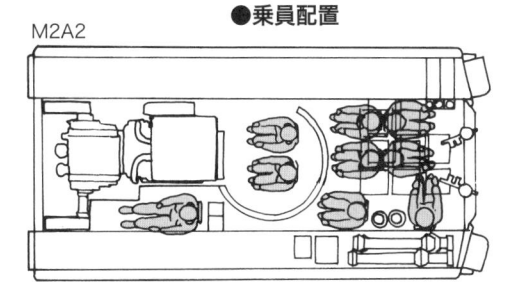

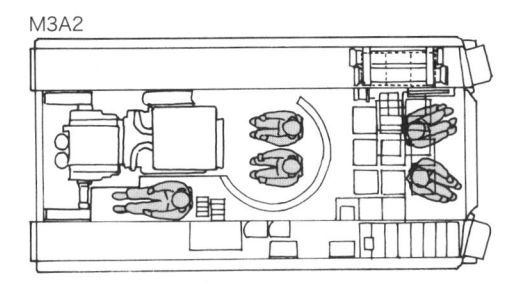

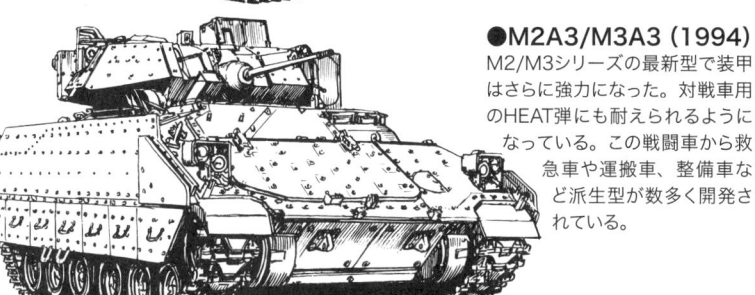

M2A2

M3A2

●M2A2/M3A2（1990）
1インチ厚の鋼板をボルト止めで増加装甲した強化型。さらにリアクティブアーマーも装着可能だ。この型からM2でもガンポートが廃止された。重量が5t近く増え機動性が低下した。

●M2A3/M3A3（1994）
M2/M3シリーズの最新型で装甲はさらに強力になった。対戦車用のHEAT弾にも耐えられるようになっている。この戦闘車から救急車や運搬車、整備車など派生型が数多く開発されている。

●M3騎兵戦闘車の内部

①操縦手
②NBC防護服
③偵察員
④荷物用ハッチ
⑤25mm弾倉
⑥M60機銃
⑦変速機
⑧エンジン
⑨ファン
⑩マフラー
⑪車長
⑫砲手
⑬消火器
⑭偵察員
⑮TOWミサイル・ラック
⑯5.56mm弾倉
⑰オートバイ
⑱フィルター
⑲操縦手
⑳銃道具
㉑ガスマスク
㉒消火器
㉓配電器
㉔バッテリー
㉕7.62mm弾倉
㉖水タンク

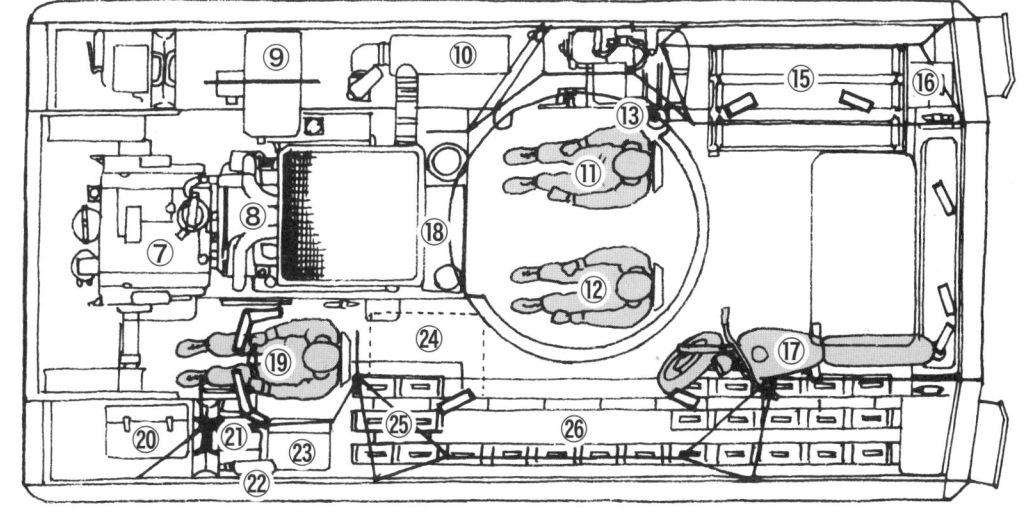

209

装甲兵員輸送車・M113（アメリカ）

戦術の近代化により戦車を主役とした機動力が重視された結果、歩兵の移動も機械化し装甲兵員輸送車が生まれた。アメリカ陸軍では戦術核時代用に全密閉装甲で後方扉より武装乗員が迅速に下車できる装甲車を開発。これがM113で1960年に制式採用された。折からのベトナム戦争では最初南ベトナム軍に供与、のちにアメリカ陸軍の他、周辺国の派遣軍にも装備された。1964年9月よりエンジンがガソリンからディーゼルに変換されたM113A1となり、以降も数十ヶ国の同盟国で使われている。生産数も7万両以上といわれ、史上最も成功したAPC(装甲兵員輸送車)といわれている。しかし、装甲板がアルミ合金製で、小火器には有効だが砲弾の直撃や地雷に弱く、ベトナムでの戦訓から、さまざまな改造が行なわれ、各種火力を増強したタイプも数多い。

Armored Personnel Carrier M113 (America)
As the modernization of tactics required mobility for land units such as tanks, Armored Personnel Carrier was developed for the mechanization of infantry units. In view of the tactical nuclear weapons era, U.S. Army developed armored personnel carrier M113 with fully enclosed armored troop compartment and rear ramp that enabled quick dismounting of armed troops. As M113 was adopted in 1960 during the Vietnam War, it was at first supplied to South Vietnamese Army and later to U.S. Army and other countries' detachments. From September 1964 on, M113A1 that adopted diesel engine instead of gasoline type was produced and since then, over three dozen countries used M113. The total production is considered over 70,000 and regarded as the most successful APC (Armored Personnel Carrier) in history. While its aluminum armor was effective for small arms but not enough for mines or the direct hits from cannons, various modifications were done through the experiences of the Vietnam War. There were many variants with various armaments.

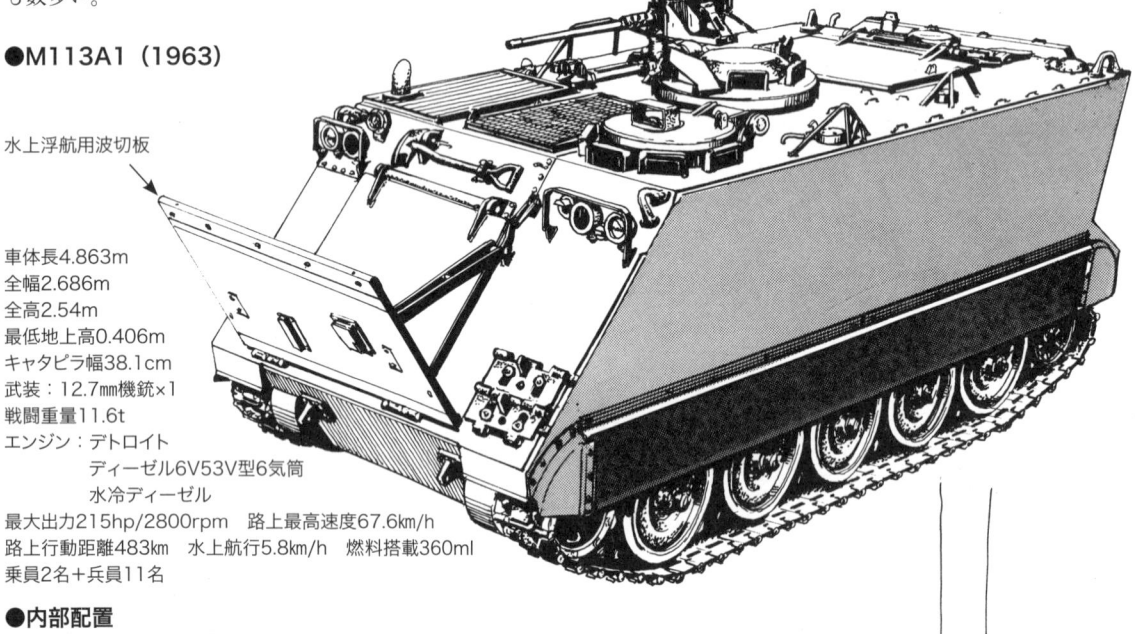

●M113A1（1963）

水上浮航用波切板

車体長4.863m
全幅2.686m
全高2.54m
最低地上高0.406m
キャタピラ幅38.1cm
武装：12.7mm機銃×1
戦闘重量11.6t
エンジン：デトロイト
　　　　ディーゼル6V53V型6気筒
　　　　水冷ディーゼル
最大出力215hp/2800rpm　路上最高速度67.6km/h
路上行動距離483km　水上航行5.8km/h　燃料搭載360ml
乗員2名＋兵員11名

●内部配置

M113は地雷に弱く、実際には歩兵は車体の上に乗っていることが多かった。戦闘が始まってから中へ飛び込んだりした。

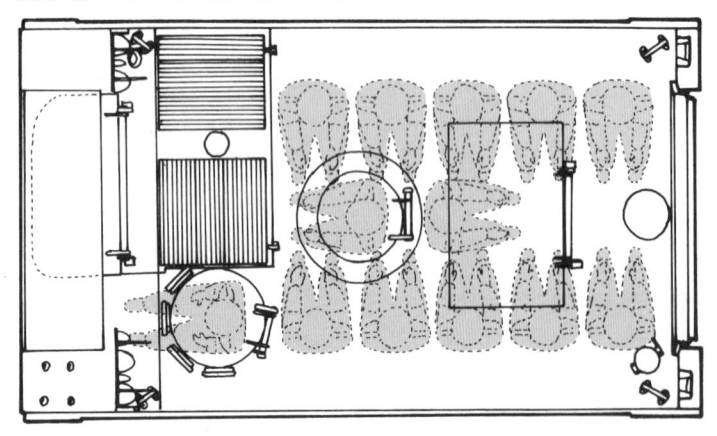

アルミ合金製の装甲板は、小火器や砲弾破片に対しては防護できた。乗員の乗降は後面の装甲板が大きく下に開き、これを踏み板に利用して歩兵が下車し戦闘行動に移った。この扉は油圧で操作した。操縦手、車長の他、完全武装の11名が乗車できる。

●内部構造
車体内部は2つに区分され、前部は操縦室と動力室、後部は乗員室となる。前部右側の動力室にはエンジン、トランスミッションなどが配置される。整備を容易にするため、大きく開くパワープラントドアがある。

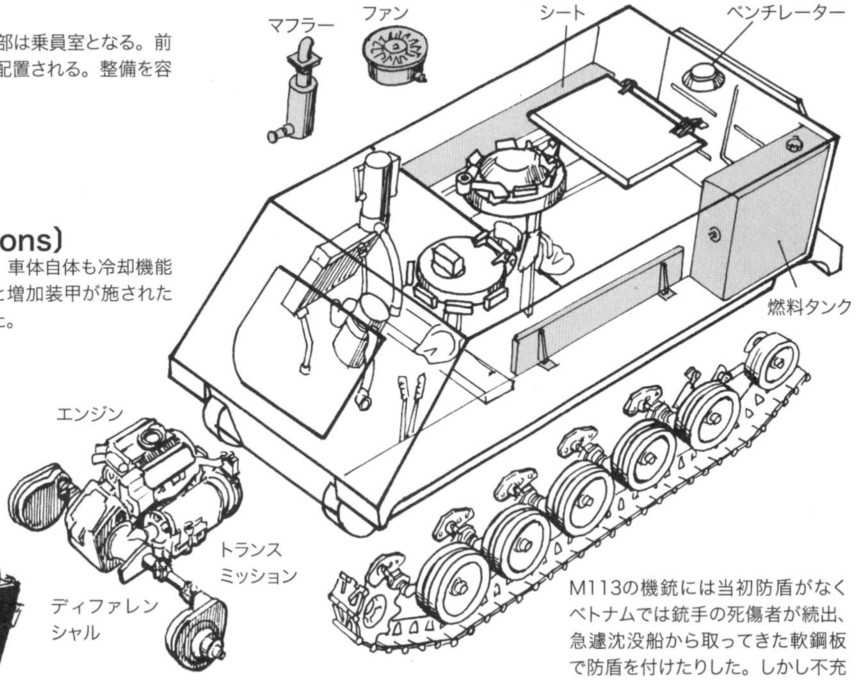

■バリエーションと戦場での改造
（Variants and Local Modifications）
M113には下に紹介するようなバリエーションがあるが、車体自体も冷却機能や足回りを改善したM113A2、サスペンションの防御と増加装甲が施されたM113A3、武装を強化したM113 ACAVなどと発展した。

マフラー　ファン　シート　ベンチレーター

エンジン
トランスミッション
ディファレンシャル

燃料タンク

●M577指揮通信車
（M577 Command Post）
前線で指揮、通信、射撃統制等を行なう他、後部にテントを張り戦闘司令部とすることもできた。

火力増強のため、防盾付のM60機関銃2丁が取り付けられた。

M113の機銃には当初防盾がなくベトナムでは銃手の死傷者が続出、急遽沈没船から取ってきた軟鋼板で防盾を付けたりした。しかし不充分だったので廃棄車両の装甲板が使われるようになり、1964年までにすべてのM113が改造された。

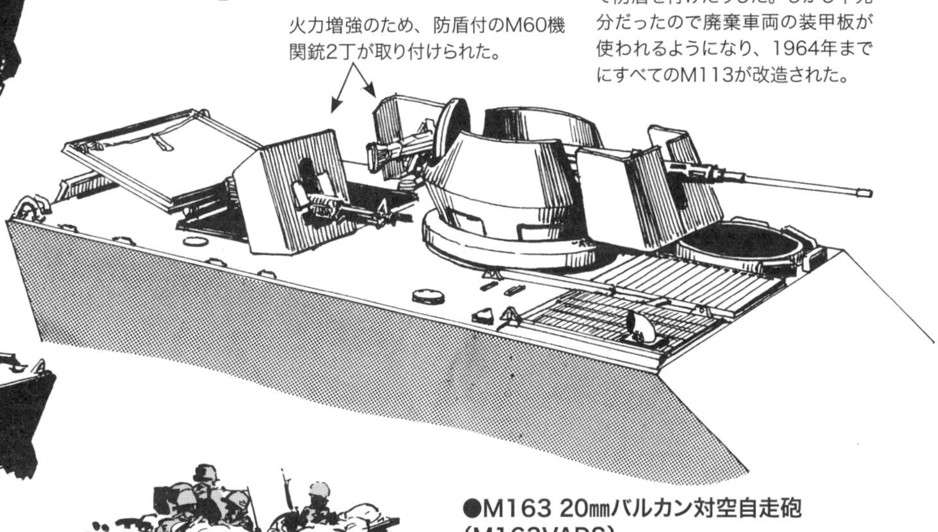

●M132A1
1963年ベトナムで使用された火炎放射車両。火炎放射燃料タンク4基を装備。最大150mまでの火炎を最大連続32秒放射できた。

●M163 20mmバルカン対空自走砲
（M163VADS）
師団防空用に開発された車両。中高度以下で攻撃してくる敵機に20mmバルカン砲で応戦。

●M106 107mm自走迫撃砲
車体後部に107mmM30迫撃砲を搭載した。車内発射も可能だが、地上に降ろして使用することもあった。

●M113の火力増強型
M113は各車両ごとにさまざまに改造された。火力増強にはM75対空40mmグレネード・ランチャーを装備したもの（左）や、7.62mmミニガンを装備したもの（右）がある。他に無反動砲を載せた車両もあった。

アメリカの装軌式揚陸車両

揚陸艦から発進し、敵前上陸に使われる装甲車両。現代は水上ではスクリューかウォータージェットで推進するのが主流だが、かつてはキャタピラの水掻きで走行した。兵員輸送以外にも火砲を備えたものや施設車両に改造されたものもある。LVTは水陸両用装軌車、LVTPは水陸両用装軌兵員輸送車、AAVは水陸両用強襲車の略。

American Landing Vehicles Tracked
LTV is amphibious armored assault vehicle for amphibious operations. Most of modern LVTPs or AAVs are propelled by screw propeller or pump jet on water while early LVTs used paddle cleats on tracks. In addition to troop transporter, variants for fire support or engineering were also developed. LVTP stands for Landing Vehicle Tracked Personnel and AAV for Amphibious Assault Vehicle.

■第2次世界大戦のLVT（WWII）

太平洋でのアメリカの反攻作戦で、島々への上陸の際に不可欠な兵器がLVTだった。図の如くキャタピラの水掻きで水上走行した。

●ロープリング・アリゲーター（1935）(Roebling Alligator)
ロープリングとは発明者の名前で、住んでいたフロリダの大湿原での救難活動の目的で造ったのが本車だ。これがのちのLVTの原型となった。

●LVT "アリゲーター"（1940）(Alligator)
ロープリング・アリゲーターを海軍が改造した車両で、機銃2丁を備え、強襲揚陸船艇として使用された。1940年に採用。乗員2名、積載量2t、乗車兵員18名、ガダルカナルで活躍。
最高速：陸上19km/h、水上10km/h

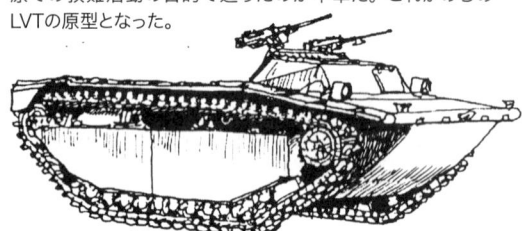

●LVT2 "ウォーターバッファロー"（1942）(Water Buffalo)
LVT1の戦訓から、上陸後の作戦使用も考慮して改良され、陸上走行時の最高速が19km/hから32km/hに引き上げられた（水上は12km/h）。乗員2名＋兵員20名、積載量2.7t、7.62mm機銃2丁搭載。

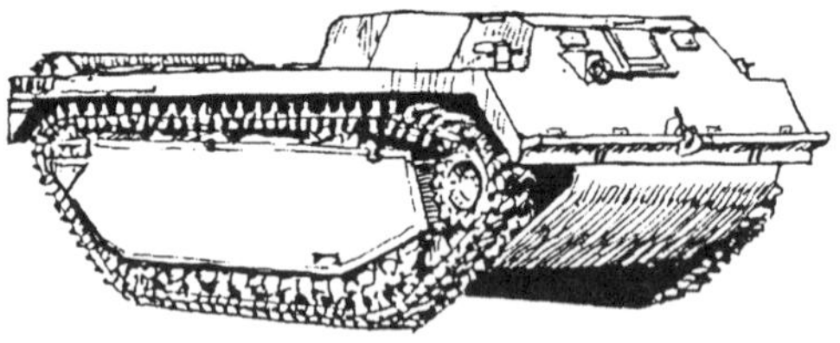

●LVTA1（1942）
砲塔に37mm砲を装備した火力支援車両でLVT2の改造型だ。マーシャル諸島の作戦で活躍し、初期上陸部隊に重宝された。乗員6名
最高速：陸上24km/h、水上12km/h

●LVTA4（1944）
M8自走砲の75mm榴弾砲装備砲塔を搭載した火力支援型。LVT4の改造型で砲の威力を発揮して活躍した。乗員6名　最高速：陸上24km/h

●LVT3 "ブッシュマスター"（1945）(Bushmaster)
エンジンの配置を変えて荷物室のスペースを拡大し、後面にランプを設けて積み降ろしを楽にした。登場はLVT4のあとだったが沖縄から投入され、戦後も長く使用された。
乗員3名＋兵員30名　積載量4t
最高速：陸上27km/h、水上9.6km/h

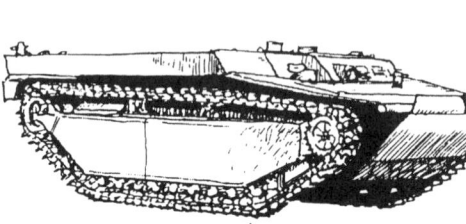

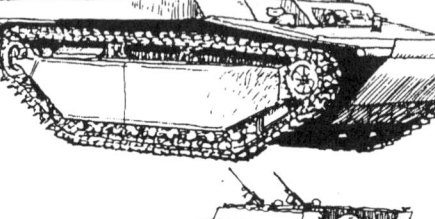

●LVT4（1943）
LVT3と同じくエンジンを前方に移し後方にランプを設けた。LVTでは最も量産されたタイプで、サイパン上陸作戦から使用されて以降、LVTの主力となった。
乗員2～7名　乗車兵員30名
積載量3.9t　最高速：陸上24km/h、水上12km/h

●LVT5 "アムトラック"（1954）(Amtrak)
朝鮮戦争後の標準型となったLVT。右図のLVTH6の車体と基本デザインは同じで、輸送用のため機銃塔が載る。乗員3名＋兵員34名　緊急時は45名まで乗車可能。最高速：陸上48.3km/h、水上11km/h

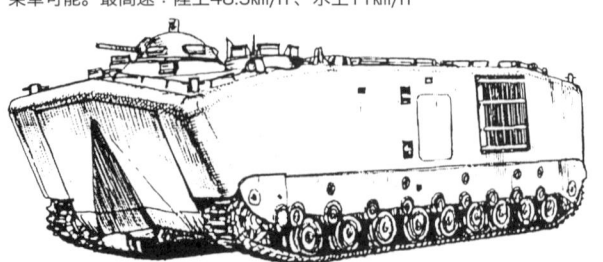

LVT3やLVT4は後部ランプからジープも搭載できた。朝鮮戦争でも活躍している。

●LVTH6（1954）
海兵隊の上陸作戦に使われる火力支援用LVT。兵員輸送用のLVTP5と共に使用される。105mm砲搭載。最高速：陸上44km/h

■現代の水陸両用装甲車 〔Modern Amphibious Armored Vehicles〕

●LVTP-7（1970）
NBC防護システムは無いが、寒冷地用キットにより外気温-54℃でも行動できる。1970年に制式採用、72年より配備。

全長7.9m　全幅3.2m
全高3.1m　重量24t
エンジン400HPディーゼル
最高速：陸上72km/h、水上13.4km/h
航続力480km　乗員3+25名

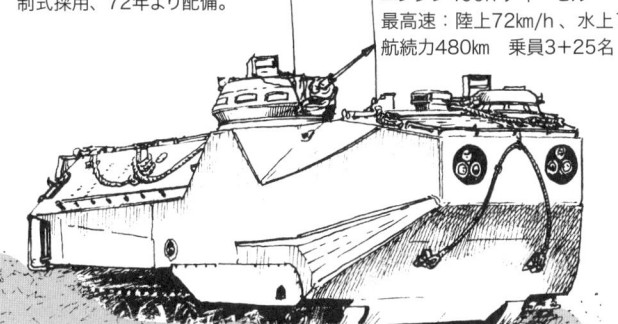

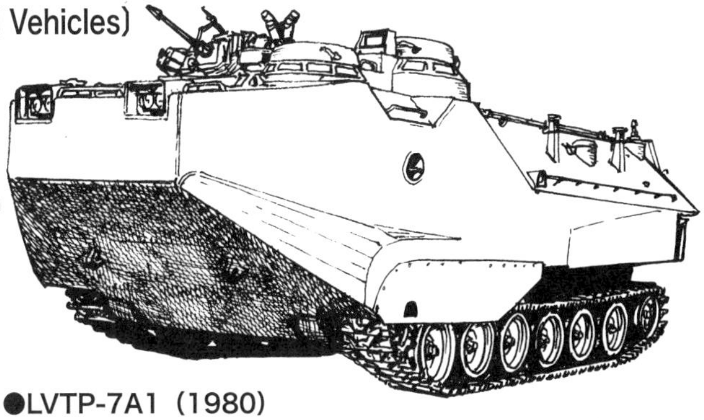

●LVTP-7A1（1980）
LVTP-7を改修、性能向上したもので、1980年より配備。乗員3名と歩兵25名搭乗。AAV-7のシリーズは1985年にLVTから名称変更されたアメリカ海兵隊の水陸両用装甲車。

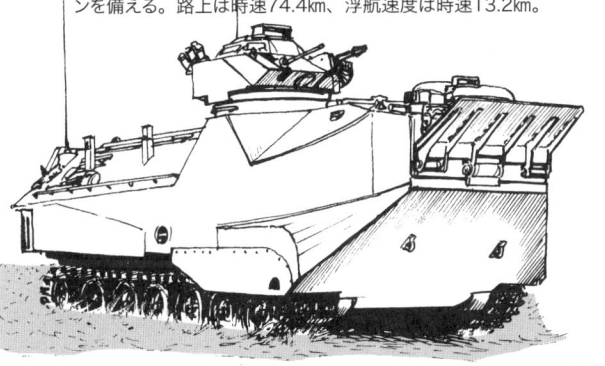

●イスラエル仕様EAAK装備（1990）（Israeli Model）
イスラエル開発の強化型増加装甲キットを装備。14.5mm弾までストップさせられる。

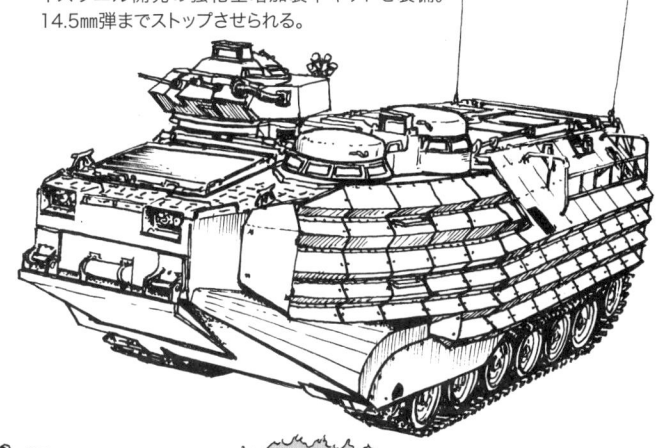

●AAV-7A1（1985）
車体はアルミ熔接の完全密閉構造。水上航行はウォータージェットでA1型から改良された点は12.7mm機銃に加え40mm擲弾発射器を備え火力アップ、スモークディスチャージャー付加、車長用キューポラかさ上げ、新型エンジン採用等。1985年に名称変更されたタイプ。起倒式のトリムベーンを備える。路上は時速74.4km、浮航速度は時速13.2km。

浮航性を重視した舟形で、3mの波でも進めるように設計されている。

▼その他のバリエーション
AAVシリーズは現在1,493両が生産され、アメリカ海兵隊の他、同盟友好国に100両ほどが輸出または供与されている。

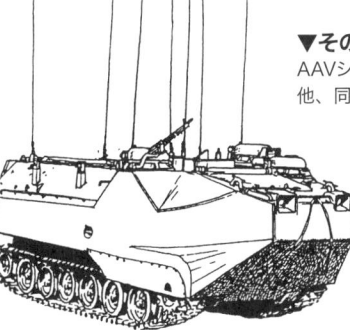

●LVTC-7指揮通信車
通信手、幕僚など計12名乗車。通信設備の電力はAPV付加でまかなう。

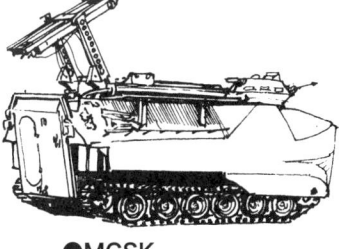

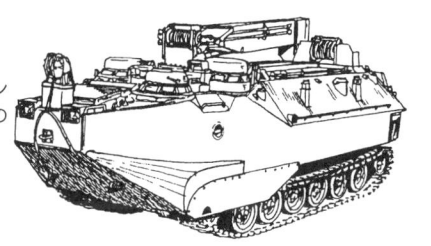

●LVTR
吊り上げ重量2.7tのウィンチ付きのクレーンを装備の回収車。乗員5名。

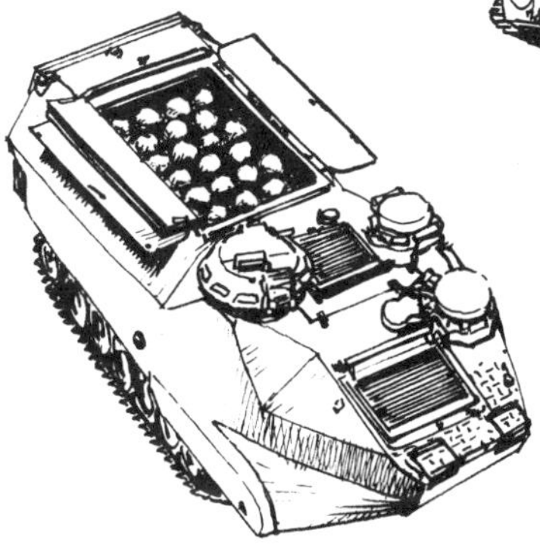

●MCSK
ラインチャージを使用した地雷処理車両。

●CATFAE
乗員室部分に気化爆薬を21個搭載した地雷処理車両。

ソ連の装甲車両
Soviet Armored Vehicles

●BTR-50K水陸両用兵員輸送車（1957）
（Amphibious Personnel Carrier）

ベースはPT-76水陸両用偵察戦車で、全装軌式兵員輸送車としてはソ連軍初のものだ。初期量産型のP型はオープントップだったが、このK型からは密閉式車体となった。この車種も多量に生産されており、東欧を始めアラブ諸国に輸出されて、数多くのバリエーションを持っている。武装は機銃1丁のみで、兵員20名が乗車可能だ。
（代表諸元）全長7.08m　全幅3.14m　全高19.7m　装甲10～14mm
武装：7.62mm機銃×1　重量14.2t
エンジン240HP液冷ディーゼル　最高速：陸上44km/h、水上11km/h
航続力260km　乗員2名＋兵員20名

■BMP歩兵戦闘車シリーズ
（BMP Infantry Fighting Vehicle series）

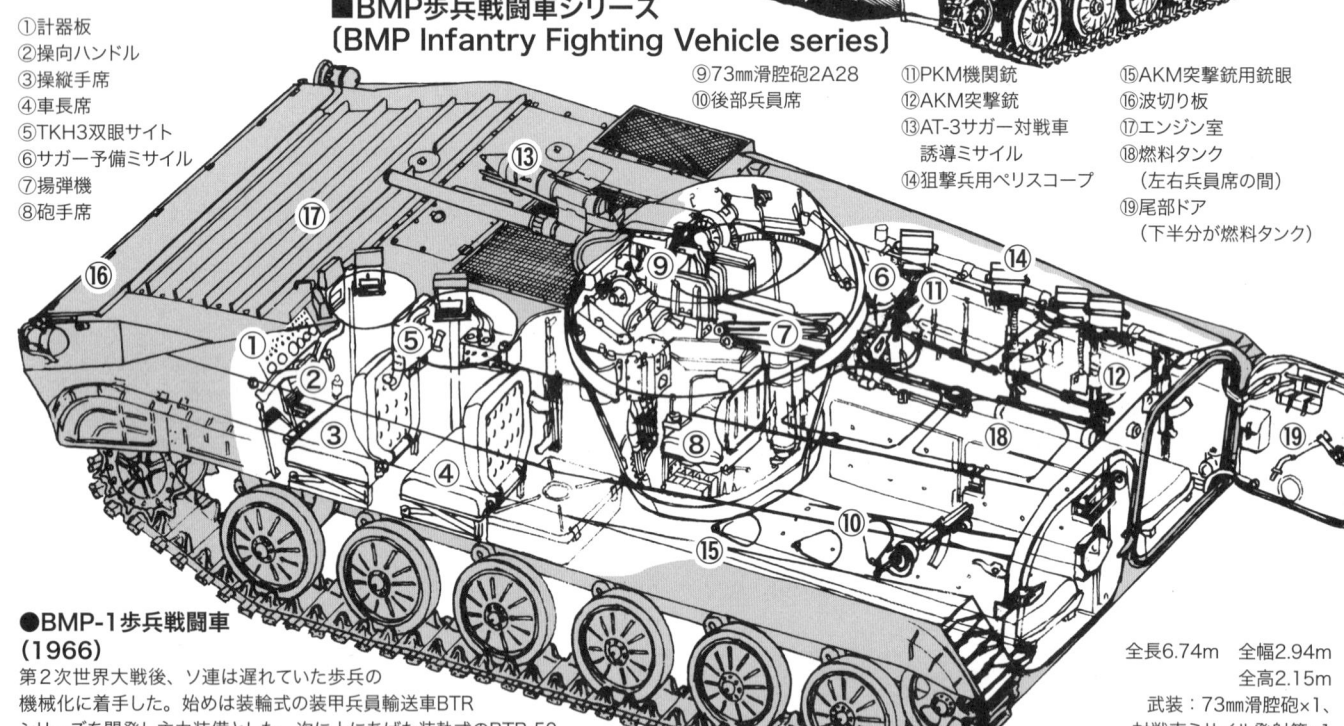

①計器板
②操向ハンドル
③操縦手席
④車長席
⑤TKH3双眼サイト
⑥サガー予備ミサイル
⑦揚弾機
⑧砲手席
⑨73mm滑腔砲2A28
⑩後部兵員席
⑪PKM機関銃
⑫AKM突撃銃
⑬AT-3サガー対戦車誘導ミサイル
⑭狙撃兵用ペリスコープ
⑮AKM突撃銃用銃眼
⑯波切り板
⑰エンジン室
⑱燃料タンク（左右兵員席の間）
⑲尾部ドア（下半分が燃料タンク）

●BMP-1歩兵戦闘車（1966）

第2次世界大戦後、ソ連は遅れていた歩兵の機械化に着手した。始めは装輪式の装甲兵員輸送車BTRシリーズを開発し主力装備とした。次に上にあげた装軌式のBTR-50、その後継としてこのBMPシリーズが開発された。このBMP-1はそれまでと異なった革命的なコンセプトを持つ歩兵戦闘車の先駆けで、車体に銃眼を設けて乗車歩兵が車内から戦闘可能になり、搭載武器や車両のメカニズムも大幅に強化された。BMP-1は1982年まで生産が続き、東欧・中東・アフリカ諸国などで広く使われた。

全長6.74m　全幅2.94m　全高2.15m
武装：73mm滑腔砲×1、対戦車ミサイル発射筒×1
重量3.5t　エンジン300HP水冷ディーゼル
最高速：陸上80km/h、水上8km/h
航続力500km　乗員3名＋兵員1個分隊8名

●BMP-2歩兵戦闘車（1982）

BMP-1の改良型で、新設計の大型砲塔を搭載。このため車内の人員配置が変わって搭乗人員が1名減った。搭載砲は長砲身の30mm機関砲で、装甲貫徹力が滑腔砲により勝っていた。装備する対戦車ミサイルはAT-5となっている。
全長3.73m　全幅3.15m　全高2.45m　武装：30mm機関砲×1、7.62mm機銃×1、対戦車ミサイル発射機×1　重量14.3t　エンジン300HP水冷ディーゼル
最高速：陸上65km/h、水上7km/h　航続力550～600km
乗員3名＋兵員7名

●BMP-3歩兵戦闘車（1990）

BMPシリーズの最新型だが、やや車体が大型化し内部配置も異なって、単純な発展型ではない。武装は戦車といっても良いくらい強力で、100mmのミサイル発射兼用の両用滑腔砲を搭載し、同軸に30mm機関砲、さらに車体前部両側に機銃を追加した世界一重武装の歩兵戦闘車だ。

全長6.72m　全幅3.3m　全高2.45m　武装：100mm両用滑腔砲×1、30mm機関砲×1、7.62mm機銃×3　重量18.7t　エンジン450～600HP
最高速：陸上70km/h、水上10km/h　航続力600km　乗員3名＋兵員7名

●BMPシリーズの乗員配置

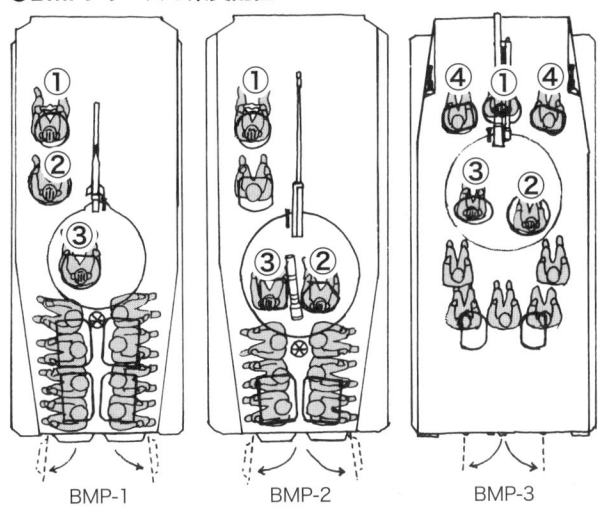

①操縦手
②車長
③砲手
④車体前部機銃手
（歩兵）

BMP-1　BMP-2　BMP-3

BMP-3では座席を減らし兵員区画を分離した。前部装甲を厚くしたためエンジンは最後部に配置。

■BMD空挺戦闘車シリーズ
(BMD Airborne Infantry Fighting Vehicle series)

このBMDシリーズはソ連軍の空挺部隊用の戦闘車だ。ソ連の空挺部隊は降着後すぐに本格的な陸上戦闘を行なえるように、装甲機械化と対戦車戦闘能力を与えることを考え、このBMDを開発したわけだ。当然、空輸とパラシュート降下が条件で、さらに浮航能力も備えている。車体は小型軽量、NBC防護力のある装甲防禦力を備えている。浮航推進はウォータージェット方式である。乗員は車両専任2名と戦闘兵5名の計7名で、これが空挺1個分隊を形成する。油気圧式の懸架装置で車両を調整できる。下図は降下直後のBMD-1で、転輪を完全に引き上げ、着陸時にサスペンションを痛めないようにしている。

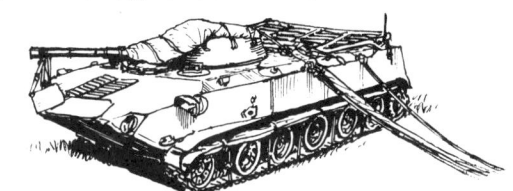

●BMD-1空挺戦闘車（1969）

①波切り板
②対戦車誘導ミサイル
③機関士兼操縦手ハッチ
④主砲俯仰装置
⑤主砲照準器
⑥照準手ハッチ
⑦砲弾
⑧兵員ハッチ
⑨視察装置
⑩ウォータージェット推進装置
⑪エンジン
⑫エアスプリング
⑬照準手席
⑭空薬莢箱
⑮機関士兼操縦手席
⑯キャタピラ伸長装置

全長5.4m　全幅1.97m　全高2.63m
武装：73mm滑腔砲×1、7.6mm機銃×3　重量7.5t　エンジン240HP
最高速70km/h　水上10km/h　航続力320km　乗員3名＋4名

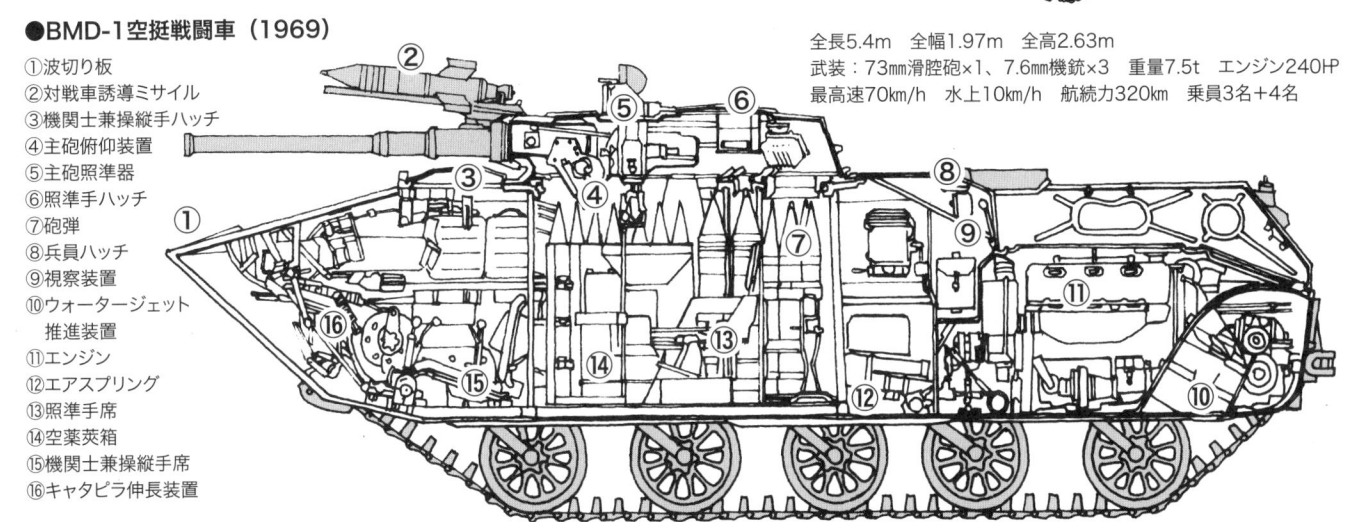

●BMD-2空挺戦闘車（1983）

1人用砲塔に30mm機関砲を装備。BMD-1と混在して使用中。

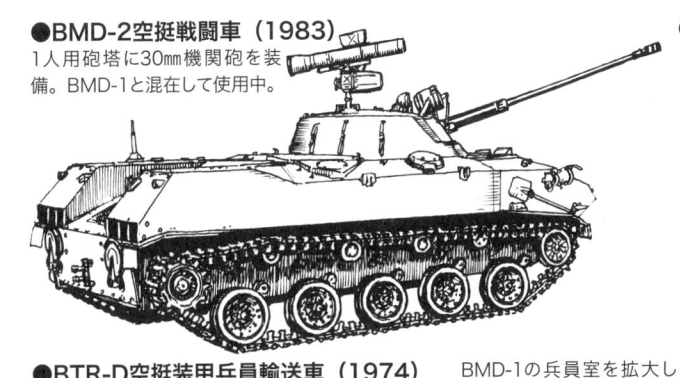

●BMD-3空挺戦闘車（1990）

空挺部隊と海軍歩兵に配備。詳細は不明。乗員を乗せたまま空中降下できる。

●BTR-D空挺装甲兵員輸送車（1974）
(Airborne Armoured Personnel Carrier)

BMD-1の兵員室を拡大した兵員輸送専用型。乗員は2名＋11名。固定武装はないが銃眼があり戦闘可能。

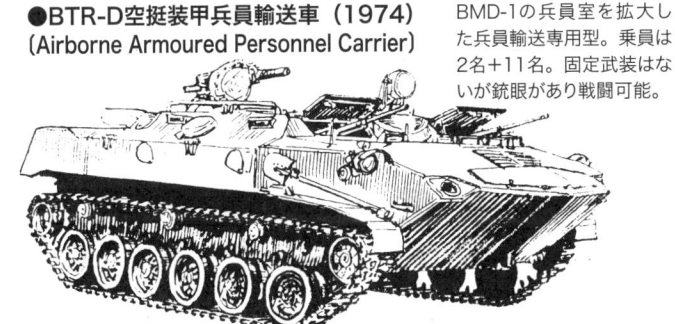

●2S9/SO120空挺強襲砲車（1985）

空挺部隊の火力支援用で、BMD-2の車体に後方装塡の120mm迫撃砲を載せた。この砲は対戦車HEAT弾も発射可能だ。

ドイツの歩兵用戦闘車両

かつて歩兵は文字通り歩く兵隊だったが、機甲部隊の登場で機械化され、装甲兵員輸送車(APC)で移動するようになった。このAPCに火力を備えたものが歩兵戦闘車(MICV)だが、旧西ドイツはこのMICVの先進国で多くの国に影響を与えている。今日では湾岸戦争のような正規軍同士による大規模な正面衝突自体はめったになく、局地紛争やゲリラ相手であるため、MBTの大火力が有効とは限らない。むしろ各種の装甲戦闘車(AFV)を多数備える方が有効という論もある。

German Infantry Fighting Vehicles
In accordance with the appearance of armored units, infantry units were mechanized and transported by Armored Personnel Carrier (APC). Mechanized Infantry Combat Vehicle (MICV) is the APC with sufficient firepower for fire support, and West Germany was one of the most leading countries in the development of MICV that influenced many countries. In modern international situation, full-scale war between regular armies such as the Gulf War is seldom and limited war or guerrilla warfare is usual, the definitive firepower of MBT is not always effective. Some experts insist the extensive use of various types of Armored Fighting Vehicles is more effective in those cases.

●SPZ12-3歩兵戦闘車（1960）〔Infantry Fighting Vehicle〕
西ドイツ陸軍が開発した戦後初の車両で、ベースはスイスのイスパノ・スイザ社の対空自走砲である。歩兵戦闘車のコンセプトとしては世界初のものだ。しかし乗降は天井のハッチからのみで、射撃の際は外に身を乗り出さなければならないなど不具合が多かった。
全長6.31m　全幅2.54m　全高1.85m　武装：20mm機関砲×1、7.62mm機銃×1　重量14.6t　最高速58km/h　乗員3名+5名

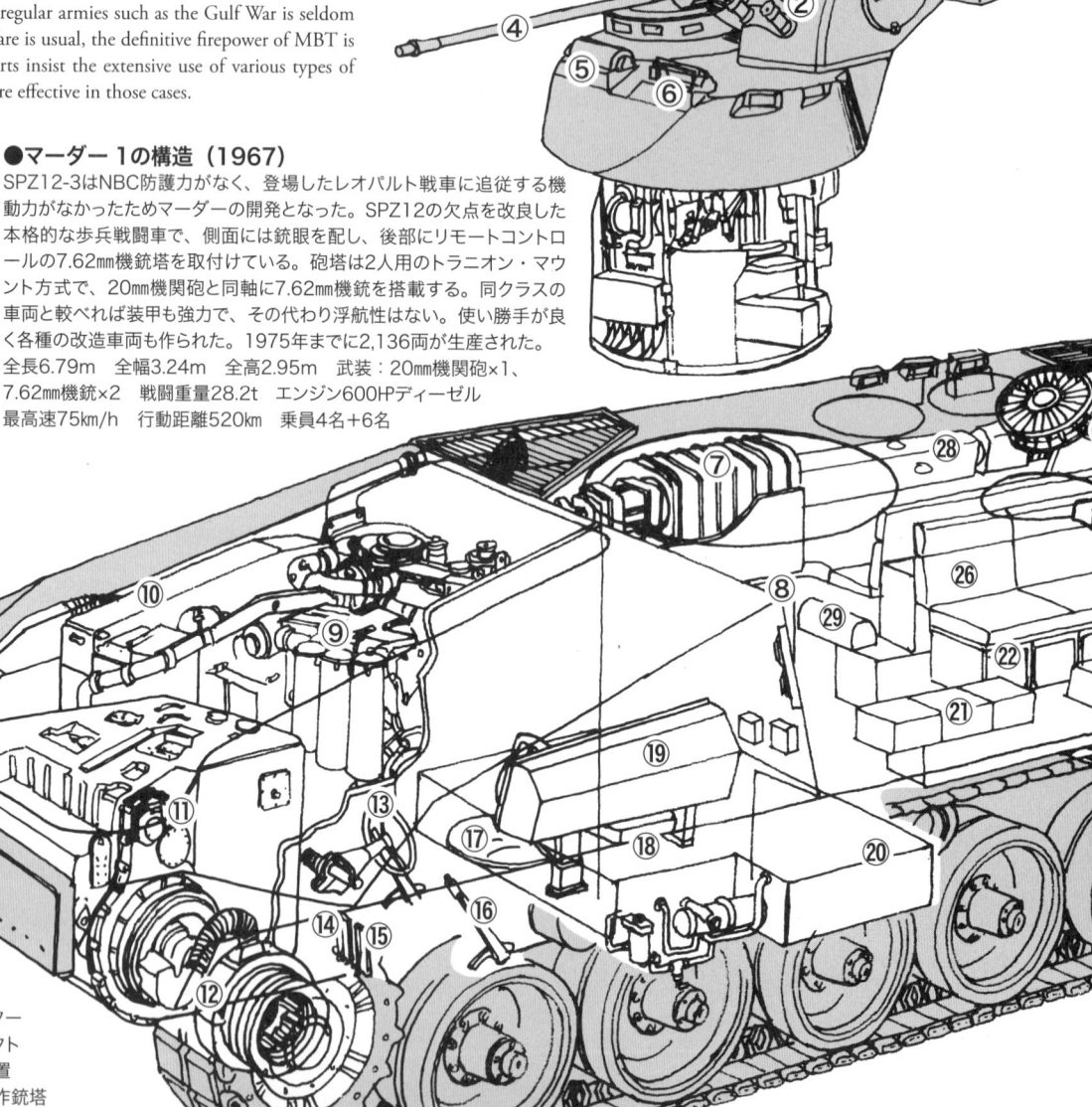

●マーダー 1の構造（1967）
SPZ12-3はNBC防護がなく、登場したレオパルト戦車に追従する機動力がなかったためマーダーの開発となった。SPZ12の欠点を改良した本格的な歩兵戦闘車で、側面には銃眼を配し、後部にリモートコントロールの7.62mm機銃塔を取付けている。砲塔は2人用のトラニオン・マウント方式で、20mm機関砲と同軸に7.62mm機銃を搭載する。同クラスの車両と較べれば装甲も強力で、その代わり浮航性はない。使い勝手が良く各種の改造車両も作られた。1975年までに2,136両が生産された。
全長6.79m　全幅3.24m　全高2.95m　武装：20mm機関砲×1、7.62mm機銃×2　戦闘重量28.2t　エンジン600HPディーゼル
最高速75km/h　行動距離520km　乗員4名+6名

①赤外線・白色光照射器
②発煙弾発射器
③7.62mm砲塔機銃
④20mm機関砲
⑤車長用ペリスコープ
⑥砲手用ペリスコープ
⑦NBC防護装置
⑧弾薬箱
⑨ディーゼルエンジン
⑩エアフィルター
⑪変速機
⑫ディスクブレーキ
⑬ステアリング
⑭アクセルペダル
⑮ブレーキペダル
⑯旋回レバー
⑰操縦手席
⑱観測手席
⑲計器パネル
⑳燃料タンク
㉑無線機
㉒バッテリー
㉓射撃ポート
㉔燃料タンク
㉕冷却ファン
㉖兵員シート
㉗ラジエーター
㉘エアダクト
㉙暖房装置
㉚遠隔操作銃塔

●マーダー1A2歩兵戦闘車（1984）
(Infantry Fighting Vehicle Marder 1A2)
マーダー1はA1からA3までの改修型があり、外国仕様の輸出型も生産された。従って、武装や装甲は各種多岐に渡っている。現在本国で装備されているものでは、ミラン対戦車ミサイルの発射器を搭載したもの、スペースドアーマーを装着したものなどがあり、またNBC防禦システムを強化したものもある。派生型では、砲塔をはずしレーダーを搭載したタイプ、ローラント地対空ミサイルを搭載したものも開発されている。

●マーダー2（1991）
(Experimental Marder 2)
本車はマーダー1の後継車両として開発されたが、東西ドイツ統一、ソ連崩壊など国内国際情勢の急激な展開と、統一後の財政難などで計画が見直され、結局マーダー1A3の登場を見る。現在はさらに1A5へ発展した。

●ヴィーゼル空挺車（1989）
(Light air-transportable AFV Wiesel)
日本の軽自動車並の超小型装軌装甲車で、西ドイツ空挺部隊用に開発された。各種のバリエーションが予定されており、TOW対戦車ミサイルを装備するTOWA1、20mm機関砲を装備する偵察型のMK20A1などがある。輸送機C-160で4両、C-130で3両、CH-53ヘリコプターなら2両の積載が可能となっている。TOWやローラントなどの装備兵器の国際的共通化や共同開発は現代の特徴の1つである。
（TOWA1仕様）
全長3.265m　全幅1.82m　全高1.875m
戦闘重量2.75t　エンジン87HP5気筒ターボディーゼル
最高速80km/h　行動距離200km　乗員3名

●ヴィーゼル空挺車の内部

Ⓐ5気筒ディーゼルエンジン
Ⓑダンパー
Ⓒ起動輪
Ⓓ自動変速機
Ⓔブレーキシステム
Ⓕ暖房・換気装置
Ⓖ操向装置
Ⓗメーターパネル
Ⓘ操縦手用ハッチ
Ⓙ冷却装置
Ⓚ外部装着燃料タンク
Ⓛ誘導輪

イギリスの装甲戦闘車　スコーピオンシリーズ

　1964年頃から開発が始められた小型の装軌式戦闘車。軍の要求は多岐にわたり、昼夜を通じての広視野・高倍率の視察力を持ち、高速で走破性に優れ浮航性を持つ、という機動力のある高性能偵察車両を求めていた。これに加えて歩兵部隊の火力支援や対戦車戦闘能力を持った軽戦車の性格をも要求された。制式化は70年になったが、この車両から偵察装甲車、回収車、兵員輸送車、対戦車ミサイル搭載車など数多くの派生型が開発され、輸出先の各国仕様も多くある。重量はいずれも8t台で、中には7tクラスもあり軽量だ。

British Armored Combat Vehicle Scorpion Series
Scorpion series are British small tracked combat vehicle developed from about 1964. The army's requirement for this was rather complicated, to achieve day/night observation capability of high magnification with wide angle, high mobility and amphibious capability as reconnaissance vehicle. In addition to them, fire support and anti-tank capabilities were also required as light tank. The deployment started in 1970 and based on this armored vehicle, many variants such as reconnaissance vehicle, recovery vehicle, personnel carrier or anti-tank missile carrier were developed and there are many local modification types or export models as well. But the weight of them remained within only 7-8 tons.

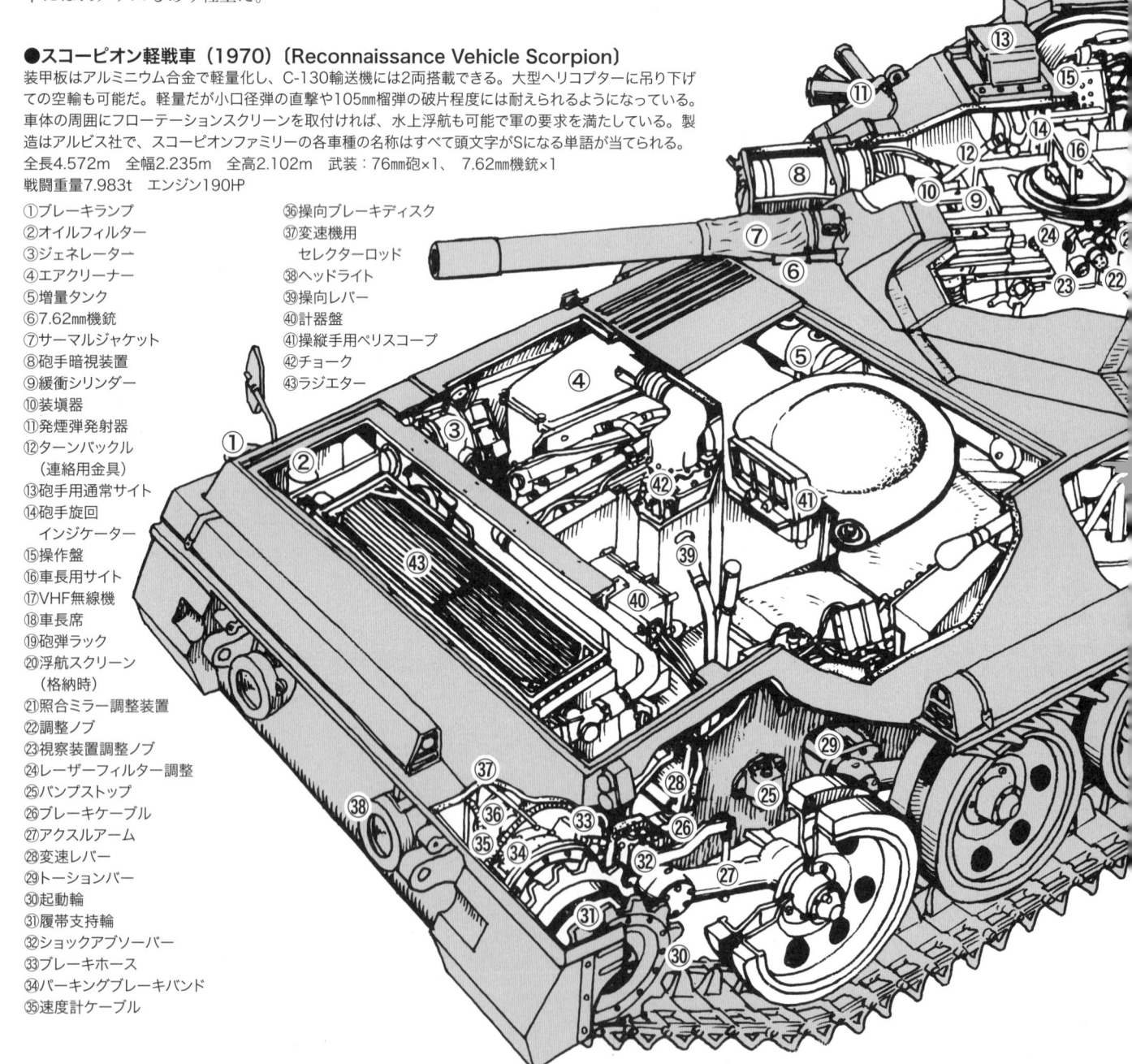

●スコーピオン軽戦車（1970）（Reconnaissance Vehicle Scorpion）

装甲板はアルミニウム合金で軽量化し、C-130輸送機には2両搭載できる。大型ヘリコプターに吊り下げての空輸も可能だ。軽量だが小口径弾の直撃や105mm榴弾の破片程度には耐えられるようになっている。車体の周囲にフローテーションスクリーンを取付ければ、水上浮航も可能で軍の要求を満たしている。製造はアルビス社で、スコーピオンファミリーの各車種の名称はすべて頭文字がSになる単語が当てられる。

全長4.572m　全幅2.235m　全高2.102m　武装：76mm砲×1、　7.62mm機銃×1
戦闘重量7.983t　エンジン190HP

①ブレーキランプ
②オイルフィルター
③ジェネレーター
④エアクリーナー
⑤増量タンク
⑥7.62mm機銃
⑦サーマルジャケット
⑧砲手暗視装置
⑨緩衝シリンダー
⑩装填器
⑪発煙弾発射器
⑫ターンバックル
　（連絡用金具）
⑬砲手用通常サイト
⑭砲手旋回
　インジケーター
⑮操作盤
⑯車長用サイト
⑰VHF無線機
⑱車長席
⑲砲弾ラック
⑳浮航スクリーン
　（格納時）
㉑照合ミラー調整装置
㉒調整ノブ
㉓視察装置調整ノブ
㉔レーザーフィルター調整
㉕バンプストップ
㉖ブレーキケーブル
㉗アクスルアーム
㉘変速レバー
㉙トーションバー
㉚起動輪
㉛履帯支持輪
㉜ショックアブソーバー
㉝ブレーキホース
㉞パーキングブレーキバンド
㉟速度計ケーブル
㊱操向ブレーキディスク
㊲変速機用
　セレクターロッド
㊳ヘッドライト
㊴操向レバー
㊵計器盤
㊶操縦手用ペリスコープ
㊷チョーク
㊸ラジエター

●シミター偵察装甲車（1972）
（Reconnaissance Vehicle Scimitar）
本車は偵察部隊に配備される近接偵察用で、スコーピオンの76mm砲の代わりにラーデン30mm機関砲を搭載する。この機関砲はクリップ給弾で3発ずつ、有効射程2,000m、最高発射速度毎分120発、連続発射、単発射撃の他、6発までのバースト射撃も可能だ。薬莢は車外に自動排出される。
全長4.985m　全幅2.235m　全高2.096m
武装：ラーデン30mm機関砲×1、7.62mm機銃×1
戦闘重量7.75t　エンジン：ジャガー 190HPガソリン　最高速80.5km/h
航続力644km　乗員3名

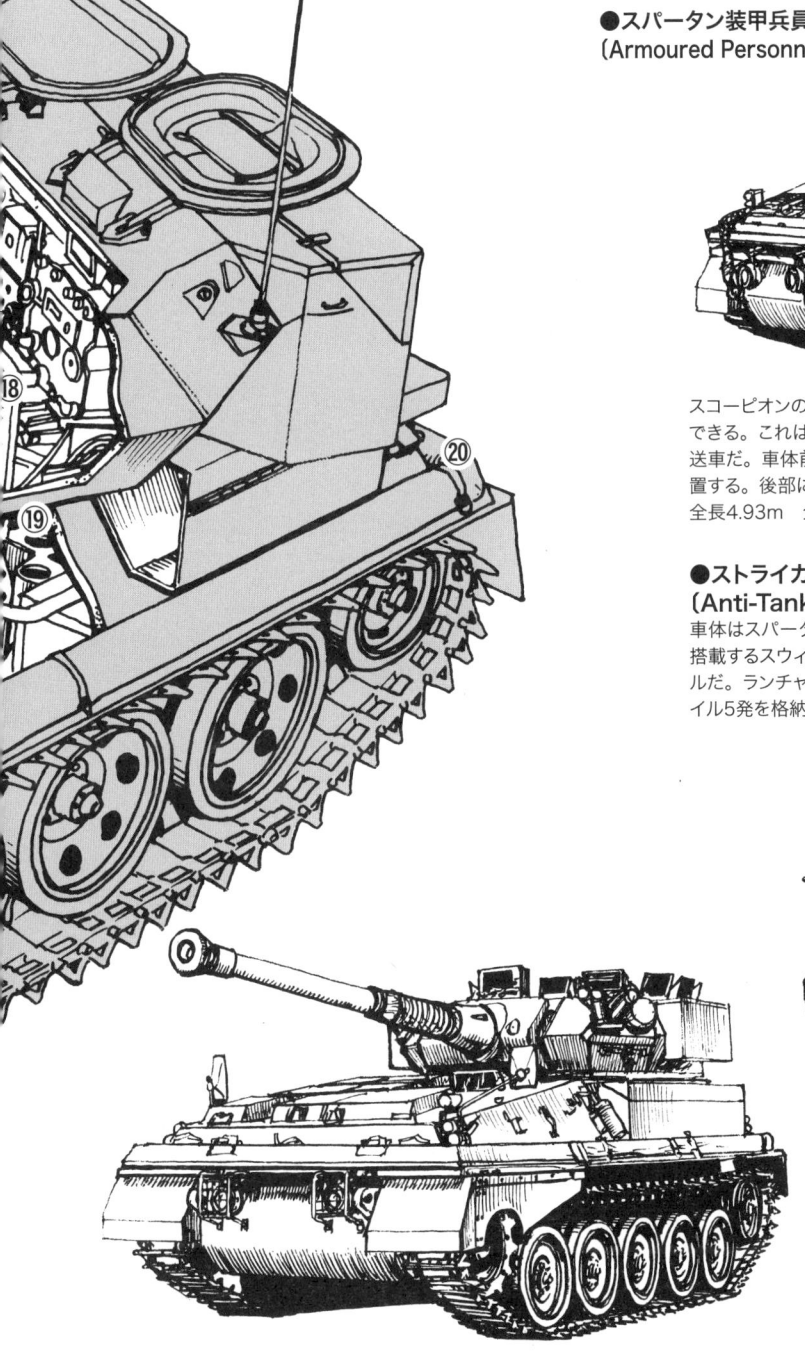

●スパータン装甲兵員輸送車（1973）
（Armoured Personnel Carrier Spartan）

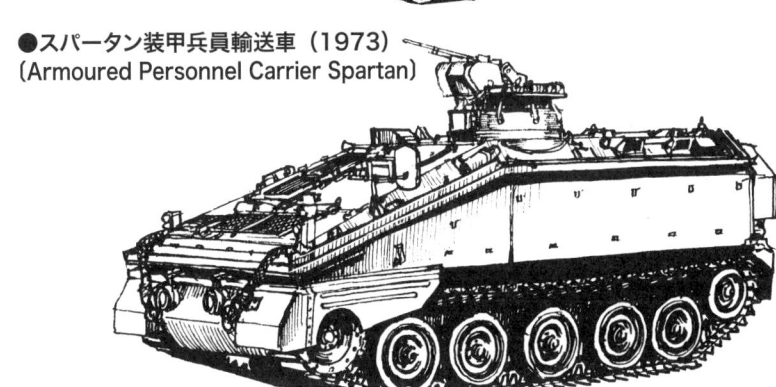

スコーピオンのAPCバージョン。砲塔は無いが車長用キューポラに7.62mm機銃を装備できる。これは車内から操作できるが、乗員室にガンポートは無いので純粋の兵員輸送車だ。車体前左側に操縦手、その後方に車長が座り、その右側に班長/無線手が位置する。後部に兵員4人が乗車できる。
全長4.93m　全幅2.242m　全高2.26m

●ストライカー対戦ミサイル搭載車（1975）
（Anti-Tank Guided Weapon Carrier Striker）
車体はスパータンがベースで、前部乗員配置は同じ。車長の右側に射手が位置する。搭載するスウィングファイアーミサイルは射程150～4,000mの第2世代対戦車ミサイルだ。ランチャーは発射時に約35°押し上げられる。車内には兵員の代わりに予備ミサイル5発を格納する。
全長4.826m　全幅全高共2.242m

●スコーピオン90軽戦車（1981）（Scorpion 90）
輸出用として開発された武装強化型で、76mm砲に変えて90mm砲を搭載する。車体関係は76mm砲型（FV101）と同じだが重量は増加している。主砲は有効射程4,000m、使用弾は多様な種類が使用可能で、HE、HEAT、HESH、SM、キャニスター弾などを発射できる。射角は-8°から+30°。FV101に較べて重量増のため機動力が落ちている。スコーピオンファミリーにはこの他にサムソンと呼ぶ回収車、サルタン指揮車、サマリタン救急車等がある。このファミリーの製造数約3,500両。

陸上自衛隊の装甲車両

陸上自衛隊の装備車両は、戦車や自走砲のような戦闘車両の他に、トラックなどの一般車両、ブルドーザー、クレーン車などの施設車両がある。ここでは戦車以外の戦闘車両と装甲を施した車両を中心にしてみよう。戦闘車両では火力ばかりでなく、機動力や自動化が重視されるのが近年の特徴で、そのため軽量化と大馬力化、電子機器の搭載などが進められている。また自衛隊の一般車両といえば三菱製のジープのイメージが強いが、近年は不整地走行にも優れた10人乗りの高機動車が新規調達され注目された。また火砲では203mmという陸自としては最大の自走榴弾砲が導入されている。

Armored Vehicles of JGSDF
Apart from combat vehicles such as tanks or SPGs, JGSDF has various administrative vehicles such as trucks and engineering vehicles such as bulldozers or crane trucks. Here, we will see Japanese non-tank AFVs. The modern army doctrine emphasizes not only on firepower, but also on mobility and automation, thus the weight reduction, increasing of power output and introduction of various electric devices are continuously proceeding. As for the administrative vehicle of JGSDF, Mitsubishi Jeep was well known, but recent deployment of High Mobility Vehicle with excellent mobility on rough terrain and accommodates 10 men was noticeable. And as for artillery piece, 203 mm self-propelled howitzer is the largest howitzer of JGSDF.

●87式自走35mm高射機関砲（1987）(Type87 SPAAG)
捜索レーダー、追尾レーダー、射撃統制装置が一体となって制禦するスイス製エリコンKDA35mm高射機関砲。
全長7.99m　全幅3.18m
全高4.4m　全備重量38t
速度53km/h　乗員3名

●89式装甲戦闘車（1989）(Type89 Armored Combat Vehicle)
79式重MATの発射
エリコンKDA35mm機関砲　7.62mm同軸機銃　対戦車用重MATランチャー×2
レーザー検知器　ガンポート

車長、操縦士、砲手の他は戦闘員7名でそれぞれガンポートがある。フロントエンジンで室内は広い。
全長6.8m　全幅3.2m　全高2.5m　全備重量26.5t
最高速度70km/h　航続力400km　乗員10名

●M15A1自走高射機関砲（1943）(M15A1 CGMC)
第2次世界大戦中にアメリカ軍が開発した車両。日本に貸与され、90年3月まで現役だった。37mm機関砲の両側に12.7mm機関銃を装備。ベースのM3ハーフトラックは大戦中から多くの装備バリエーションがある。

●73式装甲車（1973）(Type73 APC)
60式装甲車の後継車として開発され、1973年に仮制式、翌年から装備された。人員輸送の場合は12名が乗車できる。オフロードでの機動性にも優れる。車内から射撃も可能で、浮航性も持つ。
全長5.8m　全幅2.9m　全高2.21m　重量13.3t　空冷ディーゼル300HP
最高速60km/h、水上6km/h
航続力300km

●化学防護車（1991）
有毒ガスや放射能による汚染地域内を行動できる装甲車。82式指揮通信車の改造で、車内では空気浄化装置によりガスマスクなしで試料採取、ガス検知などを行なう。乗員4名、化学科部隊に配備。

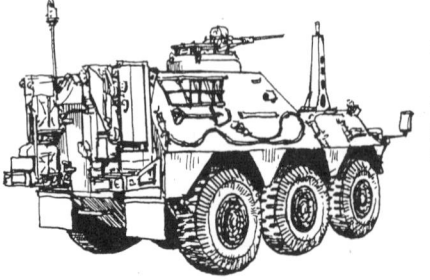

●87式偵察警戒車（1987）(Type87 RCV)
偵察部隊配備の6輪装甲車。最高速100km/h、乗員5名。暗視装置を備え、25mm機関砲搭載。

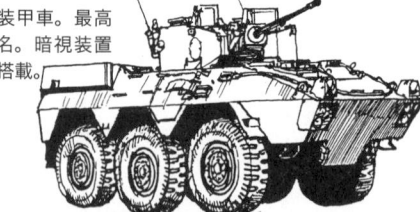

●60式106mm自走無反動砲（1960）
（Type60 Self-propelled 106mm Recoilless Gun）

1955年に開発、60年に制式となった歴史ある自衛隊オリジナルの車両。小型戦車に2連装の無反動砲を積んだ形。全高1.38mと低くアンブッシュ戦法（射撃位置を隠し不意急襲する）に適し、日本の地形にマッチした機動的対戦車兵器。2008年に退役した。

●60式107mm自走迫撃砲（1960）
（Type60 Self-propelled 107mm Motor）

これも1960年以来使われる機械化普通科部隊の支援火力。60式装甲車を改造、射撃精度良好な107mm迫撃砲を積む。他に12.7mmM2重機関銃装備。

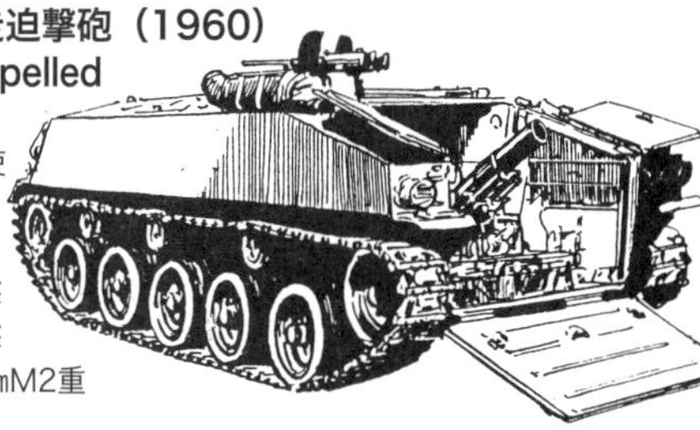

●60式装甲車（1960）（Type60 APC）
陸上自衛隊の国産装甲車両として最も初期に開発されたものの一つ。車体後部の兵員室に6名を収容できる。1972年に生産は中止され後継の73式装甲車が登場しているが、高額なため本車も使用され続け、2006年に退役。
全長4.85m　全幅2.4m　全高1.89m　全備重量11.8t　最高速45km/h
乗員4名＋6名

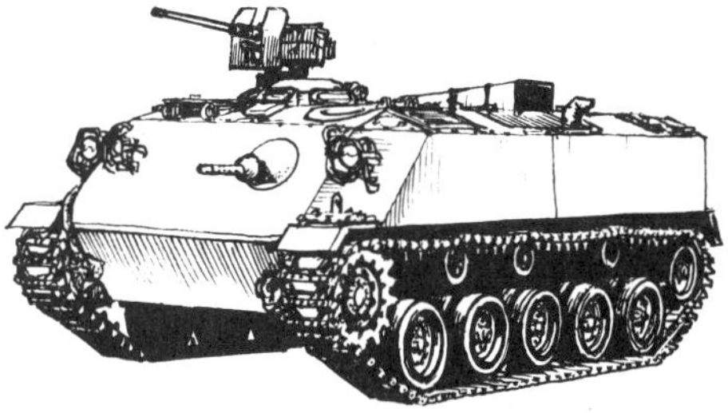

●82式指揮通信車（1982）
（Type82 CCV）
6輪コンバットタイヤ装着の自衛隊発の国産装輪装甲車。北海道に優先配備されている。8人乗り時速100km/h。12.7mmM2機関銃装備。他に7.62mm機銃を装備する場合もある。

●87式砲側弾薬車（1987）
203mm自走榴弾砲に随伴して弾薬補給を行なう。積載弾数50発。73式牽引車の改造。乗員8名。車体後部に1回で10発を吊り上げる揚力約1tのクレーンを有する。

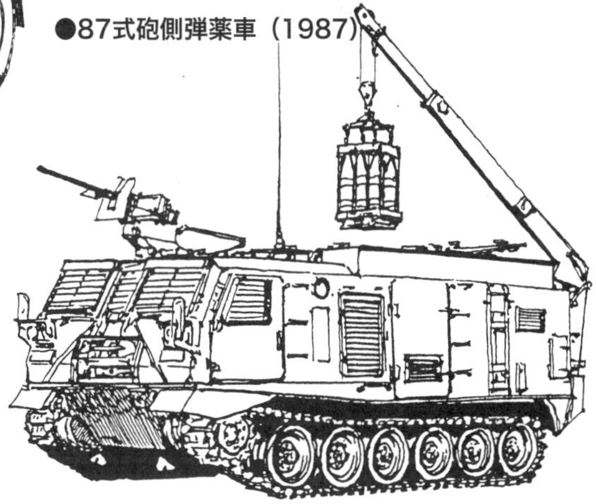

●高機動車（1993）（HMV）
装甲車ではないが、米軍のハマーに似た魅力的な高機動車。最低地上高が高く、タイヤ空気圧が調整可能。オフロードの機動性が高い。乗員10名という、ジープと中型トラックの性格を持つ多目的汎用車両。

●88式地対艦誘導弾（1988）
（Type88 Surface-to-ship Missile）
74式特大トラックに6基のランチャーを搭載。射程110km以上。全長5m、胴体直径35cmの巡航ミサイルで、個体ロケットと小型ジェットを併用。始め慣性誘導で最終段階がアクティブレーダーホーミング。

●新多連装ロケットシステム 自走発射機M270（1992より導入）
（M270 MLRS）
アメリカ軍のMLRSを採用。ロケット弾は全長3.9m、最大射程約30,000mで、広域目標を瞬時に撃破できる。自走発射機は全長7m、全幅3m、全高2.6mで乗員3名。

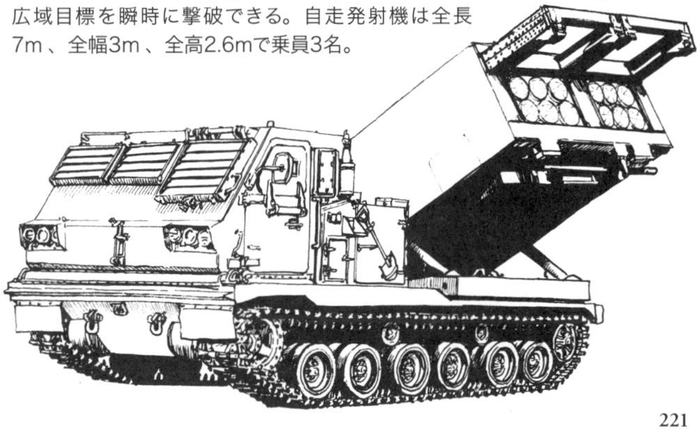

221

各国の歩兵戦闘車と装甲兵員輸送車

IFVs and APCs of Various Countries

●FV432装甲兵員輸送車（イギリス 1963）
（British Armoured Personnel Carrier FV432）

イギリス陸軍は第2次世界大戦後に装輪式の装甲兵員輸送車（APCと略）を多用したため、装軌式APCの開発には遅れをとった。本車は1963年に機甲大隊の標準APCとして採用され、71年までに約3,000両が生産された。武装は上部の機銃のみで兵員輸送車の標準的な構成だ。輸送兵員10名＋乗員2名。この車両をベースに各種のバリエーションも造られた。
全長5.3m　全幅2.8m　全高2.3m　戦闘重量15t　エンジン240HP
航続力480km　最高速60km/h

●ウォリアー（イギリス 1980）
（British Armoured Combat "Vehicle Warrior"）

MCV80という名で80年に採用されたが、5年間ものテストののちウォリアーと命名されて量産された。防禦力はFV432から大幅に強化され、上部に30mm機関砲を備えた歩兵戦闘車となっている。輸送兵員7名＋乗員3名。
全長6.3m　全幅3m　全高2.8m　戦闘重量25t　エンジン550HP
最高速60km/h　航続力660km

●AMX-VC1歩兵戦闘車（フランス 1957）
（French Infantry Fighting Vehicle AMX-VC1）

ベース車両はAMX-13軽戦車で、後部に10名の歩兵を収容する。機関室と操縦席を前部に配置し、上部小砲塔には当初7.5mm機銃のみだったが、のちに12.7mmか7.62mmの機銃をリングマウントに搭載するようになった。
全長5.7m　全幅2.7m　全高2.4m　エンジン280HP
最高速64km/h　航続力550km/h

●AMX-10P歩兵戦闘車（フランス 1972）
（French Infantry Fighting Vehicle AMX-10P）

AMX-VC1の後継車で、アルミ合金の車体は後部両側のウォータージェットで水上走行が可能だ。上部の20mm機関砲は二重給弾方式にして、徹甲弾と榴弾を撃ち分けられる。本国の他、中東諸国やインドネシアなどに輸出される。輸送兵員8名＋乗員3名。
全長5.8m　全幅2.8m　全高2.6m　エンジン300HP
最高速：陸上65km/h、水上7km/h　航続力600km

●Pbv302装甲兵員輸送車（スウェーデン 1963）
（Swedish Armoured Personnel Carrier Pbv302）

側面上半分を二重構造としたスペースドアーマーだが、このため防弾鋼板製の車体ながら浮上航行が可能となっている。またHEAT弾に対しても防禦効果がある。本車をベースに駆逐戦車、架橋車、回収車などが造られた。輸送兵員10名＋2名。
全長5.4m　全幅2.9m　全高2.5m　戦闘重量14t　エンジン280HP
最高速：陸上66km/h、水上8km/h　航続力300km

●CV90歩兵戦闘車（スウェーデン 1991）
（Swedish Infantry Fighting Vehicle CV90）

Pbv302の後継車として実戦配備中。搭載されるボフォース40mm機関砲は定評ある高初速のもので対空射撃も可能だ。浮航性はないが、エンジンパワー倍増で重量増にも拘らず速度は速い。輸送兵員8名＋乗員3名。
全長6.4m　全幅3.1m　全高2.5m
戦闘重量20t　エンジン500HP
最高速70km/h　航続力300km

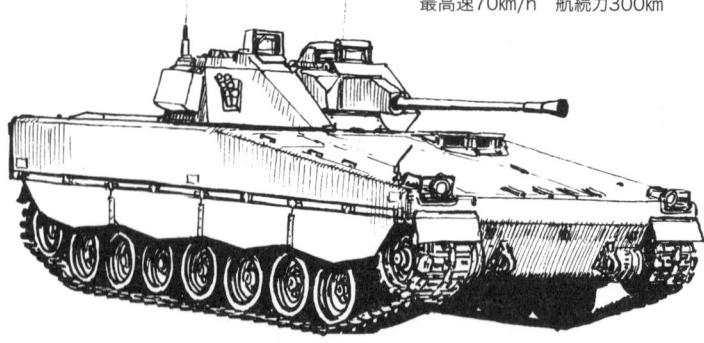

●VCC-80 歩兵戦闘車（イタリア 1987）
(Italian Infantry Fighting Vehicle VCC-80)
イタリア軍初の本格的歩兵戦闘車。標準的な構成だが、防弾アルミ製の車体/砲塔の要所には防弾鋼板の増加装甲を施す。武装は25mm機関砲、兵員6名＋3名が乗車可能となっている。
全長6.7m　全幅3.0m　全高2.6m　戦闘重量19t　エンジン480HP
最高速70km/h　航続力600km

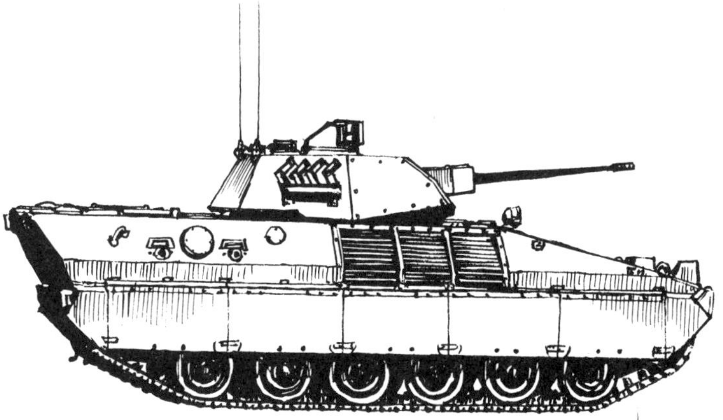

●AIFV歩兵戦闘車（アメリカ 1970）
(American Armoured Infantry Fighting Vehicle)

●4K3FA-G2歩兵戦闘車（オーストリア 1960）
(Austrian Infantry Fighting Vehicle 4K3FA-G3)

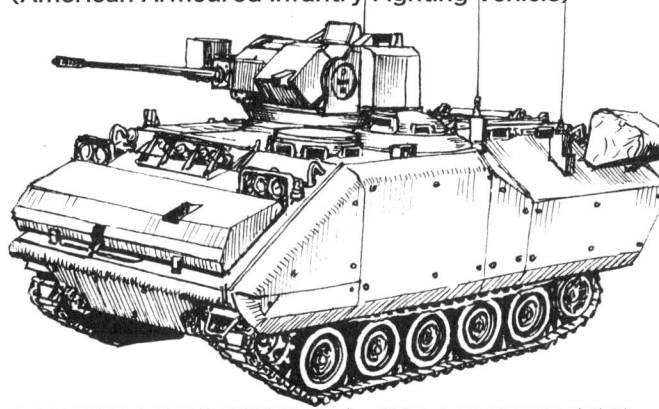

本来は1967年にFMC社が米陸軍の要求で開発したM113APCの改造型XM765である。結局米軍には採用されなかったが、これに目をつけたオランダ軍の要請で開発を続けた。オランダ軍は1975年にYPR765として採用、その後フィリピン、ベルギーなどにも採用された。M113に25mm機関砲搭載の砲塔を付け車体を改造して浮航性を持たせている。兵員7名＋乗員3名。
全長5.2m　全幅2.8m　全高2.8m　戦闘重量13.7t
エンジン264HP　最高速：61.2km/h　水上6.3km/h　航続力490km

オーストラリア自主開発の装軌式装甲車4K4FAの派生型。車長用キューポラに20mm機関砲を搭載した。輸出バージョンもあり、ナイジェリア、ギリシャなどで使用される。兵員8名＋乗員2名。
全長5.4m　全幅2.5m　全高2.1m　戦闘重量15t　エンジン250HP
最高速65km　航続力370km

●YW531 63式装甲兵員輸送車（中国 1960）
(Chinese Armoured Personnel Carrier Type 63)
中国が初めて本格的に開発した装甲兵員輸送車。バリエーションも数多く、指揮車両、自走砲などがこれをベースに造られた。安価なため本車を輸入する国も数多い。タイやイラク、アルバニア、タンザニア、ベトナム、北朝鮮などで使用される。兵員10名＋乗員4名。
全長5.45m　全幅2.96m　全高2.61m
武装：12.7mm機銃×1　戦闘重量12.5t　エンジン181HP
最高速：陸上65km/h、水上6km/h　航続力500km

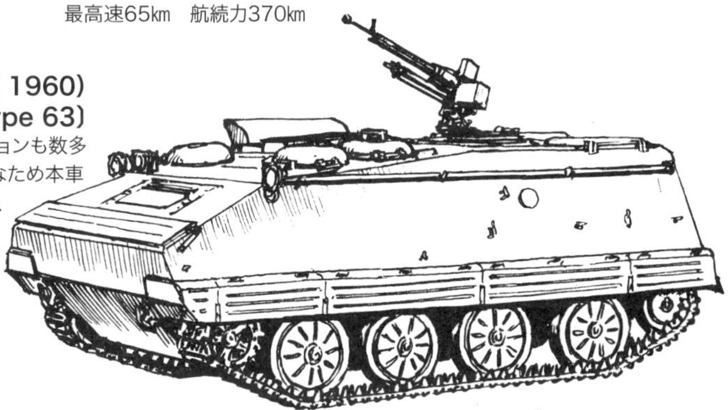

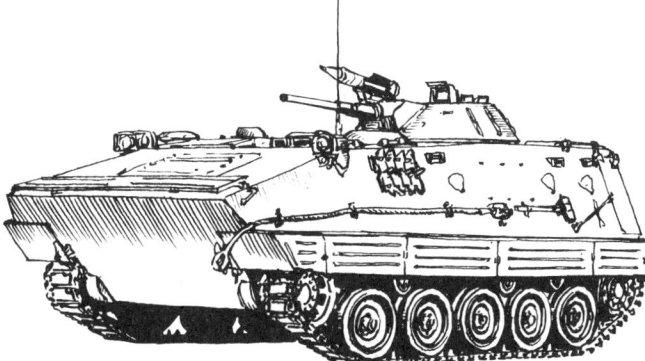

●YW309歩兵戦闘車（中国 1984）
(Chinese Infantry Fighting Vehicle YW309)
YW531の後継車だが、その改良型YW531Hにソ連のBMP-1のコピー砲塔を載せたタイプだ。武装は73mm低圧砲に同軸機銃、さらにサガー対戦車ミサイルを搭載した。また経済開放政策により西側技術も取り込んでいる。兵員8名＋乗員3名乗車で戦闘重量15t、車体はYW531よりやや大型化した程度、搭載するディーゼルエンジンは320HPへ強化している。
最高速：陸上65km/h、水上6km/h　航続力500km

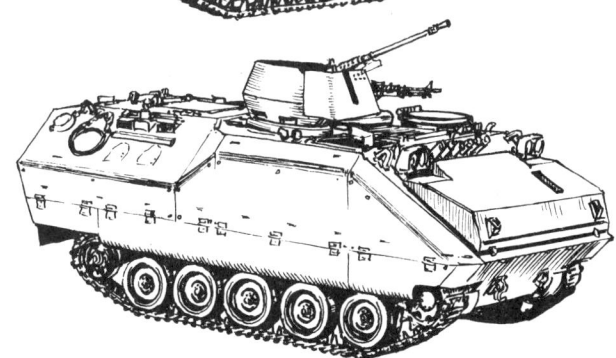

●K200KIFV歩兵戦闘車（韓国 1985）
(Korean Infantry Fighting Vehicle K200)
アメリカFMC社をベースに、韓国仕様にして自主生産し配備したもの。乗車兵員は9名に増加している。しかし武装は25mm機関砲を12.7mm機銃にパワーダウンした韓国仕様となっている。マレーシアにも輸出されている。
全長5.5m　全幅2.8m　全高2.5m　エンジン280HP　最高速74km/h
航続力480km

対空戦車（WWII）

　近代戦車が初登場したのは第1次世界大戦だったが、飛行機が戦場に現れたのもそうで、はじめは偵察や着弾観測程度だったものが、爆撃、地上攻撃、そして飛行機同士の戦闘へと、兵器としてどんどん成熟していき、第2次世界大戦以降、戦争の勝利は（ごく一部の例外を除いて）制空権を握ったものにもたらされるようになった。ドイツの電撃戦も空陸一体のものだったが、これに対して各国とも対空兵器の装備を迫られるようになった。その必要性は当然制空権を失った側が大きいわけで、大戦当初、ドイツ空軍に徹底的に空爆されたイギリスで早くから開発されていた。対空砲に機動力と防禦力を兼ね備えることは、結局、装甲車両に対空砲を積むという考え方で、その結果対空戦車が生まれた。高射砲をトラックに積むのは第1次世界大戦から見られたが、装甲を持たないため損害が大きく、また装輪車やハーフトラックに対空砲を搭載するよりも、戦車の車体に対空砲を積んだ方が機動力、防禦力とも高いのだ。

Anti-Aircraft Tanks (WWII)
The first appearance of modern tanks was in WWI as was aircrafts, and though the role of aircrafts at first was reconnaissance or spotting, it soon escalated to bombing or land attack and eventually air-to-air combat as the effective weapon. At this point, aircrafts were destined to be the decisive weapon in the next world war along with tanks. After WWII on, the holder of air supremacy shall acquire the victory with few exceptions. Since German Britzkrieg was a cooperative offense by air force and land army, Allies were forced to deploy anti-aircraft weapons to counter it. Of course, the need for this kind of weapon was higher in the air incapable side, thus at the early stage of WWII, being exposed to German merciless aerial bombing, British started extensive development of them. To endow both mobility and protection to anti-aircraft gun, the simplest way was to put it on armored vehicle, thus anti-aircraft tank was conceived. While the truck equipped with AA gun was already seen in WWI, they were vulnerable for the lack of armor, and tank chassis is superior in mobility and protection than wheeled vehicle or half track as the carriage for AA gun.

■イギリス〔UK〕
大戦初期にドイツ空軍から空爆を受けていたイギリスでは早くから対空戦車の開発が行なわれた。

●軽戦車Mk.V AA Mk.II（1942）
これは主に北アフリカ戦線で使われた。7.92mm機銃4丁で構成されるベサ機銃を装備。

●クルセーダー III AA Mk.I（1944）（Crusader III AA Mk.I）
毎分10～90発の発射速度を持つボフォース40mm砲を搭載。これは代表的な軽対空砲だった。

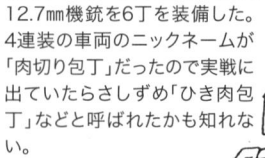

●クルセーダー III AA Mk.II（1944）（Crusader III AA Mk.II）
密閉砲塔にエリコン20mm砲2門を搭載。これらのクルセーダー戦車は、Dデイ後には連合軍が絶対的な制空権を獲得したため、その必要性はあまりなくなった。

■アメリカ〔U.S.A.〕

●M19（1944）
M24軽戦車を改造したもので、40mm機関砲を2門搭載。アメリカは強大な制空力を持っていたため、あまり対空戦車の必要性を感じなかったらしく、大戦後から造られるようになった。

●T77E1（1945）（ProtoType SPAAG）
12.7mm機銃を6丁装備した。4連装の車両のニックネームが「肉切り包丁」だったので実戦に出ていたらさしずめ「ひき肉包丁」などと呼ばれたかも知れない。

■ドイツ〔German〕

1943年頃にはドイツは制空権を奪われ、連日連合軍の攻撃にさらされた。これに対しドイツ軍は手持ちの対空火器を総動員し、片っぱしから車両に載せている。対空戦車としてはIV号戦車の車体が最も多く使われている。

●ヴィルベルヴィント（1944）
（Flakpanzer IV "Wirbelwind" (Whirlwind in English) (Sd.Kfz.161/4)）

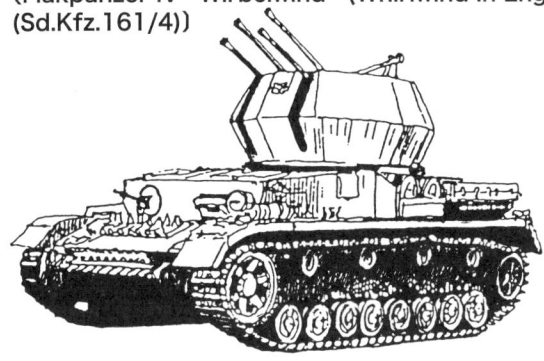

4連装の20mm高射機関砲を搭載。この対空砲火は低空で攻撃してくる航空機にはかなりの威力を発揮した。なお以下のドイツ対空戦車はIV号戦車改造型。

37mm高射砲を搭載。これを防弾板で囲っている。射撃時は防弾板を開くので、戦闘時の防禦力は無い。ドイツ軍初期の対空戦車で、のちにオープントップの砲塔を持つオストヴィント（左下）が造られた。

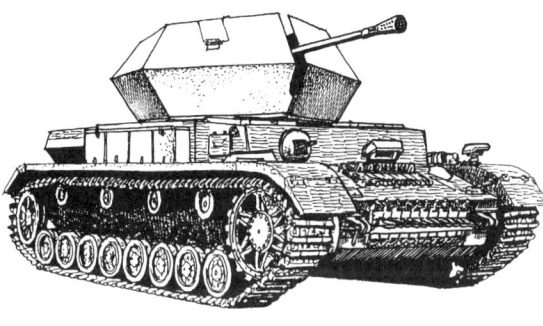

●38(t)対空戦車（1943）
（Flakpanzer 38(t)(Sd.Kfz.140)）

チェコの38(t)戦車の車体に20mm機関砲を装備した。対空戦闘能力が不足で、すぐにIV号戦車改造型にとってかわられた。

●メーベルワーゲン（1944）
（Flakpanzerkampfwagen IV "Möbelwagen" (Sd.Kfz.161/3)）

●オストヴィント（1944）
（Flakpanzer IV "Ostwind" (East Wind in English)）

●クーゲルブリッツ（1945）
（Flakpanzerwagen 604/4 "Kugelblitz"）

IV号戦車改造の対空戦車の最終版。試作車5両が完成しただけで終わった。密閉砲塔に30mm機関砲2門を装備した。

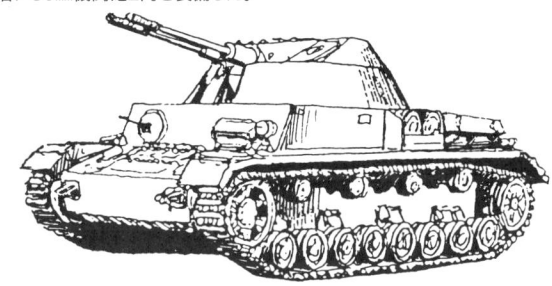

■日本〔Japan〕

●試製双連20mm砲双連対空戦車ソキ（1943）
（Prototype SPAAG 20mm Dual purpose gun）

ドイツと同様に制空権を失った日本の事態はもっと悲惨で、落ち込んだ兵器生産力は特攻兵器に向けられた。このため対空用の火砲も少なく、計画だけに終わったものもある。図の車両は上下とも98式軽戦車の車体を使用し、20mm機関砲を搭載している。この他に37mm高射砲を一式中戦車に載せる計画もあった。

●試製単装20mm砲装備対空戦車タセ（1943）
（Prototype SPAAG 20mm Single barreled）

■ソ連〔USSR〕

●Su-37対空戦車（1943）

量と質の優秀さでドイツ軍の攻撃に耐えたソ連戦車隊にも対空戦車はあった。T-70軽戦車の車体に37mm高射砲を搭載したもの。

225

現代の対空戦車

　第2次世界大戦後、航空機はジェット化してマッハのスピードで飛ぶようになり、戦略核兵器の登場で戦争のイメージは一新され、地域紛争以外は起こしようがない状態になった。アメリカは制空権に絶対の自信を持ち、防空は空軍で充分として対空ミサイル以外の地上対空兵器の開発には熱心でなかった。一方でソ連は空軍の弱点を補う対空兵器の充実に力を入れていた。その主力は地対空ミサイルであるが、第2次世界大戦後、絶えなかった戦争がすべて地域紛争がらみであったので、この戦訓から対空自走砲の重要性が見直されてきた。特にベトナム戦争や中東紛争でのソ連製対空自走砲の戦果が確認されている。今日の対空自走砲(戦車)は、主力戦車と同じか同等の車体を持ち、レーダーとコンピューターに連動する機関砲を装備している。この射撃統制(ファイアコントロール)システムが、今日の対空兵器の大きな特徴である。

アメリカ陸軍の最新DIVAD(師団防空)用に開発されたM247ヨーク対空戦車。M48の車体に40mmボフォース砲を搭載、全天候型。

Modern Anti-Aircraft Tanks
After WWII, as aircrafts acquired the speed over sound by jet engine, and the appearance of strategic nuclear weapon altered the conventional image of warfare, thus only limited war was possible. Americans were completely self confident with their air supremacy by air force and reluctant for the development of anti-aircraft land weapons except Surface-to-Air Missiles. On the other hand, Soviet was intensive for the upgrading of anti-aircraft weapons that cover the shortages of their air force. While most of them were SAMs, since all conflicts after WWII were local limited wars, the experience through them reconfirmed the importance of Self-Propelled Anti-Aircraft Gun. Especially the effectiveness of Soviet SPAAG during Vietnam War and Middle East Wars was noticeable. Modern anti-aircraft self-propelled gun (or tank) has identical or equivalent chassis with MBT and equipped with autocannons linked with radar and computer systems. The Fire Control System (FCS) is the essential part of modern anti-aircraft weapons.

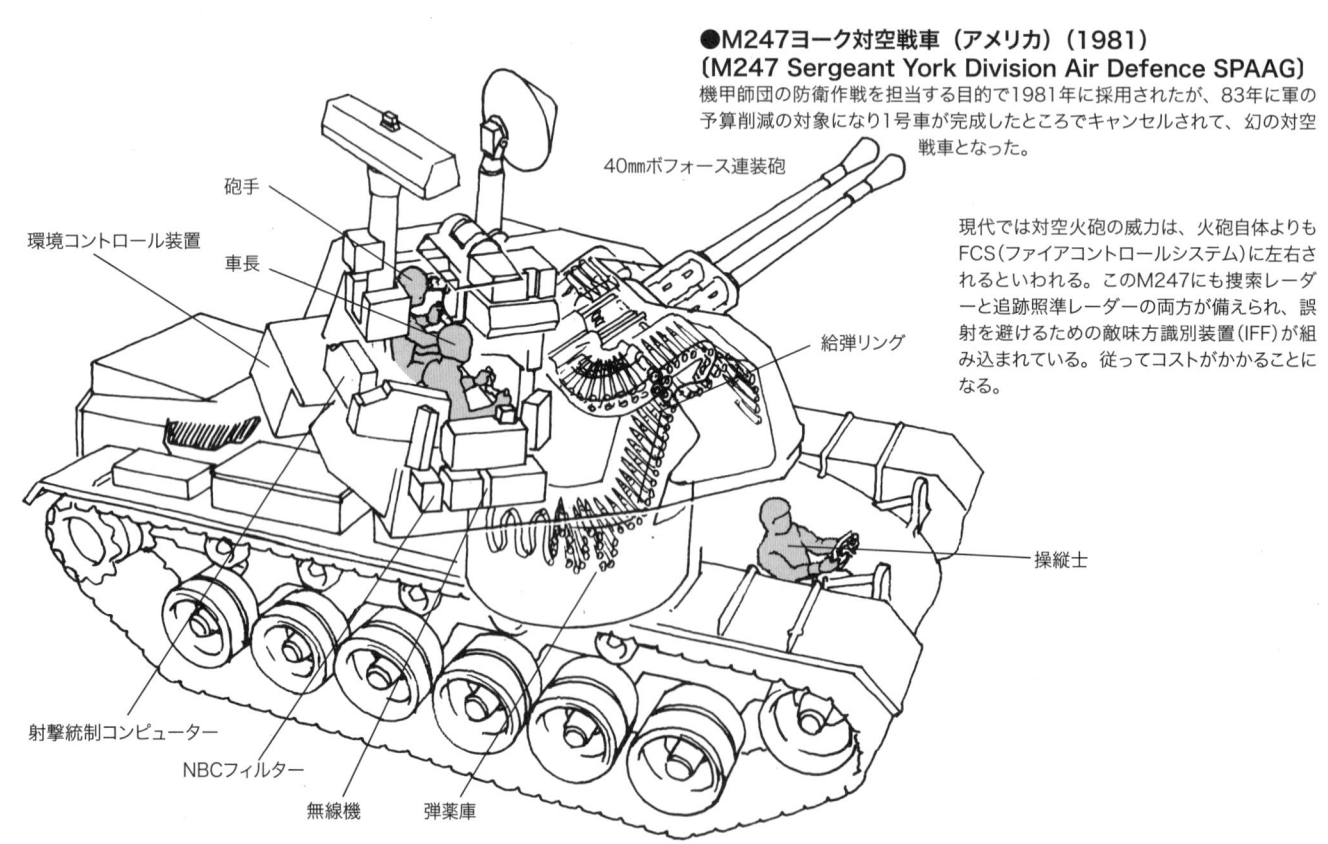

●M247ヨーク対空戦車（アメリカ）（1981）
(M247 Sergeant York Division Air Defence SPAAG)

機甲師団の防衛作戦を担当する目的で1981年に採用されたが、83年に軍の予算削減の対象になり1号車が完成したところでキャンセルされて、幻の対空戦車となった。

現代では対空火砲の威力は、火砲自体よりもFCS(ファイアコントロールシステム)に左右されるといわれる。このM247にも捜索レーダーと追跡照準レーダーの両方が備えられ、誤射を避けるための敵味方識別装置(IFF)が組み込まれている。従ってコストがかかることになる。

- 砲手
- 環境コントロール装置
- 車長
- 40mmボフォース連装砲
- 給弾リング
- 操縦士
- 射撃統制コンピューター
- NBCフィルター
- 無線機
- 弾薬庫

●ZSU-57-2対空自走砲（ソ連 1955）（USSR SPAAG）
T-54戦車を基本にした車体に57mm連装砲を搭載。右のM42と同時期に開発されたとされる。

●M42対空自走砲（アメリカ 1953）（U.S.A. SPAAG）
M41戦車の車体に40mm連装砲を装備、1953年に制式化された。

●ゲパルト対空戦車（西ドイツ 1973）
（West Germany SPAAG Flakpanzer Gepard）
レオパルト1戦車の車体に30mm連装砲を装備。1973年より制式化され、ベルギー、オランダ等でも採用されている。M42の後継として西ドイツが開発した西側の代表的な対空戦車だ。

●ZSU-23-4シルカ対空自走砲（ソ連 1965）
（USSR SPAAG "Shika"）
1960年代初期に開発された。PT-76軽戦車をベースに23mm機関砲を4門装備。レーダー、コンピューター連動の射撃統制装置搭載。

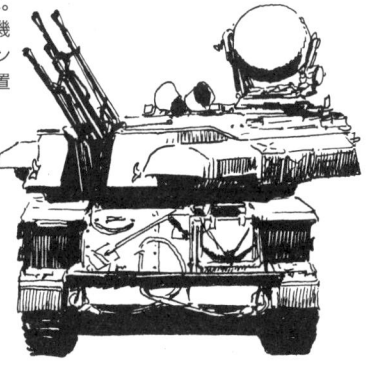

●M163バルカン防空システム（アメリカ 1968）
（U.S.A. M163 Vulcan Air Defence System(VADS)）
アメリカ軍でも対空自走砲の必要性が再認識されたため、1968年よりM42に代わって採用されたもの。20mmバルカン砲装備。この砲はシルカの23mm砲に較べて威力不足のためM247に交代する予定だった。

●AMX-30DCA対空戦車（フランス 1968）
（French SPAAG）
AMX-30主力戦車の車体に30mm連装砲を装備。

●63式対空自走砲（中国 1963）
ソ連から対空自走砲の供与がなかったため1963年頃から中国が自ら開発した車両。T-34の車体に37mm砲2門を搭載。ベトナム戦争では北ベトナム軍が使用している。

●SIDAM25（イタリア 1986）（Italian SPAAG）
アメリカ製のM113の車体を流用し、エリコン社製25mm4連装対空機関砲システムを搭載。イタリア陸軍の要求で製作された。

ゲパルト対空自走砲（ドイツ）

　機甲部隊の直協防空を目的にレオパルト1戦車の車体を使用して1965年より開発が始まり、1975年から量産された。長砲身のエリコン社製35mm機関砲2門を射撃統制装置で制御する典型的な現代の対空戦車だ。トップクラスの防空能力を持ち、ベルギー、オランダ等でも採用され、オランダ型はレーダー等が異なり、名称もCA1チータと呼ばれている。

Flakpanzer Gepard (Germany)
Gepard was developed as cooperative air defense vehicle for armor unit. Utilizing the hull of Leopard 1, the development started from 1965 and mass-produced since 1975. Gepard is typical modern anti-aircraft tank armed with two long barreled 35 mm Oerlikon autocannons controlled by FCS. It achieved excellent anti-aircraft capability and also adopted by Belgian and Dutch army. Dutch model was equipped with different radar system and designated as CA1 Cheetah.

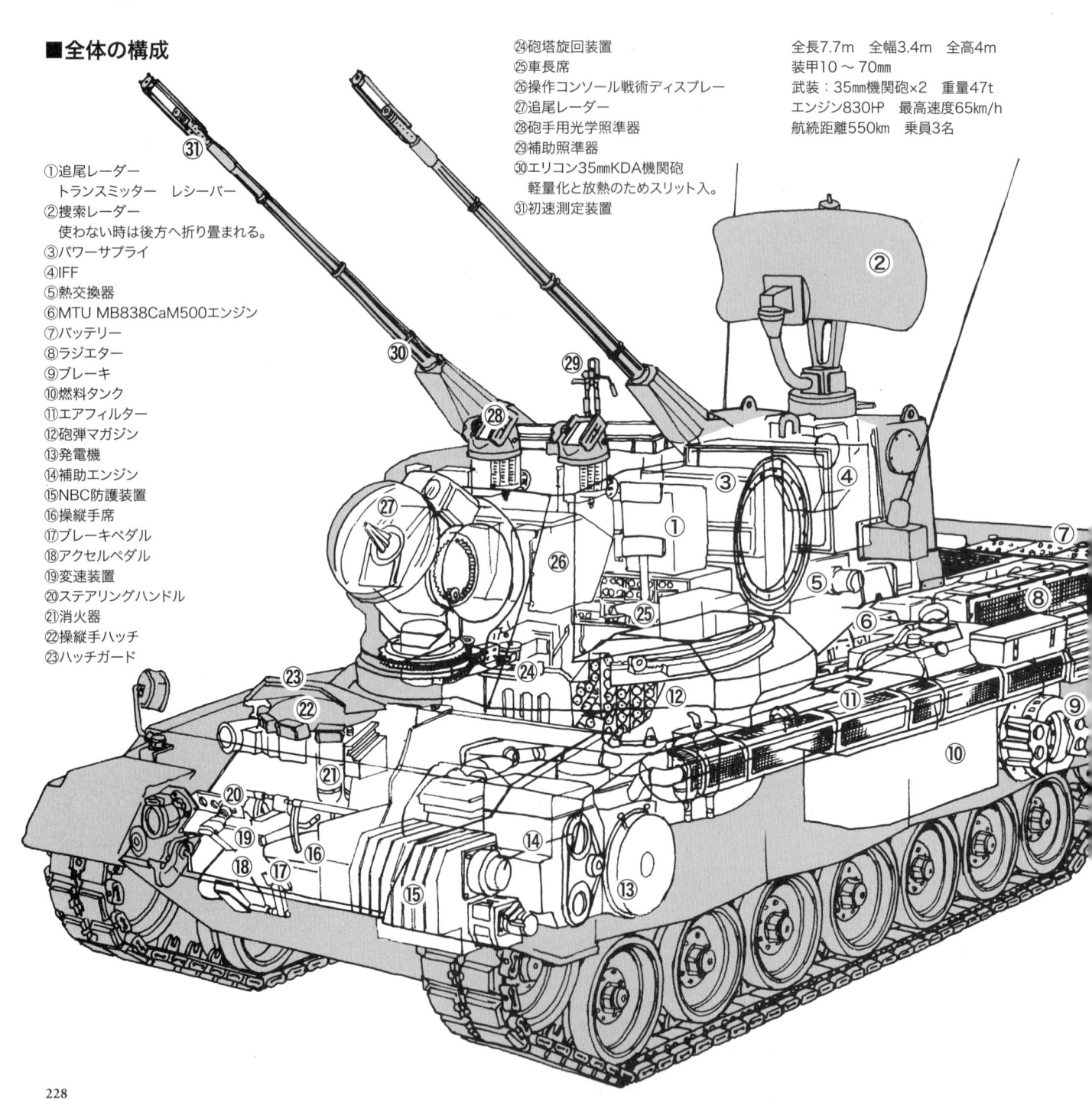

■全体の構成

① 追尾レーダー
　　トランスミッター　レシーバー
② 捜索レーダー
　　使わない時は後方へ折り畳まれる。
③ パワーサプライ
④ IFF
⑤ 熱交換器
⑥ MTU MB838CaM500エンジン
⑦ バッテリー
⑧ ラジエター
⑨ ブレーキ
⑩ 燃料タンク
⑪ エアフィルター
⑫ 砲弾マガジン
⑬ 発電機
⑭ 補助エンジン
⑮ NBC防護装置
⑯ 操縦手席
⑰ ブレーキペダル
⑱ アクセルペダル
⑲ 変速装置
⑳ ステアリングハンドル
㉑ 消火器
㉒ 操縦手ハッチ
㉓ ハッチガード
㉔ 砲塔旋回装置
㉕ 車長席
㉖ 操作コンソール戦術ディスプレー
㉗ 追尾レーダー
㉘ 砲手用光学照準器
㉙ 補助照準器
㉚ エリコン35mmKDA機関砲
　　軽量化と放熱のためスリット入。
㉛ 初速測定装置

全長7.7m　全幅3.4m　全高4m
装甲10〜70mm
武装：35mm機関砲×2　重量47t
エンジン830HP　最高速度65km/h
航続距離550km　乗員3名

■ゲパルトの射撃統制機構

アナログコンピューターを中心に構成された射撃統制装置は、捜索レーダーが目標を捕捉すると、追尾レーダーに自動的に情報が届き敵機を追尾し始める。この間コンピューターが弾道計算をして、目標が3,000～4,000mに接近すると射撃が開始されるようになっている。

The Fire Control System of Gepard
The FCS is basically consisted of analog computer, and as the target acquisition radar detects the target, the data will be transmitted to target tracking radar and the tracking will start automatically. The computer starts calculating of ballistic trajectory simultaneously and as the target distance reduced to 3,000-4,000 m, Gepard will start firing.

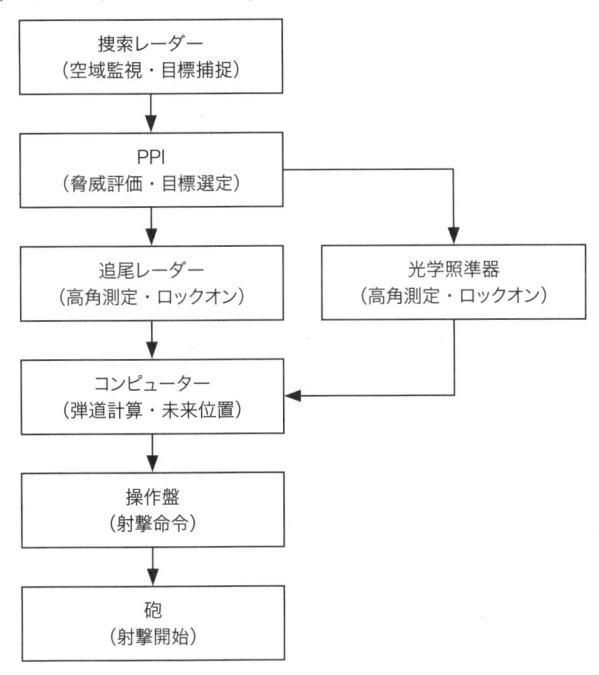

```
捜索レーダー
(空域監視・目標捕捉)
       ↓
     PPI
(脅威評価・目標選定)
    ↓        ↓
追尾レーダー    光学照準器
(高角測定・ロックオン)  (高角測定・ロックオン)
    ↓        ↓
  コンピューター
(弾道計算・未来位置)
       ↓
     操作盤
  (射撃命令)
       ↓
      砲
  (射撃開始)
```

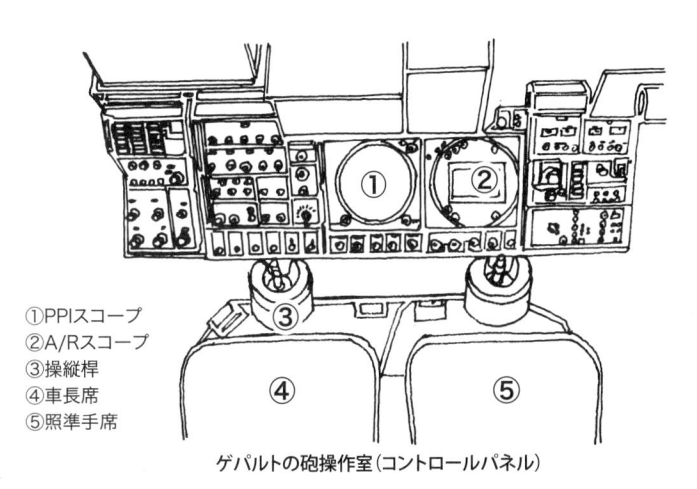

①PPIスコープ
②A/Rスコープ
③操縦桿
④車長席
⑤照準手席

ゲパルトの砲操作室(コントロールパネル)

■給弾システム

90口径という長砲身の35mm機関砲はスイスのエリコン社製。機関部を装甲でカバーしており、対空用砲弾320発を砲塔バスケット周囲に収納。また装甲カバー内に対地目標用砲弾20発が収納される。砲弾を使いわけて高速対地砲にも使用できるわけだ。発射速度は550発/分(1門あたり)、有効射程3,500m。砲の俯仰角は－10°～＋85°、最大旋回速度は毎秒95°、最大俯仰角速度毎秒45°

Ammunition Loading System
The 35 mm KDA autocannon with 90 calibers long barrel is the product of Oerlikon, Switzerland. The receiver was covered with armor and 320 anti-aircraft rounds were stored in turret basket. 20 anti-tank rounds were stored in armor cover. The gun may be used for armored land target by changing the type of ammunition. The rate of fire 550 round/min (per 1 gun), effective range 3,500 m. The angles of depression/elevation -10/+85 degrees, maximum turret traverse speed 95 degree/sec, maximum depression/elevation speed 45 degree/sec.

①ベルトリンク排出ポート(対空用)
②ベルトリンク排出ポート(対地用)
③対空用弾ベルトリンク
④対地用弾ベルトリンク
⑤対地用弾
⑥対地用弾マガジン
⑦薬莢
⑧排莢ポート
⑨ブースター
⑩砲油圧駆動装置
⑪対空用弾
⑫対空用弾マガジン
⑬バレル
⑭初速計測センサー

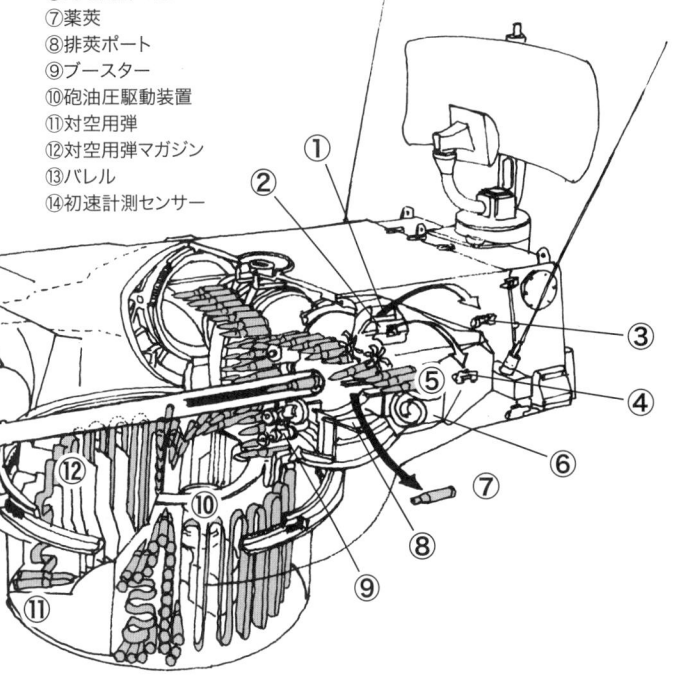

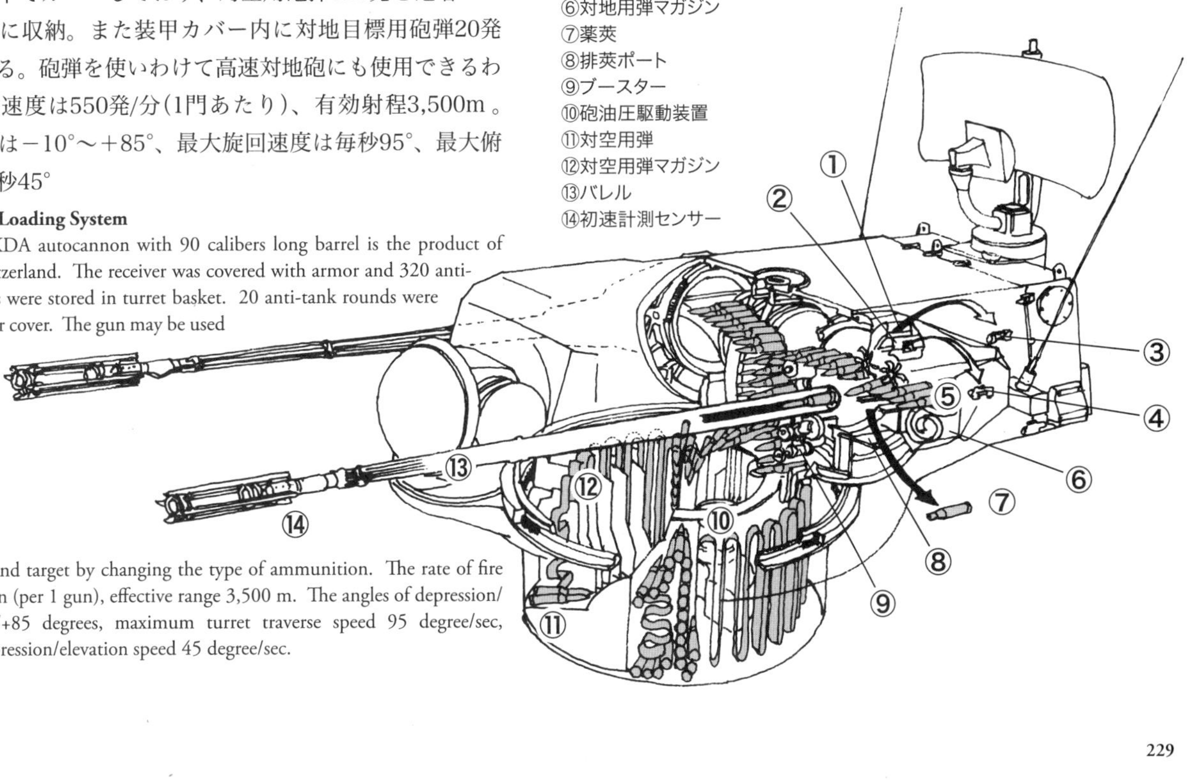

西欧の自走対空ミサイルシステム

冷戦時代の対空兵器の主力はミサイルとなり、さらに機動力を加えるため自走となった。戦場での対空ミサイルの主眼は対地ヘリや地上攻撃機などへの低高度防空能力で、NATO軍も1960年代からこの種の対空ミサイルシステムを開発してきた。

Self-Propelled Anti-Aircraft Missile Systems of Western Bloc
During the Cold War, the mainstream of anti-aircraft weapon became missiles and most of them were self-propelled for mobility. Most field AA missiles are focused on low altitude air defense capability against attack helicopters or ground attack aircrafts, and NATO forces also conceived and developed this kind of AA missile systems since 1960s.

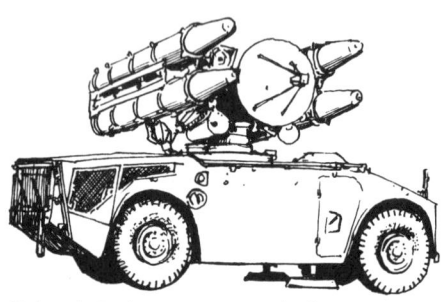

●クロタル（フランス 1971）（R440 Crotale (France)）
1964年に南アフリカの依頼で開発された対空ミサイルシステム。'71年に完成したが、'78年にはフランス軍自身も採用するところとなった。ミサイルはマトラ社のR440で、最高速度マッハ2.3、有効射程10,000m、有効射高4,000mである。システムは通常射撃ユニット車2〜3両と捜索ユニット車1両で構成され、これが1個小隊の編成となる。

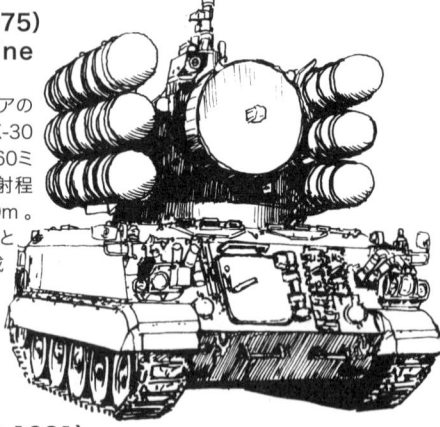

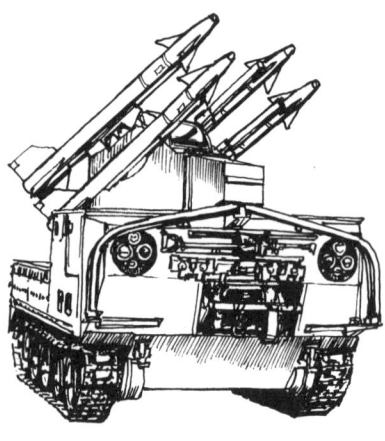

●M48チャパラル（アメリカ 1969）（MIM-72A/M48 "Chaparral" (U.S.A.)）
開発目的はバルカンシステムの届かない高度のカバーで、通常航空機に装備するサイドワインダー空対空赤外線誘導ミサイルを地上発射用に改造して積載する。車体のベースはM548カーゴキャリアで、1969年にアメリカ軍に納入された。有効射程6,000m、有効射高3,000m。

●ローラント対空ミサイルシステム（国際共同 1977）（Roland SAM system (German & France)）
1964年からフランスのアエロスパシアル社と西ドイツのMBB社が共同開発した低高度防空用SAM(地対空)システム。西ドイツ軍はマーダー戦闘兵車に搭載し、フランス軍ではAMX-30の車体を流用している。

（西ドイツ軍）
（フランス軍）

●シャヒネ（フランス 1975）（R460 SICA Shahine (France)）
これは1975年にサウジアラビアの注文で開発されたもの。AMX-30の車体を利用し、マトラのR460ミサイルを6発積載する。有効射程11,500m、有効射高6,800m。クロタル同様捜索捕捉ユニットと射撃ユニットでシステムを構成する。

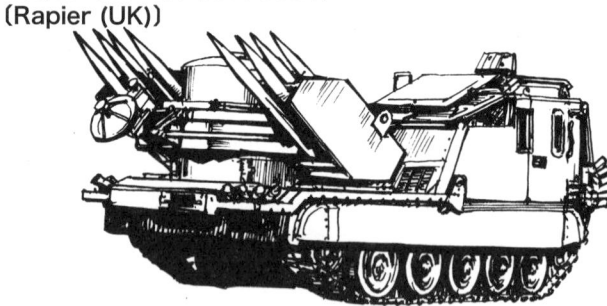

●自走レイピア（イギリス 1981）（Rapier (UK)）
パーレビ国王治下の1974年、イランからの注文で開発されたが、'79年のイスラム革命でキャンセルされるという運命をたどった。'81年にイギリス軍自身が採用、翌年のフォークランド紛争で使用された。自走車体はM548の改造車両、搭載ミサイルの有効射程6,850m、有効射高3,000m。

●ADATS（スイス 1981）（Air-Defence Anti-Tank System）
対空/対戦車両用のミサイルを積み、搭載コンピューターは最大10個までの目標を同時捕捉可能、空中・地上両目標に有効と、スイスらしいハイテク兵器。ミサイルシステムは1981年に完成し、'86年にはカナダ軍がM113にこのADATSシステムを搭載して低高度防空用に採用した。有効射程10,000m、有効射高6,000m。

■ローラント対空ミサイルシステムの構造

① 捜索レーダー
② 追尾レーダー
③ 補助エンジン
④ マガジン
⑤ 受信機
⑥ 送信機
⑦ コンソール
⑧ 整流器
⑨ 転換機
⑩ 空調装置
⑪ パワーサプライ

ローラントシステムは、発射装置、照準・誘導装置、次発装塡装置等を一体としモジュール化している。全周旋回するターレットに発射装置とレーダー・照準誘導装置が収められ、ターレット両側のコンテナランチャーに発射ミサイルが搭載される。次発ミサイルは円筒型マガジンに7発が収納され、10秒で再装塡できる。

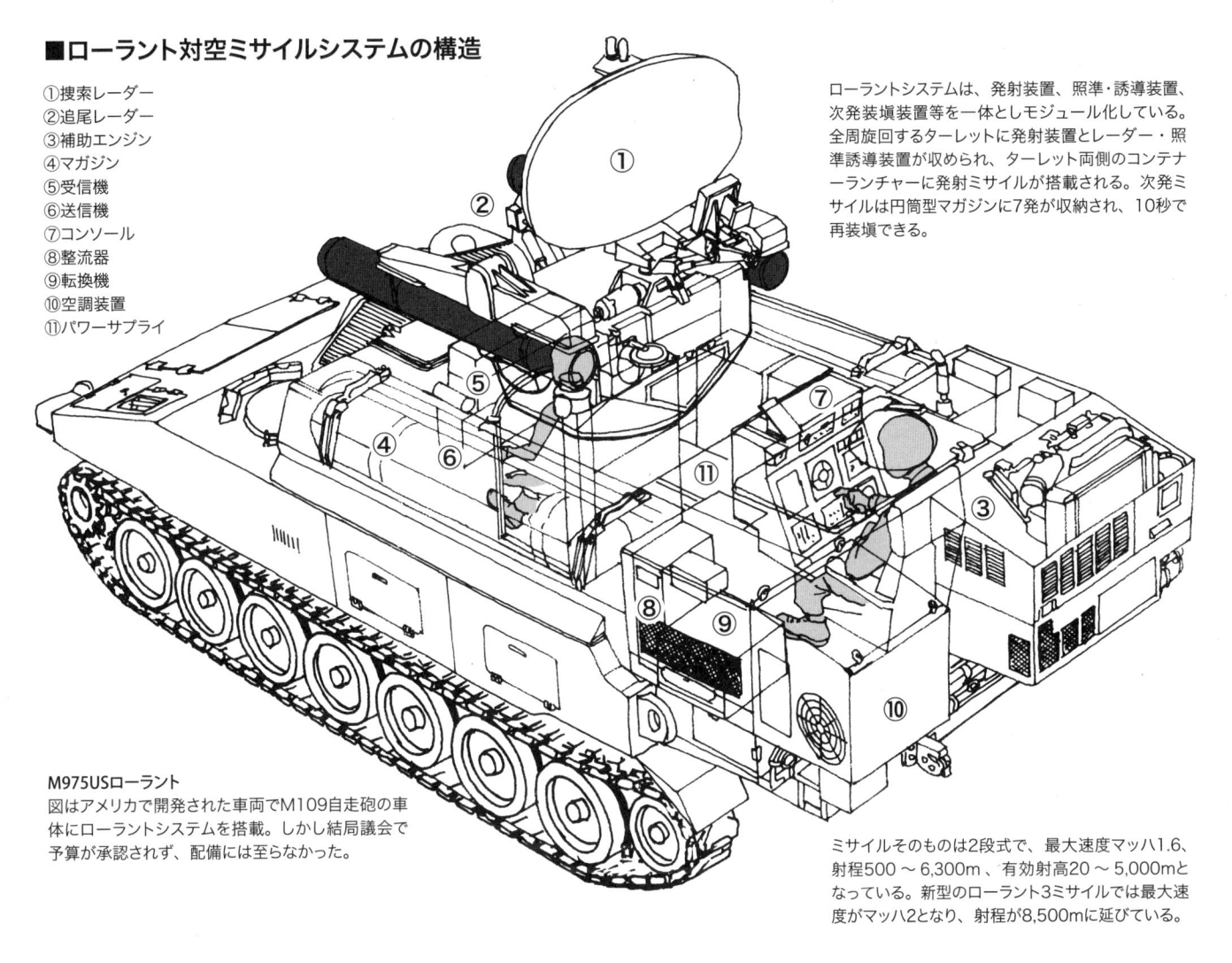

M975USローラント
図はアメリカで開発された車両でM109自走砲の車体にローラントシステムを搭載。しかし結局議会で予算が承認されず、配備には至らなかった。

ミサイルそのものは2段式で、最大速度マッハ1.6、射程500～6,300m、有効射高20～5,000mとなっている。新型のローラント3ミサイルでは最大速度がマッハ2となり、射程が8,500mに延びている。

● ターレットの構成

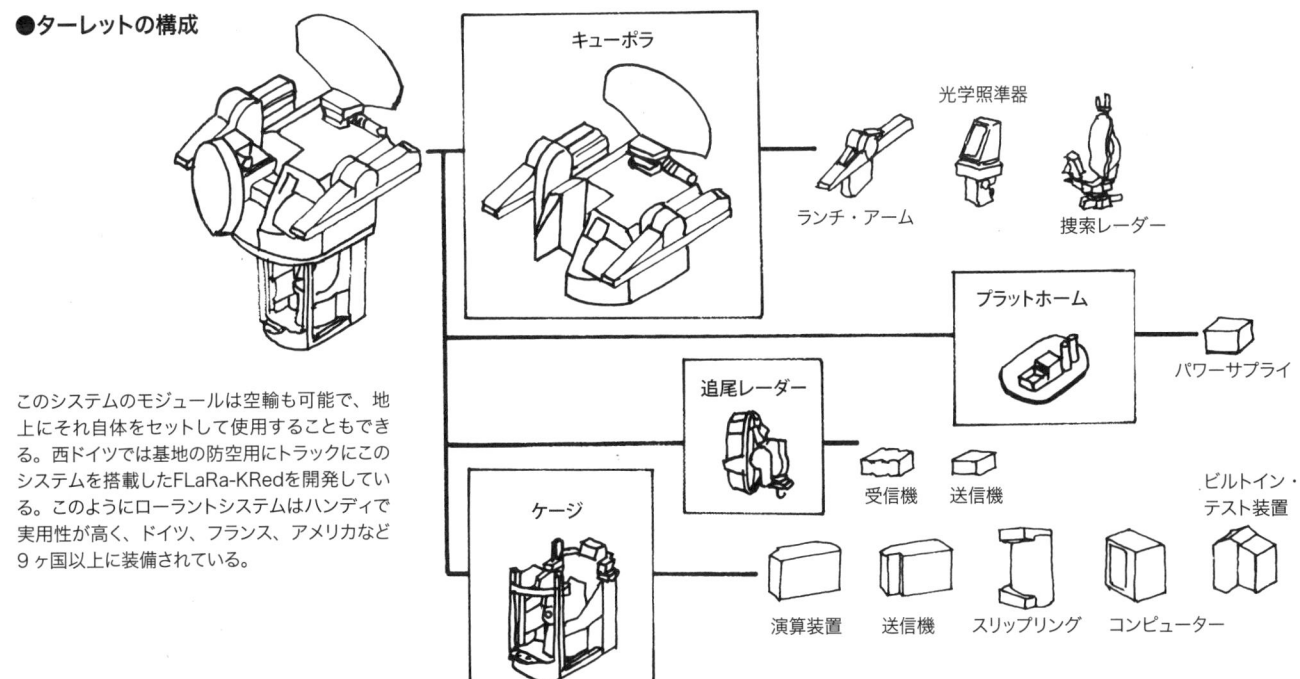

キューポラ
光学照準器
ランチ・アーム
捜索レーダー
追尾レーダー
プラットホーム
パワーサプライ
ケージ
受信機
送信機
演算装置
送信機
スリップリング
コンピューター
ビルトイン・テスト装置

このシステムのモジュールは空輸も可能で、地上にそれ自体をセットして使用することもできる。西ドイツでは基地の防空用にトラックにこのシステムを搭載したFLaRa-KRedを開発している。このようにローラントシステムはハンディで実用性が高く、ドイツ、フランス、アメリカなど9ヶ国以上に装備されている。

ソ連／ロシア軍の対空兵器

ロシア(旧ソ連)は第2次世界大戦の経験を活かし野戦防空兵器の開発にはアメリカなどより熱心だった。現在の中心はもちろん対空ミサイルシステムであるが、常に新技術を導入して世代交代を図り、次々と高性能の対空兵器をデビューさせてきている。なお、SAではじまる型式名や「」内の名称は西側のコードネーム。

Soviet/Russian Anti-Aircraft Weapons
Russia (former Soviet Union) had been more intensive for developing field anti-aircraft weapons than America for their experience of WWII. Of course most of their modern AA weapons are AA missile systems and Russians have kept introducing new technology and trying the change of generations, have deployed effective AA weapons one after another. By the way, the designations that start with "SA" or the names in 「 」 are western codenames.

■自走対空砲

●2S6M「ツングースカ/Tunguska」(1988)
シルカに代わる対空自走砲として1988年より配備が始まった。30mm機関砲2門に加え、対空ミサイルSA-9を8発装備する。車体はGM-352Mで、機関砲はレーダー射撃統制式。

●ZSU-23-4「シルカ/Shilka」(1965)
1965年に登場した世界初のレーダー射撃統制式の23mm機関砲4門を備えた対空自走砲。

■対空ミサイルシステム

●SA-15「ガントレット/Gauntlet」(1991)
1990年代になって配備された中低高度用ミサイルシステム。垂直発射方式のミサイルを8発装備。ロシア名は9K330トール。

車体はMT-S装軌トラクターをベースにしたGM-569

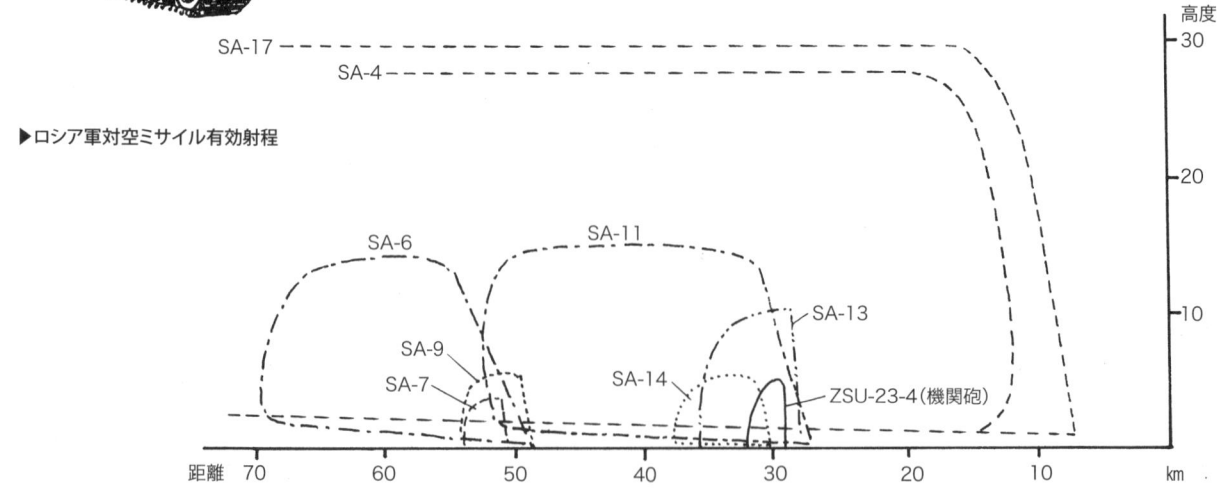

●SA-11「ガドフライ/Gadfly」(1983)
右頁のSA-4の後継システムとして1983年より配備。ロシア名は9K37M1-2 ブーク。

▶ロシア軍対空ミサイル有効射程

●SA-4「ガネフ/Ganef」(1964)
中〜高々度用の対空ミサイルシステムで1960年代半ばに登場した。車体はこのシステム用に新規に開発されたもので、後に152mm自走砲253に流用されている。ロシア名は2K11 クルーグ。

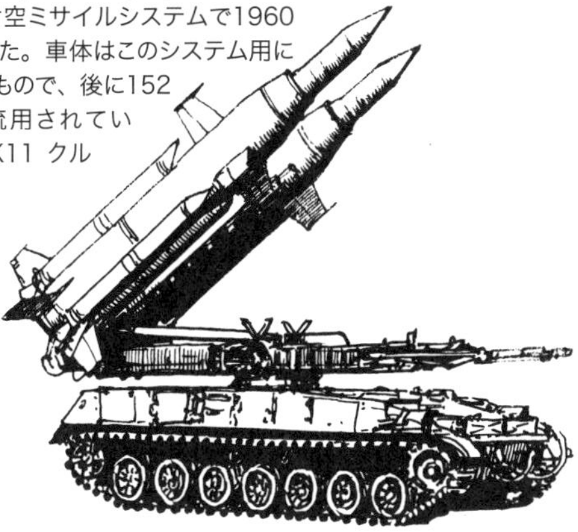

●SA-6「ゲインフル/Gainful」(1970)
1970年に配備された低〜中高度用ミサイルシステム。第4次中東戦争でアラブ側が使用しイスラエル空軍を相手に活躍した。車体はシルカと同じでASU-85空挺戦車のものを流用している。ロシア名は2K12 クープ。

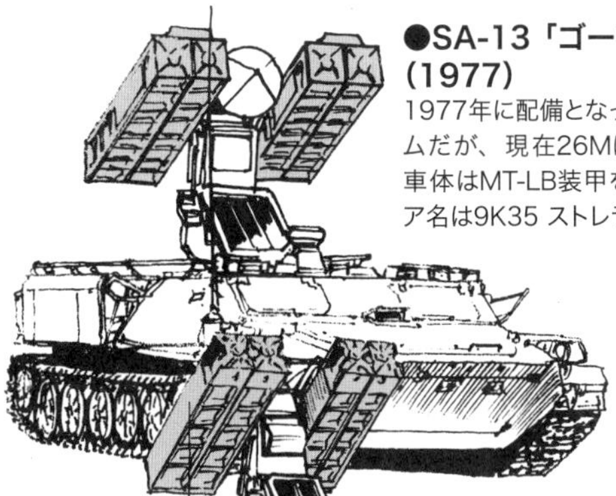

●SA-13「ゴーファー/Gopher」(1977)
1977年に配備となったSA-9の後継システムだが、現在26Mに代替されつつある。車体はMT-LB装甲を改造したもの。ロシア名は9K35 ストレラ-10。

●SA-8「ゲッコー/Gecko」(1974)
1974年に配備された全天候型の低高度向け対空ミサイルシステム。車体は6輪のBZ-5937。ロシア名は9K33 オサー。

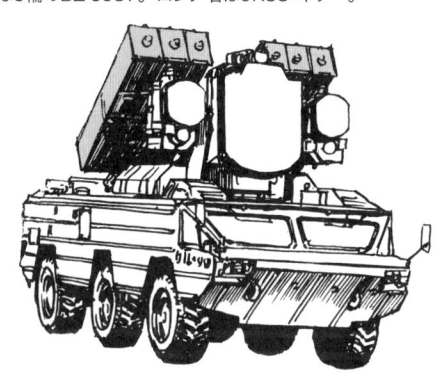

●SA-9「ガスキン/Gaskin」(1988)
低高度目標用の対空ミサイルシステム。シルカと同じ防空中隊に1968年に配備。車体はBRDM-2装甲車のものを使用。ロシア名は9K31 ストレラ1。

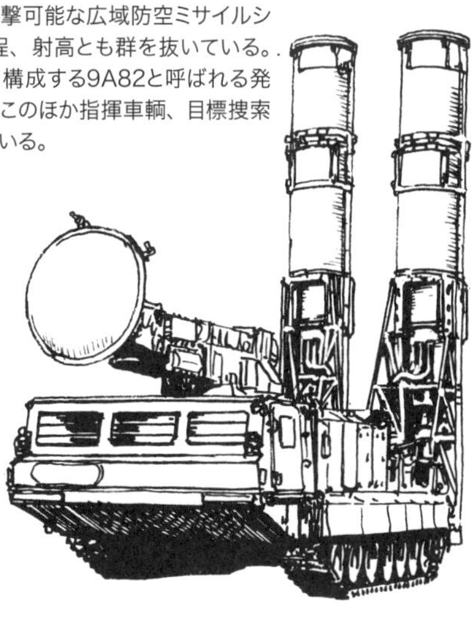

旧ソ連軍では、防空任務専門の特別な軍種として、国土防空軍というものを1948年に創設している。その後これに地上軍防空部隊も編入して1981年に防空軍となった。現在の防空軍の主力兵器は対空ミサイルとなっているが、種類も低、中、高々度用とあり、さらに近距離用、遠距離用と各種のミサイルを開発装備している。戦車連隊や自動車化連隊に配備される防空部隊には高い機動力が要求されるので、自走車体は地上軍の装備と同じ車体が流用されている。

Soviet Union established National Air Defense Forces as a service branch specialized for air defense in 1948. It also included air defense units of land army, but in the reorganization of 1981, many organizations and equipments were transferred to Soviet Air Force and was renamed Air Defense Forces. While the modern main equipment of Air Defense Force is AA missile systems, there are many types according to categories such as low, middle or high by altitude, short or long by range and each was developed and deployed. As air defense units attached to tank regiment or motorized regiment were required high mobility, their self-propelled carriage utilizes the vehicle of the land unit.

●S-300V自走対空／対弾道ミサイル (1969)
弾道ミサイルをも迎撃可能な広域防空ミサイルシステム。大型で射程、射高とも群を抜いている。図はこのシステムを構成する9A82と呼ばれる発射ランチャー車両でこのほか指揮車輌、目標捜索車両ほかからなっている。

第2次世界大戦の対戦車兵器（ドイツ対連合軍）

　第1次世界大戦に戦車が登場し活躍すると、第2次世界大戦では主力兵器として大量に戦場に現れた。これに対抗して戦車の進撃を止める方策や兵器が各種考えだされる。一番簡単な方法は戦車を動けないようにしたり、通れなくすることで、これには壕を掘ったりバリケードを作ったりする。これで一応は戦車の進撃を止められるが、確実なのは戦車自体を撃破することで、砲や地雷、爆撃などでその装甲を破壊しなければならない。戦車の装甲が厚くなるにつれて、対戦車兵器も各種工夫された。

Anti Tank Weapons in WWII (Germamy vs Allies)
As tanks appeared and proved to be effective weapon in WWI, they were deployed in bulk in WWII. To counter them, various measures or weapons were conceived. The simplest way is to bog down or block them by anti-tank ditch or obstacles. This may disturb the advance of tank, but more infallible method is to destroy them and that requires breaking its armor by gunfire, mine or aerial bombing. As the armor of tanks was thickened, anti-tank weapons were also more elaborated.

■WWIIの各種対戦車兵器

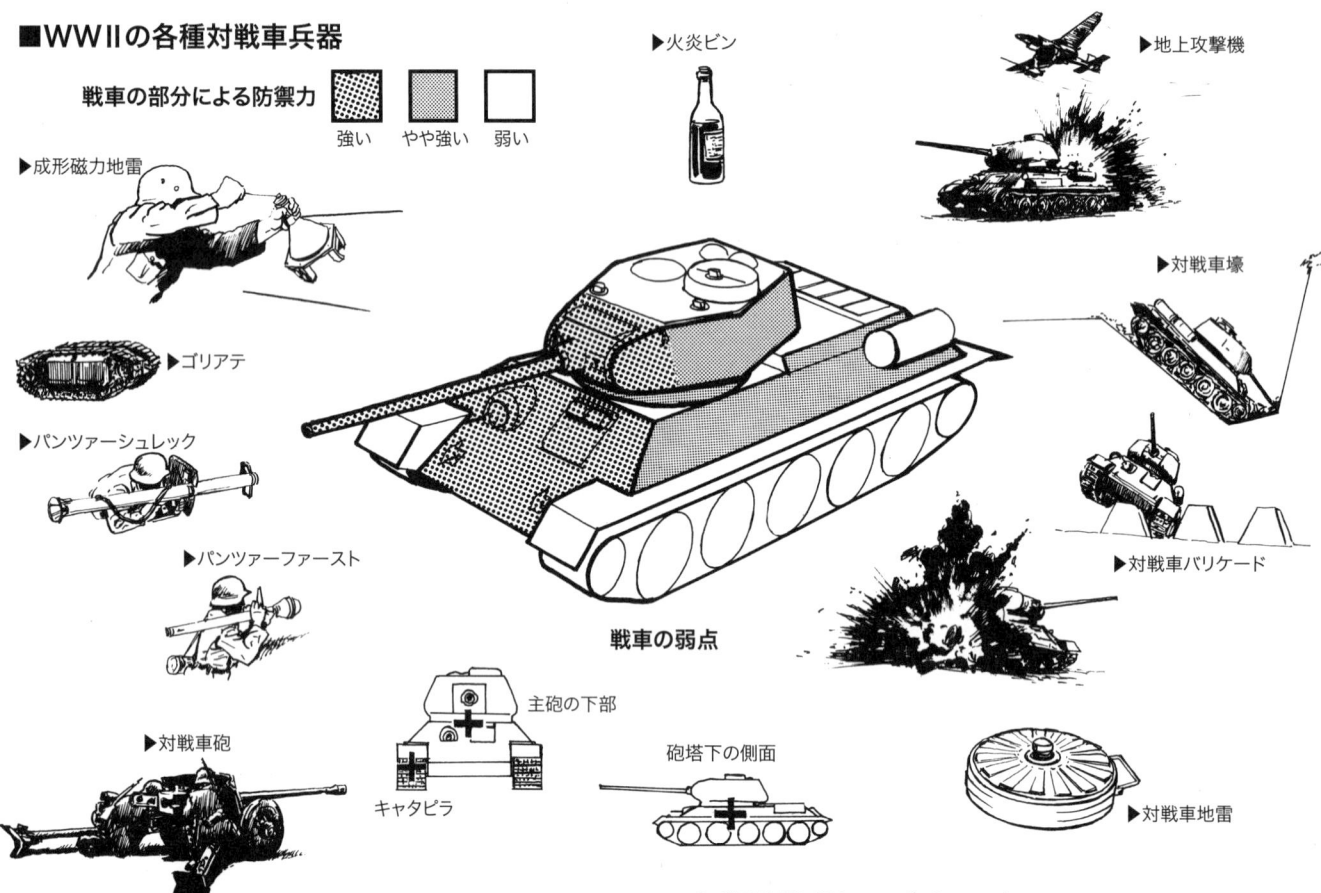

戦車の部分による防禦力　強い　やや強い　弱い

▶成形磁力地雷
▶ゴリアテ
▶パンツァーシュレック
▶パンツァーファースト
▶対戦車砲
▶火炎ビン
▶地上攻撃機
▶対戦車壕
▶対戦車バリケード
▶対戦車地雷

戦車の弱点
主砲の下部
キャタピラ
砲塔下の側面

●火炎ビン（Molotov cocktail/Petrol bomb）
モロトフ・カクテルの愛称で知られる最も安価で単純な対戦車兵器。ガソリンや特殊可燃液を詰め戦車の機関のエンジンの熱で焼けている部分に投げつける。スペイン内戦で使用されたのが最初。

●ゴリアテ（Sd.Kfz.302 Goliath tracked mine）
地雷原爆破用に作られたリモコンミニ戦車。爆薬を積めば対戦車兵器としても使用できた。

●対戦車地雷（Anti-tank blast mine）
地中に埋設し戦車のキャタピラが信管を踏むと爆発する。底部やキャタピラを破壊し動けなくする。対戦車用地雷は戦車のように相当な重量がかからないと爆発しないようになっている。

●対戦車壕と対戦車バリケード（Trench warfare & Barricade）
壕は単純に戦車を落として動けなくする。ゲリラ戦ではカモフラージュして現代でも有効だ。バリケードは戦車の底部を乗り上げさせ、キャタピラを空回りさせる。動けなくなると砲やロケットで狙いやすい。

●成形炸薬（Shaped charge）
ドイツ軍の使ったものでは下左図の磁力吸着式と右図の対戦車手投げ弾とがある。いずれも個人用だ。成形磁力地雷は磁石で戦車に吸着させ安全キャップを抜くと4.5秒で爆発する。手投げ弾の方は成形炸薬の下に、飛ばすと開く羽根が付き、弾道を安定させる。重量1.35kgとかなり重い。

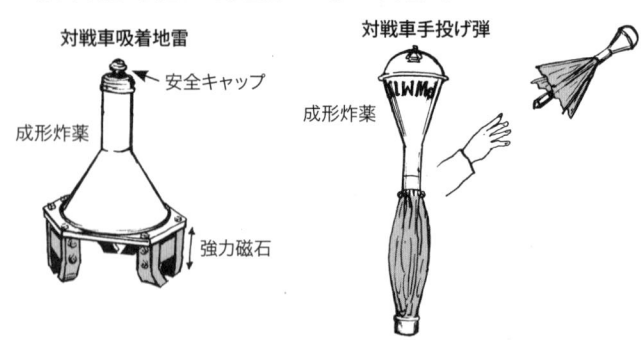

対戦車吸着地雷　安全キャップ　成形炸薬　強力磁石
対戦車手投げ弾　成形炸薬

234

●対戦車ロケット砲 (Anti-tank rocket laucher)

(ドイツ軍)

〔Panzerfaust〕

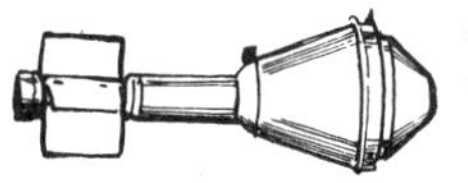

上のパンツァーファーストは使い捨て兵器の元祖で、発射時のガスはすごいが有効射程は150mと短いのが欠点。重量6kg、装甲貫徹力200mm。

下のパンツァーシュレックは88mmのロケット弾を飛ばす。発射時のガスから顔を守るシールドが付いた。有効射程は100mとファーストよりさらに短い。装甲貫徹力は160mm。

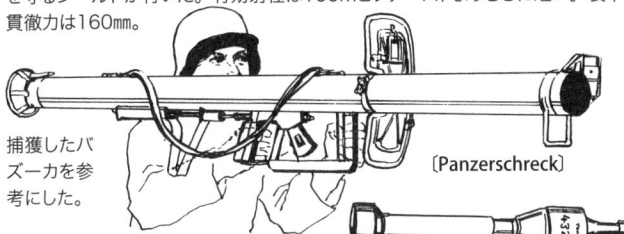

捕獲したバズーカを参考にした。

〔Panzerschreck〕

(連合軍)

いわゆるバズーカと呼ばれた2.36インチ対戦車ロケットM1でパンツァーシュレックに対抗して作ったもの。1942年の北アフリカ戦線から実戦で使用された。口径60mmのロケット弾を飛ばす砲身は全長152.5cm、重量6.5kg、ロケット弾は重量1.7kg、有効射程270m、装甲貫徹力150mmというものだった。

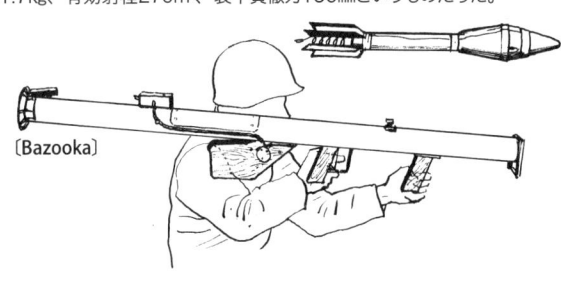

〔Bazooka〕

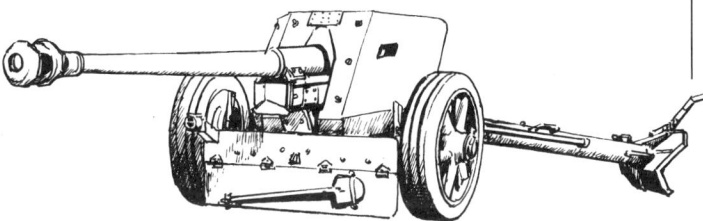

6ポンド対戦車砲
英軍の主力対戦車砲。北アフリカ戦線から使われた扱いやすく故障が少ない実用的な砲。口径57mm、装甲貫徹力500mで80mm。

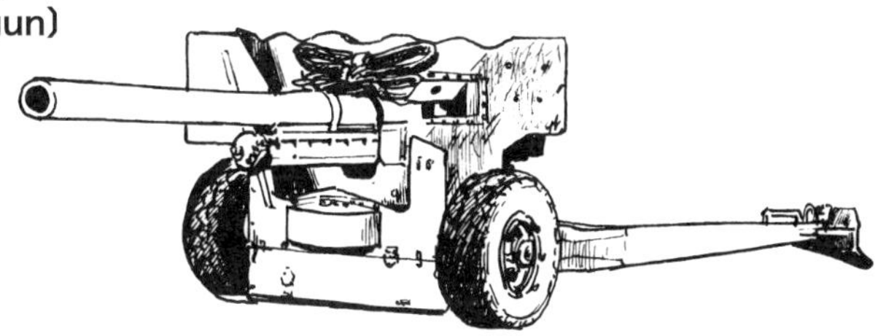

●対戦車砲 (Anti-tank gun)

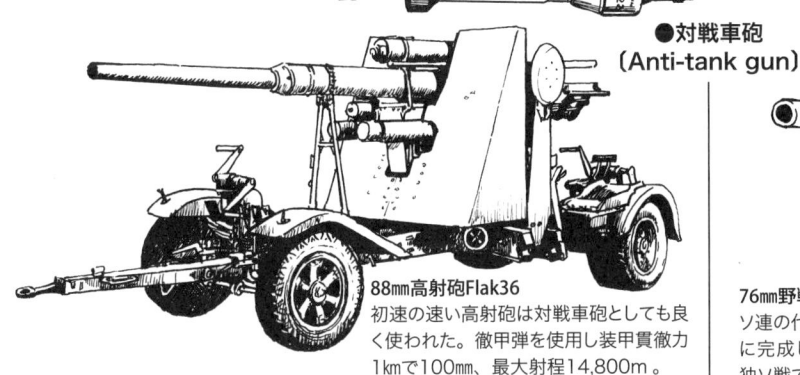

88mm高射砲Flak36
初速の速い高射砲は対戦車砲としても良く使われた。徹甲弾を使用し装甲貫徹力1kmで100mm、最大射程14,800m。

75mmPak40対戦車砲
ソ連戦車の重装甲に対抗して開発された。1942年から使われた主力対戦車砲。

76mm野戦加農砲M1942
ソ連の代表的な野戦砲で、対戦車砲としても威力を発揮した。型番は1942年に完成したのにちなんでいる。砲身長319.2cm、装甲貫徹力500mで90mm。独ソ戦で大活躍した。

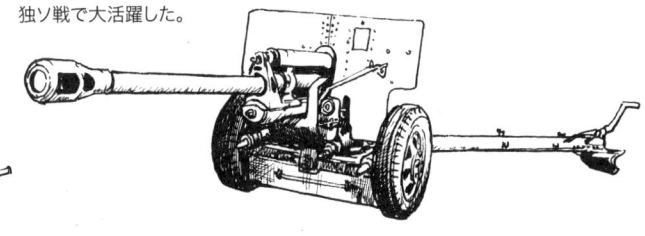

●地上攻撃機 (Ground atacker)

ユンカースJu87G-1
電撃戦で大活躍した機体だが、爆撃機としては速度が遅くなったため戦車攻撃用に改造された。37mmFlak18砲を取りはずし可能で爆弾に代えられる。

ヘンシェルHs129B-1
始めから地上攻撃機として開発された。30mm、20mm、13mmと3種の機関砲を装備した。

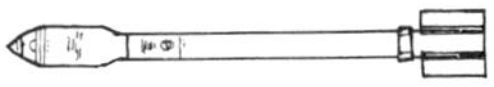

ホーカータイフーン1B
主翼下に8発の3インチロケット弾を装備、対地攻撃に威力があった。20mm機関砲×4、ロケット弾×8、または454kg爆弾×2

リパブリックP-47サンダーボルト
戦闘機だがP-51が登場してから地上攻撃に専念。1t前後の爆弾搭載量をもち、中型爆撃機なみだ。ロケット弾×10　454kg爆弾×8

235

対戦車車両

　第2次世界大戦では敵戦車に対抗する兵器として駆逐戦車が登場した。これは大変有効な手段であり、大戦後も引き続き開発が行なわれたが、専用に開発された駆逐戦車はあまり多くない。戦後の西ドイツ陸軍は主力戦車を補助するヤークトパンツァー・カノーネ（駆逐戦車）を装備したものの、対戦車ミサイルの登場によってカノン砲装備の駆逐戦車の存在意義はなくなった。手頃な車両に対戦車ミサイルを搭載すれば、それで充分に戦車に対抗できるからだ。ここで取り上げる対戦車車両は、ミサイルを装備しているものとそれ以前の砲装備のものとがあるが、ミサイル弾の性能進歩は戦闘方式や車両のあり方を大きく変えたのはいうまでもない。

Anti Tank Vehicles

In WWII, tank destroyers were used as a counter measure against tanks. They were very effective and the development of this kind of vehicles was continued after the war, but those designed for anti-tank role exclusively were not so many. While West German army deployed Armored Fighting Vehicle (AFV) that supports MBT after the war, the appearance of anti-tank missiles denied the reason for existence of tank destroyer armed with cannon. Because once equipped with anti-tank missile, even cheap vehicle would have sufficient counter power against tanks. Among vehicles illustrated here, armed with missiles are newer than with cannons, and it is needless to say that the advance of missile technology greatly altered the anti-tank warfare tactics as well as usage of the vehicles.

■ドイツ（German）

●KJPZ4-5対戦車砲車（1965）
(Kanonenjagdpanzer4-5/KJPZ4-5)

第2次世界大戦当時からのドイツ駆逐戦車の伝統を受けついだような車両で、マーダーと同系列の車体を有している。40.4口径の90mm砲を持ち、全高が2.1mときわめて低くできているために、待ち伏せして攻撃するにはかっこうの車両であった。1965～67年にかけて750両と比較的多く生産されたが、この頃からミサイルを搭載した車両が登場することになり、姿を消す運命にあった。KJPZはカノーネンヤークトパンツァーの略。

●RJPZ-2自走対戦車ミサイル（1967）
(Raketenjagdpanzer-2/RJPZ-2)

ドイツの対戦車兵器のミサイル化にともなって開発された車両で、フランスのアエロスパシアル社で開発されたSS11を14発装備している。SS11は第1世代の対戦車ミサイル弾で、射程距離は500～3,000mであった。もちろん、敵の主力戦車に命中すれば一撃で破壊することができる。しかし、ミサイルの誘導員は車体上部のペリスコープで、命中するまでミサイルを誘導し続けなくてはならず、またその間は車両を移動させることもできなかった。生産数は370両。RJPZはラケーテンヤークトパンツァーの略で、ラケーテンはドイツ語でロケットの意。

●RJPZ-4ヤグアル2（1982）
(RJPZ-4 Jaguar 2)

ヤグアル1（右図）を改造してTOWミサイルを搭載した車両。車体中央にTOWランチャーを装備しており、ミサイル誘導員は車外に身を乗り出して操作しなくてはならなかった。TOWミサイルの搭載数は12発。これをHOTに比較すると射程は3,750mとやや短いが、飛行速度が速く、安価である。戦闘室前面と側面がRJPZ-2から増加装甲されている。これは基本装甲板の上にゴムの緩衝材をはさんでボルト止めしたもの。

■アメリカの対戦車車両

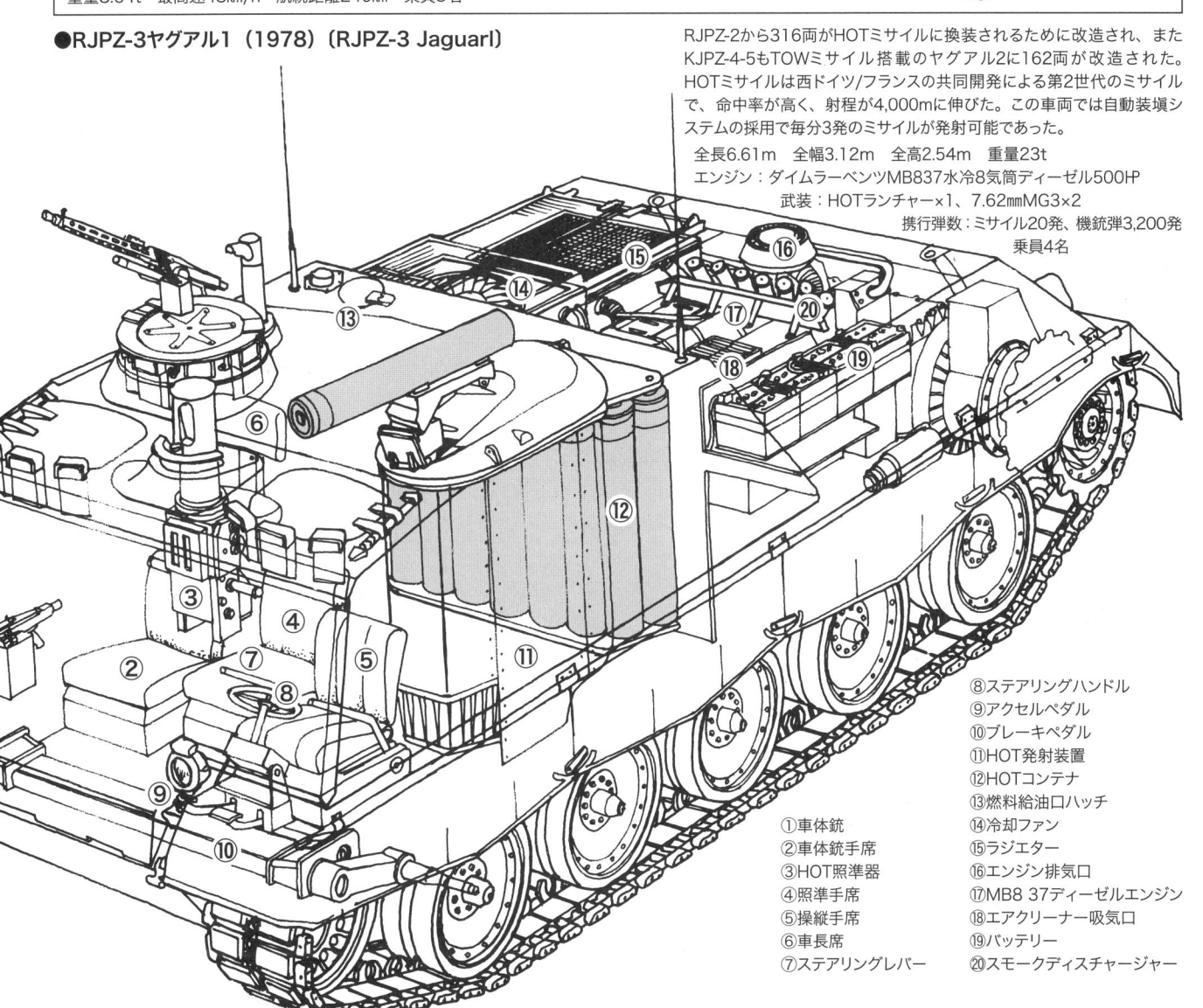

●M56 90㎜自走砲スコーピオン (1955) (M56 "Scorpion")

空挺部隊用の対戦車自走砲として開発された車両。車体は非装甲でアルミ合金製である。ゴムタイヤ式の転輪となっているのが特徴。重量が7.05tと比較的軽量で、エンジンも200HP、武装は90㎜砲のみで最高時速は45km/h。
全長4.56m　全幅2.58m　全高2.06m　航続距離224km　乗員4名

●M50オントス (1957) (M50 "Ontos")

目につくのは6門の106㎜無反動砲で、これは発射後の装填に時間がかかるために砲数を増やしたもの。50口径のスポッティングライフルにより照準を行ない、2,000m以内での初弾命中精度を高めている。海兵隊が採用し、ベトナム戦争で使われた。
重量8.64t　最高速48km/h　航続距離240km　乗員3名

●RJPZ-3ヤグアル1 (1978) (RJPZ-3 Jaguarl)

RJPZ-2から316両がHOTミサイルに換装されるために改造され、またKJPZ-4-5もTOWミサイル搭載のヤグアル2に162両が改造された。HOTミサイルは西ドイツ/フランスの共同開発による第2世代のミサイルで、命中率が高く、射程が4,000mに伸びた。この車両では自動装填システムの採用で毎分3発のミサイルが発射可能であった。
全長6.61m　全幅3.12m　全高2.54m　重量23t
エンジン：ダイムラーベンツMB837水冷8気筒ディーゼル500HP
武装：HOTランチャー×1、7.62mmMG3×2
携行弾数：ミサイル20発、機銃弾3,200発
乗員4名

①車体銃
②車体銃手席
③HOT照準器
④照準手席
⑤操縦手席
⑥車長席
⑦ステアリングレバー
⑧ステアリングハンドル
⑨アクセルペダル
⑩ブレーキペダル
⑪HOT発射装置
⑫HOTコンテナ
⑬燃料給油口ハッチ
⑭冷却ファン
⑮ラジエター
⑯エンジン排気口
⑰MB8 37ディーゼルエンジン
⑱エアクリーナー吸気口
⑲バッテリー
⑳スモークディスチャージャー

237

●M901 ITV TOW自走発射機型（アメリカ 1979）
(U.S.A.：M901 ITV (Improved TOW Vehicle)

M113シリーズのバリエーションで、遠隔操作できる伸縮式のTOWランチャー（右図）を装備したタイプ。ミサイルは発射機に2発、車内に10発搭載されている。ランチャーは車体上面に高さ44cm伸ばすことができ、360°発射可能である。第2世代の代表的対戦車ミサイルであるTOWの当初の射程は3,000mで装甲貫徹力600mmであった。この改良型であるTOW2では射程が3,750mと伸びており、現在は西側諸国の主力対戦車ミサイルとなっている。

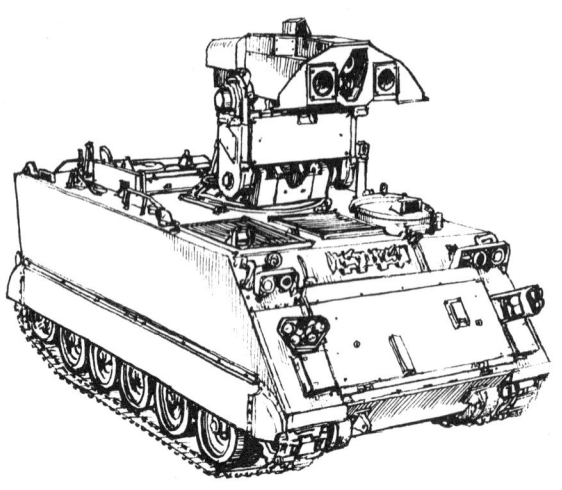

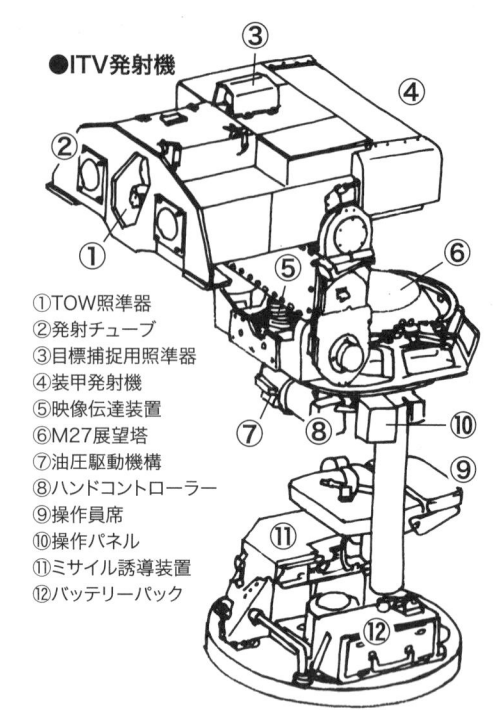

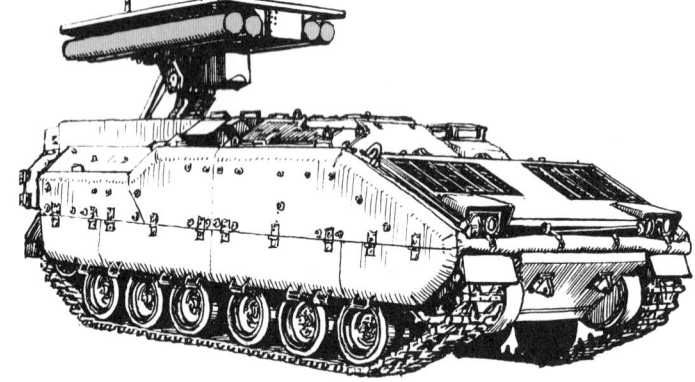

●ITV発射機

①TOW照準器
②発射チューブ
③目標捕捉用照準器
④装甲発射機
⑤映像伝達装置
⑥M27展望塔
⑦油圧駆動機構
⑧ハンドコントローラー
⑨操作員席
⑩操作パネル
⑪ミサイル誘導装置
⑫バッテリーパック

●LOSAT戦車駆逐車（アメリカ 1977）

LOSAT（ローサット）とは直接照準式対戦車兵器（Line-of-Sight Anti Tank）の意味で、これは1990年代に開発中であった新型ミサイルをM2ブラッドレー歩兵戦闘車の車体に搭載した図（のちハンピーが搭載車両となった）。この新型ミサイルは、従来のような成形炸薬弾頭ではなく、徹甲弾と同じ高密度弾芯の弾頭をミサイル装備し、これを高速で目標物に命中させ、その運動エネルギーにより敵の車両などを破壊するものだったが、2004年に開発中止になった。

●AMX-13モデル51ATGM搭載車（フランス 1956）
(France：AMX-13 T75(Char Lance SS-11))

AMX-13軽戦車の対戦車戦闘能力を向上させるためSS-11対戦車ミサイルを砲塔前面に4発装備したタイプ。最大射程3,000mに22秒で到達するミサイルは、戦車内から誘導される。主砲の61.5口径75mm戦車砲はAP弾により、1,000mで170mm、2,000mで140mmの装甲貫徹力を持つ。
重量15t　最高時速60km/h　航続距離400km　乗員3名

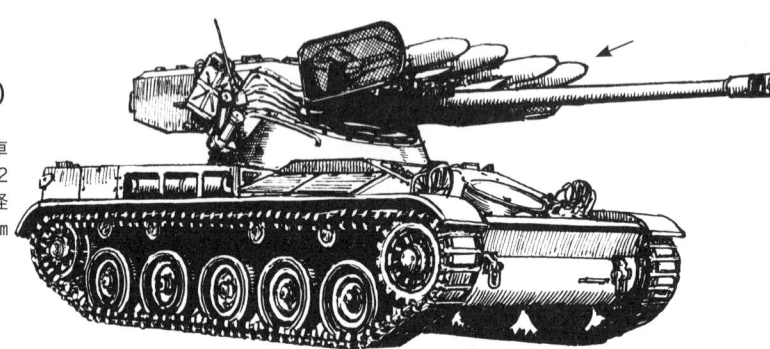

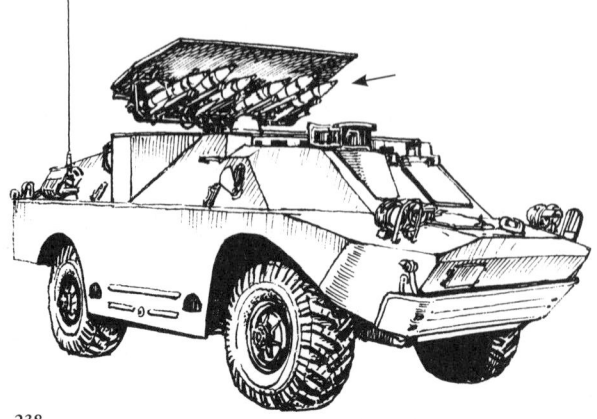

●BRDM-2 PTURS（ソ連 1971）(USSR)

ソ連は装輪装甲車を各種多用しているが、1962年にBRDM-1にAT-1スナッパー3発を搭載したモデルを登場させている。待ち伏せやヒット・エンド・ラン戦法のこの種の車体には、装輪装甲車がうってつけといえる。図はBRDM-2偵察車にAT3サガーミサイルを6発搭載した車両。サガーは第1世代のミサイルで射程500～3,000m、装甲貫徹力は400mm。車内に8発の予備ミサイルを搭載。
最高速100km/h　航続距離750km　乗員4名

238

■対戦車ミサイルの発達 (The Advance of Anti-Tank Missiles)

対戦車ミサイルが実用化されたのは1950年代半ばからのことで、その後次々と改良が加えられていった。射程距離の伸びもさることながら、射手の技量に左右されないで命中率を高めるものになった点が大きな特徴。当然ながら対戦車砲より長い有効射程を持ち、発射時の反動がないという長所は絶大で、命中精度が高まるにつれ、たちまちのうちに対戦車兵器の中核となった。

The practical implementation of anti-tank missiles was middle of 1950s and since then on, the effort to improve their performance was continued.

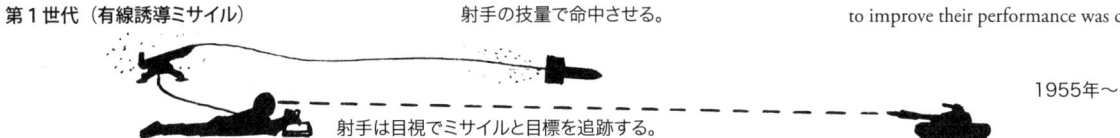

第1世代（有線誘導ミサイル）
射手の技量で命中させる。
射手は目視でミサイルと目標を追跡する。
1955年～

第2世代（半自動誘導システム）
射手は照準器に目標を捕らえていればいい。
射手が目標を照準していれば、コントロール装置がミサイル尾部のフレアを捕らえて照準線に誘導する。
1967年～

第2.5世代（半自動誘導システム）
レーザービーム　　ホーミングヘッド
射手は目標にレーザーを当てているだけでミサイルが目標を捕捉する。
1983年～

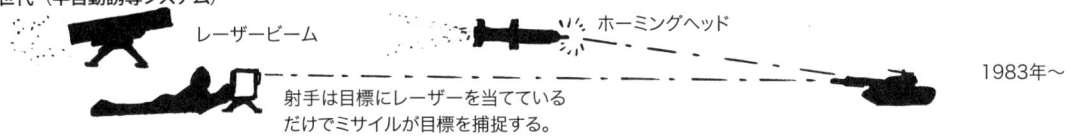

第3世代（射ち放し）
射手は発射ボタンを押すだけでミサイルが目標を捕捉する。
1990年代後半～

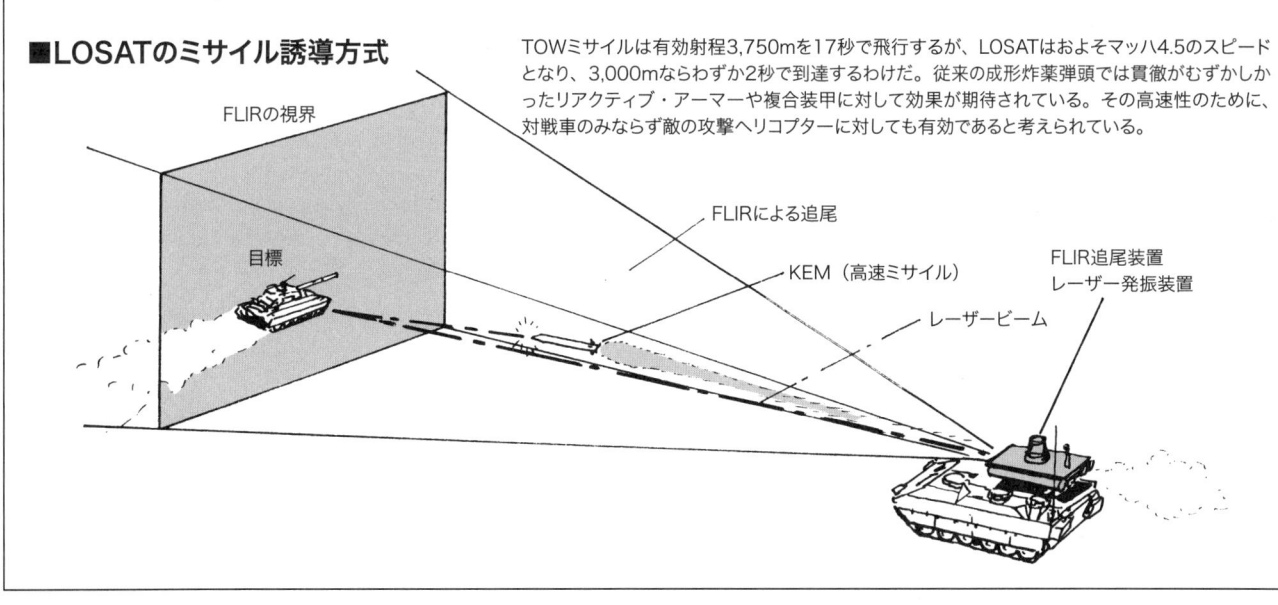

■LOSATのミサイル誘導方式

TOWミサイルは有効射程3,750mを17秒で飛行するが、LOSATはおよそマッハ4.5のスピードとなり、3,000mならわずか2秒で到達するわけだ。従来の成形炸薬弾頭では貫徹がむずかしかったリアクティブ・アーマーや複合装甲に対して効果が期待されている。その高速性のために、対戦車のみならず敵の攻撃ヘリコプターに対しても有効であると考えられている。

FLIRの視界
目標
FLIRによる追尾
KEM（高速ミサイル）
レーザービーム
FLIR追尾装置
レーザー発振装置

239

多様な対戦車兵器

■地雷 (Anti-tank blast Mine)

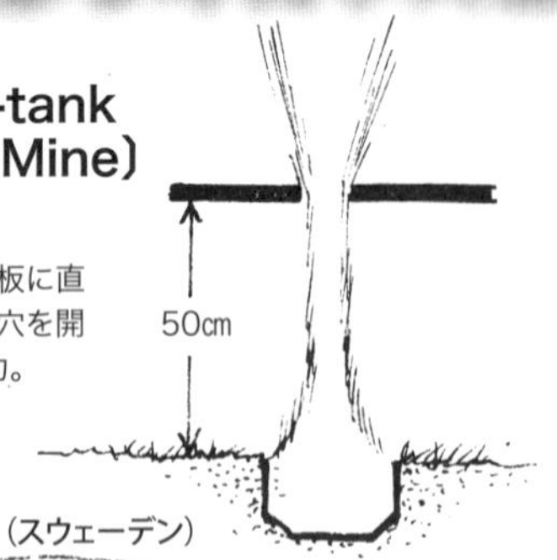

50mmの鉄板に直径65mmの穴を開ける破壊力。

FEVD28（スウェーデン）

磁気信管型。普通の地雷は戦車のキャタピラの接地圧に感応するだけだが、これは底面の鋼板全部に磁気感応する。HEAT成形炸薬により装甲を貫通する。

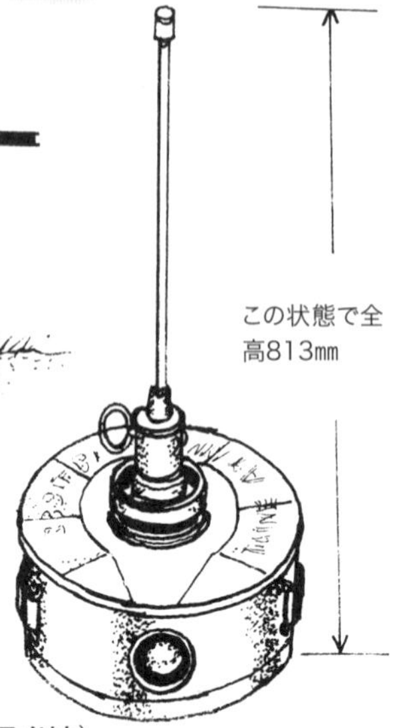

M21（アメリカ）

中央部のマストに1.7kg以上の力がかかると傾斜して、角度が20度になると爆発する。EFPと同じで地雷上面が圧力波で自己鍛造弾となり、戦車の底面装甲を突き抜ける。

この状態で全高813mm

対戦車兵器には地雷のように敷設するものと砲弾、爆弾、ミサイルのような飛び道具とがあるが、いずれも近年はハイテク化が進んでいる。特にセンサー技術は今昔の感があり、様々な工夫が凝らされている。また砲弾、爆弾類にも無誘導のものから誘導するタイプが増え、この技術も種々の進歩がある。

Various Anti-Tank Weapons

As for anti-tank weapons, some are to be laid such as mines and some are to be projected such as shells, bombs or missiles, however, the introduction of high technology is conspicuous among all of them in recent years. Especially, the advance in sensor technology is considerable and quite elaborate devices are developed. As for shells or bombs, guided types are replacing non-guided ones and their guidance technology also showing great progress.

地雷は古くからある兵器だが、戦車にとっては今日でも有効なものだ。最近では非磁性化させて探知を難しくさせたり、信管のセンサーに工夫が凝らされるなど発達が著しい。

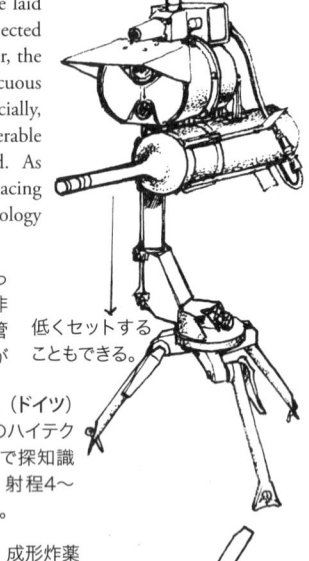

PARM2（ドイツ）

地上放置型対戦車ロケット。一種のハイテク地雷で、敵戦車を赤外線センサーで探知識別し、小型ロケットを発射する。射程4〜100mと低くセットすることもできる。

低くセットすることもできる。

カナード　成形炸薬
誘導セクション
安全／発火装置
エレクトロニクス＆パワーサプライ
テールフィン

■迫撃砲（Mortar）

これも旧来からある兵器で、歩兵の火力支援に多用される。この迫撃砲にもハイテク化の波が押し寄せ、右図のような誘導砲弾やクラスター弾が開発されている。またその曲射弾道特性を生かして対装甲トップアタック兵器として重視されるようになった。

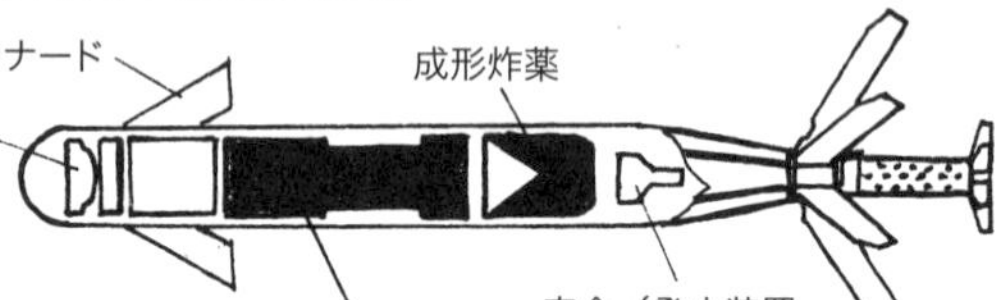

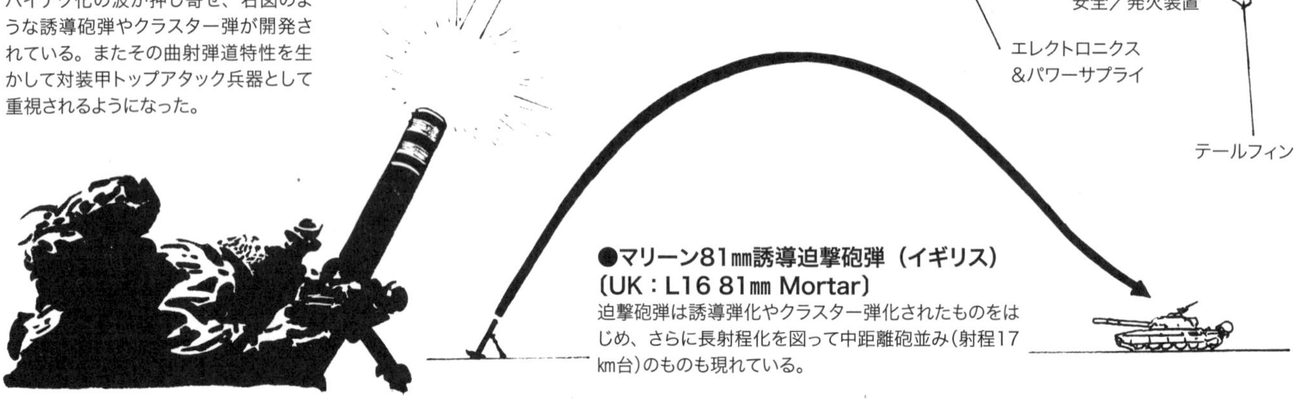

●**マリーン81㎜誘導迫撃砲弾（イギリス）**
(UK：L16 81mm Mortar)

迫撃砲弾は誘導弾化やクラスター弾化されたものをはじめ、さらに長射程化を図って中距離砲並み（射程17km台）のものも現れている。

●JSTARS（統合監視目標攻撃レーダーシステム）(Joint Surveillance Target Attack Radar System)

陸軍と空軍の戦術兵器システムを結合して、「縦深戦闘」に用いる。

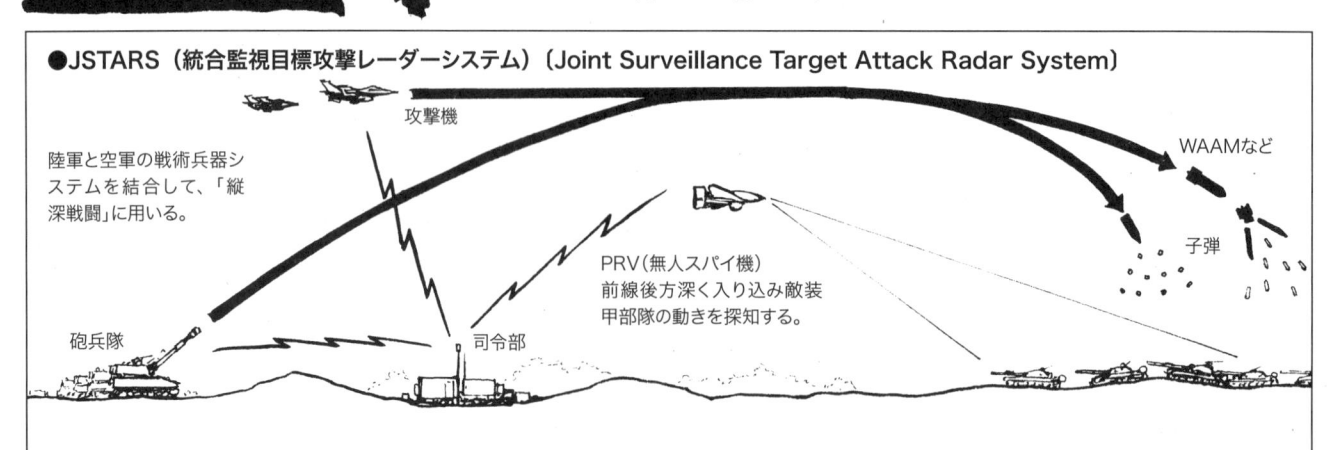

攻撃機
WAAMなど
子弾
PRV（無人スパイ機）前線後方深く入り込み敵装甲部隊の動きを探知する。
砲兵隊
司令部

■超低空垂直爆弾（Parachute-Retarded Fragmentation Bomb）

パラシュート付きの戦術爆弾。超低空で投下しても地表では垂直に近い角度で着弾する。爆発は上部と下部の2段で起こり、多数の破片をまき散らす。「制動傘減速破片爆弾」というのが英語に近い訳名。

輸送部隊などの大部隊を超低空で襲撃するのに使用。実戦の経験から作られた超低空爆弾。破壊力、範囲ともに大きい。

超低空で通常型爆弾を落とすと飛行中の慣性と重量の関係で、地表に対し25°くらいの浅い角度での着弾となる。しかしこれでは爆発圧力は上方向にも広がってしまい、地上破壊効果が薄れるということで開発されたのが超低空垂直爆弾だ。

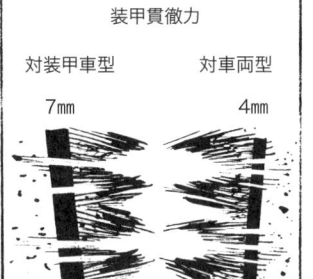

浅い角度で着弾

BAT120の場合

ほぼ垂直に着弾

装甲貫徹力
対装甲車型　対車両型
7mm　　　　4mm

BAT120爆弾（NATO軍使用）
前部炸薬　投下装置　後部炸薬　パラシュート　テールフィン

重量34kgと軽いが、重量当たりの破壊効果は高い。対車両型は4gの破片が2,600個飛散し20mの距離で4mmの鋼板を貫通する。対装甲車型は12.5g、800個の破片で同じく7mmの鋼板を貫通する。

■誘導砲弾「カッパーヘッド」（Laser homing "Copperhead"）

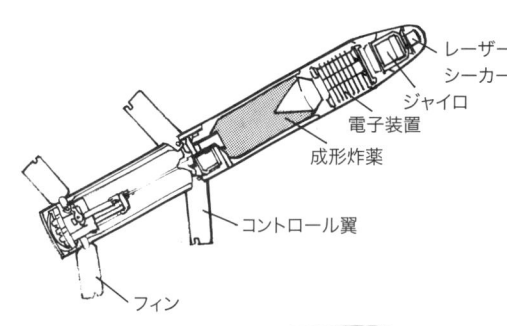

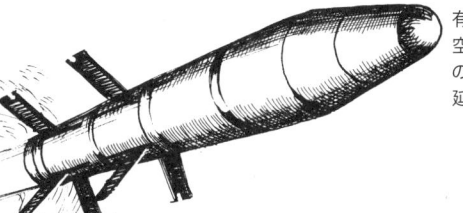

自走砲から発射され、地上の誘導員かヘリコプターから敵戦車に照射されるレーザーの反射波に誘導される。

レーザー光線
携行型レーザー目標指示器

レーザーシーカー
ジャイロ
電子装置
成形炸薬
コントロール翼
フィン

有翼砲弾なので滑空段階が長く、その分、着弾距離も延長できる。

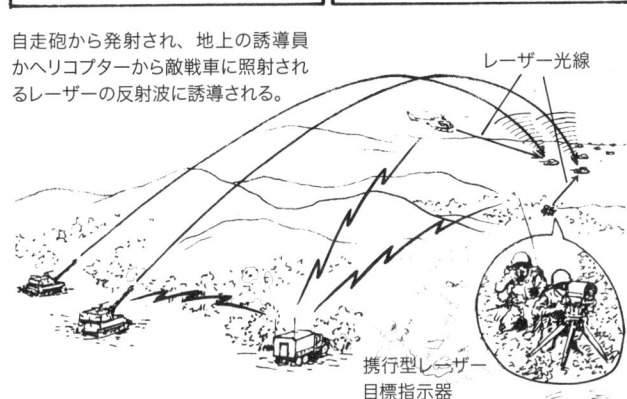

開発当初は画期的な砲弾として期待された。しかし、コストが高く、目標に命中するまでレーザー照射を続けなければならないので、その分危険が増すなどの欠点で、その後続々と開発される新型砲弾の前に見劣りする性能となってしまった。

■AIFS（次期間接照準射撃システム）〔AIFS (Advanced Indirect Fire System) under development by Norden Systems〕

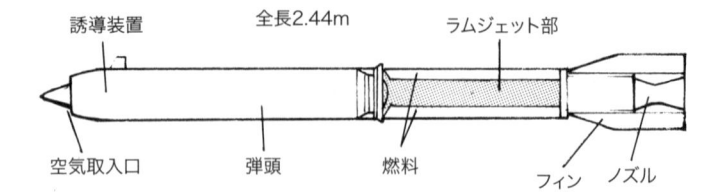

誘導装置／全長2.44m／ラムジェット部／空気取入口／弾頭／燃料／フィン／ノズル

これも誘導砲弾の一種だが、カッパーヘッドと異なって自力で目標を探知できる。センサーを装備し、ラムジェットで自力推進するので射程も70,000mと延びている。いわゆるファイア・アンド・フォーゲット兵器として、カッパーヘッドの後継に開発中である。下図SADARM弾を含め、この種のスマート砲弾は様々開発されているが、高価なことが共通したネックになっている。ノルデン社で開発中。

■SADARM弾（対装甲探知破壊弾）〔Sense And Destroy Armor〕

通常の榴弾砲などでは、戦車1両を破壊するのに1,000発以上を要するというのは珍しいことではない。直接照準ではなく数多く射てば当たるといった程度の命中率だからだ。誘導砲弾は最近各種開発され、どれも高価ではあるがそれでもミサイルよりは安上がりだ。また榴弾砲やMLRS（右ページ参照）から発射できる。SADARM弾はNATOの開発した"ファイア・アンド・フォーゲット"システムの本命で、6発の自己鍛造弾をMLRS弾に詰めたものや、下図のように155mm榴弾砲から発射するものも開発された。最終的な攻撃目標の探知・捕捉は弾頭自身が自動で行なうという知的兵器で、上面と下面の両方から攻撃が可能な効率の良い誘導弾だ。

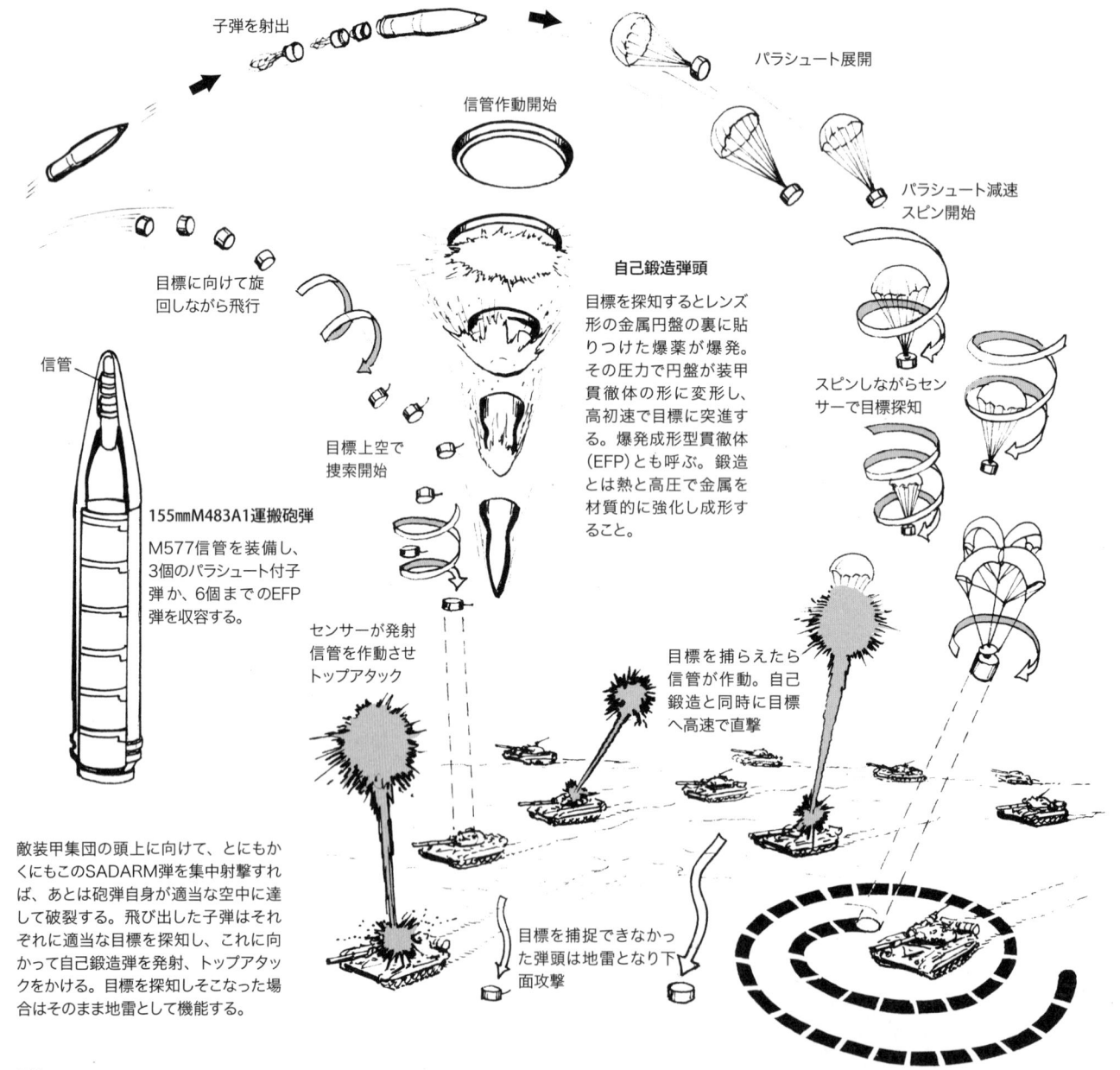

子弾を射出／パラシュート展開／信管作動開始／パラシュート減速 スピン開始／目標に向けて旋回しながら飛行／スピンしながらセンサーで目標探知／目標上空で捜索開始

自己鍛造弾頭
目標を探知するとレンズ形の金属円盤の裏に貼りつけた爆薬が爆発。その圧力で円盤が装甲貫徹体の形に変形し、高初速で目標に突進する。爆発成形型貫徹体（EFP）とも呼ぶ。鍛造とは熱と高圧で金属を材質的に強化し成形すること。

信管

155mmM483A1運搬砲弾
M577信管を装備し、3個のパラシュート付子弾か、6個までのEFP弾を収容する。

センサーが発射信管を作動させトップアタック／目標を捕らえたら信管が作動。自己鍛造と同時に目標へ高速で直撃／目標を捕捉できなかった弾頭は地雷となり下面攻撃

敵装甲集団の頭上に向けて、とにもかくにもこのSADARM弾を集中射撃すれば、あとは砲弾自身が適当な空中に達して破裂する。飛び出した子弾はそれぞれに適当な目標を探知し、これに向かって自己鍛造弾を発射、トップアタックをかける。目標を探知しそこなった場合はそのまま地雷として機能する。

■MLRS（多連装ロケット弾システム）〔MLRS(Multiple Launch Rocket System)〕

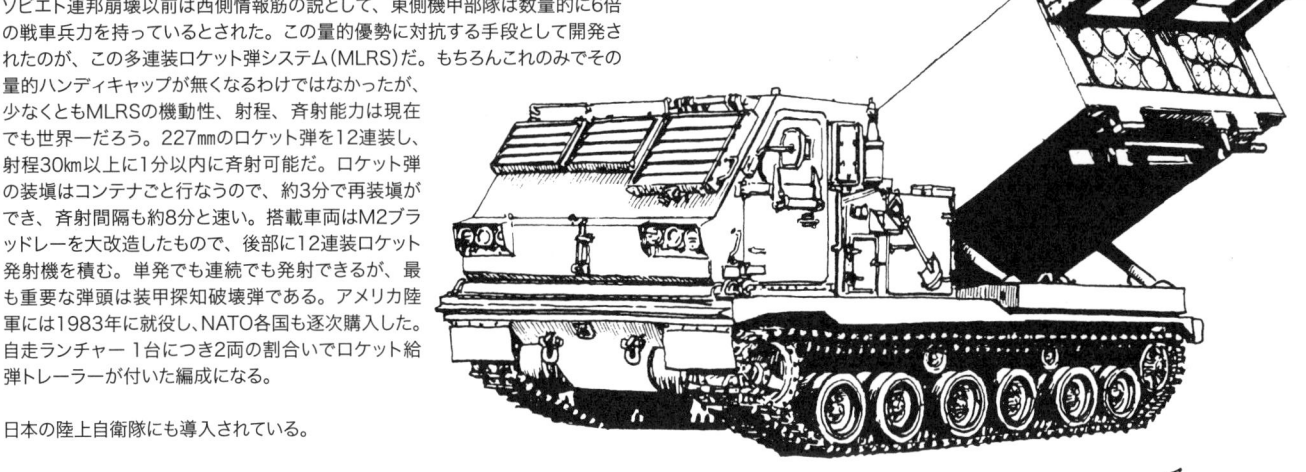

ソビエト連邦崩壊以前は西側情報筋の説として、東側機甲部隊は数量的に6倍の戦車兵力を持っているとされた。この量的優勢に対抗する手段として開発されたのが、この多連装ロケット弾システム(MLRS)だ。もちろんこれのみでその量的ハンディキャップが無くなるわけではなかったが、少なくともMLRSの機動性、射程、斉射能力は現在でも世界一だろう。227mmのロケット弾を12連装し、射程30km以上に1分以内に斉射可能だ。ロケット弾の装填はコンテナごと行なうので、約3分で再装填ができ、斉射間隔も約8分と速い。搭載車両はM2ブラッドレーを大改造したもので、後部に12連装ロケット発射機を積む。単発でも連続でも発射できるが、最も重要な弾頭は装甲探知破壊弾である。アメリカ陸軍には1983年に就役し、NATO各国も逐次購入した。自走ランチャー1台につき2両の割合でロケット給弾トレーラーが付いた編成になる。

日本の陸上自衛隊にも導入されている。

●MLRSの構成

自走ランチャー（SPLL）
全備重量24.5t　最高速度64km
行動距離485km　乗員3名

LP/Cランチポッドコンテナ
ロケット弾6発入。斉射は乗員が車内から行なえ、再装填も3人で可能。

LLMランチローターモジュール

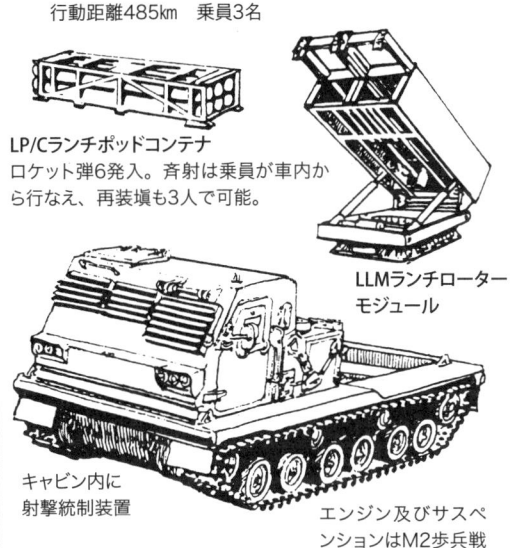

キャビン内に射撃統制装置

エンジン及びサスペンションはM2歩兵戦闘車のものを流用。

補給支援車両（RSV）
LP/C4基
LP/C4基

M985HEMTTトレーラーとHEMAT重高機動弾薬トレーラーとコンテナ積載トレーラー。MLRSの戦術単位はSPLL1両とRSV2両で編成され、ロケット弾は全部で108発携行できることになっている。

●MLRSロケット

ロケット弾は直径227mm、全長3.94m、発射時の重量はフェーズ1弾頭の場合で308kg。

折りたたみ式フィン
個体燃料ロケットモーター

▶フェーズ1弾頭/M26（弾頭直径227mm）
弾頭重量159kgで最大射程32km、64発のM77小爆弾を内蔵。

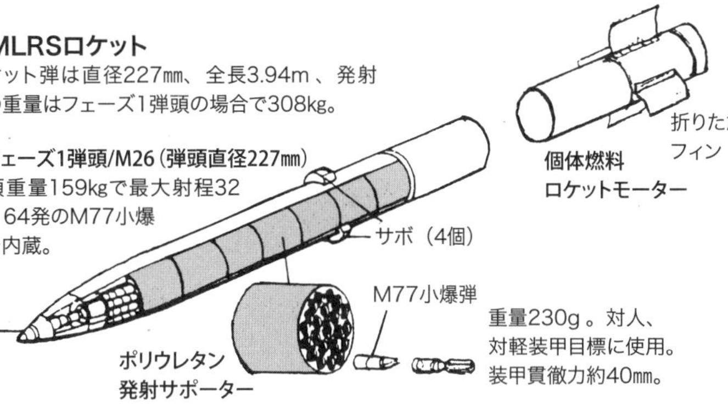

信管
サボ（4個）
M77小爆弾
ポリウレタン発射サポーター

重量230g。対人、対軽装甲目標に使用。装甲貫徹力約40mm。

▶フェーズ2弾頭/AT2（ドイツ製）（弾頭直径236mm）
弾頭重量107kg、最大射程40km
AT-2対戦車地雷4個入りのディスペンサー7体を搭載。

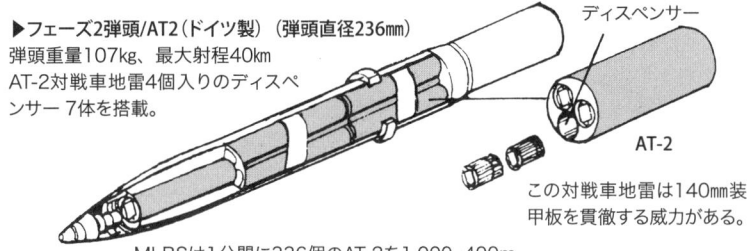

ディスペンサー
AT-2

この対戦車地雷は140mm装甲板を貫徹する威力がある。

MLRSは1分間に336個のAT-2を1,000×400mの範囲に散布できる。広域制圧用兵器。

▶フェーズ3弾頭（最大射程45km）
移動中の敵戦車に対し、自ら探知、正確かつ精密に目標を定め攻撃する。終末誘導対戦車小爆弾搭載。

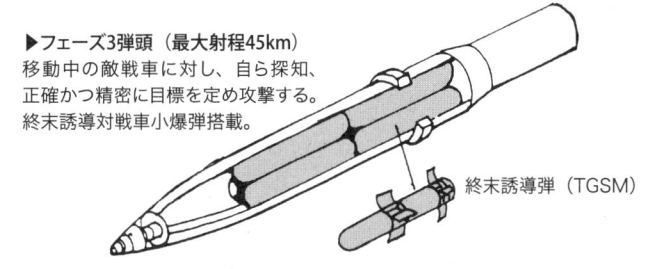

終末誘導弾（TGSM）

上のフェーズ1、2が広域制圧用なのに対し、装甲車両を1台ずつ狙える精密攻撃兵器がこのフェーズ3。1987年時点では開発中の段階で、センサーのアクティブミリメーター波をアメリカ式のパルスタイプにするか、ヨーロッパが提案するFM（周波数変調）タイプにするか未定だ。しかしMLRS計画の中でも最も期待されている。

最新鋭対戦車攻撃システム
The Latest Anti-Tank Warfare

航空機による広域対装甲弾(WAAM)によるトップアタック。

偵察ヘリが目標にレーザー照射する

CLGPカッパーヘッド誘導砲弾

地上からもレーザー照射は行なわれる

攻撃ヘリは隠れた位置からレーザー誘導ヘルファイアミサイル発射

●MLRSの目標攻撃 フェーズ3弾頭

地上砲火としては203mm、105mm各榴弾砲、また227mmロケットMLRSのトップアタック用弾頭など。その他ランス戦術ミサイル等使用

81mm、120mm迫撃砲によるトップアタック

●STAFFシステム
撃ち放し式のRL(ロケットランチャー)で発射したロケットがセンサーで目標を捕捉、トップアタックをかける

●スウェーデンのBILLミサイル

●RR(無反動砲)
欠点である後方爆風を無くすカウンター・マス方式や、射程を延ばすロケットアシスト弾を採用

ATM(対戦車ミサイル)のトップアタック

ATMの有効射程 3000～4000m

センサーが戦車を感知すると弾頭をはね上げトップアタック

有効射程 200m～500m

使い捨てのRL(ロケットランチャー)は、歩兵が手軽に持ち歩ける対戦車兵器。推進薬を改良し高速化と命中精度の向上、有効射程の延長が可能となる

　現代では想定される大規模な戦場で、戦車が単独で行動することはない。地上では自走砲部隊と装甲兵員輸送車に乗った歩兵を伴い、防空システムに守られて行動する。空からは戦闘機や攻撃機、戦闘攻撃ヘリコプターなどの支援が加わり、後方では長距離砲、偵察情報システムが支援する。通常、戦車の装甲は正面が最も厚く、上面が弱い。そこで従来の無反動砲やロケットランチャーに加え、戦車の前面を狙う対戦車ミサイルなど、トップアタックをかける対戦車兵器が数多く開発されている。

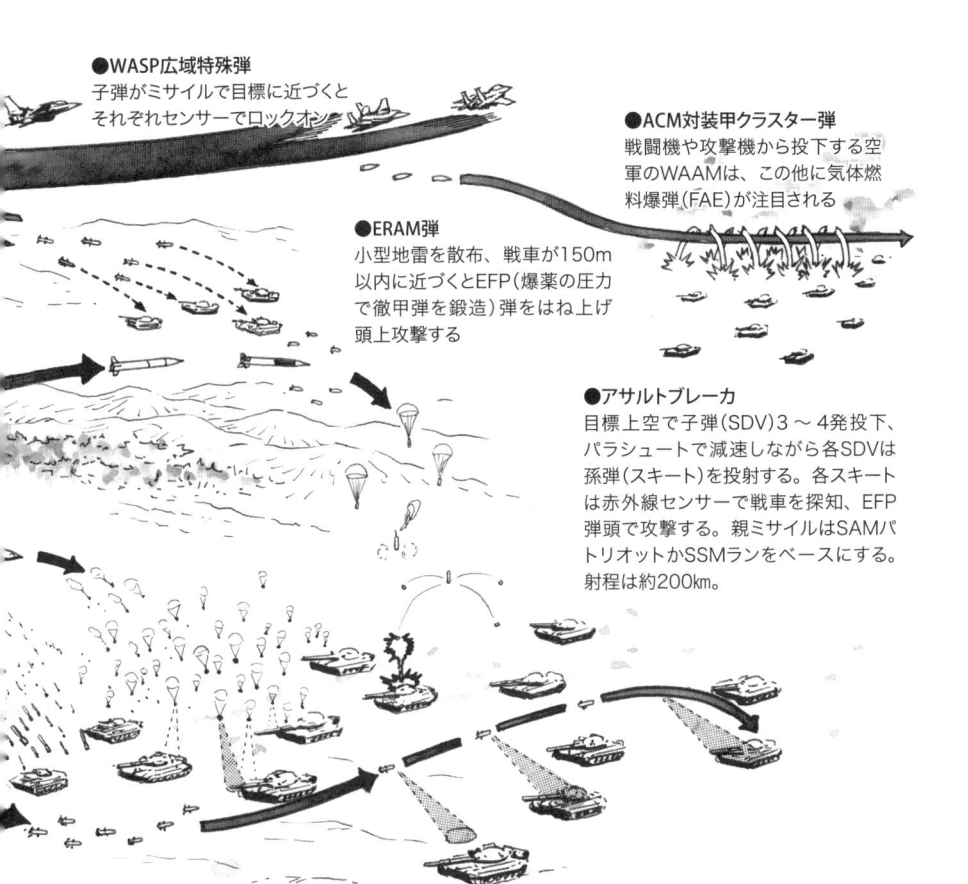

●WASP広域特殊弾
子弾がミサイルで目標に近づくと
それぞれセンサーでロックオン

●ACM対装甲クラスター弾
戦闘機や攻撃機から投下する空軍のWAAMは、この他に気体燃料爆弾（FAE）が注目される

●ERAM弾
小型地雷を散布、戦車が150m以内に近づくとEFP（爆薬の圧力で徹甲弾を鍛造）弾をはね上げ頭上攻撃する

●アサルトブレーカ
目標上空で子弾(SDV)3〜4発投下、パラシュートで減速しながら各SDVは孫弾（スキート）を投射する。各スキートは赤外線センサーで戦車を探知、EFP弾頭で攻撃する。親ミサイルはSAMパトリオットかSSMランをベースにする。射程は約200km。

空からの航空機による対戦車攻撃としては、通常の無誘導の対装甲爆弾、誘導（スマート）爆弾、空対地対戦車ミサイルなどがある。爆弾といっても、ERAM弾のように小型地雷を散布してセンサーで戦車を感知すると弾頭をはね上げてトップアタックをかけるもの。また広域特殊弾には、子弾が自由落下ではなく目標近くでセンサーでロックするWASP弾もある。依然として無誘導のロケットは数多いが、機上または地上からレーザー誘導するものもあり、子弾の誘導は地対地の戦術ミサイルでも行なわれる。歩兵の発射する対戦車ミサイルも、センサーでトップアタックをかけるものがある。

下図はテレビ報道で一躍戦争ショーのようになった湾岸戦争における多国籍軍によるイラク軍への攻撃だ。ただしイラク軍は圧倒的物量の前に戦意がほとんどなく、例のスカッド以外に抵抗らしいものはなかった。1年後のアメリカ国防省の総括では、米軍死傷者の多くは同士討ちだったという話もあるくらいだ。

■湾岸戦争の場合（The Anti-Tank Warfare seen in the Gulf War）

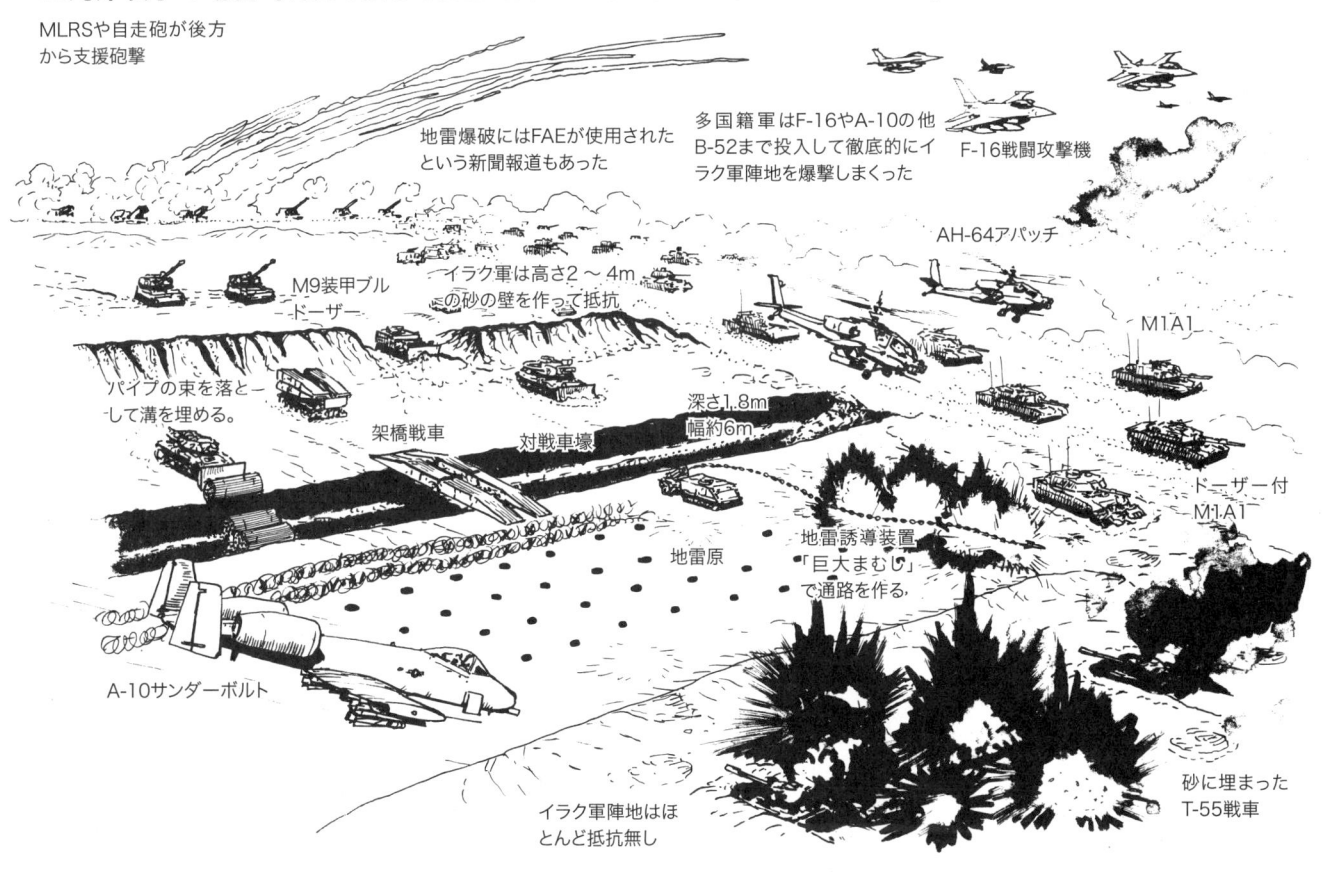

MLRSや自走砲が後方から支援砲撃

地雷爆破にはFAEが使用されたという新聞報道もあった

多国籍軍はF-16やA-10の他B-52まで投入して徹底的にイラク軍陣地を爆撃しまくった

F-16戦闘攻撃機

AH-64アパッチ

M9装甲ブルドーザー

イラク軍は高さ2〜4mの砂の壁を作って抵抗

M1A1

パイプの束を落として溝を埋める。

架橋戦車

対戦車壕

深さ1.8m
幅約6m

ドーザー付M1A1

地雷原

地雷誘導装置「巨大まむじ」で通路を作る

A-10サンダーボルト

イラク軍陣地はほとんど抵抗無し

砂に埋まったT-55戦車

WWIIの各国戦車の装甲と戦車砲比較
The Comparison between Armors and Guns of Various Countries' Tanks in WWII

1940年 北アフリカ戦線

Mk.II マチルダIII
重量：27t　エンジン95HP×2基
最高速度24km/h
装甲：A78mm B25mm C75mm D75mm
武装：40mm砲×1
　　　機銃×2

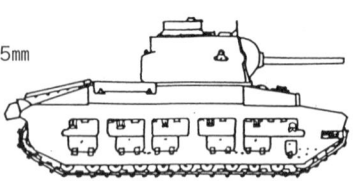

III号戦車F型
重量：20.3t　エンジン300HP
最高速度40km/h
装甲：A30mm B30mm
　　　C30+30mm D30mm
武装：50mm砲×1
　　　機銃×2

1941年 ロシア侵攻作戦（バルバロッサ）

T-34/76
重量：27t　エンジン：500HP
最高速度51km/h
装甲：A45mm B40mm
　　　C45+45mm D45mm
武装：76.2mm砲×1
　　　機銃×1

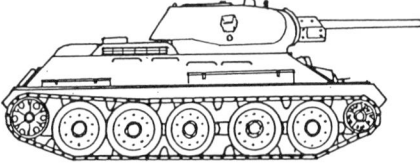

IV号戦車D型
重量：20t　エンジン：300HP
最高速度40km/h
装甲：A30mm B20mm
　　　C30+35mm D20mm
武装：75mm砲×1
　　　機銃×2

1942年 北アフリカ（エルアラメイン→チュニジア）

M4A1シャーマン
重量：32t　エンジン：400HP
最高速度38.6km/h
装甲：A51mm B38mm
　　　C76+76mm D51mm
武装：75mm砲×1
　　　機銃×2

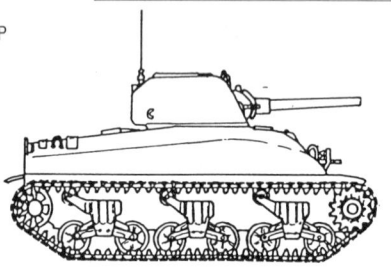

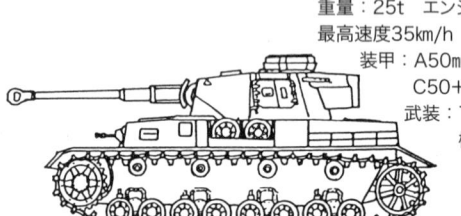

IV号戦車F2型
重量：25t　エンジン：300HP
最高速度35km/h
装甲：A50mm B50mm
　　　C50+50mm D30mm
武装：75mm砲×1
　　　機銃×2

連合軍

	国名	砲弾名称	砲名/口径長	戦車名	砲弾重量kg	初速m/s	装甲貫徹力mm	距離m
①	アメリカ	37mm徹甲弾	M6/53	M3スチュワート	0.87	792	51	1,000
②	イギリス	40mm徹甲弾	2ポンドOQF/52	マチルダII	0.92	853	44	〃
③	イギリス	57mm徹甲弾	6ポンドOQF/52	クルセーダーIII		890	82	〃
④	ソ連	57mm徹甲弾	1941/	SU57			140	500
⑤	イギリス	57mmAPDS	6ポンドOQF/	クロムエル			120	1,000
⑥	ソ連	76.2mm徹甲弾	M1940/41.2	T34/76	6.3	62	61	〃
⑦	イギリス	77mm徹甲弾	77mmOQF/50	コメット				〃
⑧	アメリカ	75mm徹甲弾	M3/40	M4シャーマン	6.79	619	86	〃
⑨	イギリス	76.2mm徹甲弾	17ポンドOQF/58.4	シャーマンファイアフライ	7.7	908	140	〃
⑩	ソ連	85mm徹甲弾	M1944/51.1	T-34/85	9.2	792	102	〃
⑪	アメリカ	90mm徹甲弾	M3/50	M36	10.94	853	147	〃

OQF=制式速射砲

最良の対戦車兵器は戦車だった

対戦車兵器はいろいろな種類が開発されていたが、第2次世界大戦のように大がかりな機甲部隊が前面に出ると、機動力のある戦車の敵はやはり戦車ということになる。戦車はドイツの電撃戦の主役であったが、この頃主体のIII号戦車の初期の搭載砲は37mm砲で、装甲貫徹力も1,000mで28mmと貧弱なものであった。図と表を比較してみると分かりやすいが、III号戦車の搭載砲はどんどん威力を増してゆく。一方の連合軍を見ると、北アフリカ戦線のマチルダIII型戦車などは装甲は厚いが、重くて速度が遅く機動力に欠けるのが分かる。この時期圧倒的に優秀なのはソ連のT-34だ。ドイツがロシア戦線で苦戦し、新型戦車の開発を急いだのが理解できる。連合軍とドイツ軍の戦車の火砲と装甲の競争はシーソーゲームのように終戦まで続けられる。砲弾はほとんどが徹甲弾だが、口径が大きくなると重く巨大になり、携行性の点で制約がでてくる。

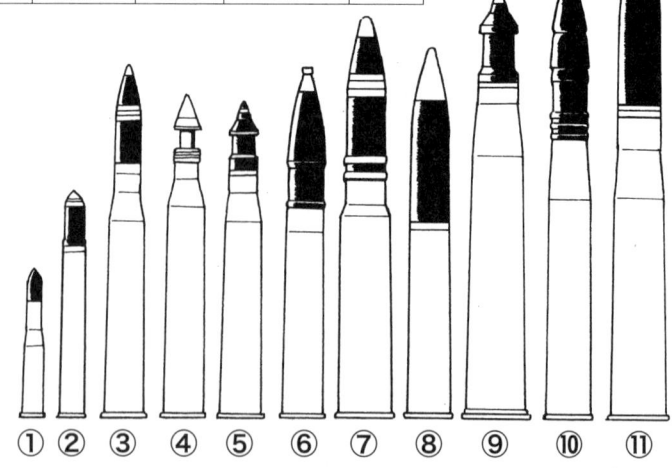

1943年 東部戦線

T-34/85
重量：31t　エンジン：500HP
最高速度51km/h
装甲：A75mm B45mm C90+
　　　45mm D75mm
武装：85mm砲×1
　　　機銃×2

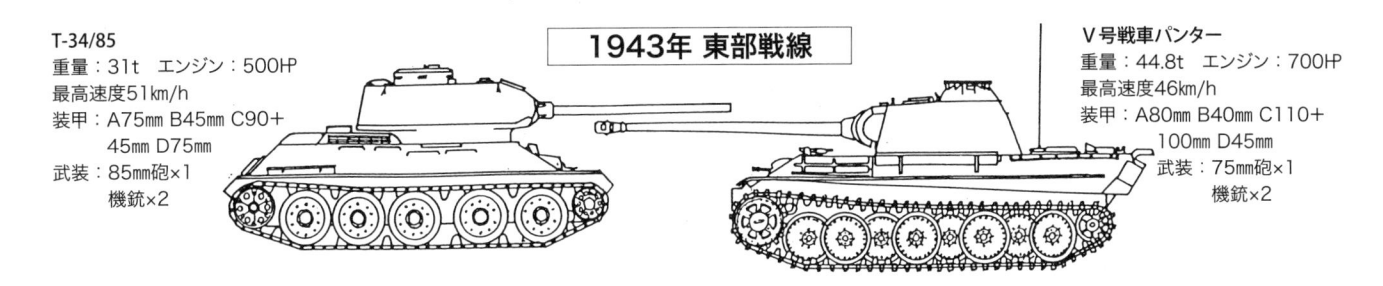

V号戦車パンター
重量：44.8t　エンジン：700HP
最高速度46km/h
装甲：A80mm B40mm C110+
　　　100mm D45mm
武装：75mm砲×1
　　　機銃×2

1944年 ノルマンディー戦線

シャーマン・ファイアフライ
重量：31t　エンジン445HP
最高速度40km/h
装甲：A51mm B38mm C76+
　　　76mm D51mm
武装：17ポンド
　　　（76.62mm）
　　　砲×1
　　　機銃×2

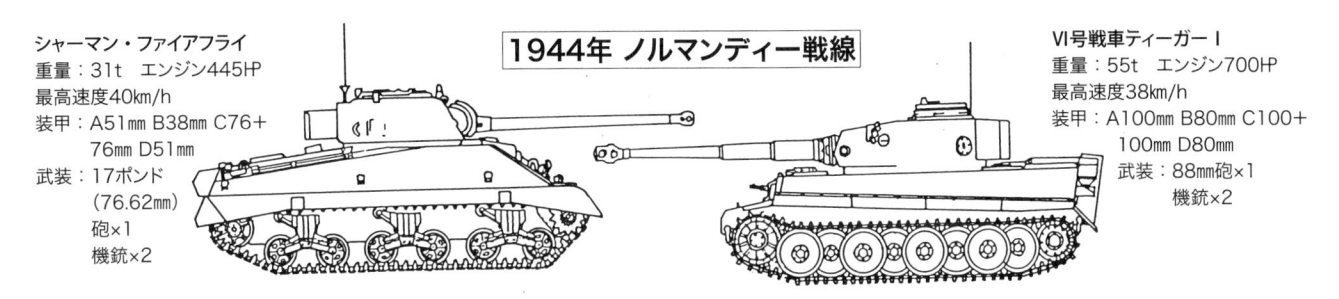

VI号戦車ティーガーI
重量：55t　エンジン700HP
最高速度38km/h
装甲：A100mm B80mm C100+
　　　100mm D80mm
武装：88mm砲×1
　　　機銃×2

1944年 東部戦線

JS-2ヨセフ・スターリン
重量：46t　エンジン520HP
最高速度37km/h
装甲：A120mm B90mm
　　　C160mm D90mm
武装：122mm砲×1
　　　機銃×3

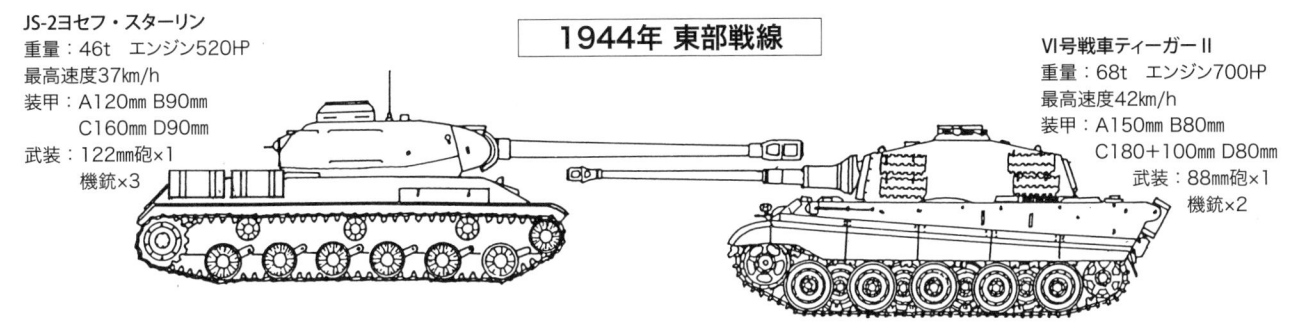

VI号戦車ティーガーII
重量：68t　エンジン700HP
最高速度42km/h
装甲：A150mm B80mm
　　　C180+100mm D80mm
武装：88mm砲×1
　　　機銃×2

各図装甲厚の凡例

A：車体前部
B：車体側部
C：砲塔前部（十防盾）
D：砲塔側部

ドイツ軍

	砲弾名称	砲名/口径長	戦車名	砲弾重量kg	初速m/s	装甲貫徹力mm	距離m
⑫	37mm徹甲弾	KwK36/45	III号戦車	0.685	745	28	1,000
⑬	50mm徹甲弾	KwK/42	III号戦車E～H	2.06	685	48	〃
⑭	50mm徹甲弾	KwK/60	III号戦車	2.06	835	59	〃
⑮	75mm徹甲弾	KwK37/24	IV号戦車	6.8	385	49	〃
⑯	75mm徹甲弾	KwK40/48	IV号戦車	6.8	790	117	〃
⑰	75mm徹甲弾	KwK42/70	パンター	6.8	935	135	〃
⑱	88mm徹甲弾	KwK36/56	ティーガーI	10	810	122	〃
⑲	88mm徹甲弾	PaK43/71	ティーガーII	10.4	1,000	186	〃
⑳	128mm徹甲弾	PaK44/55	ヤクトティーガー	28	920	202	〃

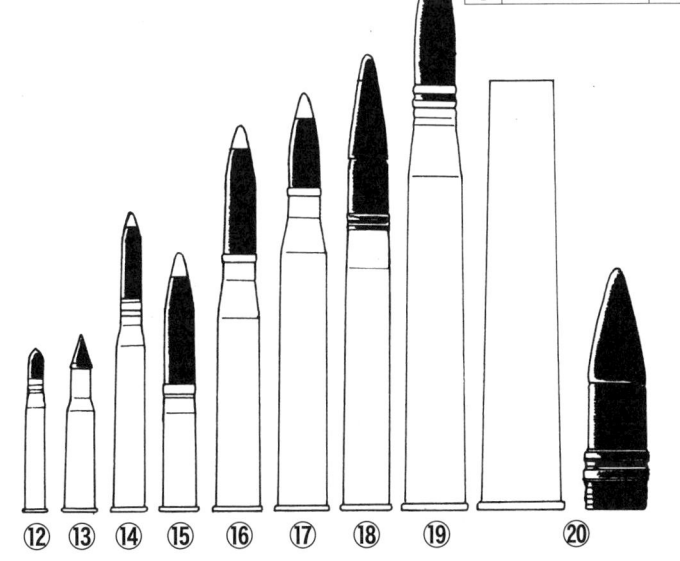

Tank was the Best Anti-Tank Weapon

While many kinds of anti-tank weapons had been developed, in case of engagement between large scaled armor units sometimes seen in WWII, the enemy of tanks shall be tanks with mobility. While German tanks played essential role in Britzkrieg, the primary German tank at that time was early types of Pz.Kpfw. III with 37 mm gun and its armor piercing capability was only 28 mm at 1,000 m. As shown in the tables and illustrations, the firepower of Pz. Kpfw. III was increased rapidly after that. On the other hand, as for Allies' Matilda III seen in north Africa, the armor was so thick that it spoiled the speed and mobility. In this period, the definitely excellent tank was Soviet T-34. It was natural Germans suffered in Russian front and hurried the development of new tanks. The developing race between tank gun and armor was continued until the end of the war by Allies and Germans. Most of the shells shown in the tables here are Armor Piercing Shell, and as the caliber of gun became larger, shells also became heavier and larger and the number of shells on vehicle decreased.

現代戦車砲弾の種類

第2次世界大戦が終わっても、冷戦構造のなかで戦車の搭載火砲と防禦力のシーソーゲームは続いた。装甲の方ではリアクティブアーマーや複合素材など、単なる装甲板の厚さではない工夫が凝らされるようになったが、砲弾の方も様々な種類が登場している。戦車の装甲を破壊するには、砲弾の運動エネルギーで貫通するものと、熱エネルギーによって装甲を貫通、または衝撃波で内部破壊するものとがある。下の表にまとめたように、前者の運動エネルギー弾は剛体であるほど良く、徹甲弾として様々な工夫がなされている。熱エネルギー弾は砲弾そのものに炸薬などが充填され、爆発のガスや溶けた金属の高速流体のエネルギーで戦車を破壊する。運動エネルギー弾は砲弾重量が同じなら初速が速いほど威力があり、熱エネルギー弾ではライフル砲の回転が加わると効果が落ちる欠点がある。

The Types of Modern Tank Gun Shells

Even after WWII, the see-saw game between firepower and armor protection of tanks continued throughout the Cold War period. As for the armor protection, since reactive armor or composite armor that does not depend on the thickness of material was developed, various new types of shell were also developed. There are shells that penetrate armor with kinetic energy, pierce with heat energy or crack with shock wave by explosion. As shown in the table below, hardness is important factor of the kinetic energy penetrator and various ingenuities are incorporated to increase armor piercing capability. The shaped charge warhead pierces armor by charge jet. As for the kinetic energy penetrator, when the weight was equal, the penetrating capability increases as the muzzle velocity becomes faster. The shaped charge warhead decreases its effect when fired from rifled barrel, because spinning charge jet is dispersed by centrifugal force.

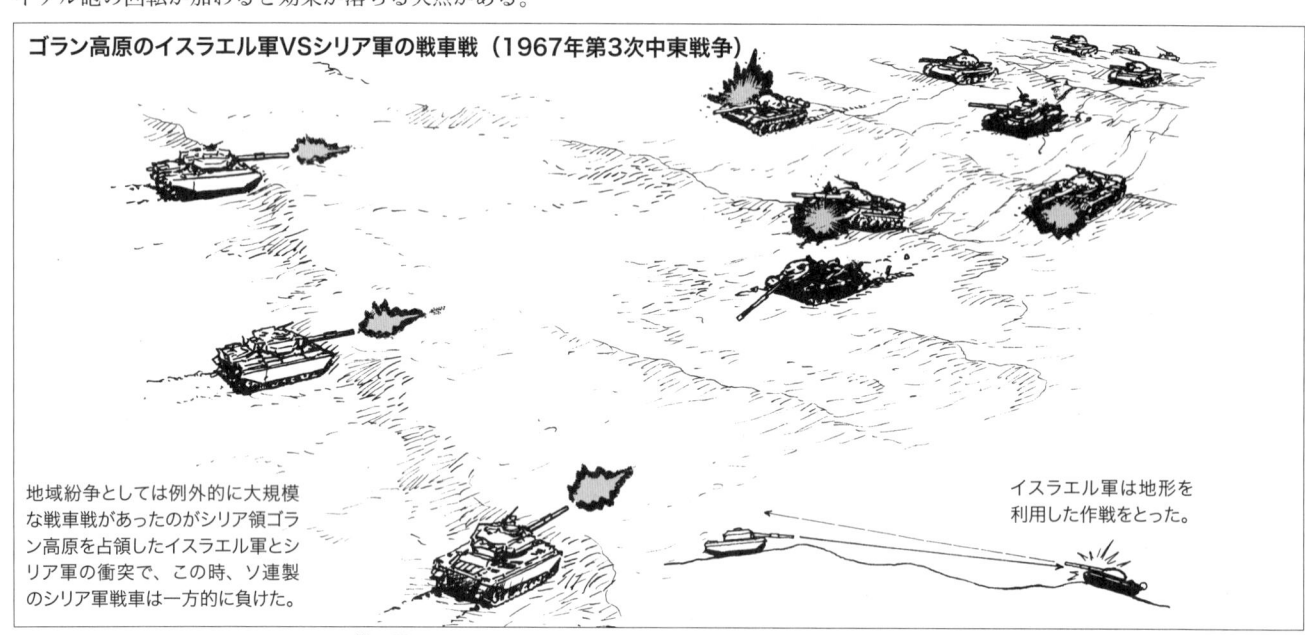

ゴラン高原のイスラエル軍VSシリア軍の戦車戦（1967年第3次中東戦争）

地域紛争としては例外的に大規模な戦車戦があったのがシリア領ゴラン高原を占領したイスラエル軍とシリア軍の衝突で、この時、ソ連製のシリア軍戦車は一方的に負けた。

イスラエル軍は地形を利用した作戦をとった。

構造からみた砲弾の区別

- 不活性弾……… 主に運動エネルギー弾に使用
  - 徹甲弾　　　　　　AP　　　　　Armour Piercing
  - 高速徹甲弾　　　　HVAP　　　　Heigh Velocity AP
  - 離脱装弾筒付徹甲弾　APDS　　　　AP Discarding Sabot
  - 安定翼付APDS弾　　APFSDS　　　APDS Fin Stabilized
  - 散弾　　　　　　　Canister
  - 訓練弾　　　　　　TP　　　　　Training Projectile
- 充填弾……… 主に熱エネルギー弾に使用
  - 榴弾　　　　　　　HE　　　　　Heigh Exprosive
  - 対戦車榴弾　　　　HEAT　　　　HE Fin Stabilized
  - 安定翼付HEAT弾　　HEATFS　　　HEAT Fin Stabilized
  - 粘着弾　　　　　　HEP（HESH）　HE Plastic（HE squash）
  - 発煙弾　　　　　　WP　　　　　White Phosphorus Projectile

通常の砲弾はライフルで回転を与え飛行の安定を図るが、翼付のものはその必要が無いため滑腔砲でも使用できる。また滑腔砲の一部にはロケット弾を発射可能なものもある。

砲弾の種類による装甲破壊

HEAT弾（対戦車榴弾）
装甲に当ると爆発ガスが秒速数千mの高速で貫徹、内部には高温ガスと溶けた金属が吹き込む。

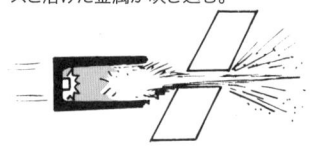

HESH弾（粘着榴弾）
信管が底にあり、命中すると砲弾前部がつぶれて装甲に貼り付く。衝撃波で内部を広い範囲で破壊。

APDS弾（装弾筒付徹甲弾）
タングステン・カーバイト鋼の弾芯を装弾筒に入れて発射。直後に装弾筒は空気抵抗などで飛散する。

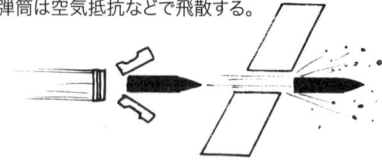

●HEP（HESH）弾
HEP（HESH）弾はHE弾のように前部に信管がなく比較的軟らかくなっている。命中すると装甲板の表面に炸薬が粘着して爆発する。この時、衝撃で装甲板の裏面は剥離し広く飛散する。これをホプキンス効果という。貫徹力は小さいが多くの破片が飛び散るので乗員の殺傷能力は高い。

●HE弾
戦車砲ばかりでなく各種の火砲に用いられる一般的なもの。弾丸内部の炸薬が破裂し外殻が飛散する。ただし戦車の装甲板には有効性は高くない。

●HEATFS弾
安定翼を付けたHEAT弾のことで、滑腔砲で使用する。HEAT弾のところでも述べるが、ライフル砲の場合の旋動によるモンロー効果の減少がなく、貫徹力が増大する。

●APFSDS弾
徹甲弾で、装弾筒付徹甲弾（APDS）に安定翼を付けたものだ。発射後飛び散る装弾筒はサボと呼ばれるが、これはオランダの木靴（サンダル）から名付けられたものだ。100mm以上の滑腔砲で使用される。APDSより高速で貫徹力は高い。

●APDS弾
●HVAP弾
APFSDS、APDS、HVAPとも弾芯は硬いタングステン・カーバイトを用いる。これは比重が高く、砲の口径と同じ径だと重くなり過ぎ速度が落ちてしまう。このためにサボを付けて発射し、直後に不要なサボは飛散する。従来の徹甲弾（AP）はこれらの砲弾の出現により最近では75mm以上の戦車砲では使用されなくなった。AP弾の場合、口径の大きなものは弾芯部に炸薬が充填されていて、装甲板を貫徹後、内部で破裂するようになっている。

●HEAT弾
HEAT弾は19世紀にすでに原理を発見されており、アメリカのモンローが鉄板の上の火薬の爆発ガスが貫徹力を発揮することを発見した。これがモンロー効果で、この後1920年代になってドイツのノイマンが円錐（コーン）型の金属を炸薬の内側に貼りつけると、貫徹力がさらに増すことを発見した。これをノイマン効果という。その破壊力は通常の徹甲弾と異なり弾丸速度に関係がない。金属のコーンには主に銅が使われ、爆発による超高速ジェット噴流の貫徹力は弾径の5〜6倍といわれている。貫徹孔の長さの割に径が小さいのが特徴である。弾頭部に電気信管を付け、弾殻は各方向に飛散するので榴弾の代りにも使用される。このHEAT弾の場合、ライフル溝の与える回転がモンロー効果を減少させるので、初速の高い砲には使えなかった。そこで弾帯が無くライフル溝とかみ合わない、滑腔砲用と同様の安定翼付きのものが開発されている。

●キャニスター弾
キャニスター弾は砲口を出たら小弾子が飛び散る、散弾の戦車砲版で、主に近距離の対人殺傷用に使われる。

●TP弾
TP弾は訓練用に開発されたもので、APDSやAPFSDSなどは高価な上に高速で遠距離まで飛んでしまい、訓練に向かないためだ。2〜3kmまでは実弾と同じように飛び、それ以降急に速度が落ちて弾着する。もちろん破裂などしない。

●WP弾
WP弾は発煙弾で、通常黄燐の発煙剤を充填し煙幕を張る。装着する信管の種類で、地上発火か空中発火を選択できるようになっている。

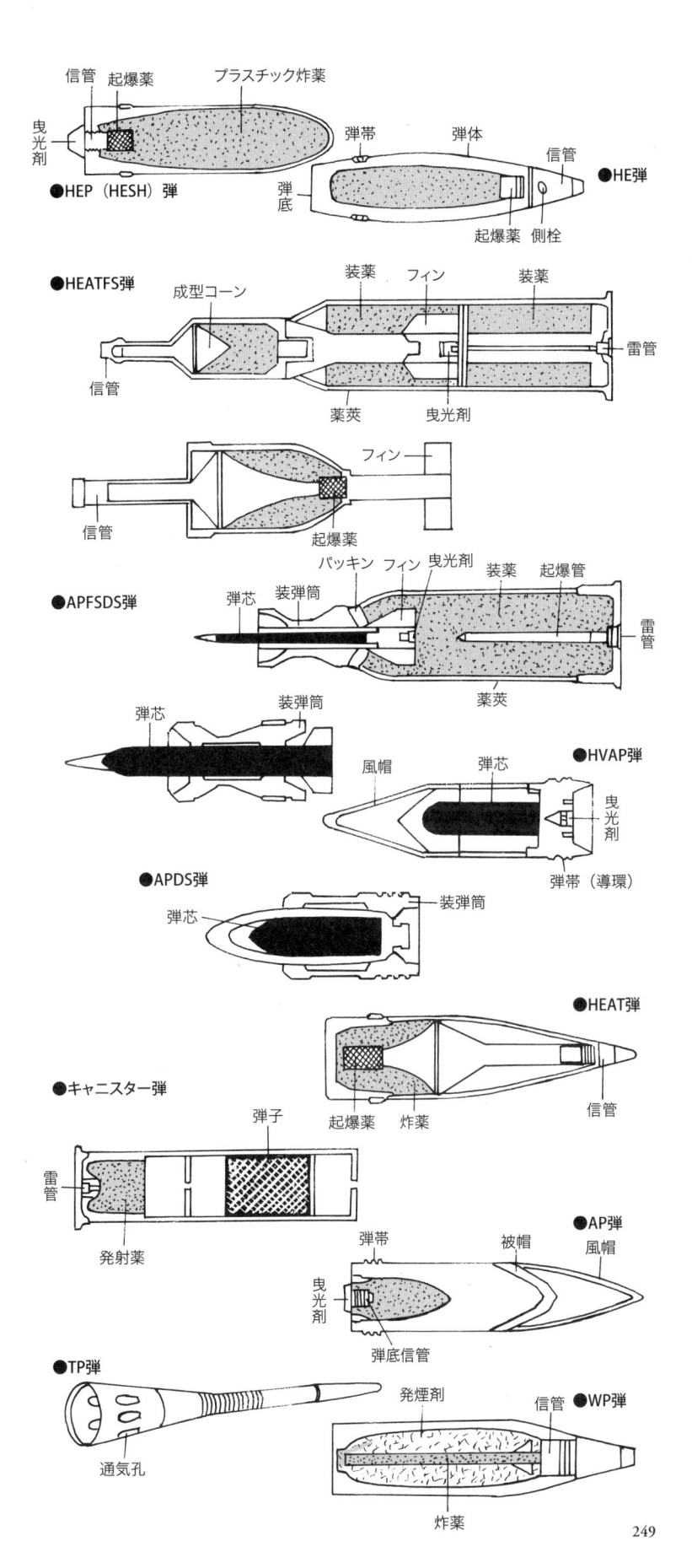

249

中東戦争における戦車隊の戦法

1973年の第4次中東戦争はイスラエルが米・英の西側製戦車を、シリアを中心としたアラブ側はソ連製戦車を装備して戦われ、局地戦であったため戦車そのものの性能、武装が勝敗を決した。ここではイスラエル側の対ソ連戦車の戦法をみることにする。

The Israeli Tank Tactics in Middle East Wars
During the fourth Arab-Israeli war in 1973, Israeli used American or British-built tanks and Arab forces including Syria used Soviet tanks, and as the conflict was limited in local region, the outcome of war was decided by the performance and firepower of tanks. Here, we will review the Israeli tank tactics against Soviet tanks.

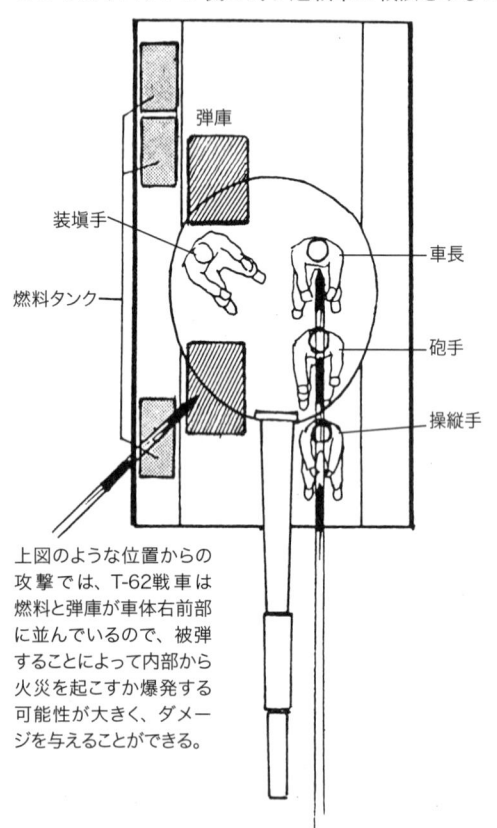

上図のような位置からの攻撃では、T-62戦車は燃料と弾庫が車体右前部に並んでいるので、被弾することによって内部から火災を起こすか爆発する可能性が大きく、ダメージを与えることができる。

● ソ連製戦車に対する攻撃
ソ連のT-62に対してはまず左前面を狙う。4名の乗員中3名が左側に位置しているので、車体左前部に命中させれば操縦手を仕止められるし、ターレット左前部なら砲手と車長をやっつけることができる。

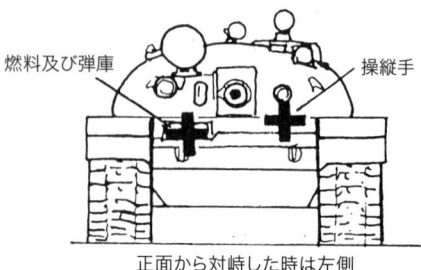

正面から対峙した時は左側弾庫、右側の操縦席を狙う。

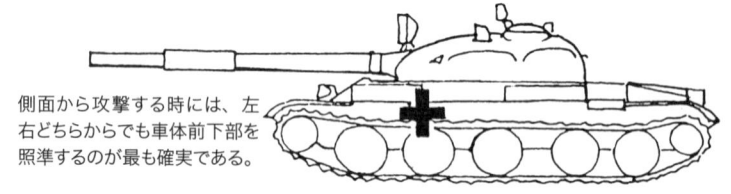

側面から攻撃する時には、左右どちらからでも車体前下部を照準するのが最も確実である。

● 砲の俯仰角 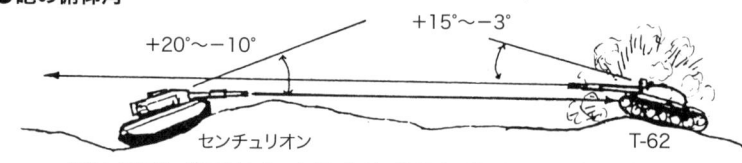
主砲の俯仰角の範囲が大きいかどうかが、戦闘時の地形によって重要な意味を持つ。特に俯角は地面の起伏を利用して待ち伏せ攻撃をするイスラエル戦車には有利となった。

● 戦闘照準と射撃 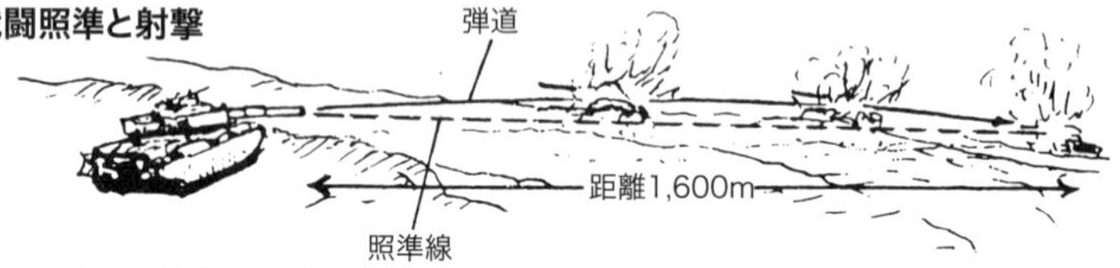
これは砲弾の水平な弾道を利用した射撃法で、初弾用の弾丸を先に装填しておき、あらかじめ見積った距離内の敵に対し、いちいち射程距離を変えずに射撃する。105mm砲のAPDS弾では1,600m、HEAT弾では1,100mの有効射程内では、弾道はほぼ水平に近くなるので、この射程の手前にいる戦車にも命中することになる。

● ソ連製兵器の有効射程 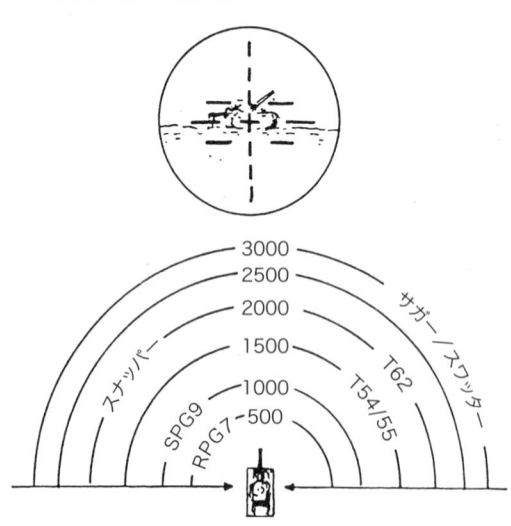
複数の兵器を持った敵と対峙した際に、どの敵が最も危険か、どこから攻撃すべきか。基本はいちばん近い敵からやっつけるべきだが、上図のように敵対した時は、500m以内のRPGチーム、1,000m以内の戦車、3,000m以内の対戦車ミサイルが非常に危険である。

● イスラエル軍とアラブ軍の砲弾の比較
イスラエル軍の戦車には105mm砲が多く装備されており、これに対抗できるシリア軍のT-62戦車に装備されていた115mm砲は、全体のうちわずか25%にすぎなかったといわれている。

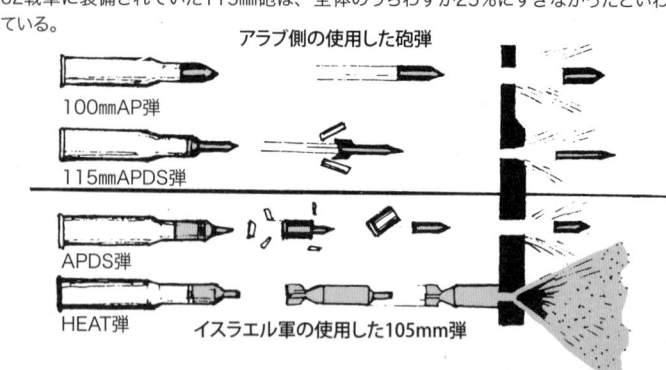

アラブ側の使用した砲弾
100mmAP弾
115mmAPDS弾

イスラエル軍の使用した105mm弾
APDS弾
HEAT弾

第7章
その他の特殊戦車
第2次世界大戦〜現在

　第2次世界大戦で戦車の戦闘方法が多様化すると、これを補助する車両がいろいろと登場しました。例えば自走できなくなった戦車はその重量から牽引して移動することは困難で、その作業にはおよそ同じ容積を持った車両が必要となってきます。こうした故障戦車を、時には戦闘中に救出して後方へ運ぶ目的で開発されたのが戦車回収車と呼ばれる車両です。この他にも、敵が構築した対戦車壕を埋めもどして自軍の戦車の進撃をサポートしたり、戦車が隠れる壕体を掘ったりする工兵車、また徒渉の困難な河川に橋を架けるための架橋戦車なども登場していますが、イギリスのチャーチル戦車などはこうした特殊車両の母体となった代表的な戦車といえるでしょう。

　本章ではおよそ戦闘的ではない、少し変わった戦車たちを紹介します。

Chapter 7: Other Special Tanks from WWII up to the Present

It is needless to say the appearance of Tanks drastically changed the manner of land warfare, the tanks themselves also evolved introducing new technology one after another. At first, only the tanks for battle were deployed, but later, armor units equipping various kinds of armored vehicles were organized to optimize the effectiveness of tanks. Though an enormous budget is required to organize armor units, as the offensive capability of armor units was infinitely better than infantry units, mechanized armor units became essential for leading armies. Of course, the backbone of them is MBT units, but when operated as a combined division, in addition to the fighting vehicles, the supporting vehicles that are useful in particular situations were also required. Such special engineering vehicles were developed and used since WWII, and the needs for various supporting vehicles are ever growing from then on and more and more special vehicles were produced. Among the special supporting vehicles, combat engineer tank is for construction or mine cleaning, and recovery tank is for repairing or salvaging disabled tanks. As special engineering tank, British Churchill AVRE may be the most typical and well known one. Bridge layer tank for crossing is also categorized as special engineering vehicle. In the following pages, we also illustrate the U.S. Army's minefield breaching method and flamethrower tanks though they were not for engineering but for special assault.

工兵用戦車

　戦場は自然の川や谷、湿地、ジャングルから荒地までと地形もさまざまで、また敵の攻撃の中、戦車壕やトーチカ・地雷もあり、戦車や戦闘車両ばかりの装甲機動部隊といえどもそのまま進撃するのは容易ではない。また、時には退却戦になることもあり、その場合には壕を掘り地雷を敷設したりする装甲車両が必要になってくる。補給路も退路も確保できない軍隊は、垢と糞尿と血肉の臭いばかりとなるのが戦争のリアリズムだ。この種の特殊戦車は主力戦車やAPCを改造した派生型も多いが、はじめから工兵用の装甲車両(ARV)として作られ、ドーザーや戦車橋を付けたもの、特殊地形に対応したものなどもある。

Combat Engineer Tanks
As battle field may include geographical features such as river, valley, marsh, jungle or wasteland, and in addition to enemy fire, if there were anti-tank ditches, pillbox or mines, even a totally armored unit with many tanks and AFVs cannot advance without difficulty. And when the advance changed to retreat, they would have to dig ditches and lay mines. The army without any route for supply or retreat is to be filled with the smell of dirt, excretions and blood. That is the realities of war. Thus the vehicles capable of construction or mine cleaning with sufficient armor to withstand enemy fire are indispensable. While many of special tanks for these purposes are the variants of MBT or APC, some were exclusively developed as Armored Recovery Vehicle (ARV) for engineering equipping with dozer blade or bridge launcher, or as special vehicle to travel difficult terrain.

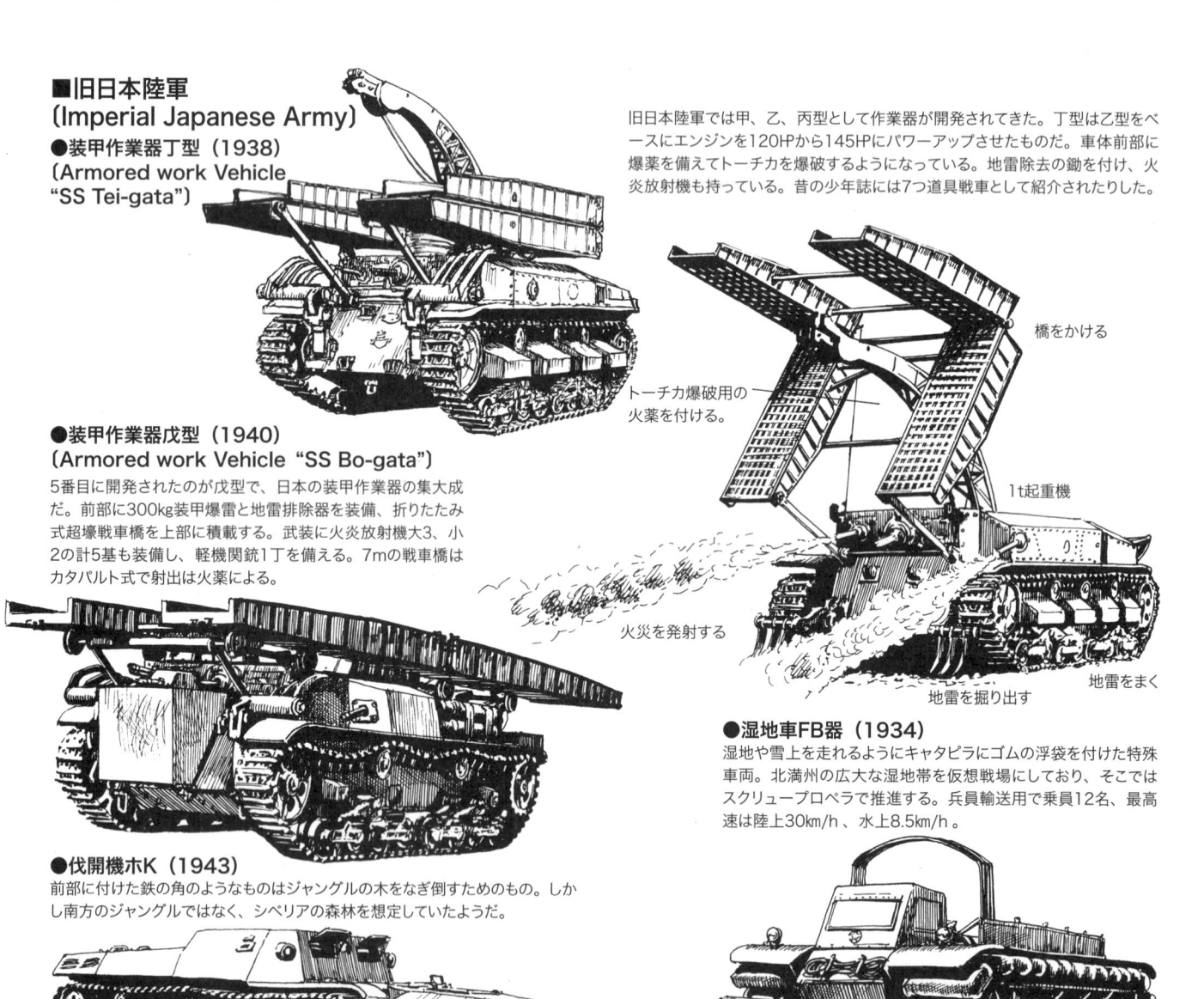

■旧日本陸軍 (Imperial Japanese Army)

●装甲作業器丁型 (1938) (Armored work Vehicle "SS Tei-gata")

旧日本陸軍では甲、乙、丙型として作業器が開発されてきた。丁型は乙型をベースにエンジンを120HPから145HPにパワーアップさせたものだ。車体前部に爆薬を備えてトーチカを爆破するようになっている。地雷除去の鋤を付け、火炎放射機も持っている。昔の少年誌には7つ道具戦車として紹介されたりした。

橋をかける
トーチカ爆破用の火薬を付ける。
1t起重機
火災を発射する
地雷を掘り出す
地雷をまく

●装甲作業器戊型 (1940) (Armored work Vehicle "SS Bo-gata")

5番目に開発されたのが戊型で、日本の装甲作業器の集大成だ。前部に300kg装甲爆雷と地雷排除器を装備、折りたたみ式超壕戦車橋を上部に積載する。武装に火炎放射機大3、小2の計5基も装備し、軽機関銃1丁を備える。7mの戦車橋はカタパルト式で射出は火薬による。

●伐開機ホK (1943)

前部に付けた鉄の角のようなものはジャングルの木をなぎ倒すためのもの。しかし南方のジャングルではなく、シベリアの森林を想定していたようだ。

●湿地車FB器 (1934)

湿地や雪上を走れるようにキャタピラにゴムの浮袋を付けた特殊車両。北満州の広大な湿地帯を仮想戦場にしており、そこではスクリュープロペラで推進する。兵員輸送用で乗員12名、最高速は陸上30km/h、水上8.5km/h。

■陸上自衛隊
(Japan Ground Self-Defence force)

●75式装甲ドーザー（1975）
(Type 75 Armored Dozer)

陸上自衛隊が第1線部隊の機動支援に使用するため、小銃耐弾設計で開発したもの。装備はドーザーのみで、前線の人工戦車障害物を排除する目的で単機能に徹して造った車両だ。装甲キャビンは取り外し可能となっている。

ドーザーブレードの中間にヒンジがあり角度を変えて排土作業が行なえる。

ドーザー側の視界が悪いため通常は後ろ向きに走行することになる。

■アメリカ軍（U.S.A.）

●M9装甲戦闘ドーザー（1985）（M9ACE）
アメリカは工兵作業車の開発にあまり熱心ではなかったが、1985年から使用しているこの装甲ドーザー(Armored Combat Earthmover)は、湾岸戦争でその実用性が実証された。車体はアルミ合金製で浮航性もある。ブレード自体は動かさず、油気圧式の懸架装置で車体前部を上下させて作用する。後部には牽引力1tのウィンチを装備、また操縦室はNBC防護装置付き。

●LVTE1A1（1954）
(Landing Vehicle, Tracked Engineer)

アメリカ海兵隊の車両で、上陸作戦において水際に埋設された地雷除去用。ニックネームがイモ掘り屋(Potato digger)という。前面のプラウ(鋤)で地雷を掘り起こすほかに、ロケットでライン・チャージ(爆索)を飛ばせる。これは長さ100mのプラスチック爆索をロケットで撃ち出し、地上に落ちると爆発して地雷を誘爆させるもの。ベトナム戦争で使用された。車体は海兵隊のLVTだったLVT5を使用している。

■イギリス軍（UK）

●戦闘工作トラクターCET（1977）
(Combat Engineer Tractor)

はじめからARVとして開発された車両。機動性が高く水陸両用であること、防弾でNBC防護装置を備え通信設備も完備、ということを主眼に設計開発された。バケットは穴掘り用にもブルドーザー用にも使え、毎時300m³の排土能力を持つ。

ウィンチを備え、アンカーをロケットで打ち出し、登坂や軟弱地盤の踏破に使える。

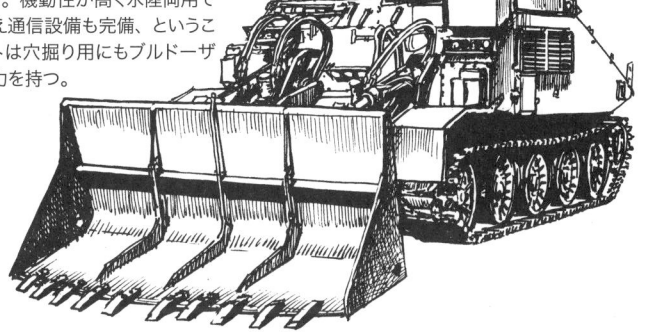

チャーチルAVRE

チャーチル特殊作業戦車は大陸反攻に備えてイギリス軍が考案したもので、1942年のディエップ上陸作戦で工兵隊が大きな損害を出した戦訓から生まれたものだ。ベースとなったのは1940年に開発されたチャーチル歩兵戦車で、初期のものは40mm砲に350HPのトラックのエンジンを積んだ貧弱なものだったが、用途別にさまざまにアップグレードされ、1942年から52年までの長きに渡りイギリス軍で使用された。AVREはArmoured Vehicle Royal Engineersの略で工兵戦車との意味。
※Armorのスペルがarmourとなるのはイギリス式表記。

Churchill AVRE
Churchill Armored Vehicle Royal Engineers was based on infantry tank and equipped with various supporting weapons or devices as shown below. AVRE was designed by British army for continental counter-offensive reflecting the experience of heavy losses suffered by Allied engineers in Dieppe Raid of 1942. The base of AVRE, Churchill infantry tank was developed in 1940 with only 40 mm gun and 350 hp truck engine. But later Churchill tanks were upgraded to fulfill their tasks and long served British army from 1942 till 1952. AVRE is regarded as the first genuine engineer tank.

●チャーチルAVRE (Churchill AVRE)
チャーチル歩兵戦車は装甲も厚く、AVREには適材の車両だった。

●290mm臼砲 (290mm Spigot mortar)
通常装備された290mm臼砲。大口径の迫撃砲といったところで、「空飛ぶゴミ箱」というニックネームがついた。下の炸薬弾は40ポンド(約18kg)もある。

射程は短いが威力は大きく、トーチカや他の障害物を吹き飛ばした。

■上陸作戦に登場したチャーチルAVRE
1944年6月6日に行なわれたノルマンディ上陸作戦は、綿密に戦術が練られさまざまな工夫を凝らした特殊戦車が活躍した。チャーチルAVREは、M4シャーマンの改装車と共にその中心であった。P.295に図解するように、部隊の進路は、突撃工兵チームの先頭に地雷除去戦車がいて、地雷の除去爆破によって切り拓かれた。また戦車の進路を妨害する戦車壕やクレーター、軟弱な地盤用に工夫された特殊戦車が開発され、部隊の進攻を助けた。この「史上最大の作戦」も、単に火器や戦闘部隊の物量ばかりでなく、このような攻撃支援兵器の力も大きな助けとなっているわけだ。

●チャーチル"コンガ" (CONGA)
ユニバーサル・キャリアによりロケットでホースを撃ち出し、そのホース内にニトログリセリンを送り込んで、地雷原を爆破した。

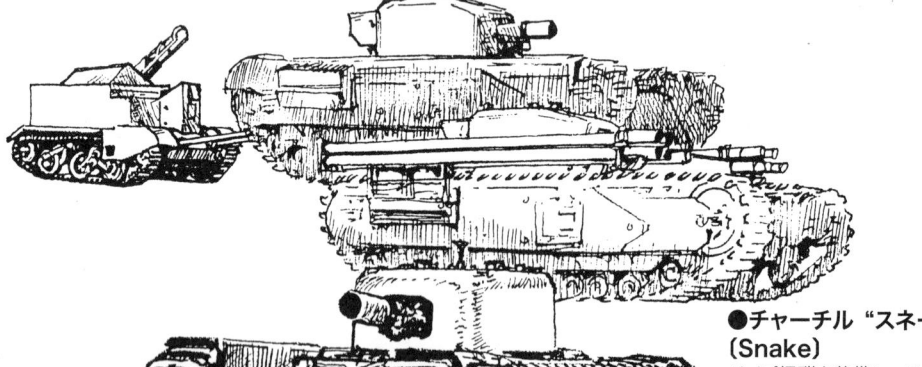

●チャーチル"ブルズホーン" (Bullshorn Plough)
地雷除去排除用のプラウを装備しこれで地雷を左右に押し出した。実戦ではシャーマン"クラブ"(P.295参照)の方が有効だったという。

●チャーチル"スネーク" (Snake)
パイプ爆弾を装備し、そのパイプをつないで地雷原を爆破した。

実際の上陸作戦では、まずシャーマンDD戦車(浮航スクリーン付き)が先行して上陸、地雷除去戦車を援護するなか地雷原を突破し、突撃橋を架けて乗り越える作戦だった。

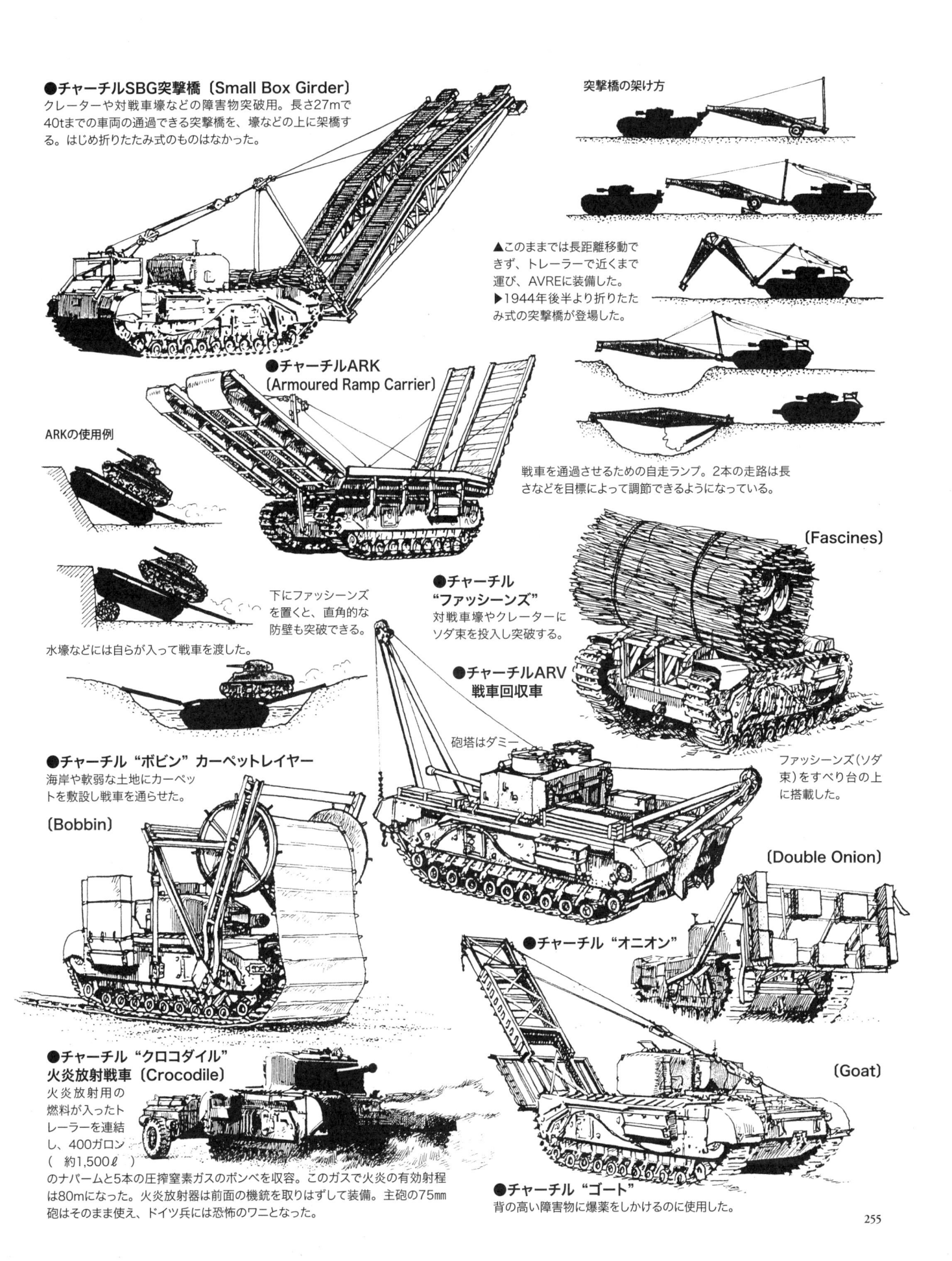

●チャーチルSBG突撃橋〔Small Box Girder〕
クレーターや対戦車壕などの障害物突破用。長さ27mで40tまでの車両の通過できる突撃橋を、壕などの上に架橋する。はじめ折りたたみ式のものはなかった。

突撃橋の架け方

▲このままでは長距離移動できず、トレーラーで近くまで運び、AVREに装備した。
▶1944年後半より折りたたみ式の突撃橋が登場した。

●チャーチルARK〔Armoured Ramp Carrier〕

ARKの使用例

戦車を通過させるための自走ランプ。2本の走路は長さなどを目標によって調節できるようになっている。

水壕などには自らが入って戦車を渡した。

下にファッシーンズを置くと、直角的な防壁も突破できる。

●チャーチル"ファッシーンズ"
対戦車壕やクレーターにソダ束を投入し突破する。

(Fascines)

●チャーチルARV 戦車回収車

砲塔はダミー

ファッシーンズ（ソダ束）をすべり台の上に搭載した。

●チャーチル"ボビン"カーペットレイヤー
海岸や軟弱な土地にカーペットを敷設し戦車を通らせた。

(Bobbin)

(Double Onion)

●チャーチル"オニオン"

●チャーチル"クロコダイル"火炎放射戦車〔Crocodile〕
火炎放射用の燃料が入ったトレーラーを連結し、400ガロン（約1,500ℓ）のナパームと5本の圧搾窒素ガスのボンベを収容。このガスで火炎の有効射程は80mになった。火炎放射器は前面の機銃を取りはずして装備。主砲の75mm砲はそのまま使え、ドイツ兵には恐怖のワニとなった。

(Goat)

●チャーチル"ゴート"
背の高い障害物に爆薬をしかけるのに使用した。

255

戦車回収車

戦場において故障したり損傷した戦車の回収あるいは修理を行なう車両で、そのためのウィンチやクレーン、多目的ドーザーブレード等を装備している。最近のものは装備する主力戦車と同じ車台を利用して作られ、各種の工具を満載、動く修理工場といえるほどだが、装備のために重量増となり、ベース車より出力を上げたエンジンを搭載する車両もある。

Armored Recovery Vehicles
Armored Recovery Vehicles have winch, crane or multi purpose dozer blade to salvage or repair disabled tanks in battle field. Recent ARV utilizes the same chassis with current MBT and carries various tools as if it was a mobile repair factory, however, some have more powerful engine than original tank to compensate for increased weight by equipments.

●M88装甲回収車（アメリカ1961）（U.S.A.：M88 ARV）

M4A3ベースのM74回収車の後継として誕生したもので、M48A2中戦車をベースとして開発。重量増に対応してエンジンをディーゼル1,020HPに換装、車体上のA型フレームと主ウィンチにより25tまでの吊り上げ能力がある。
全長8.3m　全幅3.4m　全高3.2m　7.7mm機銃装備　重量50t

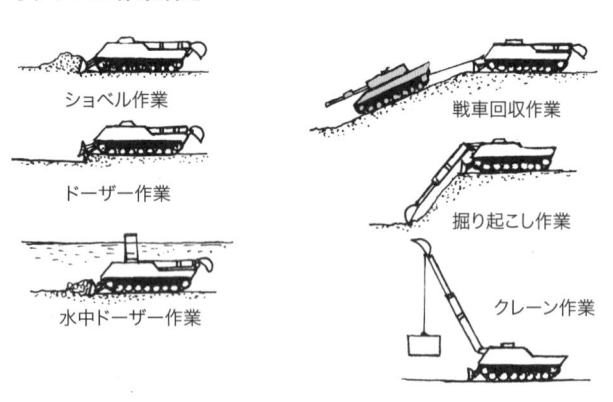

●センチュリオンMk.5 AVRE工兵用装甲作業車（イギリス1964）（UK：Centurion AVRE 165）

チャーチルAVREの後継の工兵用の特殊車両、主砲として165mmの破壊砲を装備、トーチカなどを打ち砕く能力がある。前方にある作業用のドーザーブレードは油圧によってコントロールされ、その上にファッシーンズを搭載する。
全長8.69m　全幅3.96m　全高3.0m　エンジン635HP　最高速35km/h
航続距離102km　乗員5名

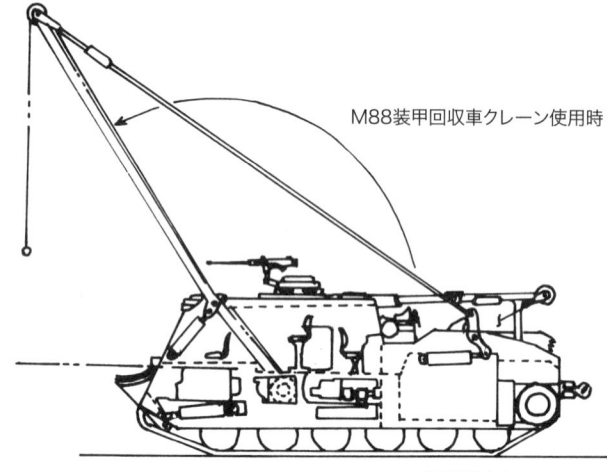

●ダクスの作業活動

ショベル作業
ドーザー作業
水中ドーザー作業
戦車回収作業
掘り起こし作業
クレーン作業

M88装甲回収車クレーン使用時

●M88の内部構造

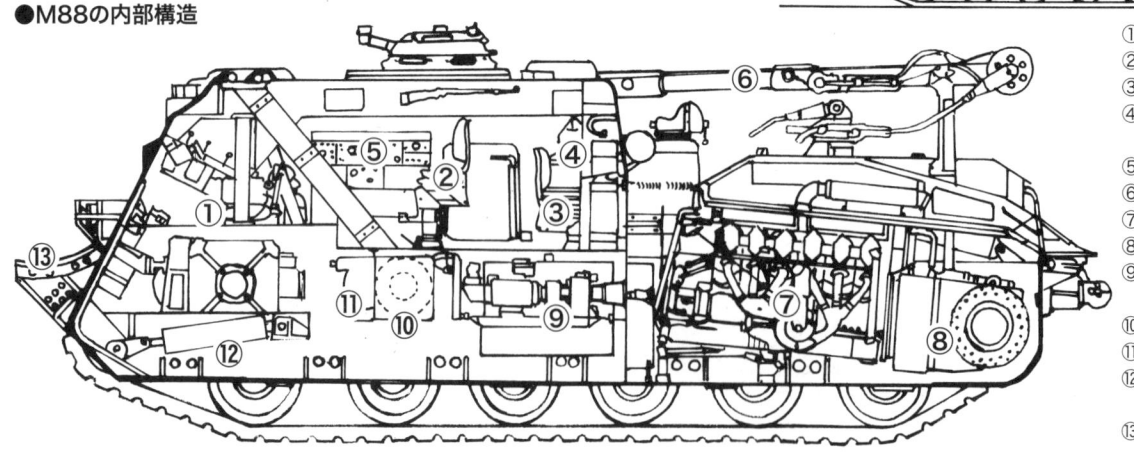

①操縦手席
②車長席
③装備員席
④補助動力装置
　エアクリーナー
⑤無線機ラック
⑥吊上げブーム
⑦ディーゼルエンジン
⑧トランスミッション
⑨機械式トランスミッション
　および油圧ポンプ
⑩ブームウィンチ(23t)
⑪主ウィンチ(41t)
⑫ドーザーブレード
　作動アーム
⑬ドーザーブレード

●レオパルト1装甲回収車ベルゲパンツァーⅡ（ドイツ 1966）（German : ARV Bergepanzer II）

①操縦手席
②前方機関銃
③バックミラー
④薬莢受
⑤ドーザーブレード
⑥ペリスコープ
⑦車長席
⑧車長展望塔
⑨機関短銃
⑩ジブ・クレーン
⑪ウィンチドラム
⑫ウィンチドラム駆動装置
⑬ディーゼルエンジン
⑭トーションバー
⑮ラジエター

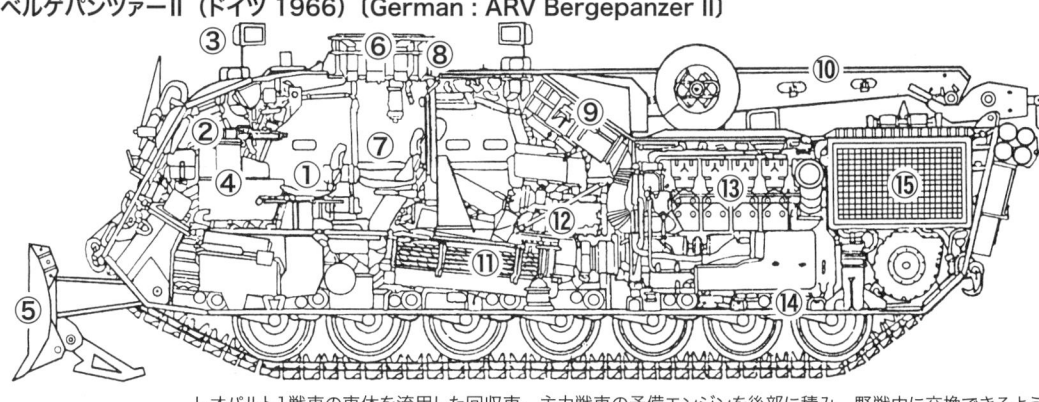

レオパルト1戦車の車体を流用した回収車。主力戦車の予備エンジンを後部に積み、野戦中に交換できるようになっている。主ウィンチは70tの能力があり、270°の旋回角を持つジブ・クレーンは20tの能力がある。
全長7.6m 全幅3.3m 全高2.7m 重量40t 830HP 最高速62km/h 航続距離830km

●レオパルト1装甲回収車
ベルゲパンツァーⅡA2（ドイツ 1978）

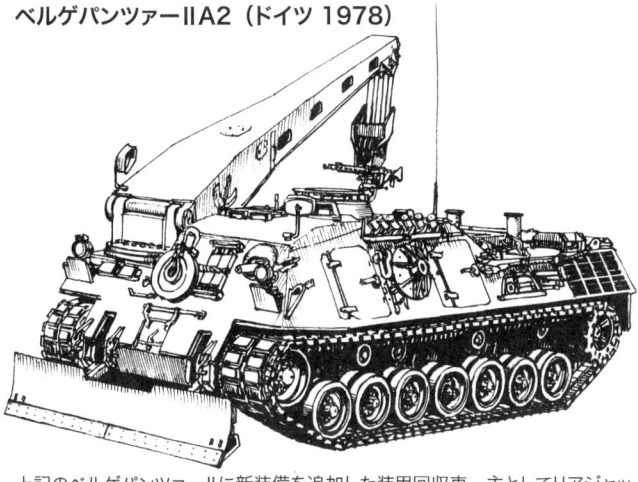

上記のベルゲパンツァーⅡに新装備を追加した装甲回収車。主としてリアジャッキを追加、クレーンブームを強化、油圧装置の改良を行なっている。エンジン出力や寸法などは同じ、もちろん7.7mm砲×2門などの武装も不変。ちなみにベルゲパンツァーⅠは当時のドイツ軍のM88のこと。

●レオパルト2装甲回収車ベルゲパンツァーⅢビュッヘル
（Bergepanzer III "Büffel"）

こちらは現在使用されているレオパルト2をベースとした戦車回収車。ビュッフェルとはドイツ語でバッファローの意味。

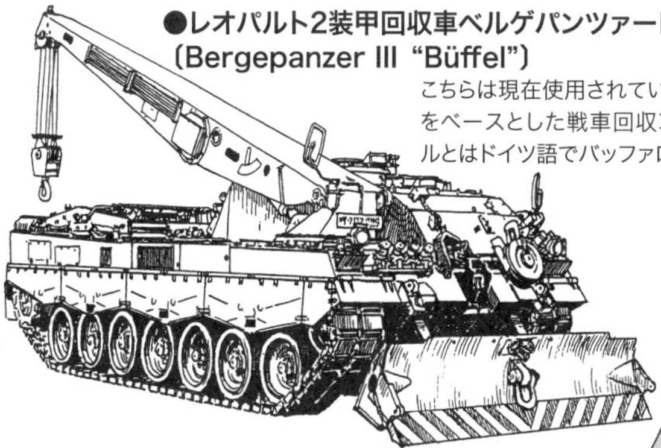

●ピニオンパンツァー2 "ダクス" 戦闘工兵車
（ドイツ 1989）（German : "Dachs"）

1969年に登場したピニオンパンツァーⅠの改良型。9.2mまで伸ばせるシャベルアームを持ち、土木工作能力を大幅に向上させている。このアームはクレーンとしても使用可能で、カニングタワーを付けて4mまでの潜水渡渉ができ、その状態での作業ができる。

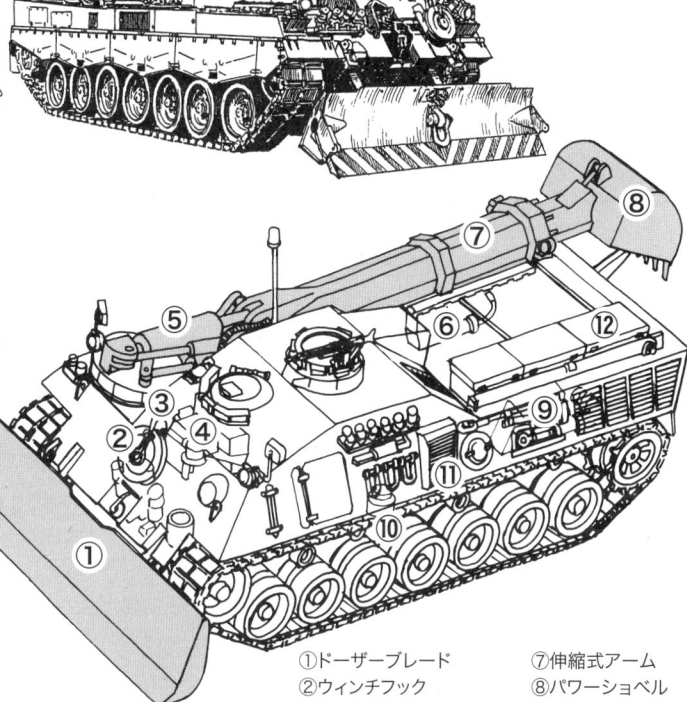

40mmグレネードランチャーと7.62mm機銃を持つリモコン搭載。車体は完全防弾で戦闘中も作業ができる。

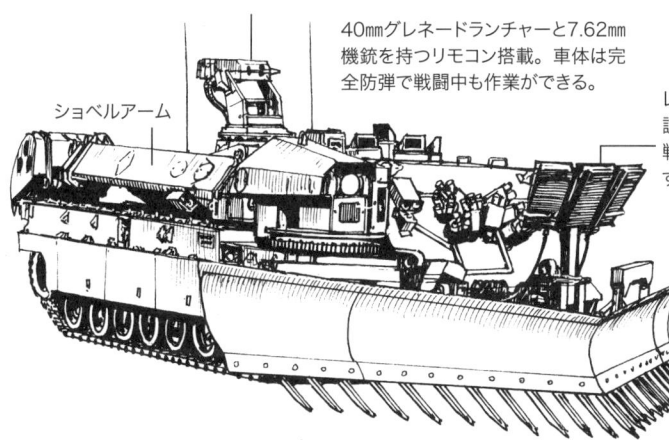

ショベルアーム

レーザー装置による自動深度調整システムにより、対人・対戦車地雷を車体幅で完全除去する。

①ドーザーブレード
②ウィンチフック
③ウィンチ
④油圧システム
⑤アクチュエーター
⑥ラジエター洗浄ノズル
⑦伸縮式アーム
⑧パワーショベル
⑨工具
⑩ビルジポンプ
⑪換気パネル
⑫工具箱

●グリズリー戦闘工兵掃討車（アメリカ 1997）
（U.S.A. : Grizzly Combat Mobility Vehicle）

アメリカ軍が開発中のM1A2戦車をベースとした戦闘工兵車。この図では大型の地雷除去用のブレードを装着している。最新のハイテク機材が組み込まれており、乗員は車内ですべての任務が遂行できるようになっている。外部の状況は5個の昼間用カメラと1個の熱線暗視カメラで監視する。戦闘重量64t、エンジンはガスタービンで1,500HP。

架橋戦車

もともと戦車は道なき道を移動することを前提に作られているが、それでもしばしば渡河など前進が困難な場面に遭遇する。そのため、機甲師団や機械化歩兵師団では架橋戦車を装備するようになった。特に初期作戦で必要とされるもので、主要国の機甲部隊では不可欠の存在となっている。20m内外の幅員の河川であれば数分で架橋が完了し、20～30tほどの重量を支えることが可能というのが一般的である。架橋方式にはさまざまなタイプがあるが、いずれも車体の油圧装置を利用しており、悪天候や交戦中でも作業ができるようになっている。主要国の機甲部隊では架橋戦車小隊をもっているほどだ。

Bridge Layer Tanks

While tanks were designed to travel difficult terrain, river or ditch sometimes disturbs their advance. Thus bridge layer tanks were deployed to armor divisions or mechanized infantry divisions. As they were indispensable especially in the early stage of operation, most armies deploy them to their armor units. The bridge laying requires a few minutes for the river of about 20 m wide, and typical bridge will bear the load of 20-30 tons. While there are several ways of bridge unfolding and launching, all of them are operated hydraulically, and can be operated under bad weather or enemy fire. Some countries have organized exclusive bridge laying platoons.

●センチュリオン架橋戦車Mk.5（イギリス 1959）(UK：Centurion ARK)

オーソドックスなシザース式で、エンジンの駆動する油圧装置で橋を架ける。装備する橋梁はアルミ合金製16.3mで、橋を垂直に立てた状態から3～5分で設置することができ、収納は10分で完了する。

●センチュリオンARK Mk.5（イギリス 1963）(UK：Centurion ARK)

車体本体も橋の一部として、川底の中心部に配置して架橋するタイプのもので、一般的な架橋戦車とは異なった方式である。長さ22.9mの橋梁をかけることができるものの、構造が複雑となる。第2次世界大戦中のチャーチルARKのアイディアをそのまま使用したものだが、あまり評判がよいとはいえず、ほどなくして姿を消してしまった。

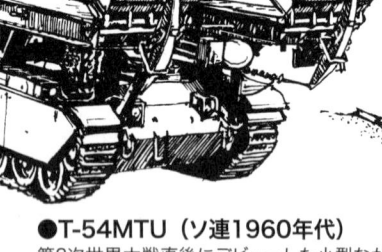

●T-54MTU（ソ連1960年代）

第2次世界大戦直後にデビューした小型ながらソ連の主力戦車となったT-54の車体を使用したもので、重量34t、乗員2名、橋梁の長さは12.3mと比較的短いものである。架設時間は2～3分で、橋梁はガイドレールに沿って前方へ出して架橋する。作業中の高さが2.9m以上になることがないので敵に発見されにくいが、橋梁が短いのが欠点だ。

●シザース式（Scissors）

60年代までの代表的な戦車橋のほとんどがこの方式で、図は日本の67式戦車橋(1971)で、長さ12mを二つ折りにした橋梁を展開しながらつなげて設置する。このタイプとしては最大のものがイギリスのチーフテンAVLB(1974)で全長25m、架橋5分、収納10分。橋梁の有効長は、前後1mずつ設置点をとるので2m減となる。

設置点を1mとる

●三つ折りスライド式（Fold & Slide）

このタイプにすると架橋スパンを最も長くとることができる。そのため目下研究中のもので、30m以上の長さにすることが可能となる。この方式を用いた架橋戦車としてはソ連のT-55MTU(1967)があり、これは橋梁の長さが20mと他のタイプのものと変わらないが、50tの車両が通行可能であった。

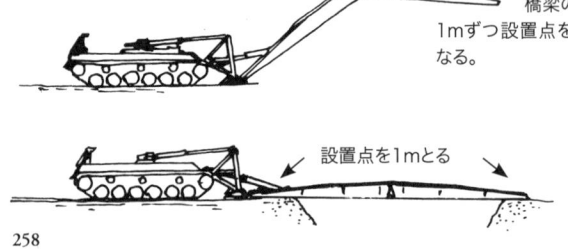

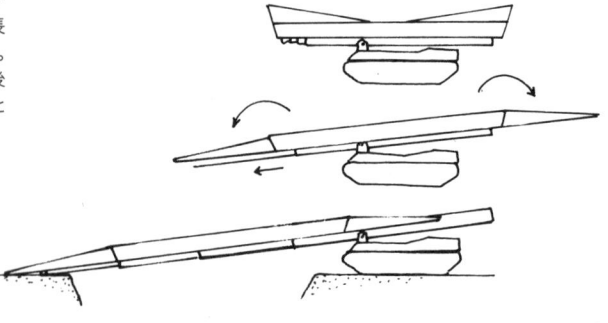

●MT-55（チェコスロバキア）（Czechoslovakia）
ソ連の主力戦車であったT-55は広く東欧諸国で使用されたが、これもそれを使用したチェコ軍の架橋戦車。T-55型のものではスライド式や三つ折りスライド式などもあったが、これはオーソドックスなシザース式である。乗員は2名、重量37tで武装はなし。最高速50km/h、航続距離500km。橋梁長さは18mで、架設時間は2〜3分ほどである。

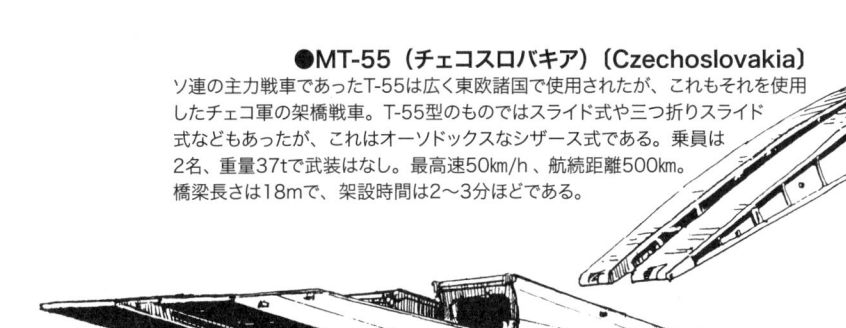

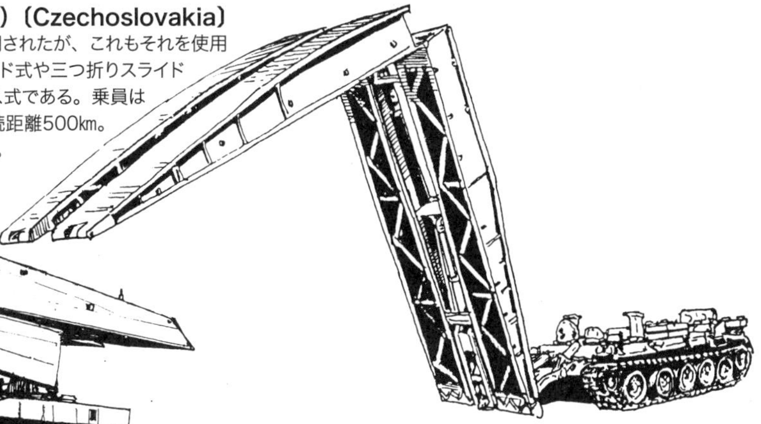

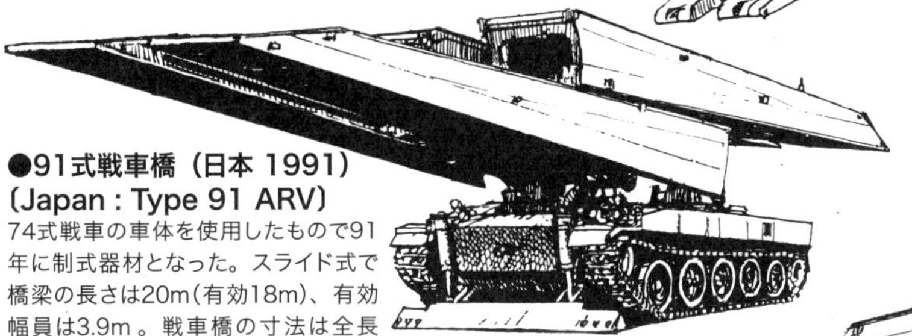

●91式戦車橋（日本 1991）(Japan : Type 91 ARV)
74式戦車の車体を使用したもので91年に制式器材となった。スライド式で橋梁の長さは20m（有効18m）、有効幅員は3.9m。戦車橋の寸法は全長10.9m、全幅4.0m、全高3.8m、全備重量41.8t、乗員2名、架設時間5分。

●AMX-30HS架橋車（フランス 1969）(France : AMX-30 ARV)
AMX-30の車体にシザース式の戦車橋を搭載。全長22m、幅3.1m、重量8.6tの橋梁は50tまでの重量を支えるドイツのビーバーと同じくらいだが、架橋に10分かかる。またフランスの架橋戦車は後ろ向きで車体後部から橋梁を降ろす方式となっている。

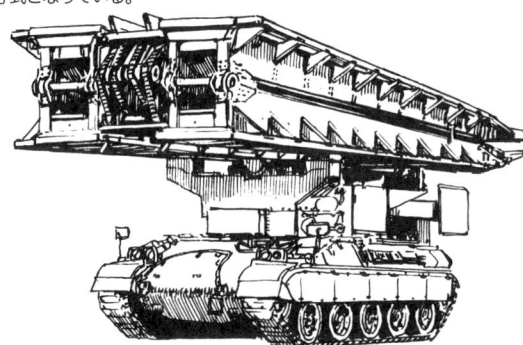

●Brovb941架橋車（スウェーデン 1973）(Sweden : Brovb 941 ARV)
スイスのBrü.PZ.68に似た方式で軽合金製の17mの一体式の橋梁を水平に移動させて3〜5分で架橋する。回収も同じくらいの時間でできる。車体が水陸両用なので、軽くて水上で浮く橋梁を後方から牽引して浮上航行ができるのが特徴。湖沼地帯の多いスウェーデンならではの車両である。乗員4名、車体重量28.4t（うち架橋部分7t）、最高速は路上56km/h、水上8km/h、航続距離400km。

●スライド式（Slide）
ガイドレールにより橋をスライドさせて架橋する方式で、作業時間が短くてすむのが特長。図はスイスのBrü.PZ.68架橋戦車（1971）で、60tの荷重に耐えられる18.2mの橋梁を積み、2分で架橋、5分で回収できる。欠点は橋梁部分を折りたためないため走行時に全長が20.1mと長くなることだ。

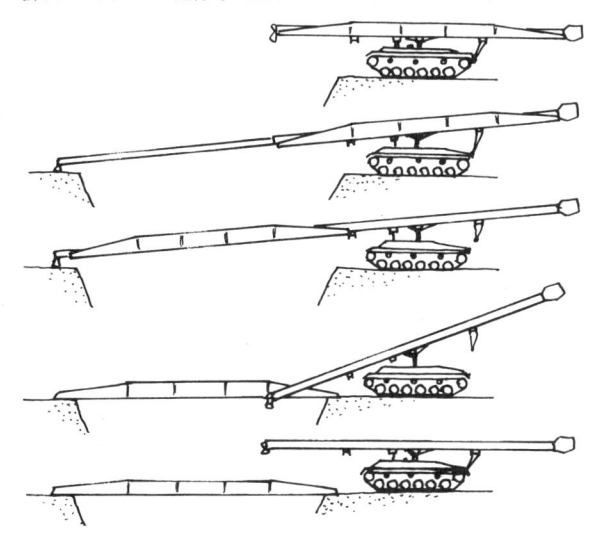

●カンチレバー式（Cantilever）
現在はこの方式が主流になりつつある。ドイツのレオパルト1戦車を改造したビーバー架橋戦車（1973）がその代表格で、アルミ合金製の橋梁を上下に分割して積んでおり、下にある部分を前方に滑らせて展開し、自動連結したあと全体を押し出して設置する。橋の長さは22m、幅員4mで50tの重量を支える。これの最新型はアメリカのM104（M1ベース）（1994）で全長24m。

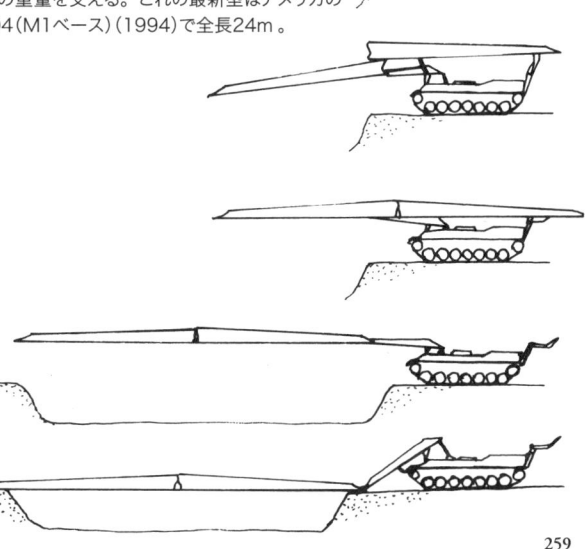

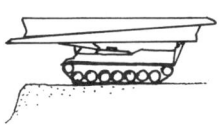

アメリカ軍の地雷処理
（M1A1を先頭にした地雷原突破機動部隊）

地雷は古くからある武器だが、戦車には今日でも有効である。クウェートに侵攻したイラク軍と、アメリカ主導の多国籍軍との湾岸戦争で地雷原の突破は重要なポイントだった。イラク軍は侵攻以来5ヶ月かけて強力な防禦陣地を築いていた。地雷原の配置は右図のようになっていたが、対戦車壕や砂壁等と組み合わせた強力で広大なものだった。この突破の先頭に立ったのがローラーやブレードの地雷処理機をつけたM1A1戦車で、これが主力になり地雷原突破の機動部隊を編成した。

Minefield Breaching by U.S. Army
(Minefield Breaching Detachment led by M1A1)
While land mine is a conventional weapon, it is still effective against tanks. In the Gulf War, the latest large-scale war fought between Iraqi forces invaded Kuwait and Coalition forces assembled by America, the breaching of minefield was also an important task. Iraqi army has established massive defensive lines in 5 months after the occupation. As is shown in the illustration on the right, the arrangement of minefield was very elaborated and deep combining anti-tank ditches or sand embankments. M1A1 tanks with mine cleaning rollers or ploughs worked as the spearhead of minefield breaching detachment and cleared safe lanes.

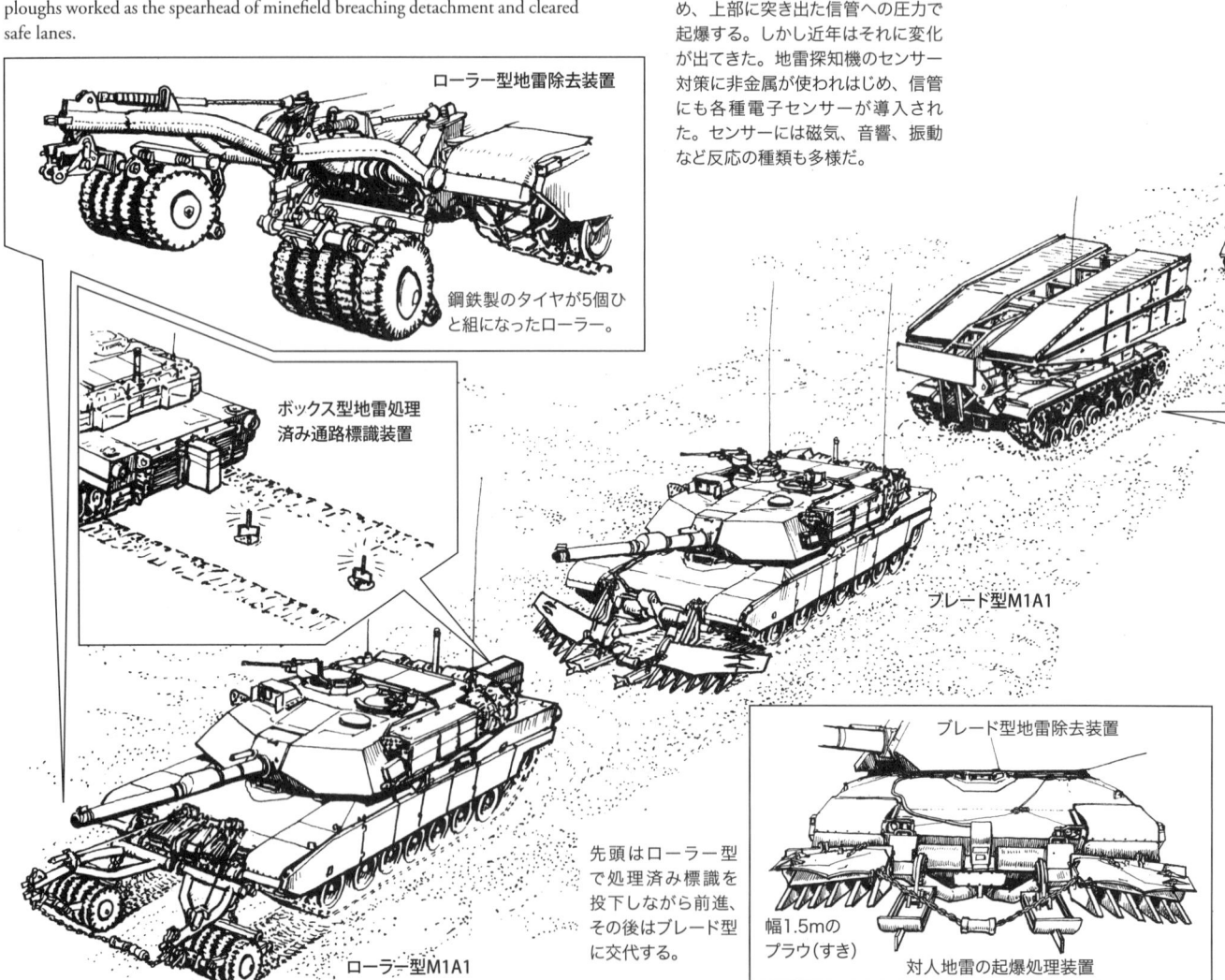

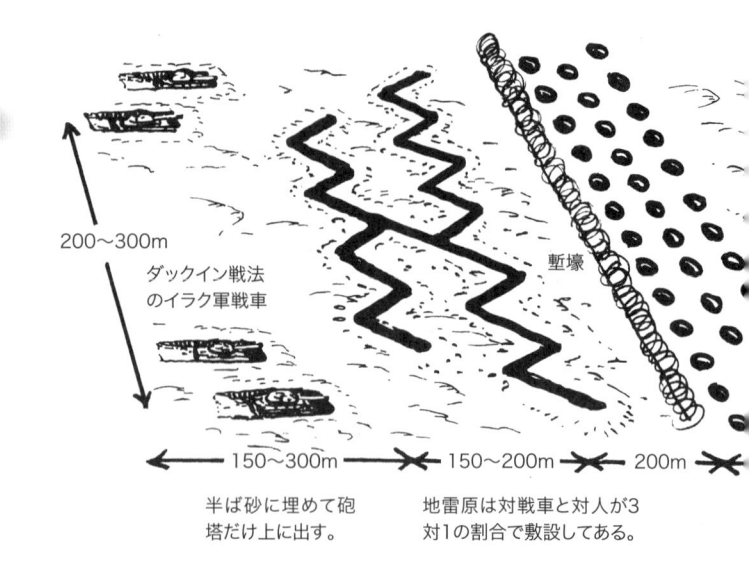

200〜300m ダックイン戦法のイラク軍戦車
塹壕
150〜300m　150〜200m　200m
半ば砂に埋めて砲塔だけ上に出す。
地雷原は対戦車と対人が3対1の割合で敷設してある。

最新地雷事情
地雷の構造は、基本的には昔から変わらない。金属ボックスに爆薬を詰め、上部に突き出た信管への圧力で起爆する。しかし近年はそれに変化が出てきた。地雷探知機のセンサー対策に非金属が使われはじめ、信管にも各種電子センサーが導入された。センサーには磁気、音響、振動など反応の種類も多様だ。

ローラー型地雷除去装置
鋼鉄製のタイヤが5個ひと組になったローラー。

ボックス型地雷処理済み通路標識装置

ブレード型M1A1

ローラー型M1A1

先頭はローラー型で処理済み標識を投下しながら前進、その後はブレード型に交代する。

ブレード型地雷除去装置
幅1.5mのプラウ(すき)
対人地雷の起爆処理装置

湾岸戦争（1900〜91年）

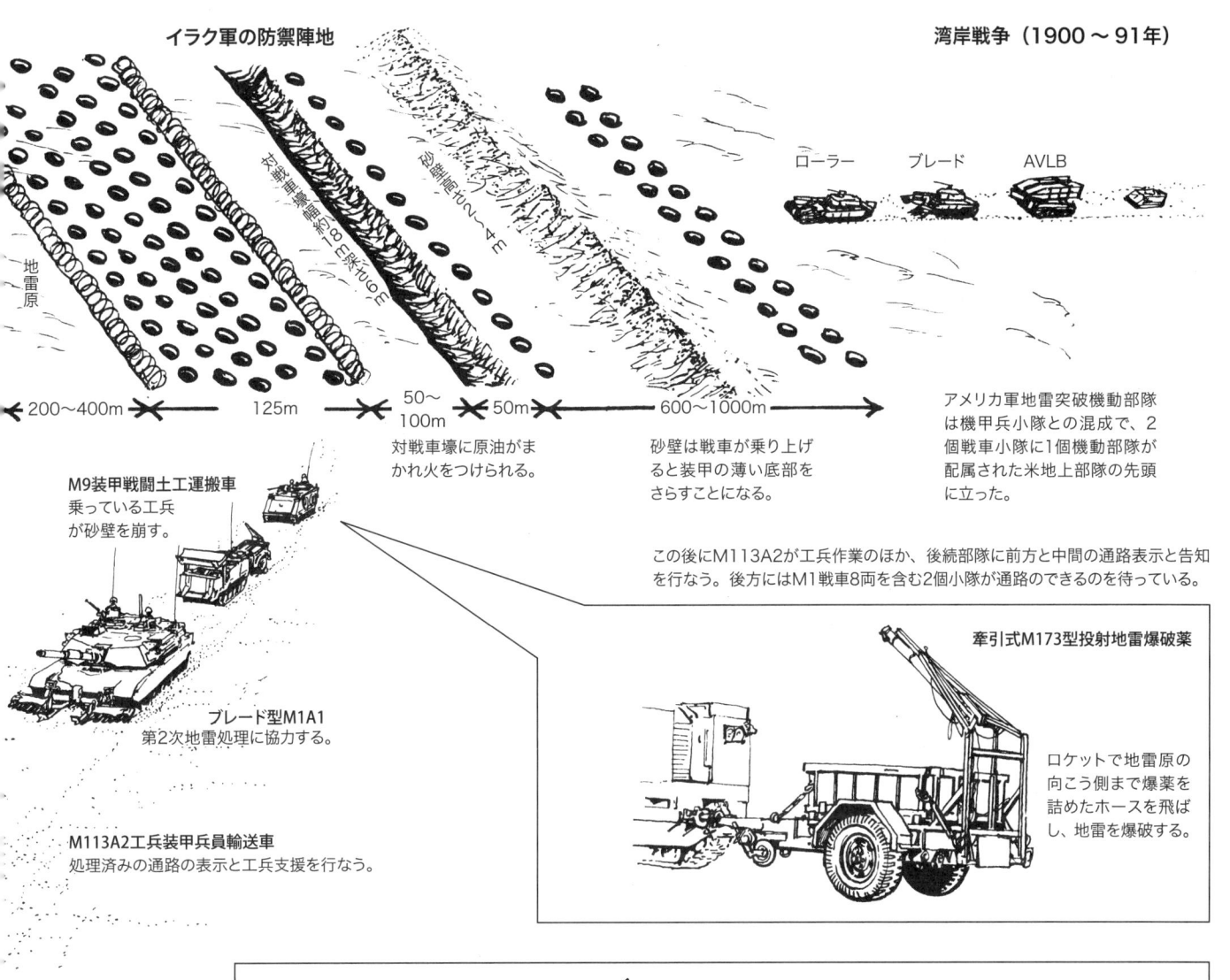

イラク軍の防禦陣地

地雷原 ←200〜400m→ ←125m→ ←50〜100m→ ←50m→ ←600〜1000m→

対戦車壕に原油がまかれ火をつけられる。

砂壁は戦車が乗り上げると装甲の薄い底部をさらすことになる。

ローラー　ブレード　AVLB

アメリカ軍地雷突破機動部隊は機甲兵小隊との混成で、2個戦車小隊に1個機動部隊が配属された米地上部隊の先頭に立った。

この後にM113A2が工兵作業のほか、後続部隊に前方と中間の通路表示と告知を行なう。後方にはM1戦車8両を含む2個小隊が通路のできるのを待っている。

M9装甲戦闘土工運搬車
乗っている工兵が砂壁を崩す。

ブレード型M1A1
第2次地雷処理に協力する。

M113A2工兵装甲兵員輸送車
処理済みの通路の表示と工兵支援を行なう。

牽引式M173型投射地雷爆破薬
ロケットで地雷原の向こう側まで爆薬を詰めたホースを飛ばし、地雷を爆破する。

M60AVLB（架橋戦車）
対戦車壕を渡るために配備。油圧操作で2分間で展開できる。長さ19.2mあり、18.3mまで架橋できる。

地雷除去の方法

ローラー式
ローラーの圧力で地雷を爆破しながら前進。

ブレード式
プラウを使って地雷を掘り起こし両脇に除去しながら進む。

投射式
ロケットで飛ばしたホースが爆発すると、幅約10mの通路ができる。

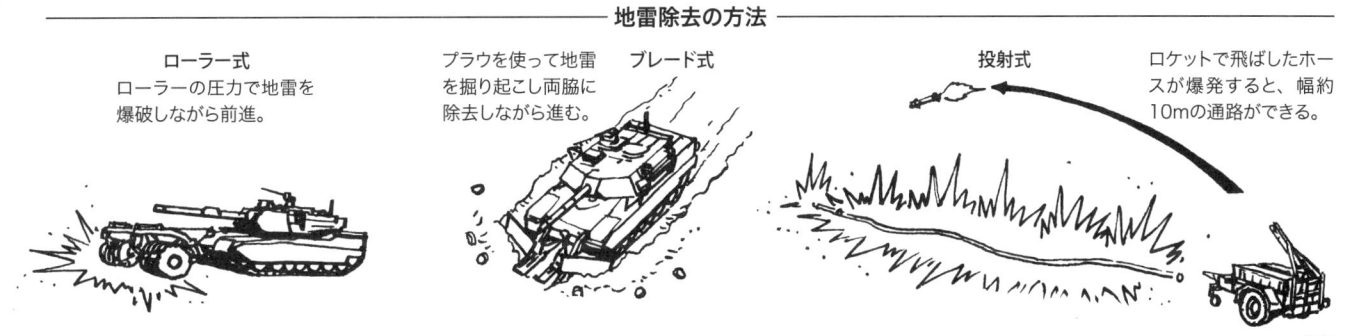

火炎放射戦車

　火炎放射機を積んだ工兵用の戦車は第2次世界大戦で威力を示したが、各種の新兵器が登場した現在は姿を消している。大戦中はドイツがⅢ号戦車、ソ連がT-26やT-34、アメリカがM3やM4中戦車等を火炎放射戦車に改造した。火炎放射機を戦車に搭載すれば歩兵がこれを使用するより威力が大きく、イギリスのチャーチルAVREの活躍は特に知られている。火炎には搭載している燃料を使用するため、トレーラーで燃料を別に引かせれば、それだけ長時間放射することが可能であった。

Flamethrower Tanks
While engineer tanks with flamethrower showed effectiveness in WWII, they disappeared now since more effective weapons were developed. During WWII, German Pz.Kpfw. III, Soviet T-26 and T-34, American M3 and M4 tanks were converted into flamethrower. The flamethrower built in tank was more effective than infantry held one, and the activity of Churchill AVRE was especially noticeable. As flamethrower requires a large amount of fuel, the addition of fuel trailer enabled longer throwing minutes.

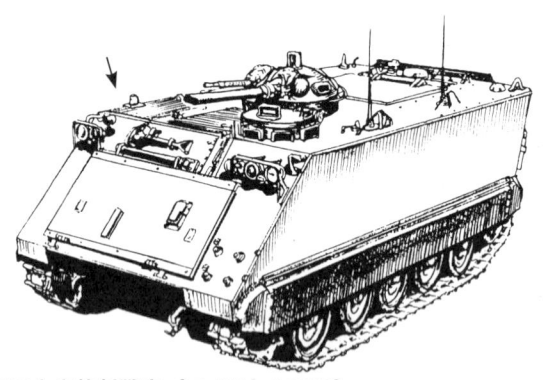

●**M132火炎放射戦車（アメリカ 1963）**
兵員輸送車のM113をベースにして火炎放射戦車に改造され、ベトナム戦争などで使用された。M10-8火炎放射機のほかに機関銃も1丁装備している。射程は150mで、32秒間にわたって火炎放射できる能力を持っている。

●**CV33（イタリア 1935）**
火炎放射に使用するためとはいえ車内に燃料を大量に積むわけにはいかない。そこで登場したのがトレーラー付き車両だ。図はイタリアの軽装甲車L3/33を改造したもので、燃料搭載量は520ℓとそれほど多いとはいえないが、当時としては大いに威力があった。イタリアは各種の火炎放射戦車を作っている。

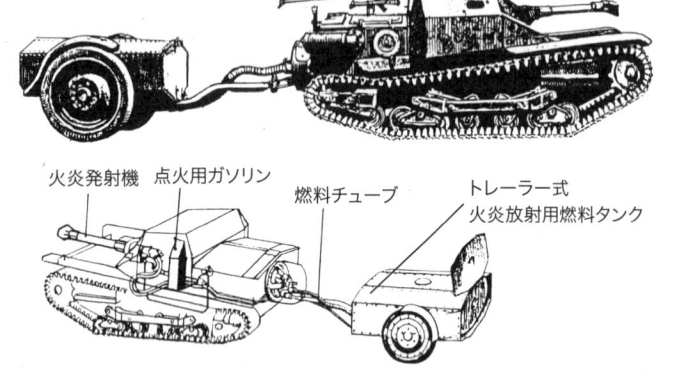

●**Sd.Kfz.251/16（ドイツ 1942）**
第2次世界大戦中に活躍したもので、ハーフトラックの兵員室左右に各1基の火炎放射機を装備している。燃料は700ℓ搭載しており、2秒間の火災放射を80回できる性能だった。ただし、有効距離はわずか35mにすぎなかった。

●**M4火炎放射戦車（アメリカ1944）**
太平洋戦線で使用されたもので、最初はM3軽戦車を改造したものが使用されたが、装甲の弱さのために本車が主力となった。燃料タンクの関係で砲塔の旋回は260°までで射程は55～73mである。図は日本軍の肉弾攻撃に備え、補助装甲板にキャタピラ等を装備して守りを固めた姿。

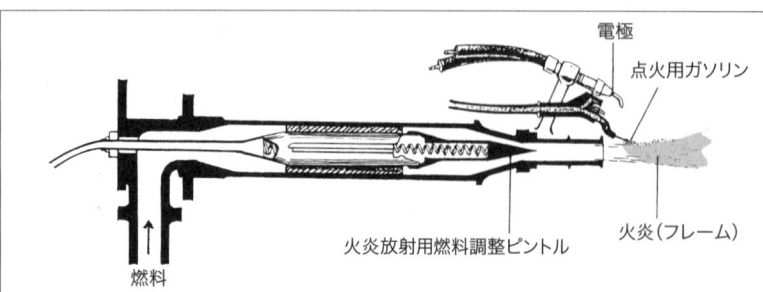

●**火炎放射機の構造**
タービンポンプまたは圧縮空気によって圧力を加えられた燃料は、ノズル近くのベンチュリー部で流速を速めて放射され、別に噴き出されたガソリンによって点火されることで火炎となる仕組みとなっている。

第8章
21世紀の戦車

　イラクによるクウェート侵攻に対して、アメリカを中心とした多国籍軍が結成され、湾岸戦争が起こりました。1991年2月23日には、クウェート地域のイラク軍に対して、地上作戦『砂漠の剣』が開始され、千両単位（イラク軍と多国籍軍の双方合わせて5,000両以上ともいわれます）の戦車部隊同士が激突する戦いが繰り広げられました。世界的に軍縮が進み戦車の削減が著しい今日の情勢からは、このような大戦車戦は2度と起こり得ないだろうといわれています。一方でアメリカでの同時多発テロに端を発する2001年のアフガン紛争や2003年のイラク戦争では、戦車の脅威はもはや敵戦車ではなく、IED（即製爆発物）による待ち伏せや、歩兵が携行するRPG（ロケット推進擲弾）となりました。これらによる被害が急増すると、自車の損傷を免れ、また歩兵の盾となるために、戦車はスラットアーマーや爆発反応装甲など、さまざまな装甲強化を重ねるようになり、またIEDの点火を阻止する妨害電波を発するアンテナを林立させる姿が見られるようになります。かつては「最良の対戦車兵器」と称された戦車は、とくに中東地域においては機動性を犠牲にしてでも防護力を高め、歩兵支援に回帰したようにも見えます。こうした状況で、最新の戦車は「ネットワーク中心戦」のコンセプトにより、車両間をデータリンクで結び、目標位置や指揮統制、ナビゲーションなどの情報を共有し、相互に伝達しながら有機的に戦えるよう進化しています。またRWS（リモート兵器ステーション）を搭載し、戦車の乗員が車外に身を曝さずに歩兵などの脅威に対処できるようにもなってきました。
　第8章では2001年以降、現在まで運用されている各国の戦車と最新装備について概説します。

Chapter 8: The Tanks in 21st Century

As Iraqi forces invaded Kuwait, coalition forces were assembled under leadership of America and the Gulf War broke out. On February 24, 1991, Operation Desert Saber was launched against Iraqi army in Kuwait, and the battles between thousands of tanks were fought (the total number of Iraqi and coalition forces tanks are considered over 5,000). In modern international situation under worldwide trend of arms reduction, it is said that such large-scaled tank battle would not happen again. On the other hand, in the series of conflicts in Afghanistan 2001 or in Iraq 2003, it turned out that the enemy of tanks are no longer tanks but the IED (Improvised Explosive Device) attacks or RPG (Rocket-Propelled Grenade) carried by infantry. As the losses by them rapidly increased, to reduce lethal damage on vehicle and protect infantry by defilading, the protection of tanks was reinforced over and over by slat armor or explosive reactive armor, and the antennas of IED jammer that prevents detonation radio signals have become usual feature of tanks. The tanks once called "the best anti-tank weapon" seem to have setback to infantry support vehicles by increasing protection at the cost of mobility, especially in Middle East area. In such situations, as the military doctrine is shifted to "Network-centric warfare", tanks also evolved to be connected each other through IVIS (Intervehicular Information System) network and share information such as target location, C3 (Command, Control and Communication) or navigation tools to perform their mission organically by mutual data exchange. Besides, RWS (Remote Weapon System/Station) was also endowed that enabled tank crew to counter threats such as enemy infantry without exposing themselves out of vehicle.

In chapter 8, we will illustrate the latest tanks and equipments of various countries deployed from 2000 up to the present.

M1エイブラムスの進化

　1980年代に世界最強戦車といわれたのは西ドイツ（現ドイツ）のレオパルト2だったが、湾岸戦争やイラク戦争でソ連製や中国製の戦車を圧倒する強さをみせ、現在の最強MBTの座に浮上してきたのがアメリカのM1エイブラムスだ。近年はイラク戦争後の平和維持活動による戦訓から、非正規戦争、あるいは対テロ戦争と呼ばれる市街戦に対応した装備の充実が図られている。

The Evolution of M1 Abrams
While Leopard 2 was regarded as the strongest tank in the world in 1980s, M1A1 tank has rose to the first place of MBT by displaying definitive superiority over Soviet or Chinese-built tanks in the Gulf War and Iraq War. In recent years, based on the experience of peacekeeping operations after Iraq War, the equipments focused on urban warfare a.k.a. "Unconventional War" or "War on Terror" are intensively augmented.

●M1A2SEP
M1A2にシステム拡張キットを装着したものでSEPは"System Enhancement Package"の略。FBCB2と呼ばれる、旅団以下の単位の車両間で情報を共有するシステムにも対応しており、細かなところでは車内に配置された各種電子装置からの発熱に考慮した冷却機能も備えられている。

※旅団（あるいは旅団戦闘団）とは師団の下の組織で、現在のアメリカ陸軍で機動力、戦闘力ともバランスのとれた兵力単位として力を入れて整備している編制。M1は重旅団戦闘団に組み込まれる。

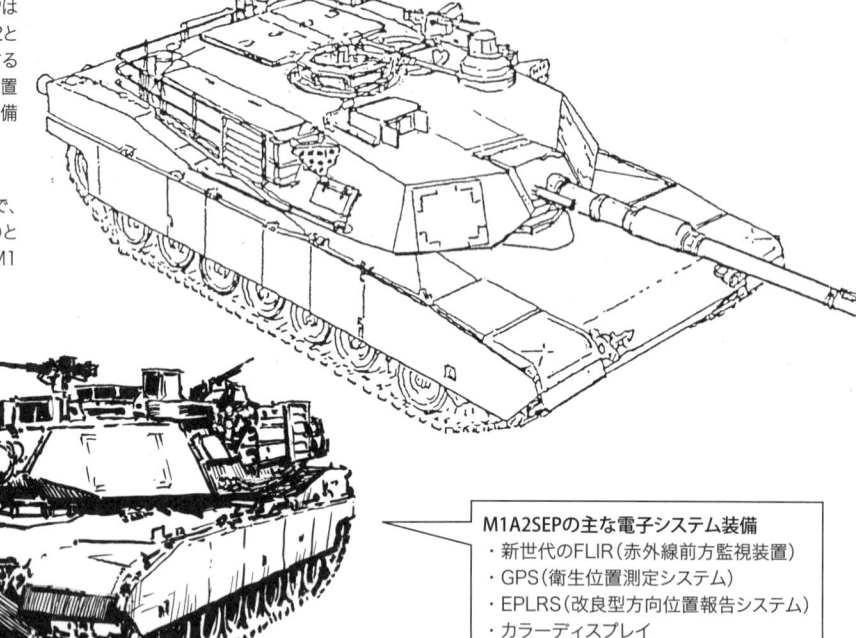

2000年代に入りM1A1、およびM1A2はオーストラリアやサウジアラビアの他、エジプトやクウェートなどにも導入されている。

M1A2SEPの主な電子システム装備
- 新世代のFLIR（赤外線前方監視装置）
- GPS（衛生位置測定システム）
- EPLRS（改良型方向位置報告システム）
- カラーディスプレイ
- 補助動力装置

●M1A1D
M1A1にデジタル化を施してIVIS（車両間情報システム）などを追加したタイプで、既存車両から135両が改修された。

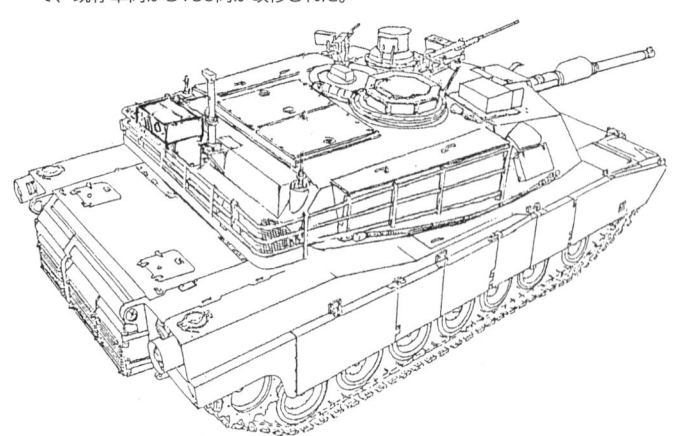

●M1 TTB（Tank Test Bed）
M1をベースとした車体に重装甲を施し、背負い式の120mm砲無人砲塔を搭載したこうしたテスト車両もあったが、現在は右ページのような非正規戦装備のものが主流となってる。

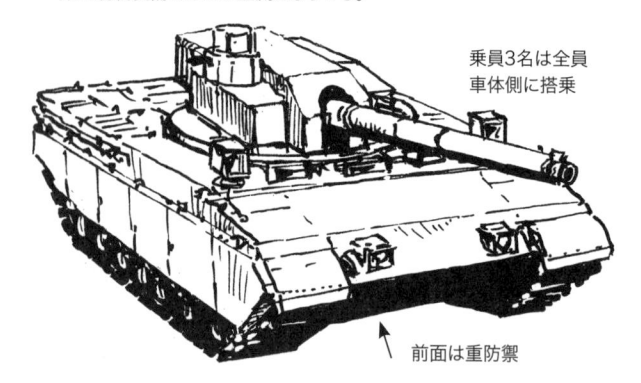

乗員3名は全員車体側に搭乗

前面は重防禦

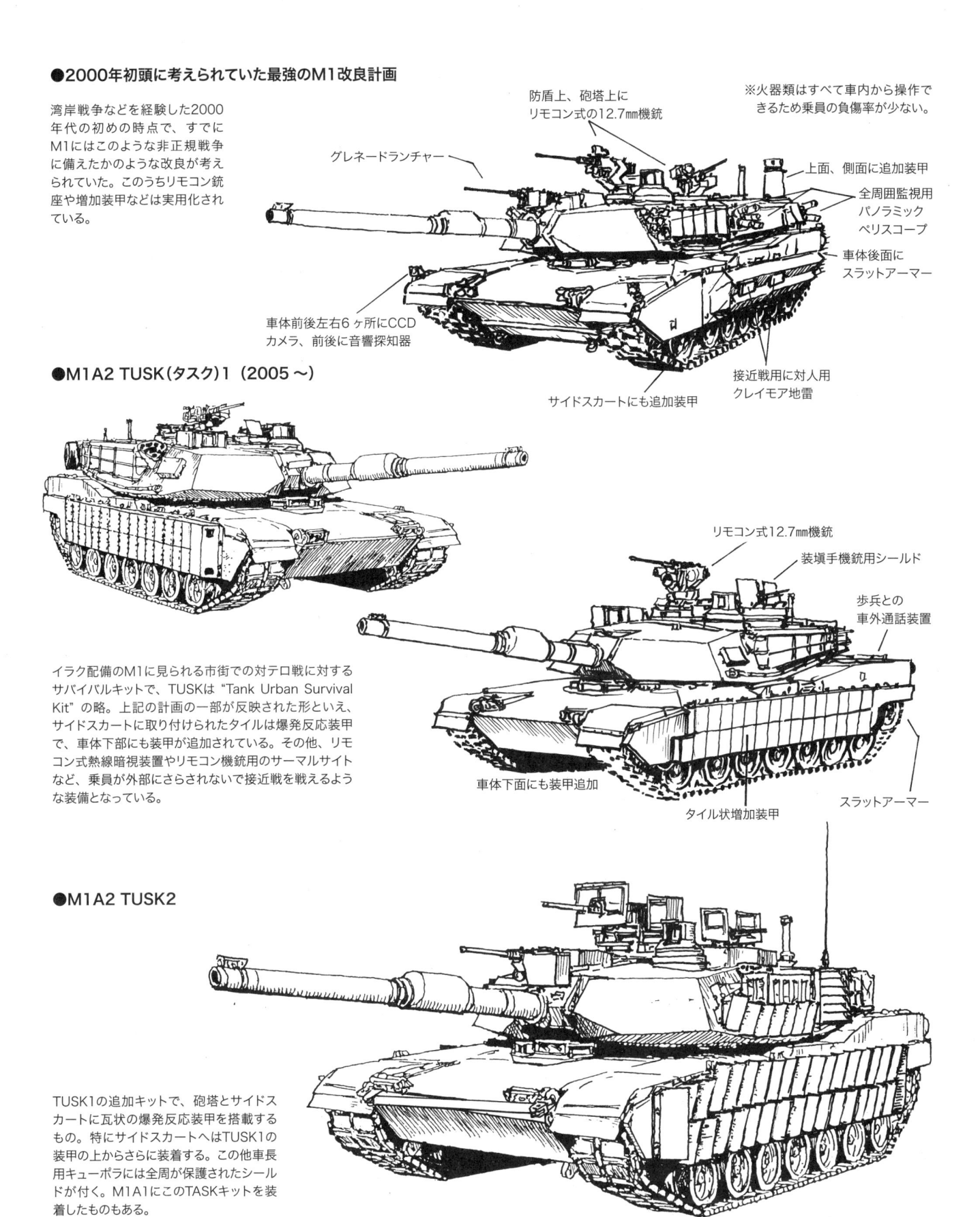

●2000年初頭に考えられていた最強のM1改良計画

湾岸戦争などを経験した2000年代の初めの時点で、すでにM1にはこのような非正規戦争に備えたかのような改良が考えられていた。このうちリモコン銃座や増加装甲などは実用化されている。

グレネードランチャー

防盾上、砲塔上にリモコン式の12.7mm機銃

※火器類はすべて車内から操作できるため乗員の負傷率が少ない。

上面、側面に追加装甲

全周囲監視用パノラミックペリスコープ

車体後面にスラットアーマー

車体前後左右6ヶ所にCCDカメラ、前後に音響探知器

サイドスカートにも追加装甲

接近戦用に対人用クレイモア地雷

●M1A2 TUSK(タスク)1 (2005～)

イラク配備のM1に見られる市街での対テロ戦に対するサバイバルキットで、TUSKは"Tank Urban Survival Kit"の略。上記の計画の一部が反映された形といえ、サイドスカートに取り付けられたタイルは爆発反応装甲で、車体下部にも装甲が追加されている。その他、リモコン式熱線暗視装置やリモコン機銃用のサーマルサイトなど、乗員が外部にさらされないで接近戦を戦えるような装備となっている。

リモコン式12.7mm機銃

装填手機銃用シールド

歩兵との車外通話装置

車体下面にも装甲追加

タイル状増加装甲

スラットアーマー

●M1A2 TUSK2

TUSK1の追加キットで、砲塔とサイドスカートに瓦状の爆発反応装甲を搭載するもの。特にサイドスカートへはTUSK1の装甲の上からさらに装着する。この他車長用キューポラには全周が保護されたシールドが付く。M1A1にこのTASKキットを装着したものもある。

265

レオパルト2の進化

　レオパルト2はKWSⅡ計画に則り、A5から楔(くさび)形の空間装甲(ドイツ語でズバリ楔形装甲/Keilpanzerungと呼ばれる)を搭載したため、それまでのタイプとは外観が一新された。その後、A6では主砲を長砲身の55口径120mm滑腔砲に換装、さらにA7+が登場しているが、やはり2010年代になって対テロ装備の拡充が著しい。現在も各種のアップデートがなされた車両が世界各国で使用されているベストセラー戦車だ。

The Evolution of Leopard 2
The appearance of Leopard 2 was drastically changed from A5 by the addition of wedge shaped spaced armor (Keilpanzerung in German) on turret front based on KWS II program. After that, the gun was replaced from A6 by 120 mm smoothbore gun L/55 of longer barrel, and A7+ variant was further developed, the augment of equipments for urban warfare is also noticeable in 2010s. Leopard 2 is still the worldwide best-selling tank and various upgraded variants are used in many countries.

●レオパルト2A5 (Leopard 2A5)

KWSⅡにより砲塔に楔形装甲を装着した最初のタイプ。主砲はA4までと同じ44口径120mm滑腔砲だが、この楔形装甲が砲塔前面に付いたことにより、砲身が短く感じられるのがおもしろい。

砲塔前面の左側増加装甲上にあるのはシムファイアと呼ばれるもので、演習中に主砲発砲や被弾を表す煙を噴く装置。

次ページ上の表のようにレオパルト2A4の次期車両は2種が開発された。このうちコストダウンを重視したのが2TVM-Ⅱでこれが2A5へとつながり、贅沢装備で少数精鋭とした2TVM-ⅠがスウェーデンのStrv.122へと発展する。

2A5はデンマークやオランダに輸入され、それぞれ2A5DK、A25NLと分類されている。

全長9.67m　全幅3.74m　全高2.99m　装甲:複合装甲
武装:44口径120mm滑腔砲×1、12.7mm機銃×1、7.62mm機銃×1
重量59.5t　エンジン1500HPディーゼル
最高速68km/h　乗員4名

〔レオパルト2 二系統の進化〕

```
          2A4
         ↙   ↘
     2TVM-II  2TVM-I
        ↓    ↓    ↓
       2A5 → 2A5DK   Strv.122
        ↓   (デンマーク) (2S)
        ↓ →  2A5NL   (スウェーデン)
        ↓   (オランダ)
       2A6 → 2E
        ↓   (スペイン)
        ↓ →  2HEL
        ↓   (ギリシャ)
  2PSO  2A6M→ 2A6M CAN   Strv.122M
   ⋮    ↓    (カナダ)
   →   2A7+
```

●レオパルト2A6〔Leopard 2A6〕
レオパルト2A5にKWS Iを実施して主砲を55口径120mm滑腔砲にしたもの。KWSには3つの計画があり、KWS Iはレオパルト2の主砲を55口径120mm滑腔砲にアップデートして攻撃力を増すもの、KWS IIは楔形の空間装甲などで防御力を高めるもの、KWS IIIは主砲を140mm滑腔砲に換装するものだった。このうちKWS IIIは実験だけで終わり、KWS II、KWS Iの順でレオパルト2に施工されたことになる。

全長10.97m　全幅3.74m　全高3.03m　装甲：複合装甲
武装：55口径120mm滑腔砲×1、12.7mm機銃×1、7.62mm機銃×1
重量61.7t　エンジン1500HPディーゼル
最高速68km/h　乗員4名

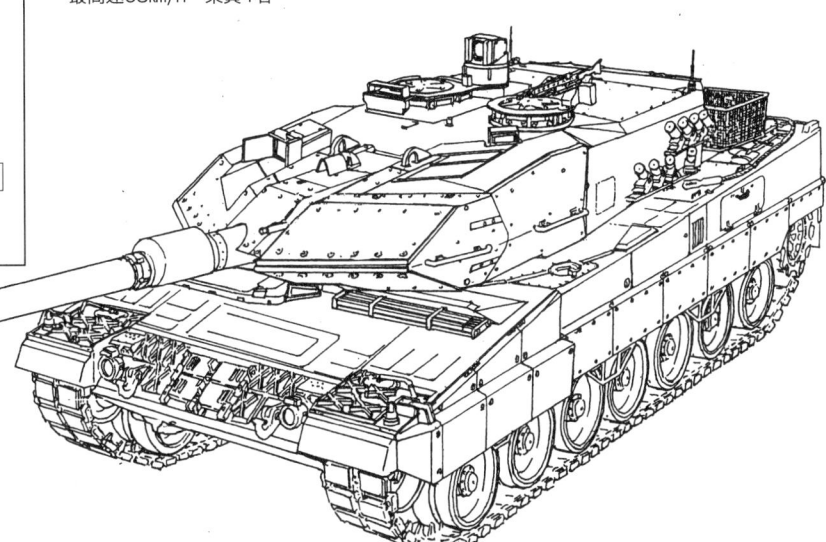

●レオパルト2A6M〔Leopard 2A6M〕
2A6に対地雷用の装甲板を増設したもの。カナダ軍は本タイプをベースとしたものを採用。2A6M CANと分類される。重量62.5t。

●レオパルト2A7+〔Leopard 2A7+〕
市街戦に対応して試作されたレオパルト2PSOでのデータを踏まえて開発されたタイプで、A6Mがベース車両。重量増加に対し、サスペンションも強化されている。

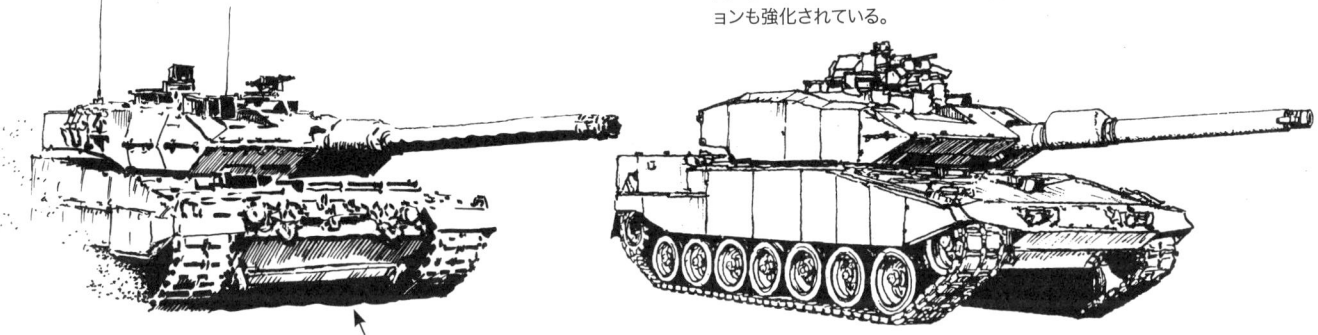

●国際平和維持活動対応型
ドイツのレオパルト2の例。遠隔操作式の無人銃塔の他、狭い市街地での戦闘に備え、主砲をあえて短砲身の44口径120mm砲に戻している。

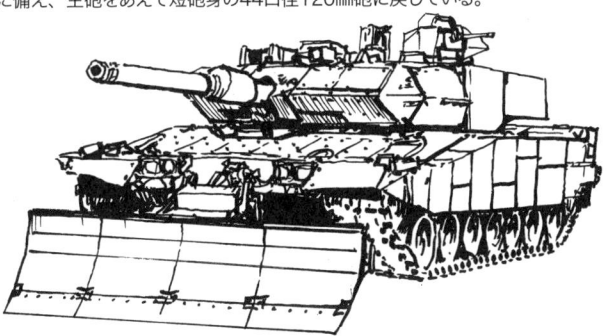

こちらはカナダがアフガンで使用したレオパルト2A6M CANで、車体、砲塔全体にスラットアーマーを搭載していた。四隅にCCDカメラを設置して外部を視察できる。

チャレンジャー2の進化

イギリスのチャレンジャー2の登場は1990年代前半で、旧来のチャレンジャー1と設計を同一にする部分が多いものの各国のMBTと同様、第3世代戦車のひとつとしてその後も改良を続け、現在も同国の誇るMBTとして活躍している。2035年まで使う予定とのことだ。

The Evolution of Challenger 2
British Challenger 2 appeared in early 1990s and though it still utilizes many components common with former Challenger 1, as is same with other countries' MBTs, the continuous upgrading keeps this British MBT as one of the most excellent third generation tanks today. Challenger 2 is expected to remain in service until 2035.

●チャレンジャー2（Challenger 2）

搭載主砲のL30A1 55口径120mmライフル砲は砲弾と装薬が分離式で装填がスムーズでないことや、西側の他の戦車との共通性がないなどの理由で、一時はラインメタル系の120mm滑腔砲L55に換装する計画もなされていたが、予算的な理由で中止となった。本車もイラク戦争の他、各地の平和維持活動に出動して活躍、その際にはスラットアーマーなど、非正規戦に備えた装備も追加されていた。1990年代にオマーンが購入しており、この他に同車をベースとしたタイタン架橋戦車やトロージャンAVRE、戦車回収車といった派生車両も製作されて現在も運用中だ。

全長11.55m　全幅3.52m　全高3.04m　装甲：複合装甲
武装：120mmライフル砲×1、7.62mm同軸機銃×1、7.62mm機銃×1
重量62.5t　エンジン：V型12気筒液冷ディーゼル1,200HP
最高速59km/h　航続力450km　乗員4名

●チャレンジャー1（Callenger 1）

チャレンジャー1（当時はまだ2ができてないのでただだチャレンジャーとよばれていた）は、1991年の湾岸戦争に参加した際に、いきなり見たこともないような増加装甲を身にまとって現れたため世界中の関係者を驚かせた。右はその装着状況を示したものだが、同じような増加装甲を現在のチャレンジャー2でも引き続き使用している。現在はイギリス軍での運用を終え、ヨルダンに払い下げられて使用されている。

●チャレンジャー1の増加装甲と追加装備

ルクレールの進化

　M1エイブラムスやレオパルト2に比べ、基本設計の新しい本車は第3.5世代戦車と分類されたが、それも2000年代に入って独自の進化をしている。砲塔に元々搭載されていたモジュール装甲に加え、近年ではスラットアーマーなど市街戦に対応した装備も追加された。

The Evolution of Leclerc
While Leclerc was categorized as the 3.5 generation tank for newer general design than M1 Abrams or Leopard 2, it also achieved unique evolution since 2000s. In addition to original modular armor on turret, various equipments for urban warfare such as slat armor were also added in recent years.

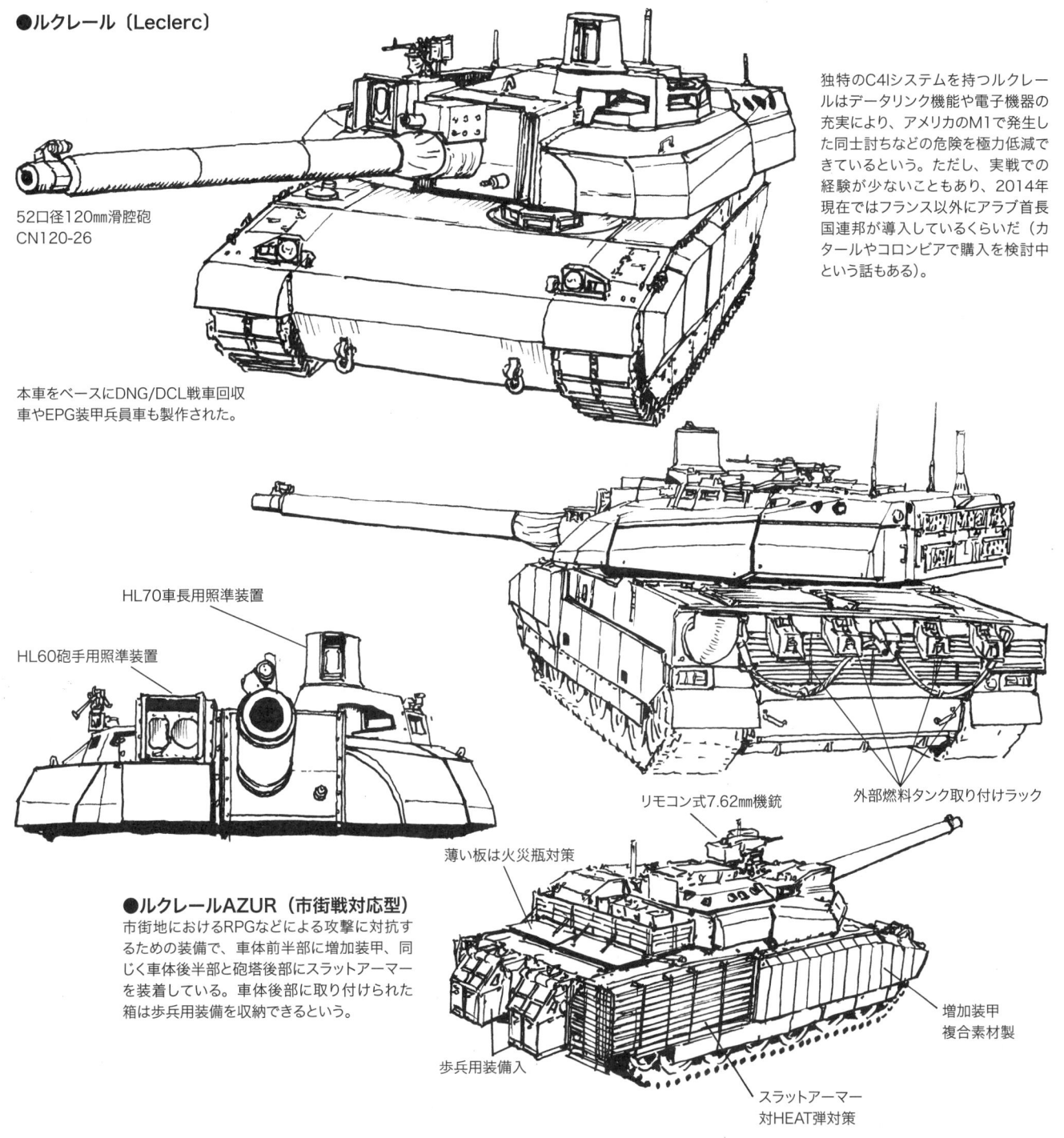

●ルクレール（Leclerc）

独特のC4Iシステムを持つルクレールはデータリンク機能や電子機器の充実により、アメリカのM1で発生した同士討ちなどの危険を極力低減できているという。ただし、実戦での経験が少ないこともあり、2014年現在ではフランス以外にアラブ首長国連邦が導入しているくらいだ（カタールやコロンビアで購入を検討中という話もある）。

52口径120mm滑腔砲 CN120-26

本車をベースにDNG/DCL戦車回収車やEPG装甲兵員車も製作された。

HL70車長用照準装置
HL60砲手用照準装置

●ルクレールAZUR（市街戦対応型）
市街地におけるRPGなどによる攻撃に対抗するための装備で、車体前半部に増加装甲、同じく車体後半部と砲塔後部にスラットアーマーを装着している。車体後部に取り付けられた箱は歩兵用装備を収納できるという。

リモコン式7.62mm機銃
薄い板は火炎瓶対策
外部燃料タンク取り付けラック
歩兵用装備入
増加装甲 複合素材製
スラットアーマー 対HEAT弾対策

メルカバの進化

　イスラエルが独自に開発したメルカバはMk.3で新開発の車体になり、それも2000年代に入り新型のモジュール装甲を装着するなどして進化を遂げ、さらに現在ではMk.4の登場を見ている。元より乗員の生存性を重視する傾向にあったが、トロフィシステムに代表されるような対テロ装備を充実させることにより、市街戦に適応した車両に仕上がっている。

The Evolution of Merkava
Israeli-designed Merkava keeps evolving by adopting new hull from Mk.3 variant, or fitting newly developed modular armor since 2000s, and Mk.4 has appeared up to today. While Merkava has been emphasized on crew survivability from the first, they are well focused on urban warfare by adding various equipments against guerilla attacks such as Trophy active protection system for RPG or AT missile.

●Mk.3

走攻守、すべての性能を向上させた新設計の車両として開発され、1999年までにおよそ650両が生産された。外装式のモジュール装甲を導入したのが外観上の特徴で、エンジンは1,200HPにパワーアップ。車体床面は地雷対策のため二重底の空間装甲となった。

〔メルカバの系譜〕

```
●Mk.1
  ↓ ←改良
●Mk.2 → ●Mk.2A → ●Mk.2B
  ↓ ←新開発        ↓
                  ●Mk.2B
                  ドル・ダレッド
  ↓
●Mk.3 → ●Mk.3B → ●Mk.3BaZ
          ↓         ↓
        ●Mk.3B    ●Mk.3BaZ
        ドル・ダレッド ドル・ダレッド
                    ↓
  ↓ ←新開発       ●Mk.3LIC
●Mk.4 → ●Mk.4LIC
```

●Mk.3 Baz(バズ)

新型FCS(射撃指揮統制装置)のナイトMk.3、略称Bazを搭載したタイプで、捕捉目標に対する赤外線による自動追尾が可能になる。

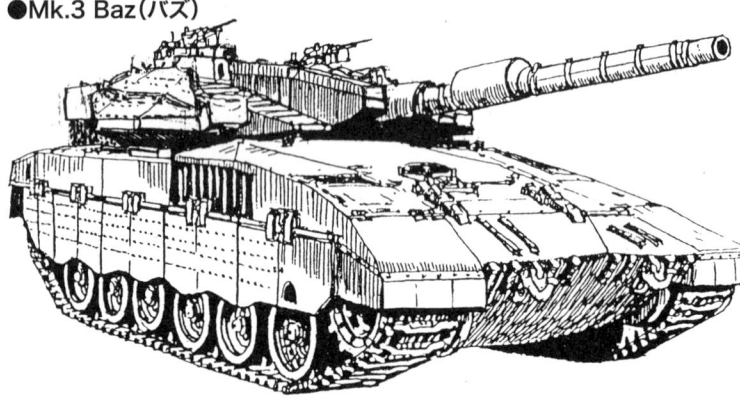

●Mk.3 Baz Dor Daled(ドル・ダレッド)

砲塔側面に新型のくさび形モジュール装甲を装着したもので、Bazを装備していない車両はMk.3 ドル・ダレッドと分類される。転輪も新デザインのものになった。

新型モジュール装甲

新転輪

●Mk.3 LIC

右図のMk.3 Baz ドル・ダレッドに市街戦装備を追加した車両。このため、車長ハッチのデザイン変更、開口部の処理にメッシュが追加されるなどの処理がなされている。

●Mk.4（2001）

メルカバMk.1開発以来の乗員の生存性重視のコンセプトを引き継いで新規開発されたもので、砲塔は大型化された上に新式のモジュール装甲が四周を囲み装着されている。FCSはBaz（ナイトMk.3）を当初から装備しているため、MK.4 Bazとはいわない。砲塔内装備の60mm迫撃砲が新型となるなど細かな点もアップデートされており、現在は非正規戦に備えたアクティブ防護システム「トロフィー」が追加装備された車両も現れた。

全長9.04m　全幅3.7m　全高2.66m　装甲：複合装甲
武装：120mm滑腔砲×1、12.7mm機銃×1、7.62mm機銃×2、60mm迫撃砲×1　重量65t　エンジン1500HPディーゼル
航続力500km　乗員4名

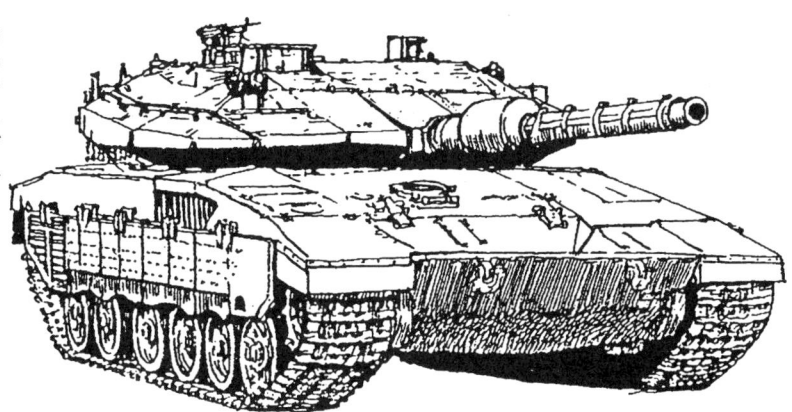

●メルカバMk.4の装備

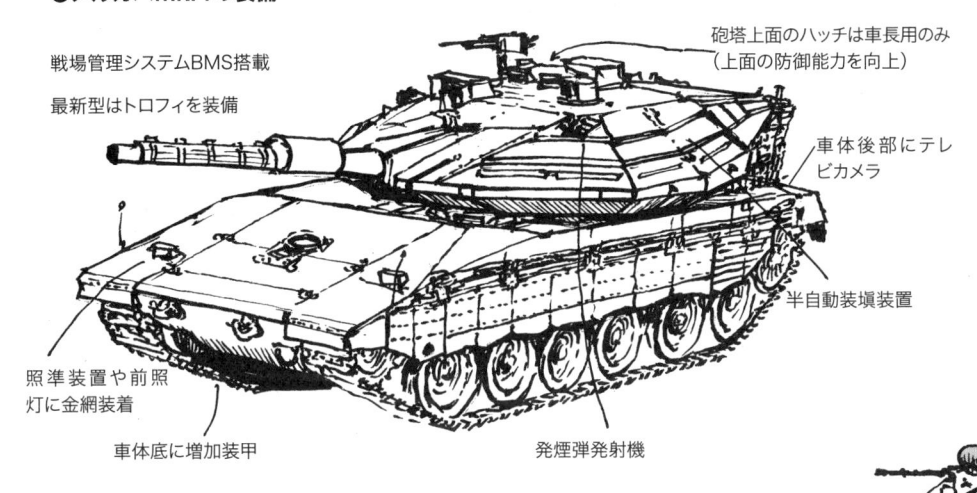

- 戦場管理システムBMS搭載
- 最新型はトロフィを装備
- 砲塔上面のハッチは車長用のみ（上面の防御能力を向上）
- 車体後部にテレビカメラ
- 半自動装填装置
- 照準装置や前照灯に金網装着
- 車体底に増加装甲
- 発煙弾発射機

トロフィシステム

イスラエルで開発されたアクティブ型防護システムの名称。これはパッシブ型に比べても有効な対戦車兵器無力化システムとして今日各国で開発が進められている自己防衛機能だ。360°をカバーするレーダーでRPGなどの接近を探知するとコンピューターがその自車への到達（命中）時間を算出して、適宜に迎撃体と呼ばれる弾丸を射出して撃ち落とす。

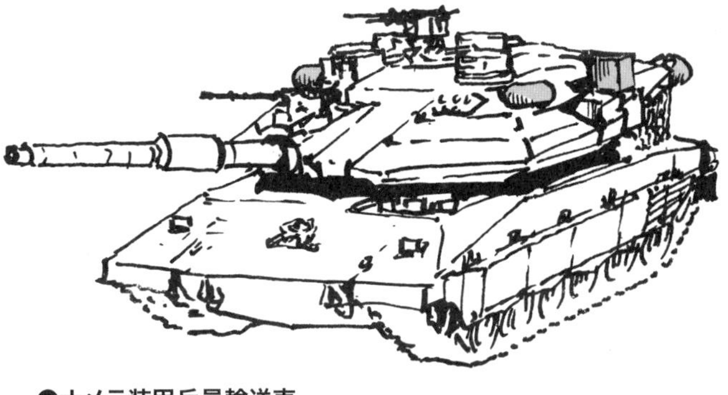

■メルカバの派生型〔Variations〕

●戦車回収車〔Merkava ARV〕

メルカバ車体の戦車回収車で、車体後部に大型クレーンを搭載。

●ナメラ装甲兵員輸送車〔Armored Vihicle "Nemmera"〕

元は旧式化したMk.1などの車体を有効利用したものだったが、現在はMk.4の車体を用いたものも製作されている。乗員3名、兵員8名が搭乗可能で、車内にトイレもあって長時間作戦を可能にしているという。本車にもトロフィーが搭載されはじめた。

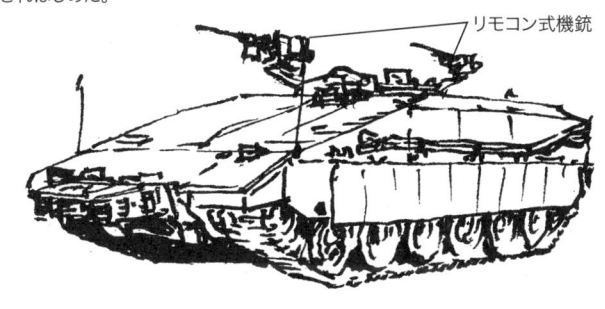

- リモコン式機銃

この他、メルカバ本来の基本武装は残しつつ、車体後部のスペースを利用して救護装置を備えた救急車型や、車体前部に地雷処理装置を備えたタイプも存在する。

2000～2010年代に登場した各国MBT

戦後半世紀以上が過ぎ、自力でMBTの開発を行なう国は限られてきたが、それでもベースとなる車両を発展させたものや独自の技術により、自国の装備車両を開発する努力をしている国々がある。ここでは2000年代になって実用化されたMBTや試作中の車両を紹介したい。それぞれのお国柄を反映した内容といえる。

Various Countries' MBTs appeared in 2000s and 2010s
Though over a half-century have passed since the end of WWII and the country with development capability for MBT gradually decreased, still many countries are trying to develop their own military vehicle by improving existing tanks or applying unique technology. In the following pages, we will illustrate various MBTs deployed after 2000 or vehicles still under development. They well reflect their national character.

●C-1 アリエテ（イタリア 1995）
（Italia：C-1 Ariete）
ライセンス生産したレオパルト1を永らく装備していたイタリアが戦後初めて開発したMBTで、1980年代から試作が進められ、1995年に実用化された。初めて開発したにしては120mm砲を搭載し、大きなトラブルに見舞われることもなく成功した部類に入るが、予算の都合で200両の生産に留まっている。発展型のアリエテMk.2はキャンセルされた。アリエテはイタリア語で牡羊座の意。
全長9.67m　全幅3.61m　全高2.5m　装甲：複合装甲
武装：120mm砲×1、7.62mm機銃×2
重量　エンジン1250HPディーゼル
最高速65km/h　航続力550km　乗員4名

●K-2（韓国）
（Korea：K-2）
国産発のK-1戦車に続いて1995年に開発着手した車両で、搭載した国産パワーパック（エンジンと変速操向器をセットにしたもの）の不調により実用化が遅れ、2014年現在も試作段階にある。主砲は120mm滑腔砲を搭載。車体前面と砲塔側面はモジュール装甲を装着している。
全長10m　全幅3.60m　全高2.5m　装甲：複合装甲
武装：120mm滑腔砲×1、7.62mm同軸機銃×1、7.62mm機銃×1
重量　エンジン1,500HPディーゼル
最高速70km/h　航続力430km　乗員3名

●オリファント（南アフリカ）
（South Africa：Olifant）
南アフリカ共和国が自国の風土に合わせて開発したセンチュリオンの改良型車両。Mk.1、Mk.1A、Mk.1Bと発展し、Mk.2も登場した。イラストはMk.1Bで、角張った砲塔が特徴。この他に同国ではTTDという戦車も試作中だ。

●M-84（ユーゴスラビア）（Yugoslavia）
T-72Mを元にユーゴスラビアが1980年代に開発したもので、現在でもアップデートを施され、クロアチアやスロベニアなどで使用されている。2004年にはセルビアでM-84B1が公表されたが、近年さらにそれを発展させてT-90Sと同様な装備を持ったM-84ASというタイプの存在も知られた。主砲はやはり125mm滑腔砲となっている。

●アージュン（インド 1996）
(India：Arjun)
ヴィジャンタに次ぐインドのMBTで、開発は1974年から独自で行なわれていたが難航したため、結局西ドイツとイギリスの技術協力を得ることとなった。そのため、どことなくレオパルトなどを思わせるデザインとなっている。主砲はチャレンジャー1と同じ120mmライフル砲だ。制式化されたのは1996年で、21世紀のインド陸軍を担う新戦車として配備されている。
全長10.64m　全幅3.85m　全高2.32m　装甲：複合装甲
武装：120mm砲×1、12.7mm同軸機銃×1、7.62mm機銃×1
重量58.5t　エンジン1,400HPディーゼル
最高速72km/h　航続力450km　乗員4名

●ZTZ-99 99式戦車（中国 1999）
(China：ZTZ-99 Type99 tank)
もともと85式戦車の発展型として、98式戦車として開発されていた車両を1999年に改称したもの。主砲は125mm滑腔砲で、デザイン的にはまだソ連戦車に似た流れを残したものであった。
全長11.0m　全幅3.40m　全高2.40m　装甲：複合装甲
武装：125mm滑腔砲×1、14.5mm機銃×1、7.62mm機銃×1
重量54t　エンジン1,500HPディーゼル
最高速80km/h　航続力650km　乗員3名

●ZTZ-99 99G式戦車（中国）
(China：ZTZ-99 Type99G tank)
上の99式戦車の改良型で、99A式や99式改などと呼ばれることもある。装甲は複合装甲と爆発反応装甲の組み合わせとなり、JD-3という中国オリジナルのアクティブ防御レーザー（敵の兵器誘導レーザーを攪乱させる）を装備して対戦車兵器に対する生存性も高くなった。この増加装甲の装着により、これまでの中国製MBTとは違ったシルエットとなっているのがおもしろい。

●T-84U オプロート（ウクライナ 2001）(Ukraine：T-84 Oplot)
T-80UDを基本にウクライナで再開発されたのがT-84だが、それに西側仕様の砲塔を載せた車両。タイ陸軍が採用した。
全長9.66m　全幅3.77m　全高2.21m　装甲：爆発反応装甲
武装：125mm砲×1、12.7mm機銃×1、7.62mm機銃×1
重量48t　エンジン1200HPディーゼル
最高速50km/h　航続力450km　乗員3名

●ビッカースMBT Mk.4 ヴァリアント
（Vickers MBT Mk.4 "Valiant"）
イギリスのビッカース社は独自で戦車を開発し、商品として各国に売り込むという歴史を有しているが近年の営業成績は思わしくないようだ。このMk.4も試作でだけで終わっている。

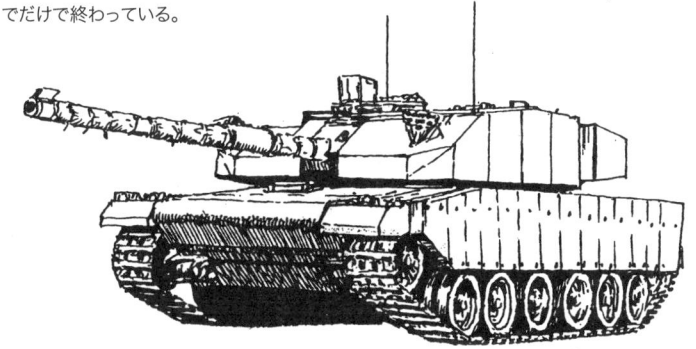

第3世代から一気に第4世代へと発展するかに見えたMBTの開発は、2000年代に入り世界的に経済成長が足踏み状態となるなか各国でも行き詰まりをみせ、せっかく実用化にこぎ着けたのに生産がキャンセルされたり、試作中止の傾向にある。むしろ対テロ戦争に向けた既存車両への装備面での改良が現代の戦車開発の方向性のひとつとなっている。なお、ここで紹介するほか北朝鮮の天馬3号の存在が、近年新しく登場したMBTとして知られている。

While the generation change of MBT from third to forth was expected to go straight forward, world-wide economic stagnation decelerated it in every country and several vehicles were cancelled even after the completion of development or sometimes the development itself was quitted. Instead, the modification of existing vehicles to endow urban warfare capability is becoming major trend in modern tank development. In addition to tanks shown here, North Korean Chonma-3ho is known as one of the latest MBT.

T-95の挫折とT-90の進化

　1991年のソビエト連邦の崩壊により世界情勢は米ソ二強、東西冷戦構造からめまぐるしく変わったが、ロシア自体のMBTの開発も、足踏みをしたのち大きく方向転換をした格好だ。第4世代戦車と目されたT-95の開発も中止され、既存のT-80やT-90を改良し、対テロ装備を備えたものが2000年代のロシアMBTの主流となっている。

The Cancelation of T-95 and the Evolution of T-90
As the dissolution of Soviet Union abruptly ended the Cold War structure formed by two superpowers of America and Soviet Union, Russian tank development policy was also changed after confusion and disorder. The development of T-95 once regarded as the fourth generation tank was cancelled, and the upgraded versions of T-80 or T-90 with urban warfare equipments became the major Russian MBT since 2000s.

●T-95
オブイエークト195/T-95の呼称で1990年代に開発されていた車両で、秘密のベールに隠れた部分が多かったものの、一時は初の第4世代戦車になるかと噂された。2010年に開発中止が決定。現在は違う車両の開発に取りかかっているとの情報だ。

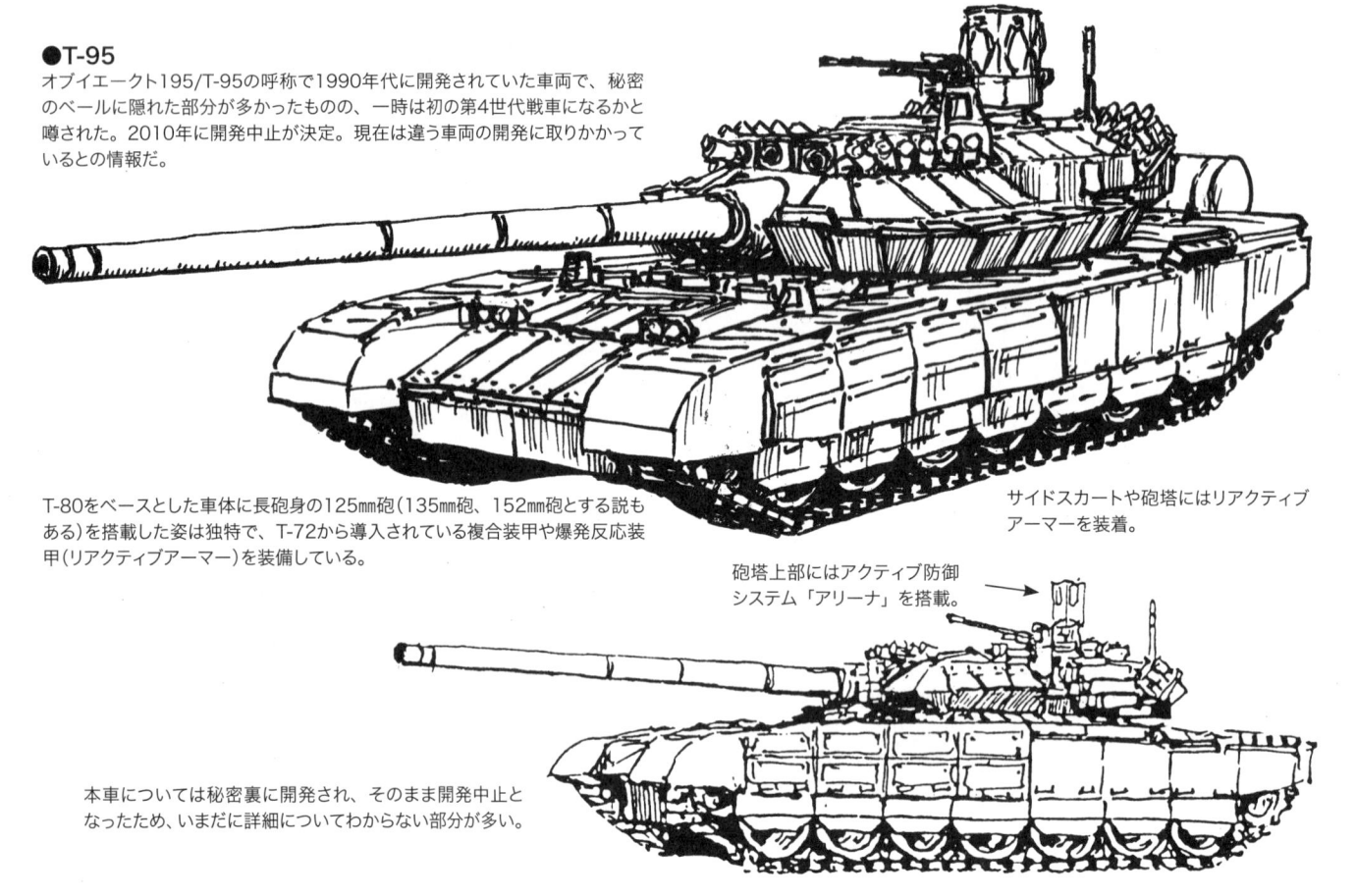

T-80をベースとした車体に長砲身の125mm砲（135mm砲、152mm砲とする説もある）を搭載した姿は独特で、T-72から導入されている複合装甲や爆発反応装甲（リアクティブアーマー）を装備している。

サイドスカートや砲塔にはリアクティブアーマーを装着。

砲塔上部にはアクティブ防御システム「アリーナ」を搭載。

本車については秘密裏に開発され、そのまま開発中止となったため、いまだに詳細についてわからない部分が多い。

●T-80U/T-80UD

（T-80U/T-80UDの主な使用国）
・アラブ首長国連邦
・イエメン
・韓国
・キプロス
・中国
・パキスタン
・アメリカ（研究用に購入）
・イギリス（研究用に購入）

T-80の新規生産はすでに終了したが、既存車両をオーバーホールして近代装備にアップデートしたものが再配備されている。T-80UMの発展型であるT-80UM-2は2010年に資金面の都合で開発中止となる。ウクライナで開発されたT-84はT-80UDの改良型。

274

● T-90

〔T-90の主な使用国〕
・アルジェリア
・インド
・キプロス
・サウジアラビア
・トルクメニスタン
・ベトナム
※インドからモロッコへ輸出される予定

T-90はその後T-90Sとなり、これはインドへも輸出され「ビシュマ」の名で使用されている。現在の主力はT-90A（1,000HPエンジン搭載）と呼ばれる溶接砲塔を搭載したものだ。安価なため、導入する国は今後も増えそうだ。ロシアでは当面、本車がMBTの座につく予定。

● T-90M
砲塔に全周旋回式の車長用サイトを装備したタイプで、資料によってはT-90AMと表記していることもある。この他、T-90SMというリアクティブアーマーをサイドスカートに搭載したタイプも公表されている。

〔参考〕T-80の潜水装備
ソ連／ロシア戦車も西側の戦車と同様に潜水渡河機能を有しているが、ガスタービンエンジン搭載車両の場合、大量の空気を必要とするため太めのシュノーケルチューブを機関室上面と車体後面に取り付けるのが特徴だ。

● アクティブ自己防衛システム「アリーナ」
イスラエルの「トロフィ」などと同様、自車を攻撃してくるRPGなどの兵器を探知して着弾前に迎撃、破壊する直接迎撃（ハードキル）型システムで、砲塔上にかなり大きなセンサーを有しているのが特徴。T-80やT-90に順次導入されている。図はT-80Uに取りつけた様子を表したもの。

Active Protection System "Arena"
Arena is a hard-kill system that detects and destroys projectile such as RPG warhead heading the vehicle before impact by munitions like Israeli "Trophy", and the large sensor on turret is the distinctive feature of it. Arena is gradually introduced to T-80 and T-90 series. The illustration shows a T-80U with Arena.

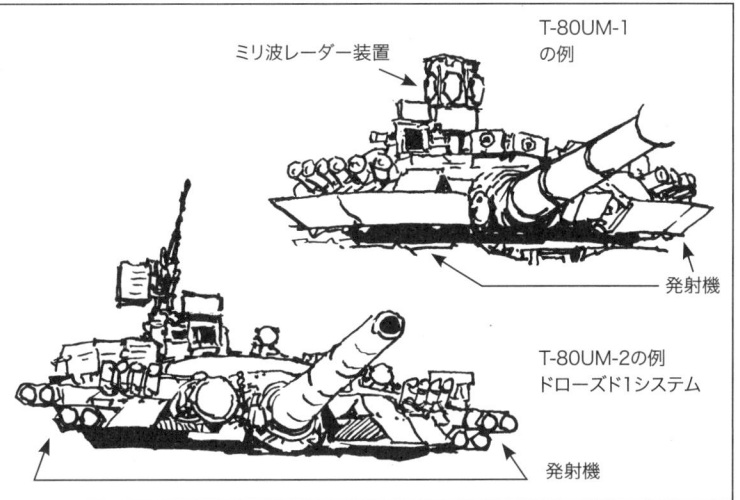

T-80UM-1の例
ミリ波レーダー装置
発射機

T-80UM-2の例
ドローズド1システム
発射機

10式戦車

次期主力戦車としてTK-Xの呼称で開発が進められ、2009年12月に制式化、翌2010年7月には陸上自衛隊富士学校開設56周年記念行事で一般に披露された、世界でも最新式のMBTが我が国の10式（ひとまるしき）戦車だ。世界中のMBTと肩を並べることのできる性能を携えた車両で、90式戦車とともに陸上自衛隊機甲部隊の2本柱となって21世紀の我が国土の護りにつくことになっている。

●10式戦車生産型
(MBT Type 10 Tank "Hito-Maru-Shiki")

10式戦車は旧式化著しい74式戦車の後継として開発された車両で、重量は44tと90式戦車よりかなり軽量であり、サイズもひと回り小さく、74式戦車のそれと近い。エンジンは小型、軽量ながら1,200HPを発揮し、HMT（無段変速機）を備えて機動力も高い。主砲の44口径120mm滑腔砲は日本製鉄所製の国産品となった。陸自戦車としては初めての優れたC4I機能を持ち、第4世代戦車とも位置づけられている。射撃統制システムは目標に関する情報を小隊内で共有化でき、走行中も捕捉した目標を自動追尾できるようになっている。

全長9.42m　全幅3.24m　全高2.3m　装甲：複合装甲
武装：120mm滑腔砲×1、12.7mm機銃×1、7.62mm同軸機銃×1
重量44t　エンジン：水冷V8ディーゼル1200HP
最高速70km/h　乗員3名

Type 10 Tank (Japan)
Type 10 tank was developed as the next MBT under designation of TK-X, adopted in December 2009, and first displayed to public in the 56th anniversary ceremony of JGSDF Fuji School in July 2010. Japanese Type 10 (Hitomaru-Shiki) is one of most advanced MBT in the world. The performance of Type 10 can be compared with latest tanks of the world, and expected to defend Japan along with Type 90 tanks as the double primary tanks of JGSDF armor units in 21st century.

10式戦車は74式戦車と同サイズということもあり、既存の73式特大型セミトレーラーに積載して輸送することができる。

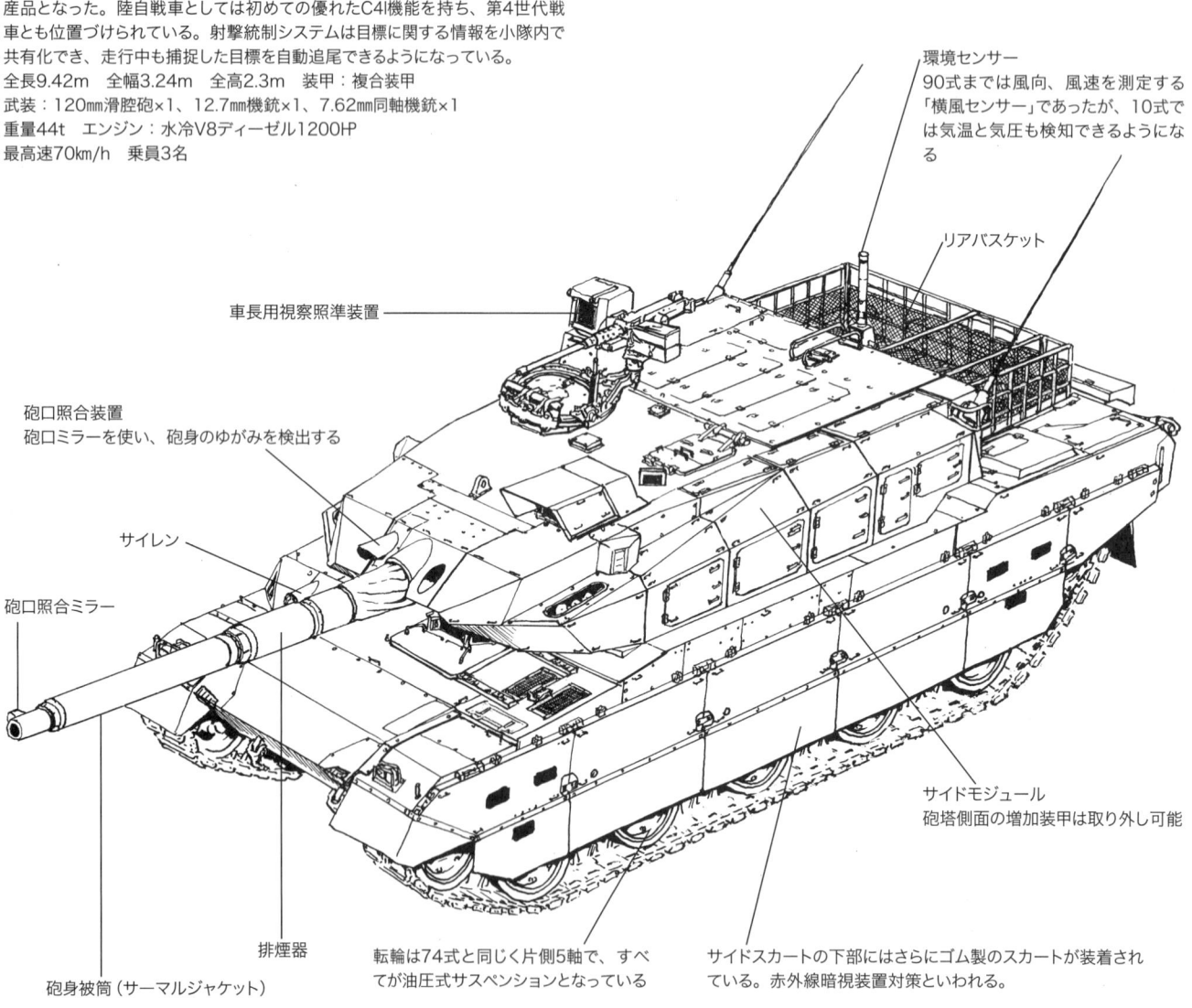

環境センサー
90式までは風向、風速を測定する「横風センサー」であったが、10式では気温と気圧も検知できるようになる

リアバスケット

車長用視察照準装置

砲口照合装置
砲口ミラーを使い、砲身のゆがみを検出する

サイレン

砲口照合ミラー

サイドモジュール
砲塔側面の増加装甲は取り外し可能

排煙器

砲身被筒（サーマルジャケット）

転輪は74式と同じく片側5軸で、すべてが油圧式サスペンションとなっている

サイドスカートの下部にはさらにゴム製のスカートが装着されている。赤外線暗視装置対策といわれる。

●TK-X試作第2号車
(Type 10 Tank Prototype "TK-X" No.2)
2008年2月にマスコミに公開された車両。左ページの生産車との相違点を見てみよう。

C4IシステムとはCommand／指揮、Control／統制、Communications／通信、Computers／コンピュータ、そして Intelligence／情報という4つの要素を時間的空間的に処理して戦術に役立てるためのもので、最近はこれにInteroperability／相互運用性が加わってC4I2とも呼ばれるようになった。

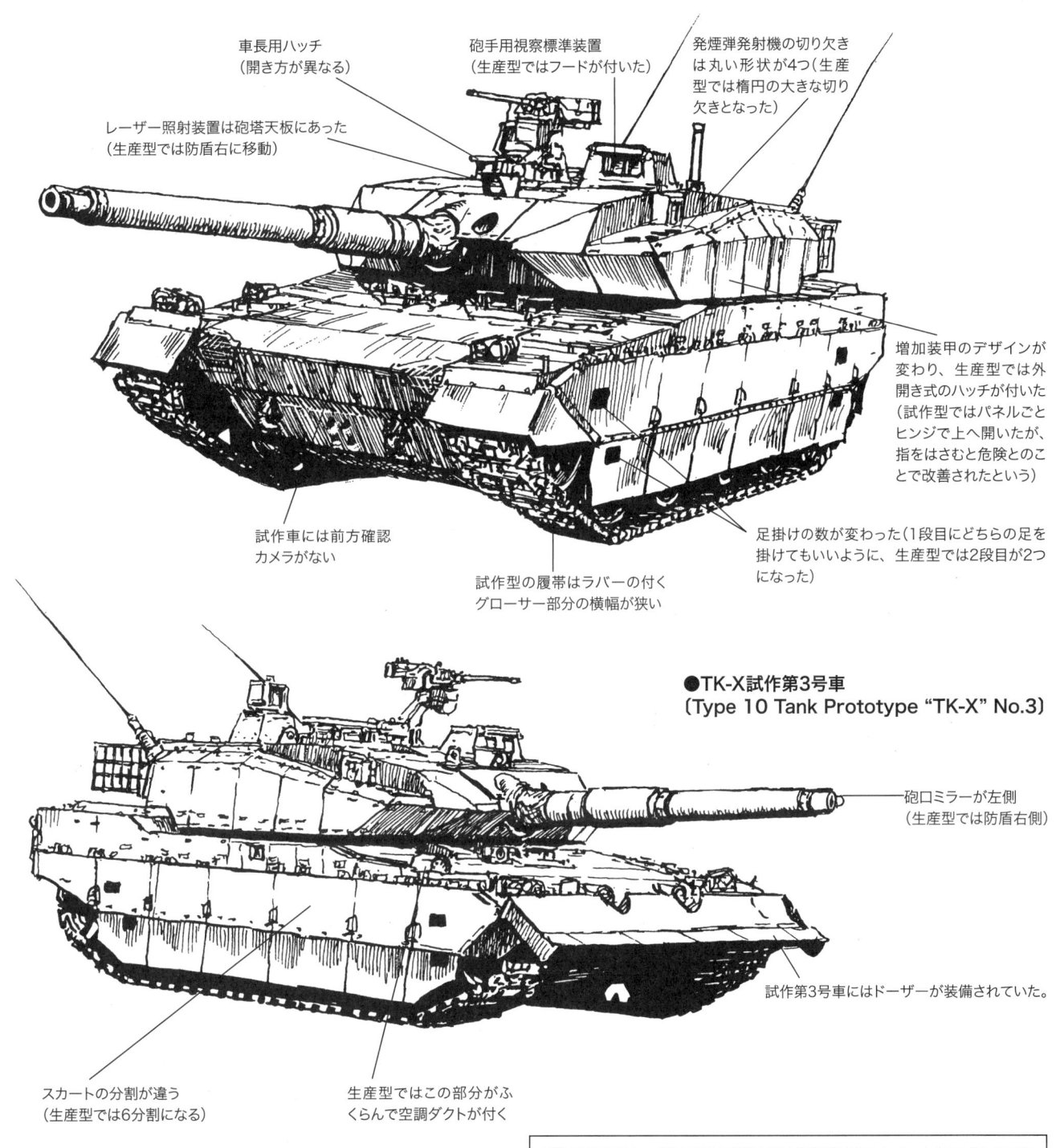

車長用ハッチ
(開き方が異なる)

砲手用視察標準装置
(生産型ではフードが付いた)

発煙弾発射機の切り欠きは丸い形状が4つ（生産型では楕円の大きな切り欠きとなった）

レーザー照射装置は砲塔天板にあった
(生産型では防盾右に移動)

増加装甲のデザインが変わり、生産型では外開き式のハッチが付いた（試作型ではパネルごとヒンジで上へ開いたが、指をはさむと危険とのことで改善されたという）

試作車には前方確認カメラがない

試作型の履帯はラバーの付くグローサー部分の横幅が狭い

足掛けの数が変わった（1段目にどちらの足を掛けてもいいように、生産型では2段目が2つになった）

●TK-X試作第3号車
(Type 10 Tank Prototype "TK-X" No.3)

砲口ミラーが左側
(生産型では防盾右側)

試作第3号車にはドーザーが装備されていた。

スカートの分割が違う
(生産型では6分割になる)

生産型ではこの部分がふくらんで空調ダクトが付く

2014年現在、10式戦車の履板はグローサー形状が異なるC1とC2の2種が確認されており、C1は順次C2へ更新されて姿を消しつつある。

試作車両のうち、第1号車は朝霞の陸上自衛隊広報センターに展示されており見学可能。第2号車は土浦の武器学校、第3号車は富士学校が保有しているが目にする機会は少ない。また第4号車は技術研究本部陸上装備研究所で保管されているという。

装輪式戦闘車の台頭

大戦後しばらくして生まれた装軌式戦闘車は近年になって大型タイヤ6輪以上の装輪式となる傾向が強くなった。その筆頭はアメリカのストライカーといえるが、なかには105mm砲クラスの火器を搭載するという、戦車顔負けの装備を持ったものも出現している。

The Rise of Wheeled Fighting Vehicles
While tracked fighting vehicles appeared soon after WWII, they are gradually replaced by wheeled vehicles with 6 or 8 large wheels in recent years. The pioneer of this category is American Stryker series, and not so few wheeled fighting vehicles are armed with 105 mm gun to fulfill the task of light tank.

■陸自の装輪戦闘車
●16式機動戦闘車
(Japan：Type16 Maneuver Combat Vehicle, MCV)

陸上自衛隊が開発し、2016年に導入が決定された装輪式装甲車で、舗装路での移動・戦闘を重視しているが、不整地でも高速移動が可能なように8輪駆動となっている。エンジンはフロント配置で、操縦席は一般車両と同じく右側にある（戦車は左側が多い）。主砲の105mmライフル砲は74式戦車と同じ弾薬を使用でき、砲塔と車体に陸自の装甲車では初めてのモジュール式装甲を装備している。

イラストは試作車。
量産車では細部の仕様が変更された。
砲塔側面形状などがそれである。

全長8.45m　全幅2.98m　全高2.87m
武装：105mm砲×1、12.7mm機銃×1、7.62mm機銃×1
重量およそ26t　エンジン570Hpディーゼル
最高速100km/h　乗員4名

試作車が使用していたタイヤはミシュラン製であったが、量産車ではブリジストン製となったという。

●96式装輪装甲車〔Japan：Type 96 APC〕
73式装甲車の後継車両で、通常は4輪駆動、必要であれば全8輪駆動とすることができる。乗員2名に兵員8名が搭乗可能。12.7mm機銃装備のA型と、40mm自動擲弾銃装備のB型がある。

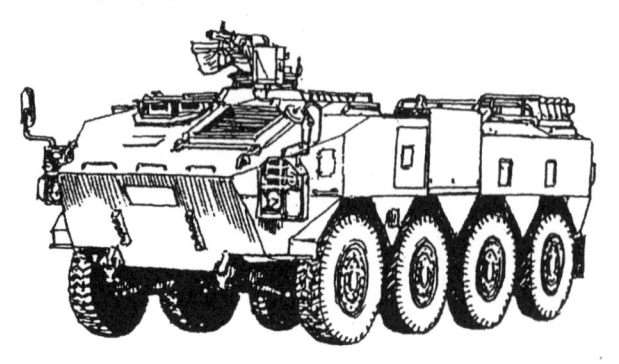

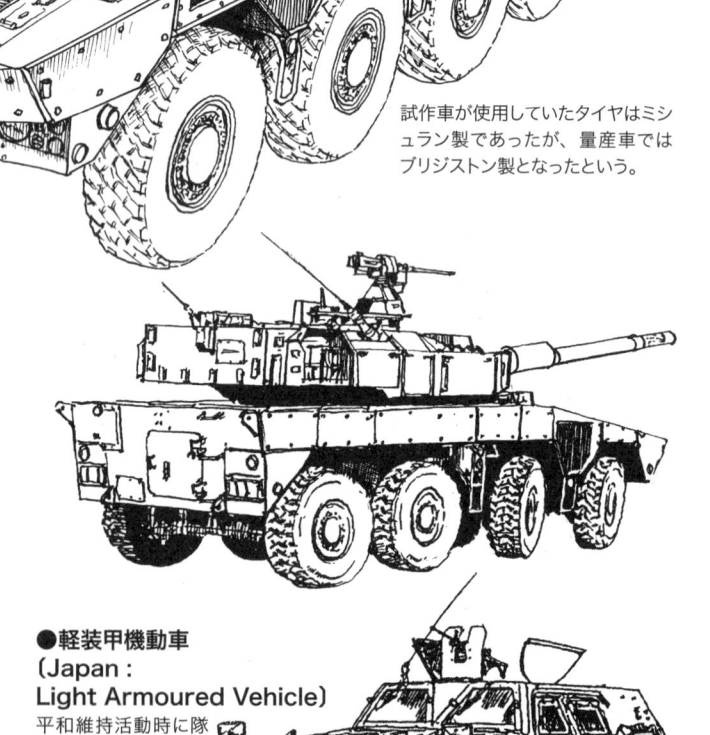

●軽装甲機動車
〔Japan：Light Armoured Vehicle〕
平和維持活動時に隊長車として使われたことで脚光を浴びた車両。C-1、C-130輸送機のほか、CH-47ヘリでも空輸可能なほど小型軽量だ。

■世界の105mm砲搭載装輪戦闘車 (Wheeled Armored Vehicles with 105 mm Gun of the World)

●チェンタウロ戦車駆逐車（イタリア）
(Italia : Tank destroyer "Centauro")
イタリアの細長い国土において自力で迅速に戦場に駆けつけるために開発された。
主武装：52口径105mm砲　重量25t　最高速105km/h　乗員4名

●センタウロACV（オマーン）
(Oman : Centauro 120mm Variant)
左のチェンタウロの主砲を45口径120mm滑腔砲に強化したタイプで、オマーン陸軍で使用されている。

※センタウロは英語読み

●パンデュールII（オーストリア）
(Austria : Wheeled Armored Car "Pandur II")
6輪のパンデュールIに続く装輪装甲車の派生型のひとつで、C-130での空輸が可能という。
主武装：53口径105mm砲
重量20t　最高速105km/h
乗員3名

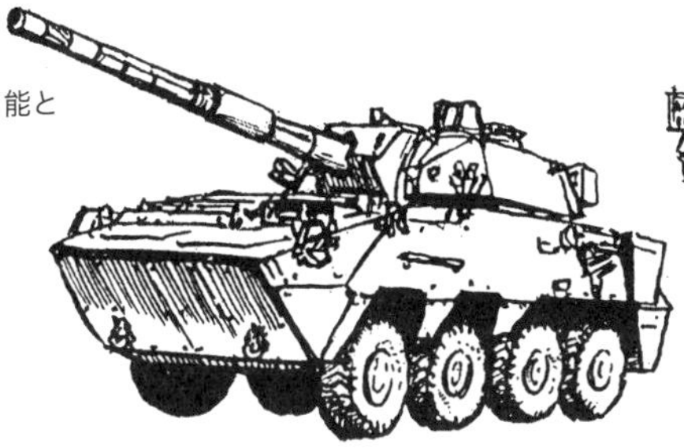

●ストライカーMGS（アメリカ）
(U.S.A. : Armored fighting vehicle "Stryker" MGS)
ストライカーは独自の旅団戦闘団構想によりさまざまな派生型が開発されている（詳細は次ページ参照）が、これはその中核をなす火力支援仕様。
主武装：52口径105mm砲
重量18.7t　最高速97km/h
乗員3名

●VN-1（中国）
(China : VN-1 Wheeled Armored Car)
中国の8輪装甲車の派生型のひとつだが詳細は不明な部分が多い。
主武装：105mm砲　重量24t
最高速100km/h　乗員4名

●ロイカット（南アフリカ）
(South Africa : Armored fighting vehicle "Rooikat")
フランスのライセンス生産から脱却した同国独自の装甲車で、当初は76mm砲を搭載していたが、105mm砲へ換装された。
主武装：52口径105mm砲
重量28t　最高速120km/h
乗員4名

●ベクストラTML（フランス）
(France : Wheeled Armored Car "Vextra")
左のAMX-10RCの後継車として開発された8輪装甲車に105mm砲G2を搭載したもの。
主武装：105mm砲　重量28t
最高速120km/h　乗員4名

●AMX-10RC（フランス）
(France : Wheeled Armored Car)
AMX-10P歩兵戦闘車と基本設計を同一にした偵察戦闘車で、対戦車任務を考慮して105mm砲F2を搭載していた。
主武装：48口径105mm砲　重量15.9t
最高速85km/h
乗員4名

●TH400（ドイツ）
(German : Wheeled Armored Car)
レオパルト1と同等の戦闘力を持つ装甲車。
主武装：51口径105mm砲
重量24.5t
最高速110km/h
乗員4名

●コマンドーLAV（アメリカ／タイ）
(U.S.A : Wheeled Armored Car "Commando")
アメリカで開発され、タイが偵察戦闘車として採用したもの。
主武装：51口径105mm砲　重量18.5t　最高速100km/h　乗員4名

ストライカー旅団

　アメリカ陸軍がフォース21構想により編成することになった装輪装甲車による旅団戦闘団が「ストライカー旅団」だ。これは機械化された緊急展開部隊で、指揮型、偵察型、火力支援型などからなり、輸送機で空輸されたのち、その機動力を活かした作戦を展開する。

Stryker Brigade
The U.S. Army organized "Stryker Brigade Combat Team" that consists of wheeled AFVs to implement Network-centric warfare doctrines. This is mechanized immediate reaction unit and consists with Strykers of command, reconnaissance or Mobil Gun System variants and so on, they will be deployed by transport aircraft and execute operations applying their mobility.

■ストライカーファミリー（Stryker Variants）

●M1126歩兵戦闘車／M1126ICV（M1126 Infantry Carrier Vehicle）
本来の歩兵輸送を任務とする、すべてのストライカーファミリーのベースとなるいちばんオーソドックスな型式。

●M1127偵察車／M1127RV（M1127 Reconnaissance Vehicle）
偵察や目標捕捉任務を目的とするRSTA大隊用の車両。

●M1128機動砲システム／M1128MGS（M1128 Mobile Gun System）
対戦車自走砲を搭載した火力支援型で、主砲の105mm砲は無人砲塔に搭載される（砲塔バスケットには車長と砲手が乗っているが）。

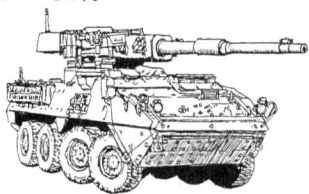

●M1129迫撃砲車／M1129MC（M1129 Mortar Carrier）
車内に迫撃砲座を設けたもので、120mm迫撃砲装備と81mm迫撃砲装備の2種類がある。

●スラットアーマー（Slat Armour）
対RPG用の格子状装甲で、車体から18インチ離して搭載することにより成形炸薬を無効化するもの。その形状からケージアーマー（Cage armor）とも呼ばれ、MBTにも導入されている例を見ることができる。イラクで使用されたストライカーには優先的に装備された。

●M1130指揮車／M1130CV（M1130 Command Vehicle）
指揮用車両で通信アンテナを多く装備しているのが特徴。

●M1131火力支援車／M1131FSV（M1131 Fire Support Vehicle）
直訳すると火力支援車となるが、内容は砲撃をサポートするための弾着観測車である。

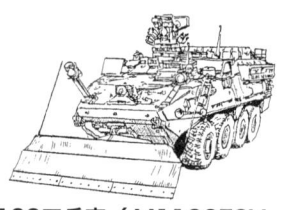

●M1132工兵車／M1132ESV（M1132 Engineer Squad Vehicle）
工兵中隊用の車両で、ドーザーなどを装備している。

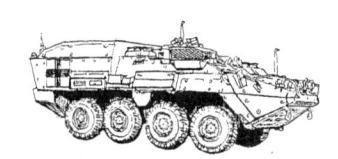

●M1133野戦救急車／M1133MEV（M1133 Medical Evacuation Vehicle）
後部兵員室を大型化して治療スペースを設けている。

●M1134対戦車ミサイル車／M1134 ATGM（M1134 Anti-Tank Guided Missile Vehicle）
連装のTOW対戦車ミサイル発射機を搭載したタイプで、対戦車小隊で使われている。

●M1135NBC偵察車／M1135NBC RV（M1135 Nuclear, Biological, Chemical, Reconnaissance Vehicle）
M1127偵察車と同じくNBC対策としてRATA大隊で使われている車両。

戦争と戦車
イラストでみる世界の戦車の発達と戦術

Wars and Tanks
The Development and Tactics of World Tanks in Illustrations

これまで8つの章に分けて世界各国の戦車やそれに準ずる装甲車両の発達についてみてきました。ここでは第1次大戦以降の各国の戦車の傾向と、それぞれの戦争における戦いざまについてを時代ごとに、少しユーモラスに紹介していきます。

We have surveyed the development of world tanks and other AFVs in eight chapters. In this chapter, we will introduce you the characteristics of world tanks since WWI and their history of battles by humorous illustrations chronogically.

第1次世界大戦の戦車

タンク初登場
膠着状態の塹壕戦の突破用に、イギリス軍が考案した新兵器「陸上艦」ランドシップの計画が「タンク」の誕生につながった。

●リトルウィリー
戦車としての初の実験車。戦車の"母"ともいえる。

●マークⅠ（イギリス）
記念すべき世界最初の実用戦車だ。

しょっちゅう故障するし、騒音と熱気で乗員は気も狂わんばかりだったという。

1916年9月15日、ソンム戦線にはじめて登場し、ドイツ軍をパニックに。

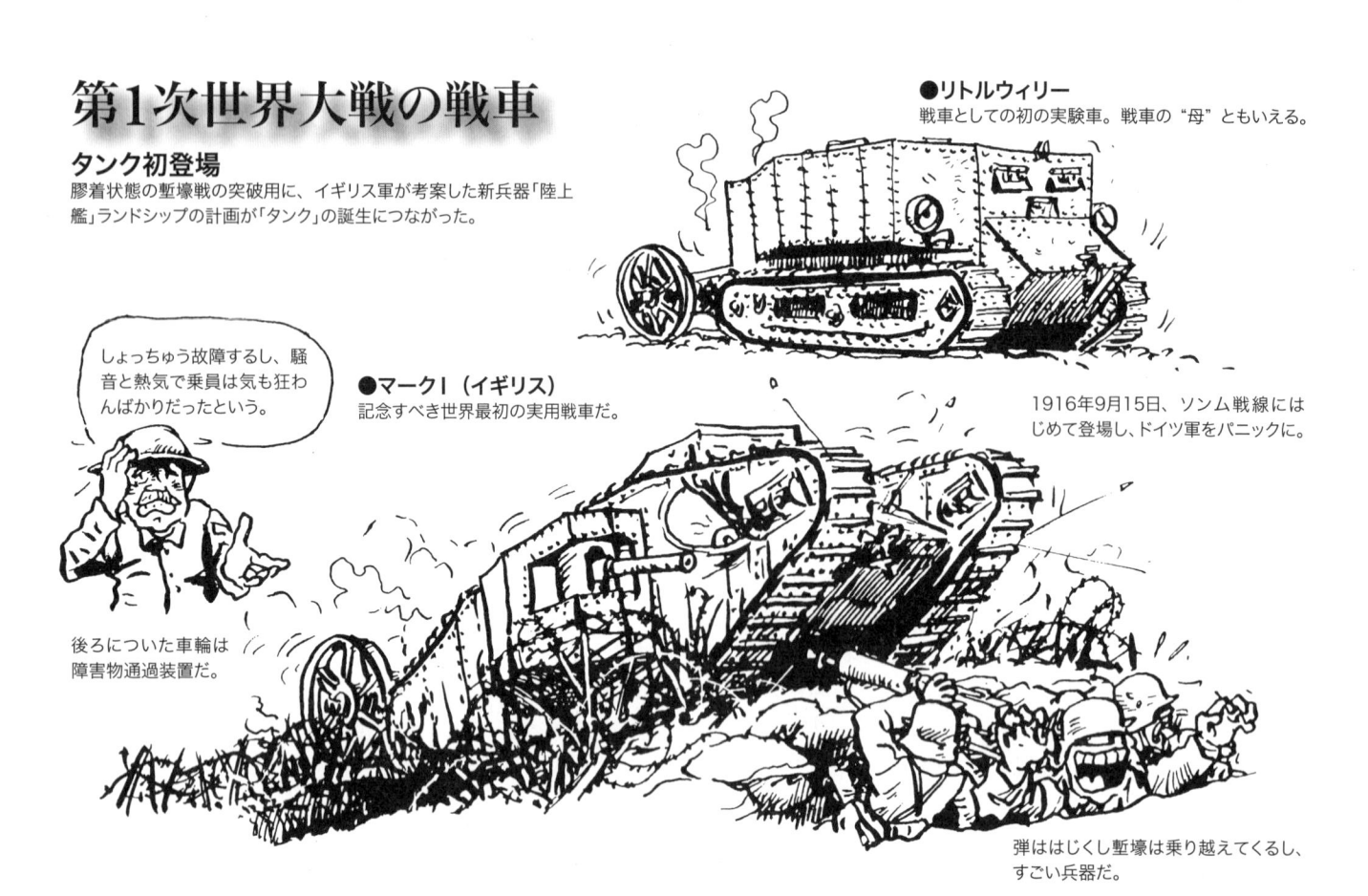

後ろについた車輪は障害物通過装置だ。

弾ははじくし塹壕は乗り越えてくるし、すごい兵器だ。

イギリスの菱形戦車には、オス型とメス型があった。オス型は大砲と機関銃、メス型は機関銃だけの装備で、チームを組んでの戦闘だ。

●マークⅣ オス型
装甲を強化し、大戦中の主力戦車となった。

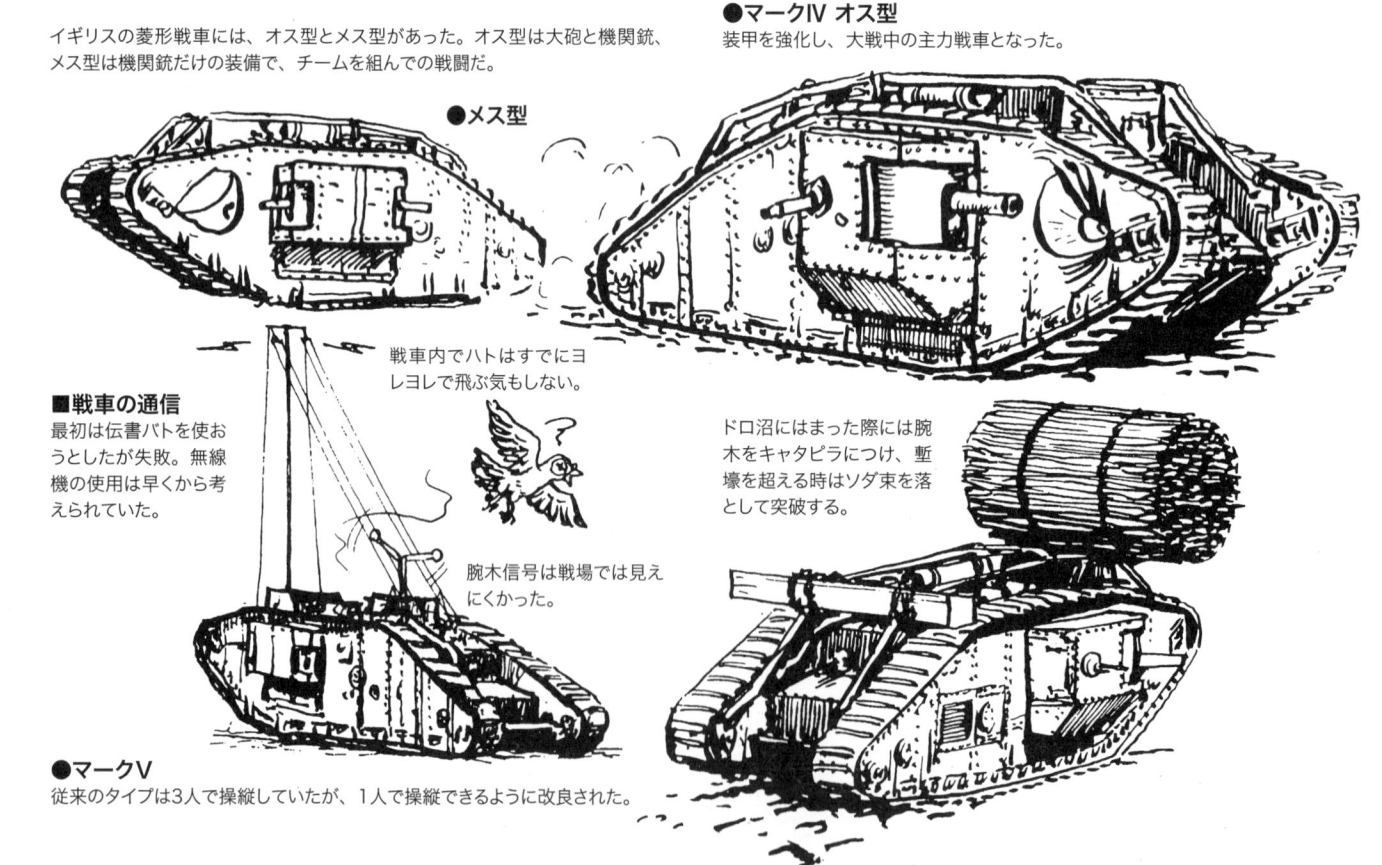

●メス型

■戦車の通信
最初は伝書バトを使おうとしたが失敗。無線機の使用は早くから考えられていた。

戦車内でハトはすでにヨレヨレで飛ぶ気もしない。

腕木信号は戦場では見えにくかった。

ドロ沼にはまった際には腕木をキャタピラにつけ、塹壕を超える時はソダ束を落として突破する。

●マークⅤ
従来のタイプは3人で操縦していたが、1人で操縦できるように改良された。

秘密を守るため「水槽(タンク)」と命名されたが、その後も「タンク」の呼び名が定着した。

●シュナイダー M16（フランス）

フランス最初の戦車。1917年4月に実戦参加したが、超壕性が悪くて大損害を受けた。

●サン・シャモン戦車（フランス）

両車とも失敗だった。

●A型中戦車ホイペット（イギリス）

軽量でスピードを重視して造られ、敵陣突破後の戦果拡大を狙った。

●ルノーFT軽戦車（フランス）

初めて全周旋回できる砲塔をつけた、小型で小回りのきく画期的な戦車だ。フランスの名誉を一気に挽回した。

■世界初の戦車戦
1918年4月24日に行なわれたイギリス戦車とドイツ戦車の戦闘。横に回って砲撃したマークⅣが勝利。

第1次世界大戦後も多くの国がこの戦車を装備した。車体が小さいので尾体というシッポをつけて超壕、超堤能力をアップさせている。

●A7V（ドイツ）
マークⅣの倍の装甲を持ち、大砲と6丁の機関銃を持つ重戦車。車体が大きすぎて操縦性に難あり。

戦車の登場に最初は驚いたが、ノロマな動きで、落ち着いて大砲で狙い撃てば恐くないのが分かった。

ルノーFTにほれこんだアメリカが自国で生産した。

●ルノー M1917（アメリカ）

大戦間の戦車

第1次世界大戦後は、スピードの遅い戦車は砲兵に簡単に撃破されてしまうから役に立たないといわれ、スピードが3〜4倍に速く、かつ長距離の行動ができる新型戦車が開発された。

戦車はイギリスのビッカース社のものが最高、というわけで各国に売り込んだ。

●ビッカースマークⅠ
これまでの菱形戦車のイメージを一新した快速制式戦車第一号。日本では毘式戦車と呼んだ。

●ビッカース6トン軽戦車
使いやすさから多くの国で採用された。

●ビッカースマークⅢ
砲塔に無線機を装備したり、新技術を盛り込んだコスト高となり少数配備にとどまった。

●ビッカースマークC

■日本戦車の登場
ビッカースマークCを参考に開発した国産車だ。

●89式中戦車

■多重砲塔式重戦車

●ビッカースインデペンデント重戦車（イギリス）
中央に47mm砲をつけた主砲塔、周囲に4つの機関銃塔を持つ。

●2C重戦車（フランス）
前後に砲塔を装備。

快速で敵弾に当たりにくくする発想とは別に、重装甲重装備の大型戦車も考えられた。

軍縮財政の折から、各国とも価格の安い小型戦車を多数装備しようということになった。

●カーデンロイドマークV型（イギリス）

カーデン大尉とロイド氏によって造られた火器運搬車で、各国に輸出されて豆戦車の原型となる。

◎豆戦車（タンケッティ）の流行

カーデンロイド型の1928年以降、豆戦車は世界的に広まった。

●T-27小型戦車（ソ連）

●TK-3小型戦車（ポーランド）

●スコダMU-4小型戦車（チェコスロバキア）

●ルノーUE型（フランス）

●94式軽装甲車（日本）

●L3/33軽戦車（イタリア）

◎クリスティー戦車

●M1931
T3型としてアメリカ軍が採用。

アメリカのウォルター・クリスティーは高速戦車の魅力に取りつかれ、すばらしい戦車を次々と発表した。

●M1919
クリスティーが自費で開発した第1号戦車。

●M1928

M1928は試験走行でキャタピラで68.5km、装輪で111.4kmの最高時速を出した。

クリスティー戦車は道路上を走る時はキャタピラをはずしてスピードを増す。

●M1932飛行戦車

●水陸両用自走砲

アメリカ軍はクリスティーのアイデアについていけず、この画期的な戦車は7両購入しただけに終わった。

「奇抜なアイデアを次々と出したのだが……」

285

第2次世界大戦（WWII—①）
西方電撃戦

■ドイツ軍戦車

1939年9月1日、ドイツ軍はポーランドに侵攻し、電撃戦でわずか1ヶ月で降伏させた。ドイツ機甲師団の華々しいデビューだった。第1に機動力、第2に火力、そして次に通信装置を、これがドイツ戦車のコンセプトだった。

● II号戦車
ポーランド戦では本車が主役だった。

● I号指揮戦車
ドイツ戦車隊の指揮官は前線で臨機応変の対応ができた。

● III号戦車
開戦当時の主力戦車。

● IV号戦車
75mm砲をもつ支援戦車として開発。

● 38(t)戦車
チェコスロバキアの優秀な軽戦車。

ドイツ戦車隊の片翼を担って働いた。

主力戦車たるIII号、IV号戦車の生産がそろわないうちに戦争となったが、戦術が敵を上回った。

チェコスロバキアは1939年3月にドイツに併合されている。tとはチェコの頭文字だ。

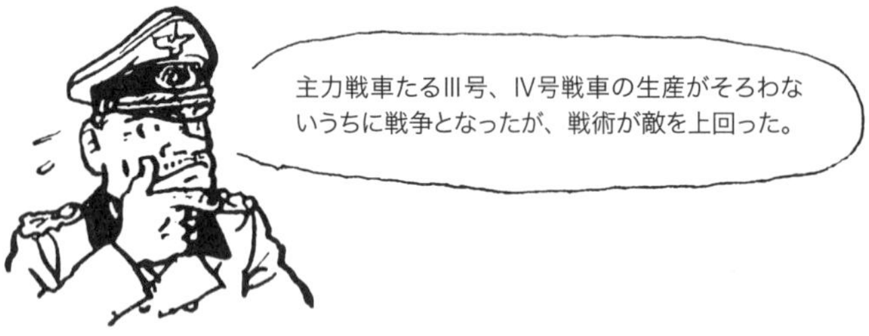

◎当時の各国の戦車

● 7TP（ポーランド）
ビッカース6トン戦車を基にした軽戦車。

● BT-7（ソ連）
クリスティー戦車をモデルに改良発展させた快速戦車。

■連合軍戦車

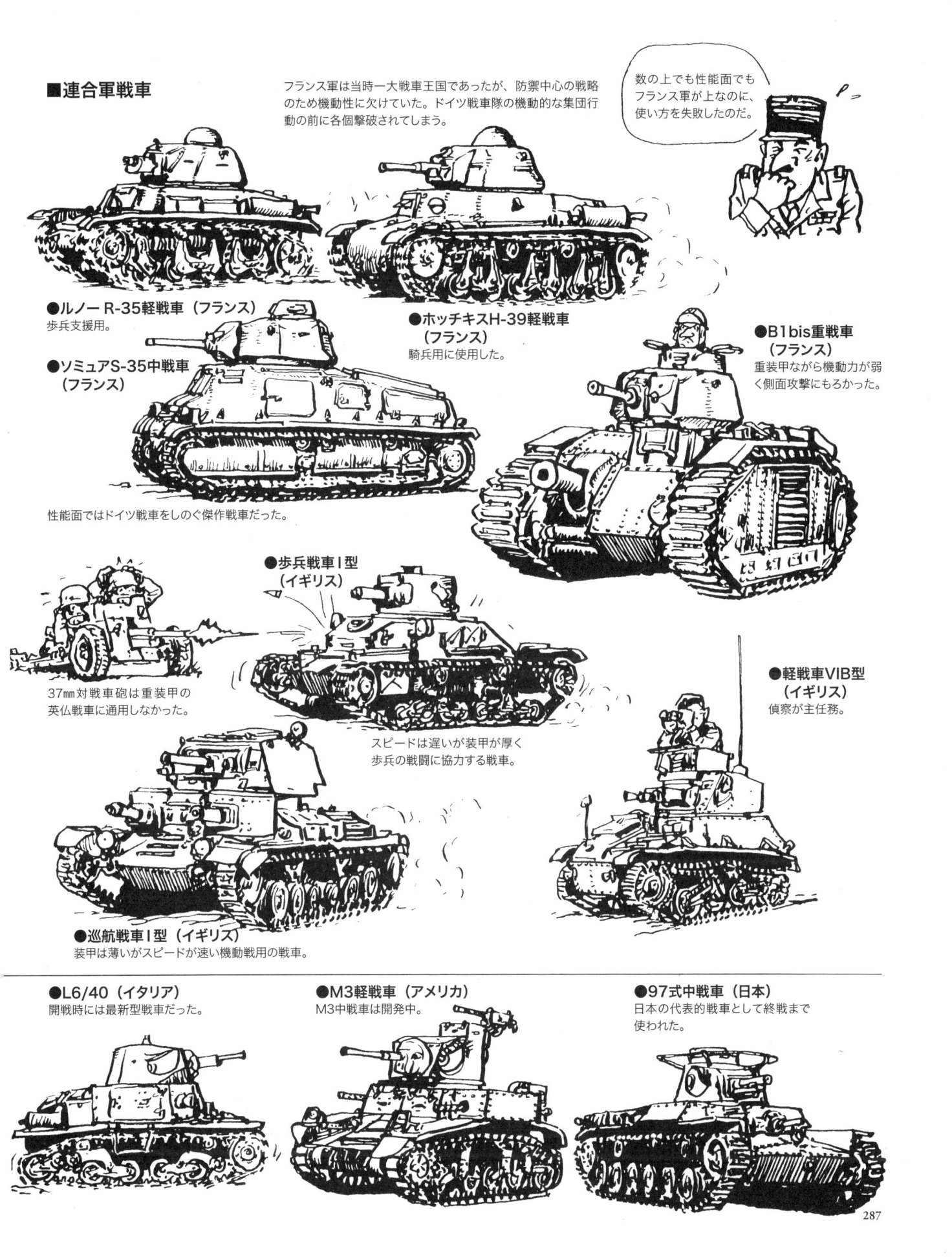

フランス軍は当時一大戦車王国であったが、防禦中心の戦略のため機動性に欠けていた。ドイツ戦車隊の機動的な集団行動の前に各個撃破されてしまう。

数の上でも性能面でもフランス軍が上なのに、使い方を失敗したのだ。

●ルノーR-35軽戦車（フランス）
歩兵支援用。

●ホッチキスH-39軽戦車（フランス）
騎兵用に使用した。

●ソミュアS-35中戦車（フランス）
性能面ではドイツ戦車をしのぐ傑作戦車だった。

●B1bis重戦車（フランス）
重装甲ながら機動力が弱く側面攻撃にもろかった。

37mm対戦車砲は重装甲の英仏戦車に通用しなかった。

●歩兵戦車I型（イギリス）
スピードは遅いが装甲が厚く歩兵の戦闘に協力する戦車。

●軽戦車VIB型（イギリス）
偵察が主任務。

●巡航戦車I型（イギリス）
装甲は薄いがスピードが速い機動戦用の戦車。

●L6/40（イタリア）
開戦時には最新型戦車だった。

●M3軽戦車（アメリカ）
M3中戦車は開発中。

●97式中戦車（日本）
日本の代表的戦車として終戦まで使われた。

WWII──②
アフリカ戦線
砂漠のキツネを追って

1940〜42年、北アフリカの砂漠を舞台にしたロンメルと英軍の戦車戦は、イタリア軍も巻き込んで押しつ押されつの大激戦だった。

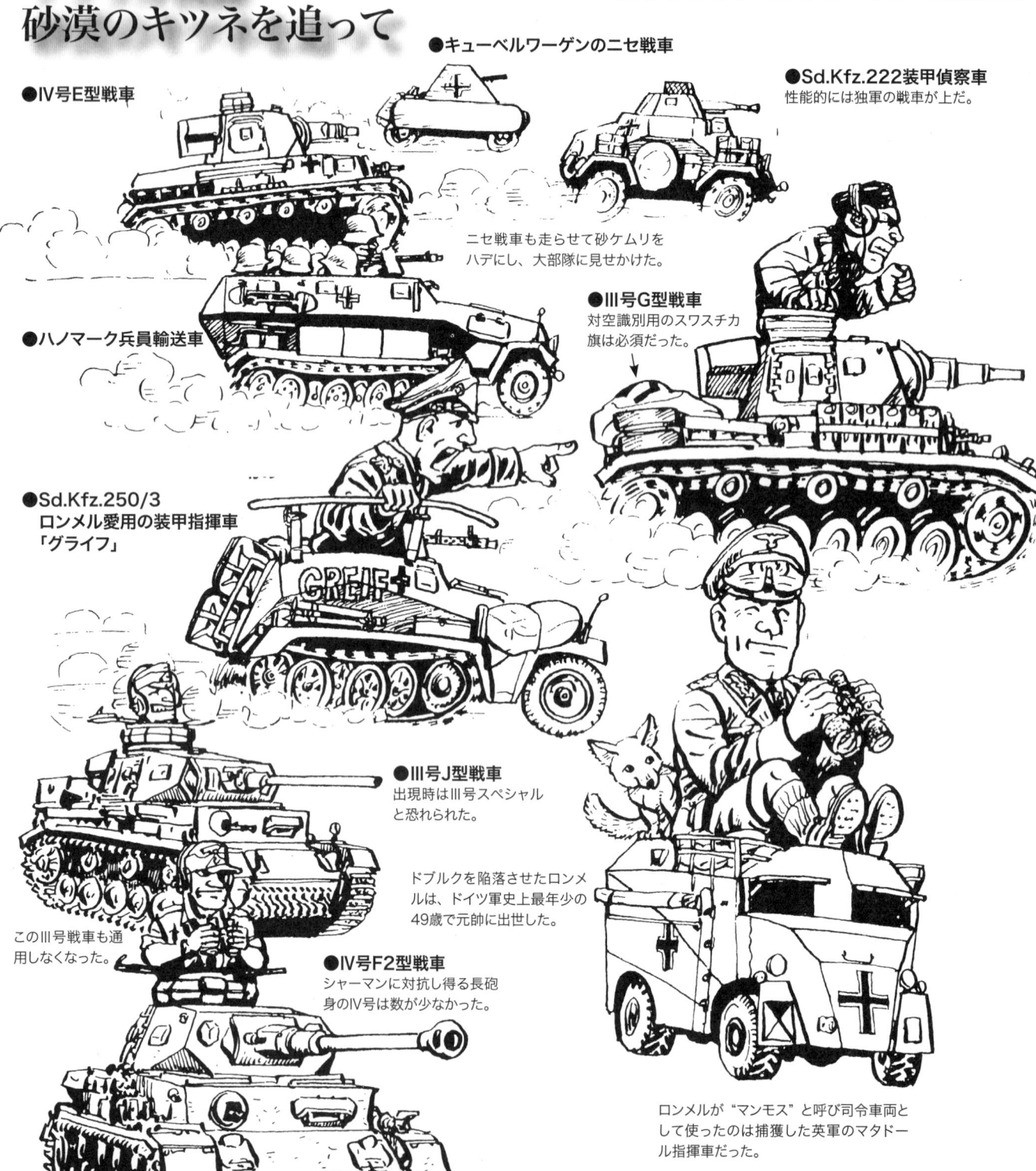

●IV号E型戦車

●キューベルワーゲンのニセ戦車

●Sd.Kfz.222装甲偵察車
性能的には独軍の戦車が上だ。

ニセ戦車も走らせて砂ケムリをハデにし、大部隊に見せかけた。

●ハノマーク兵員輸送車

●III号G型戦車
対空識別用のスワスチカ旗は必須だった。

●Sd.Kfz.250/3
ロンメル愛用の装甲指揮車「グライフ」

●III号J型戦車
出現時はIII号スペシャルと恐れられた。

この III 号戦車も通用しなくなった。

ドブルクを陥落させたロンメルは、ドイツ軍史上最年少の49歳で元帥に出世した。

●IV号F2型戦車
シャーマンに対抗し得る長砲身のIV号は数が少なかった。

ロンメルが"マンモス"と呼び司令車両として使ったのは捕獲した英軍のマタドール指揮車だった。

288

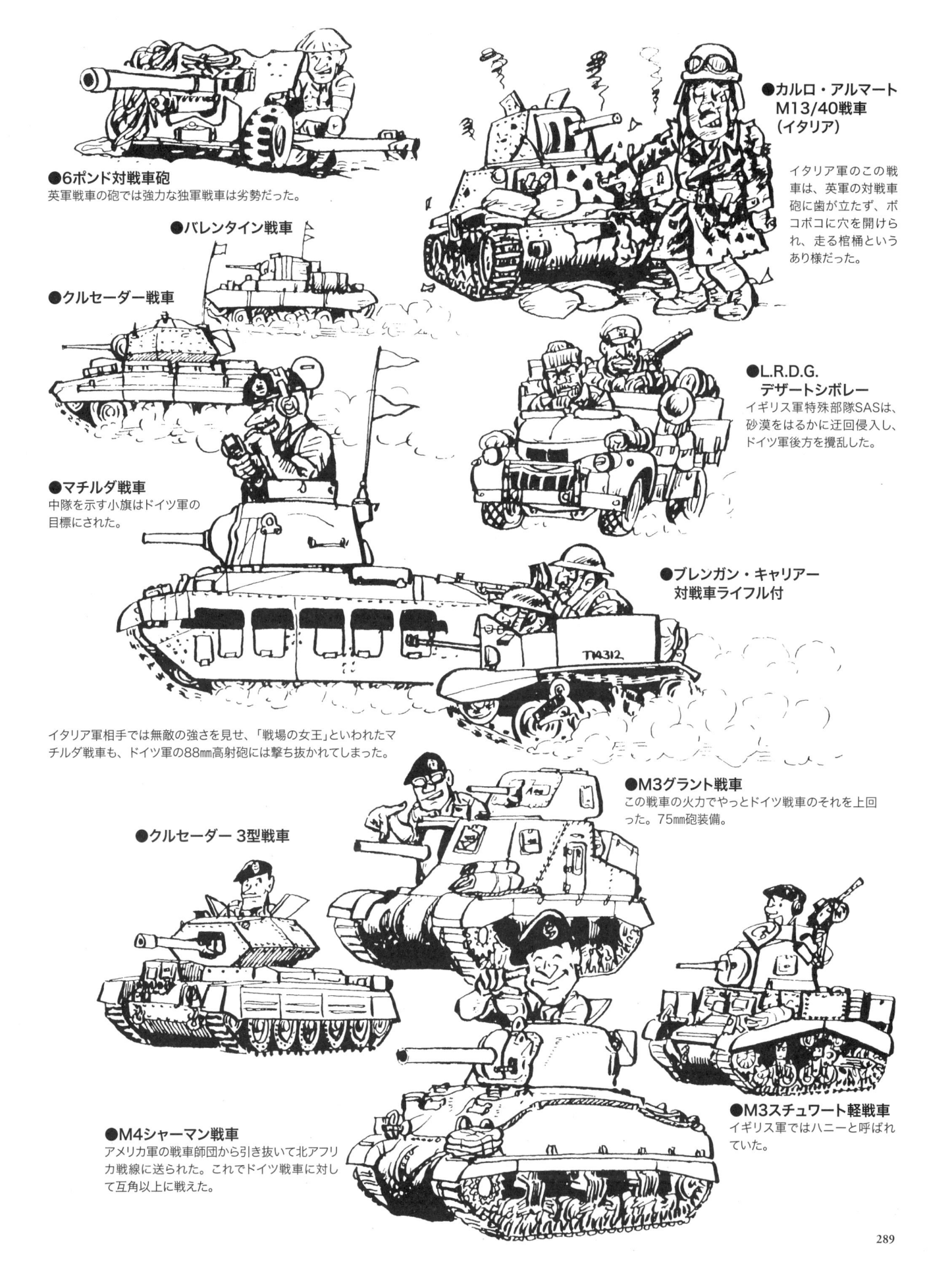

●6ポンド対戦車砲
英軍戦車の砲では強力な独軍戦車は劣勢だった。

●カルロ・アルマート
M13/40戦車
（イタリア）

イタリア軍のこの戦車は、英軍の対戦車砲に歯が立たず、ボコボコに穴を開けられ、走る棺桶というあり様だった。

●バレンタイン戦車

●クルセーダー戦車

●L.R.D.G.
デザートシボレー
イギリス軍特殊部隊SASは、砂漠をはるかに迂回侵入し、ドイツ軍後方を攪乱した。

●マチルダ戦車
中隊を示す小旗はドイツ軍の目標にされた。

●ブレンガン・キャリアー
対戦車ライフル付

イタリア軍相手では無敵の強さを見せ、「戦場の女王」といわれたマチルダ戦車も、ドイツ軍の88mm高射砲には撃ち抜かれてしまった。

●M3グラント戦車
この戦車の火力でやっとドイツ戦車のそれを上回った。75mm砲装備。

●クルセーダー3型戦車

●M4シャーマン戦車
アメリカ軍の戦車師団から引き抜いて北アフリカ戦線に送られた。これでドイツ戦車に対して互角以上に戦えた。

●M3スチュワート軽戦車
イギリス軍ではハニーと呼ばれていた。

WWII——③
バルバロッサ作戦 独ソ戦開始

ソ連に侵攻したドイツ軍の戦車3,200台。これに対してソ連の戦車24,000台。数の上ではソ連がはるかに上回っていた。しかし、この兵力差にもかかわらずポーランドの電撃侵攻の再演を狙った奇襲攻撃で、バルバロッサ作戦は調子に乗ってウクライナに侵入した。

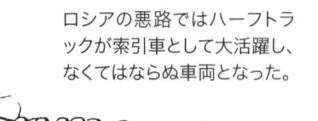

ロシアの悪路ではハーフトラックが索引車として大活躍し、なくてはならぬ車両となった。

ドイツ戦車部隊の縁の下の力持ちたる輸送トラック部隊。これなくしては近代戦は戦えない。

●ハノマーク兵員輸送戦車
逃げ遅れて後ろに回った敵兵が、後方部隊を襲撃するのを警戒する必要があった。

●Ⅱ号F型戦車
この2つの戦車は、ヒトラーが倍も作った戦車師団に戦車が足りずに引っ張りだされてきたわけだ。

●38(t)戦車

●Ⅲ号突撃砲
本来は歩兵の火力支援用だったが、次第に対戦車攻撃に使われるようになっていた。

■強力なソ連戦車の登場

●KV-1重戦車
37mmPAKは全く通用せず、かの88mm砲でも撃破は難しかった。

●T-34戦車
T-34は開戦時にはまだ1,000両しか配備されていなかったが、形も理想的で、装備も76mm砲を持ち、ドイツ軍のⅢ号、Ⅳ号戦車よりはるかに優秀だった。

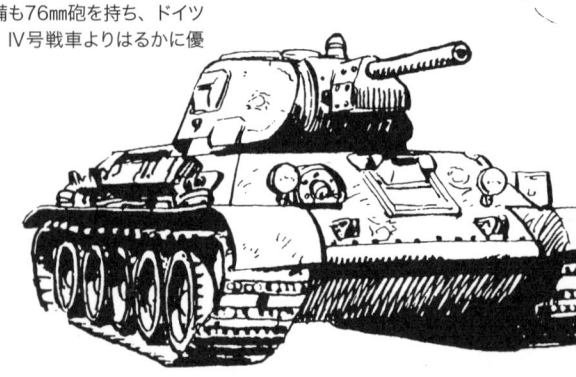

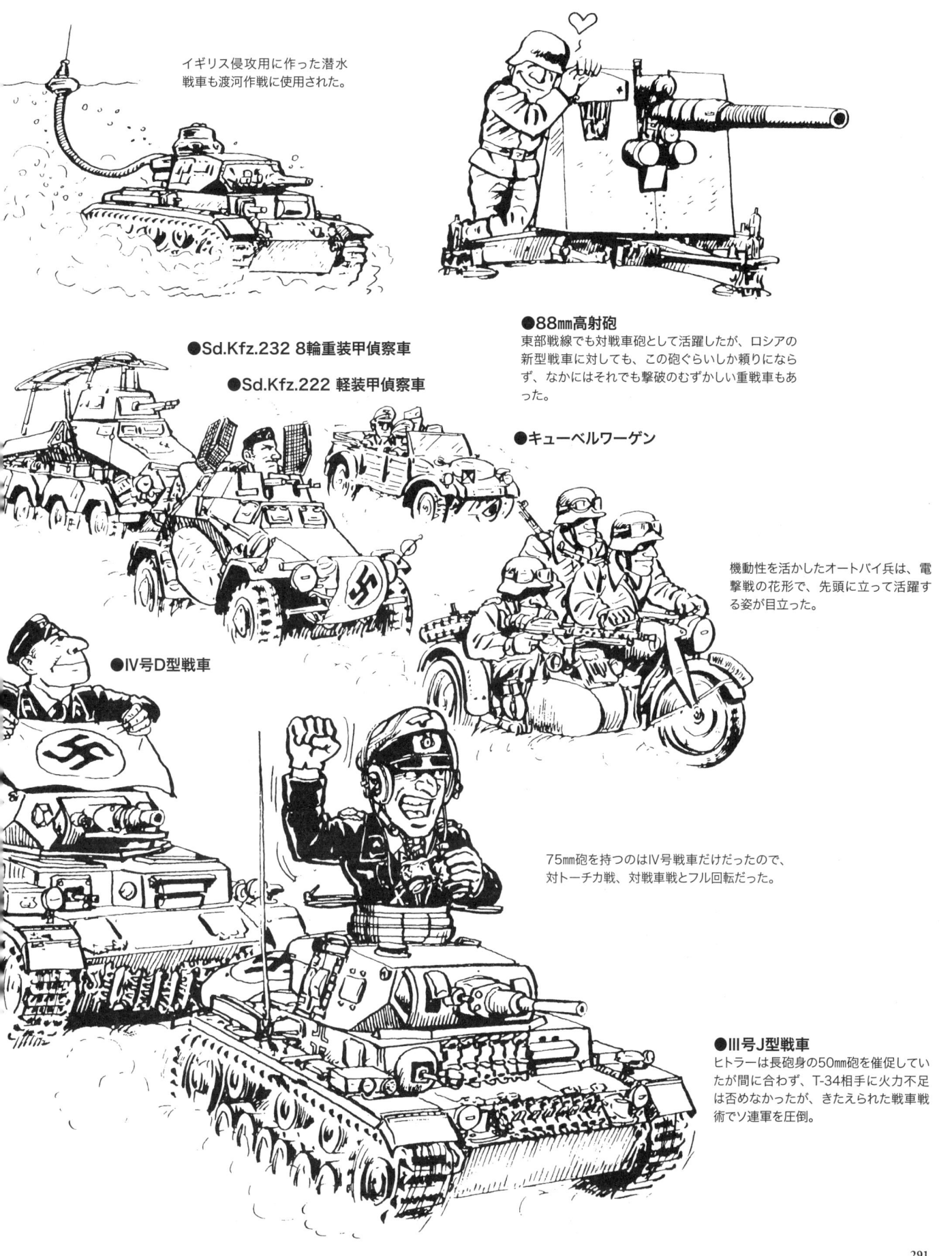

イギリス侵攻用に作った潜水戦車も渡河作戦に使用された。

●88mm高射砲
東部戦線でも対戦車砲として活躍したが、ロシアの新型戦車に対しても、この砲ぐらいしか頼りにならず、なかにはそれでも撃破のむずかしい重戦車もあった。

●Sd.Kfz.232 8輪重装甲偵察車
●Sd.Kfz.222 軽装甲偵察車

●キューベルワーゲン

機動性を活かしたオートバイ兵は、電撃戦の花形で、先頭に立って活躍する姿が目立った。

●Ⅳ号D型戦車

75mm砲を持つのはⅣ号戦車だけだったので、対トーチカ戦、対戦車戦とフル回転だった。

●Ⅲ号J型戦車
ヒトラーは長砲身の50mm砲を催促していたが間に合わず、T-34相手に火力不足は否めなかったが、きたえられた戦車戦術でソ連軍を圧倒。

WWII──④ クルスク戦車戦 最大の激闘

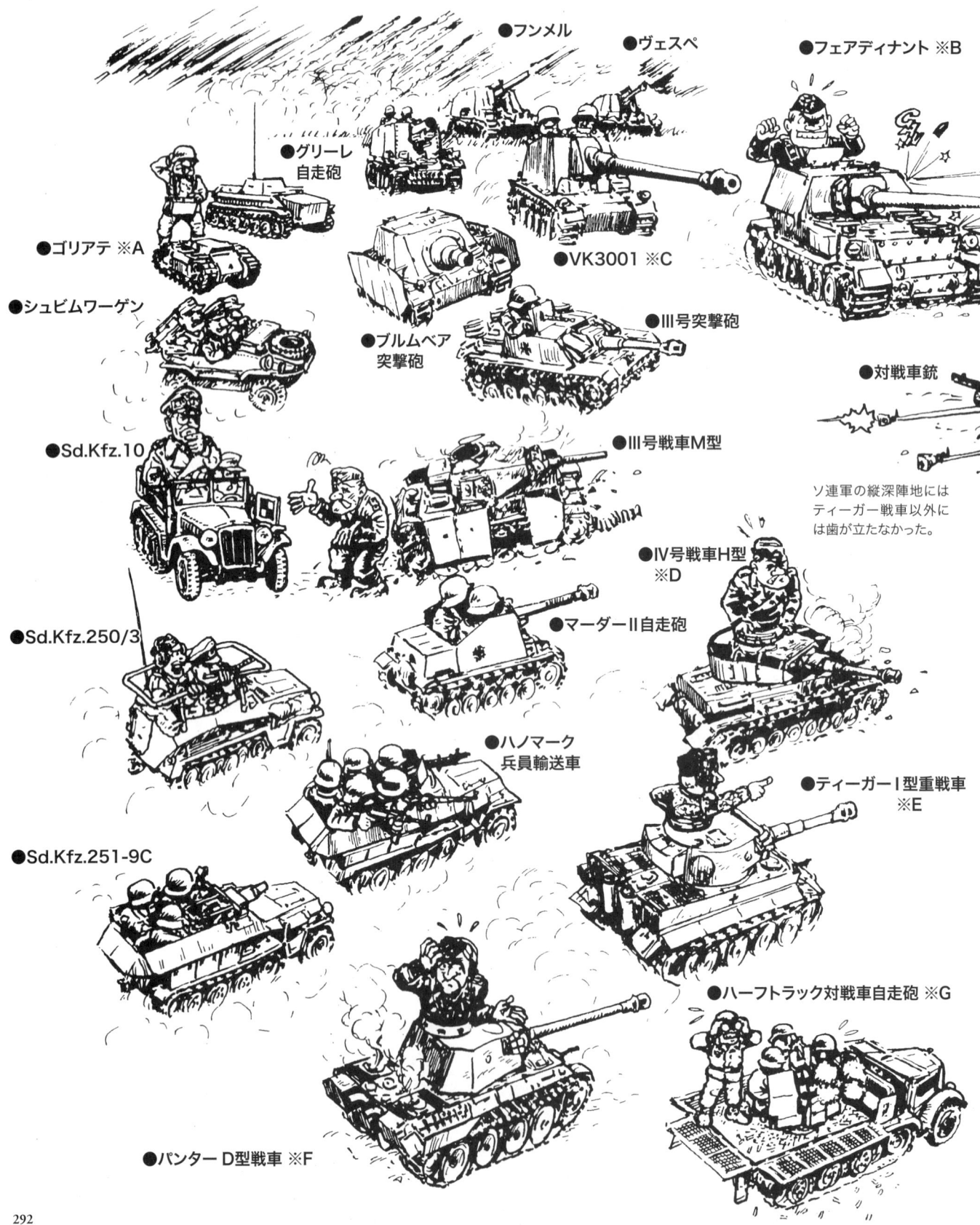

●フンメル
●ヴェスペ
●フェアディナント ※B
●グリーレ 自走砲
●ゴリアテ ※A
●VK3001 ※C
●シュビムワーゲン
●ブルムベア 突撃砲
●III号突撃砲
●対戦車銃
●Sd.Kfz.10
●III号戦車M型

ソ連軍の縦深陣地には
ティーガー戦車以外に
は歯が立たなかった。

●Sd.Kfz.250/3
●IV号戦車H型 ※D
●マーダーII自走砲
●ハノマーク 兵員輸送車
●ティーガーI型重戦車 ※E
●Sd.Kfz.251-9C
●ハーフトラック対戦車自走砲 ※G
●パンター D型戦車 ※F

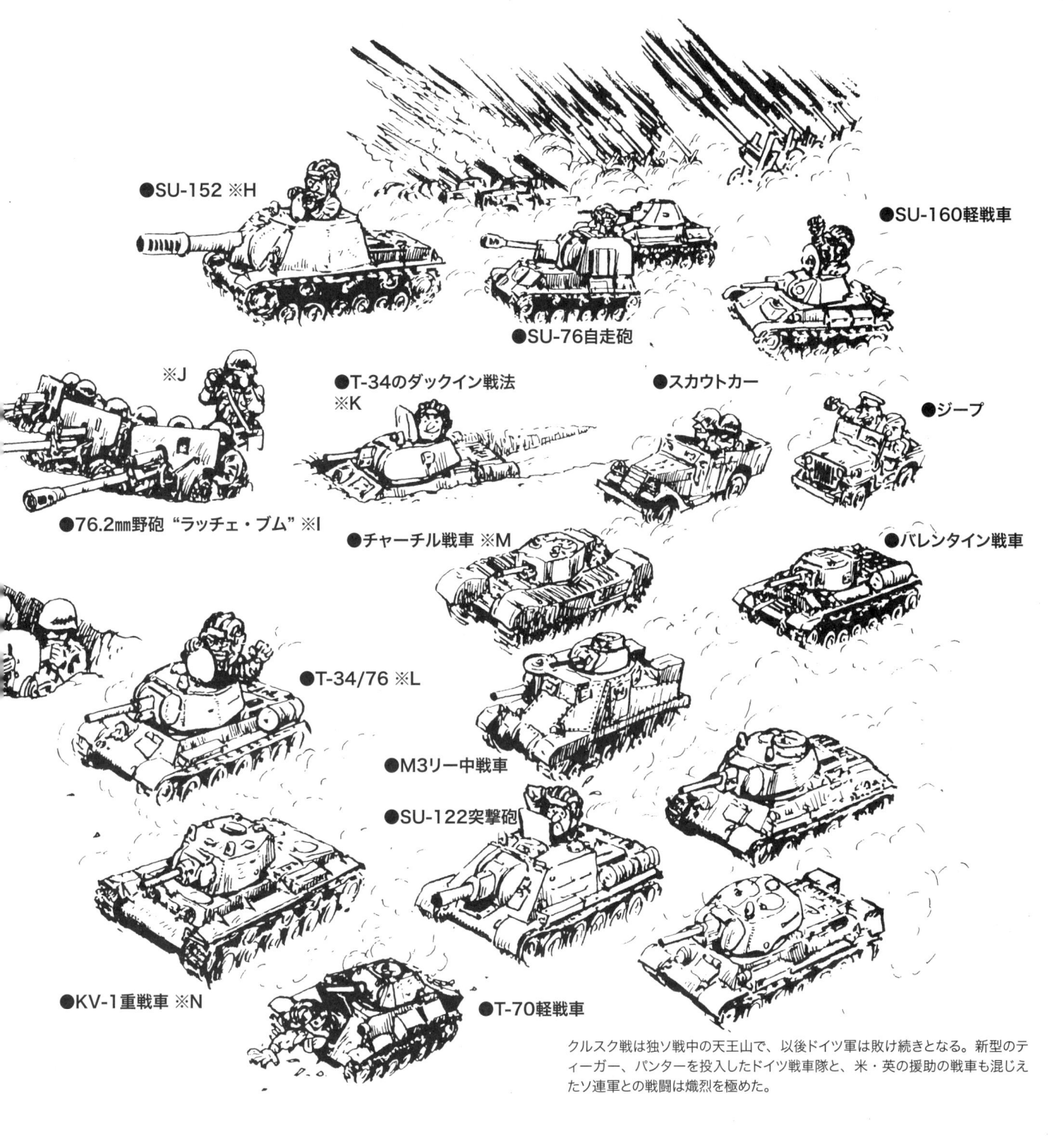

●SU-152 ※H
●SU-160軽戦車
●SU-76自走砲
※J
●T-34のダックイン戦法 ※K
●スカウトカー
●ジープ
●76.2mm野砲 "ラッチェ・ブム" ※I
●チャーチル戦車 ※M
▶バレンタイン戦車
●T-34/76 ※L
●M3リー中戦車
●SU-122突撃砲
●KV-1重戦車 ※N
●T-70軽戦車

クルスク戦は独ソ戦中の天王山で、以後ドイツ軍は敗け続きとなる。新型のティーガー、パンターを投入したドイツ戦車隊と、米・英の援助の戦車も混じえたソ連軍との戦闘は熾烈を極めた。

※A 地雷原やトーチカ用新兵器
※B 前面200mm、側面100mmの重装甲で敵陣を突破するが、キャタピラが弱点で、車載機銃も無く、近接攻撃で歩兵にやられてしまう。
※C 128mm砲を持った対戦車自走砲で、2両だけ造られた。T-34を22両撃破している。
※D 3号、4号の旧型戦車では強力なソ連軍には歯が立たず。
※E プロホロフカの戦闘では、SS軍団の出動していたティーガーはたった12両だという。
※F 新型戦車のパンターは、クルスク戦では機械故障が多発し、出撃できたのは半数くらい、さらに地雷原に踏み込んでロクな活躍はしなかった。
※G 空からのイリューシンの攻撃にも気を使わなければならなかった。
※H この152mm榴弾砲は正面からでもティーガーを撃破できるのでアニマルキラーとしてドイツ軍からマークされていた。
※I ソ軍の主力火砲で、III号やIV号戦車なら1,000m以上の距離で撃破可能だった。
※J ソ連軍の対戦車防禦戦法パックフロントは1人の指揮官が10門の対戦車砲を指揮し、1台の目標に砲火を集中する。
※K 砲台だけを出して射撃するので敵からは見つかりにくく、敵弾にも当たりにくい。
※L 接近戦では砲塔旋回のにぶいティーガーに対して、T-34が有利。
※M 米、英からの助っ人もかなり使われていた。
※N ソ連の機甲軍はT-34とKVに統一され作戦も上手くなった。

WWII——⑤
ノルマンディー上陸作戦
歴史を決した大作戦

連合軍はついにヨーロッパ大陸への大反攻作戦を開始した。1944年6月6日、兵員18万5千、戦車装甲車等2万両の攻撃第1波はノルマンディー海岸に殺到した。一方ドイツ軍は連合軍の上陸をカレー海岸と頭から決めこんで対応が遅れた。そのためロンメルの言った「最も長い1日」は連合軍の勝利に終わった。

▲アイゼンハワー将軍

Dデイを決めるのに大変苦慮した。天気予報の結果6月6日に決定したが、決心するまでが大変だった。

●シャーマンDD戦車
スクリーンを降ろして普通の戦車に。

●ベトン製砲台トーチカ
とうとう連合軍は来てしまった。

▲ロンメル元帥

上陸用吸排気ダクト装備のシャーマン。

海岸にあったトーチカ群は艦砲射撃と航空攻撃で全滅。

●ゴリアテリモコン戦車
出動はしたものの目標まで達したものは1両も無し。

●チャーチル自走ARKランプ

ロンメルのいない間に連合軍は上陸し、水際撃滅作戦は大失敗。

●地雷付

●戦車砲塔トーチカ

●ロンメルのアスパラガス

防禦力強化はオマハビーチだけだった。

大西洋要塞とは名ばかりで装備は2流品だ。

干潮時に上陸した連合軍には、これらは盾になった。

資財不足でノルマンディー地区は防禦が遅れていた。

大型砲台はカレー方面にあり、ノルマンディーには無かった。

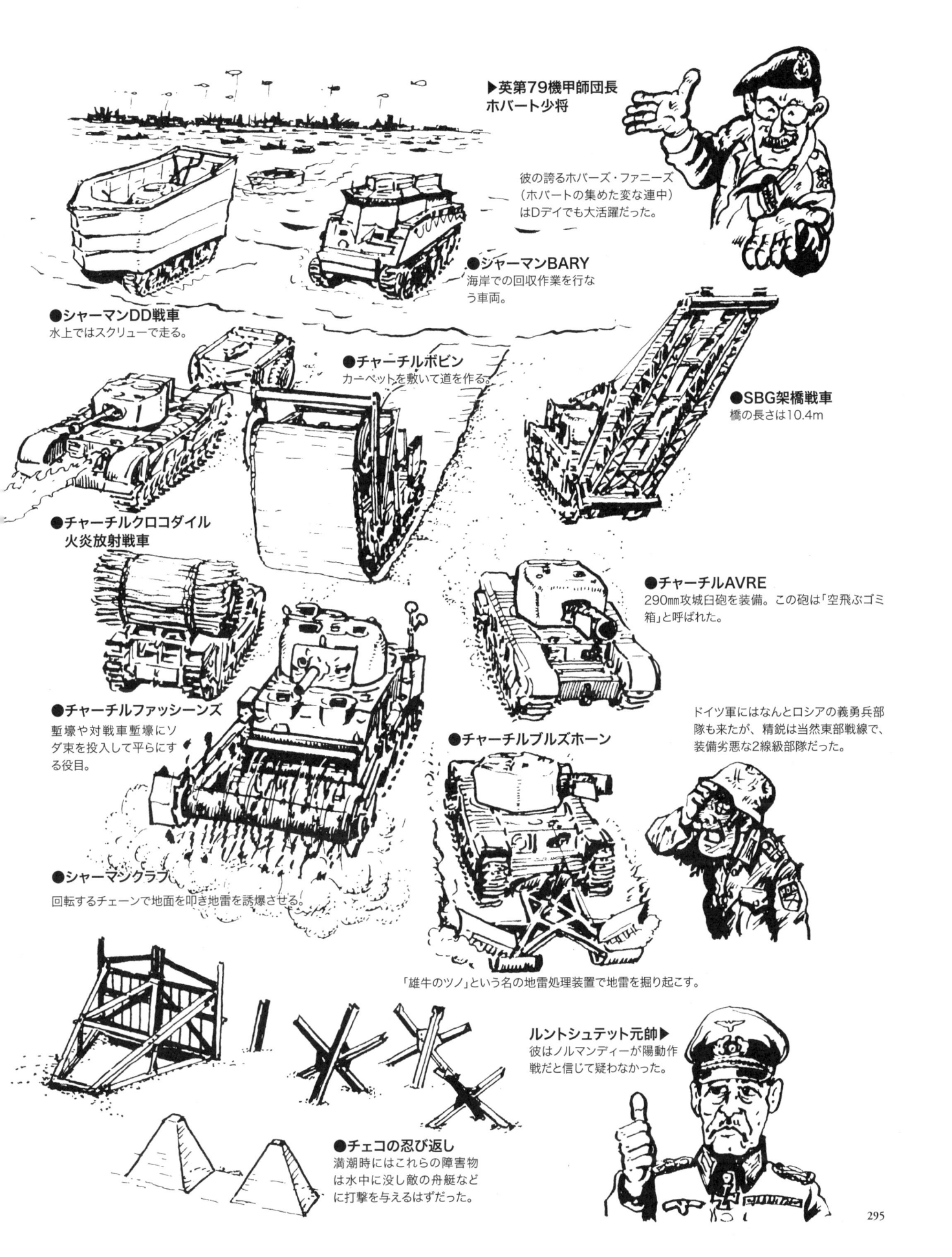

▶英第79機甲師団長
ホバート少将

彼の誇るホバーズ・ファニーズ（ホバートの集めた変な連中）はDデイでも大活躍だった。

●シャーマンBARY
海岸での回収作業を行なう車両。

●シャーマンDD戦車
水上ではスクリューで走る。

●チャーチルボビン
カーペットを敷いて道を作る。

●SBG架橋戦車
橋の長さは10.4m

●チャーチルクロコダイル
火炎放射戦車

●チャーチルAVRE
290mm攻城臼砲を装備。この砲は「空飛ぶゴミ箱」と呼ばれた。

●チャーチルファッシーンズ
塹壕や対戦車塹壕にソダ束を投入して平らにする役目。

●チャーチルブルズホーン

ドイツ軍にはなんとロシアの義勇兵部隊も来たが、精鋭は当然東部戦線で、装備劣悪な2線級部隊だった。

●シャーマンクラブ
回転するチェーンで地面を叩き地雷を誘爆させる。

「雄牛のツノ」という名の地雷処理装置で地雷を掘り起こす。

ルントシュテット元帥▶
彼はノルマンディーが陽動作戦だと信じて疑わなかった。

●チェコの忍び返し
満潮時にはこれらの障害物は水中に没し敵の舟艇などに打撃を与えるはずだった。

WWII──⑥ ヨーロッパ戦線
ドイツ軍重戦車に連合軍戦車隊苦戦す

制空権を握った連合軍は圧倒的な物量でドイツ軍を押しまくった。

●M7プリースト自走砲
ちょうど説教台のような形なので、プリースト(牧師)といわれた。

●チャーチル戦車

●シャーマン戦車
連合軍の主力戦車。

●シャーマンファイアフライ
ドイツ戦車と正面から射ち合える唯一の連合軍戦車。強力な17ポンド砲。

●ブレンガンキャリア

●M3ハーフトラック

●クロムウエル戦車
スピードに重点をおいた戦車でドイツ戦車にはかなわない。

●M16スカイクリーナー

●M5A1軽戦車

●ジープウィリスMB
ドイツ軍の首切りピアノ線が仕掛けられたりしているので、車の前にワイヤーカッターを装備する。

●M10襲撃砲戦車

ノルマンディー地方はボカージュといわれる生垣がびっしりとあり、連合軍の攻撃の障害になった。

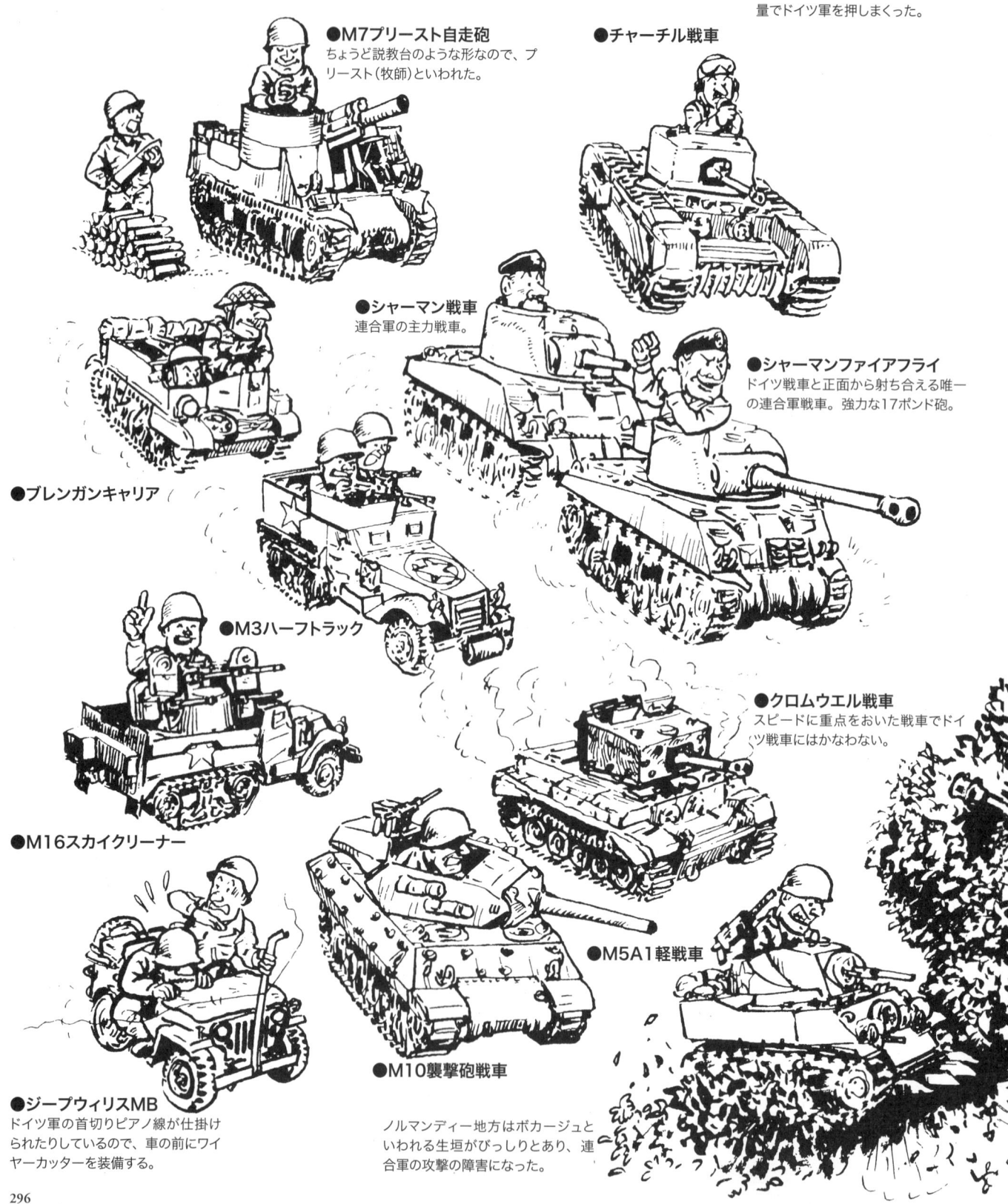

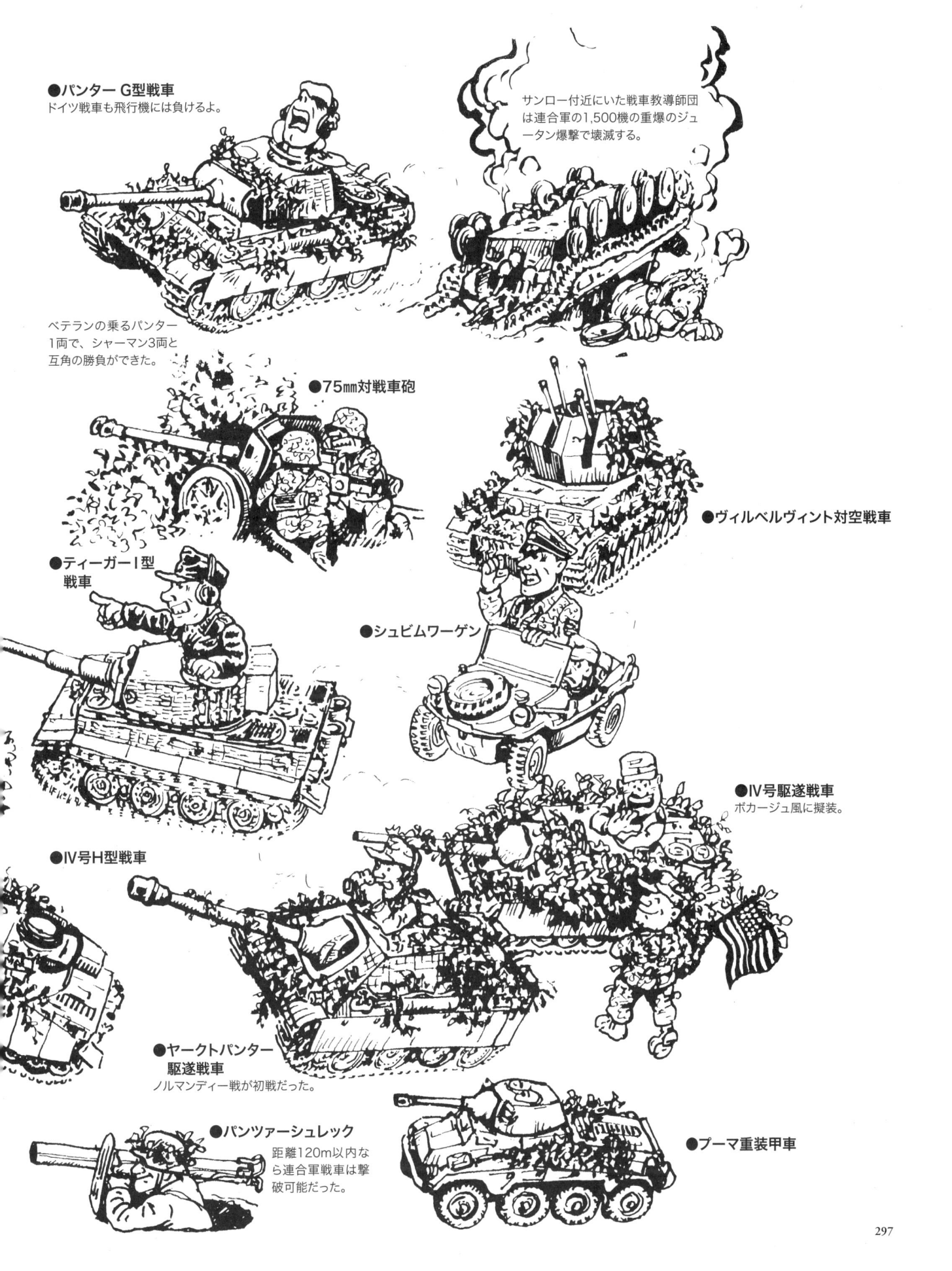

●パンター G型戦車
ドイツ戦車も飛行機には負けるよ。

サンロー付近にいた戦車教導師団は連合軍の1,500機の重爆のジュータン爆撃で壊滅する。

ベテランの乗るパンター1両で、シャーマン3両と互角の勝負ができた。

●75㎜対戦車砲

●ヴィルベルヴィント対空戦車

●ティーガーⅠ型戦車

●シュビムワーゲン

●Ⅳ号駆逐戦車
ボカージュ風に擬装。

●Ⅳ号H型戦車

●ヤークトパンター駆逐戦車
ノルマンディー戦が初戦だった。

●パンツァーシュレック
距離120m以内なら連合軍戦車は撃破可能だった。

●プーマ重装甲車

297

WWII—⑦ ライバル比較　連合軍戦車vsドイツ軍戦車

1941年

■ドイツ戦車

● Ⅲ号J型

性能的には勝負にならなかったが、ソ連兵の腕の悪さに助けられた。

短砲身50mm砲

T-34の装甲の優秀さに37mm対戦車砲は全部はね返され、3号の50mm砲は20mの距離でも貫通しなかったほどだ。

■T-34

長砲身76.2mm砲

敵弾をはね返す傾斜した装甲板

▼KV-Iとコンビで活躍

● T-34/76 1941年型

車長が砲手も兼ねるので戦闘力がやや落ちる。低いシルエットに4人乗り、軽合金のディーゼルエンジンで速度50km/h、航続距離448km
※3号はそれぞれ40km、178km。

幅の広いキャタピラでドイツ戦車の走れない軟弱路面も平気で走れた。

火力では互角となったが装甲は薄く、走行性能もまだまだT-34に劣った。

● Ⅳ号F2型

とりあえず戦車砲だけはT-34とわたり合える。

長砲身75mm砲 距離1,000mでT-34と射ちあえる。

1942年

● T-34/76 1943年型

砲塔を六面体にして、撃破されにくくなった。

1943年

● パンター A型

T-34に対抗してドイツ技術陣が苦心の末、完成させた。
T-34に火力で勝り防禦力で同等、機動性でやや劣る。

長大な75mm砲

威力は強力で2,000mの距離で106mmの装甲板を貫通。

こちらも85mm砲に

● T-34/85

ティーガー、パンター用に開発。装甲もさらに厚く、乗員も砲手が増えて5名となるが、行動はほとんど落ちていない。

パンターとティーガーがわずかに優勢だったが、大量に戦場に出てきたT-34/85に、最後には押しきられてしまった。

■イギリス・アメリカ戦車　　1944年　　■ドイツ戦車

●M4シャーマン
質より量を採ったアメリカは本車を大量生産。

ドイツのIV号戦車とは互角でも、パンターには歯が立たなかった。

●パンター G型
主砲の威力にも差があるが、東部戦線で鍛えられた乗員の差も大きかった。

同じ75mm砲ながら威力の方は大違いだった。

イギリスにも供与され、その実用性の良さで連合軍の主力戦車となっていった。

量では連合軍戦車が大差をつけたが、質ではドイツ戦車が常に上だった。

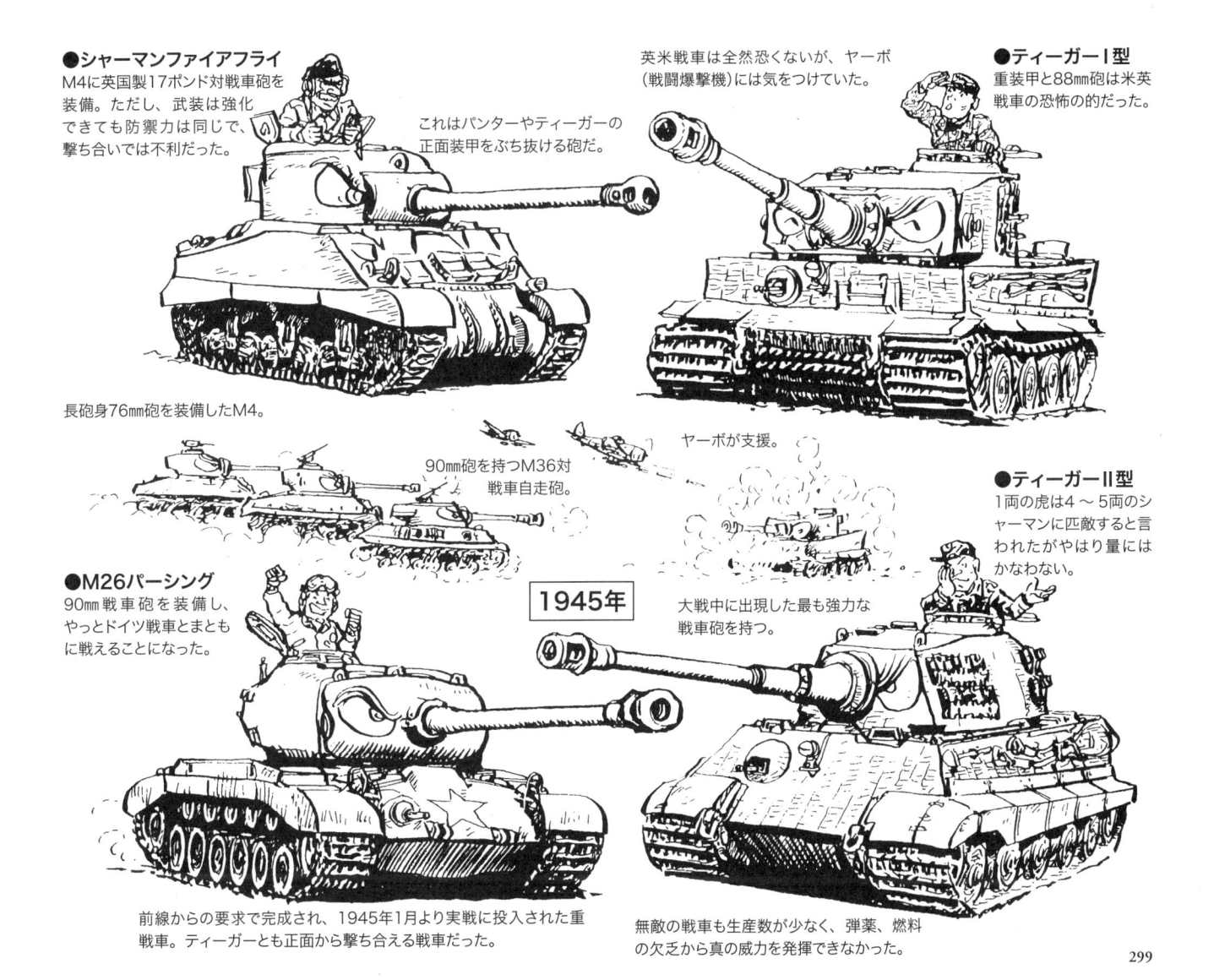

●シャーマンファイアフライ
M4に英国製17ポンド対戦車砲を装備。ただし、武装は強化できても防禦力は同じで、撃ち合いでは不利だった。

これはパンターやティーガーの正面装甲をぶち抜ける砲だ。

英米戦車は全然恐くないが、ヤーボ（戦闘爆撃機）には気をつけていた。

●ティーガー I型
重装甲と88mm砲は米英戦車の恐怖の的だった。

長砲身76mm砲を装備したM4。

90mm砲を持つM36対戦車自走砲。

ヤーボが支援。

●ティーガー II型
1両の虎は4〜5両のシャーマンに匹敵すると言われたがやはり量にはかなわない。

●M26パーシング
90mm戦車砲を装備し、やっとドイツ戦車とまともに戦えることになった。

1945年

大戦中に出現した最も強力な戦車砲を持つ。

前線からの要求で完成され、1945年1月より実戦に投入された重戦車。ティーガーとも正面から撃ち合える戦車だった。

無敵の戦車も生産数が少なく、弾薬、燃料の欠乏から真の威力を発揮できなかった。

WWII——⑧
太平洋戦線の戦車達

日本軍はノモンハン事件の教訓を生かせず、対戦車戦闘をあまり重視していなかった。

○中国戦線では無敵
常に歩兵部隊の戦闘で奮戦、戦車の威力を発揮した。

●97式軽装甲車

●89式中戦車

○マレー半島の快進撃
世界に先がけて開発採用した空冷ディーゼルエンジンは最大の特徴だった。

機動性能の優秀さを証明

マレー戦線には敵戦車はいなかった。

●97式中戦車改（新砲塔チハ）
97式中戦車の57mm砲塔を新設計の47mm砲に換装した。口径は小さくなったが、長砲身で対戦車用に貫通力が増している。

しかし、長砲身の47mm砲もM4中戦車には歯が立たなかった。

●1式7センチ半自走砲（ホニ1）
97式中戦車の車体に90式野砲改を搭載。対戦車戦闘も可能だ。

●3式中戦車（チト）
野砲を改良した75mm砲を搭載。本土決戦用の主力戦車だったが、結局その活躍の場は無かった。

●4式中戦車（チト）
対戦車戦闘を目的に設計された日本軍の最強力戦車。時すでに遅く資材不足で量産できなかった。主砲の75mm砲は高射砲を改修したもので威力は充分、この戦車でやっとM4中戦車と互角に戦えるはずだった。

■軽戦車

同じ軽戦車でも、M3の方が装甲も厚く、同口径の37㎜砲も威力が上だった。

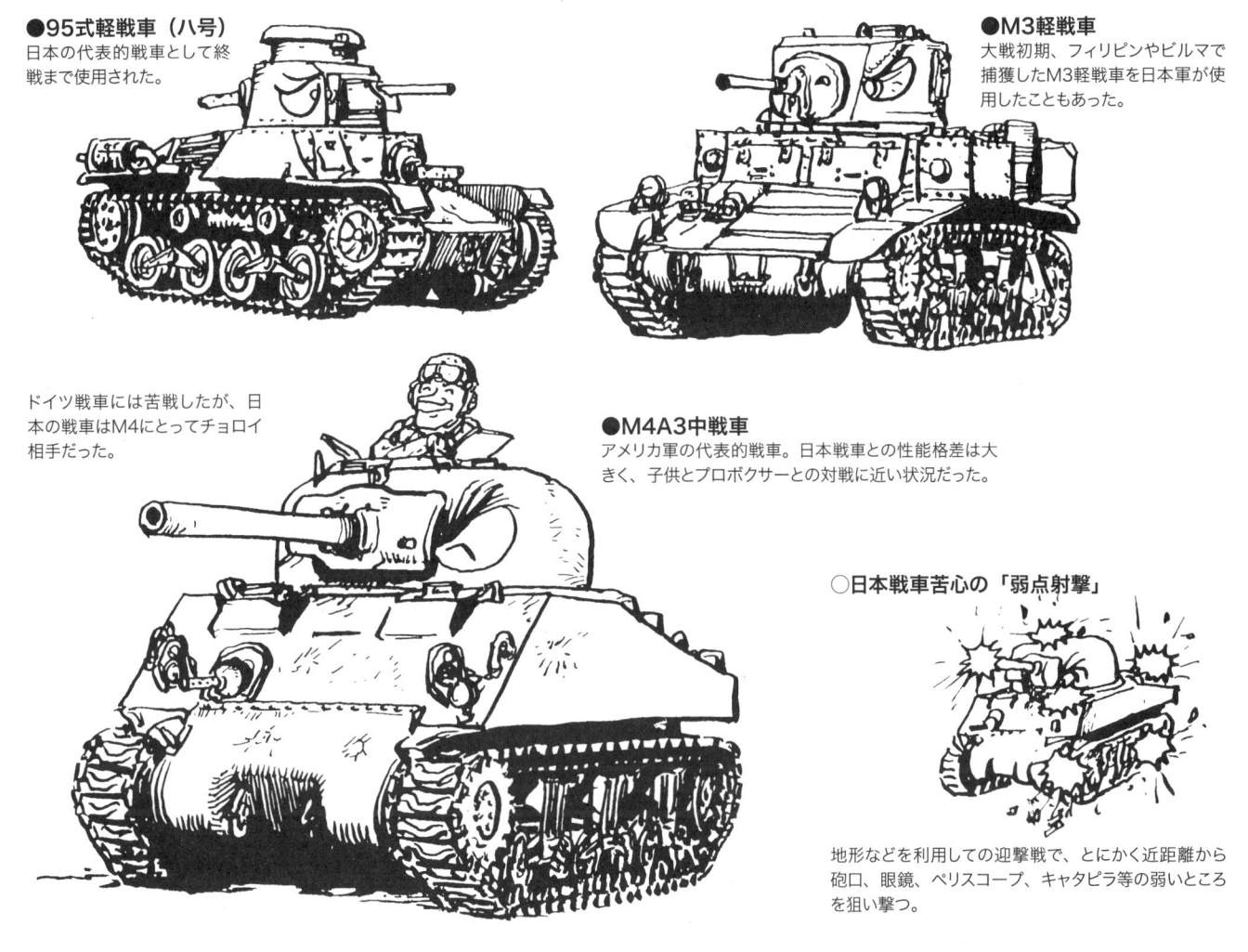

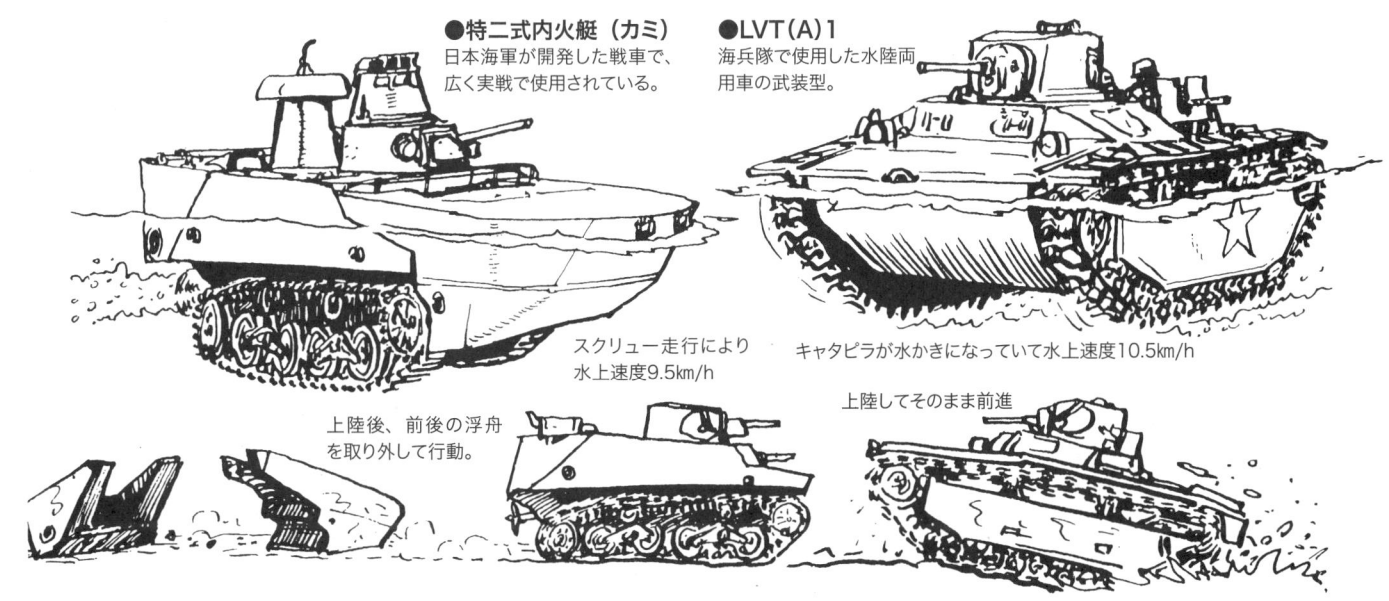

●95式軽戦車（ハ号）
日本の代表的戦車として終戦まで使用された。

●M3軽戦車
大戦初期、フィリピンやビルマで捕獲したM3軽戦車を日本軍が使用したこともあった。

ドイツ戦車には苦戦したが、日本の戦車はM4にとってチョロイ相手だった。

●M4A3中戦車
アメリカ軍の代表的戦車。日本戦車との性能格差は大きく、子供とプロボクサーとの対戦に近い状況だった。

○日本戦車苦心の「弱点射撃」

地形などを利用しての迎撃戦で、とにかく近距離から砲口、眼鏡、ペリスコープ、キャタピラ等の弱いところを狙い撃つ。

■水陸両用車
太平洋戦線では両軍とも上陸作戦用の戦車が開発されている。

●特二式内火艇（カミ）
日本海軍が開発した戦車で、広く実戦で使用されている。

●LVT（A）1
海兵隊で使用した水陸両用車の武装型。

スクリュー走行により水上速度9.5km/h

キャタピラが水かきになっていて水上速度10.5km/h

上陸後、前後の浮舟を取り外して行動。

上陸してそのまま前進

WWII—⑨ 大戦中の戦車No.1

生産数No.1

●M4中戦車シャーマン（アメリカ）
総生産数約5万両（このうちイギリスへ17,181両、ソ連へ4,065両を貸与）。

頑丈で信頼性があった。

このシャーマン戦車だけでも、ドイツが大戦中に生産した総戦車台数よりも多い。

攻・守・走バランスNo.1

●T-34/85（ソ連）
生産総数約4万両で第2位、戦後もリフォームされて使われた。

武装数No.1

●M3中戦車リー（アメリカ）
75mm砲1
37mm砲1
機関銃4

多砲塔以外では一番銃器を積んだ。

多砲塔No.1

●T-35重戦車（ソ連）
76.2mm砲1
45mm砲1
機関銃5
重量45t
独ソ戦初期にやられてしまった。

つめこみNo.1

●2C重戦車（フランス）
第1次世界大戦中に開発された戦車で乗員13名、うち5名が運転担当。重さが70tもあった。全部で10両作られたが、戦場に着く前の鉄道輸送中に壊滅。

実録タフさNo.1

●ティーガーI型（ドイツ）
〔大戦中のエピソード〕
6時間の戦闘で227発の対戦車銃弾、14発の52mm弾、11発の76.2mm弾をくらっても貫通なし、おまけに地雷を3発踏んでも60km自走できたティーガーI型がある。

KV-1では88mm砲弾が7発当たって貫通は2発、50mm弾ははね返し、1台で第6機甲師団の前進を2日間ストップさせた。

●KV-1（ソ連）

スピードNo.1

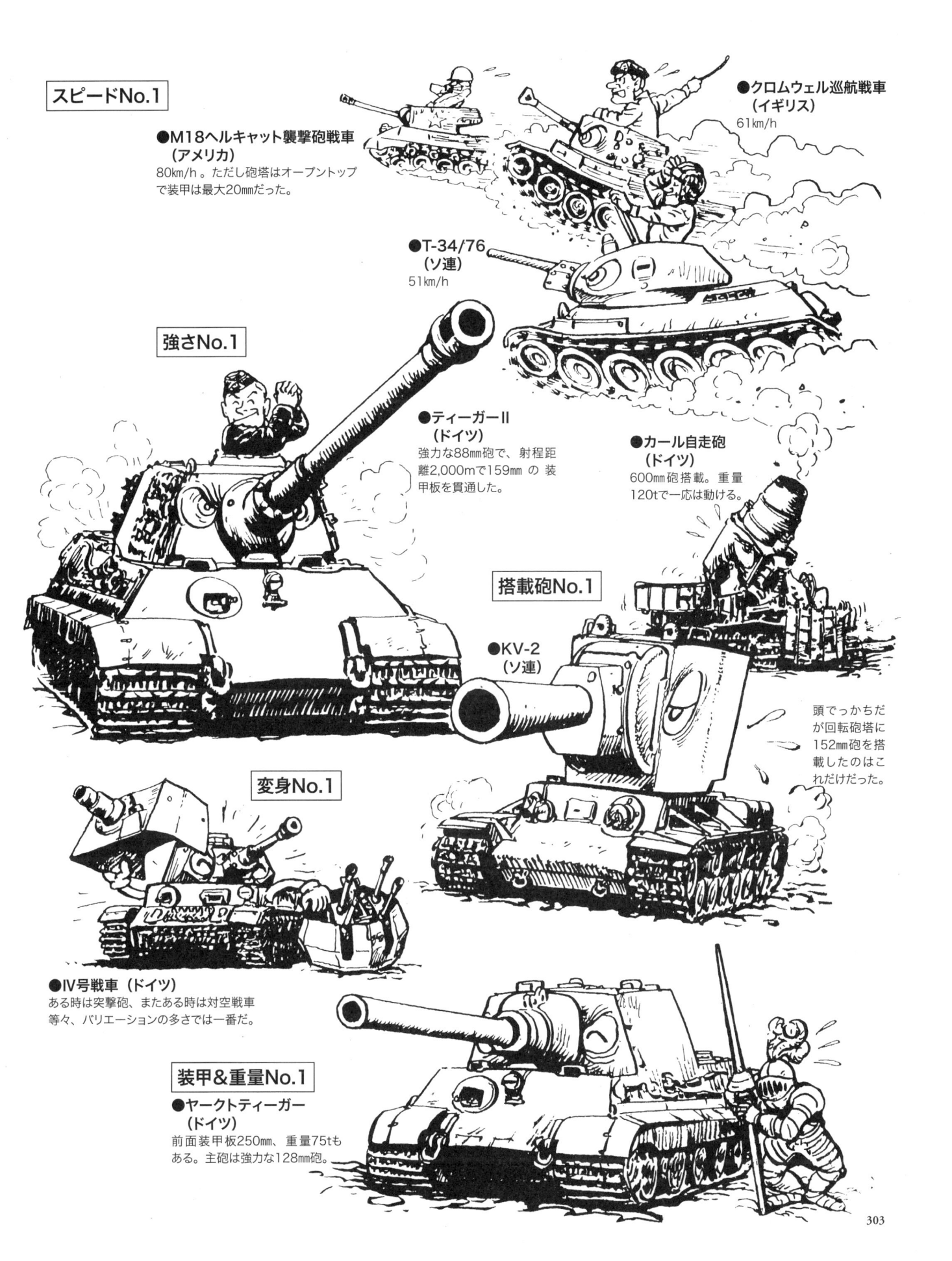

●M18ヘルキャット襲撃砲戦車
（アメリカ）
80km/h。ただし砲塔はオープントップで装甲は最大20mmだった。

●クロムウェル巡航戦車
（イギリス）
61km/h

●T-34/76
（ソ連）
51km/h

強さNo.1

●ティーガーII
（ドイツ）
強力な88mm砲で、射程距離2,000mで159mmの装甲板を貫通した。

●カール自走砲
（ドイツ）
600mm砲搭載。重量120tで一応は動ける。

搭載砲No.1

●KV-2
（ソ連）
頭でっかちだが回転砲塔に152mm砲を搭載したのはこれだけだった。

変身No.1

●IV号戦車（ドイツ）
ある時は突撃砲、またある時は対空戦車等々、バリエーションの多さでは一番だ。

装甲&重量No.1

●ヤークトティーガー
（ドイツ）
前面装甲板250mm、重量75tもある。主砲は強力な128mm砲。

戦後戦車の発達——①
アメリカvsソ連戦車の初対決 朝鮮戦争

第2次世界大戦後、世界の情勢はアメリカとソ連が主導権を争って対立することになった。そして核兵器の威力や空軍の破壊力が勝利の女神とされ、戦車無用論などが主張されもした。しかし、1950年6月25日に勃発した朝鮮戦争の教訓により、戦車や通常兵器の改良及び開発が各国で始められることになった。

●**M4A3E8**
シャーマン戦車の最終型"イーズイエイト"

北朝鮮軍や中共軍はトラを恐がると言われていたので戦車にタイガーマウスマーキングをした。

※T34と比べるとやっぱりシャーマンが劣る。

ソ連のT34/85とJSⅢのコンビに対抗するため米陸軍も新戦車を計画中だった。

●**M46パットン**
M4シャーマンではT-34/85に勝目は無かったので、M46を投入した。90mm砲を装備してソ連戦車に対抗。

●**M26パーシング**
エンジンとトランスミッションを換装してM46に変身。ついでにタイガーマーキングも。ドイツのトラ（タイガー戦車）退治に造られたM26も朝鮮ではタイガーマークでトラになった。

センチュリオンとは古代ローマの百人隊長のこと。

朝鮮戦争での活躍で各国から注文がきた。

●**センチュリオン**
イギリスがティーガー戦車に対抗して開発した戦車。実戦投入は朝鮮半島が初めてだった。当時、各国に先駆けてスタビライザーを採用し、火力、信頼性ともにM46に勝る性能を見せた。

> 米軍からもらった対戦車兵器が通用せず、韓国軍は戦車パニックに。

> 軽戦車M24の75mm砲では、T-34に歯が立たなかった。

●T-34/85
戦車王国ドイツを打ち破ったT-34は朝鮮でもさすがに強かった。

アメリカ軍はこの2.36インチ（60mm）バズーカでどんな戦車も撃破できると考えたが、T-34には全く無力だった。

57mm対戦車砲もT-34には通用しなかった。

第2次世界大戦の傑作戦車T-34はこの後も各地で使用された。

> M46でT-34はノックアウト

M46の90mm砲のパンチ力は絶大だった。

5mmでも威力の違いは大きかった。

急遽、本国より取り寄せた3.5インチ（89mm）M20バズーカの威力はさすがで、T-34に充分対抗できた。

戦訓としてM20バズーカならば歩兵でもソ連戦車を撃破できるということがわかった。

最初ロケットランチャーはバック・ロジャーズ・ガンというニックネームだったのだが、当時の人気コメディアンのボブ・バーンズという人が使っていた手製のトロンボーンに形が似ていたことから、バズーカと呼ばれだしたのだ。

このためソ連でも新型戦車の開発を急いだ。

■スタビライザー
戦車が走りながらでも目標を正確に照準できる装置。コマは高速回転すると倒れにくく、回転軸が変化していく性質がある。これを応用して開発された。

戦後戦車の発達──②
米・ソ戦車競争の始まり

1944年～1963年
朝鮮戦争で初対決した両国戦車であったが、そこでは一応90mm砲装備の米国戦車が85mm砲のソ連戦車に優位を保ったわけだ。しかしソ連ではいち早くT-44をあきらめ、100mm砲装備のT-54を開発して攻勢に出た。

パットン将軍の名に恥じない戦車をとがんばった。

T-54に比して大型で、その分居住性は良く、不整地走行もすぐれていた。

●M48

●T型砲口制退機

雪国生まれの筆者にはどうしてもエントツに見えてしまう主砲。

主砲スタビライザーが無いのが弱点。

主力戦車としては初の100mm砲を搭載したT-54。

A3型からはM48もディーゼルエンジンに換えた。

仰角＋19°
俯角－9°
（T-55は＋17°と－4°）

照準装置のステレオ式は周囲が混みいった目標では使いにくく、A3型からは単眼式に改められた。中・長距離ではT-55よりズッと大きいが、重さが47tもあるので、出力動力比は15.89HPで最高速度も48kmだ。

■出番の無くなった重戦車たち

●M103（アメリカ）
68.5口径の120mm砲を持ち海兵隊が装備した。

●JS-3型
43口径122mm砲

●コンカラー（イギリス）
重量65tで当時最大の戦車。
55口径120mm砲。

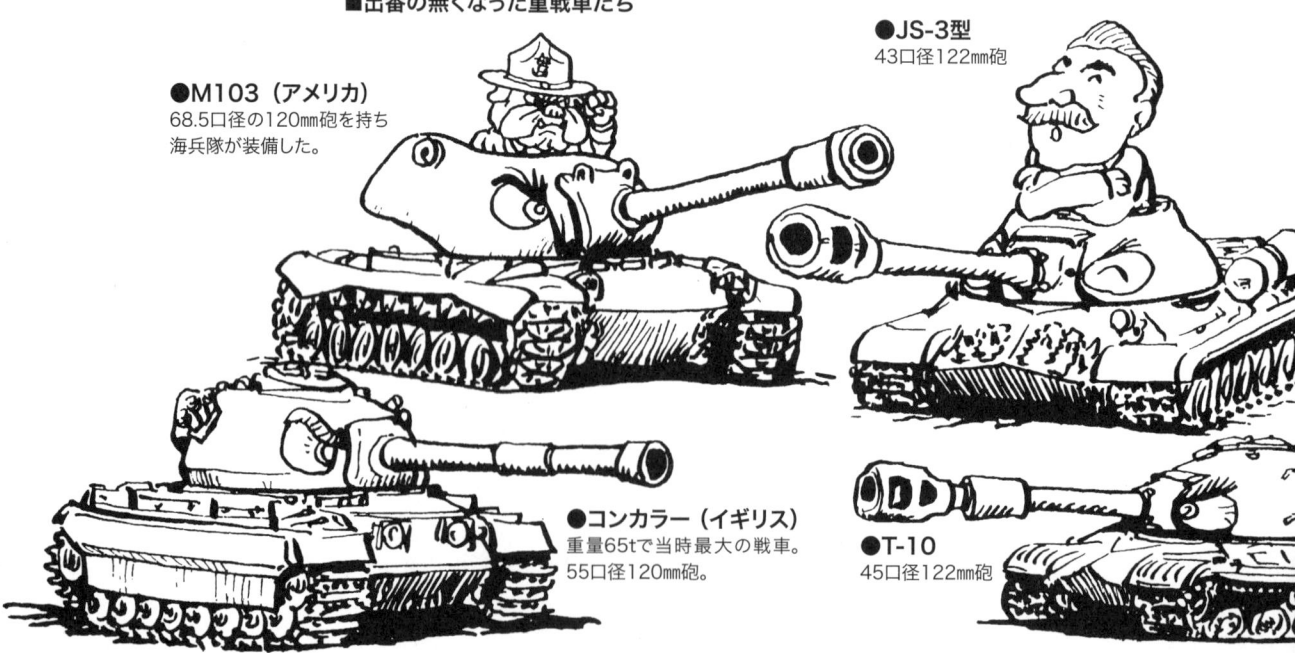

●T-10
45口径122mm砲

●**M47**
朝鮮で戦場試験されたレンジファインダー装備戦車。

●**T-34/85**

●**T-44**
85mm砲ではM47の90mm砲に対して不利でひっこまざるをえなかった。

M48は赤外線/白色光サーチライトを装備した。

かたやT-54は暗視、投光装置には力を入れており、赤外線サーチライトを持ち、夜間戦闘は得意だった。

●**T-54**
小さな車体に大きな主砲。ソ連戦車神話の始まり。

ディーゼルエンジンは燃費が良く燃料960ℓを積んで500km走れた。同じディーゼルでも、M48A3は1420ℓ積んで460kmの走行しかできなかった。

54口径100mm砲装備でその威力は当時世界最強。さらに走行射撃可能なスタビライザー付き。

低くカッコイイスタイルで避弾径始が良好、車高はわずか2.4mだった。

M48の砲弾携行数62発、発射速度9発は、T-54の43発、9発より勝っていた。

T-54の砲塔内が狭く、砲手が右側にいるので、左利きでないと装弾しにくいという欠点があった。

■**出力重量比**
これは戦車の重量1tを動かすのに何馬力を使うということで、最高速度やダッシュ性、運動性に関係してくる訳だ。

●**T-55**
T-55はT-54の機動力強化型であり、520HPから580HPへと馬力アップ、出力重量比は16.11HPとなり、最高時速は51kmとなった。

T-55になってからは排煙器と2軸のスタビライザー（垂直・水平）を備え、装甲貫通力はHVAP弾で距離1,000mで170mmをブチ抜いた。

とにかく背が低く狙いにくい。

■**ショットストラップ**
ショットストラップのある戦車は、跳ね返った弾丸が車体と砲塔の隙間に飛び込みやすく、悪くすると砲塔内にも飛び込む。

T-54にはショットストラップがない。

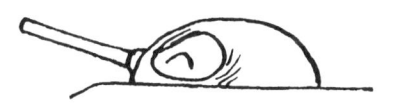

戦後戦車の発達──③
1960年代の主力戦車

この頃になると、各国とも核戦争下の戦闘を想定し、ロケット弾・ミサイルの攻撃に対し機動力を重視した。西側諸国はT-54に対して105㎜砲を標準装備としている。

●Pz.61主力戦車（スイス）
外国戦車の輸入に頼っていたスイスが自国生産した戦車。

●61式戦車（日本）
M47を参考に全体にコンパクトにまとめた。

国情に合わせて車体幅が狭く、登坂力35°と強力。

●チーフテン主力戦車（イギリス）
やはり戦車は防禦力と火力が強くあるべきだという方針で開発された戦車。

現在でも最強といわれる120㎜砲装備。

★ソ連戦車は大戦中から他国より一歩先んじて大きな主砲を搭載してきた実績がある。

シュノーケル装置は全生産者が装備。

西側諸国の火力アップにソ連も対抗することに。

●T-54/55主力戦車（ソ連）
ソ連のT-54は、その改良型T-55とともに6万両以上生産されて、東側陣営では幅広く使用された。

●T-62主力戦車
T-55の武装強化型で、世界初の115㎜滑腔砲を装備している。

308

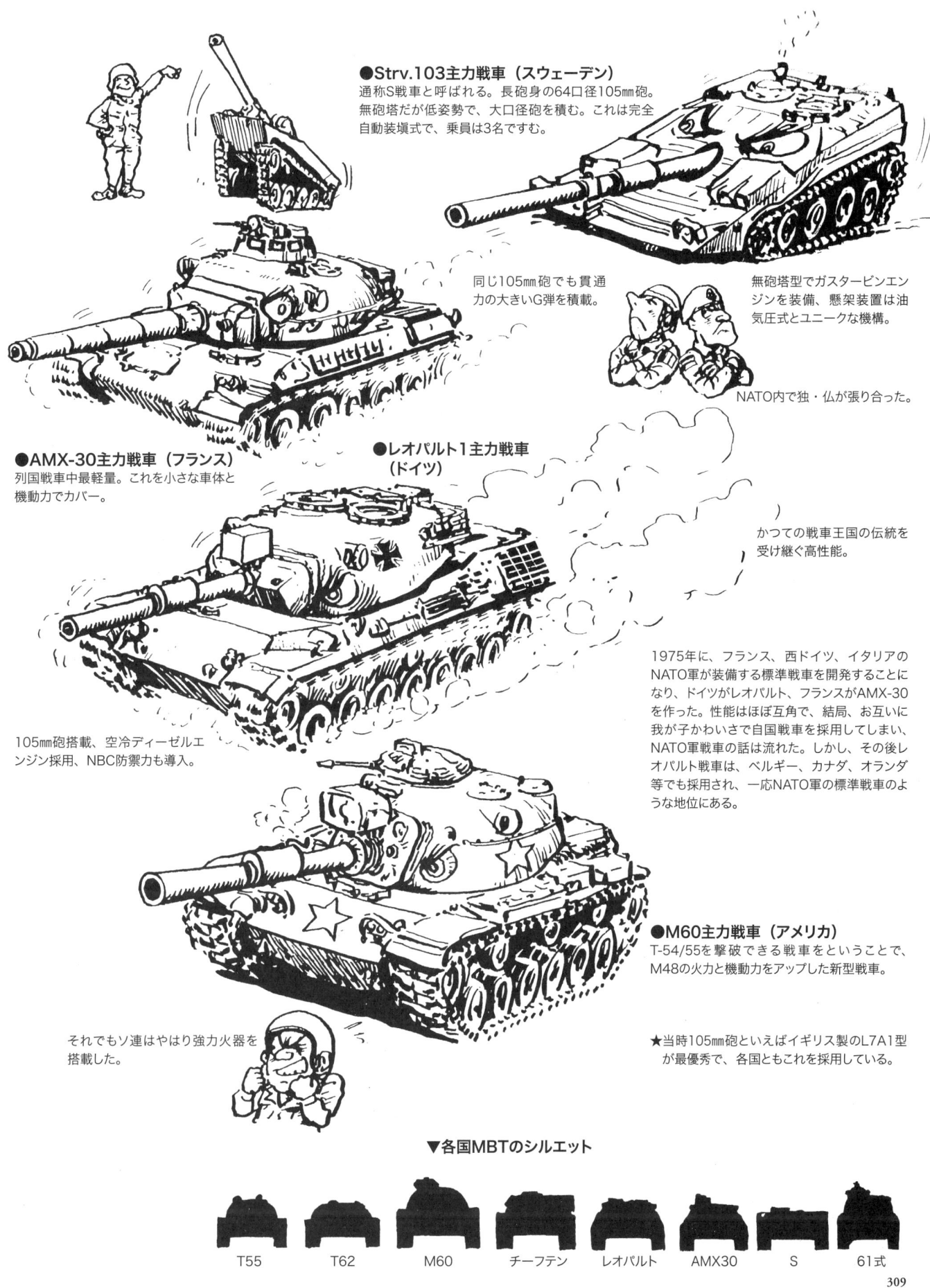

●Strv.103主力戦車（スウェーデン）
通称S戦車と呼ばれる。長砲身の64口径105mm砲。無砲塔だが低姿勢で、大口径砲を積む。これは完全自動装填式で、乗員は3名ですむ。

同じ105mm砲でも貫通力の大きいG弾を積載。

無砲塔型でガスタービンエンジンを装備、懸架装置は油気圧式とユニークな機構。

NATO内で独・仏が張り合った。

●AMX-30主力戦車（フランス）
列国戦車中最軽量。これを小さな車体と機動力でカバー。

●レオパルト1主力戦車（ドイツ）
かつての戦車王国の伝統を受け継ぐ高性能。

105mm砲搭載、空冷ディーゼルエンジン採用、NBC防禦力も導入。

1975年に、フランス、西ドイツ、イタリアのNATO軍が装備する標準戦車を開発することになり、ドイツがレオパルト、フランスがAMX-30を作った。性能はほぼ互角で、結局、お互いに我が子かわいさで自国戦車を採用してしまい、NATO軍戦車の話は流れた。しかし、その後レオパルト戦車は、ベルギー、カナダ、オランダ等でも採用され、一応NATO軍の標準戦車のような地位にある。

●M60主力戦車（アメリカ）
T-54/55を撃破できる戦車をということで、M48の火力と機動力をアップした新型戦車。

それでもソ連はやはり強力火器を搭載した。

★当時105mm砲といえばイギリス製のL7A1型が最優秀で、各国ともこれを採用している。

▼各国MBTのシルエット

| T55 | T62 | M60 | チーフテン | レオパルト | AMX30 | S | 61式 |

戦後戦車の発達——④
ベトナム戦争

ジャングルのゲリラ戦
ベトナム戦争にアメリカ地上軍が介入したのは1965年だった。当初ベトナムでは、ジャングルと湿地と高地で戦車の使用は困難といわれたが、そんな通説は実戦経験によって打破され、1960年代末には双方とも戦車、APCを大量投入することになった。

●M113
1962年に南ベトナム軍に供与され、アメリカ軍でも使われた主力戦闘車両で、APCの代表である。UH-1輸送ヘリとともに欠かせない兵器で、戦訓により改造されていった。

●M114指揮偵察車
小型軽量で機動性を重視して開発されたが、ベトナムの荒地ではこれが裏目に出て悪路に弱かった。

●M551シェリダン空挺戦車
ベトナムの気候にはデリケートな機構で、あまり向いていなかった。

狙撃されやすい車長用キューポラには防盾を付け、火力増強に7.62mm機銃を左右に1挺ずつ付けた。また火災の危険を減らすため、M113A1からはディーゼルエンジンに換装された。しかし装甲は薄いままで、地雷には弱く兵隊たちは車内よりも車体上に乗りたがったものだ。

●M50オントス106mm多連装無反動自走砲
本来は対戦車用の自走砲だが、6連装の106mmは強力で歩兵支援に威力を発揮した。特に市街戦では活躍した。

●LVTP-5水陸両用車両
ニックネームが「沼のネズミ」と言い、海兵隊使用の上陸用装甲兵車。沼地の多いベトナムではパトロールなどにも使用され、有効性が実証された。その結果LVTP-7開発につながった。

■北ベトナム軍の戦車

ソ連の援助を受けていた北ベトナムは当初より戦車は保有していたが、戦闘に使用したのは1968年2月6日のランヴェイ攻略戦が初めてだった。

●中国製63式水陸両用軽戦車
PT-76を改良して85mm砲装備の卵型砲塔を載せたもの。この他に、T-54の国産化である59式戦車もベトナムに投入されている。

●PT-76水陸両用軽戦車
偵察を主任務にしたソ連製の多目的水陸両用戦車。最初に戦場に現れた北ベトナム軍の戦車で、初めて見た南ベトナム兵は戦車パニックに陥った。

●T-54/55
北ベトナム軍の主力戦車で1972年の春期攻勢では攻撃の先頭に立って戦った。

この他にT-34/85や、対空戦車ZSU57-2なども保有していた。

●M48A3
ダナンに進駐した海兵隊が上陸させたのが1個大隊のM48。初め不用品などと言われていたが、その後の戦闘でベトナムでも戦車が行動できることを実証した。

唯一のアメリカ対北ベトナムの戦車戦は、ベンヘトキャンプで夜襲してきたPT-76とM41との間で戦われた。結果はPT-76が2両、M41が1両撃破され北ベトナム軍は撤退した。

●対戦車ロケット・ランチャー
アメリカ軍の戦車やAPCに対抗して、ソ連から供与された対戦車兵器。射手が肩にかついで発射できAPCの装甲板をブチ抜くのでゲリラ戦にはうってつけだった。

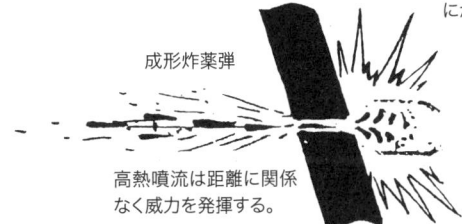

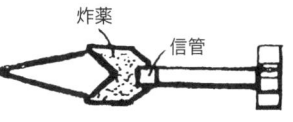

成形炸薬弾

高熱噴流は距離に関係なく威力を発揮する。

命中すると弾底信管により炸裂し強力な高熱噴流を前方に噴出して装甲板に穴を開ける。

炸薬　信管

RPG-2

戦後戦車の発達——⑤
砂漠の最強戦車 イスラエルの再生戦車達

1948年、大国間の確執と取引の結果、イスラエルが建国された。しかし周囲をイスラム諸国に包囲され、高まる軋轢の中で世界中から武器を買い集め軍事力の強化に努めた。

戦車再生の技術は世界一で、第4次中東戦争ではM50/51のシャーマンが、T-55やT-62を撃破している。

■イスラエルのM4中戦車 シャーマンバリエーション
イスラエルは入手しやすかったM4中戦車を世界中から買いまくり、国防の要、戦車部隊を編成したのだった。

●M4A2シャーマン
イスラエル最初の戦車はイギリス軍から盗んだM4A2シャーマンだった。

●M50 アイ・シャーマン
初速の速いフランス製75mm砲を装備し、T-54は撃破できるとされた。

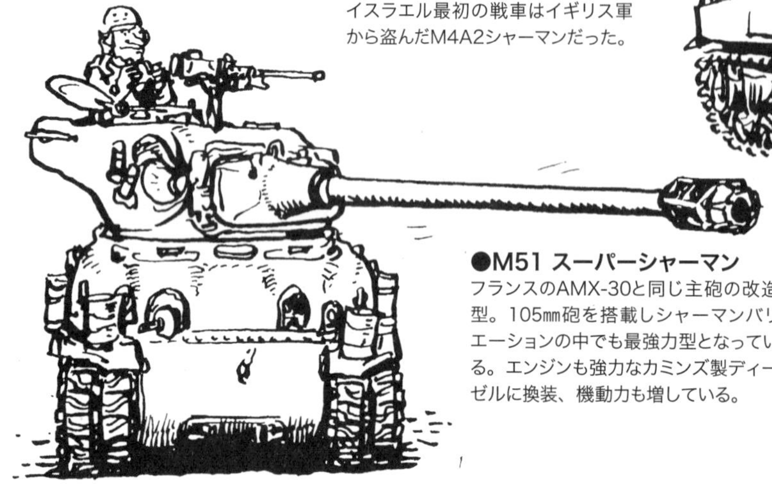

●M51 スーパーシャーマン
フランスのAMX-30と同じ主砲の改造型。105mm砲を搭載しシャーマンバリエーションの中でも最強力型となっている。エンジンも強力なカミンズ製ディーゼルに換装、機動力も増している。

■まだまだ現役のシャーマンファミリー

●160mm自走迫撃砲　　●155mm自走砲M50 　　●ソンタム155mm自走砲M68

第3次中東戦争では多数のT-54/55を捕獲した。

●Ti-67 捕獲したT-54/55のイスラエル仕様
105mm砲に換装し、射撃装置も替えて、戦闘力は格段にアップした。

T-54をTiran-1とT-55をTiran-2ともいう。

■シャーマン以降の再生戦車

●センチュリオン
純正はエンジンがガソリン仕様車。「ショット」と呼ばれる。

●M48"パットン"
イスラエル仕様はエンジンをディーゼルに換装し、105mm砲を搭載した。これはイスラエル軍が最初だった。

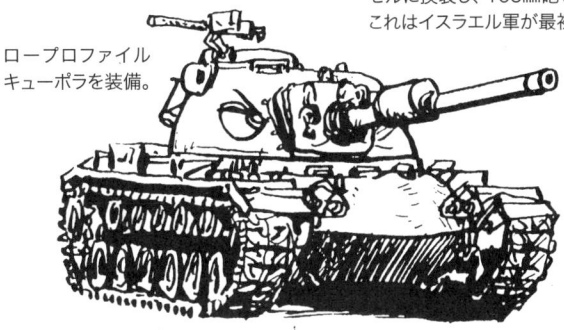

ロープロファイルキューポラを装備。

●改修型センチュリオン
第4次中東戦争でも、T-62やM60より性能バランスが良いとされた。

●M60A3
リアクティブ・アーマー装着、機関銃も増加し、60mm迫撃砲も装備している。

主に動力系を改修、M48と同じディーゼルエンジンを搭載した。「ショット・カル」とも呼ばれる。

●改修型センチュリオン
リアクティブ・アーマー装着状態。武装はM60と同じで、まさに動く要塞となっている。

●マガフMk.7
M60A3をベースにイスラエル独自の改修を加えた。増加装甲でとても元がM60とは思えない。

数々の実戦経験から設計された戦車だ。

●メルカバMk.1
イスラエル初の国産戦車。

戦後戦車の発達──⑥ 中東戦争

ついに対戦T-62vsM60A1

T-62とM60は1960年前後に開発された米ソの主力戦車で、双方とも傑作戦車として一部では今も現役だ。1973年の第4次中東戦争において、実際に両車が撃ち合い、性能が比較できた。その結果は意外とT-62に欠点の多いことが分かってしまった。

●T-62

主砲弾積載数は40発で、1分間に3発ほどしか射てない。薬莢排出装置は砲を最大仰角にしないと役に立たなかった。

背は低いが砲の俯角が少なく、地形によっては不利になる。

車体が丸見えになってしまう場合もある。

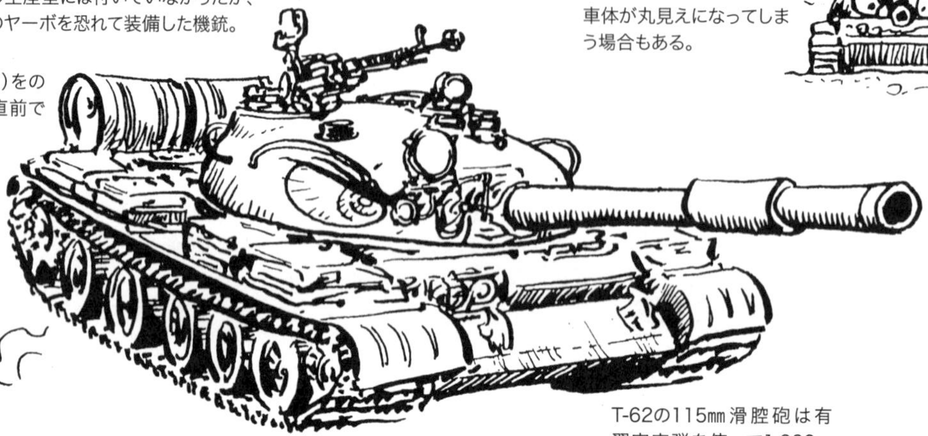

最初の生産型には付いていなかったが、西側のヤーボを恐れて装備した機銃。

後部のタンクは行動距離(650km)をのばすために使用するもので戦場直前で外すことになっていた。

■ソ連戦車の忍法火とんの術
排気ガスを利用して煙幕を張る。これでやられたふりもできるわけだ。

T-62のキャタピラは取り扱いが楽なシングルピン式だが、これは最大速力時に脱離しやすかった。

T-62の115mm滑腔砲は有翼安定弾を使って1,000m以内ならばどの西側の戦車も撃破できた。

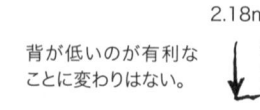

背が低いのが有利なことに変わりはない。

水とんの術
シュノーケルを使って5.5mまで潜水できる。

■滑腔砲（スムーズボア砲）
ライフル溝の抵抗がなく砲口からの初速が大きい。直進性は尾翼によって得る。

■螺旋砲（ライフル砲）
これまでの砲は砲腔内にラセン溝（ライフル）が刻まれている。

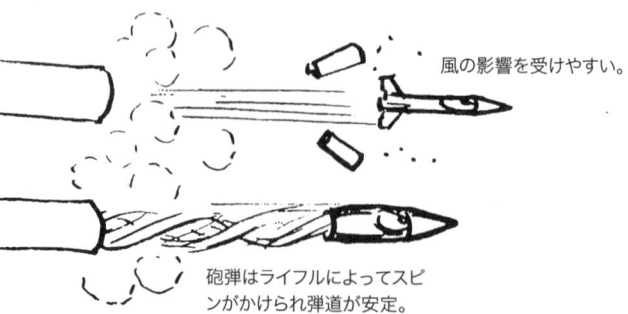

長距離では命中精度が急落するのが欠点。

風の影響を受けやすい。

滑腔砲は製作が容易で砲身命数が長く軽量で、高初速、そして発射反動が少ないという長所がある。

砲弾はライフルによってスピンがかけられ弾道が安定。

車体の外部に燃料タンクがある。

T-62は乗員中3名が左側に並ぶので、当たりどころが悪いと1発で戦闘力が奪われる。また居住性の悪さから乗員の疲労も大きい。

ベテランの乗員だと1分間に6〜8発を発射できる。

115mm砲装備で外形姿勢の低さは世界一のT-62。

背の高さは視界と居住性の良さを持つことになる。

傾斜地では背の高さがこのように有利に働く。

M60は初めM48と同じ亀甲型砲塔だったのでスペースの狭さと防禦力の弱さが問題だった。

前面面積低減。避弾径始良好。砲弾積載数も63発に。

車体を隠して発射できる。

●M60A1
M60A1の105mm砲は1,800mの距離でT-62を撃破できた。

M60A1では防御力と内部スペースを増大したニードル・ノーズ型砲塔に変えた。
M60主力戦車は、T-54/55戦車に急遽対抗するため、M48をベースに誕生した戦車で20年以上にわたってアメリカ軍の主力戦車として活躍した。1962年に制式化されたM60A1は砲塔の改造に伴い、射撃統制装置も改良され初弾命中率はアップした。エンジンもターボ付きだ。

大きさが利する面もある。
3.26m

●M60A2
主砲にミサイルと砲弾の両方が射てる、シレーラ・システムを採用している。

A1とだいぶスタイルが変わって、ほっぺをふくらませたような砲塔だ。

命中弾を受けると油圧駆動システムが発火しやすいという欠点も。

●152mmガンランチャー
通常砲弾
シレーラ・ミサイル

●シレーラ・ミサイル

T-62は大戦車集団戦法でM60の優位性に対抗した。

捕獲したT-62を徹底的に研究し、ほとんどの面でM60が優れていた。1対1では圧倒的にM60が強い。

赤外線誘導方式のセミ・アクティブ型ミサイルで、当たればソ連戦車を1発で撃破できた。しかしシステムが複雑で整備面のその他の理由でM60A2は結局236両で配備は打ち切りに。

戦後戦車の発達——⑦
Strv.103vsMBT70 無敵の戦車を目指して

スクリーンを展張して水上も航行可能。浮航速度6km/h。

スクリーンをつける所要時間20分。

無砲塔なので砲の照準は車体の旋回や俯仰によって行なう。

仰角＋12°
俯角－10°

○スウェーデンのS戦車

1960年に試作車が完成し、1964年に主力戦車として採用。その特異なスタイルは各国から注目された。無砲塔、乗員3名、自動装塡装置など一般の戦車とは非常に異なった特徴を持った戦車だ。"Sタンク"の愛称で知られる。

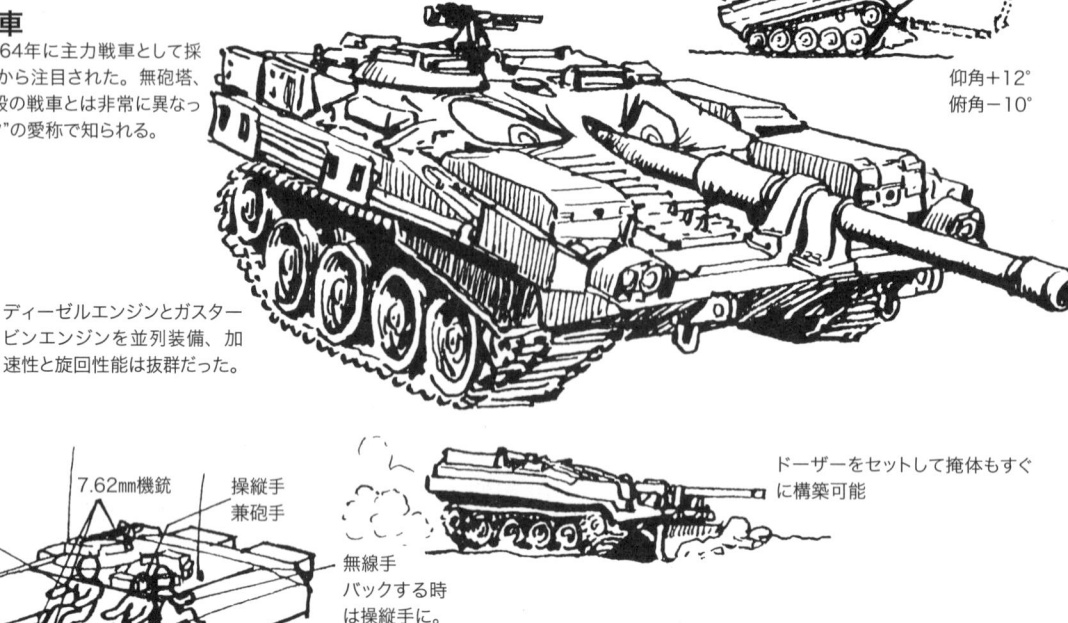

ディーゼルエンジンとガスタービンエンジンを並列装備、加速性と旋回性能は抜群だった。

7.62mm機銃
戦車長
操縦手兼砲手
無線手 バックする時は操縦手に。
油気圧懸架装置による姿勢制御を行なう。

自動装塡装置により発射速度も速く、口径長も62と長い105mm砲を装備。

ドーザーをセットして掩体もすぐに構築可能

とにかく隠れやすい。

S戦車とMBT70戦車をみると、低姿勢でも油気圧懸架装置による姿勢制御、主砲の自動装塡化に3名制、MBT70のABC防禦装置装備での核戦争下での戦闘可能、対戦車ミサイルの採用など、当時の未来戦車への要求が現れている。

◎軽戦車の活躍

第2次世界大戦後、重戦車は姿を消し、低コストで機動性の良い軽戦車が世界中で脇役または主役として活躍している。

●PT-76偵察戦車（ソ連）
完全な船型車体で、水上を10km/h、地上を44km/hで走る。76.2mm砲装備、生産数5,000両。共産圏各国で使用した。

●M41ウォーカーブルドック（アメリカ）
M24に代わる軽戦車。西側諸国へ広く供与。76mm砲装備、64km/h 生産数5,500両。

○MBT70戦車

●アメリカと西ドイツの共同開発
70年代の主力戦車として1967年に試作車が完成、70年代中は他のいかなる戦車よりも優れた戦闘能力を持つ。

砲かミサイルか、アメリカとドイツで装備に対する意見の違いがあった。

引きこみ式
リモートコントロールできる対地対空20mm機関砲。

操縦席は砲塔内にあり、常に車体正面を向いている。

152mmガンランチャー、シレーラミサイル発射可。

対核、対弾防護良好。砲塔内に乗員3名、最高速度70km/h、走行中でも車高を46cmも変えられる。

MBT70はものすごい性能を秘めていたが、システムが複雑になりコスト高で当初の9倍の価格となり開発計画は中止。

MBT70簡略化XM803も計画中止

XM1計画となる。

西ドイツではレオパルトⅡに。

●60年代初期に考えられた近未来戦車

キャタピラを2つに分け走破性を向上。

自動装塡型主砲

低姿勢・小型の対戦車ミサイル戦車。

連結戦車、後ろは取り替え可能。

●M441シェリダン（アメリカ）
アルミ合金の車体で、空輸、空中投下可能な偵察車。152mmガンランチャー装備。70km/h、水上で5.8km/h、生産数1,700両。

●スコーピオン（イギリス）
スポーツカーのエンジンにアルミ装甲の偵察戦車。最高速87km/hも出る。生産台数は派生型を含め約3,000両、76mm砲装備。

●AMX-13（フランス）
自動給弾式90mm砲を持ち対戦車ミサイル4発装備も可。駆逐戦車として開発されたが、各国に輸出され主力戦車として使用されているベストセラー戦車。生産台数3,000両。

戦後戦車の発達—⑧
対決 M1 vs T80

装備されたブローニングM2 12.7mm対空機関銃は車内よりリモコン射撃が可能だ。またM240同軸機関銃はベルギーFN社設計のもので、これまでのブローニング製7.62mmより有効射程などで優れている。

○M1
M1戦車の乗員は車長、砲手、装填手、操縦手の4名。

●M68 105mm戦車砲

M240 7.62mm機関銃。中東戦争の戦訓により装填手用に装備。

発煙弾発射器

M1の砲塔と車体のすき間はブレットトラップと呼ばれる欠点で、ここに砲弾を喰うと砲塔が旋回不可能になったり、破壊されたりする。

M1はソ連からいただいたアイデアで排気中に燃料を噴射して発煙を行なえる。

アメリカ軍で開発した105mm砲弾は、弾芯にタングステン合金や劣化ウランを使用して、T-80の装甲に対抗している。

■武装
この絵では105mm砲であるが、M1A1からは120mm滑腔砲になる。高度なFCS（射撃統制装置）で30km/h以上の高速走行時でも初弾命中率は抜群だ。また熱線画像式の暗視装置は赤外線式と違い、こちらからは一切光を出さない。またT-80は自動装填装置を使用して毎分8発の発射速度といわれるが、M1のそれは毎分6〜7発とちょっと不利。だが湾岸戦争、イラク戦争などで実戦における自動装填装置の有効性は充分に実証された。

極秘の新型装甲板は強い防禦力。

■M1は安全戦車
中東戦争の戦訓を十二分に取り入れて生存性の向上と戦闘距離の増大を考慮している。車体のコンパートメント化で乗員の居住区と燃料や弾薬のあるところを分けている。アクセスドアによって弾薬が誘爆した場合も乗員は無事。

火災探知器と自動消火器を組み合わせたシステムで火災がおきても一発消火。

ガスタービンの有利さは機構的に単純で部品の数も少なく整備が楽なことだ。しかし燃料消費量が多いのが欠点。出力重量比は28hp/tと高く機動力はM60の2倍。

加速力は0〜32km/hが6.2秒と敏捷。機動力はNo.1だ。

道路走行速度は64〜72km/h、クロスカントリー速度40〜56km/h。燃料容積は1999ℓで行動距離は400km。

○T-80

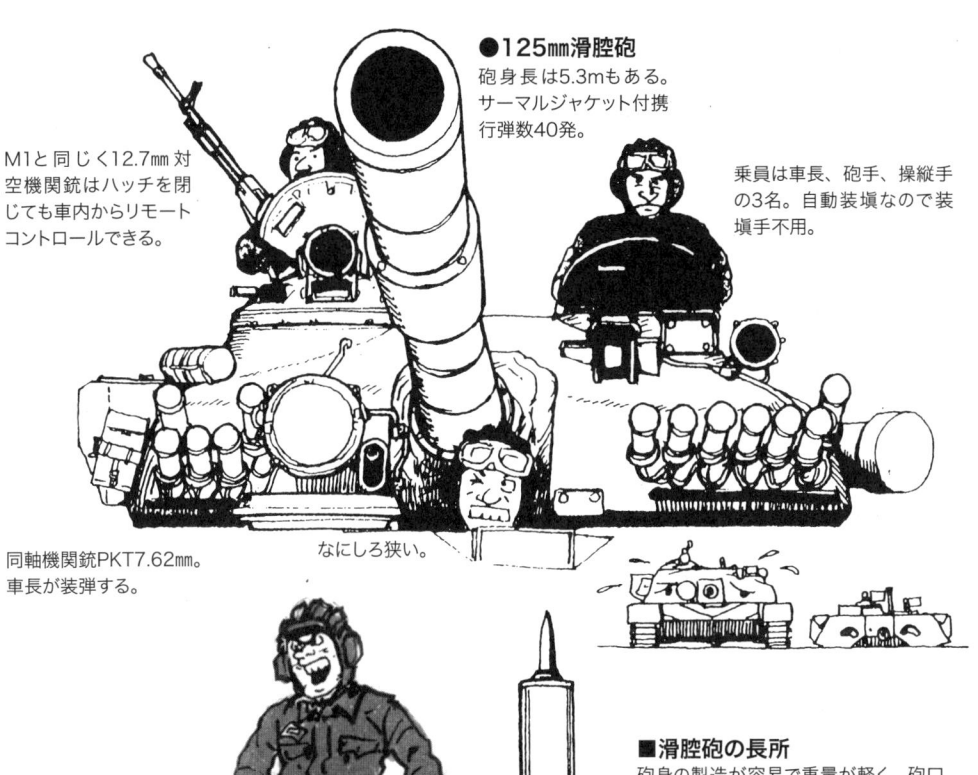

●125mm滑腔砲
砲身長は5.3mもある。サーマルジャケット付携行弾数40発。

M1と同じく12.7mm対空機関銃はハッチを閉じても車内からリモートコントロールできる。

乗員は車長、砲手、操縦手の3名。自動装填なので装填手不用。

同軸機関銃PKT7.62mm。車長が装弾する。

なにしろ狭い。

■武装
125mm砲は現在世界の主力戦車の中では最大口径で、砲弾の初速が1,800m/Sで射程距離1,500～1,800mまでは弾道が平進するといわれる。しかし砲塔の小型化で砲の俯仰角が少なく、起伏地における戦闘では左図のように車体まで出して射撃することになり、この点では低姿勢で避弾径始の良好なソ連戦車の欠点。また低い車体はロシア戦車兵は身長が160cm以下でないと駄目だなどと悪口を言われる。

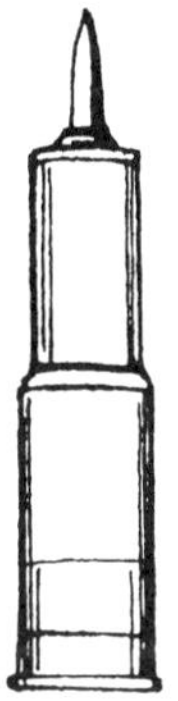

■滑腔砲の長所
砲身の製造が容易で重量が軽く、砲口初速も大きい。砲身の命数が長く（長もちする）、反動が少ないので砲身後座装置を小型にでき、その分砲塔も小さくできる。そのためT-80は大口径にもかかわらず砲塔は小型だ。

この125mm砲弾の威力は強力で、燃焼薬莢のため排莢は必要ない。

■T-80の潜水渡渉能力は5.5m
M1は2.63m、ガスタービンエンジンのためこれ以上は無理。しかしT-62は潜水準備に5時間以上もかかる。

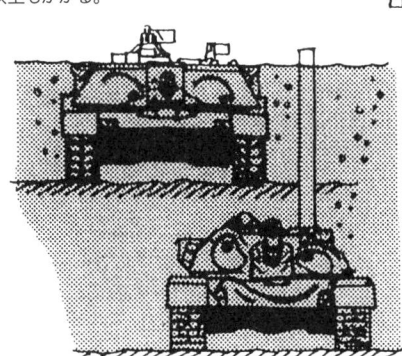

■M1とT-80の車体比較
戦闘重量
M1 54.5t(120mm砲型55.9t)：T-80 41t

小型のため居住性は制約され長身の戦車兵は無理。

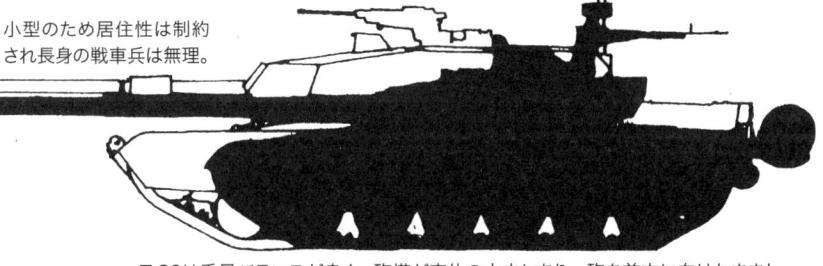

T-80は重量バランスが良く、砲塔が車体の中央にあり、砲を前方に向けたままトラベルロックできる（西側戦車は移動走行中は砲塔をうしろに回してロックしている）。

出力重量比は17hp/tで路上最高速度は70km/h、クロスカントリー時は25～30km/hで、この速度でソ連戦車として初めて走行射撃が可能となっている。

燃料容積は1000ℓ
行動距離は450km

21世紀のMBTを目指した各国戦車

■日本
日本の戦車は、軍需産業の特異な位置の関係から価格が非常に高いのが一大欠点。

●74式戦車
日本戦車とは思えないカッコ良さで登場。

105mm砲を装備し、射撃統制装置、懸架装置等、最新技術を集めた世界水準の優秀戦車だ。

●戦車の価格（1995年調べ）
- 90式戦車　　　：9億4500万円
- ルクレール戦車　：7億5000万円
- M1A1戦車　　　：3億2000万円
- レオパルト2戦車：4億5000万円
- T-80U戦車　　　：1億8000万円
- 74式戦車　　　：3億9500万円

車高も20cm低くできる。

潜水装置を使用して深さ約2mの潜水渡河も可能。

車体左右の姿勢制御も可能

画期的な油気圧式サスペンション装備。砲塔式戦車では世界唯一のものだった。

●90式戦車
74式戦車にかわるハイテク新鋭戦車がこれだ。

自動装填装置の採用で乗員は3名。

120mm滑腔砲、複合装甲、1200〜1500HPのエンジンという第3世代の戦車の条件をクリアーしている。

登場した当時、砲塔はレオパルト2、車体はM1エイブラムス、複合装甲はチャレンジャーを参考にしたというイメージが強かった。

砲塔上の電子装備は世界最高水準。

最新の射撃統制装置で、現用のすべての装甲車両を2km以上の距離で撃破できる。

■中国
1950年代、ソ連より大量のT-54を受領し、これをライセンス生産する。現在では戦車輸出国になっている。

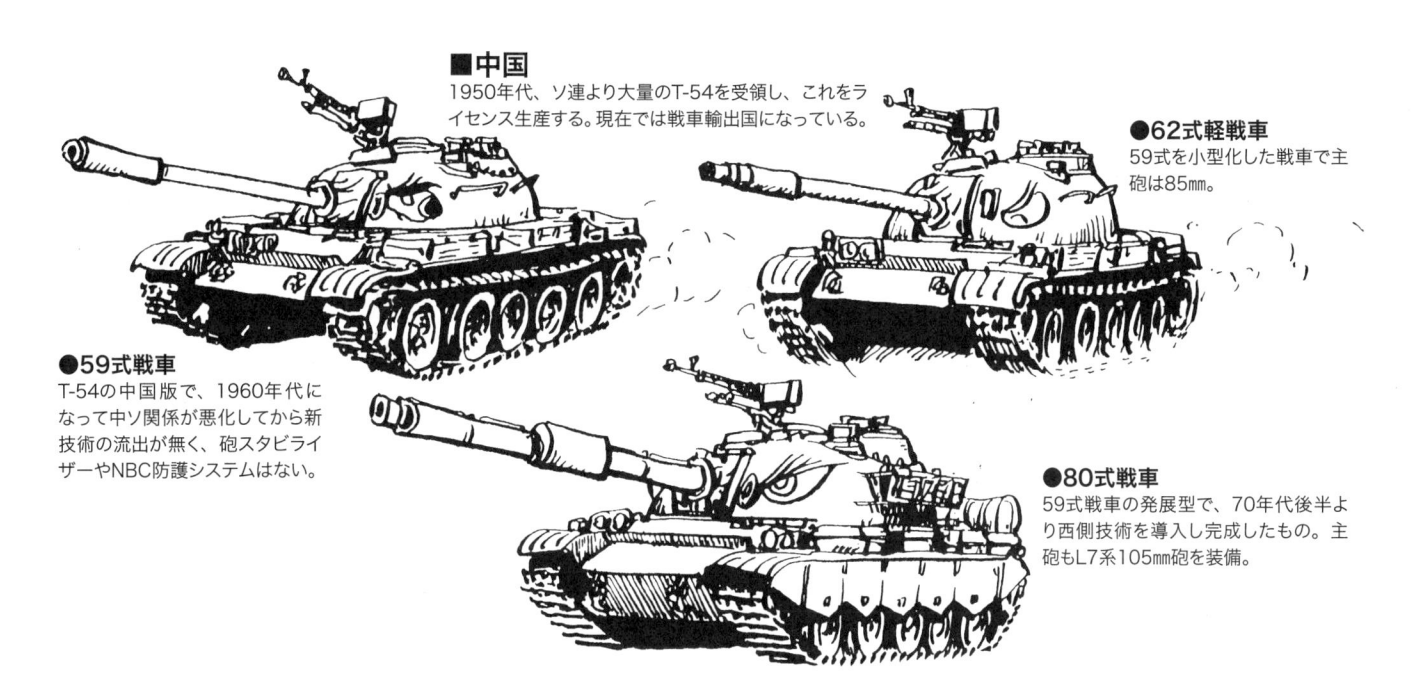

●62式軽戦車
59式を小型化した戦車で主砲は85mm。

●59式戦車
T-54の中国版で、1960年代になって中ソ関係が悪化してから新技術の流出が無く、砲スタビライザーやNBC防護システムはない。

●80式戦車
59式戦車の発展型で、70年代後半より西側技術を導入し完成したもの。主砲もL7系105mm砲を装備。

■韓国

■南アフリカ
●オリファントMk.1B
センチュリオンの究極の改修型。105mm砲搭載。

●88式戦車
K-1とも呼ばれる、韓国がアメリカのM1をモデルに開発した戦車。105mm砲装備で朝鮮半島の地形や韓国人の体格に合わせた設計になっている。

■アルゼンチン
●TAM中戦車
ドイツがアルゼンチンの注文で製作。105mm砲搭載。

■エジプト
●ラムセスII
T-54の改修型だが、兵装、動力系統は一新されている。105mm砲搭載。

■ブラジル
●EE-T1オソリオ
主要部品は海外製だがブラジル国産の120mmを装備。開発元のエンゲサ社の倒産により量産化ならず。

■イタリア
●C-1 アリエテ
レオパルト1のライセンス生産の経験を生かして開発。120mm砲搭載。

1990年代の最強戦車は？
出そろった第3世代MBT

湾岸戦争でM1A1はイラク軍のT-72に圧勝した。

120mm砲を装備して快速、ハイテク戦車は全天候で戦える。

●チャレンジャー（イギリス）
チーフテンの後継車でチョバムアーマーを最初に採用した。主砲は120mmライフル砲。

●レオパルト2A4（ドイツ）
1990年代までは世界最強といわれていた。

第2次世界大戦後の西側のMBTの開発は時期によっていくつかの世代に分類される。
これを主砲口径の面から見ると、
第1世代、85～90mm砲搭載
第2世代、105mm砲搭載
第3世代、120mm砲搭載
ということになる。

※1990年、西ドイツと東ドイツが再統一された。

■グレードアップで最強を目指す

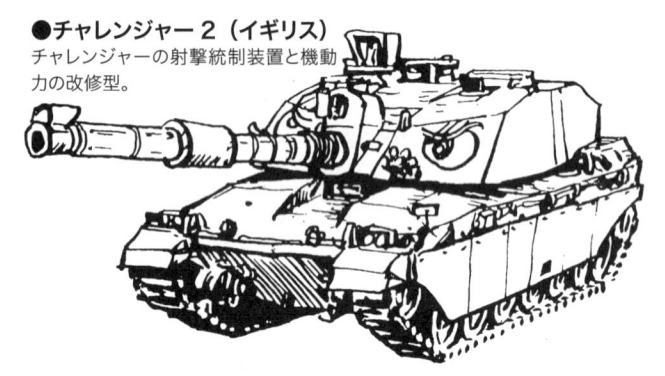

●チャレンジャー2（イギリス）
チャレンジャーの射撃統制装置と機動力の改修型。

●レオパルト2A5（ドイツ）
装甲防禦を中心に各部を強化。楔形装甲によりイメージが変わる。

■最新型戦車

●AMXルクレール（フランス）
第3世代後期の代表格で、日本の90式戦車と並んで自動装填装置を採用。ジェット戦闘機なみのエレクトロニクス化がなされている。主砲の120mm滑腔砲も52口径と長砲身型だ。

射撃装置に一歩遅れをとるロシア
戦車は長距離の砲撃戦に弱い。

●T-80（ロシア）
主砲は125mm滑腔砲。相変わらず西側戦車より大口径のものを装備する。

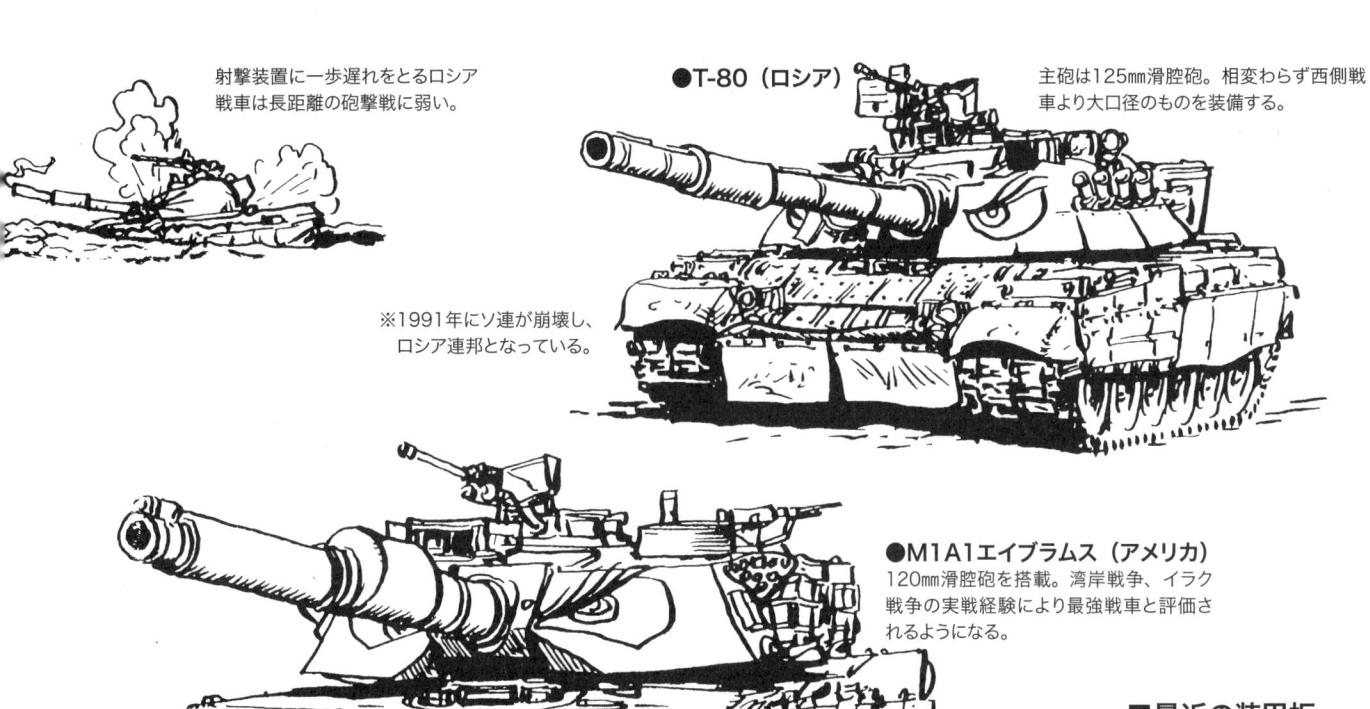

※1991年にソ連が崩壊し、ロシア連邦となっている。

●M1A1エイブラムス（アメリカ）
120mm滑腔砲を搭載。湾岸戦争、イラク戦争の実戦経験により最強戦車と評価されるようになる。

■最近の装甲板

●M1A2（アメリカ）
M1A1のエレクトロニクスを強化。その他32項目に及ぶ改修を施している。

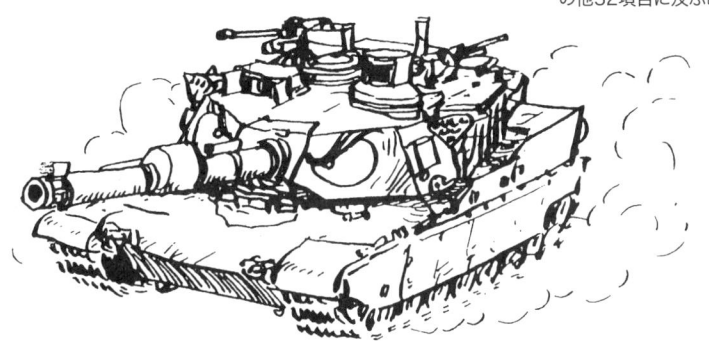

◎チョバム・アーマー
装甲板の間にセラミック材をはさんでいる。

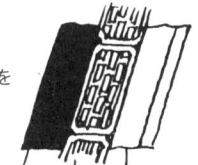

主装甲板　補助装甲板
セラミック材

◎スペースド・アーマー
装甲板の間に空間を開けHEAT弾の威力を減少させる。

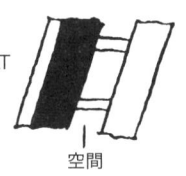

空間

◎リアクティブ・アーマー
爆発材
表面の爆発材で弾を爆発させ、主装甲板への被害を減少させる。
ライナー

●メルカバMk3（イスラエル）
120mm滑腔砲を装備。新装甲方式で防禦を強化。

これらの装甲はHEAT弾に強いので、21世紀の戦車の敵は徹甲弾になってくると思われたが、実際にはかなり異なる状況となった。

323

21世紀の戦車──①
予想と現実のギャップ

ソビエト連邦の崩壊直後の1990年代はまだ各国で次世代を担う戦車の開発に余念がなかった。しかしその後、世界情勢ががらりと変わって戦車の主敵も市街地で息をひそめるゲリラやテロ組織へと変わり、その頃に開発されていた車両や出現が予想されていた戦車とは開発コンセプトや装備も方向転換されているのが2000～2010年代における状況だ。

■1990年代に開発中であった戦車

●RDF/LT（アメリカ）
地域紛争に積極的に介入するためのRDF（緊急派遣軍。のちのアメリカ中央軍）用の車両として開発されていたものでM8AGSやスティングレイがこれにあたる。輸送機による空輸性を重視した軽量で機動性に優れたもので、小口径集中射撃というコンセプトで戦う予定だったが、1996年に計画が中止されている。

●VT-1-1/2（ドイツ）
無砲塔型で120mm砲を2門装備した戦車。可動式の照準器で捉えた目標に対し、車体を旋回させると、命中する位置になると自動で弾丸が発射される仕組みが斬新だった。試作に終わる。

●UDESXX20（スウェーデン）
二重車体連結方式で、当時としては画期的な機動性が見込まれていた。後の車体が動力装置で、乗員3名は前の車体に搭乗する。120mm砲搭載。

●パンター駆逐戦車（ドイツ）
高さ12mの昇降式プラットホームを展開させて対戦車ミサイルを発射する。これも計画に終わる。

■第4世代戦車として1990年代に予想されていたデザイン

当時から電磁砲や液体発射薬砲などが開発されており、140mm～150mmクラスの大口径砲を搭載する計画もあったが、実用化された車両はない。

●カーゼマット型
大戦中のドイツの駆逐戦車のように砲塔を廃止して戦闘室を低くしたもの。

●コンパクト砲塔型
自動装填装置の実用化により砲塔が小型化されたもので、現在はこれに空間装甲やリアクティブアーマーを増加装甲としているものが多い（そのため見かけ上はあまり小型化したようにみえない）。現在はこのタイプが主流。

●オーバーヘッド型
車体上の砲塔を無人化したもの（ただし、この場合は車体内の砲塔バスケットに砲手や車長が座る場合が多いので無人砲塔というにはやや語弊がある）。重量軽減にも有効で、これはアメリカのストライカーなど一部の車両で実用化されている。

■実際に登場した戦車

これ以外に中国の99G式や北朝鮮の天馬3号などがあるが、この3車が2000年代になって新たに登場したMBTといえる。

●T-90（ロシア）
基本設計は古いがT-95の開発中止に伴い、再び主力となったもの。アクティブ防御システム「アリーナ」などで近代化を図っている。

●10式戦車（日本）
陸自のMBTで、C4I機能を装備して世界で最新の車両。

●メルカバMk.4（イスラエル）
お国柄、乗員の生存性を第一に開発されたメルカバもMk.4となり、独自のアクティブ防御システム「トロフィ」で非正規戦に対応した装備となっている。

21世紀の戦車——②
ついにロボット兵器登場

1990年代にはまだ夢物語であった無人兵器は電子機器の進歩もあり21世紀になって続々と実用化されている。その多くは小型装軌式で、悪路でも行動可能なようになっている。今後ますます主流となっていく兵器といえるだろう。

■戦闘ロボット "SWORDS"

もともと爆発物処理ロボットとして開発された"タロン"をベースに武装を施したアメリカ軍初のロボット兵器がSWORDSだ。すでにイラクでの実戦を経験している。速度は8.5km/hで、駆動時間は1～4時間という。

●タロン

2000年からボスニア、アフガニスタン、イラクに投入され、実戦経験を積んでいたフォスターミラー社製の爆発物処理用ロボット。これがSWORDSの母体になった。

ズームカメラ / アンテナ / M249 5.56mm 機関銃 / ガンサイトカメラ / マイク / カメラ / 弾薬箱 / TARP ガンマウント / リアカメラ / バッテリー / ゴム製の履帯は静かに移動が可能。

●M260 7.62mm 機関銃搭載型

カメラは上下左右に旋回可能で、死角はほとんどない。

●.50口径M107 ライフル搭載型

●4連装40mm グレネードランチャー搭載型

メダルストーム社が開発したもの。

■戦闘ロボット "MAARS"

SWORDSの改良発展型で、より洗練されたデザインとなっている。名称はModular Advanced Armed Robotic Systemの頭文字からなる。

M240とM203 4連装を装備。モーター駆動の銃架はカメラと連動して自在に動き、敵を逃さない。

AT-4 ロケットランチャー

M202 60mm4連装ロケットランチャー

SWORDS（特別兵器・監視・偵察探知システム）はTV遠隔操作照準器と火器を組み合わせたバリエーションが豊富だ。

M203 6連装40mmグレネードランチャー

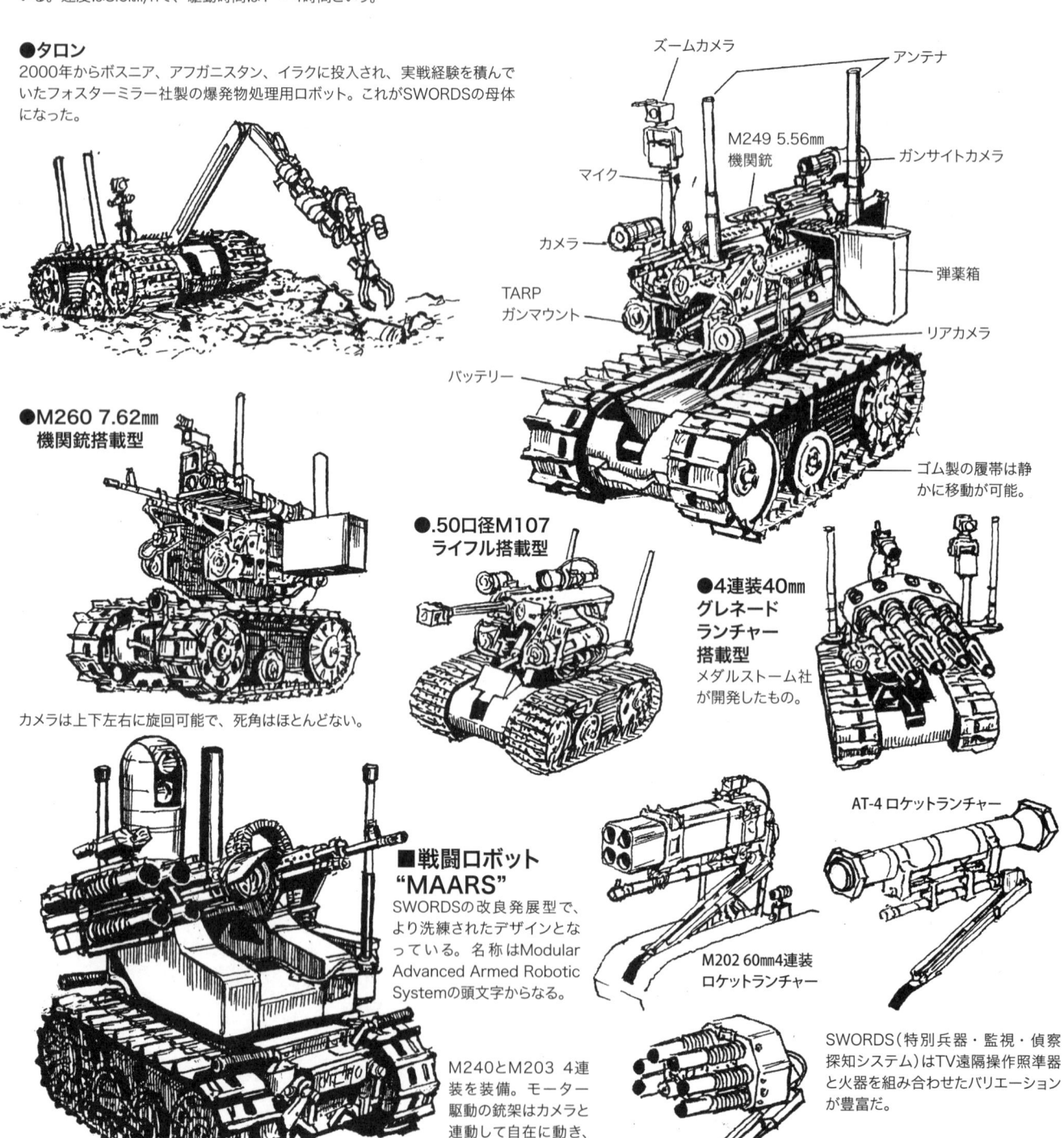

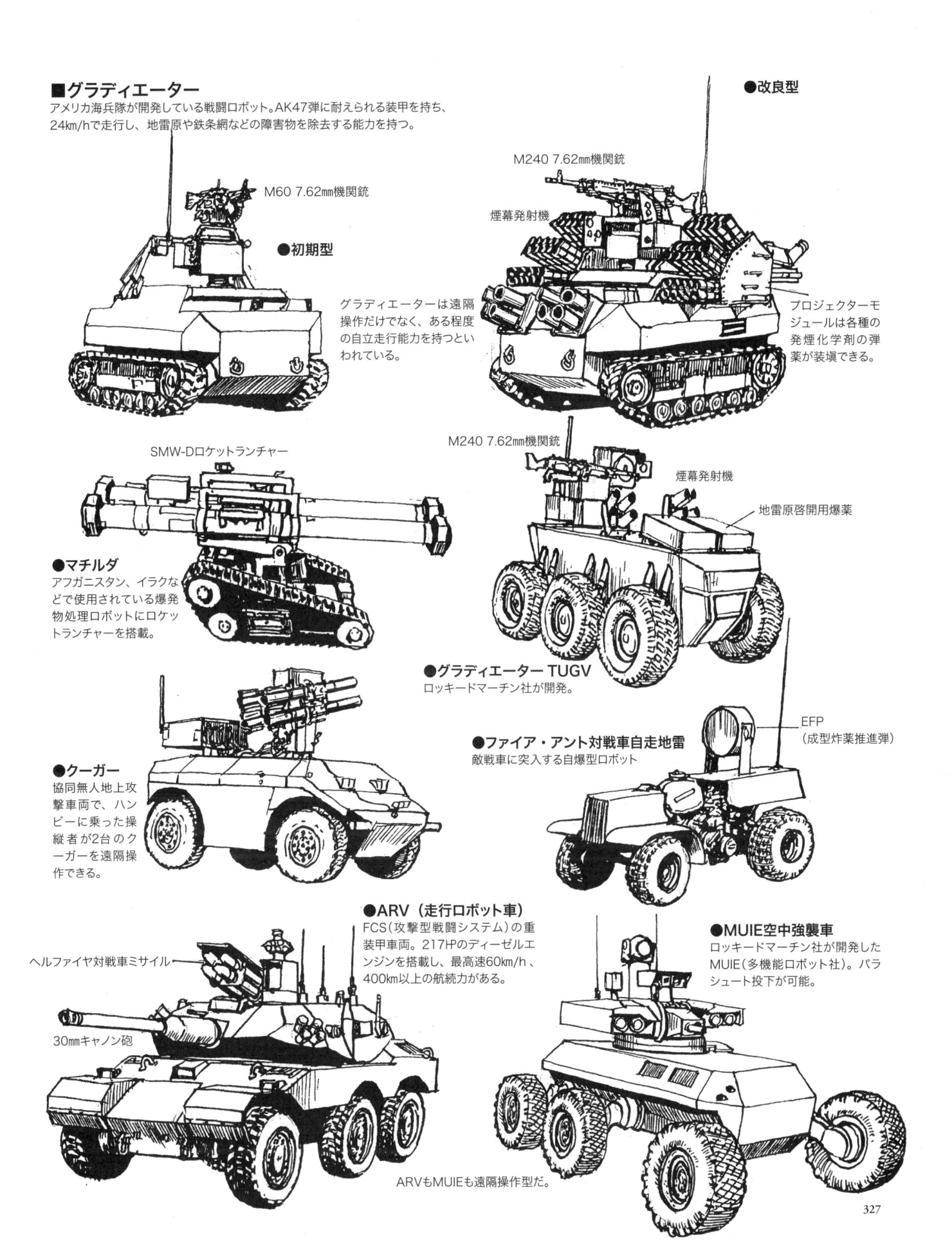

■グラディエーター
アメリカ海兵隊が開発している戦闘ロボット。AK47弾に耐えられる装甲を持ち、24km/hで走行し、地雷原や鉄条網などの障害物を除去する能力を持つ。

●改良型

M60 7.62㎜機関銃

●初期型

M240 7.62㎜機関銃

煙幕発射機

グラディエーターは遠隔操作だけでなく、ある程度の自立走行能力を持つといわれている。

プロジェクターモジュールは各種の発煙化学剤の弾薬が装填できる。

SMW-Dロケットランチャー

M240 7.62㎜機関銃

煙幕発射機

地雷原啓開用爆薬

●マチルダ
アフガニスタン、イラクなどで使用されている爆発物処理ロボットにロケットランチャーを搭載。

●グラディエーター TUGV
ロッキードマーチン社が開発。

EFP（成型炸薬推進弾）

●クーガー
協同無人地上攻撃車両で、ハンビーに乗った操縦者が2台のクーガーを遠隔操作できる。

●ファイア・アント対戦車自走地雷
敵戦車に突入する自爆型ロボット

●ARV（走行ロボット車）
FCS（攻撃型戦闘システム）の重装甲車両。217HPのディーゼルエンジンを搭載し、最高速60km/h、400km以上の航続力がある。

●MUIE空中強襲車
ロッキードマーチン社が開発したMUIE（多機能ロボット社）。パラシュート投下が可能。

ヘルファイヤ対戦車ミサイル

30mmキャノン砲

ARVもMUIEも遠隔操作型だ。

327

巻末付録
戦車兵の軍装
WWI〜21世紀まで

Appendix
The Outfits of Tank Crew　From WWI up to 21st Century

最後に、第1次世界大戦から今日にいたるまでの各国の戦車兵の代表的な軍装を紹介する。当初は歩兵などと同様な服装であったが、狭い車内での活動に支障のないデザインへと変化していき、やがて材質も燃えにくいものへと変わっていった。第2次世界大戦後は各国ともヘッドフォンやマイクが一体となったヘルメットや戦車帽を着用するのがスタンダートとなっている。

Here at last, we will illustrate typical tank crew outfits of various countries from WWI up to the present. At first, tank crew wore identical outfits with infantry, but their outfits changed gradually to suit in-vehicle activities in limited space, and materials were also improved to be flame-resistant. After WWII, most countries adopted tanker helmet or headgear with built-in receiver and microphone.

■イギリス（1918年）

戦闘時の服装で、車内に飛び込む銃弾用にスチールヘルメットと保護マスクをつける。上には皮チョッキを着用。

戦車隊バッジ

世界で最初に戦車を登場させたイギリス軍であったが、戦車兵の服装は一般の兵士と同じだった。戦車内は通風が悪く、エンジンの熱気と騒音はひどいもので、乗員は薄着を好んだという。

■フランス（1918年）

戦車隊帽章

イギリス軍に続いて戦車を実戦に使用したフランス軍も、戦車兵は一般の兵士と同じ服装だった。しかしヘルメットに戦車隊を示す帽章がつけられ、ダブルの皮コートが支給された。

■ドイツ帝国（1918年）

戦車用皮製ヘルメットをかぶり戦闘時は顔面保護マスクをつける。ガスマスクは戦車の排気ガス用にも使用された。

このグレーの皮製つなぎ服は制服の上から着用した。

戦車兵戦団バッジ

戦車の開発に遅れをとったドイツも1917年の春にはA7V重戦車を完成した。この乗員は18名もいて、砲手は砲兵、機関銃手は歩兵、操縦は技術兵と各兵種より選抜された戦車兵だった。

■ポーランド（1938年）

機甲部隊バッチ

ポーランド戦車旅団はドイツ軍に最初に撃破されてしまい、その後は、イギリス軍とソ連軍とに別々に再編成されることになった。その時は支援してくれる国の戦車兵と同じ服装と装備になった。

■イタリア（1940年）

戦車隊帽章

イタリアの戦車帽は黒色皮製で、クッションの輪が付いており、ダブルブレスト型の皮コートを着用していた。他につなぎの作業服もよく着ていたようだ。

■フランス（1940年）

第510戦車連隊帽章

機械化部隊のスチールヘルメットは前部にクッションが付いている。皮のコートを着用。ドイツ軍に敗れたあとの自由フランス軍はアメリカ軍式の服装になるが、ヘルメットだけは上図のものを使っていた。

■ドイツ（1941年）

戦車兵襟章バッジ

ドイツ戦車兵はエリート部隊として、独特なデザインの黒色の制服が支給されていた。大戦初期にはベレー帽をかぶっていたが、この頃には廃止され、略帽になっていた。

■イギリス（1941年）

ロイヤルスコットグレー連隊帽章

北アフリカ戦線における服装で、一般兵士と変わらないが、戦車隊はベレー帽の色が黒色となる。狭い戦車内でもスムーズに拳銃が抜けるようにホルスターに工夫がされている。

■日本陸軍（1941年）

戦車射撃下士官徽章

日本の戦車兵も、戦車帽とゴーグル以外は歩兵と同じだが、車両部隊用のつなぎの作業衣を着ていることが多かった。図はフル装備状態で、拳銃、銃剣、水筒、雑のうを後ろに付けている。

戦車兵の靴は鋲が無くゴム底だ。

■アメリカ（1943年）

機甲師団マーク

厚紙をプレスしたクラッシュヘルメットと、機甲部隊兵士に支給されたタンカーズジャケットを着用。ピストルベルトにコルト・ガバメントピストルを装着した。

■ソ連（1943年）

戦車兵中尉襟章（1943まで）

狭い車内で頭部を保護するために、パッド付の戦車帽を使用。この帽子は中にレシーバーが組み込めるようになっていた。制服の上からつなぎの搭乗服を着用。

■カナダ（1943年）

ブリティッシュコロンビア竜騎兵連隊帽章

イギリス連邦の一員であるカナダは、装備がイギリス軍型で戦車兵も英軍と同じスタイルだった。ベレー帽も黒色で、1937年からバトルドレスを着用、肩の徽章にカナダと入っている。

■アメリカ（1966年）

第11機甲騎兵連隊肩章

ベトナム戦争におけるアメリカ戦車兵。一般兵と同じ熱帯用の戦闘服を着用、戦車兵ヘルメットはグラスファイバー製で、ヘッドフォンとマイクが内蔵されている。戦闘作戦時には防弾チョッキも着用した。

■イギリス（1970年）

ベレー帽は黒色

RTR帽章

黒色の戦車兵用戦闘服（つなぎ）を着用したRTR（ロイヤル戦車連隊）の伍長の服装。他の連隊ではカーキ色のつなぎの戦闘服も使用している。

■イスラエル（1973年）

戦車兵帽章

建国以来、アラブ諸国と死闘を繰り返してきたイスラエル戦車隊は、1967年の6日戦争以降アメリカから武器を入手しはじめ、装備品もアメリカ製が多くなる。持っているサブマシンガンはウージーで自国製。

■ソ連（1975年）

戦車兵徽章（腕）

世界最大の戦車王国であったソ連の戦車兵は、全身ダークグレーで、パッド入りの戦車帽、搭乗服にはのちに肩章（階級章）が付くようになる。

■日本陸上自衛隊（1975年）

第7師団部隊章

戦車乗員の服は、航空服や戦闘服等と一緒に特殊服装と総称されているが、アメリカ軍のものを参考にしており、同系の装備を数多く使用。胸にあるのは通話切換器で、スイッチ操作で車内外の通話が可能だ。

■西ドイツ（1978年）

ベレー帽はカーキ色

戦車兵帽章

第2次世界大戦後は日本と同じくアメリカ式装備となったが、1965年には国産のレオパルト戦車を就役させ、戦車兵もベレー帽を採用し、つなぎの戦車服を着用するようになった。携帯火器はイスラエル製のウージーSMG（サブマシンガン）。

■フランス（1978年）

第6機甲師団

NATO軍標準戦車の共同開発が失敗しフランスはAMX-30を開発、戦車兵もつなぎ服を採用。アメリカ軍スタイルから離れている。

■中国（1988年）

装甲兵襟章

中国の戦車服は隠しボタンになっており、作業服としても使用されている。戦車帽はソ連式で大きなクッションが付いている。ゴム底のブーツを使用。ちなみに中国はソ連、アメリカに次いで世界第3位（4位西ドイツ、5位イラク）の戦車保有国であった。

■ロシア（1988年）

ロシア戦車兵徽章

戦車兵徽章（胸）

旧ソ連軍の戦車兵で、現在でもこの服装だ。戦車帽の上に付いているのはナイトゴーグル。ダークグレーのつなぎ服で、胸に戦車隊徽章が付く。アフガン戦線では一般兵と同じ熱帯用戦闘服や防弾チョッキを着用した。

■イスラエル（1982年）

第7戦車旅団

人口が少ないイスラエルでは兵士は貴重で、戦車兵もいろいろと生存性の考えられた装備を支給されている。ノーメックス製の搭乗服、防弾チョッキを付け、携帯火器もガリルアサルトライフルを装備している。

■アメリカ（1990年）

第3騎兵師団

最新のアメリカ戦車兵。CVC（戦闘車両乗員）ヘルメットと被弾時の火傷を防ぐためノーメックス製のCVCつなぎ服を着用。この服には負傷時に車外にひっぱり出しやすいように背中にストラップが付いている。

■イラク（1990年）

メディナ戦車師団

湾岸戦争時には中東で第一の戦車保有国であったイラク軍。戦車兵は、多くのアラブ諸国と同じくソ連式装備で搭乗服はカーキ色のつなぎである。なお、イラクの敗戦後は、シリアが中東一の戦車保有国となっている。

■ドイツ（1991年）

第7装甲擲弾兵師団

統一なったドイツもヨーロッパではソ連に次ぐ戦車保有国となっている。つなぎの搭乗服も改良されており、ベレー帽のかわりにパット付戦車帽が採用された。なお世界各国でも、この型式の戦車帽が多くなっている。

■フランス（1990年）

第501/503
戦車連隊

湾岸戦争時の戦車兵パット付の新型戦車帽を着用、つなぎの搭乗服に小銃を携行するために弾帯とサスペンダーを装着。

■イギリス（1995年）

第7装甲旅団
（デザート・ラット）

一般歩兵と同じ迷彩戦闘服を着用、戦闘時にはコンバットボディアーマーISを着用。湾岸戦争時は砂漠用N05戦闘服。

■アメリカ（2005年）

第1装甲師団
（オールド・アイアンサイド）

イラク戦争時の戦車兵。湾岸戦争により改良されたデザート迷彩の戦闘服。戦闘時にはインターセプターボディアーマーを着用。

■陸上自衛隊（1995年）

第1戦車大隊

90式戦車採用により新型戦車帽を使用。迷彩戦闘服は一般とデザインは同じだが燃えにくい素材が使われている。

■陸上自衛隊（2013年）

富士学校機甲科部

10式戦車用の最新スタイル。迷彩戦闘服2型を着用。新型の乗員用ブーツ、車長はレッグホルスターを使用。

■中国（2007年）

作業帽徽章

最新07式迷彩のつなぎ。ヘッドセット付革製ヘルメットにも迷彩カバーが付いている。

■ドイツ連邦軍（2000年）

戦車兵徽章

新型の迷彩つなぎ服。ズボンの裾ポケットには医療キットが入っている。左はケガ用、右は火傷用。

333

あとがき

『戦車メカニズム図鑑』(グランプリ出版・1997年3月発行)を出してからはや17年。時代は21世紀となり、その間に各国の戦車の改良型や新型も登場し、そろそろ追加・改訂版を出したいと想っていたところ、この度、大日本絵画さんより出版させていただくこととなり感謝しております。

重厚でメカの塊である戦車の魅力にとりつかれて、これまで多くのイラストを描いてきましたが、こうしたイラストは時には写真より見やすく楽しめるのが利点だと想います。

再編集にあたっては、できるだけ多くの車両を入れるように努めましたが、近年は新型戦車の誕生が少なく各国とも改修、改造、派生型が多い状況で、全ては描けていません。

また、今回は海外の戦車ファンの方にも楽しんでいただけるように英語の解説も付けてあります。これは「欧米の書籍にはこれだけの種類が載っているものはないので英語版を出してほしい」と、よく海外の知人から言われていた長年の夢でもありましたが、英語訳は平田光夫氏に協力していただきようやく実現しました。また後半の21世紀に入っての章は編集部の吉野、浪江両氏にお世話になりました。ここに御名前を掲げ感謝する次第であります。

末筆ですが、本書が多くの戦車ファンの皆さんに楽しくご覧いただければ幸いです。

平成26年6月10日

上田 信

追伸
旧版に描いてある戦車全てを製作されたという戦車模型博物館の笹川俊雄館長には、この本で追加した戦車の製作にもぜひチャレンジしていただきたいと願っております。

【旧版の巻末ページ】

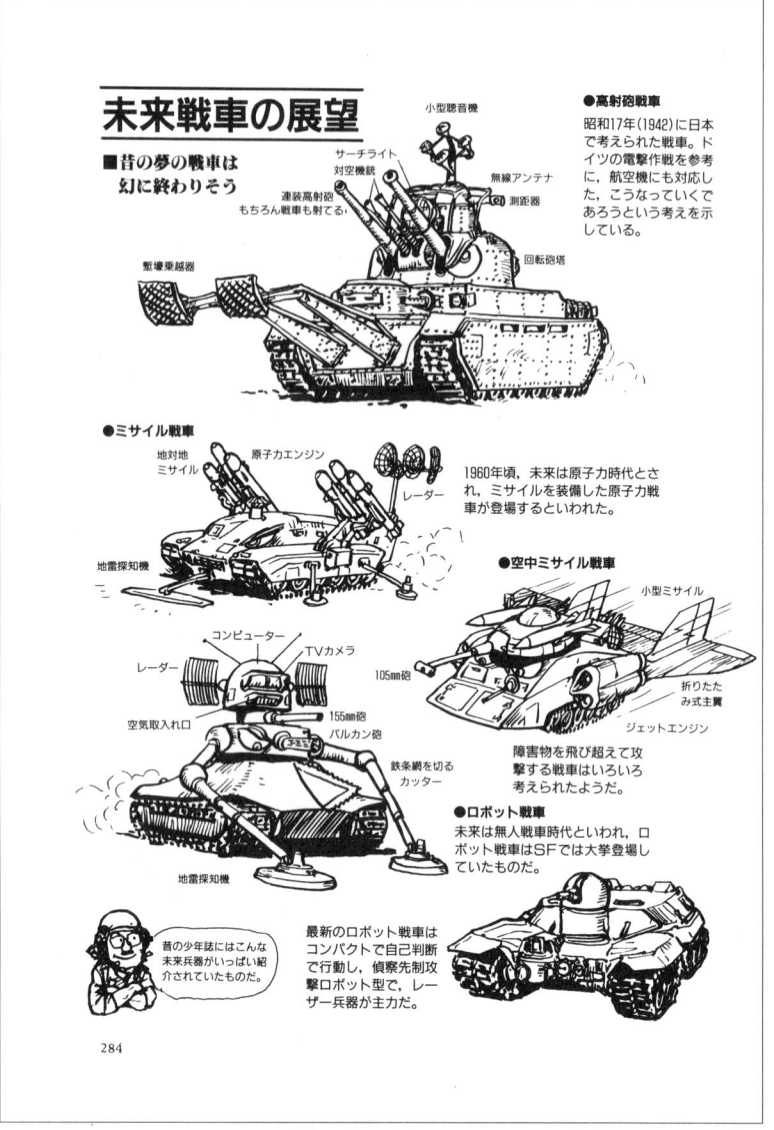

1990年代に上田氏がコミカルに予想した未来戦車たち。このうち、下段のロボット戦車は21世紀になり実用化されたわけだ。

協力／田宮模型、コンバットコミック、並木書房、モデルアート社、コンバットマガジン、ドラゴン模型、アートボックス

参考文献

新戦史シリーズ・戦車対戦車　三野正洋著　朝日ソノラマ
戦車と機甲戦　野木恵一著　朝日ソノラマ
戦車マニアの基礎知識　三野正洋著　イカロス出版
21世紀の戦争　落合信彦訳　光文社
兵器最先端④機甲師団　読売新聞社
日本の戦車　原乙未生／栄森伝治／竹内昭著　出版協同社
平凡社カラー新書㊻世界の戦車　菊地晟著　平凡社
ジャガーバックス・戦車大図鑑　川井幸雄著　立風書房
学研のX図鑑・戦車・図解戦車・装甲車　学習研究社
万有ガイドシリーズ⑰戦車　小学館
戦車名鑑　1939〜45　光栄
ミリタリー・イラストレイテッド⑩世界の戦車　光文社
M-IAI戦車大図解　坂本明著　グリーンアロー出版社
大図解最新兵器戦闘マニュアル　坂本明著　グリーンアロー出版社
図鑑世界の戦車　アルミン＝ハレ／久米穣訳編　講談社
芸文ムックス・戦車　ケネス・マクセイ著　芸文社
メカニックブックス⑭レオパルト戦車　浜田一穂著　原書房
間違いだらけの自衛隊兵器カタログ　アリアドネ企画　三修社
ジャーマン・タンクス　富岡吉勝翻訳監修　大日本絵画
世界の戦車 1915〜1945　ピーター・チェンバレン／クリス・エリス著　大日本絵画
M48/M60パットン　モデルアート社
最新ソ連の装甲戦闘車輌　山崎重武訳　ダイナミックセラーズ
図解ドイツ装甲師団　高貫布士著　並木書房
プロファイルズスーパーマシン図鑑⑤世界の名戦車　講談社
陸戦の華戦車　藤田實彦／中村新太郎著　小学館
ヤンコミムック・戦車大図鑑　少年画報社
少年フロクゴールデンブック　光文社
コンバットコミック　日本出版社
「PANZER」誌　サンデー・アート社
「戦車マガジン」誌　デルタ出版
「グランドパワー」誌　デルタ出版
「軍事研究」誌　ジャパン・ミリタリー・レビュー
「丸」誌　潮書房
「モデルアート」誌　モデルアート社
「世界の戦車年鑑」　戦車マガジン
「自衛隊装備年鑑」　朝雲新聞社
週刊・少年サンデー図解百科特集　小学館
週刊・少年マガジン図解特集　講談社
週刊・少年キング図解特集　少年画報社
「タミヤニュース」誌　田宮模型
Tanks Illustrated Series, ARMS&ARMOUR
New Vanguard Series, OSPREY
Aero ARMOR SERIES, AERO PUBLISHERS
ARMOR IN ACTION Series, SQUADRON
Motorbuch Militärfahrzeuge Series, MOTORBUCH
PROFILE AFV WEAPON'S Series, PROFILE PUBLICATIONS
BELLONA Military Vehicle PRINTS Series, BELONA PUBLICATIONS
SHERMAN, PRESIDIO
United States Tanks World War II by Geoge Forty, BLANDFORD
BRITISH&AMERICAN TANKS of WW II , ARMS&ARMOUR
THE GREAT TANKS by Peter Chamberlain, HAMLYN
Modern Land Combat, SALAMANDER
TANKS AND ARMORED VEHICLES 1900-1945, WE.INC.PUBLISHERS
Tanks and Armoured Fighting Vehicles of the World NEW ORCHARD EDITIONS
Armoured Fighting Vehicles by John F.Milsom, HAMLYN

著者紹介
上田　信（うえだ・しん）　SHIN Ueda
1949年青森県生まれ。モデルガンで有名なMGC社の宣伝部に勤務した後、イラストレーターとして独立、小松崎茂氏に師事。以来20年以上にわたってフリーとして活躍。戦車をはじめミリタリー関係が中心で、「コンバットマガジン」「コンバットコミック」「アーマーモデリング」などで連載ページを持っている。著書に「大戦車」（ワールドフォトプレス）、「コンバットバイブル」（日本出版社）、「USマリーンズ・ザ・レザーネック」「ドイツ陸軍戦車隊戦史ヴェアマハト」、「日本陸軍戦車隊戦史」、「現代戦車戦史」（いずれも大日本絵画）「大図解世界の武器」（グリーンアロー出版社）などがある。

世界の戦車メカニカル大図鑑

著者／上田 信
発行日／2014年8月9日　初版第一刷
　　　　2019年7月9日　　　第二刷

発行人／小川光二
発行所／株式会社 大日本絵画
〒101-0054　東京都千代田区神田錦町1丁目7番地
Tel：03-3294-7861（代表）　Fax：03-3294-7865
http://www.kaiga.co.jp

編集人／市村 弘
企画・編集／株式会社 アートボックス
〒101-0054　東京都千代田区神田錦町1丁目7番地　錦町一丁目ビル4階
Tel：03-6820-7000　Fax：03-5281-8467
http://www.modelkasten.com

編集担当／佐藤南美、吉野泰貴
編集協力／浪江俊明

装丁／丹羽和夫（九六式艦上デザイン）
DTP／小野寺 徹

印刷・製本／大日本印刷株式会社
ISBN978-4-499-23136-7

内容に関するお問い合わせ先：03(6820)7000 ㈱アートボックス
販売に関するお問い合わせ先：03(3294)7861 ㈱大日本絵画

◎本書に記載された記事、図版、写真等の無断転載を禁じます。
◎定価はカバーに表示してあります。
©上田 信　©2014大日本絵画